U0639536

畜禽种业科技创新战略研究

邓小明　张　涌　张松梅　葛毅强　王文月　主编

科学出版社

北　京

内 容 简 介

本书分为总体篇和专题篇两个部分，涵盖了猪、牛、羊、鸡、水禽等不同物种种业科技创新内容；总体篇从我国畜禽种业的战略需求和形势分析、发展现状、科技创新的现状和发展趋势、科技创新的问题和短板、发展战略构想 5 个方面对畜禽种业科技创新状况与共性问题进行了系统的分析，对其未来 5～10 年的发展重点进行规划，以期为畜禽种业科技创新的顶层设计提供参考。专题篇根据猪、牛、羊、鸡、水禽五大畜禽物种的种业科技创新个性问题，从背景、现状、趋势进行了系统的分析，并以"典型案例"的形式进行阐述。全书集科学理论、案例讨论、前沿分析于一体，文字精练、图文并茂，可读性强。

本书可为畜禽种业相关管理部门提供宏观决策依据，也可为相关研究机构和种业企业未来规划提供参考，同时可为公众全面了解我国畜禽种业科技创新现状提供一份客观、翔实的分析报告。

图书在版编目（CIP）数据

畜禽种业科技创新战略研究/邓小明等主编. —北京：科学出版社，2024.8
ISBN 978-7-03-078158-1

Ⅰ. ①畜⋯　Ⅱ. ①邓⋯　Ⅲ. ①畜禽育种–研究–中国　Ⅳ. ①S813.2

中国国家版本馆 CIP 数据核字（2024）第 041393 号

责任编辑：李秀伟 / 责任校对：严　娜
责任印制：肖　兴 / 封面设计：无极书装

科 学 出 版 社 出版
北京东黄城根北街 16 号
邮政编码：100717
http://www.sciencep.com

北京九州迅驰传媒文化有限公司印刷
科学出版社发行　各地新华书店经销
*
2024 年 8 月第 一 版　开本：720×1000　1/16
2024 年 11 月第二次印刷　印张：27 1/4
字数：550 000
定价：358.00 元
（如有印装质量问题，我社负责调换）

《畜禽种业科技创新战略研究》
编委会名单

顾　　问：陈焕春　张改平　黄路生　李德发　印遇龙　姚　斌
　　　　　谯仕彦　侯水生　康相涛

主　　编：邓小明　张　涌　张松梅　葛毅强　王文月

副 主 编：陈瑶生　陈玉林　李俊雅　李胜利　田见晖　王宗礼
　　　　　文　杰　杨　宁

执行主编：郑筱光　戴翊超　孙康泰　刘　军　王小龙　李转见
　　　　　刘　旭　高元鹏

编　　委（按姓氏汉语拼音排序）：

白　皓	蔡亚南	曹贵方	常国斌	车东升	陈　燕
陈国宏	陈继兰	段忠意	高　雪	高会江	郭　宪
郭江鹏	韩　博	韩红兵	何晓红	侯卓成	黄季焜
黄洁萍	黄瑞华	黄行许	黄银花	黄永震	蒋　立
蒋大伟	黎镇晖	李　姣	李　奎	李　亮	李　岩
李发弟	李光鹏	李建斌	李喜和	连正兴	梁　浩
刘　林	刘丑生	刘东军	刘贺贺	刘剑锋	刘庆友
刘冉冉	刘小红	陆　健	陆凤花	罗海玲	马　毅
马月辉	满建国	孟　飞	聂庆华	潘玉春	邱小田

曲　亮	权富生	石德顺	时建忠	史建民	苏　蕊
苏建民	孙　晶	孙从佼	孙东晓	孙研研	唐　红
王　翠	王　栋	王凤阳	王惠影	王济民	王克华
王立民	王立贤	王启贵	王维民	王雅春	王勇胜
王泽昭	文超良	吴桂琴	吴珍芳	辛翔飞	熊本海
徐　琪	徐铁山	阎　萍	杨　磊	姚志鹏	尹华东
于　洋	袁维峰	曾　涛	张　勤	张　涛	张　毅
张　臻	张桂香	张建勤	张路培	张沙秋	张胜利
张天留	张译元	张子军	赵倩君	赵书红	赵永聚
周　平	周世卫	周正奎	朱　波		

前　　言

　　畜牧业是国民经济发展的重要组成部分，畜牧业的发展水平能直接反映一个国家经济发展阶段和居民生活水平。畜禽产品的稳定供给在丰富菜篮子、改善居民膳食结构、完善多元食物供给、树立大食物观、服务乡村振兴等方面发挥着重要作用。根据联合国粮食及农业组织（FAO）的预测，到 2050 年世界人口数量将达到 90 亿，全球对食品的需求量将上涨约 60%。随着居民生活水平不断提高，健康意识不断提升，动物源性食品需求不断增长，我国已成为世界第一大畜禽产品消费大国，同时也是畜禽产品需求增长速度最快的国家，到 2050 年我国动物蛋白总需求量将增加 47%～165%。巨大的增幅给畜禽产品供应带来了巨大的挑战，满足未来我国居民对肉、蛋、奶的需求是我国农业发展亟待解决的重要任务。种子是农业的"芯片"，畜禽种业的发展对于我国畜牧业现代化和高质量发展起着基础性作用。通过畜禽种业科技创新提升畜禽核心种群的数量和质量、实现畜禽良种化既是保障畜产品稳定供给的核心，又是满足健康中国战略需求和人民食品消费需求的关键。习近平总书记在中央农村工作会议上连续两次召开种业扩大会议并指出"要下决心把民族种业搞上去，抓紧培育具有自主知识产权的优良品种，从源头上保障国家粮食安全。"党的二十大报告提出"深入实施种业振兴行动，强化农业科技和装备支撑，健全种粮农民收益保障机制和主产区利益补偿机制，确保中国人的饭碗牢牢端在自己手中。"当前，国家制定了一揽子规划和方案，加快推动种业振兴行动的实施，明确了实现种业科技自立自强、种源自主可控的总体目标，集中力量破难题、补短板、强优势、控风险，畜禽种业迎来了新的历史机遇。

　　畜禽种业科技创新是落实国家"种业振兴行动"、实现种业科技自立自强的重点任务，是保障国家粮食安全和生态安全的重要支撑，是保障畜禽产品稳定供给与居民健康的重要保证，是提高畜牧业自主创新能力、引领新兴技术变革带动畜禽种业跨越式发展的重要需求。近年来，我国在畜禽育种自主创新方面取得了显著成效。我国畜禽种源自给率和生产性能稳步提升，良种对畜牧业发展的贡献率达到 40%。近十年来自主培育的新品种和配套系超过 100 个，自主培育的高产蛋鸡和白羽肉鸭性能达到国际先进水平；实现'杜长大'种猪国产化；奶牛平均年单产达到 8700kg，较十年前增长超过 70%；自主培育的白羽肉鸡，以及专门化肉牛新品种华西牛，扭转了国外品种绝对主导的局面。我国畜禽种业自主创新能力稳步提升，为保障国家食物安全、产业安全，以及促进农民增收做出了重要贡献。然而，应当清醒地认识到，我国的畜禽种业仍然处于发展的初级阶段，畜禽重要性状遗传调控机制解析不清，原始创新能力不足；畜禽育种和高效扩繁关键技术研究和应用不足，育种效率不高；自主培育品种市场占有率低，遗传改良和重大新品种培育进展缓慢；育种技术体系不完善，以企业为主导的商业化育种和联合育种模式不健全。

为深入贯彻落实习近平总书记关于"把种业振兴行动切实抓出成效，把当家品种牢牢攥在自己手里"等重要指示精神，立足"十四五"，面向"十五五"，准确把握我国畜禽种业领域的科技发展现状，总结畜禽种业科技创新成果进展，探讨未来发展趋势，加强相关科技创新及产业战略部署，提升我国畜禽种业科技创新能力，我们启动了"畜禽种业科技创新战略研究"，联合国内畜禽种业领域优势力量，组织 20 多家高校、科研院所和事业单位的专家形成研究团队，开展畜禽种业科技创新的战略需求和形势研究，分析畜禽种业科技创新的现状和发展趋势，研判我国畜禽种业科技创新的问题和短板，提出未来我国畜禽种业科技创新的重点任务和政策建议。

《畜禽种业科技创新战略研究》一书针对猪、牛、羊、鸡和水禽开展研究工作，形成 1 个总体报告和 5 个专题报告。总体报告包括我国畜禽种业科技创新的战略需求和形势分析，我国畜禽种业发展现状，畜禽种业科技创新的现状和发展趋势，我国畜禽种业科技创新的问题和短板，未来畜禽种业科技创新发展战略构想。专题报告分为猪种业专题、牛种业专题、羊种业专题、鸡种业专题和水禽种业专题，主要研究内容包括种质资源现状和开发利用水平，种业发展现状和趋势，种业科技创新现状和关键问题，政策建议和典型案例。本书统计了主要畜禽种质资源和开发利用情况，摸清了我国主要畜禽品种遗传育种现状；对比分析国内外主要畜禽种业科技创新发展现状和趋势，找出制约我国畜禽育种水平的关键卡点；围绕国家种业振兴行动的战略布局，从我国畜禽种业科技的发展现状、研究前沿和关键问题出发，提出了未来畜禽种业科技创新的发展目标、发展思路、重点任务和政策建议。

畜禽种业科技创新发展迅速，育种理论和技术日新月异，而本书篇幅有限、编写时间紧迫，同时编者的经验和水平有限，疏漏和不妥之处在所难免，敬请同行专家和广大读者批评指正。

《畜禽种业科技创新战略研究》编委会

2023 年 12 月

目　　录

专 题 篇

总体篇

第一章　我国畜禽种业科技创新的战略需求和形势分析

畜牧业是国民经济发展的重要组成部分，其发展水平是国家经济发展阶段和人民生活水平的标志。畜牧业在丰富"菜篮子"、改善人民膳食结构、完善多元食物供给、树立大食物观等方面具有重要地位。畜禽种业是国家战略性、基础性核心产业，是畜牧业生产的基础。党的十八大以来，习近平总书记提出了"以我为主、立足国内、确保产能、适度进口、科技支撑"的国家粮食安全战略，并写入《中华人民共和国乡村振兴促进法》。党的二十大报告强调，加快建设农业强国，扎实推动乡村产业、人才、文化、生态、组织振兴。2023 年中央一号文件强调：强国必先强农，农强方能国强。要立足国情农情，体现中国特色，建设供给保障强、科技装备强、经营体系强、产业韧性强、竞争能力强的农业强国。

保障粮食稳定安全供给始终是建设农业强国的头等大事。"畜牧发展，良种为先"。在畜牧行业中，无论是市场集中度较高的猪禽还是正处于大步发展阶段的牛羊产业，都必定要先抓住育种环节，方能推动行业发展进步。畜禽种业是畜牧业发展的"芯片"和核心要素，畜禽种业科技创新的广度和深度对于国家粮食和食物安全的稳定和保障具有重要的战略意义。

第一节　畜禽种业科技创新的战略需求分析

据测算，我国人口将在 2029 年达到 14.5 亿的峰值，人口的持续增长对粮食刚性需求和供给压力持续存在。畜牧业是关系国计民生的重要产业，肉蛋奶产量和质量是百姓"菜篮子""肉盘子""奶瓶子"供给安全的重要保障。

随着居民生活水平不断提高，健康意识不断提升，动物源性食品需求不断增长，我国已成为世界第一大畜牧业消费大国，同时也是畜禽产品需求增长速度最快的国家。因此，未来我国畜牧业在农业中的比重将持续增长。2022 年，人均粮食消费量为 136.8 kg，比上年减少 7.8 kg，下降 5.4%；人均肉类消费量为 34.6 kg，增长 5.0%，其中，人均猪肉消费量增长 6.7%，人均牛肉消费量增长 2.9%；人均蛋类消费量为 13.5 kg，增长 2.4%。2020 年，我国人均 GDP 已超过 7 万元。根据食物消费升级规律，我国居民食物消费正处于动物产品替代主食（口粮）阶段，未来人均食物消费继续保持口粮下降、动物产品消费增加的态势。目前，我国年人均牛肉消费量 5.8 kg，与世界人均水平 8.6 kg、美国人均水平 25 kg 相比还有较大差距，市场供需缺口巨大。有关数据显示，到 2035 年，我国人民对肉、蛋、奶的需求将分别增长 2110 万 t、507 万 t 和 1268 万 t，较 2020 年增幅分别达 26%、19% 和 46%。

综合消费规律和营养需求两个视角的分析，预计我国人均肉类、蛋类、奶类消费需求量分别为 66.7 kg、21.0 kg 和 40.0 kg。国家统计局数据显示，2022 年全年猪牛羊禽肉产量 9227 万 t，比上年增长 3.8%。其中，猪肉产量 5541 万 t，增长 4.6%；牛肉产量 718 万 t，增长 3.0%；羊肉产量 525 万 t，增长 2.0%；禽肉产量 2443 万 t，增长 2.6%；禽蛋产量 3456 万 t，增长 1.4%；牛奶产量 3932 万 t，增长 6.8%。年末生猪存栏 45 256 万头，比上年末增长 0.7%；全年生猪出栏 69 995 万头，比上年增长 4.3%。全年水产品产量 6869 万 t，比上年增长 2.7%；其中，养殖水产品产量 5568 万 t，增长 3.2%；捕捞水产品产量 1301 万 t，增长 0.4%。虽然总量位居世界前列，但人均占有量需要在现有基础上提高 25%～68%，才能完成从"吃得饱""吃得好"向"营养健康"的消费需求转变。巨大的增幅给畜禽产品供应带来了巨大的挑战，因此，满足未来城乡居民对肉、蛋、奶的需求是我国农业发展亟待解决的重要任务。通过畜禽种业科技创新提升畜禽核心种群的数量和质量、实现畜禽良种化既是保障畜禽产品稳定供给的核心，又是满足健康中国战略需求和人民食品消费需求的关键。

一、提升畜禽种业是建设种业强国的关键一环

我国种业存在一定的结构性失衡：农作物育种相对领先，在多个领域与国际先进水平持平或差距较小，而畜禽育种则相对落后，且不同畜种育种发展水平也存在不平衡。例如，我国商品猪种源大约八成依赖进口，国外奶牛种公牛冻精产品占我国冻精产品市场的 50% 以上。因此，必须尽力补齐畜禽种业这块短板。畜禽种业科技原创性研究较为薄弱，商业化育种体系尚未建立，种业高质量发展仍面临制约因素：一是种质资源及相关基础研究薄弱，原创性研究成果较少；二是我国育种技术尚处于从"传统常规育种 2.0"向"分子育种 3.0"融合发展阶段过渡，以基因编辑、干细胞育种、人工智能设计为代表的现代生物育种技术（育种 4.0）仍处于发展阶段，大数据分析、信息化及软件系统开发与应用不够；三是种业组织模式效率不高，种业企业竞争力不强，从事种业研发的科研院所与企业之间的产学研融合不足。

2021 年，农业农村部发布《全国畜禽遗传改良计划（2021—2035 年）》，明确了未来 15 年我国畜禽遗传改良的目标任务和技术路线。作为国家层面启动的第二轮畜禽遗传改良计划，提出了立足"十四五"、面向 2035 年推进畜禽种业高质量发展的主攻方向，这是确保种源自主可控的一个重要举措。新一轮畜禽遗传改良

计划实施期限从 2021 年到 2035 年,主要内容是围绕生猪、奶牛、肉牛、羊、马、驴等家畜品种,蛋鸡、肉鸡、水禽等家禽品种,以及蜜蜂、蚕等,计划在 10~15 年内建成较为完善的商业化育种体系,提升畜禽生产性能和品质水平,自主培育一批具有国际竞争力的突破性品种,确保畜禽核心种源自主可控。基于此,我国可借鉴发达国家种业发展经验,根据实际需求,充分发挥科研院所和企业两股力量的双向互补优势,构建具有中国特色的畜禽种业创新体系,形成科研院所以种质资源发掘创新、基础理论与共性技术攻关为主体和企业聚焦流水线、规模化、商业化育种研发任务的组织体系;进一步提升我国畜禽育种企业的创新主体地位,培育育种领军企业,集中高端人才、先进技术和研发资金,使种业创新效率不断提升,以企业的高质量发展带动畜禽种业的发展,有力支撑种业强国建设。

二、提升畜禽种业是推动农业绿色发展的现实要求

与世界先进水平相比,我国部分畜禽品种资源消耗水平相对较高,在当前我国饲料粮缺口日益扩大、进口依赖度不断提高,饲料粮安全长期困扰畜牧业发展的背景下,迫切需要在保证和稳步提升产能的前提下,加快培育生产性能优异、饲料转化率高的畜禽品种,这对缓解国内饲草料压力、恢复草原生态、推动畜牧业实现碳达峰、碳中和具有重要意义。

实现碳达峰、碳中和,是我国实现可持续发展、高质量发展的内在要求,也是推动构建人类命运共同体的必然选择。据联合国粮食及农业组织报道,畜牧业排放的温室气体占全球的 14.5%,其中,45% 是生产饲料时排放,另有 39% 是动物排出的气体。因此,畜牧业节能减排是实现碳达峰、碳中和的重要环节。绿色生态型畜牧业是以畜禽养殖为中心,因地制宜配置其他相关产业,形成高效且无污染的生产体系,实现资源开发与生态平衡有机结合。随着绿色生态型畜牧业受到持续关注,畜牧业发展的生态环境明显好转,尤其是在东部经济发达地区,畜牧业与资源环境的协调性明显增强。在牧区,生态补偿机制、现代草地畜牧业项目等成为牧区绿色生态型畜牧业发展的支撑;在农区,以种养结合、农牧循环为代表的农区绿色生态型畜牧业取得积极发展,促使农牧业充分耦合、资源高效利用、生态明显改善。未来,畜牧业在面临日益严峻的资源环境约束下,将围绕低消耗、低排放、高效率,逐步实现由数量增长转向经济、生态、社会效益并重的高质量绿色低碳发展。

新一轮生物技术和信息技术深度融合,驱动现代生物育种技术快速变革迭代,成为畜禽种业科技创新的新引擎。生物育种已进入一个大数据、大平台、大发现的新时代。畜禽基因组测序已经完成,重要性状功能基因和调控网络解析不断深入,颠覆性育种技术不断涌现,品种研发向多元化、高新化方向发展。以高繁、

高效、低消耗为畜禽育种目标，依托新的动物育种技术，有望培育出单位畜禽产品的能量消耗和污染物排放量降低的新品种，助力畜牧业实现碳达峰、碳中和。

三、提升畜禽种业是提高我国畜牧业国际竞争力的核心所在

畜牧业占农业比重是衡量农业结构现代化的两个重要指标之一。当前，世界畜牧业产值约占农业总产值的 40%，经济发达国家占 50%以上，美国、英国和德国等国家畜牧业在农业总产值中的比例达 70%以上。2000 年以来，我国畜牧业产值年均增速达 9.5%，2020 年畜牧业产值约为 4 万亿元，占农林牧渔总产值的 30% 左右。畜牧业已经成为我国农业经济中最为活跃的主导产业之一，但仍具备较大提升和发展空间。

全面贯彻国家新发展理念，响应国家促进新兴产业发展——生物育种产业的发展战略，融入"一带一路"建设，以畜禽种业为媒，加快畜牧科技和生命技术"引进来与走出去"步伐，拓宽行业开放领域，从而提高行业对外合作水平。国际上畜禽种业发展已经较为成熟，具有很大的借鉴参考意义。因此，以企业为主体、市场为导向，企业与科研机构合作研发的技术创新体系及成果转化模式值得在我国大力推广。龙头企业拥有高水平的育种技术、现代化的管理理念和先进的产品销售模式，培育了全球育种网络和产品销售网络，构建了育繁推一体化种业产业链，市场竞争力强劲，因此应积极做好对外技术交流与推广合作，支持龙头企业到畜牧业发达国家开展畜牧业调查研究、技术谈判、贸易往来、科技领域交流和投资建厂，从而提高我国畜禽种业在国际上的地位优势。

第二节　畜禽种业科技创新面临的国际形势分析

我国是畜牧业生产大国，却不是生产强国，畜产品和种业国际竞争力都较为薄弱。一方面，进口种质资源丰富了国内种业市场，促进了国内畜牧业的发展；但另一方面，种源一旦断供就会影响国内育种和生产，同时也在一定程度上挤占了国内种质市场，还存在如禽白血病、牛结节性皮肤病等病原引入风险。良种是支撑现代畜牧业的重要基础，是畜牧业发展的核心，也是我国畜牧业发展中亟待加强的薄弱环节。种业工程是集成现代生物科技研究与应用的系统工程，家畜基因编辑育种、干细胞育种和分子设计育种等生物育种理论与技术已成为世界各国进行种质资源创新研究的制高点。建设种业强国也意味着我国种业应在国际上占有一席之地。只有着眼于全球布局，灵活利用好国内外两个市场、两种资源，才能在"引进来"的同时让畜禽种业"走出去"，对我国参与国际产业分工和全球资源配置具有深远意义。

一、以信息技术与生物技术结合为代表的育种 4.0 将大幅缩短育种周期

进入 21 世纪后，随着生物技术、人工智能、大数据信息技术的飞速发展，国际畜禽育种已进入以"大数据+人工智能+生物技术"为特征的分子育种 4.0 时代。全基因组选择技术已经全面应用，分子设计育种方兴未艾。我国畜禽育种正处于 2.0 遗传育种向 3.0 分子育种发展阶段，经历了从引进吸收到改良提升的转变，目前已步入创新技术、自主选育为重点的新时期，具备了与国际品种同台竞技的基础。以高通量基因分型、智能表型组、育种大数据处理技术、基因编辑等为代表的新型技术的出现，全面改写了家畜育种的理论与策略。将全基因组选择、干细胞、基因编辑、人工智能等技术融合发展，实现性状的精准定向改良，并大幅缩短育种周期，已成为当前国际畜禽育种研发的核心与前沿。

全球种业科技竞争不断向基础研究前移，现代生物育种技术的快速发展越来越依赖于家畜重要表型、基因与环境互作等重大基础科学问题的突破。同时，我国建立自主知识产权的表型组数据库资源需要检测技术上的突破和大规模的测定。强化畜禽资源挖掘与表型组学创新，突破基因设计育种技术瓶颈，重点培育一批具有自主知识产权的新品种、新材料，对推动现代畜牧业全产业链升级换代、保障畜产品稳定供给意义重大。

二、培育具有自主知识产权的突破性新品种是种源安全的坚实保障

种业是国家战略性、基础性核心产业，良种是畜牧业的源头，决定了产业链的质量和效益，是我国现代畜牧业建设中的关键环节。习近平总书记指出"种源安全关系到国家安全，必须下决心把我国种业搞上去，实现种业科技自立自强、种源自主可控"。然而，我国畜牧业种质创新能力不足，核心优质种源尤其是奶牛、肉牛和生猪的良种长期依赖进口，受制于人；我国自主品种市场占有率不高，"顶天立地"的品种少；养殖业总体生产效率偏低，肉牛、鸡、猪、羊平均单产水平为美国同期单产水平的 40.6%、70%、79.6%、53.3%。因此，自主培育优良畜禽新品种、破解核心种源"卡脖子"问题，是推动我国畜牧业加快实现现代化的重要途径和重大战略需求。

针对我国畜禽种业自主创新不足的问题，应瞄准国际畜禽种业科技创新的研究前沿，创制节粮、高产、抗病、优质等育种新材料。利用智能表型组、杂交选育与全基因组选择技术，选育高产和优质畜禽品种；利用基因编辑等分子育种技术，将抗病、环境适应性等优异性状的基因导入奶牛和猪等畜禽基因组中，创制具备高产、优质、抗病和抗逆等优良性状的新品种/新品系；同时，研究畜禽生殖

精准调控技术、体细胞克隆技术、干细胞技术、胚胎体外发育和体外生产等高效繁殖技术，加速良种扩繁和推广速度。培育突破性重大新品种，在未来十年实现生猪、肉牛、奶牛等畜禽育种核心种源自给率分别提升至 95%、70%、60%的目标，以及良种对畜牧业增产的贡献率达到 45%以上的目标，保障我国畜禽种源安全。

三、建设以企业为主体的商业化育种体系是种业可持续发展的必由之路

与发达国家相比，我国畜禽育种目前存在限制产业转型升级的突出问题。其中之一是我国缺乏国家层面的全国性的畜禽育种统一组织管理体系，畜禽产业、育种公司和研究机构间的联合育种协作不够强。同时，我国一直缺少长期稳定进行畜禽育种的企业和全国性畜禽育种协会，致使我国一直没有持续稳定的投入，以保证畜禽育种工作的持续开展，难以长期、连续、系统地悉心培育新的畜禽品种，难以形成并实施国家层面的畜禽育种计划。针对这些长期严重限制畜禽育种产业转型升级的关键问题，我国畜禽育种应该持续完善育种体系，推进实质性的联合育种，大力发挥国家畜禽核心育种场的作用。加快培育壮大龙头种业企业，遴选一批创新能力强、发展潜力大的育繁推一体化企业，支持产学研深度融合，促进技术、人才、资金等创新要素向企业聚集，使其尽快成为我国种业创新的战略力量。强化育种企业的主体地位，创建"科企""企科"等联合育种模式，建立产学研紧密结合的种业创新联合体，协同攻关，推动畜禽育种形成高质量自立自强的新发展格局。

欧美等发达国家的畜禽新品种培育主要由品种协会和龙头企业主导，组织科研机构、家庭牧场等实施联合育种，按市场化运作，培育了一系列市场占有率高的主导畜禽品种，引领示范全球种业发展。然而，我国的畜禽新品种培育，以市场需求为导向的商业化育种模式尚不健全，联合育种工作机制尚不完善。下一步，在新一轮《全国畜禽遗传改良计划（2021—2035 年）》的有力推动下，我国将坚持本品种持续选育与新品种培育并重，立足自主创新，以提高生产性能和产品品质为方向，建立联合育种体系，构建以市场需求为导向、以企业为主体、产学研深度融合的创新机制，形成政府引领、市场主导、产学研深度融合的商业化育种模式，不断提升畜禽品种的国际竞争力。

第三节　畜禽种业科技创新面临的国内形势分析

一、畜禽种业科技创新是畜牧业高质量发展的核心竞争力

畜牧业是防范公共卫生风险的重要领域之一，种业是保障国家粮食安全和重

要农产品供给的根本，保障畜禽产品供给、培育和推广畜禽优良品种、振兴畜禽种业已成为畜牧业发展的首要任务。在影响畜牧业生产效率的诸多因素中，畜禽品种起主导作用，贡献率达 40%。畜牧业发达国家的良种普及率均在 95% 以上。因此，种业是畜牧业发展的根基，畜牧业的核心竞争力很大程度体现在种业创新和畜禽良种上。畜禽种业集成了现代生物技术、信息技术和人工智能等高新技术，是多专业交叉、多学科相互渗透的工程技术体系，汇集了高素质的专业技术人才队伍，体现了一个国家的农业科技水平，代表了一个国家农业产业化程度，也蕴含了巨大的商业价值，是诸多发达国家大力发展、竞相角逐并刻意垄断的战略性产业。

我国是世界上家畜种质资源最丰富的国家之一，但系统化、现代化的育种体系起步较晚。近年来，我国在动物育种自主创新方面取得了显著成效，但与发达国家的发展水平和畜牧业转型升级的要求相比，仍然有较大差距。目前，我国畜牧业生产的主要品种需要反复引进，如每年引进肉牛冻精约 150 万剂、原种猪 1 万头、白羽肉鸡祖代鸡 100 万套等。国产品种在生产效率方面与进口品种存在一定差距，如美国和加拿大等肉牛平均胴体重达 340 kg 以上，澳大利亚和新西兰良种肉羊胴体重能达到 28～30 kg，而我国自主品种则分别仅有 155 kg 和 15 kg。引进国外良种显著推动了我国畜牧业的快速发展，也在保障居民畜产品有效供给方面发挥了积极作用，但目前更需要以畜禽种业自立自强为导向，保障主要的种源安全可控。

2021 年，《全国畜禽遗传改良计划（2021—2035 年）》提出，力争用 15 年时间，建成比较完善的商业化育种体系，自主培育一批具有国际竞争力的突破性品种，确保畜禽核心种源自主可控。在当前复杂的国际形势下，保障种源自主、可控和粮食安全已迫在眉睫。国家已将种业作为基础性、战略性产业予以重点支持。作为人口大国，必须发展民族种业，通过科技创新，培育拥有我国自主知识产权的优良品种，从源头上掌握畜牧生产安全命脉。

二、畜禽种业科技创新是畜牧业高质量发展的重要驱动力

发达国家畜禽种业的发展历程表明，科技创新推动了国际种业集团快速成长，带动了世界畜牧产业整体水平的快速提升。近些年，我国畜牧种业发展有了很大进步，建立了较完善的动物种质资源保护与利用体系，种业基础研究逐步夯实，育种技术不断进步，新品种培育与产业化技术成效显著，一批育繁推一体化种业企业逐渐形成，为我国畜牧种业安全和动物源产品稳产保供做出了重要贡献。

在种质资源方面，要做好资源普查、收集和鉴定评价工作。种质资源是一切原始创新的动力，也是现代种业发展的物质基础。我国地大物博，悠久的农耕文

明孕育了丰富多样的畜禽种质资源，有待于深度挖掘和利用。关于种质资源的保护，一是要创新发展遗传资源保护理论和方法，制定中长期多维度保护策略；二是要在低温生物学、细胞工程和胚胎工程技术发展的基础上，创新配子、胚胎和干细胞等遗传材料冷冻保存技术，破解复原关键技术瓶颈，为实现应保尽保和提高保护质量奠定理论和技术基础。此外，解析种质资源遗传变异特征，建立表型组和基因组等多组学的大数据研究体系，构建遗传资源全信息平台，通过基因组组装、功能基因组注释等揭示优异种质资源高产、高效、优质和抗逆等重要性状形成的分子遗传机制，挖掘、鉴定与验证重要性状的功能基因和遗传变异，提高资源优势的可利用性。

在育种技术方面，要提高性能测定和遗传评估的准确性。一是针对部分重要育种目标性状如饲料转化率、胴体品质、行为等通过学科交叉融合，集成机电传感、工业设计、人工智能等技术方法，研发专门化的技术、设施设备和软件，破解畜禽育种基础数据测定难、测定贵、测不准等重要限制性问题，实现表型测定的自动化、智能化和标准化；二是加快不同畜种专用育种芯片和低成本高通量基因分型技术研发，进行机器学习等先进算法研发，对基因组选择育种技术进行工程化组装，构建高效快速安全的计算平台，推进其向精准、高效和低成本方向发展，提高遗传评估和杂种优势预测的准确性，并在更多畜禽育种实践中应用；三是以种质资源优异基因的鉴定结果为基础，研发应用高效的基因编辑等前沿生物育种技术，提升分子设计育种能力，从基因、环境、表型多维度进行设计，加快高效、高产、优质、抗逆抗病等畜禽新种质的创制。

在繁殖技术方面，积极进行配子和胚胎生物技术研发，提高繁育效率。通过配子、胚胎发育调控机理和干细胞分化机制研究，完善活体采卵、体外受精、胚胎体外发育及胚胎移植等技术，开发干细胞分离培养和配子定向诱导分化技术，构建体外胚胎工厂化生产技术体系和干细胞工程化育种技术体系；根据家畜重要繁殖环节的生理特点，进行高效发情诱导及发情鉴定技术研发；提高或突破家畜无损、低成本精子分离技术，大幅提高分离效率，以满足高输精量动物性别控制要求；研发高效克隆和生殖干细胞高效开发技术等，整体加快畜禽良种个体扩繁速度和繁殖效率。

在新品种培育方面，应面向我国特色消费市场需求和未来市场需求，创新育种目标。根据畜产品多元化需求特点，以国内特色地方品种、自主选育品系和高产品种为素材，根据品种（系）特性，开展高产、高繁等通用品系、配套系和具有特征外貌和适应性等本土品种特色的品系持续选育，育成符合市场多元需求的不同类型优质型新品种，以便未来与国际畜禽育种市场抗衡。此外，育种目标定位上必须认清我国饲用粮尤其是优质蛋白质饲料原料大豆短缺的局限及国际社会环境压力，在育种目标中，强化饲料转化率、环保低碳、废弃物排放等性状的选育。

三、畜禽种业科技创新是打好种业翻身仗的坚实保障

在日益严峻的国内外资源环境约束下，未来畜牧业现代化发展必将逐步由数量增长转向经济、生态、社会效益并重的高质量绿色发展，通过畜禽育种科技创新推动畜牧业高质量发展是必然趋势。

国外动物育种具有长期的积累，育种体系完善，先进繁育技术得到推广和应用，种业处于良性高质量发展阶段，对于我国动物育种发展具有很好的借鉴意义。国外畜牧产业发达国家呈现不尽相同的发展模式，目前世界上优质和高产动物主导品种主要由美国、澳大利亚和欧洲培育，对全世界的畜牧种业影响比较大。畜牧业发展模式主要有三种：一是欧洲和日本等地区和国家形成的以家庭农场为主的适度规模养殖模式；二是澳大利亚、新西兰和巴西等国形成的草地畜牧业模式；三是美国、加拿大等国形成的适度规模养殖和大规模集约化养殖模式。其共同特点就是具有完整的家畜生产体系，实现了畜牧产业良种化、规模化、集约化、机械化、自动化和专业化，技术先进，生产效益高，具有良好的国际竞争力。

在动物育种管理和科技创新方面，发达国家同样具有共通性。一是在组织和管理方面，建立了全国性育种协会，统筹制定育种方案并监督实施；品种协会负责遗传评估，政府技术推广部门提供配套服务和支持，大学及研究所开展育种技术研究。二是在育种技术体系方面，育种价值评估体系和全基因组选择技术已成为当前影响畜禽种业发展的关键技术；世界各国均在利用全基因组选择技术对主要动物品种进行选种，通过早期选择大幅度缩短了世代间隔，提高了选种的准确率，降低了育种成本。三是在科技创新方面，现代生物技术是动物种业发展的新引擎。现代生物技术能够有效解决畜牧业发展的重大问题，如利用基因编辑技术培育了 *POLLED* 基因编辑无角牛和 *MSTN* 基因编辑双肌家畜，使动物育种更加高效、精准、可控，解决常规育种方法不能解决的重大生产问题。因此，立足我国国情，利用发达国家的经验进行战略布局，集中攻克现代生物育种技术的关键核心问题，可为我国畜牧业跨越式发展提供重要机遇。

在畜牧业现代化发展由数量增长转向经济、生态、社会效益并重的高质量绿色发展的时代背景下，立足新发展阶段，加快实现品种在性能和品质上双突破；贯彻新发展理念，将自主创新摆在首位，加快动物育种向数量质量并重、资源节约高效方向发展；着眼构建新发展格局，充分利用国家制度体制优势，攻克畜禽育种"卡脖子"技术，确保畜禽核心种源自主可控，是未来我国畜牧业高质量发展的重要趋势。

第二章　我国畜禽种业发展现状

《国务院办公厅关于加强农业种质资源保护与利用的意见》（国办发〔2019〕56号）指出"农业种质资源是保障国家粮食安全与重要农产品供给的战略性资源，是农业科技原始创新与现代种业发展的物质基础"。引进资源也是我国种质资源的重要组成部分，对其有效开发利用可以快速提升畜禽遗传改良进程。畜禽新品种培育和推广是我国畜禽种业实力的直接体现。畜禽种业研发机构和企业状况一定程度决定我国未来种业科技创新的势能。因此，厘清我国畜禽种质资源保护与利用情况、畜禽品种培育与推广情况、畜禽进口品种引进与应用情况、畜禽种业研发机构及企业情况是摸清我国畜禽种业发展现状的重要窗口，对于制定畜禽种业发展战略、推进畜禽种业科技创新、实现高水平自立自强至关重要。

第一节　我国畜禽遗传资源保护与利用情况分析

我国是世界上畜禽遗传资源最为丰富的国家，畜禽遗传资源约占世界畜禽遗传资源总量的1/10，不仅品种数量多，而且种质特性各异，是一座珍贵的基因宝库，许多地方品种为世界畜禽育种做出了重大贡献，世界上许多著名的畜禽品种都含有中国畜禽品种的血液。当前，畜禽种业之争本质是科技之争，焦点是资源之争，谁占有了更多种质资源，谁就掌握了选育品种的优势，谁就具备了种业竞争的主动权。

农业现代化，种子是基础。没有种质资源，再先进的育种技术，也不能凭空育出新品种。站在关系到国家安全的战略高度，习近平总书记主持召开中央全面深化改革委员会第二十次会议，会上审议通过《种业振兴行动方案》，把农业种质资源保护列为"五大行动"的首要行动，强调要打牢种质资源基础，做好资源普查收集、鉴定、评价工作，切实保护好、利用好。畜禽遗传资源是农业种质资源的重要组成部分，是培育优良品种的"源头活水"，关系着畜产品稳产保供安全。

我国是畜牧业大国，拥有庞大的畜禽饲养和肉类生产总量。目前我国畜禽肉类生产量约占世界生产总量的29%，其中，生猪出栏量位居世界第一，肉鸡出栏量位居世界第二，鸡蛋产量位居世界第一，由此成为世界上最大的畜禽种业市场。畜禽种业位于产业链的顶端，对畜牧业发展的贡献率超过40%。优良的畜禽品种具有利润大、技术含量高等特点，是畜牧业的核心竞争力。畜禽种业面临激烈的国际竞争，世界各国正在积极抢占优质种源和产业科技的制高点。畜禽遗传资源的多样性是培育优良畜禽品种的物质基础，可以维持人类对未知需求的应变能力。加强畜禽遗传资源的保护工作，在提升我国畜禽种业自主创新力、核心种源自给率和种业市场竞争力等方面具有重要的现实意义。

一、畜禽遗传资源概况

经国务院批准，2020 年 5 月 29 日，农业农村部公告第 303 号公布了《国家畜禽遗传资源目录》（简称《目录》），首次明确畜禽种类范围，包括 17 种传统畜禽、16 种特种畜禽。传统畜禽是我国畜牧业生产的主要组成部分，特种畜禽是畜牧业生产的重要补充。《目录》的制定和实施，对于准确把握畜禽范围、规范畜牧业监督管理工作、正确处理好资源保护利用与产业发展的关系具有重要的现实意义。

在《目录》对畜禽物种层面规定的基础上，国家畜禽遗传资源委员会公布了 2 期《国家畜禽遗传资源品种名录》，明确了生产实践中畜牧业管理的畜禽品种范围。我国共有畜禽遗传资源 984 个，其中，地方品种 565 个、培育品种及配套系 263 个、引入品种及配套系 156 个（截至 2021 年 12 月 3 日，表 2-1）。

表 2-1　我国畜禽遗传资源数量统计表

序号	物种名称	小计	地方品种	培育品种		引入品种	
				培育品种	培育配套系	引入品种	引入配套系
1	猪	134	84	28	14	6	2
2	牛	82	56	11	—	15	—
3	瘤牛	1	—	—	—	1	—
4	水牛	30	27	—	—	3	—
5	牦牛	22	20	2	—	—	—
6	大额牛	1	1	—	—	—	—
7	绵羊	100	54	33	—	13	—
8	山羊	81	62	13	—	6	—
9	马	58	29	13	—	16	—
10	驴	24	24	—	—	—	—
11	骆驼	5	5	—	—	—	—
12	兔	36	8	11	4	9	4
13	鸡	250	116	5	89	8	32
14	鸭	58	38	—	12	1	7
15	鹅	39	30	1	2	—	6
16	鸽	9	3	—	2	3	1

序号	物种名称	小计	地方品种	培育品种		引入品种	
				培育品种	培育配套系	引入品种	引入配套系
17	鹌鹑	3	—	1	—	2	—
18	梅花鹿	8	1	7	—	—	—
19	马鹿	5	1	3	—	1	—
20	驯鹿	1	1	—	—	—	—
21	羊驼	1	—	—	—	1	—
22	火鸡	5	1	—	—	2	2
23	珍珠鸡	1	—	—	—	1	—
24	雉鸡	5	2	2	—	1	—
25	鹧鸪	1	—	—	—	1	—
26	番鸭	4	1	—	1	1	1
27	绿头鸭	1	—	—	—	1	—
28	鸵鸟	3	—	—	—	3	—
29	鸸鹋	1	—	—	—	1	—
30	水貂	10	—	8	—	2	—
31	银狐	2	—	—	—	2	—
32	北极狐	1	—	—	—	1	—
33	貉	2	1	1	—	—	—
	总计	984	565	139	124	101	55

注："—"表示无数据。

二、畜禽遗传资源保护与开发利用情况

（一）开展畜禽遗传资源调查，摸清我国资源家底

新中国成立以来，我国组织开展了三次大规模的全国畜禽遗传资源调查。第一次调查于 1976~1983 年开展，首次出版了系统记载我国畜禽品种的志书，收录畜禽品种 282 个。第二次调查于 2006~2009 年开展，基本摸清了当时我国畜禽资源状况，动态掌握了 30 年来资源状况变化，编纂出版了"中国畜禽遗传资源志"，收录畜禽品种 747 个。从第一次调查的 282 个品种到第二次调查的 747 个品种，再到 2021 年的 984 个品种，每个品种的挖掘、培育或引入，都显示了我们对畜禽品种认识的进步，体现了我国畜牧业科技管理水平的提高。2021 年，农业农村部组织实施了第三次全国畜禽遗传资源普查，计划用 3 年时间，摸清畜禽遗传资源状况、群体数量和区域分布，开展特征特性评估和生产性能测定，发掘鉴定新资源，抢救性收集保护珍贵稀有濒危资源，实现应收尽收、应保尽保。

（二）制定《国家级畜禽遗传资源保护名录》，确定重点保护对象

　　根据分级保护和珍贵、稀有、濒危、重点性状等原则，在资源调查评估的基础上，农业农村部先后三次公布了国家级畜禽遗传资源保护名录。2014 年 2 月，农业部公告第 2061 号公布了《国家级畜禽遗传资源保护名录》，确定国家级保护地方品种 159 个。其中，猪 42 个、牛 21 个、羊 27 个、鸡鸭鹅 49 个、马驴骆驼 13 个、其他品种 7 个。同时，各省确定省级保护品种共计 260 个。

（三）健全完善我国畜禽遗传资源分级负责保护体系

　　畜禽遗传资源保护主要有活体保种和遗传材料保存两种方式。畜禽活体保种是目前最有效的保种方式，遗传材料保存是重要补充。2021 年 8 月，经过重新确认，农业农村部共确定国家畜禽遗传资源保护单位 205 个，其中，基因库 8 个、保护区 24 个、保种场 173 个，涵盖了 147 个国家级畜禽遗传资源保护品种。国家地方鸡种基因库（江苏）、国家地方鸡种基因库（浙江）、国家水禽基因库（江苏）、国家水禽基因库（福建）4 家活体家禽基因库共收集保存了地方鸡种 46 个和地方水禽品种 40 个；国家蜜蜂基因库采用活体保种的方式保存了 5 个蜜蜂品种共 605 群，并保存了东北黑蜂、新疆黑蜂等 12 个蜜蜂品种的冷冻精液 79 106μl。全国畜牧总站建设的国家家畜基因库，战略性收集保存了 390 个品种的精液、胚胎等遗传材料 115 万份，包括猪、牛、羊、马、驴等畜种，保存总量接近世界第一。第一批保存的秦川牛、湖羊等品种冷冻精液已达 40 年之久，最早冷冻的牛、羊胚胎已保存 30 年以上。

（四）畜禽遗传资源开发利用情况

　　畜禽遗传资源保护的主要目的是开发利用，保种是基础和前提。单纯的保种而不利用，既不现实又不长久。全国畜禽遗传资源保护和利用"十一五"到"十三五"规划中都明确提出要加大优良种质资源的开发利用力度。我国地方品种多具有外貌独特、抗逆性强、肉蛋品质优等特点。在资源开发利用中，以市场为导向，可将资源优势转化为市场优势和经济优势。"十二五"以来，地方畜禽遗传资源开发利用步伐加快，对 25%～70% 的畜禽地方品种进行了产业化开发，7%～35% 的品种用于新品种培育，满足了多元化的消费需求（表 2-2）。例如，以我国北京鸭为素材，培育了 Z 型北京鸭等瘦肉型新品种，以地方品种培育的各型黄羽肉鸡已占据我国肉鸡市场的半壁江山，濒危品种沙子岭猪在被挖掘出其适应性广、抗病力强、营养价值高、口感好等潜在价值后，经过长期选育和改良，育成了广受市场欢迎的湘沙猪品种。除了培育新品种，部分地方品种还获得国家地理标志保护认证，推进"地标农产品+绿色食品"双品质运作，强化溯源赋能品牌的叠加作用，有效促进了产业化开发利用。地方品种的产业化开发利用也是乡村振兴工作的重要抓手，为促进农民致富发挥了积极作用。

表 2-2　地方品种产业化开发利用统计表

品种	产业化开发地方品种		其中用于培育新品种、配套系的地方品种	
	品种数量	占比	品种数量	占比
猪	63	70%	14	16%
牛	38	40%	7	7%
羊	56	55%	11	11%
家禽	115	66%	61	35%
其他	21	25%	8	9%
总计	293	54%	101	19%

资料来源：《全国畜禽遗传资源保护和利用"十三五"规划》（2017 年）

在畜牧业经济发达地区，主要利用高产的引入品种（包括与地方品种进行杂交生产）和培育品种。在经济欠发达地区、偏远山区及特殊生态地区，畜牧生产以地方品种为主。高产引入品种重点保障畜产品有效供给，满足数量需求；地方品种重点在提品质上水平，生产"精、特、美"特色畜产品，走差异化发展之路，如壹号土猪、北京黑六、清远鸡等以地方品种为基础的畜禽产品开发势头较好，满足了高品质生活需求。截至目前，农业农村部共培育了畜禽新品种（配套系）263 个。其中，猪 42 个、牛 13 个、羊 46 个、兔 15 个、家禽 109 个、其他畜禽38 个。初步统计，53%的畜禽地方品种得到产业化开发，成为推进乡村振兴战略的重要抓手和特色畜牧业发展的新引擎。同时，畜禽遗传材料保存利用方面已经初步展示了其特有价值。例如，国家家畜基因库保存的延边牛、鲁西牛等部分品种冷冻精液已返回原产地，用于恢复本品种现有群体的品质并培育出了优良品种；库存 30 年的湖羊冷冻精液和 20 年的冷冻胚胎复苏试验成功，出生的羔羊羔皮雪白、波浪花纹明显，完整再现了 20 多年前当时湖羊的特征性状。

三、畜禽遗传资源保护与利用面临的挑战

（一）遗传资源多样性受到威胁

我国虽然畜禽遗传资源较为丰富，但众多的畜禽遗传资源仍有濒危或是消失的风险。地方畜禽品种数量整体呈下降趋势，濒危和濒临灭绝品种约占地方畜禽品种总数的 18%。畜禽养殖不断向集约化、标准化、规模化方向发展，再加上禁养、限养、环保等问题，导致一些散养户逐渐退出了养殖领域，使地方畜禽品种生存空间受到一定的限制；某些地区、养殖场一味单方面追求畜禽的生产效益和

经济效益，盲目引进外来品种和培育品种并进行杂交改良，导致地方品种群体数量下降；近年来，非洲猪瘟、禽流感等动物疾病不断发生与流行传播对地方畜禽品种的保护进程增加了阻力。

（二）资金缺乏，众多品种尚未得到国家（地区）保护支持

目前我国还没有专门针对畜禽种质资源检测和开发利用的管理机构，因此国内许多珍稀的畜禽种质资源没有被发现。虽然在一些大城市中畜禽种质资源的保护利用工作有了一定的进展，但是在保护过程中存在重利用、轻保护的现象，严重制约了畜禽种质资源的保护利用。同时由于受自然环境和技术条件的限制，对一些偏远地区的畜禽资源调查和开发利用都造成了影响。此类情况发生的主要原因是我国各级政府重视程度不够，资金投入量不足，没有足够的经费用于购买精良的仪器设备和开展场地建设等。虽然我国拥有 100 多个畜禽种质资源保护单位，但是大多数都存在仪器设施老旧、技术手段落后，以及工作人员紧缺或专业素质较低等问题。

（三）尚未形成科学合理的资源开发利用体系

目前，虽然国家已经建立了一些畜禽品种的保种场、保护区和基因库，但走访调研发现，基层在开展保种和利用工作中存在缺乏中长期的发展规划、保种技术落后、设施设备不完善等问题，尤其是对优良种质、特色种质资源的收集保存力度不足。一些保种场、保护区或保种企业的实验室中的检测仪器设备存在陈旧老化、灵敏度不够等问题，从事保种的相关人员往往学历较低或是非专业出身，从事保种工作的积极性不强，严重制约着优异种质资源的创新利用。截至目前，不同省市和地区仅有一小部分的地方畜禽品种申请了地理标志产品，由于未能及时进行积极的宣传和产品推介，这些地标畜禽产品的市场价格和品牌价值存在不对称性，并没有突出明显的市场竞争力，挫伤了专业化种业公司的积极性。另外，养殖企业上下游、横向联合的养殖机制不完善，企业间难以实现优良养殖资源的交流与共享，畜禽地方品种加工产业链条短，主要以初级加工为主，精深加工和高附加值产品少，销售渠道也较为单一，产业融合不充分，未形成全方位的产业链。

第二节 我国畜禽新品种培育与推广情况分析

改革开放以来，我国畜禽种业经历了本土品种选育、引进品种改良、引进选育与自主培育相结合的三个发展阶段。品种管理与市场监管制度的建立为稳步推进畜禽种业建设奠定了重要基础。2008 年以来，农业部（现农业农村部）陆续发布实施了奶牛、生猪、肉牛、蛋鸡、肉鸡和肉羊遗传改良计划，有力推进了我国

畜禽种业发展，涌现出一批国产化新品种/配套系，市场占有率稳步提升，保障了国内肉蛋奶市场的多元化产品需求，奠定了种源自主可控的重要基础。进入"十四五"以来，党中央、国务院对打好种业翻身仗做了总体部署，农业农村部制定并发布了新一轮全国畜禽遗传改良计划，目标是通过 15 年的努力，建成完善的商业化育种体系，自主培育一批具有国际竞争力的突破性品种，提升种源国产化率，保障国家安全。

一、畜禽新品种管理与市场监管制度

畜禽品种管理有相关国家出台的管理法则，《种畜禽管理条例实施细则》是 2004 年 7 月 1 日农业部令 38 号修订，凡在中华人民共和国境内从事畜禽品种资源保护、新品种培育和种畜禽生产、经营者，必须遵守本实施细则。农户（包括农场职工）自繁自用种畜禽除外。畜禽品种资源实行国家、省（自治区、直辖市）二级保护。国家级畜禽品种资源保护名录由国务院畜牧行政主管部门确定、公布；省级畜禽品种资源保护名录由省级畜牧行政主管部门确定、公布，报国务院畜牧行政主管部门备案。国务院畜牧行政主管部门负责制定全国良种繁育体系规划。省级畜牧行政主管部门根据国家规划制定本地区相应的规划，包括本品种选育、新品种培育、经济杂交及配套系统良种繁育体系规划，报国务院畜牧行政主管部门备案。

畜禽品种管理市场监管制度也出台了相关的管理法则。这一举措是为了进一步加强上市活禽检疫监管，规范市场活禽及禽类产品经营秩序，有效防控高致病性禽流感等重大动物疫病通过市场流通环节传播的风险，从而确保广大消费者的身体健康，维护公共卫生安全，保障畜牧业又好又快发展。根据《中华人民共和国动物防疫法》、《动物检疫管理办法》及《国务院办公厅关于整顿和规范活禽经营市场秩序加强高致病性禽流感防控工作的意见》等法律法规及地方出台的有关文件精神和工作要求，了解掌握活禽及禽类产品市场交易和屠宰加工经营情况，以便于加强活禽及禽产品的检疫监管，规范禽类及其产品交易市场，为全面实施活禽经营市场、家禽屠宰加工场的规范化管理提供决策依据。

《畜禽新品种配套系审定和畜禽遗传资源鉴定办法》与《中华人民共和国畜牧法》于 2006 年 7 月 1 日同时实施。办法所称畜禽新品种是指通过人工选育，主要遗传性状具备一致性和稳定性，并具有一定经济价值的畜禽群体。配套系是指利用不同品种或种群之间杂种优势，用于生产商品群体的品种或种群的特定组合。而畜禽遗传资源是指未列入《中国畜禽遗传资源目录》，通过调查新发现的畜禽遗传资源。三者均由国家畜禽遗传资源委员会开展审定工作，农业部公告。目前，已经制定新品种配套系审定和遗传资源鉴定技术规范的物种有猪、家禽、牛、羊、家兔、马（驴）、毛皮动物（银狐、蓝狐、水貂、貉）、鹿、蜜蜂、犬 10 类 17 个物种。该办法自出台之后尚未进行过修订。

二、家畜新品种培育与推广情况

畜禽良种对畜牧业发展的贡献率超过 40%，是提升畜牧业竞争力的核心和关键。2008 年以来，我国先后发布实施奶牛、生猪、肉牛、蛋鸡、肉鸡、羊和水禽等畜种的遗传改良计划，逐步建立起我国畜禽现代自主育种体系，一批有实力的种业企业蓬勃发展，培育了一批满足不同市场需求的新品种/配套系（表 2-3），种畜禽群体性能与品质得到持续改良提升，为建设现代畜禽种业打下了坚实的基础。

表 2-3　2008～2022 年主要畜禽新品种/配套系培育情况

畜禽类型	新品种/配套系新增数量			
	2008～2012 年	2013～2017 年	2018～2022 年	合计
猪	6	7	6	19
奶牛	0	0	0	0
肉牛	3	3	2	8
绵羊	2	3	4	9
山羊	3	1	3	7
蛋鸡	5	11	5	21
肉鸡	26	12	19	57
水禽	2	1	6	9

改革开放以来，引入品种在一段时期内占据市场主导地位。但是随着我国畜禽自主培育品种和引入品种本土化选育能力的不断增强，畜禽自主创新品种的市场占有率不断提升。生猪上，近年来的正常年份，'杜长大'核心育种群基本保持在 15 万头左右。这些核心种源至少辐射了全国 150 万头母猪的扩繁群及至少 3 亿头商品猪。2019 年全国种猪场年供应种猪 1740.6 万头，1281 个种公猪站供应种猪精液 3161.6 万剂，我国生猪核心种源自给率达到 90% 以上，保障了我国生猪良种的基本供应。其中，自主培育猪品种的市场份额稳中有升，满足了猪肉产品的优质化和多样化消费需求。奶牛上，中国荷斯坦牛是我国培育的第一个乳用型牛专用品种，也是我国奶牛的主导品种，目前我国饲养的 1043.3 万头奶牛中，80% 以上属于荷斯坦牛。而在荷斯坦牛中，90% 以上都是中国荷斯坦牛，在全国各地都有分布。我国以市场需求为导向，以企业育种为主体，以科教单位为支撑，育繁推一体化种业创新格局初步形成。总体而言，目前我国畜禽核心种源自给率超过 75%，畜牧业良种的供给与使用已有一定保障。

三、家禽新品种培育与推广情况

贯彻落实《国务院办公厅关于加强农业种质资源保护与利用的意见》,加快国家畜禽种质资源库项目立项和建设,实现我国畜禽种质资源长期战略保存的核心功能。力争打造畜禽种质资源战略保存的"全球库",成为世界领先的资源创新中心,为我国现代种业自主创新和畜牧业高质量发展提供强有力的支撑。蛋鸡上,国家蛋鸡核心育种场主推品种全部为自主培育品种,2020 年 16 个国家蛋鸡良种扩繁推广基地推广商品代雏鸡 8.02 亿只,占全年全国商品代雏鸡销量的 70.1%。肉鸡上,黄羽肉鸡培育品种(配套系)占据我国肉鸡市场半壁江山,极大满足了我国多样化市场需求。我国第一个小型白羽肉鸡——沃德 WOD168 配套系自 2018 年通过审定以来,已累计推广 5 亿只。水禽上,自主培育的中畜草原白羽肉鸭和中新白羽肉鸭父母代种鸭在 2020 年的销量达到 754 万只,商品肉鸭出栏约 14.5 亿只,占全国白羽肉鸭市场的 36.5%。

为贯彻党中央、国务院种业振兴决策部署,深入实施种业创新攻关和企业扶优行动,2022 年 8 月,农业农村部办公厅印发《关于加快自主培育白羽肉鸡品种推广应用工作的通知》,统筹各方力量,强化政策扶持,加快我国自主培育白羽肉鸡新品种推广应用。通知指出,白羽肉鸡在我国肉鸡产业发展中地位十分重要,良种是提升产业核心竞争力的关键。圣泽 901、广明 2 号和沃德 188 3 个快大型白羽肉鸡新品种通过国家审定,品种性能与国际先进水平不相上下,这是我国畜禽企业与科研机构深度融合、协同创新的重要成果,填补了国内自主培育白羽肉鸡品种空白,对确保我国禽肉稳产保供具有重要意义。以北京油鸡为素材,培育出栗园油鸡蛋鸡和京星黄鸡 103 肉鸡配套系,在保持肉、蛋品质风味基础上,产蛋量、繁殖力和饲料转化率显著提高。以北京鸭为素材,培育了两个瘦肉型肉鸭配套系,2020 年推广量达 12 亿只,占全国市场的 36.5%,打破了国外品种垄断。培育了烤鸭专用配套系,不再采用传统填鸭方式推进国家畜禽种质资源库建设。

四、畜禽新品种培育的重点

(一)地方品种特色化

地方品种重点对生长发育、繁殖、肉品质、胴体性状、饲料转化率等性状开展选育,构建中国特色畜禽地方品种选育体系,对规模较大、有一定选育基础的地方品种杂种群体,制订选育计划,开展新品种培育。畜禽地方品种应加强品种的保护、选育和利用,充分挖掘地方优势品种肉质好、耐粗饲、抗逆性强等优良特性，提高肉用、乳用等生产性能和种群供种能力，支撑优质特色畜禽产业发展。着重开展选育基础性工作，逐步构建选育体系；充分利用引进优良品种，提高产肉、产奶性能，支撑区域特色畜禽产业发展。此外，重点完善繁育体系，充分挖掘和利用畜禽遗传资源特性，优化生产性能测定技术体系，提高优质种猪、种牛、种羊等供种能力，因地制宜推广人工授精技术，有力支撑地区畜禽业发展。

（二）引进品种本土化

引入"世界级"优势品种进行本土化培育，加速本国畜禽品种的改良和优化，是各国通行做法。以杜洛克猪、西门塔尔牛等为基础创制育种素材，综合考虑不同目标性状之间的关系，优化综合选择指数，应用表型智能化精准测定技术和全基因组选择等育种新技术，实现畜禽性能的持续改良。加强种畜禽自主培育体系建设，持续选育提高畜禽生产性能，缩小与国际先进水平的差距，不断增强自主供种能力；充分发挥产奶、产肉、产蛋等性能的综合优势，构建综合性状优势选育体系。

（三）杂种优势高效利用

以地方品种与引进品种为育种素材，综合考虑不同目标性状之间的关系，优化综合选择指数，应用表型精准测定技术和分子育种技术，培育出达到世界先进水平的优质、高效新品种和配套系，满足市场对优质畜禽产品的需求。各地因地制宜，建立、优化利用引进品种的杂交繁育体系，充分发挥杂种优势，提高畜禽生产水平。扩大育种群数量，加大育种群体选择强度，提高供种能力；坚持持续选育已育成品种，提高群体整齐度；坚持性能测定与遗传评估，结合育种新技术，开展适应不同生产模式的新品种选育，优势并举，支撑高效畜禽产业发展，持续提高种群供种能力和市场竞争力。

第三节 我国畜禽品种引进与利用情况分析

我国畜牧业起步晚，在畜禽种质资源优化和改良上，曾经一度以引进国外优良品种为主，在一定时期内对我国肉蛋奶等畜产品的高效生产和供给起到了重要作用。部分优良遗传资源也成为我国自主培育新品种的宝贵育种素材。但是长期引种带来的隐患不容忽视，包括疫病传播、对地方品种冲击、无序杂交改良导致我国优良地方品种资源的丢失等。更为重要的是我国是人口大国，"中国人的饭碗要牢牢端在自己手里"。目前不同畜禽进口品种的市场占有率不一，畜禽种业结构整体上是引—繁—推和育—繁—推并行，一方面可以保持一定量的种畜禽世界贸易，另一方面有助于保持国产化育种的竞争势头，逐步提升种源国产化率。种业振兴也并不代表完全不引种，反而应加强优良国外资源尤其是我国稀缺资源的引进、鉴定和创新利用。

一、引种管理制度

目前我国引入种畜禽主要从疫病、遗传疾病等方面对其进行审核，技术条件审查方面仍以出口国相关标准为依据，与我国畜禽改良目标并不一致。例如，从美国引进奶牛冷冻精液时，美国对奶牛冷冻精液的遗传评估更加聚焦乳蛋白量和乳脂量等，而我国目前奶牛产奶量水平较国外还存在一定差距，应该仍然将产奶量指标作为遗传评估的首选。

二、引种资源概况

世界畜牧业发达国家畜禽育种已经走过了上百年的历程，育成了一大批高产高效高度商业化的品种，引领了现代畜牧业生产的变革。改革开放以来，我国大量引进了生猪、奶牛、肉牛、羊、家禽等世界主流种畜禽育成品种（表 2-4）。一方面，充分利用这些先进育种成果，我国建立起标准化、规模化生产技术体系，直接进行生产，快速提高了我国畜牧业生产效率，为满足人民日益增长的畜产品消费需求做出了重要贡献。另一方面，这些优良的引入品种也普遍参与了我国畜禽品种创新，育出了一大批性能优异、深受市场欢迎的新品种及配套系，丰富了市场优质化、多样化产品供给。

表 2-4　我国引进主要畜禽品种/配套系数量

畜禽类型	品种	配套系	合计
猪	6	2	8
普通牛	15	0	15
瘤牛	1	0	1
水牛	3	0	3
绵羊	13	0	13
山羊	6	0	6
马	15	0	15
兔	9	4	13
鸡	8	32	40
鸭	1	7	8
鹅	0	6	6
鸽	3	1	4
鹌鹑	2	0	2

　　畜禽引入品种对提高我国畜牧业生产效率、提高优质种源供给能力和培育新品种等方面发挥了极大的促进作用，但是也存在一些对畜牧业生产、畜禽种业高质量发展不利的因素与问题。

三、国外种质资源及技术的引进与利用

　　国内大量从国外引进生猪种质资源，生猪市场重引进、轻选育，已陷入"引种—退化—引种"的恶性循环，正遭遇"卡脖子"风险。同时，由于保护力度不够，我国部分本土品种面临濒危。加快本土种猪种质资源的创新创制，摆脱长期依靠国外引种的局面已经成为亟待解决的问题。我国生猪产业的"芯片"——种质资源，有九成以上是从国外引种扩繁的。部分生猪育种者和生猪生产者受高生长速率、高瘦肉率等指标为主的需求导向影响，长期依赖国外引种。我国近代羊种业始于 20 世纪初。1904 年，国外传教士将萨能奶山羊引入青岛；同年，陕西的高祖宪和郑尚真等集资从国外引进美利奴羊数百只，这是我国从国外引进优良种羊的开始。之后至 1917 年，我国陆续从美国等国家引入 1000 余只美利奴羊对本地母羊进行杂交改良，获得了 3000 余只三代以上的杂种羊。我国从美国、加拿大、德国、丹麦、新西兰等国多批引入肉牛品种，仅 1973～1974 年两年内引进的肉用品种有 10 个，共 234 头。在 19 个省（自治区、直辖市），由国家计划委员会批准建立了肉牛生产基地，在广大农村地区改良本地黄牛，促进了我国肉牛产业的发展，并培育出了草原红牛、新疆褐牛等兼用型新品种。

四、国外品种引进对我国畜禽种业的不利影响

　　国外品种引进对我国地方品种保护与选育造成较大冲击。引入品种进入国内初期，部分地方为追求经济效益，对地方畜禽品种保种意识不强，未做好长期育种规划，无序使用引入品种与地方品种进行杂交生产。大量杂交群体的出现，造成引入品种特征优势退化，地方品种纯种种群数量快速减少，对地方品种保种与选育造成了冲击。

　　国外品种引进给畜禽带来的生物安全风险加大。生物安全防控稍有疏漏，将对畜禽良种生产和繁育，甚至畜牧业生产造成严重危害。例如，在 2018～2019 年，我国多个大型进口祖代白羽肉种鸡场出现了 J 亚群禽白血病的流行，给多个下游父母代种鸡场和商品代白羽肉鸡群造成了严重的损失。

第四节　我国畜禽种业研发基础及战略布局

　　种业是一项长期性、基础性工作，需要久久为功，持续发力。我国由于种业科研投入不足，资源和力量分散，需要在充分了解我国当前畜禽种业基础的前提

下谋划，发挥我国制度优势，科学调配优势资源，推进畜禽种业领域国家重大研发平台建设、人才培养、优势企业培育和基础性、前沿性研究创新等方面的战略布局。加强种质资源收集、保护和开发利用，加快生物育种产业化步伐，深化农业科技体制改革，强化企业创新主体地位，健全品种审定和知识产权保护制度，以创新链建设为抓手推动我国种业高质量发展。

一、畜禽种业研发平台建设和人才培养情况

根据《"十三五"国家科技创新基地与条件保障能力建设专项规划》（国科发基〔2017〕322号），我国现有与畜禽种业有关的创新基地11个，包括国家重点实验室4个、国家工程技术研究中心4个、国家工程实验室1个和国家科技基础条件平台2个。《全国农业科技创新能力条件建设规划（2012—2016年）》重点支持建设了两个与畜牧种业有关的单位，一是国家畜禽改良研究中心（依托单位中国农业科学院北京畜牧兽医研究所），二是农业部动物遗传育种与繁殖学科群（依托单位中国农业大学）。《全国农业科技创新能力条件建设规划（2016—2020年）》则重点支持建设了10个农业重点学科实验室、6个畜牧业类农业科学观测试验站和6个专业性科学试验基地。这些创新单位将成为我国畜禽种业研发的重要孵化器。

在包括畜禽种业的畜牧业专业学科人才培养方面，中国研究生招生信息网显示，我国目前开设"动物遗传育种与繁殖"专业硕士学位的高校与研究所共有39个。普通高校本科开设"动物科学"相关专业的高校有103所，每年毕业本科生7000~8000名。

在畜禽种业领域的院士、行业领军人才方面，我国现有中国科学院院士或中国工程院院士吴常信、黄路生、张亚平、刘守仁、张涌和侯水生6人。遴选成立了全国畜禽遗传改良计划专家委员会，分为生猪、奶牛、肉牛、羊、蛋鸡、肉鸡和水禽分委员会，包括行业知名专家共114人，主要职责是为畜禽遗传改良工作提供技术指导，参加核心育种场的核验及遴选等。同时，近年来一批国家杰出青年科学基金获得者、教育部长江学者、国家优秀青年科学基金获得者、教育部青年长江学者、国家"万人计划"领军人才等加入畜禽种业人才队伍。这些行业人才是畜禽种业科技领域的掌舵手，为加快我国畜禽种业科技创新提供了有力的技术和智力支撑。

在基层畜牧技术推广人才方面，根据《2020中国畜牧兽医年鉴》，截至2020年年底，全国共有34 136家畜牧业技术推广机构，在岗在编人数160 438人。其中，高级职称21 990人，占13.7%；中级职称52 792人，占32.9%；初级职称51 087人，占31.8%；其他34 569人，占21.5%。这些基层畜牧技术推广人才是畜禽种

业政策和项目落地落实的重要保障。

二、畜禽种业企业现状

随着《全国蛋鸡遗传改良计划（2012—2020）》的实施，国家蛋鸡良种选育体系和良种扩繁体系建设进程加快。从业企业规模和定位也在不断调整优化。蛋鸡祖代场从之前的近 30 家减少到目前的 15 家，规模化程度提高。在企业自愿申报、省级畜牧兽医行政主管部门审核推荐基础上，农业农村部遴选了高产蛋鸡和地方特色蛋鸡核心育种场 5 个，包括北京市华都峪口禽业有限责任公司（简称峪口禽业）等，主要承担新品种培育和已育成品种的选育提高等工作，遴选了国家蛋鸡良种扩繁推广基地 16 个，以国产品种育繁推一体化企业为主，兼顾部分引进品种推广量大的"引繁推一体化"企业，包括宁夏晓鸣农牧股份有限公司等。对于蛋鸡育繁推一体化企业，在强化企业育种主体地位的前提下，"产学研"育种协作机制充分发挥高校和科研院所的技术和人才优势及企业的资源和市场优势，促进育种关键技术成果应用于育种实践，加速新品种培育进程。"十二五"以来育成的蛋鸡新品种中，80%以上是高校或科研院所与企业的联合育种成果。

以欧美发达国家为主，高度集约化、规模化和标准化的畜禽养殖及选育技术、设备和场地，带动了全球畜禽种业的飞速发展。

在生猪种业方面，国内和国外的种猪育种公司或组织很多（表 2-5 和表 2-6），这类大型育种公司具有长年积累不可复制的庞大种猪性能数据库资源、持续改良的优良种猪（精液）资源和规范统一、可信的育种基础性工作，综合实力强大。以 PIC 为例，其已构建了全球最大的猪育种数据库（PICTraq），PICTraq™计算能力甚至超过美国国家航空航天局（NASA）。PIC 种猪具有超过 25 个世代的完整系谱信息，每年增加 44 万条性能测定数据和共超过 240 万个带性能测定数据的基因样本，对于快速、准确计算出种猪个体育种值并指导选配工作意义重大。同时，一些国外猪育种公司伺机而动进入我国种猪生产领域，如 Waldo-Whiteshire 战略联盟在广东湛江、湖南、山东等地建立 5 家种猪场，Hypor 则在四川、江西、重庆等地先后建立合资种猪场，DanBred 在北京等地建立中丹种猪场等。另外，我国部分大中型种猪企业育种体系也加盟到美国国家种猪登记协会（National Swine Registry，NSR）、加拿大遗传改良中心（Canadian Centre for Swine Improvement，CCSI）等组织。

国外畜禽种业得以快速发展，关键就在于对育种工作的高度重视。跨国种业公司不仅在传统的杂交育种方面具有明显的优势，在转基因技术、分子设计育种、种质资源创新等高端农业科技领域也显示出了强劲的实力。以加拿大为例，已经建立了较完备的农业生产管理制度，并充分发挥了育种协会在生产中的管理和协调作用。

表 2-5 国际化种猪育种公司/组织

类型	国家	公司/组织名称
独立组织/协会的育种	美国	NSR
小公司的联合育种	加拿大	CCSI
政府介入的育种项目	德国	Bundes Hybrid Zucht Program（BHZP）
	挪威	Norsvin
	法国	Nucleus
	丹麦	DanBred
	荷兰	Topigs
育种公司	比利时	Hypor
	加拿大	Genetiporc
	美国	Newsham Choice Genetics（NCG）
	美国/英国	PIC

表 2-6 国内种猪育种公司/组织

类型	公司/组织名称
协会育种	全国猪联合育种协作组
	广东省种猪联合育种协作组
	山东省种猪联合育种协作组
	河南省种猪联合育种协作组
政府介入的育种项目	全国生猪遗传改良计划
育种公司	广东中芯种业科技有限公司
	福建傲芯种业科技集团有限公司
	河南牧原种猪育种有限公司
独立育种场（92 家国家核心育种场）	佳和农牧股份有限公司
	北京中育种猪有限责任公司
	广西农垦永新畜牧集团有限公司良圻原种猪场
	江西加大农牧有限公司
	广西扬翔股份有限公司
	广东德兴食品股份有限公司
	新希望六和股份有限公司
	史记生物技术（南京）有限公司
	深圳市金新农科技股份有限公司

　　加拿大政府在畜牧业产业政策、产品配额、市场价格、质量保证等方面实行宏观调控。加拿大政府也重视农业科学研究，加强对农业科研的投入，有着世界上一流的农业和畜牧业大学及科研机构。在加拿大联邦一级的自然科学工作者中，农业科技人员占总人数的第 1 位，约占 28%，在联邦政府对自然科学的总支出中，

农业科研的比重约占 12%。

三、政策、法规、知识产权、国际公约

国际上有关畜禽种业的发展主要涉及三个国际公约，即《生物多样性公约》（Convention on Biological Diversity，简称 CBD 公约）、《建立世界知识产权组织公约》（Convention Establishing the World Intellectual Property Organization，简称 WIPO 公约）和《与贸易有关的知识产权协议》（Agreement on Trade-Related Aspect of Intellectual Property Rights，简称 TRIPs 协议）。

CBD 公约旨在保护地球的生物遗传资源。该公约由联合国环境规划署发起，在 1992 年里约热内卢举办的联合国环境与发展会议产生。由于动物遗传资源的特殊性，CBD 公约也是国际动物品种及种质资源保护权威的法律文件。根据缔约国所达成的协议，每 10 年对 CBD 目标进行修正，先后于 2000 年和 2010 年形成了《卡塔赫纳生物安全议定书》和《名古屋遗传资源议定书》，2021 年 10 月在昆明召开的第十五次缔约方大会，通过了《昆明宣言》，形成了《2020 年后全球生物多样性框架》。

基于知识和技术交流日趋国际化的背景，WIPO 公约致力于保护知识产权，以此激励世界各国的创新和创造。1967 年由世界知识产权组织发起，于 1970 年正式生效。作为创新的重要内容与技术，生物新品种成为知识产权保护的重要内容。1980 年，中国加入 WIPO 公约，成为第 90 个成员国，目前有 192 个成员国。

随着国际贸易发展，由世界贸易组织发起形成的 TRIPs 协议，要求保护成员国在贸易活动中涉及知识产权方面的利益。该协议由 124 个成员方签署于 1994 年的乌拉圭回合谈判，随着 1995 年 WTO 成立而生效，2023 年 12 月有 164 个成员方，中国在 2001 年加入。该协议是世界范围内知识产权保护领域涉及面广、保护力度大、制约性强的一个国际公约。

四、畜禽种业发展规划和布局

（一）种质资源战略规划与布局

在国际种业发展中，种质资源具有战略意义，其蕴含的大量重要功能基因资源，既是人类满足未来生产生活需要、应对未来气候变化的前提，又是种业创新、应对国际种业竞争的基础，所以各国政府及种业企业都在积极进行种业资源战略储备。欧美发达国家在畜禽遗传资源评价与保护上已形成组织健全、规划全面、设施先进、科技领先的格局，并纷纷制定品种资源收集保存计划。PIC、ABS 等跨国种业集团纷纷在销售地建设育种场，将销售地品种资源收集评价纳入其品种

培育计划，为将来品种培育进行资源战略储备。借鉴发达国家经验，我国是世界上地形条件资源状况比较丰富的国家，应该积极制定资源战略规划，对内进行资源普查和重要基因资源挖掘，摸清家底，并制定保存与利用计划。对外也要积极收集国际种质资源，并加强其基因功能解析及重要功能基因挖掘，以积极应对未来的种业全球化发展趋势。

（二）科技创新战略规划与布局

科技创新是未来种业发展与竞争的核心，发达国家都在加紧抢占科技制高点。例如，美国研发了性别控制技术，并申请了专利保护，然后在全世界推广应用，使用者不但要付仪器设备购买费，每生产一支性控精液都要提交一定的专利使用费，据此美国 XY 公司垄断了全球性别控制市场，攫取了高额利润。另外，白羽肉鸡引种也是一个典型的例子，我国在白羽肉鸡引种时，都必须配套购买且只能购买其一定数量的配套系种群，而且不允许我们自己进行选育，一旦引种，世世代代都在承受"卡脖子"的风险。最初，峪口禽业的蛋鸡育种就是在这种极其苛刻的情况下，艰难地开始育种工作的，在引种过程中积极进行科技创新，最终避免了被国外技术长期"卡脖子"。所以，加强从资源挖掘、技术研发、新品种培育的全链条科技创新，才能提高我国种业科技创新能力和种业国际竞争力。

（三）种业企业培育战略规划与布局

种业产业位于畜牧产业的上游，对畜牧业健康可持续发展及产业竞争力提升具有战略意义，是全局性、引领性产业。所以，发达国家一方面每年都为育种协会提供相匹配的工作经费，支持协会进行性能测定、育种值遗传评估、种畜禽培育、精液胚胎等种质产品生产及相关创新研发，同时，欧盟框架计划及美国农业部等，还针对种业产业问题进行科技立项，为科研院所及种业企业搭建合作研发平台，支持科研院所与企业合作，从基础研究、科技创新、品种培育等种业链条进行科技创新，通过国家支持及自身科技布局，种业企业的核心竞争力不断增强。这为我国种业发展树立了榜样，我国种业企业虽然呈现小而散的状态，但也培育了峪口禽业、温氏食品集团股份有限公司（简称温氏集团）、北京三元种业科技有限公司（简称三元种业）等一批大型规模种业企业，具有了一定的科技创新能力，种业振兴的任务之一就是要在企业培育方面下功夫，加快壮大种业主体。应通过政策支持、项目资助，搭建创新平台，加快人才培养，使其成为科技创新主体，并不断提升创新能力与水平，增强核心竞争力，带动畜禽养殖业健康快速发展。2021 年中央启动种业振兴企业扶优行动。为贯彻党中央、国务院种业振兴决策部署，落实全国种业企业扶优工作推进会精神，深入实施种业企业扶优行动，支持重点优势企业做强做优做大，农业农村部组织开展了国家种业阵型企业遴选工作，根据企业创新能力、资产实力、市场规模、发展潜力，构建 86 家企业为国家畜禽种业阵型企业，形成"破难题、补短板、强优势"企业阵型。"破难题"阵型企业聚焦少数主要依靠进口的种源，引进创制优异种质资源，推进产学研紧密结合，加快培育具有自主知识产权新品种；"补短板"阵型企业聚焦与国际先进水平相比有差距的种源，充分挖掘优异种质资源，在品种产量、性能、品质等方面尽快缩小差距；"强优势"阵型企业聚焦我国有竞争优势的种源，加快现代育种技术应用，巩固强化育种创新优势，完善商业化育种体系。"种业阵型企业"将在发挥优势种业企业"主板"集成作用、做强做优做大种业企业、夯实优势种业企业供种"基本盘"方面发挥重大作用。

（四）人才培养战略规划与布局

人是科技创新中最重要也是最活跃的因素，而人才则是承载了科技创新能力的重要资源。为此，发达国家及企业都非常重视人才。以 PIC 为例，在数量遗传、分子生物学、胚胎繁殖技术、人工授精技术和基因标记技术等领域聘请了 100 多位专业技术人员，其中有 25 位分子生物学家、25 位数量遗传学家、20 位收益及营养学家、15 位繁殖及肉品科学家。他们中的 50 多位具有博士学位，有的还是所在领域的知名专家。在 PIC 的研发团队中，也有许多在国外获得博士学位的华人。公司不但为人才提供高额的工资待遇，并为其提供了良好的科技创新环境，配备一定的科研项目。还与斯坦福大学、普渡大学等 50 多个全球优势科研院校的科研人员广泛开展对外合作，完成其公司的研发任务，其中就包括与我国黄路生院士、李奎教授等专家的合作。我国的种业企业普遍偏弱，很难留住人才，所以，需要国家从落户、孩子入学等政策方面为人才解决后顾之忧，才能扭转我国种业产业难以留住人才的不利局面。

第三章 畜禽种业科技创新的现状和发展趋势

近年来，随着多组学、大数据、基因编辑等前沿学科的快速发展，重要基础科学问题的突破在全球畜禽种业科技竞争中愈发重要，并形成了一批高精尖、多学科交叉、全产业链技术集成的育种关键核心技术，前沿颠覆性技术也正在带动世界种业格局的重大变革。当前国际畜禽育种呈现出以基础科学研究为创新源泉、前沿生物技术为引领、大数据为指导的趋势，为我国畜禽种业实现跨越式发展提供了重要机遇。

一、畜禽种业基础研究进展和趋势分析

基础研究是整个科学体系的源头，是所有技术问题的总机关。畜禽生物育种相关基础研究，为研发前沿技术体系、提高育种原始创新提供了重要素材。为了厘清畜禽种业基础研究的进展与趋势，本研究采用"物种+关键词"的检索模式进行文献计量分析。以 pig、cattle、sheep、chicken、duck、goose（猪、牛、羊、鸡、鸭、鹅）为检索词，以畜禽育种领域主要育种技术（例如 breeding、crossbreeding、genetic improvement、genetic progress、genome-wide selection、gene chip、molecular marker、genetic marker、molecular marker assisted selection、single nucleotide polymorphism analysis、quality trait selection、quantitative trait selection、functional gene、regulatory sequence、regulatory mechanism、molecular mechanism、molecular regulation、molecular marker、regulatory network、gene editing、transgenic、molecular breeding、selective breeding、breeding objective、breeding for disease resistance、intelligent phenome、phenotypic assay、genetic assessment、phenotypic intelligent collection、phenotypic high-throughput collection、phenotype database、stem cell breeding、embryonic stem cell、pluripotent stem cell）（育种、杂交育种、遗传改良、遗传进展、全基因组选择、基因芯片、分子标记、遗传标记、分子标记辅助选择、单核苷酸多态性分析、质量性状选择、数量性状选择、功能基因、调控序列、调控机制、分子机制、分子调控、分子标记、调控网络、基因编辑、转基因、分子育种、设计育种、精准育种、抗病育种、智能表型组、表型测定、遗传评估、表型智能采集、表型高通量采集、表型数据库、干细胞育种、胚胎干细胞、多能干细胞）和重要经济性状（包括 meat quality、growth、growth performance、performance、fertility、heritability、fatty acid、genetic diversity、milk yield、reproduction、animal welfare、polymorphism、digestibility、model、transcriptome、breed、genomic selection、yield、genetic parameter、crossbreed、nutrition、body weight、growth trait、stress、pregnancy、embryo、xenotransplantation、somatic cell count、reproductive performance、nitride)（肉质、生长、生长性能、表型、生育能力、遗传、脂肪酸、遗传多样性、牛奶产量、繁殖、动物福利、多样性、消化率、模型、转录组、品种、基因选择、收益率、遗传参数、杂交、营养、体重、生长特征、压力、妊娠、胚胎、异种器官移植、体细胞计数、繁殖性能、氮化）为关键词，检索 2008～2022 年 SCI 论文和专利，并分别就 2008～2012 年、2013～2017 年、2018～2022 年 3 个时间段论文数量排名前 10 的国家和产出机构、高频关键词进行分析，从而提炼出核心关键词，随后结合种业专家研讨，凝练出畜禽种业研究的进展与趋势，并进行后续的关键核心技术分析。

　　2008～2022 年国内外畜禽育种相关 SCI 论文数量整体呈现明显的增加趋势，如图 3-1 所示，15 年内发表论文数量由 7798 篇增加至 17 597 篇，表明畜禽育种相关应用基础研究目前仍然是全球农业的研究前沿与热点领域。

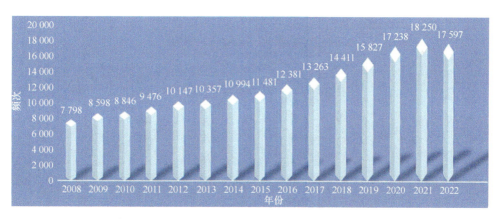

图 3-1　2008～2022 年畜禽育种相关 SCI 论文数量分析

　　如图 3-2 所示，2008～2022 年国内外畜禽育种相关 SCI 论文数量最多的国家主要为美国、中国、德国、日本、巴西等。除我国外，上述国家在近 15 年内发表的 SCI 论文数量整体处于略有上升状态，而我国近年来在畜禽育种领域发表的论文数量由 2008～2012 年的 5337 篇增加至 2018～2022 年的 24 927 篇，实现了数倍增长，并在 2017～2018 年反超美国位居世界第一。

　　2008～2022 年国内外畜禽育种相关 SCI 论文发表最多的机构在近 15 年间同样发生了巨大变化（图 3-3）。随着我国发表的 SCI 论文数量反超美国位居世界第一，近年来我国多家研究机构发表的畜禽育种领域 SCI 论文数量居于前列，且前

19 名的机构中中国科研机构与院所占比逐年增加,表明我国在畜禽育种领域的研究投入越来越大,核心原创突破值得期待。

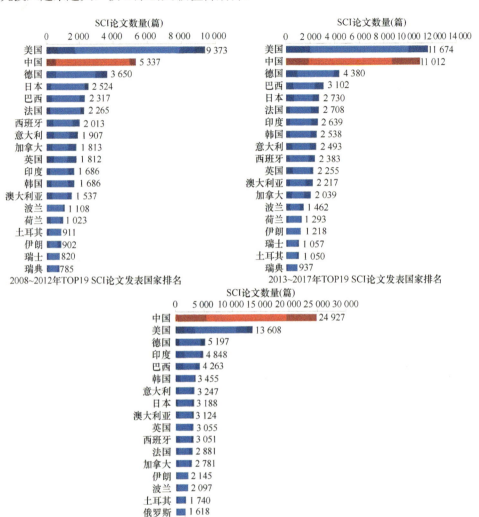

图 3-2 2008～2022 年畜禽育种 TOP19 SCI 论文发表国家分析

与 SCI 论文发表情况不同,2008～2022 年国内外畜禽育种相关专利产出数量存在较大差异(图 3-4),国外专利数量整体呈现下降趋势,而我国则经历了迅速增加的时期后,当前专利数量处于下降过程中,渐渐与国外趋势相一致,这与国内外畜禽育种专利更多地集中在企业,尤其是种业巨头中,而中小型企业专利产出逐年减少的现实相一致,从某些角度表明国际畜禽种业专利壁垒的加剧。

SCI论文数量(篇)

2008~2012年TOP20 SCI论文发表机构排名

SCI论文数量(篇)

2013~2017年TOP20 SCI论文发表机构排名

图 3-3　2008~2022 年畜禽育种 TOP20 SCI 论文发表机构分析
法国农业科学研究院，现被合并组建为法国国家农业食品与环境研究院

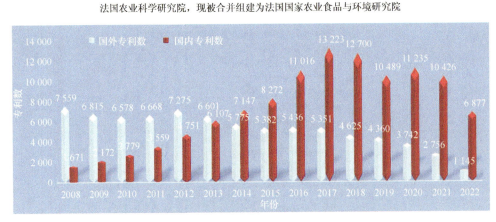

图 3-4　2008~2022 年畜禽育种相关专利产出数量分析

　　对 2008~2022 年国内外畜禽育种相关专利产出国家和地区进行分析，如图 3-5 所示，近 3 个 5 年内，我国产出的畜禽育种相关专利数量稳居世界第一，之后依次为美国、日本、韩国和欧洲专利局，以上排名在 2022 年基本没有变化，表明畜禽育种专利产出国际格局非常稳定。针对专利产出数量变化来看，除中国在迅速增长后基本持平外，其他国家和地区都呈现出专利数量稳步下降的趋势，这与图 3-4 的结论相一致，同样表明国际畜禽育种专利格局非常稳定，专利壁垒稳固。

图 3-5　2008～2022 年畜禽育种相关专利产出数量分析

尽管我国畜禽育种专利总体数量稳居第一，然而进一步对专利产出机构进行分析，近年来畜禽育种专利产出数量 TOP5 的机构中没有任何一家中国企业、高校或研究院所，TOP19 的机构中也寥寥无几（图 3-6）。此外，即使是我国畜禽育

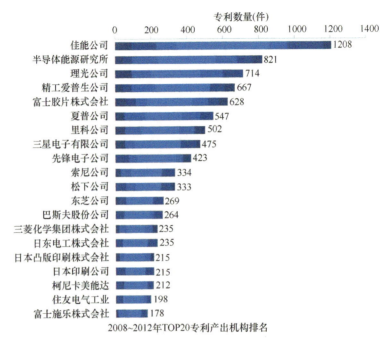

2008~2012年TOP20专利产出机构排名

2013~2017年TOP20专利产出机构排名

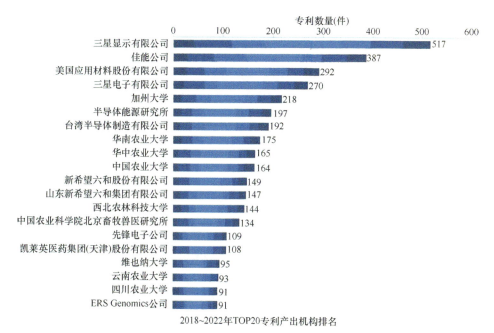

图 3-6　2008～2022 年畜禽育种相关专利产出机构分析

种专利产出最多的机构，产出数量仍不及世界顶级机构的一半，这与我国庞大的专利总量形成了巨大反差，表明我国畜禽育种专利产出机构庞杂且分散，既不符合现代动物育种长周期、大数据、大平台的特点，又难以体现我国"集中力量办大事"的制度优势，表明我国以企业为主体的联合育种体制仍然存在较大缺陷。

（一）畜禽重要经济性状遗传基础解析

畜禽重要经济性状主效基因和关键突变位点的挖掘与鉴定是提升畜禽育种效率的基础，也是基础应用研究的热点和各国专利争夺的关键。

分别检索分析 2008～2012 年、2013～2017 年、2018～2022 年与关键功能基因相关的 SCI 论文关键词，如图 3-7 所示，肉质（meat quality）始终是近年来国际畜禽育种相关研究的热点，而类似的优质相关主效基因（型）挖掘鉴定同样占据重要地位，此外，生长速率相关的主效基因（型）、生产性能相关的主效基因（型）、抗病相关的主效基因（型）已逐渐成为近些年国内外研究中的新热点。

近些年，随着畜禽基因组测序的完成及基因编辑等生物技术的发展，全基因组关联分析（genome wide association study，GWAS）、转录组学、eQTL 定位、三维基因组学等组学技术及 CRISPR/Cas9 基因编辑技术逐步应用于畜禽重要功能基因和主效 QTL 鉴定，为解析畜禽重要经济性状形成的遗传机制提供了快捷手段，提升了主效基因和重要突变位点的挖掘与鉴定效率，相继发现了一批显著影响畜禽重要经济性状的 QTL 和重要功能基因。

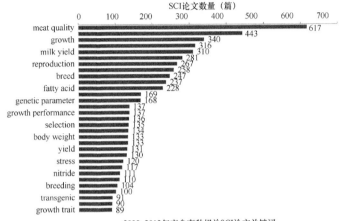

2008~2012年畜禽育种相关SCI论文关键词

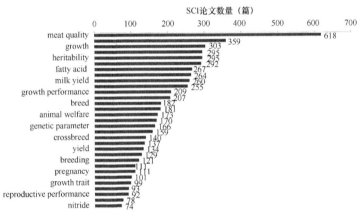

2013~2017年畜禽育种相关SCI论文关键词

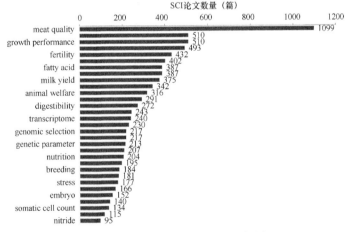

2018~2022年畜禽育种相关SCI论文关键词

图 3-7 2008~2022 年畜禽育种重要经济性状相关 SCI 论文关键词分析

（1）生长速率相关的主效基因（型）。目前，国际上已鉴定到与猪生长速度和瘦肉率相关的功能基因包括胰岛素样生长因子 2（IGF2）、肌肉生长抑制素（MSTN）、黑素细胞皮质激素受体 4（MC4R）、胆囊收缩素 A 受体（CCKAR）、垂体特异转录因子 1（PIT-1）等。Gutiérrez 等（2015）对 21 个欧洲牛品种基因组划分了 409 个常染色体核心选择信号区域（CSS），其中 291 个 CSS 与乳制品和肉类生产、体尺性状相关。基于拷贝数变异数据（CNV）对荷斯坦（样本量 923）、夏洛莱（样本量 945）和利木赞（样本量 974）的胴体重、胴体尺和胴体脂肪进行关联分析，定位到 16 个 CNV 和 34 个单核苷酸多态性（SNP）至少与一个群体关联。Reyer 等（2015）对 864 只白羽肉鸡生长和饲料转化率性状进行 GWAS，鉴定了 10 个与 36 日龄、46 日龄体重、饲料转化率（FCR）、增重和采食量显著相关的数量性状基因座（QTL），其中肉鸡 FCR 的关键基因为 AGK 和 GTF2I。

（2）生产性能相关的主效基因（型）。新鲜鸡蛋中有时会出现一种类似臭鱼的难闻味道，被称为"鱼腥味综合征"，其产生原因是含黄素单氧化酶基因发生的突变导致机体不能正常分解食物中的三甲胺。鸡 8 号染色体 FMO3 基因第 7 外显子上发生了一个错义突变，第 694 碱基从 A 突变为 T 导致苏氨酸变成了丝氨酸进而造成鸡蛋产生三甲胺。猪的椎骨数量与产肉量有关，通过 QTL 精细定位、全基因组关联分析（GWAS）等方法，发现了 NR6A1 和 VRNT 基因是影响猪椎骨数量的主效基因。2019 年 Jiang 等基于 29 万头美国荷斯坦牛群体填充后的 60K 芯片数据进行了产奶性状、体细胞数性状关联分析，再一次证明了 DGAT1 是与产奶性状最显著相关的主效基因。研究还发现 SLC4A4、GC、NPFFR2、ADAMTS3 基因能够影响产奶量和乳蛋白性状，ABCC9、PLEKHA5、MGST1、SLC15A5 和 EPS8 与乳脂量相关。

（3）优质相关的主效基因（型）。近年来，随着人民生活水平的提高，消费者不断追求高品质的肉质需求。因此，生产优质、安全和健康的肉（奶）成为畜牧产业的重要目标。近几年利用猪 60K SNP 芯片技术在猪的肉质性状方面检测到许多显著的 SNP 位点，并鉴定出与不同性状相关的候选基因。Fabbri 等（2020）发现 M1GA0009592（SSC7）与背膘厚度和瘦肉含量显著相关。Gurgul 等（2016）利用 REHH 方法在利木赞群体中寻找到与肉质相关的基因 ASAP1 和与肉嫩度相关的基因 CAPN1、CAPN5。Uemoto 等（2011）在日本和牛群体中，利用 GWAS 方法发现与肌内脂肪酸 $C_{18:1}$ 显著相关的 32 个 SNP，同时证明 FASN 基因对脂肪酸 $C_{18:1}$ 存在显著影响。Nassar 等（2013）通过基因组扫描新罕布什尔（NHI）和白来航近交系公鸡得到 GGA14 上 65 cM（13.9 Mb）的基因座暗示了与胸肌肌肉中的肌内脂肪（IMF）的潜在关系。

（4）抗病相关的主效基因（型）。规模化养殖生产中畜禽疫病频发，对养殖业造成了巨大的经济损失，且严重威胁核心育种群的长期稳定监测与种质资源利用，因此重大疫病抗性基因的挖掘鉴定对于畜禽种业可持续健康发展具有重要意义。国际上发现猪黏液病毒（流感）抗性因子 2（Mx2）具有很强的抗流感病毒活性，且该基因第 514 位甘氨酸（Gly）到精氨酸（Arg）发生突变之后，猪只表现为抑制水泡性口炎病毒的活性。Mx 基因编码序列 G/A 突变对 Mx 蛋白抗禽流感的功能起关键作用，禽白血病病毒（ALV）受体 *Tva*、*Tvb*、*Tvc* 可作为抗 ALV 感染育种关键基因。Hansen 等于 1967 年最早证明了鸡 MHC 与马立克氏病（MD）遗传抗性的相关，证明了 MHC I 类区域的 B21 单倍型对马立克氏病有抗性，而 B19 单倍型对马立克氏病敏感，并进一步验证了 MD 抗性相关的基因，如 B21、BQ 抗 MD 能力强，B2、B6、B14 等有中等抗性，而 B15、B19 等易感。

（二）畜禽重要经济性状遗传基础研究趋势分析

除了上述技术外，基因组研究、全基因组敲除文库筛选研究、宏基因组研究、泛基因组研究、单细胞测序技术、空间组学技术等新兴技术同样发展迅速，未来越来越多的关键机制与遗传信息将被解析出来，这些信息一方面将为重要经济性状主效基因和重要突变位点的挖掘及鉴定提供更全面的依据，但另一方面也为有效利用这些多维信息带来了难度。重要经济性状的遗传机制较为复杂，目前鉴别和功能验证的主效基因及突变位点严重缺乏，预计未来基础研究将主要针对以下问题进行攻关。

（1）育种大数据信息智能化采集与分析。创建畜禽重要性状（生产、品质、抗病、适应性）规模化、自动化表型精准测定技术；推进育种数据采集标准化、高通量、智能化性能测定技术体系研发和应用，大幅提高数据采集能力和质量。

（2）畜禽表型组学数据挖掘与综合应用。针对不同的畜禽品种特点，建立全国高质量育种大数据采集与共享平台，展开新算法的硬件与软件开发应用，深入挖掘表型大数据信息，提高数据综合利用效率将成为影响我国自主育种体系建立的重中之重。

（3）大规模群体基因组选择模型和算法的研发。构建国际一流的畜禽基因组育种技术支撑平台，包括扩大参考群规模，自主研发基因组选择育种芯片，加快基因组检测技术的迭代升级；优化育种目标性状的基因组遗传评估技术，重点开发大规模群体联合遗传评估模型和高效算法；通过开发新型算法，整合多维度的分子作用机制信息与全基因组选择信号信息、表型组学信息，高效挖掘重要经济性状主效基因和突变位点。

（4）新兴育种技术研发与融合技术体系创制。深入研究畜禽配子与胚胎发育的分子机制，攻关超数排卵、胚胎生产、性别控制等先进繁育技术，提高良种扩繁效率；开展畜禽干细胞育种技术研究、创制具有自主知识产权的基因编辑和基因修饰育种新工具，加快生物育种新材料的创制与产业化进程，加速实现精准分子设计育种。在单项技术突破升级的基础上，建立多性状平衡育种技术和大数据基因组育种技术体系；建立基因组技术、生物技术、信息技术和人工智能等交叉融合技术，创建智能、高效的新品种定向培育技术体系。

二、畜禽种业关键核心技术分析

畜禽育种技术发展已经历了三个主要阶段：原始驯化选育（1.0 时代；通过人工选择，优中选优，将野生畜种驯化为家养品种）、常规育种（2.0 时代；包括杂交育种、杂种优势利用等育种方法。杂交育种是通过父母本杂交并对杂交后代进一步筛选，获得具有父母本优良性状的新品种、新种质）、分子育种（3.0 时代；将分子生物学技术手段应用于育种中，通常包括分子标记辅助育种）。现在正在向分子设计育种（4.0 时代；将生物育种、基因编辑、人工智能等技术融合发展，实现性状的精准定向改良）发展。

传统育种时代，基于杂种优势群体划分，筛选高配合力亲本组合的配套系育种技术体系已在蛋鸡、黄羽肉鸡和水禽育种中取得了巨大成效。但是在分子设计育种时代，唯有从基础性育种研究工作和前瞻性育种技术研发两个方面着手，全方位实现传统育种技术与信息科学、生物技术等高科技手段的深度交叉融合，才能形成我国畜禽育种的国际核心竞争力。

我国畜禽育种技术体系创新，应主要集中在对传统常规育种技术进行升级、智能化表型数据测定与收集技术、大规模群体基因组选择育种技术、关键育种目标性状功能基因（型）挖掘、高效精准基因编辑技术、干细胞育种技术、畜禽良种高效繁殖技术等方面。其中，常规育种技术升级、智能化表型数据测定与收集技术、大规模群体基因组选择育种技术应当作为当前主要的应用研究方向进行攻坚；关键育种目标性状功能基因（型）挖掘、高效精准基因编辑技术应当作为种业跨越式发展的重要趋势，大力进行人才培养与技术研发投入；干细胞育种技术则是未来前瞻性研究储备，需要在理论突破基础上进行应用创新。

针对上述关键技术相关的关键词对 2008～2022 年发表的论文进行检索（图 3-8 和图 3-9），并对畜禽遗传育种 TOP20 SCI 论文国家（地区）及频次进行分析（表 3-1 和表 3-2），上述技术均属于研究热点，并逐渐成为畜禽种业强国积极布局和激烈角逐的研究前沿和竞争制高点。

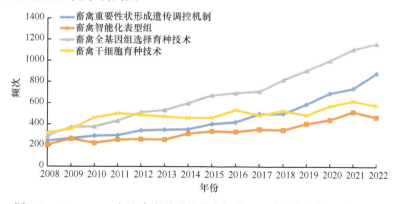

图 3-8　2008～2022 年畜禽育种关键技术相关 SCI 论文发表数量增长情况

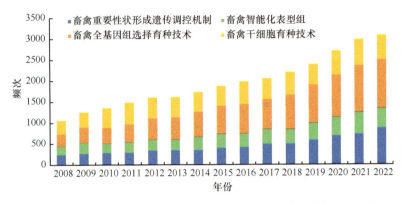

图 3-9 2008～2022 年畜禽育种关键技术相关 SCI 论文发表数量组成

表 3-1 2008～2022 年畜禽遗传育种 TOP20 SCI 论文国家（地区）及频次

排序	畜禽重要性状形成遗传调控机制		畜禽智能化表型组		畜禽全基因组选择育种技术		畜禽干细胞育种技术	
	国家（地区）	频次	国家（地区）	频次	国家（地区）	频次	国家（地区）	频次
1	中国	2810	美国	1090	中国	3195	美国	2245
2	美国	1510	巴西	646	美国	2034	中国	1526
3	德国	448	中国	549	德国	676	日本	841
4	法国	310	德国	279	意大利	640	德国	631
5	巴西	309	澳大利亚	267	巴西	596	英国英格兰	461
6	加拿大	306	法国	257	澳大利亚	590	韩国	419
7	澳大利亚	301	伊朗	245	法国	553	澳大利亚	275
8	英国英格兰	266	印度	234	英国英格兰	479	意大利	274
9	西班牙	252	意大利	233	西班牙	475	法国	264
10	日本	249	西班牙	223	加拿大	438	西班牙	239
11	意大利	242	加拿大	218	英国英格兰	414	加拿大	234
12	韩国	221	丹麦	147	印度	410	印度	202
13	印度	205	波兰	141	丹麦	347	荷兰	171
14	波兰	187	日本	135	荷兰	332	伊朗	154
15	英国苏格兰	130	英国英格兰	134	日本	315	瑞典	142
16	荷兰	125	荷兰	133	韩国	292	巴西	125
17	瑞士	92	英国苏格兰	108	波兰	245	新加坡	109
18	瑞典	91	新西兰	102	伊朗	244	丹麦	108
19	伊朗	89	爱尔兰	101	瑞典	235	英国苏格兰	105
20	比利时	83	韩国	99	瑞士	217	瑞士	104

表 3-2 2008～2022 年畜禽遗传育种 TOP20 SCI 论文机构及引用频次

排序	畜禽重要性状形成遗传调控机制		畜禽智能化表型组		畜禽全基因组选择育种技术		畜禽干细胞育种技术	
	机构	频次	机构	频次	机构	频次	机构	频次
1	中国农业科学院	358	美国农业科学研究院	183	中国农业科学院	563	中国科学院	191
2	西北农林科技大学	332	圭尔夫大学	134	中国农业大学	432	京都大学	148
3	中国农业大学	264	佐治亚大学	130	西北农林科技大学	378	首尔国立大学	114
4	扬州大学	150	维科萨联邦大学	115	美国农业科学研究院	354	哈佛大学	107
5	美国农业科学研究院	149	圣保罗大学	113	爱丁堡大学	283	斯坦福大学	106
6	华中农业大学	145	法国农业科学研究院	104	法国农业科学研究院	227	上海交通大学	90
7	四川农业大学	142	新英格兰大学	90	中国科学院	225	英国剑桥大学	89
8	中国科学院	136	奥胡斯大学	79	华中农业大学	223	东京大学	87
9	南京农业大学	129	中国农业大学	79	爱荷华州立大学	203	爱丁堡大学	77
10	法国农业科学研究院	119	保利斯塔大学	72	奥胡斯大学	187	西北农林科技大学	75
11	圣保罗大学	109	爱荷华州立大学	65	四川农业大学	184	莫纳什大学	75
12	华南农业大学	104	爱尔兰农业部	64	扬州大学	153	中国科学院大学	72
13	伊利诺伊大学	93	中国农业科学院	59	昆士兰大学	148	加州大学圣地亚哥分校	71
14	爱丁堡大学	78	帕多瓦大学	59	圭尔夫大学	147	扬州大学	69
15	浙江大学	76	威斯康星大学	58	华南农业大学	141	加州大学旧金山分校	69
16	河南农业大学	73	瑞典农业科学大学	57	圣保罗大学	126	约翰·霍普金斯大学	67
17	圭尔夫大学	72	佛罗里达大学	56	阿尔伯塔大学	124	哥本哈根大学	67
18	东北农业大学	72	伊斯兰阿扎德大学	54	加州大学戴维斯分校	119	伦敦大学学院	67
19	山东农业大学	70	普渡大学	50	哥本哈根大学	114	中山大学	66
20	甘肃农业大学	69	中国科学院动物研究所	49	博洛尼亚大学	113	墨尔本大学	65

注：法国农业科学研究院，现被合并组建为法国国家农业食品与环境研究院

（一）智能化表型数据测定与收集技术

准确、高效、智能的性状测定技术是畜禽育种的前提和关键基础性工作，育种与科学研究均依赖于表型数据的准确获取。随着互联网、大数据和人工智能等新技术的日新月异，畜禽性能测定的准确性和效率及大数据处理能力等方面得到了快速的发展，并推动育种技术向高通量、高效率、高准确性革新升级。当前发达国家已陆续将信息技术、近红外肉品分析、甲烷测定、影像捕获、自动称重分

群系统、计算机断层扫描（CT）、机器学习、物联网、人工智能等技术运用到畜禽个体识别和育种表型值测定中，并持续研发性能测定的智能化装备和技术，诞生了一批世界领先的智能化性能测定设备制造企业。尽管部分设备国内也可生产组装，但其核心部件仍依赖进口，亟须研发具有自主知识产权、智能化、自动化的高通量表型组精准测定装备及配套的软件和检测系统，从而大大提升性能测定的效率。

此外，目前国内大部分场站畜禽生产性能测定粗放，效率和精准度低下，亟须建立依据智能化表型测定系统、畜禽智能化管控系统的表型性能智能评价技术体系，从而提高筛选畜禽良种的效率，缩短育种周期，加快新品种培育进程。世界育种强国已基本掌握以人工智能算法为核心设计和开发的高通量、精准表型组自动采集技术。而我国多数畜禽育种企业仍然缺乏优化策略、有效手段和核心算法，来实现高效精准测定和整合表型组、多层次基因组信息，实施育种大数据分析和遗传评估、预测遗传环境互作和杂种优势。

（二）大规模群体基因组选择育种技术

基因组选择（genomic selection，GS）是最新一代强有力的育种技术，利用高密度芯片可有效提高性状遗传选择的准确性，选择性状全面可有效平衡产量和品质性状（如抗病性状、肉质性状等）间的拮抗性，无须通过后裔测定且育种效率远远超过传统育种方法。GS 技术最早应用于奶牛育种，目前已经成为全球奶牛遗传评估的黄金标准，并将逐渐成为绝大多数畜禽新品种培育的核心工具。基因组选择的关键技术为，对标记基因组的高通量准确测定方法、足够大的高质量的参考群体及高效可靠的基因组育种值估计方法。国外育种软件主要由欧美发达国家开发，受到国际专利保护，导致国内基因组育种面临算法和软件的双重知识产权问题，此外，我国中高密度固态基因芯片（10K 以上）完全依赖美国进口，已成为我国奶牛种业发展的"卡脖子"问题之一。

近年来，国内学者在基因组选择相关方法、工具研发领域方面取得明显突破，开发了多款具有自主知识产权的育种算法和育种软件，设计了多款基因组育种芯片（江西农业大学、中国农业大学、中国农业科学院等猪、鸡、牛的芯片）、液相芯片（如华中农业大学功能位点液相芯片，实现全流程国产化）等，在计算效率和检测成本方面已形成局部国际领先优势，为发展和完善中国特色的生物种业奠定了基础。但整体上 GS 技术应用相对较晚，技术应用体系成熟度较低，支撑种业基础技术研发的高端精密仪器、试剂等仍受制于国外，亟须进一步加大基础和应用研究力度。

（三）关键育种目标性状功能基因（型）挖掘

近年来，随着三维基因组（Hi-C）、功能基因组、表观组、转录组、空间转录组、蛋白质组和代谢组等多组学技术的快速发展，利用多组学联合分析解析重要经济性状遗传机制已成为未来必然趋势。随着畜禽重要性状相关的功能基因、QTL和调控模块的解析不断深入，表型与环境相互作用的机制不断被阐明，国内外众多研究团队持续开展畜禽重要经济性状形成的遗传解析和基因工程育种研究，发现了一批调控生长发育、肌肉和脂肪代谢、生殖效率、产乳性能、产毛性能和抗病力的功能基因及其调控分子，为畜禽分子设计育种奠定了科学基础，为创制高产、优质、抗病动植物新品种提供了精准解决方案。然而，得益于对精准的基因组遗传解析和分子育种技术的长期稳定投入，国外育种公司在关键目标性状选育方面的进展近年来呈加速度趋势。我国虽然在基因组分析、遗传解析研究中取得不少成绩，但至今为止在新品种培育、性状选育过程中，对重要经济性状进行遗传机理和分子设计育种鲜有成功报道。重要性状形成机制解析不足成为创立具有自主知识产权的生物育种技术体系的难点和堵点，限制了经济性能和抗病力显著提升的畜禽新品种和新品系的创制。

（四）干细胞育种技术

干细胞育种技术是利用基因组选择技术、干细胞建系与定向分化技术、体外受精与胚胎生产技术，根据育种规划，在实验室内，通过体外实现家畜多世代选种与选配。动物干细胞育种作为颠覆性技术服务于畜牧业家畜育种，主要包括以下两个方面：一方面多能干细胞可以作为种子细胞，进行连续多次高产、优质和抗病性状基因的编辑，将编辑后细胞进行核移植或嵌合体制备，获得具有多个预期性状的个体，从而实现顶级动物快速繁育。另一方面，选择优质个体或胚胎建立干细胞系，将多能干细胞体外定向诱导分化成雄性或雌性单倍体细胞，利用单精注射或体外受精产生子代雌雄胚胎，再通过基因组选择技术评估出该胚胎的育种值，筛选优质胚胎并移植到受孕母体，从而快速获得干细胞来源的优质动物，该模式不仅可以缩短育种世代间隔，还能提高选择准确性及选择强度。

干细胞、体外胚胎工程被业界广泛视为将引领畜禽种业的第四次革命，目前我国相关领域的研究与应用成为热点。与传统育种技术体系相比，该方法用胚胎替代个体，完成胚胎育种值估计，育种周期大幅度缩短，未来有望重塑全球家畜种业格局，实现家畜育种跨越式、颠覆性发展。在解决关键激素等试剂依赖进口对该领域研究限制的同时，畜禽种业应当将其视为颠覆性技术予以研究与关注。

（五）高效精准基因编辑技术

基因编辑技术能够精准、多靶向修饰动物基因组，是快速改良畜禽重要经济性状、培育新品种的高效技术。利用基因编辑技术精确修饰关键功能基因和调控序列，定向培育高产、优质、抗病抗逆、高繁殖力和环境友好型等性状的畜禽新品种，具有常规育种技术难以匹敌的优势。国内外通过基因编辑已创制了一批畜禽育种新材料，如 *MSTN* 基因编辑的高产动物、抗繁殖与呼吸综合征的 *CD163* 基因编辑猪、*POLLED* 基因编辑无角奶牛等。

在基因编辑底层技术原始创新方面，美国等几个西方发达国家率先开展了基因编辑技术研发，在现有底层技术源头上占据着有利位置。例如，锌指核酸酶（ZFN）技术核心专利主要由美国企业垄断，转录激活因子样核酸酶（TALEN）技术专利主要由美国和法国机构持有，而具有高效率、高特异性和低成本优势的规则间隔的短回文序列（CRISPR）技术核心专利则主要由美国研究机构掌握。我国尚未建立基因编辑底层技术，仅挖掘出一些可望摆脱 CRISPR 专利束缚的新 Cas 成员，如中国科学院动物研究所开发的 Cas12b、上海生命科学研究院神经科学研究所研发的 Cas13X/Y 和中国农业大学挖掘的 Cas12i 和 Cas12j。具有自主知识产权的基因编辑技术创新已成为该技术应用于畜禽育种领域的难点，应从技术源头上建立更适用于动物遗传修饰的精准基因编辑工具。此外，针对切割精度及定向修复效率的增强，开发新型基因编辑工具库，优化/建立适用于动物遗传修饰的基因/碱基编辑等工具，验证新型精准基因编辑系统及安全性评价，建立并优化精准多位点基因编辑体系，将显著提升我国畜禽种质科技创新的国际核心竞争力。

如表 3-3 所示，"动物精准基因编辑育种技术"相关核心专利公开最多的是中国，为 3860 件，占比 84.91%；排名第二的是美国，有 187 件专利，占比 4.11%，排名第三的是韩国，有 168 件专利，占比 3.7%。我国专利被引用比例为 56.63%，远超第二名的美国，但篇均被引频次只有 1.51，远远落后于法国、加拿大、美国。

表 3-3 2018～2022 年"动物精准基因编辑育种技术"工程开发前沿中核心专利的主要产出国家

序号	国家	公开量	公开量比例	被引数	被引数比例	平均被引数
1	中国	3860	84.91%	5830	56.63%	1.51
2	美国	187	4.11%	2854	27.72%	15.26
3	韩国	168	3.70%	155	1.51%	0.92
4	俄罗斯	88	1.94%	55	0.53%	0.62
5	日本	69	1.52%	190	1.85%	2.75
6	法国	20	0.44%	664	6.45%	33.2
7	英国	20	0.44%	480	4.66%	24
8	澳大利亚	18	0.40%	98	0.95%	5.44
9	加拿大	13	0.29%	382	3.71%	29.38
10	荷兰	12	0.26%	52	0.51%	4.33

如表 3-4 所示，中国核心专利产出最多的机构是中国农业科学院，共有 237 项，中国农业大学和西北农林科技大学分别排在第二和第三名。被引数比例排名前三的机构分别是中国农业大学（4.35%）、中国农业科学院（3.26%）、华南农业大学（2.16%）。平均被引数最多的机构是中国农业大学，达到 3.07 次。不同机构间没有合作网络。

表 3-4　2018～2022 年中国"动物精准基因编辑育种技术"工程开发前沿中核心专利的主要产出机构

序号	机构	公开量	公开量比例	被引数	被引数比例	平均被引数
1	中国农业科学院	237	5.21%	336	3.26%	1.42
2	中国农业大学	146	3.21%	448	4.35%	3.07
3	西北农林科技大学	124	2.73%	197	1.91%	1.59
4	华南农业大学	123	2.71%	222	2.16%	1.8
5	扬州大学	96	2.11%	114	1.11%	1.19
6	华中农业大学	51	1.12%	98	0.95%	1.92
7	山东农业大学	45	0.99%	72	0.70%	1.6
8	四川农业大学	43	0.95%	94	0.91%	2.19
9	贵州大学	36	0.79%	37	0.36%	1.03
10	南京农业大学	33	0.73%	54	0.52%	1.64

三、畜禽遗传改良和新品种培育现状与发展趋势

（一）我国畜禽新品种培育现状

目前我国畜禽肉类生产量约占世界生产总量的 29%，其中生猪出栏量世界第一，肉鸡出栏量世界第二，鸡蛋产量世界第一，由此形成了世界上最大的畜禽种业市场。畜禽种业位于产业链的顶端，对畜牧业发展的贡献率超过 40%，畜禽良种是提升畜牧业竞争力的核心和关键。2008 年以来，我国先后发布实施奶牛、生猪、肉牛、蛋鸡、肉鸡、羊和水禽等畜种的遗传改良计划，2021 年种业振兴行动方案重磅出台，逐步建立起我国畜禽现代自主育种体系，一批有实力的种业企业蓬勃发展，我国畜禽自主培育品种和引入品种本土化选育能力不断增强，种畜禽群体性能与品质得到持续改良提升，畜禽自主创新品种的市场占有率不断提升。

围绕种业科技自立自强、种源自主可控的总体目标，通过强化自主创新和科技支撑，我国畜禽核心种源自给率和生产性能稳步提升。目前，我国生猪种源自给率超过 90%、肉牛 70%、奶牛 30%、肉羊 90%、蛋鸡 70%，黄羽肉鸡为 100%，核心种源自给率超过 75%。近十年来自主培育的新品种和配套系超过 100 个。黄羽肉鸡全部是自主培育品种，蛋鸡打破了国外公司的种源垄断，自主培育的高产蛋鸡和白羽肉鸭性能达到国际先进水平。实现'杜长大'种猪国产化。奶牛年平

均单产奶量达到 8300 kg，较十年前增长超过 70%。培育了京红/京粉蛋鸡、白羽肉鸡和白羽肉鸭配套系，以及专门化肉牛新品种华西牛，扭转了国外品种占绝对主导的局面。从我国畜禽种源保障看，黄羽肉鸡、蛋鸡、白羽肉鸭种源能实现自给且有竞争力；生猪、奶牛、肉牛种源能基本自给，但性能与世界先进水平相比还有较大差距；个别种源还主要从国外进口。

综合育种水平和种源竞争力，我国畜禽种业总体呈现"橄榄形"分布（图 3-10），黄羽肉鸡、蛋鸡、白羽肉鸭等自主培育品种性能达到世界先进水平，种源能实现自给且有国际竞争力；生猪、奶牛、肉牛和羊等家畜种源能基本自给，但品种性能与世界先进水平相比仍存在较大差距；白羽肉鸡新品种培育有重大突破（2021年 3 个新品种通过审定），但市场占有率有待提升，仍主要从国外进口。

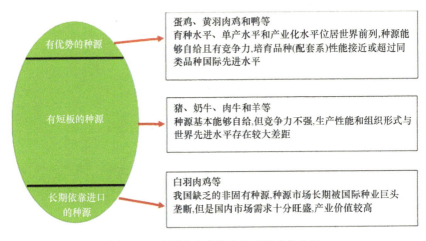

图 3-10　我国畜禽种源自给情况整体分析

综上所述，我国畜禽种业自主创新能力稳步提升，为保障国家食物安全、产业安全，以及促进农民增收做出了重要贡献，然而与现代畜禽种业强国的远景目标仍然存在较大差距。

（二）我国畜禽新品种培育发展趋势

我国畜牧业正处在从数量型增长到质量型增长转型升级的关键期，畜禽新品种培育面临新的形势和挑战。一是提质增效，节粮减排。畜牧业粮食消耗占据粮食总产量的一半，排放的温室气体占全球的 14.5%，亟待培育高产、高效和环境友好型畜禽新品种，提高生产效率，降低养殖数量，缓解饲料粮短缺和资源环境的压力。二是树立大食物观思想，满足人民多元化消费需求。我国居民消费需求正从"吃得饱"向"吃得好""吃得营养健康"转型，对畜禽产品的种类和质量提出了更高要求，需要培育更多的高品质和功能性的新品种。三是科技竞争日趋激烈，国际垄断依然严峻。大数据、多组学、人工智能、分子设计育种等技术蓬勃发展，推动家畜育种进入更加高效、安全、精准、可控的育种 4.0 阶段，然而当前关键核心技术和顶级种源掌握在少数国家和少数企业手中，亟待孵育种业科技原始创新，建立自主育种技术体系。四是推进畜牧业现代化，助力地方种质资源利用与乡村振兴。畜牧业就业人口超 2 亿、占农牧民现金收入的 60% 以上，已经担当起了乡村振兴的重任。面对新发展阶段，畜禽种业必须全面强化自主创新，以高质量发展为主线，突出主导品种选育提升，注重地方品种开发利用，提高育种关键核心技术研发和应用能力。五是全面深耕畜禽育种领域建设，建立产学研深度融合的商业化育种体系。全面强化育种基础，开展高效智能化性能测定，构建育种全产业链大数据平台，提高遗传评估支撑服务能力；全面强化育种体系，以国家畜禽核心育种场为依托，支持发展创新要素有效集聚、市场机制充分发挥的联合育种实体，提高核心种源培育能力；全面强化企业主体，支持畜禽种业企业做强做大、做专做精，打造一批具有核心研发能力、产业带动力的领军企业，提高企业品牌影响力和市场竞争力。

参 考 文 献

Fabbri M C, Zappaterra M, Davoli R, et al. 2020. Genome-wide association study identifies markers associated with carcass and meat quality traits in Italian Large White pigs. Anim Genet, 51(6): 950-952.

Gurgul A, Szmatoła T, Ropka-Molik K, et al. 2016. Identification of genome-wide selection signatures in the Limousin beef cattle breed. J Anim Breed Genet, 133(4): 264-276.

Gutiérrez-Gil B, Arranz J J, Wiener P. 2015. An interpretive review of selective sweep studies in *Bos taurus* cattle populations: identification of unique and shared selection signals across breeds. Front Genet, 6: 167.

Jiang J, Ma L, Prakapenka D, et al. 2019. A large-scale genome-wide association study in U.S. Holstein cattle. Front Genet, 10:412.

Nassar M K, Goraga Z S, Brockmann G A. 2013. Quantitative trait loci segregating in crosses between New Hampshire and White Leghorn chicken lines: III. Fat deposition and intramuscular fat content. Anim Genet, 44(1): 62-68.

Uemoto Y, Abe T, Tameoka N, et al. 2011. Whole-genome association study for fatty acid composition of oleic acid in Japanese black cattle. Anim Genet, 42(2): 141-148.

第四章 我国畜禽种业科技创新的问题和短板

当前，我国畜牧业现代化进程面临巨大挑战，在内部因素上，粗放式发展造成畜产品成本高、效率低、质量安全隐患大，畜禽生产废弃物污染使畜牧业发展空间受到严重挤压；在外部因素上，随着我国畜产品的需求量持续增长，畜禽良种、饲草料和动物性产品进口量逐年增加，而国际贸易争端造成蛋白质饲料资源供给的极大不确定性，对畜禽核心种源的保障造成巨大隐患。在日益严峻的国内外资源环境约束下，未来畜牧业现代化发展必将逐步由数量增长转向经济、生态、社会效益并重的高质量绿色发展，通过畜禽育种科技创新推动畜牧业高质量发展是必然趋势。

畜禽种业集成了现代生物技术、信息技术和人工智能等高新技术，是多专业交叉、多学科渗透的工程技术体系，汇集了高素质的专业技术人才队伍，结合现代化商业运作，成为知识技术密集的产业，体现了一个国家的农业科技水平，代表了一个国家农业产业化程度，也蕴含了巨大的商业价值，是诸多发达国家大力发展、竞相角逐并刻意垄断的战略性产业。然而与发达国家相比，我国畜牧业发展整体相对落后，畜禽种业科技创新存在一些严重限制产业转型升级的突出问题和短板。

一、畜禽重要性状遗传调控机制解析不清，原始创新能力不足

解析畜禽重要经济性状的遗传分子基础是培育优良品种的重要前提。综合运用遗传学、基因组学、生物信息学、分子生物学、生物化学、细胞生物学、动物育种学等方法，破解动物基因组和基因图谱，筛选畜禽高产优质性状相关的基因定位和分子标记，解析畜禽产肉量和品质、产奶量和品质、产绒毛量和品质、产蛋量，以及生长、发育、繁殖、抗病、耐寒和耐低氧等重要经济性状的分子遗传基础，挖掘关键功能基因、调控序列和调控网络，揭示基因、表型与环境的互作规律，从而提高性状选择的准确性，培育具有高产优质抗逆等性状的畜禽新品种，对推动畜牧业高质量发展具有重要意义。

（一）我国畜禽种业基础研究与发达国家之间的差距

畜禽重要性状表型数据和基因组数据是深入挖掘遗传调控机制的重要基础。畜禽重要性状分子遗传基础研究需要大规模试验群体及数据、多组学策略及新技

术，以及持续、系统和深入的研究。目前，我国的畜禽育种群的性能测定主要采用人工测量的方式，存在测定效率低、数据误差大、测量不及时等诸多问题。而国外经过多年的数据积累，应用人工智能技术成功开发多项非接触式、准确自动化的性能测定技术和产品，已在畜禽育种工作中广泛应用。

基因组序列及功能基因组研究是畜禽重要经济性状遗传解析的重点工作。自2007年，欧美发达国家利用全基因组关联分析、比较基因组学分析、农业动物功能基因组注释计划、转录组测序（RNA sequencing，RNA-seq）和蛋白质组等技术，对猪、奶牛、肉牛、鸡、羊等农业动物主要经济性状的调控基因和遗传机制进行了解析，已有一系列文章发表。2007年，美国农业部牵头组织牛单倍型计划（Bovine HapMap Consortium）；随后，美国 Illumina 公司陆续推出猪、牛、鸡、绵羊、山羊的全基因组 SNP 芯片并在功能基因定位方面广泛应用。自2009年，基于全基因组 SNP 芯片的全基因组选择技术迅速发展并在欧美发达国家的奶牛、肉牛、猪、肉鸡育种中得到广泛应用。2014年，澳大利亚科学家牵头启动国际千牛基因组计划，在牛的基因组中检测到 2800 多万个基因变异位点。2015年，欧盟和美国成立"国际动物基因组功能注释项目"，大力推进基因型-表型的因果研究，以预测畜禽种质资源重要性状。我国科学家先后主导或者参与了鸡、鸭、猪、鹅、牦牛、羊等不同畜禽的基因组项目，联合不同国家先后启动了万种鸟类基因组计划、宏基因组计划等科学计划，为阐明重要经济性状遗传机理奠定了基础。

近年来，第二代、第三代测序技术作为高通量测序新技术也逐渐在全球范围推广应用。国内外研究者鉴定了一批与生长、肉质、繁殖、产奶等重要经济性状相关的差异表达基因、差异表达蛋白、差异甲基化基因、miRNA、lncRNA 等，并对它们之间的调控关系进行了探究，在猪胴体性状、奶牛乳成分合成和乳房炎抗性、绒山羊毛囊发育等分子机制等方面都有重要发现；获得了奶牛、猪、肉牛、鸡、肉鸭等全基因组拷贝数变异图谱，发现多个与产奶性状、体尺性状、胴体性状、免疫性状、肉质性状等相关的重要候选基因。

在多种畜禽重要表型当中，畜禽高产优质性状分子遗传机制研究是近年来的研究热点。通过文献检索查询，分析了国内外畜禽高产优质性状分子遗传机制研究的科技论文及发明专利情况。从表 4-1～表 4-4 可以看出，从论文和专利数量来看，美国在该领域占据比较大的优势，中国位居第二，与美国相比仍然存在较大差距；从研发机构排名来看，国内进入前 25 名的研发机构数量和排名与发达国家尚有差距。虽然我国在基础研究领域的进步较快，但是在一些热点和前沿领域的研究工作比较分散，影响力广泛的基础性研究较少，具有突破性的原创研究少之又少；针对具体生产性状的长期系统性、深入性研究有限；研究成果的转化率不高；缺乏原始性、前瞻性、引领性理论创新。

表 4-1　2018～2022 年畜禽高产优质性状分子遗传机制研究的论文检索结果（按国家/地区排名 TOP25）

序号	国家/地区	记录数	占比
1	美国	1396	22.53%
2	中国	829	13.38%
3	德国	555	8.96%
4	法国	472	7.62%
5	澳大利亚	457	7.38%
6	英国苏格兰	390	6.29%
7	荷兰	343	5.54%
8	加拿大	323	5.21%
9	西班牙	311	5.02%
10	巴西	301	4.86%
11	丹麦	266	4.29%
12	意大利	247	3.99%
13	瑞典	223	3.60%
14	英国	202	3.26%
15	日本	191	3.08%
16	挪威	162	2.61%
17	波兰	152	2.45%
18	印度	140	2.26%
19	新西兰	136	2.20%
20	韩国	136	2.20%
21	伊朗	134	2.16%
22	爱尔兰	106	1.71%
23	以色列	97	1.57%
24	捷克	90	1.45%
25	比利时	87	1.40%

表 4-2　2018～2022 年畜禽高产优质性状分子遗传机制研究的论文检索结果（按机构排名 TOP25）

序号	所属机构	记录数	占比
1	法国农业科学研究院	432	6.97%
2	美国农业部	359	5.79%
3	英国创新研究中心	290	4.68%
4	英国生物技术和生物科学研究委员会	287	4.63%
5	瓦赫宁根大学与研究中心	283	4.57%
6	英国罗斯林研究所	261	4.21%
7	美国艾奥瓦州立大学	242	3.91%
8	英国爱丁堡大学	226	3.65%
9	丹麦奥胡斯大学	214	3.45%

续表

序号	所属机构	记录数	百分位
10	中国农业大学	194	3.13%
11	瑞典农业大学	186	3.00%
12	加拿大圭尔夫大学	177	2.86%
13	中国农业科学院	139	2.24%
14	挪威生命科学大学	132	2.13%
15	新英格兰大学	124	2.00%
16	法国巴黎-萨克雷大学	123	1.99%
17	美国威斯康星大学	121	1.95%
18	巴西农业科学院	119	1.92%
19	法国国立生命与环境工程学院	118	1.90%
20	美国威斯康星大学麦迪逊分校	117	1.89%
21	德国莱布尼茨家畜生物研究所	116	1.87%
22	加泰罗尼亚农业食品研究与技术研究所（IRTA）	110	1.78%
23	澳大利亚科学与工业研究院	104	1.68%
24	中国西北农林科技大学	104	1.68%
25	中国农业科学院北京畜牧兽医研究所	99	1.60%

注：法国农业科学研究院，现被合并组建为法国国家农业食品与环境研究院

表 4-3 2018～2022 年畜禽高产优质性状分子遗传机制的发明专利检索结果（按国家/组织排名）

国家/组织英文缩写	国家/组织中文名	专利数量（件）
US	美国	321
CN	中国	285
CA	加拿大	101
WO	世界知识产权组织	84
KR	韩国	66
EP	欧洲专利局	64
AU	澳大利亚	59
FR	法国	57
GB	英国	56
DE	德国	54
ES	西班牙	51
NL	荷兰	50
DK	丹麦	49
IE	爱尔兰	49
IT	意大利	49
BE	比利时	48
TR	土耳其	47
CY	塞浦路斯	47

续表

国家	国家中文名	专利数量（件）
AT	奥地利	45
LI	列支敦士登	45
CH	瑞士	45
SE	瑞典	45
GR	希腊	44
PT	葡萄牙	44
LU	卢森堡	44
MC	摩纳哥	44
FI	芬兰	42
HU	匈牙利	38
SI	斯洛文尼亚	36
RO	罗马尼亚	35

表 4-4　2018～2022 年畜禽高产优质性状分子遗传机制的发明专利检索结果（按机构排名）

总体机构	专利数量（件）
拜耳集团	236
美国艾奥瓦州立大学	55
华中农业大学	30
丹麦奥胡斯大学	29
Recombinetics Inc.	29
威斯康星大学校友研究基金会	23
韩国	21
西北农林科技大学	20
华盛顿州立大学	19
Genus plc	18
加拿大阿尔伯塔大学	17
Agriculture Victoria Services	14
Inguran LLC	12
C.H. Boehringer Sohn AG & Co. KG	11
Keygene NV	11
Branhaven LLC	11
中国农业大学	11
山东农业大学	11
Pig Improvement Co UK Ltd	10
Japan Science and Technology Agency	10
UPL Limited	10
浙江大学	10

总体机构	专利数量（件）
中国农业科学院	9
Hankyong Industry Academic Cooperation Center	9
湖北省农业科学院畜牧兽医研究所	9

（二）我国在畜禽种业基础研究领域存在的关键问题

我国畜禽遗传资源开发与利用水平较低。种质资源是良种培育的基础和种质创新的前提。欧美国家在遗传资源保护和种质资源多样性研究方面总体上走在世界前列。首先，国际跨国种业集团均建有种质资源核心场，从世界各地收集相关种质资源并进行评价、保存与利用。我国拥有世界上最丰富的畜禽遗传资源，这些种质资源具有肉质细嫩、抗病力强、耐粗饲等优点，然而，受长期以来重引进、轻培育的思想影响，我国在畜禽遗传资源收集、评价和创新利用方面，特别是以具有自主知识产权的基因资源为重点的优良性状和相关功能基因挖掘、解析和利用上，与发达国家存在巨大差距。其次，发达国家均已建立了成熟的种质资源精准评价系统，该系统不仅可以监测采集的样本信息，还能提供大量品种与特定动物的表型、基因型、管理和生产信息，将优异的种质资源应用于基因组育种和杂交生产实践中。我国亟待建立国家畜禽基因库，同时全面开展畜禽种质资源遗传多样性分析、群体结构分析、起源进化分析、表型变异检测等工作，以加速新的遗传变异的发现与利用，提高我国在未来种业市场中的竞争力。

畜禽重要经济性状形成机制解析不足。尽管我国在畜禽基因组学研究的部分领域已经形成了优势与特色，并且部分品种处于世界引领地位。然而，前期研究大多聚焦在单个基因对畜禽性状的影响，而对于重要生物性状的微效多基因复杂性、基因与基因间协同性、基因与环境间的互作模式研究不足。尽管已定位到大量 QTL 和候选基因，但经过验证有重要育种价值的主效基因不多，能够用于畜禽育种生产转化的更加有限。单一基因对性状的贡献有限且在不同环境条件下效应区别较大，不同性状间耦合和拮抗的调控网络及其内在核心调控单元还未被完全解析，由于遗传连锁而形成的一因多效和多因一效现象，成为畜禽重要经济性状形成机制解析的关键瓶颈，限制了重要分子靶点的挖掘，以及后续性状改良的应用实践。

（三）我国在畜禽育种基础研究领域亟待补齐的短板

充分挖掘我国地方畜禽资源种质特性形成机制。组织跨学科、多领域的合作研发团队，研发并利用多组学技术（尤其是三维基因组、空间转录组、单细胞组学等)、分子生物学与微生物学技术,充分挖掘与利用我国地方畜禽遗传资源肉质细嫩、抗病力强、耐粗饲、高繁殖、耐寒耐低氧等特性,解析动物产肉量和品质、产奶量和品质、产绒毛量和品质、产蛋量,以及生长、发育、繁殖、抗病抗逆等重要经济性状的主效基因及其作用机制。在细胞及活体水平开展特色基因调控元件功能验证,明确基因-表型因果关系,构建涵盖基因组变异、功能基因和调控网络等多种信息的分子遗传数据库,评估育种价值,用于创制并培育具有自主知识产权的重大畜禽新品种。

畜禽重要经济性状表型的快速精准高通量测定技术的研发。表型数据的高效收集是挖掘性状调控功能基因和遗传评估的重要基础,创建畜禽重要性状(高产、品质、抗病、繁殖、适应性)表型规模化、自动化精准测定技术;推进育种数据标准化、高通量、智能化采集技术体系研发和应用,大幅提高数据采集能力和质量,提高测定效率和准确性。建立畜禽重要性状表型大数据库,建立回归公式,提高选育准确性,为种用畜禽的准确遗传评估提供关键性的基础技术支撑。

二、畜禽育种和高效扩繁关键技术研究与应用不足,育种效率不高

传统的杂交育种方法难以将多个优良基因组合到一个品种上,且选择效率低、周期长。得益于生殖生物学、功能基因组学与生物技术的快速进步,畜禽育种技术逐渐从常规育种技术向分子设计育种技术方向快速转变,使得快速培育或者选育高产、优质和抗病畜禽新品种成为可能。畜禽分子设计育种主要包括基因组选择育种和生物育种,前沿技术主要为全基因组分子标记技术和精准基因编辑技术。全基因组选择技术可以极大地缩短育种年限,且不受时间和环境限制,转基因技术和基因编辑技术的应用则可以跨越畜禽种间杂交繁殖障碍,两者结合能极大地节省人力物力财力,实现传统育种不可能完成的目标,对畜禽新品种的培育有难以替代的重要价值。

(一)我国畜禽育种关键技术与发达国家之间的差距

1. 全基因组选择技术

目前,全基因组选择(genomic selection,GS)技术已经给动植物育种带来了革命性的变化,使动植物育种效率大幅提高,成为国际动植物育种领域的研究热点和跨国公司的竞争焦点。在畜禽育种方面,GS 技术最早应用于奶牛育种。2006年,Schaeffer 基于加拿大荷斯坦奶牛群体,分析了后裔测定与基因组选择的遗传进展及成本,研究表明实施基因组选择可以节省 92% 的育种成本。2007年,国际上首款奶牛 50K 全基因组 SNP 芯片(Illumina)实现了商业化。2009 年 1 月,美国农业部率先官方颁布荷斯坦青年公牛的基因组预测传递力(genomic predicted transmitting ability，GPTA）并将之应用于早期选择，标志着奶牛育种进入基因组选择时代。之后，世界各国陆续在奶牛育种中应用该技术。2012 年，我国正式启动荷斯坦青年公牛基因组遗传评估工作。

随着基因组选择技术率先在奶牛育种中的实质性应用，国内外学者和育种企业陆续开展生猪、肉牛、肉鸡、蛋鸡的基因组选择研究与应用并示范推广，主要针对肉质、饲料效率、抗病、产蛋等性状。此外，绵羊的基因组选择研究也逐渐开展。世界各国早在 2010 年就开始尝试猪的 GS 育种，主要针对遗传力、抗病性、饲料转化率和肉质等性状进行改良选择。据全球跨国猪育种集团 PIC、TOPIGS 和 DanAvl 联合公开发表的报告显示，与常规育种技术相比，基因组选择可使猪重要生产性状和繁殖性状的遗传进展提升 55%以上，尤其是对遗传力较低、难以测定的经济性状，使用基因组选择育种技术，可使生长速度、产仔数等重要性状育种值准确性至少提升 30%以上，最高提升超过 50%。目前在猪品种中应用范围最广的 SNP 芯片有 Illumina 公司的 PorcineSNP60 v2 芯片和 GeneSeek 公司的 PorcineSNP80 芯片。国外育种软件主要由欧美发达国家开发，如美国的 ASReml 和 BLUPF90、丹麦的 DMU 等。这些软件均依赖高性能求逆程序 FSPAK 或 YAMS，然而这些程序受到国际专利保护，导致国内基因组育种面临算法和软件的双重知识产权问题。

由于历史原因与经济能力所限，与欧美发达国家相比，我国畜禽常规育种、分子设计育种技术研究起步较晚。基因组选择技术应用相对较晚，技术应用体系成熟度较低；高端精密仪器缺乏，基因芯片点制仪、核酸测序仪、电子显微镜、测定站等支撑种业发展的硬件设备受制于国外公司。尽管目前部分畜禽品种液相芯片的突破打破了国际垄断，在计算效率和检测成本方面已形成局部国际领先优势，但在整体的选择准确性、选择性状的覆盖度、技术体系成熟度上与发达国家仍然有较大差距。

表 4-5～表 4-8 为畜禽分子设计育种国际研发论文、技术专利及畜禽分子育种 TOP 成果统计。

表 4-5 2018～2022 年畜禽分子设计育种研究论文发表 TOP50 国家/地区统计

序号	所属国家/地区	论文数量（篇）	百分比
1	美国	1244	19.30%
2	德国	595	9.23%
3	加拿大	485	7.52%
4	巴西	407	6.31%
5	丹麦	372	5.77%
6	澳大利亚	352	5.46%
7	法国	330	5.12%
8	荷兰	330	5.12%

续表

序号	所属国家/地区	论文数量（篇）	百分比
9	意大利	305	4.73%
10	中国	290	4.50%
11	瑞典	239	3.71%
12	新西兰	231	3.58%
13	英国苏格兰	226	3.51%
14	爱尔兰	183	2.84%
15	印度	174	2.70%
16	波兰	159	2.47%
17	英国英格兰	156	2.42%
18	芬兰	155	2.40%
19	西班牙	141	2.19%
20	土耳其	134	2.08%
21	伊朗	131	2.03%
22	挪威	130	2.02%
23	比利时	122	1.89%
24	捷克	108	1.68%
25	瑞士	106	1.64%
26	日本	104	1.61%
27	奥地利	93	1.44%
28	肯尼亚	79	1.23%
29	南非	65	1.01%
30	俄罗斯	59	0.92%
31	以色列	56	0.87%
32	巴基斯坦	53	0.82%
33	墨西哥	52	0.81%
34	泰国	52	0.81%
35	韩国	51	0.79%
36	埃塞俄比亚	42	0.65%
37	阿根廷	41	0.64%
38	埃及	33	0.51%
39	克罗地亚	31	0.48%
40	哥伦比亚	29	0.45%
41	匈牙利	27	0.42%
42	斯洛伐克	27	0.42%
43	爱沙尼亚	26	0.40%
44	葡萄牙	26	0.40%

续表

序号	所属国家/地区	论文数量（篇）	百分比
45	英国北爱尔兰	25	0.39%
46	乌拉圭	25	0.39%
47	罗马尼亚	23	0.36%
48	德国	19	0.30%
49	塞尔维亚	19	0.30%
50	坦桑尼亚	19	0.30%

表 4-6　2018～2022 年畜禽分子设计育种研究论文发表 TOP20 机构统计

序号	所属机构	论文数量（篇）	百分比
1	奥胡斯大学	300	4.65%
2	法国农业科学研究院	295	4.58%
3	圭尔夫大学	284	4.41%
4	瓦赫宁根大学与研究中心	253	3.92%
5	瑞典农业科学大学	219	3.40%
6	美国农业部	217	3.37%
7	威斯康星大学	164	2.54%
8	威斯康星大学麦迪逊分校	162	2.51%
9	爱尔兰农业与食品发展部	140	2.17%
10	英国研究与创新署	125	1.94%
11	英国生物技术和生物科学研究委员会	124	1.92%
12	巴西农业研究院	124	1.92%
13	法国国立生命与环境工程学院	120	1.86%
14	巴黎萨克雷大学	118	1.83%
15	爱丁堡大学	112	1.74%
16	罗斯林研究所	108	1.68%
17	芬兰自然资源研究所	106	1.64%
18	挪威生命科学大学	105	1.63%
19	佛罗里达州立大学	105	1.63%
20	佛罗里达大学	104	1.61%

注：法国农业科学研究院，现被合并组建为法国国家农业食品与环境研究院

表 4-7　2018～2022 年畜禽分子设计育种技术专利申请 TOP10 国家统计

编号	申请国家	专利数量（件）
1	中国	463
2	美国	198
3	日本	70
4	法国	41
5	俄罗斯	32

编号	申请国家	专利数量（件）
6	韩国	24
7	澳大利亚	22
8	乌克兰	16
9	新西兰	15
10	德国	15

表4-8　2018～2022年畜禽分子设计育种技术专利申请TOP20机构统计

序号	机构名称	专利数量（件）
1	威斯康星大学校友研究基金会	66
2	中国农业大学	27
3	Genus 股份有限公司	21
4	巴斯夫股份公司	17
5	密苏里大学	16
6	VikingGenetics Fmba 公司	16
7	拜耳集团	12
8	Bioret Agri-Logette Confort	11
9	西北农林科技大学	11
10	味之素株式会社	9
11	华盛顿州立大学	9
12	Elastotec GmbH	9
13	艺康集团	8
14	AgriBioTech, Inc.	8
15	乐斯福集团	8
16	山东农业大学	8
17	Therapeutic Foods Limited	7
18	IverSync II LLC	6
19	诗华动物保健公司	6
20	哥本哈根大学	6

过去十年，围绕畜禽分子设计育种研究，以欧美发达国家为主发表畜禽生物育种相关基础研究与应用研究论文超过1500篇，美国在这个领域占有绝对优势。中国在这方面近几年发展很快，代表性机构有中国农业大学、中国农业科学院北京畜牧兽医研究所、西北农林科技大学、山东农业大学、内蒙古大学等，但是总体研究涉及原创性基础研究与核心技术比例没有超过主要论文的5%（表4-5和表4-6）。

在畜禽分子设计育种技术专利申报领域，北美、欧洲的稳定科研平台、充足经费渠道支持下的研究实力与研究基础、团队规模及产业化应用具有明显优势。

我国近几年从国家层面对农业、畜禽种业发展进行了战略性高度定位，推动了大学、科研机构，特别是企业的科技创新积极性，因此畜禽育种总体处于快速增加趋势，并且在数量上达到或者在特定领域显示出比较明显的优势。但是早期技术或者上游核心技术专利数量没有明显优势（表 4-7 和表 4-8）。不论是研究论文、技术专利，还是部分畜禽育种核心技术、核心遗传资源材料，与北美、欧洲发达地区相比较，一个明显不同是我国大部分是大学与科研机构主导研究，育种企业参与度明显偏低，这也是目前我国科技成果转化应用效率低的原因之一。

2. 基因编辑技术

随着转基因和基因编辑动物研发的深入，基因编辑技术的优势不断凸显，并逐渐转化为产业优势，已经在动物育种方面显示出广阔的应用前景。目前，多个国家放宽了对基因编辑动物产业化的限制，以区别于转基因动物。美国、加拿大、澳大利亚、日本、阿根廷、巴西、智利、以色列、瑞典和法国等国家已将基因编辑（没有导入外源基因）作物视为非转基因生物，在管理政策上实行可以开放应用的策略。截至 2022 年，已经有 8 种转基因或基因编辑动物被批准可用于商业化，1 种基因编辑抗热应激牛通过安全性评价，但尚未被批准商业化。其中 4 种基因编辑动物均为 2020 年以后批准通过安全性评价或准许上市，1 种转基因三文鱼 2015 年被批准上市销售，其他 4 种转基因动物均是以生产药用重组蛋白为目的的动物生物反应器。

在基因编辑原创性底层技术领域，我国与发达国家相比存在巨大差距，我国的研究更多属于跟踪型或应用拓展型，未掌握相关领域的核心技术，缺乏具有自主知识产权的专利，我国将面临美国等专利持有国的"卡脖子"制约，未来产业安全存在严峻挑战。

自 2010 年以来，基因编辑技术蓬勃发展，在医药、健康、农业、工业等领域产生了深远的变革性影响，是世界强国积极布局和激烈角逐和竞争的制高点。美国是基因编辑技术的发源地，拥有底层技术的核心专利，在疾病治疗和农业育种等重要领域形成了源头创新、技术研发、产业转化全链条。通过统计和分析，2010 年至 2022 年 3 月，美国在基因组编辑领域发表文章 11 478 篇（图 4-1），中国为 7724 篇，具有一定的差距（图 4-1A）；中国从 2014 年开始发文章量急剧增加，并且从 2021 年开始具有追上美国的趋势。此外，在此期间，美国高影响力（IF>15）的文章近 3000 篇，远高于中国的 980 篇；美国高被引文章（引用>500 次）为 110 篇，中国仅为 22 篇（图 4-2）。

在基因编辑专利方面，CRISPR 基因编辑技术原始核心专利为美国 Broad 研究所拥有，美国哈佛大学和 Broad 研究所还拥有碱基编辑和引导编辑两大核心技术的专利。1991～2021 年，美国申请的基因编辑专利总数为 7340 项，我国为 2971

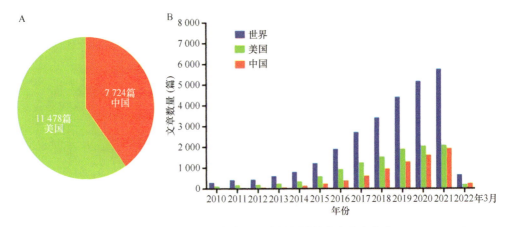

图 4-1 世界主要国家在基因编辑领域的发表文章分布

A. 中国和美国基因编辑领域发文章量统计（2010 年至 2022 年 3 月）；B. 2010 年至 2022 年 3 月中国和美国基因编辑领域发文章量趋势

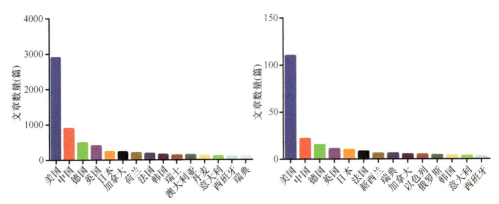

图 4-2 世界主要国家基因编辑高影响力文章分布

A. IF（impact factor）>15 文章数目；B. 引用次数>500 次的文章数目

项，分列世界第一、第二位，但是我国申请的核心专利（合享价值度为 10）113 项，仅为美国（2369 项）的 4.8%；此外，美国授权的基因编辑专利总数为 1628 项，我国为 757 项，具有一定的差距，其中，授权的核心专利 77 项，仅为美国（949 项）的 8.1%，位居世界第三，差距较大。

目前基因编辑技术的原始专利主要由国外控制，ZFN 核心专利由美国 Sangamo 公司垄断，TALEN 核心专利由法国 Cellectis 公司拥有，CRISPR/Cas9 核心专利主要由 Broad 研究所和加利福尼亚大学（UC Berkeley）持有，碱基编辑（E）和引导编辑专利则归美国哈佛大学和 Broad 研究所拥有。我国尚未建立基因编辑底层技术，仅挖掘出一些可望摆脱 CRISPR 专利束缚的新 Cas 成员，如中国科学院动物研究所开发的 Cas12b、上海神经科学研究所研发的 Cas13X/Y 和中国农业大学挖掘的 Cas12i 和 Cas12j。我国企业在现有基因编辑底层技术的国际授权方面普遍滞后，在未来的产业竞争中已处于不利地位（表 4-9）。

表 4-9　主要的基因编辑技术信息表

技术名称	年份	技术特点	发明人	研发机构
ZFN	1996	利用锌指蛋白识别特异 DNA 序列，设计简单，时间周期长，易脱靶	Kim Y G	约翰·霍普金斯大学
TALEN	2009	以氨基酸序列为向导识别靶基因序列。特异性较高，成本较低	Christian	艾奥瓦州立大学
CRISPR/Cas9	2012	高效、快捷、准确、成本低	张锋 Martin Jinek	Broad 研究所/UC Berkeley
BE	2016	可实现单碱基编辑	刘如谦	哈佛大学/Broad 研究所
CRISPR/Cas12	2015	蛋白质较小，适用于腺病毒递送	张锋	哈佛大学/Broad 研究所等
CRISPR/Cas13	2016	可实现 RNA 编辑	张锋	哈佛大学/Broad 研究所等
PE	2019	可实现所有 12 种单碱基的自由转换、精准插入、精准删除及其各种组合	刘如谦	哈佛大学/Broad 研究所

（二）我国在该领域存在的关键问题

由于我国的畜禽分子育种起步较晚，早期对育种的认识不足、投入较少，导致我国畜禽育种领域全基因组选育技术的研发基础薄弱，应用率普遍较低，而基因编辑技术底层创新缺乏，关键核心技术受制于人。

1. 缺乏适合我国畜禽品种的具有自主知识产权的芯片

过去 20 年来，高密度生物芯片主要由两家跨国公司（Illumina、ThermoFisher）主导，中国市场的生物芯片均依赖这两家公司进行设计、制作和检测，一方面导致中国动物育种所需芯片的定制需求响应周期慢、发货时间长、持续的技术支持和服务缺乏、成本高昂。一旦国外不提供芯片及相应设备、试剂，国内育种工作将受到巨大影响。另一方面，生物芯片作为生物育种关键性的分子检测技术，从源头上决定了种业的科技水平。国外的基因分型芯片在研发过程中是根据国外市场上各个畜禽的品种特征、群体规模、育种需求、重点关注性状等进行设计，缺少中国畜禽品种的基因组变异信息，存在一定的局限性。

以 Illumina 公司 2009 年推出的第一款牛 SNP 基因芯片（BovineSNP50）为例，首先其多态位点主要根据欧洲普通牛和印度瘤牛遗传变异设计，在中国黄牛品种的基因分型中，有效信息位点只占 80%～90%，大大降低了芯片的利用效率；其次，该芯片变异位点筛选比对的是欧洲海福特牛的参考基因组，无法有效覆盖我国肉牛基因组中特有的位点突变和大片段插入缺失等。我国的畜禽地方品种是具有特色的种质资源，具有耐粗饲、抗逆性好、抗病力强、性情温顺、适应性好、遗传性稳定、肉质细嫩等优点，很多优良性状和相关功能基因都未被充分挖掘、解析和利用。因此，亟须自主研发更适合我国畜禽的基因组覆盖均匀、通量高、重复性好、适用性好的全基因组育种 SNP 芯片，打造畜禽种业"中国芯"，扭转基因组选择核心技术"卡脖子"的被动局面，推进我国畜禽产业自主创新及转型升级。

2. 我国全基因组选择技术整体水平与发达国家存在差距

我国畜禽全基因组选择育种技术体系与发达国家相比，依然存在较大差距。主要包括：一是育种数据平台有待完善。我国育种数据存在"多、散、重"的现象，没有形成一个统一的育种数据库，导致数据间的可比性差，数据利用门槛高，育种数据积累与育种效率提升相脱节。我国基因组选择的参考群规模小，以奶牛为例，目前我国基因组参考群只有 1 万多头牛只，而且是母牛个体占比较大，而美国有 3 万头公牛及几十万头母牛做参考群体。二是育种目标性状数量和精度有待提高。随着检测技术的发展，发达国家育种目标性状的数量和精度不断提高。以基因组选择技术应用最成熟的奶牛为例，近十年来，欧美奶业发达国家在肢蹄病、代谢病、繁殖病、饲料转化率、胚胎早期死亡等方面进行了探索，综合性能指数涵盖的性状已经超过 50 个。荷兰等国家已经开始在碳排放领域开展相关研究，进行技术储备。相比而言，我国的奶牛性能指数仅涵盖产奶、体型与乳房健康三类性状。以北京地区为代表发布的"UTPI"区域性指数，涵盖六大类性状，但在新性状开发与应用方面尚处于起步阶段。三是发掘和组合基因的能力有待突破。传统数据库仅涵盖单一品种的基因组和注释，缺乏多组学数据和群体基因组变异信息的有效整合；较大基因组作物获取基因型的费用相对较高，限制了规模化鉴定优异基因资源。当前被广泛使用的算法模型已无法适应基于大数据的全基因组选择育种分析，亟须通过计算机技术、信息技术等领域的交叉融合，实现理论创新，形成技术突破。

3. 基因编辑核心专利被欧美发达国家控制

我国基因编辑技术的应用水平处于国际领先水平，同时，作为全球最大的基因编辑技术的应用市场，我国还具有明显的"科技聚合"优势。美国等几个西方发达国家率先开展了基因编辑技术研发，在现有底层技术源头上占据着有利位置，当前主要基因编辑技术核心专利由欧美研究机构掌握。由于长期以来相关基础研究薄弱，未形成稳定的基因编辑技术研发团队，缺乏可编程核酸识别元件、核酸修饰功能元件等核心专利，我国在相关技术的应用研发优势没有底层知识产权支撑，未来产业化应用仍需源头技术专利持有者授权。

主要跨国种业企业均已与专利持有者签署了授权许可协议，以合法利用基因编辑技术，开发有重要应用价值的基因编辑产品，占领产业竞争制高点。而我国企业在现有基因编辑底层技术的国际授权方面普遍滞后，在未来的产业竞争中将处于不利地位。

（三）我国在该领域亟待补齐的短板

在分子育种时代，全基因组选择育种与基因编辑育种已成为动植物遗传育种领域的关键技术，可以实现从传统的"经验育种"向定向、高效的"精确育种"转变。我国在分子设计育种领域方面的核心技术缺失势必将导致在未来的种业竞争中，面临受制于人的局面，挑战产业安全，因此分子育种应被列为该领域亟待补齐的短板。

加速畜禽育种的国产基因芯片系统的研发。虽然国内现在能自主定制芯片上的 SNP 位点，但芯片制作仍然受制于国外算法和基因芯片系统，因此后续应大力开展畜禽育种芯片的研发工作。具体体现在以下方面：一是建立生物资源信息共享数据库。围绕生物育种重点领域部署一批具有国际一流水平的生物资源信息采集平台，建成数字化生物种质资源库；基于基因组大数据搭建数据库系统，突破大数据获取、智能计算等支撑技术，建立"数据-技术-算法-决策"一体化的资源利用策略；深化数据库管理平台建设，实现生物种质资源数据的开放共享。二是加强基因组选择模型和算法的原始创新。整合基因功能注释、转录组、调控元件、表观遗传等生物信息的基因组选择技术，利用人工智能、机器学习等策略进行基因组选择的方法探索，建立跨品种（系）基因组遗传评估新方法。利用基因组信息，在控制近交、保持群体遗传多样性和最大化遗传进展等方面综合考虑，开发基于基因组信息的最优化选配技术，制定可持续选择的育种规划。三是打造全基因组选择育种联合体。采用"高校/科研院所+企业+基因分型公司"的合作体系，通过组建基因组选择育种共性技术平台，改"单兵作战"为"集团攻坚"，一方面降低基因型分型、基因组测序等成本，攻关种业芯片；另一方面聚焦产业需求，联合研发本土化畜禽育种基因芯片系统，实现畜禽育种芯片定制、检测设备、试剂、数据分析系统完全本土化生产，从而从根本上解决育种芯片"卡脖子"问题。

开发具有源头创新的基因编辑新工具。由于缺乏具有自主知识产权的源头编辑技术，我国迫切需要加强基础研究，系统、有效地开发和建立具有源头创新的基因编辑新工具，形成具有原创性、自主知识产权的基因编辑核心技术，摆脱国外核心专利的制约。一是挖掘原创性底盘核酸工具酶。凝聚国内优势团队对原创性技术开发进行攻关研究，利用全新的设计理念结合前沿技术，解析遗传分子操作的新原理，挖掘可编程的新型生物大分子、修饰功能模块等新系统，创建基因编辑新工具，形成原创性底层技术模型，为我国未来生物育种提供重要的核心竞争力和技术保障。二是聚焦共性技术研发。基于蛋白质结构的解析、人工智能深度学习和理性设计，对重要功能结构域进行全新设计和改造，获得全新的具有切割、脱氨、逆转录、整合、转换、表观修饰、RNA 编辑等功能的修饰元件，解析修饰功能复合体结构特征，研究其与编辑模块的耦合效应，开发碱基编辑、核苷酸删除、表观编辑及 RNA 编辑等原创新共性编辑技术。三是高效安全基因编辑育种体系研发。加强基因编辑组分递送技术研究，探索和建立不受物种和基因型限制及不经过体细胞克隆过程的动物基因编辑育种技术，建立多基因快速高效聚合、长片段高效插入或替换的基因编辑技术体系，探索减少脱靶效应造成的细胞和胚胎毒性、提高基因编辑动物制备效率和安全性的育种技术体系。

三、现有品种与发达国家存在差距，以企业为主导的商业化育种和联合育种模式不健全

当前，农业全球化发展和贸易一体化格局逐步形成，我国畜禽种业基本完成了以引进吸收、改良提升为主的转变，步入了以创新追赶、自主选育为重点的新时期，总体进入快速追赶新阶段，我国畜禽种业科技创新正面临前所未有的关键且形势紧迫的局面。我国畜禽种业正处于一个从"低水平、低质量、地区性产业"向"高水平、高质量、世界性产业"发展的历史转变时期，需要立足国内、面向世界来定位发展目标。从我国畜禽种业的科技创新、产业发展需求出发，未来技术研发应该立足该领域"重点机制突破、核心技术开发、特色品种培育、市场有效联动"产业链模式建设，建立起以国家战略方向为引导、市场需求为目标、核心技术为支撑、有效抵御国际风险的畜禽种业科技、产业、工程、政策体系。

（一）我国畜禽品种培育与发达国家之间的差距

发达国家畜禽育种已经有二三百年历史，而我国仅有四五十年发展历程，畜禽核心育种群规模和表型数据库只有国外的 1/3，育种效率偏低，难以发挥我国拥有丰富畜禽遗传资源的优势。生猪、奶牛、肉鸡和蛋鸡部分核心种源依赖进口，国内品种生产性能偏低，生猪的繁殖效率、饲料转化率和奶牛年产奶量都只有国际先进水平的 80% 左右，全国肉牛平均胴体重只有发达国家的 53%，奶牛进口冷冻精液占市场的 50%，白羽肉鸡祖代种鸡主要依靠进口，严重影响畜牧业发展的质量、速度和效益。

猪、奶牛、肉牛和羊等畜种品种性能与世界先进水平相比仍存在一定差距。生猪的产业指标与国外差距主要体现在：一是繁殖性能较低。2017 年，国家生猪核心育种场试验站的 MSY 和 PSY 分别为 22.27 头、24.82 头，分别比美国的种猪低 1.88 头、1.61 头，分别比丹麦的种猪低 8.99 头、8.47 头。二是生长性能不够强。我国生猪育肥期日增重只有丹麦的 83% 左右。三是饲料转化率不高，只有国际先进水平的 80% 左右。中国荷斯坦牛产奶性能总体比美国荷斯坦牛低，305 天产奶量、305 天乳脂量和 305 天乳蛋白量分别低 23%、25% 和 21%。中国西门塔尔牛

公牛初生体重和成年体重分别比国外西门塔尔牛平均水平低 8.7% 和 24.6%，产奶量低 38.2%，屠宰率基本持平。我国本土化选育的杜泊羊整体性能较南非有一定差距，其中，成年公羊体重、母羊体重分别低 20.80%、11.80%，育成公羊、母羊体重均低 8.00% 左右，屠宰率、产羔率平均低 3.00%、8.50%。2021 年，我国有圣泽 901 等 3 个白羽肉鸡新品种通过审定，与引入品种相比性能相近、各有千秋，实现了白羽肉鸡重大突破。

国外畜禽育种以企业为主，资金力量雄厚，技术积累丰富，市场机制健全。在蛋鸡、肉鸡、肉鸭和猪等集中度较高的物种上，以一体化全产业链龙头企业为主，育种研发投入相对较多；但总体看普遍低于国际育种公司 10% 以上的研发营收比。在奶牛、肉牛和肉羊上，种业企业集中度低，多以中小规模育种场、种公牛站为主体，育种研发投入相对较少（表 4-10）。

表 4-10　主要畜禽规模前 5 种业企业研发与营收情况

项目	猪	奶牛	肉牛	羊	蛋鸡	黄羽肉鸡	水禽
前 5 研发投入占重点企业研发投入的比例（%）	9.80	14.60	21.40	5.40	59.59	26.23	28.30
研发营收比（%）	0.96	0.33	0.88	0.91	2.59	0.73	0.49

我国育种企业目标过多集中在产肉量、生长速度等性状，而对肉质、繁殖、饲料转化率及抗病等重要经济性状重视不够或遗传研究进展缓慢。国内种畜市场管制宽松，大量进口品种充斥市场，育种企业利润低；我国一些地区未建立起科学的选种选配体系，缺乏杂交改良计划进行盲目杂交，不仅没有起到提高生产性能的作用，反而造成种群遗传背景混乱，生产性能停滞不前。整体上没有真正建立起以企业为主体和载体的科技创新模式。

国外动物育种体系完善，先进育种技术得到很好推广和应用，种业处于良性高质量发展阶段，对于我国动物育种发展具有很好的借鉴意义。目前世界上优质和高产动物主导品种主要由美国、澳大利亚和欧洲培育。一是欧洲和日本等地区和国家形成了以家庭农场为主的适度规模养殖模式；二是澳大利亚、新西兰和巴西等国形成了草地畜牧业模式；三是美国、加拿大等国形成了适度规模养殖和大规模集约化养殖模式。其共同特点就是具有完整的家畜生产体系，实现了产业规模化、集约化、机械化、自动化生产和专业化经营。我国畜禽种间发展不平衡，肉鸡、蛋鸡等家禽企业发展规模化程度高，奶牛、生猪企业规模化程度居中，羊和肉牛规模化程度最低。

与发达国家相比，我国大动物的联合育种体系不完善。国外有效的畜禽育种体系主要有两种，一种是大型专业化育种公司的封闭式育种体系，进行多个专门化品系选育及配套系筛选；另一种是发达国家的中小型育种场通过专业机构实现信息联合和畜禽资源共享，进行联合遗传评估开展纯种选育，从而形成公众型联合育种体系。而我国种业企业以小企业居多，大企业少，资产相对居中。大型畜禽种业企业以育繁推一体化为主，大多自育自繁自养；中小型企业以专业化育种为主（表4-11）。

表4-11　我国主要畜禽重点种业企业数量分布统计表

主要物种	2020年全国主要畜禽种业企业数量（家）	重点种业企业数量（家）	重点种业企业数量全国占比（%）	重点种业企业种畜禽存栏量全国占比（%）
猪	3865	122	3.20	63.00
奶牛	284	49	17.30	68.90
肉牛	277	65	23.50	41.80
羊	1213	92	7.60	29.10
蛋鸡	481	28	5.80	17.80
肉鸡	1256	44	3.50	28.80
水禽	407	32	7.90	44.30
其他	354	——	——	——
合计	8137	432	5.30	42.00

在动物育种组织和管理方面，发达国家均建立了全国性育种协会，统筹制定育种方案并监督实施。品种协会负责遗传评估，政府技术推广部门提供配套服务和支持，大学及研究所开展育种技术研究。美国的畜禽种业研究、试验、成果应用是由国家引导、大学科研机构进行基础研究、企业侧重技术与产品开发应用，并且已经形成"知识产权支撑、经济效益分享、金融政策推动、市场应用引领"的高效运行体系与利益分享机制。

我国尚未建立起良好的家畜种业育种创新与成果转化应用模式。以世界最大的动物遗传物质销售公司美国环球种畜有限公司（WWS）为例，WWS在奶牛育种、科研、培训等领域居于世界领先地位，曾培育出多头对荷斯坦品种影响深远的名牛。该公司核心育种资源分散在许多合作养殖企业、农户牧场，既扩大了种源范围，又降低了育种成本，同时也保障了育种成果的一定市场应用。对于育种核心技术研究创新，主要由美国农业部（USDA）、合作的大学与专业科研机构承担，这部分科研经费主要由国家与各州政府财政预算、行业基金支持。政府关注国立、公立科研成果在产业领域的公平利用，监督与科技创新、成果应用各环节的贡献度相应的利益分配，避免侵犯知识产权、避免企业垄断技术应用。

我国种业企业尚未真正成为种业科技创新的主体，相当数量的新品种主要由科研单位培育而成，育种工作缺乏长期规划性，往往随着科研项目结束而结束。尚未建立起运行顺畅的产学研用合作机制，资源信息共享和成果获益分享机制有待完善，育种的技术研发与产业化脱节，成果转化和新品种推广存在局限性。育种企业投资回报率低，企业积极性不高。缺乏政府与行业机构指导性的畜禽育种与科技创新长期规划与持续性支持；以产业应用为导向的畜禽育种新技术与新产品科技成果产业转化有效联动机制不成熟、不完善；育种组织体系、技术体系、基础设施不完善、不连续，缺乏针对主要畜禽品种的育种整体规划。整体上没有真正建立起以企业为主体和载体的科技创新模式。

（二）我国在畜禽品种培育领域存在的关键问题

我国是世界上家畜种质资源最丰富的国家之一，但系统化、现代化育种体系的实施起步较晚。近年来我国在动物育种体系建设和自主创新方面取得了显著成效，但与发达国家的发展水平和畜牧业转型升级的要求相比，仍然有较大差距。

1. 以企业为主体的联合育种体系不健全

我国专业化的育种公司仍处于起步阶段，企业研发投入动力不足，以企业为主体、育繁推一体化的商业化育种体系尚未完全建立。我国缺乏国家层面的全国性的家畜育种统一组织管理体系，政产学研用融合能力不强，家畜产业、育种公司和研究机构间的联合育种协作有待加强。种畜登记数量、生产性能测定和后裔测定数据库数据量不足，参考群数量群体小，表型组学数据量少，数据质量不高，限制了包括全基因组选择技术在内的许多先进育种技术在提高群体生产性能方面的充分应用与广泛推广。

科技人员成果评价、绩效考核和激励与成果分享机制不完善，与企业利益联结不紧密，主要科技成果掌握在高校和科研院所，而且部分科技成果与产业需求严重脱节，产学研深度融合的家畜种业联合体和利益共同体还未形成，科研院所和种业企业还没有形成有效分工、上下游协同、多部门合作的商业化育种体制和机制。受疫病、数据的可靠性、利益分配机制等制约，联合育种工作推进较为缓慢。

2. 财政支持有限，社会融资困难，育种投入研发不足

随着基因组选择技术的应用，牧场作为育种主体的地位达到了前所未有的高度。随着畜禽生产性能的不断提升，国际主流的奶牛育种企业的产能过剩，种源竞争加剧，利润下滑。我国畜牧业生产的主要品种需要反复引进，包括每年引进肉牛冻精约150万剂、原种猪1万头、白羽肉鸡祖代鸡100万套左右。尽管育种企业进行了持续的本土化改良，但是其生产性能与进口品种仍存在一定差距。这造成我国不断引进种源，大幅压缩了本土化种业的发展空间。

改革开放以来，对短期效益的过分追求，畜牧生产中追求短平快，致使我国一直没有持续稳定的投入，以保证畜禽育种工作的持续开展，难以形成并实施国家层面的动物育种计划。我国畜禽种业企业数量多、规模小，种业集中度较低，

缺乏航母级企业，自主研发能力不足，育种效率不高，企业育种投入资金主要靠下游养殖环节的利润反哺，社会融资较为困难。种业配套支持政策少，企业融资发展困难。政策资金多支持养殖场（户），种业企业得到的有限。

3. 核心育种场生物安全防控与疫病净化亟待强化

疫病净化是一项十分艰巨、综合性强的技术工作。随着舍饲规模增大和跨区域调运日趋频繁，重要疫病的流行情况变得极为复杂，生物安全形势不容乐观。我国畜禽育种场经营与管理模式仍较落后，种源疫病净化与防控水平参差不齐，疫病防控技术力量与投入不足，严重威胁了种源安全。我国国家核心育种场的疫病净化有了很大改观，但在疫病净化的技术应用和实际成效方面，相比发达国家仍有不小的差距。一些垂直疾病和人畜共患病还没有得到净化，疫病的感染不仅影响表型测定和遗传评估，甚至会造成核心种质资源的丢失。动物育种是一项长期性、连续性、系统性的工作，尤其大家畜新品种一般需要20～30年坚持不懈地悉心培育，一旦间断便前功尽弃，因此动物疫病防控不足严重挑战了我国本土育种的长期稳定发展。

（三）我国在畜禽品种培育领域亟待补齐的短板

1. 建立国家级动物育种科技创新研究平台

当前，我国动物育种缺乏国家级科技创新和研究平台，动物种质资源和各种科技创新要素相对分散，造成我国丰富的动物遗传资源保存和开发利用不足，无法形成合力，创制突破性动物新品种的能力不足，严重影响动物种业发展和企业核心竞争力。应面向国际动物种业发展趋势和国家种业重大战略需求，围绕动物种业科技创新体系的总体布局，整合高校、科研院所、园区、企业、优势地区和省部级重点实验室，建立动物种业国家实验室、国家技术创新中心和国家产业创新中心，实现创新链和产业链的融合发展。

要突出问题导向、需求导向、目标导向和场景导向，布局国家级动物种业科技创新和研究平台，谋划基础研究、技术和产品开发、应用示范全产业链的重点任务与方向，为未来5～10年动物种业科技创新部署实施提供支撑，破解"卡脖子"关键技术难题；加强跨区域、跨领域创新力量优化整合，统筹项目、基地、人才等创新资源布局，激活存量资源，促进创新资源面向产业和企业开放共享；强化技术创新与体制机制创新相结合，优化成果转化、人才激励等政策措施，鼓励企业建立动物育种研究基地，参与国家动物种业科技创新。

2. 设立动物育种专项，建立动物育种长期稳定支持机制

一是要将动物育种组织及技术团队建设纳入政府专项计划予以长期支持，支持动物育种国家重点实验室建设，加强人才队伍建设，培育具有国际视野、立足

我国主要畜禽育种的科技创新"国家队"，建立主要畜禽品种的生物育种国际标准平台；二是加强种质资源保存利用和新品种培育经费支持，充分发掘我国丰富的动物遗传资源，大力支持国家动物种质资源库的建设，建立主要动物品种的测定中心和大数据平台；三是设立针对畜禽主要品种生物育种核心技术的"国家科技与产业专项支持经费"，制定"支持产业发展与避免国际风险"的我国畜禽主要品种的生物育种长期战略发展规划，重点突破的畜禽育种核心技术包括生产性能遗传检测"芯片"、干细胞基因编辑生物育种、"颠覆性"性别控制繁育新技术与新产品、种畜克隆繁育技术集成创新、核心品种资源保种库与保种场。

3. 加强疫病防控与净化，提升生物安全水平

建立育种场疫病综合防控和生物安全技术体系与规程，采取有效措施净化育种场垂直疾病。加大力度支持疫病净化创建场和示范场建设，建立一批高标准、高水平的良种扩繁推广基地，提高高质量种源的供给水平。要建立更加严格、规范的核心育种群生物安全体系，提高垂直传播疫病净化能力，确保种畜禽数量。加快推进国家畜禽核心育种场和国家畜禽良种扩繁推广基地疫病净化，加强对育种场的管理，提升育种场生物安全水平，创建无疫区、无疫小区或净化示范场，确保种源生物安全。

第五章 未来畜禽种业科技创新发展战略构想

第一节 发展目标和发展思路

一、发展目标

提升我国畜禽种业自主创新能力和制种能力，打造种业强国，实现种业科技自立自强，种源自主可控，并具有较强的国际竞争能力。

到 2030 年，我国畜禽种质资源保护能力得到大幅提升，构建世界一流的畜禽种质资源保护、利用和预警体系，地方畜禽资源的保护率达到 95%以上，引进资源占比达到 50%，优异资源得到有效引进和保护；攻克一批畜禽种质的超低温保存与复原、表型精准鉴定、资源规模化发掘和创新等颠覆性技术；规模化发掘一批控制优质、高效、节粮、抗病等性状的新基因，阐明不同等位基因的育种利用价值，加强自主知识产权保护；构建高效智能化生产性能测定体系，在基因编辑和分子育种、合成生物、全基因组选择、干细胞育种等生物育种核心技术上取得重大突破，培育一批生产性能优异的优良畜禽品种，实现猪、牛、羊、鸡、鸭主要畜禽品种国产化，白羽肉鸡、生猪、肉牛、肉羊等畜禽种源自给率大幅度提高，实现基本自主。同时培育具有国际竞争能力的畜禽种业企业，培养具有国际视野和行业实战经验的企业育种人才队伍，建立完善的国内畜禽种业科研、生产及推广体系。推进我国由畜禽种业大国向畜禽种业强国的根本性转变，服务国家畜牧生产和经济发展。

二、发展思路

理清家底，聚焦研究和发展方向，加强关键技术攻关和畜禽种业发展基础设施建设、平台建设、人才建设，大力扶持具有实力的畜禽种业民族企业进行机制和技术创新，使我国的畜禽种业创新能力和制种能力有大幅度提高，实现我国畜禽种业自主可控，并具有较强的国际竞争能力。

坚持以习近平新时代中国特色社会主义思想为指导，以高质量发展为引领，紧密围绕新时代农业科技原始创新和现代种业发展的重大需求，全面实施种业振兴行动，以"全面普查、广泛收集、妥善保存、深入评价、联合公关、品种国产"为指导方针，以安全保护、高效利用、自主创新能力为核心，突出系统性、前瞻性和创新性，统筹规划，分步实施，集中力量攻克畜禽种质资源保护和利用、基础前沿研究和重大品种培育中的重大科学问题和关键技术难题，进一步增加我国畜禽遗传资源保存数量和多样性，创新理论技术，发掘创制优异种质和基因资源，在生物育种核心技术上取得重大突破，构建现代化的育种体系，创新体制机制，推进政产学研深度融合，实现主要畜禽品种国产化，种源自主可控，为发展现代种业、实现绿色发展提供物质和技术支撑。

第二节　主要任务和发展重点

围绕国家种业振兴行动的战略布局，结合我国畜禽种业的发展现状、研究前沿和关键问题，在基础研究、技术研发和新品种培育方面布局重点研究任务和发展方向，解决制约我国畜禽种业科技创新的关键问题，补齐短板，不断提升我国畜禽新品种创制能力。

一、加强基础性前沿研究，提升分子设计育种能力

基础研究是种业科技创新的源头，是推动种业科技进步的动力源泉。要深度解析重要性状形成的遗传分子基础，揭示杂种优势形成的遗传和表观遗传机理，为生物育种夯实理论基础。要以我国主要动物品种资源利用与前沿育种技术创新为主，着力攻克畜禽种业重大基础科学问题，突破自动化表型组测定技术、基因编辑、合成生物等前沿关键技术；构建现代育种技术体系，满足农业供给侧结构性改革对动物多元化品种的重大需求，形成自主技术和自主产品的较强国际竞争力。

（一）主要任务

①畜禽抗病性状形成的分子调控网络。针对我国畜禽生产上所面临的重要病害问题，研究和建立抗病性状表型精准测定方法体系，揭示抗病性状形成的细胞和免疫学分子调控机制，解析抗病性状形成的遗传基础，挖掘和鉴定抗病性状的主效基因、因果突变位点和关键调控元件并阐明其作用机理，阐明其对抗病性状提高的遗传效应，揭示环境和基因互作影响猪抗病性状形成的机制及其分子互作网络，创制抗病性能增强的优异新基因资源。②畜禽杂种优势形成的生物学基础。研究畜禽的产量、品质、抗病、繁殖、饲料转化率等重要性状杂种优势形成的生物学基础，挖掘与鉴定亲本和杂种间等位基因特异表达的功能基因和调控元件，解析基因互作与杂种优势的关系及分子调控机制，阐明农业动物重要性状杂种优势形成的遗传和分子机理。③畜禽重要性状的优异基因挖掘。研究畜禽高产、优

质、抗逆、养分高效利用等性状形成的共性调控元件并阐明相关作用机理，解析复杂性状形成的协同调控机制，揭示相关信号调控或代谢合成通路的分子网络，阐明农业生物重要性状调控的共性分子基础，创制有重大应用价值的优异新基因资源。④畜禽优异种质资源精准鉴定。建立表型高通量鉴定技术平台，筛选目标性状突出的优异种质资源；研发全基因组水平的基因型高通量鉴定技术，建立高通量 DNA 指纹检测技术体系；建立覆盖多种信息的表型数据库和品种分子指纹数据库，构建畜禽种质资源大数据信息化平台。

（二）发展重点

以解析畜禽高产优质高抗性状形成的分子调控网络为重点突破方向。针对我国畜禽在不同区域生产上面临的重要育种性状提升的关键限制因素，综合利用遗传学、基因组学、分子生物学等技术手段，破解动物基因组和基因图谱，筛选动物高产优质性状相关的数量性状基因座（QTL）定位和分子标记，挖掘关键功能基因、调控序列和调控网络，挖掘重要育种性状（家畜产肉量、高产仔数和优良肉质等高产优质性状；家禽日增重、产蛋量、优质肉、禽流感等高产优质高抗性状等）形成的关键调控基因，并揭示基因、表型与环境的互作规律，为动物高产优质育种提供分子遗传学的选择标记和操纵目标。阐明对目标性状及其他综合性状的遗传效应，解析其分子调控网络，创制重要育种性状提升的优异新基因资源。

二、突破生物育种核心技术，打造现代种业科技强国

推进育种数据采集标准化，建立高效智能化生产性能测定体系，开展畜禽智能表型组技术研究，大幅提高数据采集能力和质量。以经济效益优良、种质特性优异的地方畜禽品种为核心，开展重要功能基因及突变挖掘及应用，开展基因编辑、合成生物、全基因组选择技术、胚胎育种、干细胞育种等核心技术研究，建立分子设计、基因组选择育种、基因组书写技术等现代种质创新体系，为创制优质、高效、抗病、节粮、较少碳排放等目标性状突出的新种质，提升我国畜禽种业创新核心能力，适应我国"碳达峰、碳中和"战略要求，提供育种平台和核心技术储备。

（一）主要任务

①提高育种效率：重点突破基因组遗传变异对表型作用机理的解析，干细胞育种与体外胚胎工程化组装技术，基因组智能育种技术，以及配子胚胎发育调控技术。②优质地方猪、黄羽肉鸡和蛋鸡新品种选育：重点攻克快速生长、高繁殖力、抗病抗逆基因组的地方猪和黄羽肉鸡高效选种、选配技术，以及净化种鸡垂

直传播性疾病、提高繁殖性能的蛋鸡育种技术。③引进猪、奶牛、肉牛的选育提高：重点解决突破表型组、基因组检测技术，建立引进猪、奶牛、肉牛品种的基因组高效选种、选配技术。④牛羊高效繁殖精准调控：开展母畜禽性周期生理与行为规律与机制研究，研发相关参数自动采集技术，构建自动化、智能化发情鉴定和早期妊娠诊断技术；优化提升定时输精技术效率，研发精准排卵控制的关键药物和用药方案，开展工程化应用。

（二）发展重点

建立畜禽分子设计育种技术体系。分子生物学的进步催生了分子育种技术，该技术通过全基因组范围内的分子标记辅助选择与重要经济性状紧密连锁的DNA分子标记，在全基因组水平上分析目标性状表型的所有遗传变异，深入分析表型、环境和基因表达调控的互作机制，确定与重要经济性状相关的数量性状基因座（QTL）、功能基因和调控序列。在此基础上通过动物生物技术如基因编辑从DNA分子水平上对动物品种进行改良，或在杂交后代中对基因型和表型进行关联分析，利用分子标记精准估计育种值，快速培育或者选育高产、优质、抗病的动物新品种。畜禽分子设计育种主要包括基因组选择育种和转基因育种，前沿技术主要为全基因组分子标记技术和精准基因编辑技术。畜禽分子设计育种的关键问题是准确评估分子标记与QTL间的关联性，在全基因组利用SNP芯片大规模发掘QTL资源，构建畜禽抗病、高产和优质等重要性状相关基因调控网络，并最终利用各种动物生物技术进行基因设计育种。传统动物育种向分子育种的转变是必然的趋势，分子标记辅助选择可以极大地缩短育种年限，且不受时间和环境限制，转基因技术和基因编辑技术的应用则可以跨越畜禽种间杂交繁殖障碍，两者结合能极大地节省人力物力财力，实现传统育种不可能完成的目标，对畜禽新品种的培育有十分重要的价值。

三、加快现有品种遗传改良，提升畜禽种源自给率

畜禽品种培育是改良提升现有种群的有效方法和措施，通过良种培育可以提升畜禽产品竞争力和生产性能，实现畜禽种业的高质量发展。畜禽遗传改良要聚焦全面强化自主创新、全面强化育种基础、全面强化育种体系和全面强化企业主体等主要任务，力争建成比较完善的商业化育种体系，显著提升种畜禽生产性能和品质水平，自主培育一批具有国际竞争力的突破性品种，确保畜禽核心种源自主可控。

（一）主要任务

①打造协同高效的育种体系。采用企业申报、省级畜禽种业行政主管部门审

核推荐的方式，继续遴选高产和具有地方特色的畜禽核心育种场。深化科企合作模式，逐步建立产学研深度融合的利益分配机制和风险控制机制，支持育种企业加强技术研发机构建设，不断提升自主创新能力。②构建育种数据体系。推进育种数据采集标准化，建立高效智能化生产性能测定体系，培养专业的测定员队伍，实现规范管理，全面开展场内性能测定，大幅提高数据采集能力和质量。③加快畜禽育种技术创新。加快育种新技术研发与应用，打造国际一流的育种技术支撑平台。扩大基因组选择参考群体，完善基因组选择指数，提高选择准确性。④提升品种创新和资源利用水平。发挥地方品种资源优势，根据优势产区布局和遗传资源现状，确定重点选育品种，制定选育方案，开展持续选育。系统挖掘地方畜禽优异性状关键基因，创制新种质。综合应用现代繁殖新技术，高效扩繁优异种质。充分挖掘优质特色性状基因，培育新品种、新品系。⑤完善生物安全体系。完善国家畜禽核心育种场站环境控制和管理配套技术，建立更加严格、规范的生物安全体系，提高疫病净化能力。完善准入管理，创建无疫区、无疫小区或净化示范场。

（二）发展重点

未来我国畜禽遗传改良计划要立足新的发展阶段，实现品种在性能和品质上双突破；要贯彻新发展理念，把自主创新摆在首位，加快畜禽种业向数量质量并重、资源节约高效方向发展；着眼构建新发展格局，确保畜禽核心种源自主可控。扩大畜种范围性能品质兼顾新计划呈现新特点。力争用 10～15 年的时间，建成比较完善的商业化育种体系，显著提升种畜禽生产性能和品质水平，自主培育一批具有国际竞争力的突破性品种，确保畜禽核心种源自主可控。全面强化自主创新，以高质量发展为主线，突出主导品种选育提升，注重地方品种开发利用，提高育种关键核心技术研发和应用能力；全面强化育种基础，开展高效智能化性能测定，构建育种全产业链大数据平台，提高遗传评估支撑服务能力；全面强化育种体系，以国家畜禽核心育种场为依托，支持发展创新要素有效集聚、市场机制充分发挥的联合育种实体，提高核心种源培育能力；全面强化企业主体，支持畜禽种业企业做强做大、做专做精，打造一批具有核心研发能力、产业带动力的领军企业，提高企业品牌影响力和市场竞争力。

四、培育重大新品种，提升国际竞争力

在新品种培育方面，应面向我国特色消费市场需求和未来市场需求，创新育种目标。根据广大人民畜产品多元化需求特点，以国内特色地方品种、自主选育品系和高产品种为素材，根据品种/品系特性，开展高产、高繁等通用品系、配套系及具有特征外貌和适应性等本土品种特色的品系持续选育，育成符合市场多元需求的不同类型优质新品种，作为未来与国际畜禽育种市场抗衡的砝码。此外，育种目标定位上必须认清我国饲用粮尤其是优质蛋白质饲料原料大豆短缺的局限及国际社会环境压力，在育种目标中，强化饲料转化率、环保低碳、废弃物排放低等性状的选育。

（一）主要任务

①地方猪新品种新配套系培育、引进猪本土化选育及良繁。针对地方猪肉品质、繁殖、抗病抗逆等性状特点，研究地方猪肉品质、抗病抗逆新育种技术，建立地方猪肉品质、高繁殖、抗病抗逆基因组高效选种、选配技术体系；培育肉质优良、生长速度快、繁殖性能高的地方猪新品种，建立杂种优势预测模型；研究地方猪新品种、新配套系优良基因高效传递的良种繁育新技术。开展引进猪种本土化适应性选育提高，创新引进品种表型组、基因组检测技术，建立引进品种基因组高效选种、选配技术；开展专门化品系选育及配合力测定，培育、筛选出产仔数多、饲料转化率高、生长速度快、瘦肉率高、适应性强的新品系及配套组合；研究引进猪种新品系、配套系优良基因高效传递的良种繁育新技术。②牛新品种、新品系培育及良繁。研发牛高效智能化数据采集系统，构建育种信息全产业链采集和规模化表型准确测定技术体系；建立大规模、高质量基因组选择参考群体，自主研发育种芯片，建立牛育种大数据平台；构建产肉量、产奶量、肉品质、饲料转化率等性状遗传评估模型，开展牛联合育种；建立智能高效发情鉴定、妊娠诊断和体外胚胎生产等牛良繁技术体系。③羊新品种、新品系培育及良繁。开展肉、绒、奶等性状表型组测定、遗传评估、联合选育，建立基因组选择参考群体；研发商业化育种基因组选择技术，培育高繁殖力肉用、毛用及肉毛兼用绵羊新品种、新品系，选育引进肉用绵羊品种和高繁殖力地方绵羊品种，培育特色新品系；培育多胎肉用山羊新品种（系），选育山羊优良地方品种；建立种羊营养调控、羔羊特培等一体化技术体系，研究羊良种扩繁新技术。④肉禽新品种培育与良繁。研究优质黄羽肉鸡等肉禽的抗病性、肉品质等性状的选择新方法与全基因组选择技术；研究快速生长、生活力、一般抗病力等性状的平衡育种技术与最佳经济模型，突破快速生长和高繁殖力的遗传拮抗；研发肉用性状、胴体性状的表型精准测定技术；研制肉禽专用育种芯片和低成本高通量基因分型技术，搭建全基因组选择优化平台；培育满足不同区域化市场需求的优质肉禽新品种；研究肉禽新品种优良基因高效传递的良种繁育新技术。⑤蛋禽新品种培育。开展高产高效蛋鸡的超长繁殖周期、蛋品质、饲料转化率等性状的选择新方法与基因组选择等研究；研究净化种鸡垂直传播性疾病、提高繁殖性能的育种技术；开展蛋用性状的表型精准测定技术研究；研发蛋鸡单亲专用育种芯片和低成本高通量的基因分型技术，利用分子信息评估近交程度和预估杂交效果，搭建基因组选择和选配优化平台；

培育高产、高效和特色蛋禽新品种。

(二) 发展重点

突破畜禽新品种培育、良种快繁等关键技术，提高畜牧业自主创新能力，提升畜牧业全要素生产率和国际竞争力，保障"菜篮子""肉盘子""奶瓶子"等畜产品稳定供给。

(1) 地方品种特色化。重点对地方品种生长发育、繁殖、肉品质、胴体性状、饲料转化率等性状开展选育，构建中国特色畜禽地方品种选育体系，对规模较大、有一定选育基础的地方品种杂种群体，制订选育计划，开展新品种培育。畜禽地方品种应加强保护、选育和利用，充分挖掘地方优势品种肉质、耐粗饲、抗逆性强等优良特性，提高肉用、乳用等生产性能和种群供种能力，支撑优质特色畜禽产业发展。着重开展选育基础性工作，逐步构建选育体系；充分利用引进优良品种，提高产肉、产奶性能，支持区域特色畜禽产业发展。此外，重点完善繁育体系，充分挖掘和利用畜禽遗传资源特性，优化生产性能测定技术体系，提高优质种猪、牛、羊等供种能力，因地制宜推广人工授精技术，有力支撑地区畜禽业发展。

(2) 引进品种本土化。引入"世界级"优势品种进行本土化培育，加速本国畜禽品种的改良和优化，是各国通行做法。以杜洛克猪、西门塔尔牛等为基础创制育种素材，综合考虑不同目标性状之间的关系，优化综合选择指数，应用表型智能化精准测定技术和全基因组选择等育种新技术，实现畜禽性能的持续改良。加强种畜禽自主培育体系建设，持续选育提高畜禽生产性能，缩小与国际先进水平的差距，不断增强自主供种能力；充分发挥产奶、产肉、产蛋等性能的综合优势，构建综合性状优势选育体系。

(3) 杂种优势高效利用。以地方品种与引进品种为育种素材，综合考虑不同目标性状之间的关系，优化综合选择指数，应用表型精准测定技术和分子育种技术，培育出达到世界先进水平的优质、高效新品种和配套系，满足市场对优质畜禽产品的需求。各地因地制宜，建立引进品种的杂交繁育体系，充分发挥杂种优势，提高畜禽生产水平。扩大育种群数量，加大育种群体选择强度，提高供种能力；坚持持续选育已育成品种，提高群体整齐度；坚持性能测定与遗传评估，结合育种新技术，开展适应不同生产模式的新品种选育，优势并举，支撑高效畜禽产业发展，持续提高种群供种能力和市场竞争力。

五、强化企业创新主体地位，建立产学研推相结合的育种模式

实现种业振兴，要强化企业创新主体地位，加强知识产权保护，优化营商环

境，引导资源、技术、人才、资本等要素向重点优势企业集聚。中央种业振兴行动方案明确提出实施种业企业扶优行动，重点扶持优势企业发展。做大做强种业，必须做优做强一批具备集成创新能力、适应市场需求的种业龙头企业，着力构建国家种业企业阵型，加快打造种业振兴骨干力量。

（一）主要任务

①推进种业科技自立自强，发挥优势种业企业"主板"集成作用。发达国家种业企业最显著的特征，就是对技术、人才、资源、资本等创新要素具有较高集成组装能力，使科研、生产、市场、投资等都能找到相应"接口"，推进创新成果快速产出和转化。因此，要充分发挥国家种业阵型企业的集成作用，加快提升企业资源整合和自主创新能力。②实现种源自主可控，夯实优势种业企业这个供种"基本盘"。我国养殖业每年需仔猪6亿多头、雏禽150亿羽、水产苗种6万亿尾，绝大多数来自企业。只有让更多拥有自有品种的优势企业，成为种业市场的供应者、品种更新的推动者、产业融合的引领者，才能真正落实种源自主可控的目标要求。③提升种业国际竞争力，做强做优做大种业企业。近年来，我国种业企业发展较快，已经拥有两家全球前10强的农作物种业企业，但是多数企业规模小、竞争力不强。实现由种业大国向种业强国的转变，必须着力打造一批优势龙头企业，逐步形成由领军企业、特色企业、专业化平台企业共同组成协同发展的国家种业振兴企业集群。培植具有国际竞争力的牧业企业和品牌，促进畜禽种业、饲料业、草产业、养殖业和畜产品加工业等产业发展，提供中国畜牧业未来发展的整体解决方案。④推进产学研推深度融合。加快培育有核心竞争力的种业创新主体，重点强化企业创新主体地位，深化科企合作，推动种业企业和科研单位建立有效的利益联结机制，加快育种资源、人才、技术从科研单位向企业聚集，支持企业探索建立以企业为主体、市场为导向、产学研协同、育繁推一体的育种创新体系，支持企业承担国家重点研发计划、国家科技重大专项。推动完善激励创新创业的政策体系，加快引进高水平团队、高科技企业和高质量基金入驻落地，加快定向协同攻关、成果就地转化，培育壮大区域主导产业。大力推进科企融合，鼓励建设新型研发机构，进一步培育壮大创新型农业企业。

（二）发展重点

企业是种业科技创新的主体，按照"政府推动、部门联动、企业主体"的畜牧业发展思路，积极依托畜禽养殖场、养殖大户、家庭农场、农民合作社、农业产业化龙头企业等新型农业经营主体，充分调动积极性，增强服务指导性。国内种业企业要朝着畜牧产业良种化、规模化、集约化、机械化、自动化和专业化的生产模式发展，进一步发展成为育繁推一体化种业企业。种业育种手段要更加注重生物技术，以及数据、多组学、智能表型组、基因编辑、分子设计育种等生物技术与人工智能、大数据信息技术的结合，由传统杂交育种 2.0 时代过渡到分子育种 3.0 时代，进一步向国际一流种业生物育种 4.0 时代靠拢。育种的目标不仅是增产，还要寻找与健康营养、生物多样性、资源环境可持续等方面的多赢，逐步实现种业科技自立自强、种源自主可控。

第三节　政策保障和建议

当前，适逢国家打好种业翻身仗的良好时机，国家把种源安全提升到关系国家安全的战略高度。中央和各部委制定了一揽子规划和方案，集中力量破难题、补短板、强优势、控风险，畜禽种业迎来新的历史机遇。为了保障国家种业振兴行动目标的实现，我国畜禽种业科技创新在体制机制建设、平台建设、科技项目布局、人才培养、良种培育和推广等方面均需要制定长远规划，保障畜禽种业科技创新战略任务的顺利实施。

一、强化企业创新主体作用，建立产学研深度融合的商业化育种体系

遴选一批科技创新能力强、发展潜力大的育繁推优势企业，促进技术、人才和资金等要素资源的集聚，培育领军型畜禽育种龙头企业。协同发挥科研机构、高校、企业等各方作用，为企业培养畜禽育种专业化技术人才，鼓励科研单位或人员进入育种企业开展育种研发，切实解决企业人才所需。建立产学研深度融合、科企高效联合的商业化育种体系。通过税费减免、贷款贴息等措施引导企业加大研发投入力度，吸引社会和金融资本参与，加大对育种技术研发、性能测定站（中心）、种质资源库等建设和龙头育种企业的支持。同时，充分发挥政府监管职能，大幅提高育种企业制度性准入门槛，引导育种企业通过正常市场竞争兼并重组，做大做强种业企业，提高国际竞争力。

二、加强畜禽育种基础平台建设，提升畜禽种业科技创新能力

当前，我国畜禽育种缺乏国家级科技创新和研究平台，畜禽种质资源和各种科技创新要素相对分散，造成我国丰富的畜禽遗传资源保存和开发利用不足，无法形成合力，创制突破性畜禽新品种的能力不足，严重影响畜禽种业发展和企业核心竞争力。应加强平台建设，布局国家级畜禽种业科技创新和研究平台，谋划基础研究、技术和产品开发、应用示范全产业链的重点任务与方向，为未来 5～10 年畜禽种业科技创新部署实施提供支撑，破解"卡脖子"关键技术难题。面向国际畜禽种业发展趋势和国家种业重大战略需求，围绕畜禽种业科技创新体系的

总体布局，增加对畜禽育种场、种源基地、基础育种数据测定平台、种业企业和科研单位的支持力度，增加仪器设备、技术和人才的投入，全面布局畜禽种业全国重点实验室和技术创新中心，建立高水平的畜禽种业科技创新平台和创新体系。完善主要畜禽品种育种大数据库建设，建立高效智能化性能测定平台和全产业链育种大数据库，支撑高效精准育种。

三、设立长周期畜禽育种专项，促进畜禽育种领域科技项目的系统联动

"十三五"国家重点研发计划在畜禽种业领域缺乏项目布局，"十四五"期间在"农业生物重要性状形成与环境适应性基础研究""农业生物种质资源挖掘与创新利用""畜禽新品种培育与现代牧场科技创新""农业关键核心技术""农业生物种业"等专项中增加了畜禽育种项目布局，启动并支持表型组测定、基因组选择、性状形成机制、生物技术育种等重大科技工程，以点带面，推动畜禽种业资源保护利用、测试评价、育种创新、高效扩繁等方面不断创新发展。要加大重大品种选育科技攻关项目立项和财政资金的资助力度，引导全国科研院所和育种企业多部门、多学科协同创新。但是各项目分散在不同的专项中，之间的联动机制不健全，难以形成合力。同时，畜禽育种是一项长期的系统工程，一旦中断前功尽弃，5 年实施周期与其科研规律不符。畜禽育种项目需要建立畜禽育种项目联动机制，促进各项目之间的交流合作，促进资源共享，避免重复性工作。面向未来，研究设置长周期畜禽育种专项，围绕基础研究、关键技术、新品种培育和产业化应用进行一体化设计与实施，加大对重要性状遗传基础研究、分子设计育种技术、良种高效扩繁技术、重大新品种培育等方向的支持力度，加强生物技术、信息技术和人工智能的跨界融合。

四、建立畜禽育种人才培养方案，打造畜禽种业科技创新主力军

人才是产业发展的关键保障，积极培养一批长期致力于畜禽产业发展的产业团队。协同发挥科研机构、高校、企业等各方作用，培养畜禽育种专业化技术人才，鼓励科研单位或人员进入育种企业开展育种研发，切实解决企业人才所需。遴选一批科技创新能力强、发展潜力大的育繁推优势企业，吸引高学历人才、技术等要素资源向其集聚，培养畜禽育种综合型、领军型人才。建立产学研深度融合、科企高效联合的商业化育种体系。同时，加强国际科技交流合作，加快国内人才培养，使更多青年优秀人才脱颖而出。完善激励机制和科技评价机制，落实好攻关任务"揭榜挂帅"等机制。规范科技伦理，树立良好学风和作风，引导科研人员专心致志、扎实进取。

五、增加科技创新投入，坚持现有品种遗传改良和重大新品种培育并重的策略

加强畜禽种质资源保护和开发利用，推进国家畜禽种质资源库建设，为新品种培育奠定重要的物质机制。开展畜禽重要性状形成重大基础理论研究，发掘关键功能基因和调控网络，为新一代生物育种技术原始创新提供理论依据。开展智能表型组选择、全基因组选择、基因编辑、分子设计育种、干细胞和胚胎育种等关键育种技术研发，建立现代化生物育种技术体系，创制高产、优质、高效、抗病、节粮、环保等目标性状突出的新品种。

要支持鼓励区域性和品种内联合育种，持续推进大企业育种，继续支持开展种畜拍卖，不断健全畜禽种业创新体系，鼓励各地结合资源特点编制地方畜禽遗传改良计划，重点启动实施生猪、牛、羊、家禽、水禽种业提升行动，强化国家核心育种场管理，布局建设区域性种畜站，优化畜禽遗传评估，加快全基因组选择平台和我国地方畜禽品种基因型特征数据库建设。瞄准我国特色消费市场需求和未来市场需求，创新育种目标，充分利用我国本土畜禽品种的优良性状，确定清晰明确的育种目标，创制适应多元化市场需求的新品种，推动畜禽育种形成高质量自立自强的新发展格局。

总体篇编写组成员

组　长：张　涌（西北农林科技大学　院士/教授）

　　　　邓小明（中国农村技术开发中心　主任）

副组长：田见晖（中国农业大学　副校长/教授）

　　　　王宗礼（全国畜牧总站　站长/研究员）

　　　　张松梅（中国农村技术开发中心　副主任/研究员）

成　员（按姓氏汉语拼音排序）：

　　　　陈继兰（中国农业科学院北京畜牧兽医研究所　研究员）

　　　　戴翊超（中国农村技术开发中心　实习研究员）

　　　　段忠意（全国畜牧总站　高级畜牧师）

　　　　葛毅强（中国农村技术开发中心　处长/研究员）

　　　　郭江鹏（北京市畜牧总站　高级畜牧师）

　　　　侯水生（中国农业科学院北京畜牧兽医研究所　院士/国家水禽产业技术
　　　　　　　　体系首席科学家）

　　　　黄季焜（北京大学　教授）

　　　　黄路生（江西农业大学　院士/教授）

　　　　黄行许（上海科技大学　教授）

　　　　李　姣（全国畜牧总站　高级畜牧师）

　　　　李发弟（兰州大学　教授）

　　　　李转见（河南农业大学　教授）

　　　　刘　军（西北农林科技大学　教授）

　　　　刘　旭（西北农林科技大学　教授）

　　　　刘丑生（全国畜牧总站　研究员）

　　　　陆　健（全国畜牧总站　副处长/高级畜牧师）

　　　　马月辉（中国农业科学院北京畜牧兽医研究所　研究员）

　　　　孟　飞（全国畜牧总站　高级畜牧师）

　　　　邱小田（全国畜牧总站　副处长/高级畜牧师）

　　　　权富生（西北农林科技大学　教授）

　　　　时建忠（全国畜牧总站　党委书记、副站长/研究员）

　　　　史建民（农业农村部种业管理司　调研员）

苏建民（西北农林科技大学　教授）

孙康泰（中国农村技术开发中心　副处长/研究员）

王文月（中国农村技术开发中心　副研究员）

王勇胜（西北农林科技大学　教授）

熊本海（中国农业科学院北京畜牧兽医研究所　研究员）

杨　宁（中国农业大学　教授/岗位体系首席）

印遇龙（中国科学院亚热带农业生态研究所　院士/研究员）

张桂香（全国畜牧总站　副处长/正高级畜牧师）

张胜利（中国农业大学　教授）

赵书红（华中农业大学　院长/教授）

郑筱光（中国农村技术开发中心　副研究员）

秘　书（按姓氏汉语拼音排序）：

高元鹏（西北农林科技大学　副研究员）

蒋　立（湖南农业大学　讲师）

王文月（中国农村技术开发中心　副研究员）

张　臻（湖南省长沙县科学技术局）

专题篇

第六章　猪种业专题

我国是生猪生产与消费大国，猪肉是我国居民最重要的动物蛋白来源，占肉类消费总量的 60% 以上。生猪产业创造的产值相当于玉米、小麦和大豆等主要粮食作物的总和。2019 年，农业农村部在《加快生猪生产恢复发展三年行动方案》中强调，像抓粮食生产一样抓生猪生产，把生猪稳产保供作为农业工作的重点任务抓紧抓实抓细，千方百计加快恢复生猪生产。

目前，我国拥有 2600 万家生猪养殖场（户），产业关乎国计民生。农以种为先，强产业必须先强种业，我国目前拥有 83 个国家地方猪种质资源，98 家国家核心育种场（含 5 家地方猪核心育种场），6 家国家核心种公猪站，主流生产体系中杜洛克、长白与大白核心群种猪存栏近 15 万头，培育了一批新品种（配套系），为生猪产业发展保驾护航。但与国际种业发达国家如丹麦、美国、法国、加拿大等相比，我国生猪种业科技研发力量分散，重点状研究，轻集成创新。虽然也突破了一批遗传育种关键技术，获得部分重要经济性状主效基因，但猪育种相关技术及专利大部分被国外公司掌控，如 PIC 即拥有 300 多项猪育种国际专利，我国仅 10 多项。生猪种业科技创新迫在眉睫。生猪种业科技创新的重要性和意义包括：一是种业科技创新是降本增效的关键。我国种猪主要经济性能与丹麦、美国等差距大，只有通过种业科技创新，才能加快遗传进展，缩短种猪的生长发育、繁殖等经济性能的差距。二是种业科技创新是生猪产业结构性改革、转型升级及生猪产业高质量发展的重要保障。三是种业科技创新是地方猪遗传资源发扬光大的关键支撑。我国地方猪遗传资源丰富，未来利用潜力难以估量，可通过科技创新，摸清家底，精准鉴评，面向市场开发特色猪肉产品。可以说，抓住了生猪种业创新，就抓住了生猪种业发展全局的"牛鼻子"。

生猪种业战略研究的必要性包括以下几个方面。一是关于打好种业翻身仗、实现种业科技自立自强的必需路径。习近平总书记指出："要下决心把民族种业搞上去，抓紧培育具有自主知识产权的优良品种，从源头上保障国家粮食安全""要确保中国人的饭碗任何时候都牢牢端在自己手中，中国人的饭碗应该主要装中国粮"。种业是国家战略性、基础性核心产业。二是落实国家重大战略需求的重要支柱。生猪产业是我国农业经济中最为活跃的主导产业，国家"十四五"规划明确提出生猪产业总值稳定在 1.5 万亿元。立足新发展阶段，加快实现品种在性能和品质上双突破；贯彻新发展理念，把自主创新摆在首位，加快生猪种业向数量质量并重、资源节约高效方向发展；着眼构建新发展格局，确保生猪核心种源自主可控，是未来我国生猪产业高质量发展的重要趋势和基础。三是提高畜牧业自主创新能力、引领新兴技术变革带动生猪种业跨越式发展的迫切需求。目前，良种对生猪产业发展的贡献率达到40%，但生猪高端品种仍受制于人，生猪核心种质对外依存度较高，产业国际竞争力弱。解决上述问题的根本出路在于大力推进生猪种业科技创新。新一轮生物技术和信息技术深度融合，驱动现代生物育种技术快速变革迭代，成为生猪种业科技创新的新引擎。

第一节　我国猪核心种质资源现状和开发利用水平

自新中国成立后，我国生猪产业经历了"以地方脂肪型猪种饲养为主的小农生产阶段"、"培育品种与现代生产繁育体系逐步建立阶段"和"商业品种持续选育与瘦肉型猪集约化生产阶段"三个阶段。本节重点从瘦肉型猪品种资源、地方猪种质资源、培育品种资源三个维度介绍我国猪种质资源现状、生产性能及开发利用水平。

一、瘦肉型猪品种资源现状和生产性能水平

（一）瘦肉型猪品种资源现状

猪粮安天下。我国是生猪生产和消费大国，生猪年出栏量从1950年6000万头增长至目前的7亿头，猪肉产能大幅增加，占到居民肉类消费的60%。

我国自20世纪，尤其是80年代，陆续从美国、丹麦、英国、加拿大等国家引入杜洛克、长白、大白、皮特兰、汉普夏、巴克夏六大瘦肉型猪品种，同时引入PIC、DanBred、TOPIGS等跨国育种集团的配套系种猪，通过持续选育改良尤其是全国生猪遗传改良计划的实施，构建了以杜洛克、长白、大白为主体的种猪自主繁育体系。我国生猪核心育种场拥有杜洛克、长白和大白能繁母猪分别为105 184头、31 937头、105 184头[数据来源：《国家生猪核心育种场年度遗传评估报告（2021年度）》，全国种猪遗传评估中心]。近十年来，我国年均进口种猪数量约9600头（图6-1），占核心育种群种猪存栏量的6%~7%，主要用于维持核心群的遗传变异丰富度和改良种猪性能，2020年和2021年引种数量激增是为补充非洲猪瘟疫情导致的我国核心场种猪数量急剧下降。基于杜洛克、长白、大白等瘦肉型猪品种的杂交繁育体系保障了我国近90%的猪肉供给。

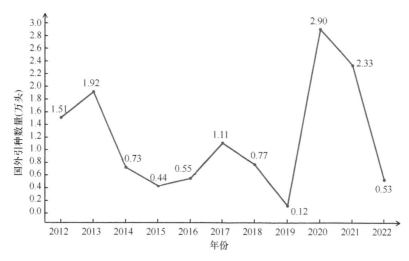

图 6-1 近十年我国主要瘦肉型生猪从国外引种数量统计（数据来源：农业农村部种业司）

（二）瘦肉型猪品种生产性能水平

随着最佳线性无偏预测（best linear unbiased prediction，BLUP）种猪遗传评估、基因组选择等育种技术的不断创新与应用，我国瘦肉型猪品种的遗传品质获得持续改良提高。然而在商品猪生产体系中，目前我国每头母猪年平均出栏肉猪 18～20 头，而在生猪种业发达国家，每头母猪年平均出栏肉猪 26～28 头或以上。若我国种猪繁殖效率达到该水平，每年可减少约 1/4 母猪饲养量（近 800 万头），从而每年节省约 1000 万 t 饲用粮。除繁殖外，我国种猪在生长速度、饲料转化率等性能指标方面均与国际先进水平存在较大差距。生猪种源质量不高、缺乏国际竞争力，是我国生猪种业当前现状。

1. 杜洛克猪主选性状生产性能水平

杜洛克猪在目前全球应用最为广泛的'杜长大'三级繁育商品猪生产体系中用作终端父本或二元杂交的父本，或四元（'皮杜长大'）杂交父系的母本。其主选性状通常为达 100 kg 体重日龄、日增重、达 100 kg 体重背膘厚、饲料转化率、瘦肉率、屠宰率等性状，目前我国核心育种场仅对达 100 kg 体重日龄和达 100 kg 体重背膘厚两个性状进行选育。据全国畜牧总站统计的 72 家种猪核心育种场数据显示：在过去 10 年，杜洛克的达 100 kg 体重校正日龄从 2011 年的 169 天降低到 2021 年的 162 天，降低 7 天；杜洛克的达 100 kg 体重校正背膘厚从 2011 年的 10.9 mm 降低到 2021 年的 10.3 mm，降低 0.6 mm（表 6-1）。

表 6-1　杜洛克猪主选性状及性能

指标	国外公司精英育种场 1	国外公司精英育种场 2	我国 72 家核心场平均水平
达 100 kg 体重校正日龄（天）	128	131	162
达 100 kg 体重校正背膘厚（mm）	6.2	6.8	10.3

数据来源：全国畜牧总站全国种猪遗传评估中心、跨国育种公司 2021 年数据

2. 长白猪主选性状生产性能水平

长白猪在目前全球应用最为广泛的'杜长大'三级繁育商品猪生产体系中用作生产'长大'二元杂的父本。其主选性状包括生长速度、饲料转化率、瘦肉率、窝产仔数、断奶窝重、功能乳头数、出生重、产后 5 天活仔数（LP5）等。我国目前长白猪的主选性状为达 100 kg 体重校正日龄、达 100 kg 体重校正背膘厚和总产仔数。据全国畜牧总站统计的 79 家种猪核心育种场数据显示，在过去 10 年，长白猪的达 100 kg 体重校正日龄从 2011 年的 167 天降低到 2021 年的 162 天，降低 5 天；长白猪的达 100 kg 体重校正背膘厚从 2011 年的 11.3 mm 降低到 2021 年的 10.8 mm，降低 0.5 mm。长白猪的平均总产仔数和产活仔数分别从 2011 年的 11.1 头和 10.2 头上升到 2021 年的 12.6 头和 11.4 头，分别上升了 1.5 头和 1.2 头（表 6-2）。

表 6-2　长白猪主选性状及性能

指标	国外公司精英育种场 1	国外公司精英育种场 2	我国 79 家核心场平均水平
达 100 kg 体重校正日龄（天）	142	140	162
达 100 kg 体重校正背膘厚（mm）	6.0	6.1	10.8
总产仔数（头）	15.0	18.3	12.6

数据来源：全国畜牧总站全国种猪遗传评估中心、跨国育种公司 2021 年数据

3. 大白猪主选性状生产性能水平

大白猪在目前全球最为广泛应用的'杜长大'三级繁育商品猪生产体系中用作生产长大二元杂的母本。大白猪具有产仔多、生长速度快、饲料转化率高、胴体瘦肉率高、肉色好、适应性强的优良特点。我国目前大白猪的主选性状为达 100 kg 体重校正日龄、达 100 kg 体重校正背膘厚和总产仔数。据全国畜牧总站统计的 89 家种猪核心育种场数据显示，在过去 10 年，大白猪的达 100 kg 体重校正日龄从 2011 年的 169 天降低到 2021 年的 164 天，降低 5 天；大白猪的达 100 kg 体重校正背膘厚从 2011 年的 11.1 mm 降低到 2021 年的 10.9 mm，降低 0.2 mm。大白猪的平均总产仔数和产活仔数分别从 2011 年的 10.9 头和 10.1 头上升到 2021 年的 13.2 头和 11.9 头，分别上升了 2.3 头和 1.8 头（表 6-3）。

表 6-3　大白猪主选性状及性能

指标	国外公司精英育种场 1	国外公司精英育种场 2	我国 89 家核心场平均水平
达 100 kg 体重校正日龄（天）	146	145	164
达 100 kg 体重校正背膘厚（mm）	7.4	6.8	10.9
总产仔数（头）	16.7	19.0	13.2

数据来源：全国畜牧总站全国种猪遗传评估中心、跨国育种公司 2021 年数据

（三）瘦肉型猪品种遗传改良面临的问题和展望

育种是一个持续改良种猪的过程，改良速度是关键。育种效率低，种猪改良速度就会慢，最终会导致种猪质量低下。尽管我国种猪质量与过去相比有提高，但是国外大型育种公司（如 PIC、DanBred、TOPIGS 等）的育种效率更高，与这些专业化种猪公司相比，我国种猪质量的差距在拉大，这是我国需要从国外育种公司持续引种的主要原因。要培育出具有国际竞争力的优良种猪，就必须要提高猪育种效率，只要改良速度有优势，经过一定时间就能够选育出具有国际竞争力的种猪，否则很难改变现状。我国曾经以引进品种为基础培育了多个配套系，但这些配套系并没有在全国大面积推广，更没有出口，其根本原因除种猪健康外，种猪质量没有优势也是重要因素。提高种猪育种效率是提升种猪质量的关键。如果我国猪育种效率整体没有提高，不能与国外大型育种公司抗衡，就很难改变我国种猪落后的现状。以生猪育种龙头企业作为创新主体，加强智能化性能测定、基因组选择等技术的创新应用，提升猪育种效率，打造具有国际竞争力的华系猪品牌。

二、地方猪种资源现状和开发利用水平

（一）我国地方猪种质特征与保护现状

我国地方猪种质资源丰富，包含 83 个地方品种，其中 48 个被 1986 年出版的《中国猪品种志》收录。根据分布的地域环境，习惯上被划分为华北型、华中型、华南型、西南型、江海型和高原型六大类群（表 6-4）。悠久的生猪养殖历史、复杂的地理气候环境塑造了我国地方猪种繁殖力高、抗逆性强、肉质鲜美等优良种质特性，是研究猪表型多样性遗传基础的重要资源，是开展新品种培育的重要基因宝库。

我国地方猪肉质优良，以莱芜猪为代表的中国地方猪种具有肌内脂肪含量高、系水力强、大理石纹清晰、肉质细腻等优点。2007 年地方猪种质资源调查表明：莱芜猪肉色评分 3.06，大理石纹评分 4.62，pH 6.60，肌内脂肪含量达 10.41%，是

表 6-4　我国地方猪六大类型种质特征简介

类型	种质特征	主要代表品种	保种措施
华北型	头平，嘴长，耳大下垂，皮皱，皮厚毛粗，毛色多黑色，偶在末端出现白斑，体躯较大，四肢粗壮，背腰窄而较平，腹大下垂，后躯不够丰满，品种性成熟较早，产仔数一般 12 头以上，母性强，泌乳性能好，仔猪育成率较高	民猪、马身猪、河套大耳猪、八眉猪、莱芜猪、淮猪	主要采用保种场和保护区保护
华中型	毛色以黑白花为主，头尾多为黑色，体躯中部有大小不等的黑斑，个别有全黑者，体躯较华南型猪大，体型与华南型猪相似，性成熟早，繁殖性能一般介于华北型猪和华南型猪之间	通城猪、恩施黑猪、清平猪、金华猪、宁乡猪、玉江猪	主要采用保种场和保护区保护
江海型	外形特征介于华南型和华北型之间，毛色自北向南由全黑逐步向黑白花过渡，个别猪种全为白色；性成熟早，繁殖力高	二花脸猪、梅山猪、米猪、枫泾猪、沙乌头猪、嘉兴黑猪、东串猪和姜曲海猪	主要采用保种场保护
华南型	猪种毛色多为黑白花，在头、臀部多为黑色，腹部多为白色，体躯较短、矮、宽、圆、肥，骨骼细小，背腰下陷，腹大下垂，臀较丰满，四肢粗短，皮薄毛稀，性成熟较早，但繁殖力较低，早期生长发育快，肥育时脂化早，早熟易肥	两广小花猪、粤东黑猪、蓝塘猪、槐猪、五指山猪、香猪	主要采用保种场保护
西南型	猪种毛色多为全黑和相当数量的黑白花，但也有少量红毛猪和白毛猪，头大、腿粗短，额部多有旋毛或纵行皱纹，背腰宽而凹，腹大略下垂，产仔数 8~10 头，耐粗饲、屠宰率低，脂肪多	内江猪、荣昌猪、乌金猪、成华猪、雅南猪	主要采用保种场保护
高原型	藏猪毛多为全黑，少数为黑白花和红毛，形似野猪，被毛粗长，绒毛密生，繁殖力低，乳头多为 5 对，生长慢，体型紧凑，体质结实，具有耐高寒、耐缺氧、抗逆性强、耐粗饲、肉质好等特点	藏猪	保护区保护

面向猪肉高端市场、培育"雪花猪肉"的重要种质资源。历史上，我国地方猪种以繁殖力高、母性好著称，其中最著名的品种包括梅山猪、二花脸猪等太湖流域地方猪种。研究表明：我国梅山猪等地方猪种在大白猪等世界商业猪种的培育中发挥了重要作用。例如，以梅山猪为基础，法国 20 世纪 80 年代成功育成了嘉梅兰（Tiameslan）和太祖母（Taizumu）两个合成系；通过大白猪的比较基因组研究发现：从梅山猪渗入的 AHR 基因的 4 个非同义突变组成的单倍型能够使大白猪产仔数提高 0.16 头。此外，我国地方猪粗放的饲养环境，也造就了地方猪种抗逆性强这一优异种质特性，其中以通城猪、民猪等品种最为典型。2006 年至今，在全国高致病性猪繁殖与呼吸综合征（PRRSV）暴发期间，通城猪无一例发病。民猪冬季密生棕色绒毛，在室外−20℃的条件下仍能正常活动，具有极强的抗寒特性。

2004 年，我国启动了第 2 次全国畜禽遗传资源调查。在猪种质资源方面，国家畜禽遗传资源委员会以 1986 年出版的《中国猪品种志》为基础，修订出版了《中国畜禽遗传资源志·猪志》（国家畜禽遗传资源委员会，2011）。在新版本中，国家畜禽遗传资源委员会专家对"同种异名"品种进行了梳理、修订，新增了 2004 年我国政府向联合国粮食及农业组织（Food and Agriculture Organization of the United Nations，FAO）提交的兰屿小耳猪、高黎贡山猪、皖南黑猪等品种。然而，全球畜禽遗传资源的数量、分布及种质特性始终是动态变化的。随着我国猪商业化进程的加速，规模化、集约化养殖模式的快速发展，杜洛克、长白、大白等瘦肉型猪种逐渐占据生猪养殖市场，地方猪种的市场占比逐步降低，近 20 年来我国畜禽遗传资源的状况发生了巨大变化。2018 年非洲猪瘟发生后，地方猪的保种限于规模、养殖环境等因素，相关工作举步维艰，部分品种已经灭绝或濒临灭绝。在"十四五"的开局之年，国家启动第三次畜禽遗传资源普查，这对摸清我国的畜禽品种资源状况、推动种业创新具有重要的意义。

（二）我国地方猪种的保护方法

随着我国生猪养殖模式的变化，绝大多数地方猪种因生产效率低下被市场淘汰。2004 年，据联合国粮食及农业组织估计：全球 35%的家畜品种和 63%的家禽品种濒临灭绝。2012 年，我国农业部调查数据显示：我国畜禽资源总体下降趋势仍将持续。淮猪、马身猪、河套大耳猪等群体已经处于濒危状态，岔路黑猪、沙乌头猪等品种濒临灭绝，横泾猪、福州黑猪等品种没有被发现（刘榜，2019）。我国地方猪的保护工作显得尤为迫切，行之有效的保种方法已经成为地方猪遗传资源保护的重要手段。目前，我国地方猪保护采用的方法主要包括以下几类。

1. 活体保存

地方猪活体保存是目前最实用的方法，包括原地保护和异地保护。地方品种活体保存优势在于可以边利用边保护，通过杂交利用等方式以用促保。弊端在于地方猪品种活体保存需要有专门的经营机构、专业的技术人员、稳定的保种费用，这些需求都使得地方猪活体保存面临极大挑战。地方猪保护受限于群体规模和经济来源，除近交、基因污染等遗传学风险外，生物安全也时刻威胁地方猪的保护工作。2018 年非洲猪瘟疫情期间，我国绝大多数地方猪保种工作陷入困境，地方猪遗传资源保护工作形势尤为严峻。

2. 冷冻保存

冷冻保存主要是指依托低温技术，将生物体胚胎、组织、细胞、配子、DNA进行长期储存，以保存物种种质资源。繁殖生物学技术的发展，推动了配子和胚胎冷冻效率的提高，加速了胚胎移植、体细胞克隆等技术在遗传资源保存中的应用。目前，全球各国冷冻稀释液的研发主要围绕冷冻保护剂、抗菌、抗氧化等成分的筛选、添加实验展开。2015 年，研究报道采用冷冻环冷冻猪胚胎，扩张囊胚的解冻存活率（81%）显著高于囊胚期（65.6%），移植后顺利产下健康仔猪。2020年，科学家利用 Cryotop 玻璃化冷冻方法成功冷冻了 2 细胞和 4 细胞的猪早期克隆胚。

2018 年非洲猪瘟传入我国以来，农业农村部组织全国科研院所收集我国地方猪精液、体细胞等遗传材料，采用超低温冷冻等技术，及时开展了地方猪遗传资源的种质保护工作，并将收集的材料纳入国家家畜基因库长期保存。2019 年以来，我国科研工作者使用青峪猪、梅山猪、二花脸猪的冷冻材料，通过体细胞克隆，成功实现了地方猪遗传材料的长期保存和活体恢复。这标志着我国遗传资源保护技术体系的构建日臻完善。尽管冷冻保存技术目前仍然不能完全替代活体保护，但是其仍然具备很大的实用价值。冷冻保存能够有效破除外界环境突变、生物安全突发等事件对珍稀种质资源保护的威胁。从育种技术层面上讲，通过体细胞冻存和克隆技术批量复制优秀种猪个体，从而加快猪的遗传改良进展，对在重大疫情形势下保护地方猪种质资源和现实生产都具有重大意义。

（三）我国地方猪品种资源开发利用水平

长期以来，我国地方猪的开发主要是以杂交利用为主。20 世纪八九十年代，我国生猪产业养殖模式以散养为主，地方猪养殖仍然占据相当规模。商业生产中，充分利用地方猪抗逆性强、繁殖力较高、肉质好等特点，在品种资源开发利用上，系统开展了"二元杂交"和"三元杂交"组合试验，地方猪与杜洛克猪、长白猪、大白猪、巴克夏猪等品种杂交生产成为常态，形成了特色鲜明的"土二元""土三元"杂交生产模式，培育了一系列具有鲜明地方特色的新品种、配套系。

近年来，生猪养殖模式急速转变，特别是在非洲猪瘟发生以后，小型散户迅速退出，集约化、规模化生猪养殖成为主要的养殖模式。杜洛克、长白、大白等商业猪种的市场份额快速提高，地方猪品种资源开发利用逐步向鲜肉高端市场、火腿等具有地域文化色彩的腌肉生产、医用动物模型培育等方面发展。先后涌现了壹号土猪、湘村黑猪等具有较高市场知名度、面向高端猪肉消费的地方猪利用的典型案例；成功打造了以金华猪火腿生产为依托、具有典型地域文化特色、与第三产业发展深度融合的金华婺城"熊猫猪猪两头乌"国际牧场；以五指山猪、巴马香猪等地方猪种为基础构建的小型猪医学模型，为地方猪品种资源的开发利用打开了新局面。

1. 面向高端猪肉生产，地方猪的利用

壹号土猪是我国面向高端猪肉市场打造成功的地方猪利用的典型案例。利用我国优秀的地方猪种培育的壹号土猪具有抗逆性强、肉质细嫩、肌内脂肪含量较高等种质特点，多次获评"广东名猪"称号，入选广东"十大名牌"系列农产品。壹号土猪养殖基地被农业部评为生猪标准化示范场，被广东省农业厅（现广东省农业农村厅）评授予"广东省'菜篮子'基地"称号。采用的"分阶段专业化生产""公司+基地+农户+连锁店"等多种生产模式进行品牌化经营为地方猪的开发利用树立了一个典型案例范式。

2012 年国家畜禽遗传资源委员会审定的湘村黑猪是以桃源黑猪为母本，以商

业猪种杜洛克为父本，通过杂交育种，利用群体继代选育而培育的配套系。农业部种猪质量监督检验测试中心（武汉）2011 年对湘村黑猪的现场抽检和屠宰测定的结果表明：湘村黑猪总产仔数 11.7 头，料重比 3.34：1，达 90 kg 体重日龄 175天，屠宰率 74.62%，平均背膘厚 29.21 mm，眼肌面积 30.25 cm², 胴体瘦肉率58.76%，肌内脂肪 3.79%。2021 年，湘村黑猪与壹号土猪齐登全国十大鲜猪肉品牌，是地方猪品种资源开发利用的典型案例。

2. 面向特色猪肉市场，地方猪与第三产业结合

我国著名地方品种金华猪，具有两头乌的典型种质特征，是我国重点保护的地方畜禽品种，2020 年入选《中欧地理标志协定保护名录》。以金华猪为原料的金华火腿是世界知名火腿，具有典型的地域文化特征。2008 年，"金华火腿腌制技艺"被列为国家非物质文化遗产，2014 年，"金华市金华火腿"被认定为中国驰名商标。近年来，金华猪在开发利用方面，通过兴建现代化生态猪舍庄园，建立 5G 智能养殖中心，采用现代智能养殖方法，实现传统良种的现代化养殖。通过牧场可视化长廊等形式，将地方猪保种与第三产业融合，推进旅游与都市农业、乡村振兴各环节的深度融合，创造性地拓展了地方猪保护利用的新途径。

3. 跨界发展，小型猪医学模型构建

研究发现小型猪在生理解剖结构、机体代谢过程、病理诊断指标等方面与人类有很多相似之处；同时，小型猪成年体型与人类相近、易于饲养管理，是作为医学模型的最佳选择。目前，国际上使用广泛、知名度高的小型猪医学模型主要包括：哥廷根（Göttingen）小型猪、汉福德（Hanford）小型猪、尤卡坦（Yucatan）小型猪和辛克莱（Sinclair）小型猪。我国小型猪种质资源丰富，包括五指山猪、版纳微型猪、巴马香猪和藏猪等，在小型猪医学模型构建上具有天然资源优势。

1980 年，通过利用极端近交的育种学策略云南农业大学成功构建了版纳微型猪近交系，这是我国小型猪医学模型构建的早期尝试。1987 年，中国农业大学以我国海南地方猪五指山猪为基础，培育了中国农大 I 系小型猪，后又引入北京黑猪和长白猪血统，育成了具有耐寒特性的农大 II 系与白色的农大 III 系，统称为中国实验用小型猪。通过打造医学模型，推动了小型地方猪品种创新利用的发展思路。此后，构建的一系列小型猪医学模型，推动了我国动物模型原创性研究成果的形成，为心脏病、高血压、帕金森病等重大人类疾病的动物模型和新药筛选提供了重要支撑。例如，研究人员通过连续 23 个月对巴马小型猪饲喂高脂高糖饮食，成功构建巴马小型猪代谢综合征病理模型。研究发现：西藏小型猪适用于中心型胰岛素抵抗的心血管疾病模型研究，而五指山小型猪适合于外周胰岛素抵抗的代谢性疾病模型研究。

据《科技日报》报道，我国每年需要进行器官移植的患者约有 30 万人，而目前每年能进行的器官移植手术只有 2 万多例，供体器官严重不足已成为亟须解决的社会问题。因此，异种器官移植具有重要的研究价值及临床应用价值。考虑到遗传距离远近，灵长类动物是早期异种移植的首选。相比于灵长类动物，猪尽管在遗传距离上与人类略远，但小型猪具有器官与人类大小相似、基因易于改造、易于大规模生产、饲养成本较低和伦理上易于接受等优点，正逐渐成为国际公认的异种器官移植供体动物。2020 年 6 月，西京医院研究团队将多基因编辑猪作为供体，对 3 只恒河猴受体分别进行心脏、肝脏、肾脏器官移植，报道截止日存活时间达 16 天，是当时国际上猪-猴异种辅助性肝移植存活时间最长的试验。2021 年，Science 再次发布 125 个国际前沿、全球共需、聚焦人类福祉的重大科学问题，"异种移植能否解决供体器官的短缺问题"被列入其中。目前，异种器官移植面临的挑战，主要在受体排异、凝血功能障碍和物种间交叉感染。随着基因编辑技术的发展与应用、比较基因组学研究的深入，这一问题将被逐步克服，猪异种器官移植将成为现实，造福人类健康。

三、猪品种培育历史、资源现状与开发利用水平

(一) 我国猪品种培育历史

我国猪品种培育历史是一部世界范围内不同猪种遗传基因的交流史。培育品种一方面保持了我国本土猪品种肉质优、耐粗饲、抗逆性强等种质特性，另一方面也引进了商业化猪种生长速度快、瘦肉率高、屠宰率高、料重比低等优良性状与基因。总体上，猪品种的培育与所处时代的经济、社会、自然条件相适应，通过定向育种，改变猪的类型，以适应不同区域、不同时代的消费需求。当前瘦肉型猪是我国养猪业的主体，地方猪和培育品种具有肉质优良特点，为我国生猪市场提供了有益补充。

20 世纪初到新中国成立前，我国开始逐步引入国外猪种。但受战争影响，我国真正的育种工作开始于新中国成立以后，由于当时生活水平低，肉消费量低，生猪饲养以粗放为主，猪种均具有耐粗饲与抗逆性，所以生长速度慢。当时的生猪生产形式多以引进的脂肪型和兼用型品种与地方猪进行二元杂交，筛选一些优良杂交组合生产育肥猪。早在 1954 年就启动了有计划的新品种培育工作，新淮猪的选育就是其中最典型的代表。1972 年全国猪育种科研协作组成立后，提出了"着重加强地方品种选育，同时积极培育新猪种"的方针。根据当时的生产条件提出了"三化"，即"公猪外来化、母猪本地化、商品猪杂交化"，推动了兼用型猪新品种培育工作的开展。改革开放以后，随着人民生活水平的提高，猪肉消费量大增，人们不愿意吃肥肉，开始培育瘦肉型猪新品种（系），特别是 1980～

1982 年直接从原产地引进了长白、大白、杜洛克和汉普夏等世界著名瘦肉型猪种，加速了我国瘦肉型猪育种工作和杂交生产的展开。20 世纪 80～90 年代，我国广泛开展杂交组合试验和配合力测定，筛选杂优组合，如"六五"攻关期间，优选出的'杜太'、'杜梅'、'杜长太'等多个杂优组合促进了我国瘦肉型商品猪生产的蓬勃发展。利用地方猪与瘦肉型猪杂交，我国也先后培育出了三江白猪、湖北白猪、浙江中白猪等一批瘦肉型猪新品种（系）。这些猪种为我国当时养猪生产做出了重要贡献，但是由于瘦肉型猪的强烈需求及国外猪种的冲击，这些猪种目前已逐渐退出历史舞台。20 世纪 90 年代，我国社会生产水平突飞猛进，人们对瘦肉型猪的需求再上一个台阶，促使我国开始应用杜洛克、长白、大白等引进品种的本地化选育，分别成立了上述猪种的育种协助组，2006 年合并成立全国猪联合育种协作组。2009 年 8 月，农业部办公厅印发了《全国生猪遗传改良计划（2009—2020）》，正式拉开全国生猪系统选育的序幕。随着规模化养猪迅速发展，猪育种已转向适应不同市场需求的专门化品系培育，并配套生产。

（二）我国培育猪种（配套系）资源现状

1998 年 7 月，国家畜禽遗传资源委员会根据《中华人民共和国种畜禽管理条例》和《种畜禽管理条例实施细则》的有关规定，颁布了《畜禽品种（配套系）审定标准》（试行），指导和规范全国畜禽品种（配套系）审定工作，由此开始了我国猪培育品种或配套系的国家级审定。在猪的品种国家级审定之前，都是经由各省市审定或鉴定，共计鉴定培育品种 9 个。最早被审定通过的培育品种是江苏省的新淮猪，审定时间是 1977 年。1999 年始，我国首次开展了猪培育品种和配套系国家级审定，当年审定新品种 3 个，分别是江苏省苏太猪、江西省南昌白猪和吉林省军牧 1 号白猪；配套系 2 个，分别是光明猪配套系和深农猪配套系，这两个配套系均来自广东。

2021 年 1 月 13 日国家畜禽遗传资源委员会办公室以"畜资委办〔2021〕1号"文发布《国家畜禽遗传资源品种名录（2021 年版）》，收录猪地方品种 83 个，培育品种 25 个，培育配套系 14 个，引入品种 6 个，引入配套系 2 个。据统计，培育品种最多的省份是江苏，培育品种为 5 个；其次是云南、广东和山东，培育品种或配套系都是 4 个；吉林拥有 3 个培育品种；四川、山西、湖南和北京培育品种或配套系均是 2 个；重庆、浙江、新疆、上海、陕西、江西、湖北、黑龙江、河南、河北、广西各 1 个。根据农业农村部网站 2021 年 10 月 27 日最新报道，我国新增辽丹黑猪、川乡黑猪和硒都黑猪 3 个新品种。目前我国共有培育品种 28个，配套系 14 个。在 42 个培育品种和配套系中，黑毛色猪 16 个，白毛色猪和其他毛色猪 26 个。

（三）我国培育猪种（配套系）开发利用情况

1. 地方猪高产基因创新利用

苏太猪是我国 1999 年 3 月审定的第一个国家级瘦肉型新品种，是以太湖流域的二花脸猪、梅山猪、枫泾猪为母本，与杜洛克公猪杂交，后经横交固定，通过近 12 年 8 个世代选育培育出的新品种。苏太猪遗传了地方猪排卵数多、胚胎存活率高、子宫容积大、母性好、乳头数多、肉质鲜美等优良基因，并兼具了国外引进猪种生长速度快、瘦肉率高的特性。其全身被毛黑色、耳中等大小、前垂，脸面有清晰皱纹，嘴筒中等长而直，背腰平直，腹较小，后躯丰满，有效乳头在 7 对以上。据 2019～2020 年统计的数据显示，苏太猪在正常饲养条件下，后备猪 6 月龄体重 75～85 kg；体重在 85 kg 时屠宰，胴体瘦肉率在 55% 左右，肉色鲜红，肉质良好；经产母猪平均总产仔数 13 头左右；以苏太猪为母本，与大白猪或长白公猪杂交生产的苏太杂优猪，胴体瘦肉率在 60% 以上，164 日龄体重达到 90 kg，日增重 720 g，料重比 2.98∶1。

苏太猪自培育成功以来，得到了生产者和消费者的欢迎。目前苏太猪已推广到全国 30 个省（自治区、直辖市），被中国畜牧业协会评为"中国品牌猪"称号。同时制定了农业行业标准《苏太猪》（NY 807—2004）、饲养管理手册等。由此可见，以太湖流域地方猪高产基因为基础，经过杂交育种培育出的苏太猪具有繁殖力高、肉质优等特性，为地方猪的高产基因创新利用提供了借鉴。

2. 地方猪耐粗饲基因创新利用

耐粗饲是猪对粗纤维含量高、可消化能和营养水平低日粮耐受，能有效消化，且不影响日增重和饲料转化率的能力。早期研究发现，我国地方猪种淮猪、梅山猪、二花脸猪等，与现代高度商业化的瘦肉型猪种相比表现出更强的粗纤维消化能力。

苏淮猪是 2011 年审定通过的国家级瘦肉型猪新品种，是在新淮猪的基础上导入了大白猪血统，历经 12 年选育而成的培育猪种，它含 25% 的淮猪血统、75% 的大白猪血统。苏淮猪具有淮猪的耐粗饲的特性，2014 年研究发现用 30% 的米糠替代玉米的高纤维日粮对苏淮猪日增重等生产性能基本无影响。在 331 头苏淮猪群体中，以中性洗涤纤维（NDF）和酸性洗涤纤维（ADF）表观纤维消化率为表型，进行 GWAS，鉴别影响苏淮猪纤维消化率的候选基因及 SNP，发现 *LATS1* 和 *TAB2* 可能为影响苏淮猪纤维表观消化率的候选基因。

苏淮猪目前已被包括温氏集团在内的多家大型养猪企业饲养，其培育体现了地方猪耐粗饲基因的利用，为培育具有耐粗饲性能的其他猪种提供了参考，将降低我国生猪饲料主粮玉米的使用与进口，是开源节流、节本增效培育品种应用的典范。

3. 地方猪耐寒基因创新利用

我国北方尤其是东北的地方猪种，具备耐寒的特性。以民猪最具代表性，其体型大，被毛密集，且脂肪沉积能力强，具备较强的抗寒能力。研究发现，与产热和脂肪形成相关的基因 $UPC3$、$PGC-1\alpha$、$PPAR\alpha$ 等在民猪群体内高度表达。

松辽黑猪是以民猪为第一母本、丹麦长白猪为第一父本、美国杜洛克猪为第二父本，通过三元杂交育种方法培育而成的猪种。该培育猪种生长速度快，日增重达 708.5 g，料重比 2.92∶1。松辽黑猪可以很好地适应北方寒冷气候，有研究表明，在−28℃的温度条件下，15 min 内成年松辽黑猪未出现弓背和寒战，并且在相同温度环境和日粮组成下，松辽黑猪仔猪腹泻率显著低于长白猪仔猪，表明松辽黑猪可以很好适应北方气候条件，适合在北方地区大规模饲养。在生产性能方面，松辽黑猪和各品种西方商品猪比较，其在严寒条件下繁殖性能受到的影响较小，且松辽黑猪猪肉的风味特色优良，继承了地方品种的优良特性。此外，松辽黑猪的胴体瘦肉率较高，比其他地方猪种高出 10～12 个百分点。松辽黑猪不仅能适应北方严寒气候，具备耐寒特性，而且其具有独特突出的生产性能，方便饲养的同时，具有巨大的市场潜力。目前松辽黑猪基础母猪达 3200 多头，总头数 5 万头左右，可见其群体量相对较大。以民猪携带的耐寒基因为代表的种质特性，经过杂交育种的创新利用，培育出了松辽黑猪等适宜北方严寒条件饲养的优质培育猪种，为地方猪的耐寒基因创新利用提供了借鉴。

4. 地方猪优质肉基因创新利用

目前我国猪肉的需求逐渐由"量"向"质"转变，高品质猪肉越来越受到人们的重视。猪的肉质性状遗传力一般在 0.15～0.30，少数性状可达到 0.5 左右。一般评价猪肉质量包括肌内脂肪含量、嫩度、肉色、滴水损失、系水力和 pH 等指标，其中肌内脂肪含量是决定猪肉品质的关键因素，其含量的高低会影响猪肉的嫩度、肉色、大理石纹、系水力和风味等。前期针对影响猪肌内脂肪含量的候选基因开展了大量的研究，并且发现了与猪肌内脂肪含量密切相关的基因，如 H-FABP、A-FABP、HSL、RYR1、SCD 和 MYH 家族等基因。

莱芜猪原分布于中国山东省莱芜市，其以理想的肉质和猪肉中较高的肌内脂肪含量而闻名，其平均肌内脂肪含量为 6.25%，而欧洲猪品种的肌内脂肪含量平均值不到 2%。为了充分利用莱芜猪肉质优良的特点，育种者们将该品种与国外生长性能高、繁殖性能也较好的大白猪通过杂交建系、横交固定、定向培育，最终形成了鲁莱黑猪并在 2005 年被审定通过。2019 年选育的第 5 个世代核心群 400 头，窝均产仔数 14.6 头，产活仔数 12.3 头，育肥猪 100 kg 体重平均日增重 598 g、料重比 3.25∶1、胴体瘦肉率 53.2%、肌内脂肪 6.76%。

为满足优质猪肉消费需求和宣威火腿产业的优质原料腿要求，猪育种学家以地方优良猪种乌金猪为母本，利用传统育种技术与现代分子辅助选择技术，有效聚合了地方猪种适应性强、耐粗饲、肉质优良和引进猪种长白猪生长快、生产效率高的优良特性，最终经过 14 年 8 个世代培育出了新品种宣和猪，并在 2018 年 1 月通过审定。宣和猪生长速度较快，瘦肉率和饲料报酬较高，同时兼具优良的肉质，以其鲜腿为原料腌制的宣威火腿成品率高、品质优良，在解决宣威火腿产业优质原料腿不足的同时，也满足了宣威乃至曲靖日益增长的优质猪肉市场需求。

5. 引入型猪种优质基因创新利用

专门化品系选育和配套系猪生产是当今世界养猪业的必然选择。广东华农温氏畜牧股份有限公司与华南农业大学合作，通过配合力测定，利用 7 年多时间筛选出经济效益显著的四系配套肉猪。该项目采用配套系育种理念，利用数量遗传方法结合分子育种技术，培育出华农温氏配套系猪Ⅰ号。其配套系种猪由各具特点的 4 个专门化品系组成，两个父系纯种猪父Ⅰ系和父Ⅱ系，两个母系纯种猪母Ⅰ系和母Ⅱ系。利用两个父系种猪生产高效优质的终端父本种猪 HN212 新品系，其前后躯肌肉发达，背宽，体型高长，四肢粗壮，瘦肉率高，饲料报酬好。利用两个母系种猪培育出高效优质的终端母本种猪 HN201 系种猪，其特点是体长，前后匀称，臀部丰满，四肢坚实，母性好、繁殖性能高，生长快。采用 HN212 系和 HN201 系种猪组成，以四系配套生产的 HN401 肉猪肌肉发达、生长快、瘦肉率高、肉质优良、综合经济效益好；达 100 kg 体重日龄 154 天，活体背膘厚 13.4 mm，饲料转化率 2.49∶1；100 kg 体重胴体瘦肉率 67.2%，变异系数在 10% 以下。该配套系肉猪在规模化养猪大生产中被广泛应用。

父系 HN111 和 HN121 以生产肥育性状为主选性状；HN111 注重应激和体型的选择，HN121 则注重体型选择；母系 HN151 和 HN161 除主选日增重和瘦肉率外，特别重视繁殖性状、适当收腹和肢蹄结实度的选择。根据专门化品系选育目标，制定综合选择指数开展后备种猪选留。对于有遗传缺陷和不符合品系特征的独立淘汰，对于肌肉品质剔除群体中有害的氟烷基因。对于体型明显缺陷的种猪严禁留作种用。选配上，在育种初期采用避免近交的随机配种，各血缘公猪保障与配母猪在 5 头以上。育种过程中以同质选配为主、异质选配为辅。采用计算机选配和人工跟踪结合，监控家系的动态，及时调整各家系的纯繁比例，种猪留种时注意公母、家系或血缘结构之间的平衡。

6. 其他特色性状基因创新利用

湘沙猪配套系是以我国地方品种沙子岭猪、美国巴克夏和美国大白猪为育种素材，从 2008 年开始历时 10 年，经过 5 个世代的持续选育，充分利用了地方猪与引进猪种的多种优良性能与基因，分别育成 XS1 系（终端父本）、XS2 系（母系父本）、XS3 系（母系母本）3 个专门化品系，其生产的商品猪体型外貌一致、生产性能高，2020 年通过国家畜禽遗传资源委员会审定，获畜禽新品种（配套系）证书。

商品代以大巴沙为湘沙猪配套系最佳组合，商品代杂优猪（XS123）全身被毛白色，少数个体皮肤上有黑斑或两眼角有黑毛，头中等大小，脸直中等长，耳中等大稍向前倾；背腰平直，后躯丰满，四肢粗壮结实。商品代 30～100 kg 平均日增重（832.44±59.0）g，料重比 3.16∶1；（100.6±5.25）kg 屠宰，屠宰率（73.0±1.91）%，胴体瘦肉率（58.2±2.78）%，肉色 3.5±0.18，系水力（93.26±1.46）%，肌内脂肪含量 2.9%。

尽管我国目前共有培育品种 28 个，配套系 14 个，但总体市场推广有限，这些培育品种的市场占有率都不大，目前我国生猪养殖仍然是节粮、高效的'杜长大'三元杂交商品猪为主，占我国生猪出栏量的 90%。2020 年 12 月中央提出了要开展种源"卡脖子"技术攻关，立志打一场种业翻身仗。2021 年 4 月 28 日，农业农村部颁布《全国畜禽遗传改良计划（2021—2035 年）》，作为国家层面启动的第二轮畜禽遗传改良计划，提出了立足"十四五"、面向 2035 年推进畜禽种业高质量发展的主攻方向，这是确保种源自主可控、打好种业翻身仗的一个重要行动。以市场需求为导向，在对我国现有瘦肉猪良种进行高效改良，培育具有国际竞争力的华系杜洛克、长白和大白猪种，加大推广已经培育的优质地方猪新品种、配套系，丰富我国猪肉市场，满足多样化需求，将是我国生猪种业发展的重要方向，也是打好种业翻身仗的关键措施。

第二节　国内外猪种业发展现状和趋势

生猪种业是在规模化养殖兴起后才逐渐成长起来的新兴产业，处于养猪业全产业链的源头，为养猪业的发展提供种源保障。通过培育优良品种，建立高效繁育体系，将优良的遗传基因传递至商品代，提高生猪养殖效率和经济效益。因此，生猪种业在保证养猪业全产业链的完整和高效中发挥着重要作用。本节从国内外角度分析生猪种业发展现状和趋势。

一、国外猪种业发展现状和趋势

（一）国外猪种业发展现状

1. 生猪育种组织以中小企业联合育种和大型企业专门化育种为主

国外生猪育种组织模式主要有小型企业组成的联合育种（如由独立组织或协

会开展的育种）和大型企业的专门化育种。一是联合育种组织，在激烈的市场竞争中，为弥补育种资源上的不足，一些中小型育种场联合起来成立行业组织，共同来开展育种工作。公司间的合作实质上是一种自发的抱团行为，一般非政府主导，如美国的 National Swine Registry（NSR）、加拿大的 Canadian Centre for Swine Improvement（CCSI）。NSR 成员企业包括华多农场（Waldo Genetics）、华特希尔（Whiteshire Hamroc）育种公司、斯达瑞吉（Cedar Ridge）育种公司、储富来（Truline）育种公司、谢福基因育种公司（Shaffer Genetics）等。CCSI 成员组织主要是一些区域性的猪改良中心，包括西部猪测试协会（WSTA）、渥太华猪改良公司（OSI）、魁北克猪改良中心（CDBQ）、大西洋猪中心（ASC）、安大略省猪改良中心、加拿大猪肉协会、加拿大肉类协会及加拿大种猪协会、丹麦的 DanBred 等。二是专业化育种公司，在专业化、公司化育种发展过程中，一些企业以育种作为主营业务，在市场竞争中生存下来，成长为专业育种公司，有的公司还发展成为跨国企业，如英国的 Pig International Corporation（PIC）、美国的 Newsham Choice Genetics（NCG）、荷兰的 Hypor、加拿大的 Genesus、法国的 Cooperl 等。

2. 生猪育种进入全基因组选择的时代

随着生物、信息、工程等技术的快速发展，多学科交叉和跨专业合作的步伐加快，猪育种技术也在突飞猛进，为生猪种业的发展提供了新动能。一方面，猪基因组被世界各国遗传学家全面解析，越来越多的数量性状位点被鉴别，大量与重要经济性状相关的功能基因和分子标记被发现，并在此基础上发展建立分子标记辅助选择、分子标记聚合选择、全基因组选择三代分子育种技术，推动生猪种业在 2010 年进入全基因组选择时代，实现了从表型选择到基因型选择的重要转变。另一方面，物联网、大数据、云计算等新一代信息技术向猪育种领域渗透，射频识别、超声波、计算机断层扫描等技术手段被应用于猪性能测定、遗传评估、选种选配等育种主要环节，实现种猪表型精准采集和大数据实时遗传评估，推动生猪种业进入信息化和智能化时代。

3. 杜洛克、长白与大白是世界上最主要的商业品种

世界上猪的品种，有文献报道的约 300 个，其中我国猪的品种有 153 个，约占全世界的一半。育成品种主要产于欧美两洲，特别是英国、美国、丹麦、俄罗斯等国的猪种，数量较多，历史较久，影响较大。目前国际上分布广而影响大的有 10 多个品种，其中以杜洛克、长白、大白、皮特兰、汉普夏、巴克夏、拉康白等几个品种较为突出（赵书广，2013），成为当前全球市场的当家品种，其中杜洛克、长白、大白品种分布最为广泛。这些当家品种已从其原产地呈全球化扩散开来，形成各地具有不同特点的专门化品系，生产性能甚至已超过原产地。

4. 专门化品系选育、多元配套系生产是高效组织商品猪生产的主流方式

国际上猪商业化育种已十分盛行，各大型种业企业都以上述品种为种质资源，开展专门化品系选育，筛选出自己的配套系，并以配套系的形式高效地组织杂交生产。按组织配套系的专门化品系数量分，杂交配套方式有二系配套、三系配套、四系配套、五系配套，如 Seghers 采用二系配套，DanBred 采用三系配套、Topigs 采用四系配套、PIC 采用五系配套。以 PIC 五系配套为例，包括两个专门化父系 L64 和 L11，三个专门化母系 L19、L02 和 L03/L95，模式图见图 6-2。

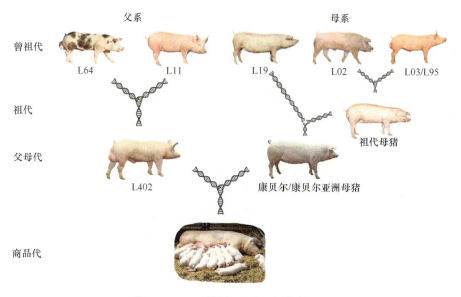

图 6-2　PIC 采用的五系配套模式图

5. 育繁推全产业链成套工程化技术的应用有效提升国外大型种业企业的市场份额

20 世纪以来，伴随着规模化养猪的快速发展，优良种猪市场需求不断增长，专业化、公司化育种逐渐成为主流，一批生猪种业企业在激烈的市场竞争中成长、壮大。经数十年发展，发达国家都已建立了以公司化育种为主体、贯穿育繁推全产业链的成套工程技术体系，生猪种业也成长为一个专业化产业，与肉猪养殖业相对独立地发展。生猪种业企业为养猪企业源源不断地提供种源，与养猪企业共同组成金字塔繁育体系，优良的遗传基因从金字塔顶端的育种核心群流向底端的商品猪，生产效率和经济效益得到极大提高。在繁育体系中，育种企业、制种企业和商品猪养殖企业通过长期合作形成利益联结体，育种企业主要以收取基因费的商业模式，与下游企业分享育种成果和体现优良基因价值。

全球种猪市场规模为 600 亿～800 亿元，占整个养猪业市场的 2%～3%。国外大型生猪种业企业的育种规模越来越大，在市场中所占份额也越来越大，6～8 家育种企业已占当地市场的 70%以上，余下的市场被其他小型育种企业所据有。例如，在北美，9 家种猪企业占据了 97%的市场份额，其中，PIC 占 44.70，Smithfield 占 16.14%，Newsham 占 8.38%，DanBred 占 8.38%，Geneticporc 占 8.07%，Hypor 占 4.97%，Fast 占 4.04%，Norswin 占 1.49%，ISPCG 占 1.16%，WaLDO/Whiteshire 占 0.75%，Genesus 占 0.68%，其他占 1.24%。从全球来看，PIC、Topigs-Norsvin、Hypor 等育种公司位居前列，其中 PIC 的份额最大，约占据全球市场的 23%。

6. PIC、Topigs-Norsvin、Hypor 长期占据世界生猪种业前三强

按在繁育体系中的功能分，生猪种业企业可以分为三类：一是育种场，其功能是开展选育种，为纯种扩繁场提供曾祖代原种猪；二是纯种扩繁场，其功能是将曾祖代原种猪进行扩繁生产，为杂交制种场提供祖代纯种猪；三是杂交制种场，其功能是组织纯种猪间的杂交生产，为商品猪场提供父母代种猪。核心育种场是繁育体系最重要的部分。目前全世界主要的猪育种公司有 PIC、Topigs-Norsvin、Hypor、COOPLE、AXIOM、Genesus、Hylife、JSR 等，其中 PIC、Topigs-Norsvin、Hypor 等居于头部。

PIC 是全球最大的种猪育种公司，业务已遍及全球 40 多个国家和地区，在 30 多个国家有核心场（中国有 4 个），年销售种猪 300 多万头，出口到世界 54 个国家，年营业额达 670 亿美元。在许多养猪大国及养猪发达国家，PIC 种猪都占有绝对第一的市场份额，如智利 90%、秘鲁 56%、美国（母猪 50%、公猪 65%）、巴西 50%、厄瓜多尔 49%、玻利维亚 45%、墨西哥 38%、委内瑞拉 32%、哥伦比亚 30%、英国 45%、加拿大 30%、意大利 30%、德国 15%、俄罗斯 15%。目前在 PIC 集团内，美国 PIC 发展势头最好，市场占有率和利润额最高、种猪资源及各方面遗传技术数据最为优秀（莫海龙，2013）。

Topigs-Norsvin（托佩克）活跃于全球 50 多个国家，包括世界上养猪业发达的所有国家和地区，如欧洲和中国、美国、巴西、俄罗斯、加拿大、菲律宾、日本等。Topigs-Norsvin 全球拥有员工超过 550 人，年基因费营业额收入 9000 万欧元。在全世界 Topigs-Norsvin 拥有超过 1.5 万头（曾）祖代母猪，保证了 Topigs-Norsvin 每年能生产 110 万头后备母猪和超过 700 万支精液。2019 年，Topigs 与挪威 Norsvin 公司合并后，Topigs-Norsvin 成为世界第二大猪遗传物质和遗传育种供应商，年收入超过 1.79 亿美元。

Hypor（海波尔）育种公司隶属于汉德克斯集团，是全球化的种猪育种公司，在全球 22 个国家有经营或合作猪场，是全球性种猪育种的领导者之一。Hypor 育种公司总部位于荷兰，在加拿大、法国、西班牙和中国建有核心场，在美国、德国、墨西哥、意大利、中国、比利时和菲律宾等国家建有合作猪场，产品销售到波兰、俄罗斯、朝鲜、罗马尼亚、日本、越南等国家。Hypor 已有 50 多年的历史，在遗传育种方面有着独到的技术和发展策略。Hypor 于 2008 年收购了法国最大的种猪育种公司法国伊彼得（French Hybrid），2009 年收购了加拿大 Shade Oak 种猪育种公司，2010 年收购了加拿大 DGI 育种公司（Designed Genetics Inc.）。

（二）国外猪种业发展趋势

1. 育种方向多元化，育种目标市场化

综合世界主要养猪发达国家种猪产业发展的历史过程，在种猪产品的开发上已从过去的单纯重视高效向高效、高产、优质并重发展，此外，种猪的适应性、抗性也将是重点改进的方向。主要表现在：①培育各具特色的专门化品系，每一个专门化品系都具有一个突出的特点，如高繁殖力的专门化品系、高瘦肉率的专门化品系、肉质好的专门化品系等；②目标性状的选择从只重视总产仔数、产活仔数、达 100 kg 体重日龄和达 100 kg 体重活体背膘厚等性状到逐步增加选择性状如饲料转化率、断奶到发情间隔、肌内脂肪含量、产后 5 天的活仔数、初配日龄、日增重、体型结构和屠宰损失等；③动态调整选育目标和不同经济性状的相对重要性，根据各个性状的遗传力和经济加权系数及市场和生产情况调整育种目标；④世界各国的种猪企业在专门化品系培育的同时，不断筛选最佳的配套组合，不同种猪育种公司都具有多种不同的配套组合以适应不同的市场需求。

2. 大型专业化育种公司仍是养猪业发达国家的主流

在国外养猪业先进国家如美国、加拿大、丹麦和法国等，生猪种业已发展成为一个专业化的产业，与肉猪养殖业相对独立发展。种猪育种工作以大规模育种群为基础（5000 头种猪核心育种群以上），由大型专业育种公司组织开展。例如，美国前 20 名大型养猪企业中，除 Smithfield 购买了一家种猪企业以外，很少有养猪企业从事种猪育种工作，而是与专业化育种公司合作，购买种猪和配套技术。少数小型种猪场组成育种联合会（如 NSR），利用种猪精液作遗传交流，开展联合育种，但这种组织模式培育的品种市场占有率较低，占美国市场不到 10%。科研机构在种猪育种体系中主要承担新技术创新和前沿技术研发，不再是品种培育的主体。

3. 行业兼并、前沿技术研发与产业化应用，引领生猪种业加速发展

在市场竞争激烈、行业不断兼并重组的大趋势下，各大种猪企业都在努力提高自身的综合实力，技术创新能力已经成为提高企业核心竞争力的关键。同时，猪育种工作已不再是简单的表型选择，需要综合运用分子遗传学、数量遗传学、

细胞生物学、计算机、信息工程等多学科的知识来进行选种选配与扩繁，在现代养猪生产中，种猪已是名副其实的高技术产品，生猪种业已跨入高科技行业的行列，在技术研发上呈现高投入、先进技术的发展趋势。各大种猪企业已越来越重视技术研发，建设企业研发中心或研究院，保持高研发投入，支撑不断的科技创新。研发经费的投入渠道主要是企业自筹，政府项目也是重要的来源，也有一些是社会基金资助。例如，全球最大的种猪育种公司 PIC 每年用于研发的经费超过2000 万美元，其中，一半来自 PIC 的直接投入，另一半则来自政府的各类研究项目。

各大种猪企业总是紧跟国际前沿技术，率先实现行业内高新技术的产业化应用，引领生猪种业发展。而且，在重视技术创新的同时，也非常重视利用专利申请和授权对原创技术进行保护，如 PIC 已在美国获得 200 多项专利，许多养猪领域的知名技术就是 PIC 首先获得专利的。在研发方向上，仍然十分重视常规育种技术，包括大规模、标准化的性能测定，数据的自动采集和远程管理，多性状、大数据的遗传评估，精细化选配等。同时，又重视分子和细胞工程育种技术的研发。在分子标记辅助选择的基础上，PIC 和 DanBred 等国际大型种猪企业在 2010年率先开发与应用新一代的全基因组选择技术，应用的分子标记数量大幅增加，选择效率显著提高。作为下一代极有希望获得重大突破的新技术，基因编辑技术和基因修饰技术也受到各大企业高度关注。

二、我国猪种业发展现状和趋势

（一）我国猪种业发展现状

1. 育种组织以分散独立育种为主，种业公司竞争力不强

20 世纪 90 年代，我国规模化养猪快速发展，生猪种业作为养猪业产业链上最重要的一环也开始迅速崛起。我国种猪行业起步较晚，1996 年我国种猪场数量仅有 190 家，2000 年以后逐渐发展起来，2004 年我国种猪场数量为 3449 家，存栏能繁母猪 101 万头，可提供种猪数量达 626 万头（邵世义和刘德贵，2006）。2006年以后随着大企业逐渐对种猪的重视，种猪行业进入一个快速发展期，到 2010年种猪场发展到 8223 家，每年增加约 1000 家，而且种猪场平均规模扩大。全国种猪场共有能繁母猪 424.06 万头，出栏种猪 2360.03 万头（汤波和李宁，2014）。

虽然国内生猪种业企业数量众多，但大都规模小，基础薄弱，竞争力不强。鉴于我国猪育种小、散、弱的现状，农业部组织制定了《国家生猪遗传改良计划（2009—2020）》，并于 2009 年 8 月启动，在全国遴选了国家生猪核心育种场 96家，以小企业联合育种的组织模式开展生猪遗传改良，促进了我国生猪种业的发

展。2021 年，新一轮的《全国畜禽遗传改良计划（2021—2035 年）》已经启动。与此同时，近年来，少数实力较强的种业企业显示出高速发展的态势，逐渐在国内的种猪市场中脱颖而出，专业化育种、商业化育种的组织模式正在形成，但是专业化分工还不够明确，上下游合作还不够紧密。

2. 紧跟世界前沿分子育种新技术，种猪扩繁等工程化技术达到国际领先水平

过去 40 年，我国猪育种技术取得了突飞猛进的发展，在分子育种、基因工程、智能测定、大数据遗传评估、体细胞克隆等方面建立了成熟、稳定的技术体系，总体上与发达国家处于并跑状态。在分子育种技术方面，20 世纪 90 年代开始先后建立了单标记辅助选择、多标记聚合选择技术，发掘了大量与重要经济性状相关的功能基因与分子标记，2000 年开始全基因组选择技术研发并于 2015 年左右进入应用阶段。在基因工程技术方面，我国 2009 年启动了国家转基因生物育种重大专项，建立了高效转基因与基因编辑技术，创制了节粮环保、优良肉质、抗病等多种育种新材料。在种猪扩繁方面，成年猪体细胞克隆效率和冷冻精液效率达到国际领先水平。但是，我国猪育种技术原始创新不足，自主知识产权少，在基因芯片、智能测定设备等方面尚有不少卡点。

3. 地方猪种资源丰富，商品猪生产仍以杜洛克、长白与大白为主

2021 年公布的《国家畜禽遗传资源品种名录（2021 年版）》（畜资委办〔2021〕1 号）收录地方猪种 83 个、培育猪种 25 个、培育配套系 14 个、引入品种 6 个、引入配套系 2 个，共 114 个品种、16 个配套系。相比 2011 年出版的《中国畜禽遗传资源志·猪志》增加 7 个地方品种，但地方猪种大多数在外来猪种冲击下处于被保护状态，商业化开发利用的数量和规模均很小。20 世纪 70 年代以来，我国猪育种工作快速发展，以地方猪种和引进猪种作为育种素材，先后育成了三江白猪、湖北白猪等瘦肉型猪种和兼用型猪种 25 个，这些品种主要针对中高端优质猪肉市场，所占的市场份额有限。20 世纪 90 年代后期，我国种猪企业开始大批引进杜洛克、长白、大白等国外优良瘦肉型猪种，并且在此基础上培育符合我国市场需求的专门化品系。当前我国种猪企业推广应用的主要品种仍然是杜洛克、长白、大白。

4. 杂交配套多样化，三元配套方式占据八成市场

20 世纪 90 年代以来，我国各地采用地方品种、培育品种和引进品种培育各具特色的新配套系，先后有 14 个配套系通过国家畜禽遗传资源委员会审定（表6-5）。但我国目前采取的杂交配套方式大多数是杜洛克、长白、大白三个品种间的杂交，80%以上的企业采取这种杂交配套方式。多数企业采取三元杂交配套方式，少数企业采用二元杂交、四元杂交、五元杂交，如北京养猪育种中心与中国农业大学联合培育的中育猪配套系采用四系配套，温氏食品集团股份有限公司与华南农业大学共同培育的温氏 WS501 猪配套系采取五系配套。一些地方品种或以地方猪品种为素材培育的新品种或配套系在局部地区有一定的市场。

表 6-5　我国通过审定的配套系

配套系名称	培育单位	公告时间（年.月.日）	配套方式
光明猪配套系	深圳光明畜牧合营有限公司	1999.7.5	二系配套
深农猪配套系	深圳市农牧实业有限公司	1999.7.5	三系配套
冀合白猪配套系	河北省畜牧兽医研究所、河北农业大学等	2003.2.27	三系配套
中育猪配套系	北京养猪育种中心	2005.3.8	四系配套
华农温氏 I 号猪配套系	华南农业大学、广东华农温氏畜牧股份有限公司	2006.6.9	四系配套
滇撒猪配套系	云南农业大学、楚雄彝族自治州畜牧局、楚雄彝族自治州种猪场等	2006.6.9	三系配套
鲁农 I 号猪配套系	山东省农业科学院畜牧兽医研究所、莱芜市畜牧局	2007.6.29	三系配套
渝荣 I 号猪配套系	重庆市畜牧科学院	2007.6.29	三系配套
天府肉猪配套系	四川铁骑力士牧业科技有限公司、四川农业大学、四川省畜牧总站	2011	四系配套
龙宝 I 号猪配套系	广西扬翔股份有限公司、中山大学	2013	三系配套
川藏黑猪配套系	四川省畜牧科学研究院	2014.3.5	三系配套
温氏 WS501 猪配套系	温氏食品集团股份有限公司、华南农业大学	2015.12	五系配套
江泉白猪配套系	山东华盛江泉农牧产业发展有限公司	2015.12	三系配套
湘沙猪配套系	湘潭市家畜育种站、湖南省畜牧兽医研究所等	2021.7	三系配套

5. 种猪市场分散，集中度低

我国有着世界上最大的商品猪市场，也有着世界上最大的种猪市场。2021 年年末，我国能繁母猪存栏 4329 万头，全年生猪出栏量 6.7 亿头。按这个规模估计，我国每年的种猪市场大约为纯种猪 300 万头、父母代种猪 1500 万头。

与国外少数几家种猪公司分享市场份额不同的是，我国种猪企业数量多，每个企业的市场份额都不大。2010 年我国有种猪场 8223 家，以后逐年下降，2020 年，我国持有"种畜禽生产经营许可证"的种猪场 3865 家。目前一般的育种场存栏核心原种猪的规模在 1000～1200 头，单品种核心群规模为 300～500 头，年产种猪不足 1 万头。规模最大的温氏食品集团股份有限公司目前存栏核心群原种猪 1.2 万头、扩繁群基础母猪 12 万头。2021 年牧原食品股份有限公司销售种猪 28.1 万头，为当年外销量最多的企业。

6. 种猪进口仍是我国核心种质资源的重要补充

我国 2011～2021 年进口原种猪的数量分别为 10 784 头、17 789 头、17 300 头、8637 头、4442 头、5882 头、10 527 头、6520 头、906 头、31 686 头、21 325 头，

11 年累计 135 798 头。2019 年由于受到新冠疫情的影响，种猪进口量很少。2020 年由于高猪价的刺激和非洲猪瘟后复产的需要，种猪进口量比正常年份多。以年均进口纯种猪数量 1 万头计算，进口量只占到我国曾祖代种猪市场的 3.3%，因此我国目前对国外种猪依赖程度并不高。

7. 国家生猪遗传改良计划的实施提升部分育种企业的影响力

国家生猪遗传改良计划启动以来，遴选出 96 家国家生猪核心育种场，这是我国国家种猪育种企业的第一梯队。如果以出栏的商品猪规模、社会影响力等综合来看，可筛选出国内的育种头部企业 12 家（表 6-6）。

表 6-6 国内主要的育种企业

序号	企业名称	总部所在地	成立时间
1	广东中芯种业科技有限公司	广东新兴	2021 年
2	牧原食品股份有限公司	河南南阳	1992 年
3	新希望六和股份有限公司	四川绵阳	1998 年
4	北京大北农科技集团股份有限公司	北京	1993 年
5	江西正邦科技股份有限公司	江西南昌	1996 年
6	四川德康农牧食品集团股份有限公司	四川成都	2014 年
7	史记生物技术股份有限公司	江苏南京	2019 年
8	深圳市金新农科技股份有限公司	深圳	1999 年
9	北京首农股份有限公司	北京	1994 年
10	四川省天兆畜牧科技有限公司	四川南充	2004 年
11	广西杨翔股份有限公司	广西贵港	1998 年
12	唐人神集团股份有限公司	湖南长沙	1987 年

（二）我国猪种业发展趋势

1. 在产品开发上，向体重大、体型好、效率高、繁殖力高、肉质优等方向发展

在我国，人们喜食鲜肉，对猪肉的色、香、味要求高，生猪和猪肉产品交易以生、鲜、活为特点，而且不同区域呈现消费需求差异化的趋势。因此，我国猪的育种方向和目标与西方国家有很大的不同，这也是一些跨国种业企业在我国水土不服、发展缓慢的主要原因。我国独特的猪肉消费市场决定了我国猪的育种方向和目标将向体重大、体型好、效率高、繁殖力高、肉质优等方向发展。第一，我国的生猪屠宰与生猪养殖企业大多分开，而且国家是按头收税，故屠宰场要求肉猪大体重上市，从育种的角度也必须在大体重出栏的同时保持高饲料转化率、高生产速度和高瘦肉率。第二，我国的生猪交易以活猪为主，现场买主直观判断对肉猪的定价影响大，故从育种的角度要求体型好，包括体格高长、背宽、腹线平、肌肉紧凑、均匀度高。第三，我国饲料、水、土地等资源缺乏，且饲料占养猪业的成本比例高，必然对养猪业的成本更加关注，从育种的角度尤其重视饲料转化率。第四，与发达国家一样，我国的商品猪大多采用配套系杂交的方式生产，这就决定了专门化母系繁殖效率要高。第五，我国居民主要消费鲜瘦肉，从育种的角度要求在提高瘦肉率的同时，要改善肉色和风味。

2. 在发展模式上，公司化、专业化育种开始大发展，企业兼并重组不可避免

长期以来，我国的高端瘦肉型原种猪一直依赖进口，改革开放后，我国逐步发展种猪产业。但早期引进的种猪由于人才、技术、育种条件等限制也没有得到有效选育。20 世纪 90 年代后，伴随着我国种猪产业的快速发展，一些大型种猪企业走上了专业化育种的道路，如温氏集团、北京养猪育种中心等，都在大量引进优良种猪资源的基础上，开展持续的种猪选育工作。通过 10 多年的持续努力，培育出具有企业自身特色、符合中国养猪国情的新品种（配套系），并且已经在养猪生产中发挥重要作用，培育的种猪在生产性能上与发达国家已经差别不大，而且适应性好于国外种猪。

在种猪业快速兴起的同时，市场竞争明显加剧，企业兼并重组已不可避免。我国现有种猪场 3800 多家，种猪场规模小、分散，但实际种猪产能超过需求，种猪企业面临着激烈的市场竞争。此外，在我国加入 WTO 后，国外的大型跨国种业企业纷纷瞄准中国种猪市场，都想在种猪产业快速发展的过程中占据一定的市场份额，给民族种猪业发展带来巨大压力。当前，在中国的国外种猪公司有 PIC、Topigs、DanBred、Hypor 等 14 家，不少通过产业联盟的模式运营品牌。大多数国内种猪企业资源少，规模小，育种技术和人才缺乏，选育种条件差，且没有自己的核心产品，主要从事低端的扩繁制种，这些企业在激烈的市场竞争中必然难以适应。从发达国家已经经历的育种专业化、商业化、集团化过程来看，我国生猪种业企业也不可避免地发生兼并重组。大型企业在资本、技术、人才、政策等有利条件支撑下，必将通过兼并中小企业而快速扩张。

3. 育种区域布局上，呈主产区毗邻主销区和向大城市周边地区转移的趋势

我国养猪业发展区域不平衡，2021 年四川和湖南生猪出栏分别达到 6314.8 万头和 6122 万头，列全国第一、第二位。河南以年出栏 5802 万头的成绩排名第三位。随后分别是：山东年出栏 4401.7 万头，云南年出栏 4192.2 万头，湖北年出栏 4115.08 万头，广东年出栏 3336.6 万头，广西年出栏 3113.89 万头。与养殖业相对应的是，我国种猪产业也主要集中在广东、湖北、四川、湖南、山东、河南、广西等省份（自治区），呈现出主产区毗邻主销区的基本格局。而且，与养殖业相同的是，由于大中城市土地紧张、人口急骤增长、环保形势严峻、养猪业税收少等原因，发达地区地方政府纷纷出台限制养猪的政策,养猪业和种猪业的准入门槛大幅提高。因此,种猪业必然随着养猪业向城市周边地区转移。以广东省为例,过去养猪业的重心在珠江三角洲,但随着该地区经济发展和人口增多,先后有东莞、深圳、广州、惠州等地出台限养措施,限养的区域还在向外扩大,养猪业的重心已转移到东西两翼和粤北山区。

4. 在技术研发上,企业已成为技术创新和研发投入的主体

长期以来,我国动物育种科技投入严重不足,难以支撑建立公司化育种创新体系。2006 年国家开始贯彻实施《国家中长期科学和技术发展规划纲要(2006—2020 年)》,明确提出坚持走中国特色自主创新道路,为建设创新型国家而努力奋斗,给种业科技创新指明了方向,即科技的主战场在经济,技术创新的主体在企业。过去育种研究经费主要投向高校和研究所,与企业的产学研结合不够紧密,容易产生育种目标与市场脱节、研究与推广脱节的问题,难以培育出适应市场需求的突破性品种。育种是一项投入大、周期长、见效慢、需要持续开展的工作,企业一般不愿意在育种上做较大的科技投入,而热衷于进口种畜禽、繁殖制种到市场销售。近十年来,这种现象明显好转,种业企业的自主创新能力显著增强。在国家宏观政策的引导下和企业自身技术需求的推动下,我国主要猪育种企业纷纷成立了研发中心或研究院,大幅增加科技投入,着力建设研发队伍,企业的创新主体地位开始显现。2021 年出台的《种业振兴行动方案》把种业企业扶优列为五大行动之一,要求加快构建商业化育种体系,着力打造一批优势龙头企业,逐步形成由领军企业、特色企业、专业化平台企业协同发展的种业振兴企业集群。

第三节　猪种业科技创新发展现状和趋势

通过对猪经济性状遗传评估方法、猪新性状开发与智能数据采集、猪经济性状遗传机制研究、种猪扩繁技术等方面研究热点的跟踪分析,系统阐述了种业科技创新发展现状;并对动物转基因技术、基因编辑、干细胞等新技术的发展趋势进行分析,对合成生物等潜在技术进行展望。

一、猪种业科技创新发展现状

(一)猪经济性状遗传评估方法的研究与应用

1. 猪经济性状遗传评估方法研究

生长、繁殖、肉质和胴体等经济性状,一直是猪育种的主要目标性状。但受遗传和环境等多因素的影响,种猪的遗传评估方法显得尤为重要。20 世纪以前,国外种猪选育主要通过体型外貌的评判来进行；20 世纪开始，部分育种专家开始将生产性能量化，根据生产数据进行选择。50 年代初，美国学者 Charles R Henderson 提出了最佳线性无偏预测（best linear unbiased prediction，BLUP）法，1973 年又对该法的理论和应用进行了系统阐述。70 年代以来该方法在牛的遗传改良中得到了广泛应用，成为多数国家牛育种值估计的常规方法。80 年代中后期，随着人工授精技术的广泛使用，一些国家开始把 BLUP 法应用于猪的遗传评估，大大提高了猪遗传改良的速度。1985 年，加拿大率先使用 BLUP 对猪进行育种，猪的背膘厚、达 100 kg 体重日龄，特别是繁殖性能的改良速度均大幅提高，育种进展速度明显提升。

此后，随着各种 SNP 分型技术不断发展，学者们开始利用分子标记辅助选择法（maker assisted selection，MAS）对种猪进行选育。近些年，芯片检测的成本不断降低，计算模型不断丰富、发展、完善，全基因组选择被广泛地应用到动物育种工作中。自 2010 年起，国内外一些猪育种公司纷纷采用全基因组选择技术对猪的主要经济性状等进行选择。2012 年以后，杜洛克、亚洲野猪、亚洲家猪及我国部分地方猪的重测序工作相继完成，基因组注释逐步完善，猪全基因组选择技术逐渐得到推广应用，选种准确性大幅提高。

全基因组选择的 SNP 分型技术主要包括高密度 SNP 芯片、简化基因组测序和全基因组重测序等。猪中应用较广的 SNP 芯片主要是 Illumina 公司的 PorcineSNP60 v2 芯片和 GeneSeek 公司的 PorcineSNP80 芯片等。此外，中国农业大学设计研制的新款猪 CAU porcine 55K 芯片已于 2017 年 4 月底投入生产。该款芯片是在中外猪种全基因组重测序、多组织转录组和蛋白质组图谱构建的基础上，整合现有重要经济功能基因的公开报道的候选位点，并加入 72 个我国部分地方猪种特有 SNP，综合优化研制而成。而江西农业大学研发的"中芯一号"国产芯片，富集了猪的抗 K88 仔猪腹泻因果位点、酸肉改良因果位点、健康脂肪酸因果位点、改良肉色紧密位点等 422 个性状相关位点，涵盖猪从出生到屠宰共 10 个时间点，拥有 51 368 个 SNP 位点，其中包含有 81 个亚洲特有地方品种位点，对家猪基因组育种研究和应用具有高效性和精准性优势，对我国特有猪品种的选育工作更具针对性。

全基因组选择技术是基于基因组信息进行育种值估计，目前核心算法包括直接法：基因组最佳线性无偏预测（genome best linear unbiased prediction，GBLUP）法和一步法（single step GBLUP，SSGBLUP）等，主要是通过基因组信息构建的亲缘关系矩阵，结合线性混合模型来预测个体的基因组估计育种值（genomic estimated breeding value，GEBV）；间接法：最小二乘法、岭回归最佳线性无偏预测（ridge regression BLUP，RRBLUP）法和贝叶斯（Bayes）法等，通过结合参考群个体的基因分型信息和性状表型值信息估计不同性状的 SNP 效应值，在得到候选群个体的基因组信息后，根据参考群 SNP 的标记效应计算获得候选群的 GEBV。

2. 猪经济性状遗传评估应用

全基因组选择可实现猪的早期选择，大幅缩短育种的世代间隔，可同时对多个性状、对低遗传力性状进行选择，育种的准确性和效率大幅度提高，被看作是"育种史上革命性的事件"。预计未来 10 年内，基因组选择将作为世界各国常规育种技术推广应用。参考群体构建和表型测定、统计分析平台、全基因组标记检测构成了基因组选择技术体系的三个组成部分，其中前两项均为各国国内科研机构与育种公司或协会联合完成，但全基因组标记检测主要依赖于美国芯片设备，未来随着全基因组测序及芯片技术的自主研发突破，各畜牧业发达国家均将建立全面自主的基因组选择核心技术体系。

加拿大生猪改良中心（CCSI）是一个由董事会管理的全国性非营利组织，成立于 1994 年，2019 年 12 月 15 日 CCSI 成立 25 周年时，加拿大的猪肉产量增加了 1 倍，而猪场猪群数量只增加了 25%，母猪产仔性能提升 25%～30%。猪只不仅生长速度更快，耗料更少，且保持着良好的胴体质量。目前，加拿大在生猪遗传改良方面已处于世界领先地位。基因组选择所采用的芯片由原来的 5 万个 SNP 位点更新到超过 6 万个，覆盖了肉品质、健康状态和公猪膻味等重要经济性状相关的 SNP。丹麦的种猪性能全球领先，最早建立了完善的育种体系，长期重视生猪育种，培育出著名瘦肉型猪种长白猪，并已在大白、长白、杜洛克上均应用了基因组选择技术，至少 25% 核心群的纯种仔猪实现了芯片检测，且芯片检测的比例和规模还在不断扩大。英国 PIC 自 1962 年成立，坚持进行了近 60 年的性能测定和选育工作，持久的遗传改良计划也取得了巨大成效。目前，PIC 已经启动了基于全基因组测序数据的育种技术研究，现在已经积累了超过 8000 个优秀种猪的全基因组测序信息，这将有可能进一步提高遗传评估的准确性。2012 年，TOPIGS 公司宣布将全基因组选择技术应用于猪育种中，对公猪膻味、饲料转化率等性状进行选择，以期改善其肉质，提高种猪的竞争力；同年 6 月，该公司宣布在种母猪的育种中全面开始使用全基因组选择技术，以期提高种猪繁殖力。

我国生猪遗传评估工作也取得了长足进展。1972 年，我国成立了"全国猪育种科研协作组"，提出了"着重加强地方品种选育，同时积极培育新猪种"的方针，培育出哈白猪、上海白猪、北京黑猪、新金猪等一批新品种。2000 年，我国颁布了《全国种猪遗传评估方案（试行）》，确定了达 100 kg 体重的日龄、达 100 kg 体重的活体背膘厚和总产仔数 3 个遗传评估的基本性状，以及饲料转化率、产活仔数、21 日龄窝重、产仔间隔、初产日龄、眼肌面积、后腿比例、肌肉 pH 值、肉色、滴水损失、大理石纹等生长、繁殖、胴体和肉质等辅助性状。2004 年我国开始建设种猪遗传评估中心，实现了全国范围在线育种数据处理和遗传评估；2011 年，该中心进行了软硬件的升级，负责全国猪育种数据收集，进行全国范围猪主要经济性状跨场遗传评估、发布全国种猪遗传评估报告和数据质量报告等，成为遗传改良计划实施的关键支撑平台。2009 年 8 月，农业部颁布《全国生猪遗传改良计划（2009—2020）》，是我国生猪遗传改良体系工作的一个新的里程碑。十多年来，通过实施该计划，我国先后遴选了 105 家（现为 89 家）国家生猪核心育种场，组建了国家种猪育种核心群，开始实施全国性种猪遗传评估，生猪育种进展明显加快，种猪质量不断提高；至 2020 年，我国生猪核心育种场大白猪平均达 100 kg 日龄、达 100 kg 背膘厚及总产仔数分别为 162.8 天、10.88 mm 和 13 头。与 2009 年实施生猪遗传改良计划开始相比，分别缩短了 5 天，下降了 0.7 mm，增长了 1.7 头。2013 年，华南农业大学、中国农业大学和温氏食品集团股份有限公司等单位联合攻关，获得我国首例采用全基因组选择技术选育的特级杜洛克种公猪。2017 年 9 月，在重庆召开的中国猪业科技大会上，由全国畜牧总站牵头，国内 7 家科研团队和 31 家育种企业共同参与，启动了"猪全基因组选择平台"项目，使基因组选择成为遗传改良计划的助推器，实现我国猪育种的跨越式发展。2021 年 4 月，农业农村部又颁布实施《全国生猪遗传改良计划（2021—2035 年）》，力争通过 15 年的努力，建成比较完善的商业化育种体系，自主培育一批具有国际竞争力的突破性品种，确保畜禽核心种源自主可控，筑牢农业农村现代化和人民美好生活的种业根基。

（二）猪新性状的开发与智能化数据采集

1. 猪新性状的研发

随着育种水平的不断提升，种猪目标性状的选育日益精细。例如，活仔数性状的选育由只关注产活仔数、健仔数、28 天断奶活仔数等，开始关注 5 日龄活仔数；胴体性状由关注瘦肉率，到注重肌内脂肪含量，再到关注不同胴体部位比例及肌肉、脂肪成分，如各种多不饱和脂肪酸等；随着猪疫情和市场需求等变化，育种的主要方向也不仅限于生长、繁殖等，也逐渐注重抗病育种等。

国内多家单位进行了众多功能性状重要基因的挖掘与验证，为基因组选择、基因编辑、生物合成等生物技术研究及应用提供了重要基因资源。中国农业大学在大白、长白及松辽黑猪群体中，鉴定出 54 个与免疫相关的 SNP 位点。在对 381 头仔猪腹泻全基因组关联分析研究中，分别鉴定出与 F4ab 和 F4ac 相关位点 28 个和 18 个，并获得相关基因 *HEG1* 和 *ITGB5* 为抗仔猪腹泻候选基因。江西农业大学利用白色杜洛克×二花脸 F_2 资源家系，鉴定获得影响猪耳面积 QTL 的因果基因（*PPARD*）和主效突变位点、肋骨数相关突变位点、116 个猪肉质性状相关突变位点等。我国首次在国际上发明了仔猪断奶前腹泻抗病基因育种新技术，并利用该技术选育改良了覆盖我国所有 20 个生猪主产省的 84 个核心育种群，使受试种群的腹泻易感个体比例下降 20% 以上，仔猪腹泻发病率显著下降。

2. 智能化数据采集

随着我国生猪养殖业的快速发展，健康养殖、动物福利等一系列可持续发展问题受到社会的广泛关注，要求我国生猪养殖向数量、质量及综合效益并重发展。而智能化养殖则为我国生猪养殖的成功转型提供了契机。智能养殖是利用计算机技术、传感器技术、现代通信技术、自动控制技术等，采集养殖相关信息并自动上报，实现数据与养殖决策系统和环境调控系统联动，减少人工干预，从而实现猪养殖的智能化、科学化和精准化，对推进我国养猪业健康发展具有重要意义。

（三）猪经济性状遗传机制的研究与应用

猪育种学者利用群体全基因组重测序、转录组测序、蛋白质组技术对重要性状（品质、产量、抗病）主效基因的功能鉴定、重要性状的遗传及表观遗传调控网络解析、重要性状的功能基因组学分析、不同层次分子数据与重要性状遗传评估的整合分析的新理论等领域开展了深入研究。在猪上，克隆鉴定了 $MSTN$、$IGF2$ 等影响肌肉生长和饲料转化率的基因，鉴定了 $RYR1$、RN 和 $PHKG1$ 等多个对肉质有重要影响的主效基因，以及 ESR、$FSH\beta$、OPN、$RARG$、$RBP4$、$PRLR$、$MTNR1A$ 等对繁殖性状可能有重要影响的基因。

我国采用比较发育遗传学研究策略，对产肉量差异巨大的长白猪（瘦肉型）、通城猪（脂肪型）及杂交长通猪 28 个生长发育时间点肌肉组织进行重测序、转录组和甲基化组测序，获得了骨骼肌发育较为系统的多组学数据集，数据量达到 8T，开发了规模化鉴定和分析 lncRNA、miRNA、circRNA 和 RNA 编辑的猪生物信息平台和软件，从 mRNA、miRNA、lncRNA、circRNA、RNA 编辑和 DNA 甲基化等多维组学角度，比较骨骼肌生长发育差异的遗传和表观遗传机制。发现了 3643 个新的 miRNA、7342 个 circRNA、2471 个 lncRNA、624 854 个选择性剪切和 236 569 个 RNA 编辑位点，并构建了不同调控层次之间的网络互作。研究发现，不同类型猪骨骼肌发育不同步，胚胎发育早期和初生期是不同类型猪产肉量差异关键调控阶段。长白猪胚胎骨骼肌成肌细胞增殖持续时间较长，活性较高。线粒体 NADH 脱氢酶的差异表达是导致出生后肌肉表型差异的一个重要原因。猪肌肉生长发育中的差异表达基因显著富集于 PI3K、Hippo 和 Wnt 等通路。出生前后骨骼肌的发育涉及的分子调控通路存在显著差异，初生期一系列的基因（$TGFB1$、$BMP1$ 等）和非编码 RNA（miR-1/206、MEG3 等）的时序表达决定了出生后肌肉的生长。基因表达水平及 DNA 甲基化、RNA 编辑等表观调控修饰在骨骼肌发育过程中整体水平不断下降。出生后肌肉的基因表达、DNA 甲基化和 RNA 编辑水平显著低于出生前。我国学者首次建立了 5 个猪骨骼肌发育多组学数据库，研究者可以通过该数据库方便查询骨骼肌发育过程中编码和非编码（lncRNA、miRNA、circRNA）的表达水平，以及不同 RNA 之间的相互作用关系和功能注释。开发了快速有效鉴定与猪产肉性状相关的候选标记的技术体系，鉴定得到了 1208 个与猪产肉性状和肌肉发育相关的候选标记，开展了育种应用。提出了整合基因组选择和分子编写育种方法，建立了动物群体个性化精准育种体系和策略。

（四）猪扩繁技术研究与应用

1. 人工授精和性别控制技术

伴随猪精液常温和低温保存技术的建立和不断完善，人工授精技术在家畜遗传改良中的应用不断拓展。催生了种公猪站等精液生产与销售行业，建立了低剂量深部输精技术，减少了输精剂量，提高了遗传改良效率，降低了养殖成本。而猪精液冷冻技术也将是今后研发的技术重点。

性别控制技术不断取得新进展。性别决定基因 SRY 的发现，以及显微切割、PCR 等技术的研发，催生了 PCR 胚胎性别鉴定技术，并很快应用于奶牛育种。然而，与奶牛产业应用相比，精子分离速度远不能满足猪等动物的性控技术要求，而基因编辑技术的出现，可能为性别控制技术的再次突破提供新的思路，这些都将成为未来性别控制领域的重要研究方向。

2. 体细胞克隆相关技术

体细胞克隆技术在猪、牛、羊、狗、猴等很多物种中都取得了突破，开辟了动物无性生殖的新时代。同时，体细胞核移植技术已成为转基因和基因编辑动物制备的主流技术。目前该技术正在致力于核移植时细胞重编程机制的研究，希望通过优化各个技术环节，提高移植效率及动物存活率，并向简便、低成本、实用化方向发展。同时，基于胚胎干细胞（embryonic stem cell，ESC）的哺乳动物干细胞技术使重编程技术焕发出新的生机。国内外多家实验室先后得到猪、牛、羊胚胎干细胞或类胚胎干细胞。此外，利用机器人进行智能化、规模化操作生产，也是动物克隆研究领域的重点。猪胚胎干细胞建系及其高效诱导分化、体外培养体系、特异性标志物仍然是研究趋势。

二、猪种业科技创新发展趋势

（一）基因编辑等新兴生物技术的探索与应用

动物转基因技术和近年来新兴的 ZFN、TALEN、CRISPR/Cas9、SGN 及碱基编辑（base editing，BE）等基因编辑技术，可打破物种界限，实现基因转移，拓宽遗传资源利用范围，为快速改良或提高家畜生长发育、肉品质量、抗病能力等农业性状提供了良好的解决措施。同时克服了传统育种周期长，需耗费大量人力、物力等缺点，是传统育种技术的延伸、发展和新的突破。

通过改进基因编辑技术，我国已在猪上建立了精准、高效、大片段编辑、多基因编辑技术体系，并获得了一批农业、医用基因编辑猪育种新材料。其中，*Rosa26*和 *H11* 友好基因座等位点的定点整合技术体系已处于世界先进水平。创制的各种肌抑素基因（*MSTN*）编辑猪，大幅提高了编辑动物的生长速度和瘦肉率；获得完全抵抗蓝耳病和流行性胃肠炎，部分抵抗德尔塔病毒，且具有能产生生产性能的 *CD163* 和 *pAPN* 双基因编辑猪育种新材料，突破了畜禽抗病育种技术瓶颈；构建了解偶联蛋白 1 基因（*UCP1*）定点敲入猪，脂肪沉积减少，瘦肉率增加，抗寒能力也有了提高。血管性血友病、人类白化病、帕金森综合征等基因编辑猪疾病模型的建立，给人类相关疾病的治疗带来了希望。目前制备了载脂蛋白 E（ApoE）和低密度脂蛋白受体（LDLR）双基因编辑猪心血管疾病模型，及定点整合了猪 H11 友好基因座位的转 *GIPRdn-hIAPP-11βHSD1* 三基因猪和转 *GIPRdn-hIAPP-PNPLA3I148M* 三基因猪两种糖尿病模型，这些模型为相关疾病分析、治疗搭建了理想的研究平台。

（二）全基因组选择等技术已成为动物种质创新的重要手段

全基因组选择、体细胞克隆、干细胞等生物技术发展迅猛，已经成为动物育种和种质创新的崭新模式，极大地推动了全球畜牧科技的发展。尤其是基因编辑技术的面世，为动物品种改良带来颠覆性的革命，在未来畜牧业领域将具有广泛的应用前景，并带动了许多相关学科的快速发展。为此，世界各国均加大对畜牧科技研发的支持力度，国际竞争异常激烈。

我国猪种业科技研发呈快速发展态势，虽在基础研究、关键技术创新、新品种培育等方面取得显著进展，但与发达国家，特别是与美国的差距依然很大。

解析重要性状形成的遗传基础与调控网络、复杂性状间互作关系，创新育种理论和方法；开发育种大数据分析、信息化及相关智能系统；突破冻精和性别控制技术；阐明细胞重编程机制，建立猪胚胎干细胞系及其高效诱导分化体系；研发原创型基因芯片和高效、精准、安全的新型基因编辑工具等，均是我国猪种业科技的创新方向。

（三）合成生物技术将成为最具颠覆性的潜在技术手段

合成生物技术是改变世界的重大颠覆性技术之一，已成为世界强国科技发展的战略前沿。合成生物技术是在系统生物学研究的基础上，通过引入工程学的模块化概念和系统设计理论，以人工合成 DNA 为基础，设计创建元件、器件或模块，以及通过这些元器件改造和优化现有自然生物体系，或者从头合成具有预定功能的全新人工生物体系，从而突破自然体系的限制瓶颈，实现合成生物体系在智能农业、现代制造业和医学、农业、环境等领域的规模化应用。美国、英国等发达国家纷纷投入巨资建立研究机构和开展研究项目，以抢占合成生物学研究发展的先机。

2010 年，美国 Craig Venter 研究团队根据基因组序列信息，设计、合成和组装了一个 1.08Mb 的蕈状支原体基因组，将其移植进一个山羊支原体受体细胞，从而创造了一个仅由合成染色体控制的新的蕈状支原体细胞，构建出含有完全人工合成遗传信息的生命活性细胞。2014 年美国国防部启动了一个 1.4 亿美元的"生命铸造厂"计划，将细胞作为工厂制造新分子、新材料，并强调更加广泛地利用合成生物学，集中创建一个以生物学为基础的生产平台，以期创造其再工业化、领先国际的新实力。英国于 2012 年公布生物制造产业的 20 年发展路线图，提出建设多学科网络中心、构建资源体系、建立专业团体、建立领导理事会、促进技术市场化五条建议，主要关注医药健康、精细与特殊化合物、能源、环境、传感器、农业和食品及核心和支撑技术，旨在增强英国在这一领域的研究和工业化能力。

我国政府高度重视合成生物学研究。国家"十二五""十三五"科技发展规划对合成生物技术相关领域进行了重点规划。我国合成生物学研究虽然起步较晚，但是具有后发优势，布局系统全面，正在从工业领域出发，向农业、医药、健康和环境领域不断深入发展，呈现多领域齐头并进的迅猛发展态势。

我国多个单位通过参与酿酒酵母人工基因组设计合成的国际合作计划，初步完成酿酒酵母 II 号、V 号、X 号和 XII 号染色体的人工设计与合成，获得分别含一条人工合成染色体和多条人工合成染色体的酵母菌，为我国后续基于人工染色体合成生物学研究奠定了坚实基础。2021 年，中国科学院天津工业生物技术研究所在人工合成淀粉方面取得重大突破性进展，国际上首次在实验室实现了二氧化碳到淀粉的从头合成。因此，利用合成生物学技术改变猪的重要经济性状，可能是猪育种的一种潜在技术手段。

第四节　我国猪种业发展的关键制约问题

与发达国家相比，我国生猪种业在种群基础、设施化水平、数字化体系、生物安全条件方面仍存在较大差距；育种资源分散、体制机制不灵活及政府长周期投入不足，制约了我国生猪新品种培育能力。

一、高质量种群与生物安全是我国种业发展主要制约因素

（一）高质量核心育种群不足

2019 年，全国拥有核心群种猪 15 万头，核心种源的自给率已达 90%。在种

猪数量供应问题基本解决后，我国高质量种猪核心群，其性能水平远低于欧美等国外发达国家，在生长速度（ADG）和繁殖性能方面尤为落后，如国外先进育种水平大白猪的达 100kg 体重日龄可以达到 141 天，比我国生猪核心育种场种猪快 22 天；国外先进育种水平的大白猪产仔数能达到 18 头，比我国生猪核心育种场种猪多 5 头。据 2020 年资料显示，中国生猪平均饲料转化率仅为 2.8∶1，低于国际平均水平 2.6∶1；仔猪断奶产仔数（PSY）为 18～20，远低于丹麦的 33～36 的水平。高代次种猪依赖从国外引进的局面未从根本上扭转，常年从国外引进原种猪 1 万头以上。尽管我国拥有 83 个地方猪种质资源，地方猪种质资源丰富，但利用率低，且受引进品种的冲击，有近 1/3 的猪种面临濒危危险。

（二）生物安全条件制约育种改良的持续

近年来，国内畜禽疫病总体呈多发趋势，部分种猪场疫病净化设施设备不完善，相关管理制度不健全，日常净化经费投入少，导致一些垂直传播性疫病频繁发生，既影响了种猪的正常生产，也给生猪产业的稳定发展带来较大威胁。生猪育种改良往往需建立在无疫病的情况下，尽管我国核心育种场的疾病净化近年来有了很大改观，但相比发达国家的核心育种场仍有不小的差距，高水平健康种群缺乏。例如，在蓝耳病、猪瘟、伪狂犬病等主要疾病方面做到双阴的极少，种源既是质量的源头又是健康的源头，我国种猪业亟待在较短时间内实现种群多疾病的双阴净化。

（三）设施化水平低影响了我国猪育种进程

我国育种需要加速度，硬件设备智能化升级必不可少。随着近几年新建猪场的发展，智能化水平也越来越高。一些生产设备均使用了国内外的先进设备，相继使用智能环控、饲喂与称重系统，可以精准地计算种猪选育中的生长曲线、料重比分析等数据，通过全场的可视化系统、猪群声音采集系统、猪群行为分析系统，可以对种猪选育时的视频图像进行个体精准识别，对体型、增重、盘点和异常叫声等数据进行实时抓取，并将数据传输至猪智汇大数据管理中心，通过云计算技术进行多维度分析，为种猪选育提供背后的数据支撑。相比之下，发达国家已建立了完整的生猪养殖产业化体系，在精准饲喂与环境控制、猪只精细化管理、疫病预测、粪污资源化利用等方面都做到了世界领先水平，且推广程度高。

（四）数字化能力不足降低了我国种猪育种效率

规模化养殖逐渐成为我国主要养殖模式，但制约规模化的一个核心问题是育种效率问题。在种猪育种中，随着种猪性能测定、分子育种、计算机技术应用、人工智能（AI）养殖技术等的不断进步，猪育种将在遗传评估和育种方案制定过程中面对海量数据，这将意味着数字化育种、智慧化育种将逐渐成为现实。

二、育种体制机制活力不够，成果转化慢

（一）资源分散，各自为政

我国顶端核心育种体系规模小、独立分散的种猪供给模式，难以形成自主的种业科技创新能力，在激烈的生猪种业国际竞争压力下，无法承担起拉动产业走向现代化的龙头核心作用。2021 年我国共有持证种猪场 4323 个，较 2010 年的 7619 个减少近一半。种猪场能繁母猪平均存栏 1894 头，相对全国每年更新 1500 万头左右母猪来说，场均不足 3500 头。丹麦组织全国 26 家种猪场开展联合育种，年出口纯种猪 2 万多头。

（二）重引进，轻选育

我国种猪企业大多重引进、轻选育，由于育种需要持续研发投入，部分企业急于抓住市场红利，会在猪价较高的时候，增加引进国外品种的频率，但他们往往只简单通过引进品种扩繁，并没有把精力放在品种选育中。虽然一些企业已建立本土种猪核心场，但不少种猪场仍然不断从国外引种，成为国外种猪企业的扩繁基地，而没有进行持续有效的选育。控制养殖业主要在于控种，如果不进行选育，种猪各方面的性能都会逐渐退化，一般 3 年左右企业会再去引种，种猪企业逐渐陷入恶性循环。

（三）科技成果转化慢，育种效率低

因目前我国育种研究主体仍是国家所属的科研院所，国家育种经费倾向于这些机构，构成了该行业较高的准入门槛，导致那些真正对市场反应灵敏、成果转化率较高的种猪企业难以介入。国家生猪产业技术体系、重点研发计划等多个计划从不同层面和角度对生猪种业科技创新起到了积极的推动作用，但由于支持层面、持续性和力度均不足，未能在产业与科技两方面全面整合国内优势力量，未形成大产业与大科技的大协作，无法凸显种业强强合作的优势，因此对整个生猪种业的核心竞争力提升作用有限。受疾病、养殖环境、投入等多因素影响，我国种猪的生长发育、繁殖等主要经济性能低于国外养猪发达国家，育种资源分散、各自为政、种猪"拿来主义"思想等导致育种效率低下，一方面国外引进的优秀种猪只应用于公司内部生产，另一方面种猪企业对持续选育提高缺乏动力，单纯希望通过种猪快速销售实现引种费回笼。

三、育种研发周期长，长周期投入占比低

（一）育种研发周期长，政府长周期投入动力不足

动物育种投入大、风险高、见效慢。长期以来，企业投入动力不足。我国在动物育种上一直没有专项经费支持，虽然每年有现代种业提升工程，但这是基本建设项目，不能用于选育、测定、新技术的应用等，育种的科技项目最近五年也没有被列入国家计划。

（二）种业研发周期长，企业投入积极性低

我国生猪种业缺少一批持续专注于生猪种业的专业化企业，到目前还没有一个在国内国际上有地位的猪育种企业。受生猪种业法制保护不足、品种权保护力度不够、种猪市场价格未真正反映培育成本等因素的影响，种业公司积极性受到挫伤。我国生猪育种企业的突出问题主要体现在以下几点：一是生猪种业企业规模小，育繁推一体化脱节，无竞争力；二是实力弱，不愿投入见效慢且耗资大的育种创新，个别企业甚至窃取仿造；三是企业缺人才，多数企业没有育种人才，而科研院所人才到企业兼职有管理障碍。

（三）种业产业化程度不够，社会资本兴趣低

我国是世界第一养猪大国，养猪龙头企业众多，但在育种、制种能力方面均不同程度地落后于跨国育种集团，生猪育种产业链机制亟须改善。发达国家的育种产业以企业为主体，形成了科研、育种、繁育、推广一条龙的生猪种业产业链，良好育种回报机制可以使得研发和产业形成良性循环。我国目前的育种产业往往以育种项目形式，由政府、高校和企业的联合作为主体实施，难以形成完整的产业链，缺乏合理的育种效果评价机制和回报机制，使得育种成本甚至会高于引种成本。发达国家的育种往往由少数几个育种寡头垄断，这样有利于形成完整的育种产业链，利于技术集成。我国生猪产业缺少育种龙头企业，缺乏育种全产业链机制，研发投入不足又导致了育种企业缺乏原始创新能力和技术集成能力，难以将科研成果进行转化、推广。

第五节　未来我国猪种业科技创新政策和建议

科技是第一生产力，生猪种业发展离不开科技进步。从国际竞争力来看，猪肉全产业链生产、加工、零售各环节，与国际先进养猪国家相比在生产效率、规模化程度及核心技术自主率等方面差距显著，尤以种猪育种基础（长期持续的育

种基础性工作)、育种新技术应用(基因组设计、基因编辑、芯片点制、基因传递等)、大数据平台(存储技术、挖掘工具、云计算)与表型组学(图像、声波、行业等采集与分析技术)等种业相关领域缺少原创性突破。

一、加快资源普查,提升资源利用水平

根据《国家畜禽遗传资源品种名录(2021 年版)》(畜资委办〔2021〕1 号),目前我国拥有 83 个地方猪种、25 个培育品种、14 个培育配套系、6 个引入品种、2 个引入配套系。近年,随着工业化城镇化进程加快、气候环境变化及农业种养方式的转变,地方品种消失风险加剧,群体数量和区域分布发生很大变化,野生近缘植物资源急剧减少,一旦消失灭绝,其蕴含的优异基因、承载的传统农耕文化也将随之消亡,生物多样性也将受到影响,损失难以估量。加快摸清家底和种质资源发展变化趋势,开展抢救性收集保护,发掘一批优异新资源,为提升种业自主创新能力、打好种业翻身仗奠定种质基础。通过对地方猪品种资源的收集、鉴定与多样性保护,为高效利用优秀地方猪资源,一方面引入全基因组选择、基因设计育种等新技术,加快地方猪品种选育的遗传进展;另一方面在地方猪品种资源保护的同时,强化优秀地方猪资源的开发利用。利用重点包括三方面:一是作为育种素材,培育一批各具特色的新品种(品系、配套系);二是杂交利用,形成具有生长快、产肉多、繁殖效率高,且适应性好、耐粗饲等特点的商品代猪,适合农民饲养;三是打造鲜肉销售、火腿加工、腊肉生产等不同产品市场需要的优秀配套组合。

二、构建生猪种业科技持续创新机制

生猪种业是一项长期的事业,当前育种能力是 3 年后产业竞争力的核心体现。在前 10 年生猪遗传改良计划执行的基础上,加快实施新一轮生猪遗传改良计划,加大资金扶持力度,加强企业与专家联系,优化布局种公猪站,完善种猪性能测定、遗传评估等基础设施,强化技术培训,加强动态管理,实现种质、数据、信息和科研投入等方面的资源共享,降低企业的育种成本或提升种业收益,从而获取超额利润,增加成员企业的市场竞争力。

科技是第一生产力,也是引领产业发展的关键要素。通过设立生猪种业专项,从高效智能表型测定技术,基于未来需求的育种关键技术研发,高通量表型鉴定、分型及分析预测技术,具自主知识产权的组学(基因组、蛋白质组、转录组等)测定技术、低成本高密度 SNP 芯片制造和检测技术,优秀种猪及地方猪遗传资源 DNA 特征库建设,基因组设计育种,精准选育与选配理论与方法,屠宰与肉质分析关键技术等方面,突破一批"卡脖子"技术,提升我国生猪种业科技能力。

在生猪种业科技原始性研究的基础上，充分利用我国丰富的猪种遗传资源，围绕育种目标评估、遗传资源挖掘、标记辅助选择、遗传评估、品种质量监测、杂种优势利用、动物疫病净化等关键技术创新、集成，形成具有自主知识产权的新品系（配套系）、新工艺、新方法，建立可满足不同市场需要的、持续的生猪种业制种体系。紧紧抓住生猪种业科技含量高、附加值大等特点，加强从"关键技术"到"产品"的转化，形成"以点带面、重点突出、优势互补、良性运作"的产学研合作新格局，建立生猪种业产学研结合示范基地，提升生猪种业的产业化水平，强化产品的设计力。

三、夯实基础，提升核心育种技术能力

自 2018 年 8 月发生首例非洲猪瘟以来，我国生猪产业受到严重冲击，从产业政策、区域布局、规模化程度、基因传递模式，再到良种繁育体系结构都面临重大的变化。我国非洲猪瘟防控经历了歼灭战、攻坚战再到持久战，在非洲猪瘟常态化背景下，结合国家非洲猪瘟分区综合防控、调猪向调肉等政策的转变，必须建立以减少活体移动、优化基因传递、专业化分系育种等为核心的新一代良种猪繁育体系模式，这也是建设种业强国的新契机。以实施《全国生猪遗传改良计划（2021—2035 年）》为契机，以 15 万头国家生猪核心育种群为基础，持续对种猪生长发育、繁殖性能、产肉与肉质等重要经济性能开展选育，通过扩大种猪生产性能测定规模、提高选择强度、缩短世代间隔、提高遗传评估准确性等多种手段，持续提升核心群种猪性能，夯实种猪遗传基础。构建基于种公猪精液进行基因传递的良种猪繁育模式，最大限度减少活猪移动，加速优秀基因的快速传递与覆盖。在全国范围内规划布局一批核心或社会化服务种公猪站，建立以种公猪精液为核心的基因传递模式，建立核心群、扩繁群（公猪或母猪相结合）、商品生产群金字塔式良种猪繁育模式，持续保障优良种猪的持续选育。

同时，结合非洲猪瘟综合防控要求，构建以种公猪站为纽带、以省为单位的区域性联合育种体系，跨场间联合遗传评估迈入实质开展阶段，并逐步推动跨省间遗传联系的建立。区域性种猪遗传评估和联合育种工作，是解决长期以来我国猪育种过程中所产生的问题，提高生猪及其产品的质量，逐步减少引种数量，提高我国种猪的整体质量和竞争力迫在眉睫的任务。鼓励推动千万级产能的大型养猪企业搭建高效的种猪育种体系，创建区域性头部大型养猪企业联合育种体系，切实高效推进生猪种业系统工程建设，瞄准区域生猪产业发展整个繁育体系设计，解决当地种业排头兵企业的育种技术应用问题，实现资源、数据和技术共享，统筹区域布局优质种公猪站，从金字塔顶端快速引领整个区域生猪产业系统能力提升，这一系统创新模式在非洲猪瘟冲击后更显出其前瞻性和巨大的价值。

四、加快构建生物育种平台，提升种业新技术研发能力

根据非洲猪瘟等重大疾病的综合防控要求，结合未来良种猪繁育体系建设方向，优化国家种猪核心群的布局，提升生物安全，分系构建育种核心群；围绕主要经济性状持续开展大规模全群性能测定；全面应用基因组选择，基于基因组育种值进行持续选育；在开展性状遗传变异分析的基础上，创制新型遗传变异，丰富种群遗传多样性；扩展次级性状的遗传改良，摸清遗传与环境的互作；功能基因研究、基因识别、填充与现场选育相结合，加速性状改良的速度；对优先级基因和基因组进行重测序分析和功能注释。推动核心群种猪及其后代获得基因组信息；整合基因组信息估计核心群种猪育种值；实施分级管理。基于国内丰富的地方猪种质资源，建立种猪遗传种质资源库：包括基因、组织、细胞、冻精等多形式遗传资源收集；应用基因设计等新一代定向选择生物技术创制新型育种素材；培育生产效率高、肉质优良、环境适应或抗性等不同特色的新品种（品系）。

评估中外猪种资源基因库特征，解析各猪种的基因组组成，分析优异性状的遗传结构，发掘优异基因资源，建立国家生猪品种泛基因数据库；基于下一代组学技术，建立表型组学智能化测定与基因组低成本分型平台，丰富表型和基因型信息，实现无接触式重要经济性状的精准度量；利用不同群体资源，结合多组学、表观遗传学、表型组、基因组大数据等策略，系统解析畜禽重要经济性状的形成机制等；利用数理统计和人工智能等信息化技术，创建和发展基于基因组信息的新育种方法和工具，开发优良种质高效扩繁技术等。

五、培育华系种猪，保障种业安全

以杜洛克、长白与大白等品种资源为主，继续实施标准化种猪性能测定和分系选育，推动核心场场间遗传关联达到3%以上；建立集团化育种、联合育种、专业化育种等多种育种模式，核心群种猪繁殖性能、生长发育性能达到世界先进水平，屠宰与肉质性能达到世界领先水平，核心种质资源自给率90%以上；建立地方品种的本品种选育技术体系，推动地方猪种质资源的开发利用，培育一批具有市场竞争力的新品种（品系、配套系），满足国内外不同消费者的需求。

第六节 典 型 案 例

欧美等养猪发达地区和国家的种猪生产水平比我国高30%左右，完善的育种体系与先进育种技术的应用是其成功的重要原因。国外育种体系在起步阶段，大多是由政府组织或以项目的名义，将科研、大学、企业联合起来，共同进行育种

工作，企业发展强大后，逐步过渡到企业为主，进行市场化运作。目前，国际上比较著名的猪育种体系主要有两大类：一是以丹麦的 DanBred、荷兰的 Topigs 等为代表的由政府育种项目介入的国家育种体系；二是以加拿大/法国的 Hypor、英国的 PIC 为代表的专业育种公司。本节将以两类育种体系中的 PIC 及丹麦育种体系进行典型案例分析，为我国生猪遗传评估体系优化升级和生猪种业的可持续性创新发展提供参考和借鉴。

一、丹麦育种

（一）丹麦育种简介与发展历程

从 19 世纪 90 年代，丹麦为了给英国生产培根开始了猪的育种。并于 1895～1896 年启动了"丹麦国家认证育种中心（纯系品种）"体系。1907 年，丹麦建立了世界上第一个种猪后裔测定站，1925 年年底，测定站对来自各育种中心已通过认证种猪的后代进行测定。这项工作分别受国家（丹麦国家动物科学研究所，NIAS）和联合肉品厂（Co-operative Bacon Factories）的资助。NIAS 负责技术支持，统计并公布测定成绩。

1931 年，丹麦农业协会与联合肉品厂达成一致意见，建立国家养猪生产协会（NCPP），除了上述 2 个组织的成员入选外，皇家兽医和农业大学从事猪育种和生产的教授、猪育种的首席顾问都入选成为 NCPP 顾问委员会成员。

第二次世界大战期间，丹麦育种基本停止，育种中心每个群体只余 5～6 头认证过的母猪。第二次世界大战之后，丹麦的育种迅速恢复，20 世纪 50 年代，测定站开始对猪进行胴体评定，主要以背膘厚、腹脂厚和体长作为观测性状，并结合后躯、脂肪硬度、肩部和腌肉类型的目测评定。20 世纪 60 年代末，市场对瘦肉的要求更为迫切，而各地屠宰场对胴体品质的测定条件非常简陋，无法满足需要。为了更加准确、一致地进行肉质测定，丹麦决定成立 2 个肉质检测中心，对来自各方的胴体进行全面的检测。

20 世纪 70 年代开始，丹麦育种学者集中探讨了杂交繁育、人工授精与 SPF 生产的可能性，最终形成了新的育种策略。1972 年，丹麦所有的注册种猪场（育种中心）联合成立了丹育国际。1973 年，丹育建立了第一个繁殖群。利用从育种中心引进的纯种长白和大白为亲本，为商品场生产提供二元杂母猪。1976 年起测定站开始实行"全进全出"制度。1977 年，NIAS 的遗传学家以日增重、侧膘、眼肌面积等性状为基础，组合成选择指数。1980 年进一步发展为育种值指数。

自 1983 年起，优秀种猪必须通过专家组每年 1 次的评估来确定，主要的选择标准是个体指数值与所在群体的育种进展。这样的评估工作每年开展 1 次。自 1990 年起，采用了 BLUP 方法计算育种值和选择指数。1988 年起，还引入了专门针对繁殖性状的指数。1992 年起，窝产仔数也成为长白和大白猪的育种目标之一。

1993 年，为防止参加育种体系的猪场为了利益竞争出售种猪，而不能保证稳定的遗传进展，丹育建立了新的组织方式。在新组织方式中，公猪的性能测定在一个每年可测定 5000 头公猪规模的测定站中进行。母猪性能测定（包括日增重和瘦肉量）在所有的种猪群中进行。入选的测定公猪送到人工授精中心，只有育种场才能购买这些年轻公猪的精液。来自最年轻最优秀公猪的精液只能在优秀核心群中使用。

从此，丹麦育猪方案开始在核心群的遗传改进上体现出优势和效果。结合 2010 年起开始利用基因组选择技术，核心群优秀基因流向生产群的速度非常快，人工授精在各层次生产中应用的范围持续扩大。

2017 年年底，丹育进行了重组，拆分成新丹育（DanBred）和丹麦基因（Danish Genetics）两家公司。新丹育（DanBred）公司中，丹麦国家农业和食品委员会生猪养殖部成为拥有 51% 股权的最大股东，丹麦农业公司和丹育国际控股公司成为各占 24.5% 股权的小股东。而丹麦基因则由 25 家核心场组成。

（二）丹麦育种特点

综合起来，丹麦育种具有体系健全、测定规范、与时俱进等特点，具体如下。

1. 丹麦具备完善的育繁推体系

1983 年，丹麦正式按品种遴选种猪场实施全国选育计划，计划包括 131 个长白猪育种场、72 个大白猪育种场、28 个杜洛克育种场和 5 个汉普夏育种场。1990 年，随着 BLUP 技术的应用，丹麦国家猪育种计划联合全国所有的 43 家核心种猪场、8500 头纯种母猪开展联合育种工作。目前，丹麦全国生猪繁育体系如图 6-3 所示。

2017 年重组后丹麦 45 家核心育种场虽分成新丹育和丹麦基因两家公司，但两个公司各自的育繁体系架构基本没有发生变化。值得注意的是，丹育先进的人工授精（AI）站在其育种过程中起到了关键作用。人工授精站承担全国种猪配种任务，其设备先进，人员技术熟练，是丹育种猪基因推广的重要抓手。

2. 丹麦育种具有统一的种猪测定体系

丹麦种猪性能测定方式分为中心测定站测定和场内测定，测定站仅测定公猪，年测定量约 5000 头（测定公猪均来自核心育种场），目前测定性状主要包括日增重（30～100 kg）、瘦肉率、饲料转化率、体型、屠宰损失率（父系猪）、pH（父系猪）等；场内测定主要在核心场内开展，年测定量约 10 万头，测定性状主要包括日增重（0～30 kg）、日增重（30～100 kg）、瘦肉率、饲料转化率和体型等，同时包括所有母猪的繁殖性状成绩，如产仔数和产后 5 天活仔数（LP5）。

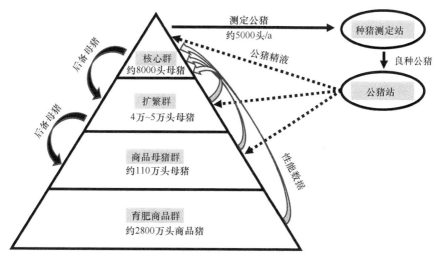

图 6-3　丹麦生猪产业的金字塔育繁推体系

3. 丹育具有面向未来的、科学的育种目标

丹育在育种过程中，会通过严谨的科学研究、细致的市场调查，依据各性状在商品猪身上表现出的经济价值比例，定期调整各性状在育种指标中的选择权重，及时更新育种目标，以保证育种方向的科学性、合理性。在商品猪身上实现现在制定的育种目标中的遗传进展需要花 5~10 年，所以对性状权重的分配不是按现在的价值，而是按 5~10 年后预期的价值。丹育未来研究重点和目标是母猪的健壮与使用寿命、环境控制和增重速度、饲料转化率、育种目标过程中的生产效率、公猪异味、母猪产仔能力和肉品质。

4. 丹麦育种十分重视新技术的研发与应用

丹麦育种一直都比较重视新技术的应用，在分子标记育种时代，丹育是世界上最早应用分子标记进行仔猪腹泻育种的公司。在基因组育种时代，丹育在 2010 年正式启用基因组选择，也是全世界最早采用基因组选择进行猪育种的公司。目前，丹麦的两大育种公司对所有的种猪都进行 DNA 检测，并利用测试结果进行基因筛选。从粗略的统计数据来看，这比不进行基因测序多获取至少 30% 的增益。此外，丹育还将杂种猪的基因育种列入未来研发中，拟通过几年时间开发评估纯种猪和杂交品种猪的方法，以及对猪进行基因分型的方法，并发展可以挑选出在杂种猪上的杂种优势和上位效应的种猪的方法。

二、猪遗传改良公司（PIC）

（一）PIC 简介与发展历程

PIC（Pig Improvement Company，猪遗传改良公司）在 1962 年由 5 个英国农民在英格兰牛津郡成立。在肯·伍利（Ken Woolley）的领导下，6 名养猪户组成的研究小组讨论了英国的养猪育种为何落后于欧洲其他地方的育种实践。他们坚持将最新的科学应用于生猪育种以培育出更好的猪。这个研究小组促成了 PIC 的基础，之后 PIC 进行了快速发展。其主要发展时间线如下。

1961 年，在英格兰 Nettlebed 的"White Hart"组成第一个讨论小组，PIC 的概念由此而生。

1962 年，PIC 成立。

1964 年，第一批坎伯勒后备母猪交付。

1983 年，PIC 在世界上最先开展繁殖性能选择。

1986 年，收购 Kleen Lean Genetics。

1990 年，PIC 在世界上最先使用 DNA 探针检测氟烷基因。

1995 年，收购英国国家生猪发展有限公司（National Pig Development Co. Ltd，NPD）。

1998 年，建立 PICTraq 信息系统。

1999 年，开始建立新的加拿大育种核心群（Aurora）。

2001 年，在 PIC 的基础上，Sygen 国际集团成立，并成为英国伦敦的上市公司。

2003 年，开始 Sireline GNXbred 计划。

2005 年，国际种业巨头 Genus 通过并购 Sygen International PLC 收购了 PIC。

2009 年，开发新基因核心群（APEX）。

2013 年，实施基因组选择育种，将增益率提高 35%以上。

2015 年，宣布第一头猪繁殖与呼吸综合征（PRRS）抗性的基因编辑猪出生。

2017 年，与 Hermitage 人工授精站建立战略伙伴关系。

2018 年，与丹麦育种公司 Møllevang 建立合作伙伴关系。

经过从建立之初近 60 年的发展，PIC 的业务已遍及全球 40 多个国家和地区，种猪出口到世界 50 多个国家，种猪覆盖全球 10%的商品猪血缘，是全球最大的种猪育种公司（图 6-4）。

（二）PIC 育种特点

综合 PIC 发展历程，其在发展过程中与其他育种公司进行并购或建立合作伙伴关系逐渐使自己发展壮大。但不可否认，其对育种的不断创新也对发展起到了重要作用。PIC 在 1969 年就推出了自己的猪健康计划，1977 年推出了药物早期断奶和隔离早期断奶，1983 年将 Camborough 15 推向世界，1986 年增加了记录和分析系统，1990 年成为第一家使用 DNA 探针检测氟烷基因的养猪公司，随后在 1998 年开发了三个用于窝产仔数、抗病性和肉质的性状遗传标记。正如 PIC 20 世纪 90 年代和 21 世纪初期的领导者 Phil David 总结所说，PIC 的主要优势之一是其在育种创新上的追求。目前，PIC 在育种层面的主要特点如下。

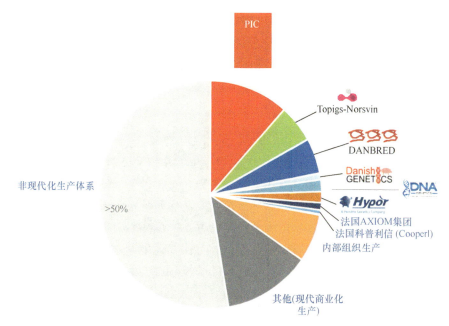

图 6-4 全球各大种猪育种公司占商品猪血缘比例（2019 年）

1. 以专门化品系（种）选育为主要技术路线

与其他大部分育种公司选育纯种不同，PIC 走专门化品系（种）选育的技术路线，每个品系 （种）的选育目标明确，重点突出，从而使选择效果明显。通过长期的选育，PIC 培育了 20 多个各具特色的纯系（种）。这些纯系（种）的不同组合，可以满足不同地区、不同条件、不同消费特点的客户要求。

2. 注重育种技术的研发

目前，PIC 拥有两个独立的研发机构，分别是位于美国肯塔基州的 PIC 法兰克林研发中心和设在英国剑桥大学内的 PIC 剑桥研发中心。而这两个研发中心的100 多位专业技术人员中，有 25 位分子生物学家、25 位数量遗传学家、20 位兽医及营养学家、15 位繁殖及肉品学家，他们中的 50 多位具有博士学位，有些还是所在领域的知名专家。PIC 已在美国获得 200 多项专利，许多养猪领域的知名技术就是 PIC 首先获得专利的。

3. 重视新技术应用

PIC 是最早应用分子育种技术进行母猪繁殖性能选育，也是最早应用基因组选择技术的种猪育种公司。目前，PIC 进行基因组选择的种猪芯片检测量约为 15 万头/a。公司应用基因组选择技术，核心群遗传进展年均增加 35%，生产端每头商品猪的效益也在不断增加（近几年，基因组育种给每头商品猪带来的平均额外收益为 20~26 元/a）。PIC 的育种计划是基于超过 600 万头猪的性能测定数据、5 亿头猪的估计育种值和 60 万头猪的基因型数据。目前，PIC 已经启动了基于全基因组测序数据的育种技术研究，现在已经积累了超过 8000 个优秀种猪的全基因组测序信息，这将进一步提高遗传评估的准确性。

4. 进行全球范围的联合育种

PIC 在全球 50 多个核心场中建立紧密的遗传联系，从而使供选种的群体最大化。PIC 的信息系统（PICTraq）中，有 900 多万头猪的性能测定记录，有 27 个世代的完整系谱，每天要对 230 万头猪估计育种值，涉及的性状多达 45 个。PIC 遗传评估数据主要来自母猪场（包括育种场和扩繁场）的繁殖性状数据（总产仔数、死胎数、断奶前死亡率、初生重、断奶重、断奶-发情间隔和乳头数等）及生长猪场（包括纯种猪及商品猪）的生长性状（生长速度、背膘厚、眼肌深度等）、饲料效率（采食量等）、胴体性状（分割肉价值）和肉品质性状（酸碱度、肌内脂肪等）数据，对商品猪场的屠宰数据也进行了收集。世界各地的 PIC 猪场（扩繁场为主）将数据反馈至位于北美的评估中心，进行遗传评估，这大大充实了数据库，大幅度提高了遗传评估的准确性。另外，扩繁群和商品群性能数据也验证了公司选育出的优良种畜作为亲本时在不同环境中表现出的优秀性能。

三、中芯种业

广东中芯种业科技有限公司（简称中芯种业）成立于 2021 年 9 月，是在温氏股份种猪事业部的基础上对全集团种猪业务板块归并重组而成。2022 年 9 月，在广东省委、省政府的领导下，由广东省种业集团有限公司、现代种业发展基金有限公司等单位对中芯种业增资 23.33 亿元。增资后的中芯种业估值超 100 亿元，成为国内首屈一指的高科技生猪种业企业。中芯种业整合了管理和资本优势、技术和人才优势、产业和市场优势，专注于猪育种和养猪科技创新，为实现国家生猪种业科技自立自强、核心种源自主可控的宏伟目标而努力奋斗。目标是要打造世界一流的高科技"航母级"育种企业，担当起国家生猪种业振兴的历史使命。

一是育种规模最大、品种品系丰富。公司下辖 7 家专业化猪育种分公司，30 多个现代化育种基地和高标准基因中心，分布于全国 11 个省份；培育了性能优异、各具特色的"五大品种十二大品系"种猪产品，可满足全国各地不同消费市场需求。2023 年满负荷生产后，存栏基础母猪核心群 2 万头、扩繁群 5.2 万头，年可提供上市纯种猪 50 万头、优质公猪 1.5 万头，可为 5000 万商品猪的生产体系提供种源保障。

二是一流的科技创新平台。建有国家生猪种业工程技术研究中心、畜禽育种国家地方联合工程研究中心等科技平台，正在建设国家首个畜禽种业产业园、广东省畜禽种业功能性产业园和广东省生猪种业创新园。自"十一五"以来，公司一直是我国种猪育种领域国家 863 重点专项主持单位，"国家转基因生物新品种培育重大专项"猪育种领域执行专家组长单位，是农业部（现为农业农村部）部署的国家良种联合攻关专项"国家优质瘦肉型猪育种"的牵头单位，组织全国 15 家猪育种教学科研和企业合作开展猪育种攻关工作。2021 年，广东云浮和重庆荣昌被列入国家生猪育种创新基地。2022 年，承担了国家生猪核心种源攻关重大专项，同时也被遴选为国家生猪种业"补短板"阵型企业、被认定为我国生猪种业塔尖上的企业。

三是领先的育种技术水平。先后攻克全基因组选择、智能测定、大数据遗传评估、体细胞克隆、基因工程等育种关键核心技术，保持与世界前沿技术同步，总体达到世界先进水平，部分达到世界领先，自主创造了生猪种业的"中国芯"。

四是强大的育种技术人才团队。打造了博士 12 人、硕士 38 人、学士 160 余人的育种科技团队，聚集了国家"万人计划"领军人才、广东省现代农业产业技术体系首席和岗位专家等高级人才。公司与华南农业大学、中国农业大学、华中农业大学、江西农业大学等高校和科研院所建立了紧密的产学研合作关系，为公司的发展提供了人才保障。

四、丹育育种和 PIC 育种对我国的启示

综合丹育与 PIC 育种的基本情况，我们可将其成功归因于完善开放的育种技术体系、标准的性能测定和数据管理、前沿创新的技术研发与应用及现代化的育种理念。针对其特点，结合我国育种的主要特点，我国育种应在以下几个方面进行加强。

一是依托现有国家核心场，进一步完善我国的生猪育种技术体系，加强区域性种猪测定站和公猪站在育种体系中的作用，加快优秀种猪基因的流动和扩散。利用数字化、信息化手段加大对育种场群体数据准确性及育种工作扎实性的管理，引导企业做好育种基础工作。

二是突出育种企业在育种中的主导地位，鼓励企业加强研发和技术投入，扭转当前我国育种企业"重生产、轻育种"的局面，形成企业自主研发和"产学研"合作并进的育种研发模式，支持企业加强对育种技术团队的建设和人才培训，加强我国育种企业的自主研发、自主育种能力，加快培育适合我国市场需求的新品种（新品系）。鼓励企业和行业更新育种理念，根据公司自身育种目标和最新市场需求科学定义选择指数和育种方案。

三是持续实施生猪遗传改良计划，加大育种基础投入。生猪遗传改良计划不仅提高了企业的育种积极性，也使我国育种技术水平和企业的育种工作得到大幅

提升，并且取得了显著的育种效果，为我国猪育种的长远发展奠定了基础。"十四五"期间，我们应持续实施生猪遗传改良计划，加快组建国家畜禽遗传评估中心，大幅度提升企业精准选育的能力。加强国家生猪核心育种场的管理，鼓励进行疫病净化，对育种工作成效显著、猪群健康的核心场加大支持力度。

参 考 文 献

陈华. 2008. 小型猪在医学研究领域的应用进展. 中国实验动物学报, 16(5): 2.

陈民利. 2018. 西藏小型猪和五指山小型猪的生理特点及其动脉粥样硬化的发病特征比较研究. 实验动物与比较医学, 38(5): 4.

国家畜禽遗传资源委员会. 2011. 中国畜禽遗传资源志·猪志. 北京: 中国农业出版社.

金永勋, 沈星辉, 姜昊, 等. 2018. 异种器官移植研究现状及发展前景. 实用器官移植电子杂志, 6(2): 3.

刘榜. 2019. 家畜育种学. 北京: 中国农业出版社.

莫海龙. 2013. 全球主要种猪企业简介. https://wenku.baidu.com/view/bf6e8d1b87c24028905fc308.html. [2013-9-11]

邵世义, 刘德贵. 2006. 我国种猪市场现状及发展趋势. 中国畜牧杂志, 42(6): 19-22.

汤波, 李宁. 2014. 我国猪种业市场分析与预测. 中国畜牧杂志, (8): 11-15.

赵书广. 2013. 中国养猪大成. 北京: 中国农业出版社.

《中国家畜家禽品种志》编委会, 《中国猪品种志》编写组. 1986. 中国猪品种志. 上海: 上海科学技术出版社.

Bosse M, Megens H J, Frantz L, et al. 2014. Genomic analysis reveals selection for Asian genes in European pigs following human-mediated introgression. Nature Communications, 5(1): 4392.

Chen H, Huang M, Yang B, et al. 2020. Introgression of Eastern Chinese and Southern Chinese haplotypes contributes to the improvement of fertility and immunity in European modern pigs. GigaScience, 9(3): 1-13.

Cooper D K C, Ekser B, Tector A J. 2015. A brief history of clinical xenotransplantation. Int J Surg, 23: 205-210.

Jia B, Xiang D, Guo J, et al. 2020. Successful vitrification of early-stage porcine cloned embryos. Cryobiology, 97: 53-59.

Li L, Zhao Z, Xia J, et al. 2015. A long-term high-fat/high-sucrose diet promotes kidney lipid deposition and causes apoptosis and glomerular hypertrophy in Bama minipigs. PLoS One, 10(11): e0142884.

Malcervelli D M, Torres P, Suhevic J F, et al. 2020. Effect of different glycerol concentrations on phosphatidylserine translocation and mitochondrial membrane potential in chilled boar spermatozoa. Cryobiology, 95: 97-102.

Mito T, Yoshioka K, Noguchi M, et al. 2015. Birth of piglets from in vitro-produced porcine blastocysts vitrified and warmed in a chemically defined medium. Theriogenology, 84(8): 1314-1320.

Pezo F, Yeste M, Zambrano F, et al. 2021. Antioxidants and their effect on the oxidative/nitrosative stress of frozen-thawed boar sperm. Cryobiology, 98: 5-11.

猪种业专题报告编写组成员

组　长：陈瑶生（中山大学　产业体系首席/教授）

副组长：吴珍芳（华南农业大学　教授）

成　员（按姓氏汉语拼音排序）：

黄瑞华（南京农业大学　教授）

李　奎（中国农业科学院北京畜牧兽医研究所　研究员）

刘剑锋（中国农业大学　教授）

潘玉春（浙江大学　教授）

王立贤（中国农业科学院北京畜牧兽医研究所　研究员）

赵书红（华中农业大学　院长/教授）

秘　书（按姓氏汉语拼音排序）：

刘小红（中山大学　教授）

满建国（华中农业大学　副教授）

王勇胜（西北农林科技大学　教授）

第七章 牛种业专题

党的二十大报告提出要树立大食物观。乳制品和牛肉是动物性蛋白质的重要来源。2021 年我国人均乳制品消费量折合生鲜乳为 42.3 kg，相较 2012 年的 31.1 kg 增长 36%，当前乃至今后的社会需求已逐步由"提高牛奶摄入量"向"优质牛奶消费"转变。2021 年我国牛肉消费 998.7 万 t，占主要肉类消费的 68.5%，在过去十年中，牛肉消费增长占我国肉类消费增长的 68.5%。

2021 年中央一号文件明确指出农业现代化，种子是基础。2021 年 7 月 9 日审议通过的《种业振兴行动方案》明确指出实现种业科技自立自强、种源自主可控。2022 年 10 月 16 日召开的中国共产党第二十次全国代表大会上再次强调"深入实施种业振兴行动，强化农业科技和装备支撑，确保中国人的饭碗牢牢端在自己手中"，为我国种业发展提出宏伟蓝图和清晰路径。种业是国家战略性、基础性核心产业，以习近平同志为核心的党中央对种业发展高度重视。《中国奶牛群体遗传改良计划（2008—2020 年）》《全国肉牛遗传改良计划（2011—2025 年）》实施以来，我国奶牛、肉牛良种繁育体系逐步完善，生产性能持续提高，地方遗传资源开发利用得到重视和加强，重要性状遗传机制解析取得进展，全基因组选择技术得到应用。但对标奶业发达国家，育种技术体系还存在较大差距，种源技术落后，严重制约了我国种牛自主培育能力，导致种源对国外进口依赖度高。

加快科技创新是推动畜牧业高质量发展的基础和关键。基因组学、遗传学、表观遗传学和生物信息学的综合发展，为奶牛产奶、肉牛产肉、饲料转化率和家畜长寿等关键经济性状的遗传解析、表型智能测定、基因组选择育种、基因精确编辑和干细胞育种等新技术在牛种业中应用提供了新的机遇、挑战和手段。为打好种业翻身仗，立足"十四五"，面向"十五五"国家战略规划，准确把握我国奶牛和肉牛种业领域的科技发展现状，总结科技创新成果进展，探讨未来发展趋势，加强相关科技创新及产业战略部署，提升我国奶牛和肉牛种业科技创新能力，牛种业专题从 6 个方面进行介绍，主要包括：牛种质资源现状和开发利用水平、国内外牛种业发展现状和趋势、牛种业科技创新现状和发展趋势、我国牛种业发展的关键制约问题、我国牛种业发展的对策与建议及典型案例（基因组选择技术、基因编辑技术、华西牛品种培育、种公牛培育与性别控制繁殖新技术）。

第一节　牛种质资源现状和开发利用水平

遗传资源是种业发展的基础，是保障国家重要畜产品供给的战略资源，是满足未来不可预见需求的重要基因库。我国牛遗传资源丰富，现有普通牛、牦牛、水牛、大额牛、瘤牛共 137 个品种，是品种选育提高和新品种（新品系）培育及产业发展最重要的物质基础，是加快种业振兴及满足人们对高质量牛奶、牛肉需求的重要保障。

一、我国牛种质资源现状

（一）我国牛品种概况及分布

1. 乳用牛品种

中国荷斯坦牛是我国培育的专门化乳用型品种，分布在我国各个地区，以华东、东北、华北和西北居多，主要包括内蒙古、黑龙江、河北、山东、新疆及宁夏等。在目前我国饲养的 1043.3 万头奶牛中，85%以上属中国荷斯坦牛。

经过长期风土驯化和检验，被保留并能很好地融入我国牛业生产的引进乳用品种有 3 个，为荷斯坦牛、娟姗牛和瑞士褐牛。娟姗牛主要分布在辽宁、北京、广东、山东、陕西、黑龙江、湖南、四川、河北等地区，截至 2020 年年底品种登记 3.2 万余头。

2. 乳肉兼用牛品种

乳肉兼用型培育品种有 5 个，分别为中国西门塔尔牛、三河牛、中国草原红牛、新疆褐牛和蜀宣花牛。①中国西门塔尔牛广泛分布于黑龙江、吉林、内蒙古、河北、河南、山东、山西、浙江、湖南、湖北、四川、甘肃、青海、新疆及西藏等省（自治区）。②三河牛主要产于内蒙古自治区的东部呼伦贝尔市，分布在兴安盟、锡林郭勒盟等地区。③中国草原红牛分布于吉林省白城市西部、内蒙古赤峰市和锡林郭勒盟南部、河北省张家口市等地区。④新疆褐牛中心产区在天山北麓西端的伊犁河谷、塔额盆地的伊犁哈萨克自治州的昭苏、巩留、新源、尼勒克及塔城地区的裕民、塔城、额敏等地，主要分布于阿勒泰地区、乌鲁木齐市、昌吉回族自治州、巴音郭楞蒙古自治州及南疆部分县、市。⑤蜀宣花牛分布于四川省宣汉县及邻近的县。

3. 肉用牛品种

我国现有肉用牛品种 72 个，其中，地方品种 54 个，培育品种 9 个，引进品种 9 个。地方品种主要分布在华中地区、华东地区、东北地区、华北地区、西北地区、西南地区、华南地区。目前，以肉牛产业为重点发展的省份主要包括吉林、黑龙江、辽宁、内蒙古等区域。除此之外，中原、西北和西南区域相关省份也在政府工作报告中提及了肉牛产业。

4. 牦牛品种

我国是牦牛主产国，拥有 2 个培育品种和 21 个地方品种，主要分布于青海、西藏、四川、甘肃、新疆及云南等省（自治区）的牧区、半牧区。2 个培育品种分别是大通牦牛和阿什旦牦牛，其核心群均分布于青海省西宁市大通回族土族自治县。21 个地方品种包括分布于西藏自治区的西藏高山牦牛、娘亚牦牛、帕里牦牛、斯布牦牛、类乌齐牦牛、查乌拉牦牛，分布于青海省的青海高原牦牛、环湖牦牛、雪多牦牛、玉树牦牛，分布于四川省的九龙牦牛、麦洼牦牛、木里牦牛、金川牦牛、昌台牦牛、亚丁牦牛，分布于甘肃省的天祝白牦牛、甘南牦牛，分布于新疆维吾尔自治区的巴州牦牛、帕米尔牦牛及分布于云南省的中甸牦牛。

5. 水牛品种

我国水牛遗传资源丰富，有 27 个地方品种，分布于南方 18 个省（自治区）。中国水牛按其体型外貌、被毛特征、生物学特性、染色体数目属亚洲水牛中的沼泽型水牛（槟榔江水牛除外），按地理分布和体型大小可分为滨海型、平原湖区型、高原平坝型和丘陵山地型。①滨海型水牛分布于东海、黄海的沿海地区，如上海水牛、海子水牛、盱眙山区水牛、台湾水牛；②平原湖区型分布于长江中下游平原，如滨湖水牛、江汉水牛、鄱阳湖水牛、峡江水牛、东流水牛、江淮水牛、信丰山地水牛、恩施山地水牛；③高原平坝型分布于云贵川高原的平坝、河谷和山源地区，如德昌水牛、德宏水牛、宜宾水牛、贵州白水牛、贵州水牛、槟榔江水牛、滇东南水牛、盐津水牛；④丘陵山地型分布于华东、华中、华南及西南低山丘陵地区，如温州水牛、福安水牛、兴隆水牛、涪陵水牛、信阳水牛、西林水牛、富钟水牛、陕南水牛。

除地方品种外，我国还有 3 个引入水牛品种，为摩拉水牛、尼里-拉菲水牛和地中海水牛，这些品种均为河流型水牛。

其他牛种有大额牛地方品种 1 个（独龙牛）、瘤牛引入品种 1 个（婆罗门牛）。

（二）主要牛品种供种能力

种公牛站和国家育种核心场是奶牛、肉牛育种体系的重要主体单位，承担核心育种群选育提高和种公牛自主培育。

1. 种公牛站

目前全国共有 37 家种公牛站（表 7-1）。从事奶牛种公牛培育与冷冻精液推广的主体机构 6 家，存栏荷斯坦种公牛 452 头、褐牛种公牛 31 头、娟姗种公牛 24 头，2022 年生产荷斯坦牛冻精 350.03 万剂、褐牛冻精 22.67 万剂、娟姗牛冻精 22.86 万剂。37 个肉牛种公牛站存栏肉牛种公牛（包括乳肉兼用牛）3229 头，其中采精公牛 2368 头，生产肉牛冻精 4058.20 万剂。

表 7-1　种公牛站名单

序号	种公牛站单位名称	经营品种
1	北京首农畜牧发展有限公司奶牛中心	奶牛、肉牛
2	天津天食牛种业有限公司	奶牛、肉牛
3	河北品元生物科技有限公司	奶牛、肉牛
4	秦皇岛农瑞秦牛畜牧有限公司	肉牛
5	亚达艾格威（唐山）畜牧有限公司	奶牛、肉牛
6	山西省畜牧遗传育种中心	肉牛、奶牛
7	通辽京缘种牛繁育有限责任公司	肉牛
8	海拉尔农牧场管理局家畜繁育指导站	肉牛
9	赤峰赛奥牧业技术服务有限公司	肉牛
10	内蒙古赛科星繁育生物技术（集团）股份有限公司	奶牛、肉牛
11	内蒙古中农兴安种牛科技有限公司	肉牛
12	辽宁省牧经种牛繁育中心有限公司	肉牛
13	大连金弘基种畜有限公司	肉牛、奶牛
14	长春新牧科技有限公司	肉牛
15	吉林省德信生物工程有限公司	肉牛
16	延边东兴种牛科技有限公司	肉牛
17	四平市兴牛牧业服务有限公司	肉牛
18	龙江和牛生物科技有限公司	肉牛
19	上海奶牛育种中心有限公司	肉牛
20	安徽苏家湖良种肉牛科技发展有限公司	肉牛
21	江西省天添畜禽育种有限公司	肉牛、奶牛
22	山东省种公牛站有限责任公司	肉牛
23	山东奥克斯畜牧种业有限公司	奶牛、肉牛
24	河南省鼎元种牛育种有限公司	肉牛、奶牛
25	许昌市夏昌种畜禽有限公司	肉牛
26	南阳昌盛牛业有限公司	肉牛
27	洛阳市洛瑞牧业有限公司	肉牛
28	武汉兴牧生物科技有限公司	肉牛、奶牛
29	湖南光大牧业科技有限公司	肉牛

续表

序号	种公牛站单位名称	经营品种
30	广西壮族自治区畜禽品种改良站	肉牛
31	成都汇丰动物育种有限公司	肉牛、奶牛
32	云南省种畜繁育推广中心	肉牛
33	大理白族自治州家畜繁育指导站	肉牛、奶牛
34	西藏拉萨市当雄县牦牛冻精站	肉牛
35	西安市奶牛育种中心	肉牛、奶牛
36	甘肃佳源畜牧生物科技有限责任公司	肉牛
37	新疆天山畜牧生物工程育种股份有限公司	肉牛、奶牛

2. 核心育种场

我国目前共有 16 个国家奶牛核心育种场（表 7-2），包括 15 个荷斯坦奶牛核心场和 1 个新疆褐牛核心场，存栏母牛 7.49 万头，其中核心群母牛 6890 万头；42 个肉牛和兼用牛核心育种场（表 7-3），覆盖西门塔尔牛、安格斯牛、大通牦牛、摩拉水牛等 27 个品种，存栏母牛 6.14 万头，其中核心群母牛 1.58 万头。

表 7-2　国家奶牛核心育种场概况

序号	单位名称	所在地区
1	北京首农畜牧发展有限公司平谷良种奶牛场	北京
2	石家庄天泉良种奶牛有限公司	河北
3	内蒙古赛腾牧业有限公司第十二牧场	内蒙古
4	大连金宏基种畜有限公司丛家牛场	辽宁
5	光明牧业有限公司金山种奶牛场	上海
6	东营神州澳亚现代牧场有限公司	山东
7	河南花花牛畜牧科技有限公司	河南
8	贺兰中地生态牧场有限公司	宁夏
9	塔城地区种牛场（新疆褐牛）	新疆
10	新疆天山畜牧生物工程股份有限公司	新疆
11	北京首农畜牧发展有限公司金银岛牧场	北京
12	天津梦得集团有限公司（天津富优农业科技有限公司）	天津
13	宁夏农垦贺兰山奶业有限公司平吉堡奶牛三场	宁夏
14	河北康宏牧业有限公司	河北
15	云南牛牛牧业股份有限公司	云南
16	现代牧业（通辽）有限公司	内蒙古

数据来源：农业农村部种业管理司和全国畜牧总站，2023

表 7-3 国家肉牛核心育种场和肉用种公牛站概况

序号	单位名称	所在地区
1	河北天和肉牛养殖有限公司	河北
2	张北华田牧业科技有限公司	河北
3	运城市国家级晋南牛遗传资源基因保护中心	河北
4	内蒙古奥科斯牧业有限公司	内蒙古
5	内蒙古科尔沁肉牛种业股份有限公司	内蒙古
6	通辽市高林屯种畜场	内蒙古
7	呼伦贝尔农垦谢尔塔拉农牧场有限公司	内蒙古
8	延边畜牧开发集团有限公司	吉林
9	延边东盛黄牛资源保种有限公司	吉林
10	长春新牧科技有限公司	吉林
11	吉林省德信生物工程有限公司	吉林
12	龙江元盛食品有限公司雪牛分公司	黑龙江
13	凤阳县大明农牧科技发展有限公司	安徽
14	太湖县久鸿农业综合开发有限责任公司	安徽
15	高安市裕丰农牧有限公司	江西
16	鄄城鸿翔牧业有限公司	山东
17	山东无棣华兴渤海黑牛种业股份有限公司	山东
18	河南省鼎元种牛育种有限公司	河南
19	泌阳县夏南牛科技开发有限公司	河南
20	南阳市黄牛良种繁育场	河南
21	平顶山市犇牛畜禽良种繁育有限公司	河南
22	沙洋县汉江牛业发展有限公司	湖北
23	荆门华中农业股份有限公司	湖北
24	湖南天华实业有限公司	湖南
25	中国农业科学院广西壮族自治区水牛研究所水牛种畜场	广西
26	四川省龙日种畜场	四川
27	四川省阳平种牛场	四川
28	云南省草地动物科学研究院	云南
29	云南省种畜繁育推广中心	云南
30	云南谷多农牧业有限公司	云南
31	云南省种羊繁育推广中心	云南
32	腾冲市巴福乐槟榔江水牛良种繁育有限公司	云南
33	陕西省秦川肉牛良种繁育中心	陕西
34	杨凌秦宝牛业有限公司	陕西
35	临泽县富进养殖专业合作社	甘肃
36	甘肃共裕高新农牧科技开发有限公司	甘肃

续表

序号	单位名称	所在地区
37	甘肃农垦饮马牧业有限责任公司	甘肃
38	青海省大通种牛场	青海
39	新疆呼图壁种牛场有限公司	新疆
40	伊犁新褐种牛场	新疆
41	新疆汗庭牧元养殖科技有限责任公司	新疆
42	中澳德润牧业有限责任公司	新疆

数据来源：农业农村部种业管理司和全国畜牧总站，2023

二、我国牛种质资源的保护与开发利用

（一）保种方法及概况

种质资源的保护主要采取原位保护（建立活体保种群）和异位保存（冷冻精液、卵子、胚胎及体细胞）。

畜禽良种工程项目和遗传资源保护项目的实施，保障了畜禽遗传资源保种场、保护区和基因库的基础设施设备的建设。2008～2017年，农业部发布了6批共193个国家级保种场、保护区和基因库名单；2021年共有种牛场604个，存栏种牛165.9万头，能繁母牛存栏99.6万头。国家级家畜基因库（A1101）已保存了20个牛品种的细胞，包括15个地方品种和5个引进品种。多数地区已经建立了国家级或省级保护区和保种场，并且运行良好（表7-4）。

表7-4　国家畜禽遗传资源基因库、保护区和保种场名单

序号	编号	名称	建设单位
1	A1101	国家家畜基因库	全国畜牧总站
2	B5410501	帕里牦牛国家保护区	亚东帕里牦牛原种场
3	B6210501	天祝白牦牛国家保护区	甘肃省天祝白牦牛育种实验场
4	C1410201	国家晋南牛保种场	运城市国家级晋南牛遗传资源基因保护中心
5	C1510201	国家蒙古牛保种场	阿拉善左旗绿森种牛场
6	C2110201	国家复州牛保种场	瓦房店市种牛场
7	C2210201	国家延边牛保种场	延边东盛黄牛资源保种有限公司
8	C3210401	国家海子水牛保种场	射阳县种牛场
9	C3210402	国家海子水牛保种场	东台市种畜场
10	C3310401	国家温州水牛保种场	平阳县挺志温州水牛乳业有限公司
11	C3710201	国家渤海黑牛保种场	山东无棣华兴渤海黑牛种业股份有限公司
12	C3710202	国家鲁西牛保种场	鄄城鸿翔牧业有限公司

续表

序号	编号	名称	建设单位
13	C3710203	国家鲁西牛保种场	山东科龙畜牧产业有限公司
14	C4110201	国家南阳牛保种场	南阳市黄牛良种繁育场
15	C4110202	国家郏县红牛保种场	平顶山市犇牛畜禽良种繁育有限公司
16	C4310201	国家巫陵牛（湘西牛）保种场	湖南德农牧业集团有限公司
17	C4410201	国家雷琼牛保种场	湛江市麻章区畜牧技术推广站
18	C5110501	国家九龙牦牛保种场	四川省甘孜州九龙牦牛良种繁育场
19	C5310601	国家独龙牛保种场	贡山县独龙牛种牛场
20	C5310401	国家槟榔江水牛保种场	腾冲市巴福乐槟榔江水牛良种繁育有限公司
21	C6110201	国家秦川牛保种场	陕西省农牧良种场
22	C6210501	国家甘南牦牛保种场	玛曲县阿孜畜牧科技示范园区
23	C6310501	国家青海高原牦牛保种场	青海省大通种牛场

数据来源：中华人民共和国农业农村部公告第 453 号

（二）利用地方品种资源培育优秀新品种

我国在做好牛种质资源保护的同时，积极开发利用培育新品种。以引进的兼用短角牛为父本、吉林省当地蒙古牛为母本，经杂交育种，成功培育了乳肉兼用中国草原红牛；由瑞士褐牛和含有瑞士褐牛血统的阿拉托乌牛与新疆当地哈萨克牛杂交选育形成了新疆褐牛；由南阳牛导入法国夏洛莱牛血液培育形成专门化肉用型品种夏南牛；以利木赞牛为父本、延边牛为母本，培育了延黄牛；以宣汉牛为母本，西门塔尔牛和荷斯坦牛为父本，育成了蜀宣花牛。

三、国内外主要牛品种性能指标对比与差距

国内外主要奶牛、肉牛和水牛品种的主要性能指标对比见表 7-5～表 7-8。

表 7-5 国内外荷斯坦奶牛主要性能指标对比

性状	美国	德国	荷兰	我国
胎次产奶量	12 600 kg	9 900 kg	9 700 kg	8 700 kg
乳蛋白率	3.1%	3.5%	3.5%	3.1%
利用胎次	2.3	3.5	3.0	2.7

数据来源：世界荷斯坦联盟（World Holstein Friesian Federation，https://whff. info/?content=statistics）；农业农村部种业管理司和全国畜牧总站，2023

表7-6   国内外主要肉牛品种主要性能指标对比

性状	中国（杂交牛）		美国		澳大利亚	
	西门塔尔牛	安格斯牛	西门塔尔牛	安格斯牛	西门塔尔牛	安格斯牛
周岁重（kg）	400	380	450	350～380	360～400	297～367
18月龄体重（kg）	570	550	700	520～570	612（15月龄）	523～691（24月龄）
屠宰前活重（kg）	650～700	650～700	635	480	612	522～690
屠宰月龄	18～22	18～22	18	14.5	14～16	10～33
胴体重（kg）	272	261	349.3	280	348	295.34
胴体率（%）	54	54.58	55	58	56.80	57.5～60

数据来源：美国安格斯协会（American Angus Association，https://www.angus.org/Nce/Carcass.Aspx）

表7-7   我国水牛品种主要性能指标对比

品种	性别	成年重（kg）	屠宰率（%）	净肉率（%）	参考文献
贵州白水牛	公	518.3	57.19	47.96	徐建忠，2015
德宏水牛	公	339.09	58.26	48.96	汤守锟等，2007
江汉水牛	公	487.9	53.80	43.03	李助南和柳谷春，2010
西林水牛	公	436.5	47.27	36.94	方程，2018

注：因不同试验饲养管理条件无法统一，以上数据仅供参考

表7-8   国外水牛品种主要性能指标对比

品种	性别	成年/宰前活重（kg）	屠宰率（%）	净肉率（%）	产奶量（kg）	乳脂率（%）
摩拉	公	888	53.7	41.9	/	/
	母	622.4	/	/	1900	6.37
尼里-拉菲	公	821.1	50.1	39.3	/	/
	母	659.8	/	/	1971.2	6.4
地中海	公	/	52	/	/	/
	母	450～650	/	/	2000～2400	8～9

数据来源：中国农业科学院广西壮族自治区水牛研究所官方网站（www.gxbri.com）。"/"表示无数据

第二节   国内外牛种业发展现状和趋势

全世界最重要的大型奶牛品种为荷斯坦牛，小型品种为娟姗牛，其他较重要的奶牛品种还有爱尔夏牛、瑞士褐牛、更赛牛等。荷斯坦牛是世界公认的产奶性能最高的奶牛品种，在世界大多数国家的奶业生产中都占有主导地位。在我国，中国荷斯坦牛占奶牛存栏的85%以上。肉牛品种的多元化是欧美肉牛产业的重要基础。世界各国肉牛育种工作者的不懈努力，形成了具有不同生产特性的优秀品种，如生长速度突出的大体型夏洛莱、利木赞和西门塔尔牛，中小体型品种安格

斯牛；肉质性状突出的和牛；耐热和抗病性能突出的婆罗门牛和内洛尔牛。

《中国奶牛群体遗传改良计划（2008—2020 年）》《全国肉牛遗传改良计划（2011—2025 年）》实施以来，我国奶牛、肉牛良种繁育体系逐步完善，生产性能持续提高，地方遗传资源开发利用得到重视和加强，全基因组选择技术得到应用。但对标奶业发达国家，育种技术体系还存在较大差距，种源技术落后，严重制约了我国种牛自主培育能力，导致种源对国外进口依赖度高。

一、国外牛种业发展现状和趋势

（一）国外奶牛种业发展现状和趋势

1. 国外奶牛育种现状

近几十年来，奶业发达国家总结出一套有效的奶牛群体遗传改良技术措施，即在牛群中实施准确规范的生产性能测定和体型鉴定，开展大规模的青年公牛基因组检测和后裔测定，并经过科学严谨的遗传评定技术选育出优秀种公牛，然后应用人工授精技术将优秀的遗传物质推广到全部牛群，实现奶牛群整体的遗传改良。自 2009 年开始，北美和欧洲国家在奶牛育种中开始应用基因组选择技术，大幅度缩短了世代间隔，加快了奶牛群体的遗传进展。

奶业发达国家逐渐形成了以市场为导向，以专业育种公司和育种协会为主导的奶牛联合育种模式，通过整合资金、技术、市场等资源进行种业科技创新，实现研发、培育、推广一体化，加快了群体遗传改良进程，提高了种业核心竞争力。例如，美国的奶牛育种委员会（CDCB）就包括了奶牛种公牛站和育种中心、生产性能测定中心（DHIA）、奶牛品种协会等育种单位，联合统一开展育种工作，由荷斯坦协会每年三次定期发布《公牛概要》及排名 Top100 验证公牛、Top200 基因组评估青年公牛名单，包括各类性状的遗传评估结果及可靠性。各奶牛育种公司通过专业化的市场营销在全球种业市场进行种质产品销售，抢占国际奶牛种业市场。

2. 国外奶牛育种发展主要经验

近年来随着全基因组选择和分子育种技术的实际应用，国外奶业发达国家在奶牛产奶性能、体型外貌及繁殖、健康等方面都取得了显著遗传进展。纵观世界奶业发达国家的育种现状和成功经验，主要集中在以下几方面。

（1）奶牛生产性能测定工作日趋完善

随着机器人挤奶等人工智能技术在奶牛场的应用，数据自动化采集技术和体系不断完善，饲料转化率、甲烷排放等生产性状和健康、繁殖等功能性状的表型数据得到准确记录，形成了大数据育种的基础，为奶牛群体的准确遗传评估和选种选配、平衡育种提供了科学依据。

（2）新的分子育种技术不断应用于育种实践

近几年发展起来的全基因组选择技术，可以更可靠地在早期发现遗传优秀的奶牛个体，显著增加奶牛的选种准确性和群体遗传进展。在美国、德国等奶业发达国家，不仅所有后备公牛需要进行基因组检测，许多奶牛场对小母牛也进行基因组检测，为母牛群的淘汰更新提供依据，并为精准选配提供基因组信息，生产更优秀的后代。目前，美国的基因组选择参考群体规模已达到 4.0 万头验证公牛和 40.0 余万头母牛（荷斯坦奶牛），以荷兰、德国、法国和北欧三国（丹麦、瑞典、芬兰）为主的欧洲基因组计划（EuroGenomics）参考群体规模为 4.0 万头验证公牛和几万头母牛（数据来源：https://interbull.org/index）。

（3）育种目标更加趋于平衡育种

近年来国外奶牛育种目标不断完善，除主要生产性状和体型性状外，生产寿命、饲料转化率、产犊难易等更多新的健康、长寿、繁殖等功能性状日益受到重视，育种目标和选择指数不断优化，平衡育种理念不断增强，使奶牛育种工作能够为养殖者带来更多经济效益。

3. 国外奶牛育种发展趋势

国外奶牛育种发展趋势主要体现在以下几个方面。

（1）国外奶牛种业逐步呈现市场垄断化和集中化

随着人工授精等技术发展及企业间的兼并融合，催生了大型集团化、专业化跨国育种集团，形成了国际市场普遍认可的优势品牌，如美国环球种畜有限公司（WWS）、ABS、Genex，加拿大亚达遗传公司、先马士公司等位居全球前列的育种公司。

（2）奶牛育种的全球化步伐加快

随着基因组选择技术的发展和应用，奶牛育种全球化的步伐逐渐加快。例如，2018 年 Genex 母公司美国国际资源育种公司与加拿大亚达遗传公司母公司库朋荷兰控股正式宣布合并，将奶牛基础群体扩大到了荷兰，形成了"奶牛场-技术服务-信息管理-育种公司"的育种联合体。

（3）奶牛育种方向更加精细

国外奶牛育种企业在育种、科研、培训等领域投入大量的人力和物力，各国形成多样化奶牛选择指数，培育的种公牛满足多种精细化的市场需求，如美国 TPI、NM、FM，澳大利亚 HWI、BPI，加拿大 LPI、Pro 及我国 CPI 等。

（二）国外肉牛种业发展现状和趋势

1. 国外肉牛主要品种的分布、性能和选育历程

（1）世界主要肉牛产区品种

国外肉牛种业发展起步较早，由于市场需求不同，各地的养殖品种、育种目标、育种体系均不相同。总体而言，当前世界肉牛育种行业比较发达的地区主要分布在北美、南美、欧洲和澳洲。

欧洲是几个世界著名肉牛品种的发源地，目前世界上养殖最广泛的几个肉牛优秀品种均起源于欧洲，其中德国和法国的育种水平是世界上公认的强国。法国饲养的主要品种有夏洛莱牛、利木赞牛、金色阿奎坦牛；德国饲养的主要为弗莱维赫（乳肉兼用）和德国黄牛。

美国和加拿大是北美区域重要的肉牛产区。美国肉牛存栏总量为9200万头，主要品种为安格斯牛、海福特牛、德国黄牛、利木赞牛及西门塔尔牛；加拿大以安格斯牛为主，因其地理环境昼夜温差大，比较适合牛肉的脂肪沉积。

南美地区的巴西、阿根廷和乌拉圭等国是世界牛肉主产区。巴西作为全球最大的牛肉出口国，存栏牛种以婆罗门为主。乌拉圭肉牛存栏量约为2000万头，牛肉产品70%用于出口。阿根廷肉牛存栏量约为6000万头，主要饲养品种为安格斯和海福特牛。

新西兰全国牛存栏500万头，其中150万头肉用繁殖母牛，生产的牛肉80%用于出口。安格斯牛、海福特牛及安格斯与海福特的杂种后代是新西兰肉牛业的主要品种，占全国肉牛的48%。澳大利亚肉牛存栏约2560万头。

（2）世界肉牛主要品种

综合全世界肉牛品种在世界范围的分布和被认可程度、育种目标差异，选择西门塔尔牛、安格斯牛及和牛作为三个典型肉牛品种，简介如下。

西门塔尔牛，发源于瑞士，培育过程大致分为三个时期：一是引种杂交扩群阶段，公元5~16世纪从斯堪的纳维亚的布尔昆达来引入哥特牛与当地牛杂交，杂种牛具有乳肉性能良好、肌肉丰满、性情温驯和耐粗饲的特性，被当地广泛认可。二是以役用为选择目标阶段，到19世纪初，西门塔尔牛基本形成了体大、腿高、骨骼粗壮的役用牛品种。三是多目标选育阶段，1826年瑞士宣布西门塔尔牛育成，自19世纪中期开始向欧洲邻近国家输出。各国引入西门塔尔牛后，选育出多种各有特色的类型。例如，在瑞士主要用于产乳；在法国经过长期选育培育出产奶性能优异的乳肉兼用品种——蒙贝利亚牛；在德国，定向选育形成了乳肉兼用型的德系西门塔尔；在北美，作为纯肉用品种向肉用方向选育。

安格斯牛，原产于英国，其育种工作从18世纪末开始，主要根据早熟性、屠宰率、肉质、饲料转化率和犊牛成活率进行选育。自19世纪开始向国外输出，现已是英国、美国、加拿大、新西兰和阿根廷的主要牛种之一。

和牛，起源于日本。从 1912 年，日本政府决定以体型标准来修正改良目标，对血统、体型等指标进行登记，确定"对杂交牛取长补短，育成一个统一牛种，以适应日本农业的需求"为育种方向，系统地开展育种工作。经过 70 年持续改良，成功将本地和牛品种改良为高档牛肉专用品种。

2. 国外肉牛种业生产模式

由于历史条件、地理、经济贸易环境的不同，各国肉牛业出现不尽相同的发展模式和趋势。在欧洲和日本等地区和国家形成了以家庭农场为主的适度规模养殖模式；在澳大利亚、新西兰和巴西等国形成了草地畜牧业模式；在美国、加拿大等国形成了适度规模母牛养殖和大规模集约化育肥模式。国外肉牛种业的共同特点就是具有完整的肉牛生产体系，实现了肉牛业规模化、集约化、机械化、自动化生产和专业化经营，主要体现在以下 4 个方面。

（1）肉牛品种多元化发展

肉牛品种的多元化是欧美发达国家肉牛业生产的重要基础。美国有 100 多个肉牛品种，澳大利亚有 40 多个，英国有 30 多个，主导的肉牛品种也有 10 多个。各国针对每个品种的生产性能特点及适应性，在不同的地区选择不同的品种。

（2）注重品种选育，提高单产水平

世界上肉牛业发达的国家十分注重品种的选育和改良。每个品种都有自己的品种协会，实行良种登记，通过不断调整育种目标，利用现代信息技术、性能测定技术、遗传评估技术等提高育种水平

（3）以家庭牧场为单元，适度规模化经营。

以家庭牧场为单元的养殖模式是草地畜牧业发达国家持续稳定发展的主要生产模式。澳大利亚拥有家庭农牧场 18 万多个；美国则拥有 19 200 个家庭牧场，且生产规模以中小规模为主，100 头以下的小型牧场约占 90%。

（4）充分利用自然资源和农副产品，实现种养有机结合

国外肉牛种业发达的国家往往具有丰富的资源优势，有发达的种植业和广阔的草原。另外，由于粮食产量大、价格低，国外育肥牛饲料大量使用专业性饲料，如美国玉米 120 美元/t，加拿大大麦 110 美元/t，80%的粮食用于生产饲料。

3. 国外肉牛育种组织模式

由于肉牛品种培育需要众多单位和养殖者参与，所以育种组织体系发挥了重要的作用，不同国家发展出了各具特色的育种体系。

以美国和加拿大为代表的北美育种体系，由种牛场、带犊母牛繁育场、架子牛场、育肥场、屠宰场和技术服务体系组成。技术服务体系主要由品种协会负责

遗传评估，政府技术推广部门提供配套服务和支持，大学及研究所开展育种技术提升。

以德国和法国为代表的欧洲育种体系，由于人口较密集，肉牛养殖多以农户和家庭农场为主。在欧盟家畜育种法框架下，育种体系包括家庭农场、人工授精协会、育种协会、联合会、政府部门。育种协会在组织育种中发挥着核心作用。

以澳大利亚为代表的澳洲育种体系，包括原种场、扩繁场、育肥场、屠宰场和技术服务体系。技术服务体系主要由品种协会开展登记测定，大学和研究所开展遗传评估。

4. 国外肉牛种业发展趋势

全球人口和全球财富的持续增长，对畜产品的需求也将持续增长。然而，对土地和水资源的需求竞争也将加剧，需要更高效的畜牧生产。此外，随着气候变化的加剧，减少牛的甲烷排放将是一个重要的育种方向。新技术的应用，包括基因组选择和基因编辑技术，将在应对这些挑战方面发挥重要作用。基因组选择已经被世界各地采用，大大加快了肉牛主要性状的遗传进展。同时，在优良群体中淘汰遗传缺陷基因也将成为育种的一个方向。此外，干细胞技术的发展也将为胚胎干细胞育种提供可能，与基因组选择技术相结合，利用胚胎干细胞技术可在实验室里完成从亲本到后代胚胎的育种周期，将育种周期缩短至3~4个月，从而大幅加快遗传进展。然而，要在牛育种中充分利用该技术，还必须克服几个主要技术障碍，包括获得和维持胚胎干细胞、在体外诱导分化成原始生殖细胞和随后的单倍体配子等。

（三）国外水牛种业发展现状和趋势

1. 国外水牛主要品种

根据联合国粮食及农业组织（FAO）统计，2021年全世界存栏水牛约2亿头，主要分布在印度、巴基斯坦和中国。河流型水牛主要分布在印度、巴基斯坦和地中海沿岸国家和地区；沼泽型水牛主要分布在中国和东南亚国家。世界三大著名河流型水牛品种为印度的摩拉水牛（Murrah buffalo）、巴基斯坦的尼里-拉菲水牛（Nili-Ravi buffalo）及意大利的地中海水牛（Mediterranean buffalo），均为乳用型水牛，目前无专门肉用的水牛品种。

摩拉水牛俗称印度水牛，原产于印度的亚穆纳河西部，后被许多国家（如中国）引进用于本地水牛品种的改良。摩拉水牛是较好的乳用水牛品种，平均泌乳期产奶量为1900 kg，平均乳脂率为6.37%；适度育肥的青年公牛屠宰率为53.7%，净肉率为41.9%。摩拉水牛具有耐粗饲、耐热、抗病能力强、繁殖率高、遗传稳定的优点。

尼里-拉菲水牛原产于巴基斯坦的旁遮普省中部，平均泌乳期产奶量为1971.2 kg，平均乳脂率为6.4%；适度育肥的青年公牛屠宰率为50.1%，净肉率为39.3%。该品种水牛具有繁殖力高、生长发育快、泌乳性能好、抗病力强、耐热、耐粗饲、易育肥等优点。

地中海水牛原产于意大利，广泛分布于地中海地区。地中海水牛270天的泌乳期产奶量为2000~2400 kg，乳脂率为8%~9%，乳蛋白率为4%~5%。通过长期选育，形成了地中海水牛，乳用性能闻名于世，乳蛋白率、乳脂率方面具有明显优势。

2. 国外水牛育种组织模式

印度农业研究理事会（ICAR）是全国性的农业科研协调机构，下设中央水牛研究所、国家奶业研究中心和国家动物遗传资源局等科研机构，主要参与育种管理、后裔测定和遗传改良等工作，绝大部分邦和县也都建立了水牛科研推广机构。由印度中央水牛研究所牵头的"Network Project on Buffalo Improvement"项目，自1993年实施以来，从最初的6个摩拉水牛品种后裔测定中心，发展到目前的33个育种场（其中摩拉水牛测定中心13个），几乎涵盖所有的印度水牛品种，种公牛冻精站49个，建成了全国性的育种数据库。

巴基斯坦主要对尼里-拉菲和昆迪两大水牛品种开展选育工作，设立了国家水牛研究和推广机构，建有国家级原种场和种公牛冻精生产中心，将各养殖户（场）组织起来建立各地区的育种协会。

意大利现有国家水牛育种协会、国家水牛精液质量监测中心等组织或机构，主要负责育种登记、良种冻精质量监测及推广等。从20世纪80年代后期至90年代初开始实行水牛登记制度，现已注册种公牛站20个，开展后裔测定。这种模式有效集中了全国力量，相互协调，最大限度地促进了其产业的快速发展，这也是当前意大利水牛遗传育种处于世界领先水平的一个重要保障。

二、我国牛种业发展现状和趋势

（一）我国奶牛种业发展现状和趋势

1. 我国奶牛种业概况

在目前我国饲养的近1094.3万头奶牛中，85%以上属荷斯坦牛，包括我国自主培育的中国荷斯坦牛和从国外引进的荷斯坦牛，基本上在全国各地均有分布，其中存栏较多的是河北、山西、内蒙古、辽宁、黑龙江、山东、河南、陕西、宁夏和新疆等省（自治区）。截至2021年年底，荷斯坦牛品种登记总量达到203.2万头，登记范围覆盖23个省（自治区、直辖市），品种登记数量年度分布见图7-1。

图 7-1 1992~2021 年中国荷斯坦牛品种登记数量年度分布

2. 我国奶牛种业技术体系与组织模式

农业农村部种业管理司和全国畜牧总站组织实施全国奶牛遗传改良计划的各项工作。中国奶业协会和各地奶牛育种机构（北京奶牛中心、上海奶牛育种中心、山东省农业科学院奶牛研究中心等）等有关单位组织和协调品种登记、生产性能测定、体型鉴定和人工授精技术推广等工作。中国农业大学和中国奶业数据中心负责数据收集和种牛遗传评估。育种联盟（包括香山联盟、北方联盟）、种公牛站等单位组织实施青年公牛后裔测定。省级畜禽种业主管部门负责本区域内新增种公牛审核与上报，国家奶牛核心育种场负责资格审查与推荐，配合落实遗传改良计划各项任务。

各公牛站或在育种后裔测定联盟（北方联盟、香山联盟）为青年公牛后裔测定工作的主体，组织交换冻精促进公牛后裔数据的收集。后裔生产性能和体型鉴定信息由中国奶牛数据中心统一进行质控、评估。国家核心育种场为种公牛站等育种企业输出自主培育后备公牛，保障我国奶牛种源供给能力。

我国高校及科研院所开展奶牛种业相关技术研发工作，包括奶牛重要性状功能基因挖掘、基因组选择技术平台的构建与完善、遗传评估技术研究及育种芯片研发等。

3. 我国奶牛种业取得的主要成效

我国奶牛育种工作经过几代人的努力，使奶牛群体在数量和质量上都有了很大程度的提高，特别是 2008 年实施《中国奶牛群体遗传改良计划（2008—2020年）》以来，奶牛良种覆盖率显著提升，推动了全国奶牛群体平均生产水平大幅提高，2021 年全国奶牛平均单产已达到 8700 kg，接近德国（9873 kg）、法国（9048 kg）、瑞士（8724 kg）等欧洲一些发达国家水平（数据来源：世界荷斯坦联盟，

https://whff.info）。

（1）初步构建了奶牛遗传改良技术体系

全国建设了 39 个生产性能测定中心、1 个标准物质制备实验室、1 个全国奶业数据中心，遴选了 16 家国家奶牛核心育种场，现有 22 家奶牛种公牛站；组建了北方联盟、香山联盟、育种自主创新联盟和河北省荷斯坦奶牛种质创新联盟等创新联合体，联合育种工作取得实质性进展。

（2）奶牛个体性能测定规模不断扩大

2008 年，农业部实施奶牛生产性能测定（DHI）项目，促进了奶牛生产性能测定规模不断扩大。2021 年，全国测定奶牛数量已达到 203.2 万头。

（3）奶牛基因组选择技术得到应用

2012 年，我国自主研发建立了奶牛基因组选择技术平台，构建了中国荷斯坦牛基因组选择参考群体，全面启动荷斯坦青年公牛基因组遗传评估，截至 2022 年年底累计对 4509 头青年公牛进行了基因组遗传评估，显著提升了我国奶牛育种技术水平。研究制定了中国奶牛性能指数（CPI）和中国奶牛基因组选择性能指数（GCPI），每年定期发布《中国乳用种公牛遗传评估概要》，指导全国奶牛场科学选种选配。

（4）优秀种牛自主培育技术体系不断完善

通过实施奶牛遗传改良计划，遴选了 10 家国家奶牛核心育种场，组建育种核心群，通过开展品种登记、生产性能测定、后裔测定和遗传评估等工作，自主培育了一批优秀青年公牛和验证种公牛；种公牛站通过组建奶牛育种创新联盟等，使青年公牛后裔测定工作不断加强，人工授精比例达到 95% 以上；性控冻精、胚胎移植等良种高效扩繁技术日趋完善，良种推广模式不断创新。

（5）奶牛重要性状功能基因挖掘与鉴定取得进展

近年，国内一些院校和科研单位利用全基因组关联分析、全基因组测序、转录组测序等多组学技术，挖掘和鉴定了一批产奶、体型、繁殖和抗病等重要性状的功能基因和 SNP。

4. 我国奶牛种业发展的重点任务

随着全基因组选择和分子育种技术的广泛应用，国外奶业发达国家在许多经济性状中取得了显著遗传进展。基于我国目前奶业发展状况，未来将以下述发展方向为主。

（1）性能测定体系的完善

推进育种数据采集标准化、高通量、智能化性能测定技术体系研发和应用，大幅提高数据采集能力和质量；建立全国奶牛育种大数据平台，深入开展大数据信息挖掘、分析与综合应用。

（2）奶牛基因组选择技术研究与应用的加强

加快繁育新技术的突破与应用，构建国际一流的育种技术支撑平台，包括扩大参考群规模，自主研发基因组选择育种芯片，加快基因组检测技术的迭代升级；优化育种目标性状的基因组遗传评估技术；挖掘影响奶牛重要性状的关键基因，加强创新利用，开展特色种质创制。

（3）强化种源基地建设，提升自主培育能力

建立以国家奶牛核心育种场和种公牛站为主导的种源培育体系，创新联合育种组织机制，提升种源自主创新能力，保障优质种源供给。

（4）培育一流种业企业，提升国际竞争力

支持优势育种企业有效整合资源、人才、技术等要素，创新发展，打造具有国际竞争力的一流奶牛种业企业；加强国际交流与合作，积极参与国际市场竞争，提升国产种质品牌的影响力。

（5）新兴育种技术的探索与发展

进一步研究超数排卵、胚胎生产、性别控制等先进繁育技术，提高良种扩繁效率；开展奶牛干细胞育种、基因编辑新技术研究与产业化，加快遗传进展，实现精准育种。

（二）我国肉牛（含牦牛）种业发展现状和趋势

1. 我国肉牛种业概况

我国肉牛育种行业起步晚，经过近十年的努力，已经基本建成了肉牛良种繁育、推广体系。但受资源有限、地区间发展不平衡、地域间环境气候差异较大等诸多因素影响，肉牛育种业的整体生产水平较低，2021 年我国屠宰肉牛平均胴体重约为 257 kg。虽然面临产能不足及进口种牛和冻精产品冲击的双重压力和挑战，但同时也面临市场需求强劲和发展潜力巨大的双重利好，有机遇和力量打造具有中国特色、健康稳定发展、竞争力强的肉牛育种产业。新中国成立 70 多年来，我国肉牛种业的发展可以分为以下几个阶段。

（1）缓慢发展期

1949～1973 年为养牛业和种业的缓慢发展期，也是耕牛期，即黄牛主要作为役畜来养殖。

（2）初步探索期

1973 年以后开始重视牛种的改良，从美国、加拿大、德国、丹麦、新西兰等国多批引入肉牛品种，在 19 个省（自治区、直辖市）的广大农村地区改良本地黄牛，促进了我国肉牛产业的发展，培育出了兼用型新品种草原红牛、三河牛、新疆褐牛。

（3）蓬勃发展期

1986 年农牧渔业部下达了《全国牛的品种区域规划》，使各地区有了明确的改良方向和正确的改良方法，进入了黄牛改良的蓬勃发展阶段。到 2006 年，我国牛肉产量达到 800 万 t 左右，占世界牛肉产量的 12%。在此阶段，培育出了 3 个专门化肉用牛品种（夏南牛、延黄牛和辽育白牛）和 3 个兼用品种（中国西门塔尔牛、三河牛和蜀宣花牛）。

（4）联合育种为代表的肉牛选育新时期

自 2011 年农业部发布实施《全国肉牛遗传改良计划（2011—2025 年）》，完善了我国肉牛育种体系。遴选了 44 家国家肉牛核心育种场，成立了第一个肉牛后裔测定联合会——金博肉用牛后裔测定联合会。2018 年，先后成立了肉用西门塔尔牛育种联合会和安格斯肉牛协会。全国共有 30 多家种公牛站及核心育种场加入育种联合会中，实现育种信息互通共享，有效推动了肉牛的联合育种工作。2022 年，培育出了 1 个专门化肉用牛品种（华西牛）。

2. 我国肉牛种业技术体系与组织模式

在育种组织架构层面，依照《全国肉牛遗传改良计划（2011—2025 年）》及实施方案，共认定种公牛站 37 家，肉牛核心育种场 42 家。2011 年组建国家肉牛评估中心开展品种登记、建立国家肉牛育种数据库等完善遗传改良技术体系的措施，并每年面向全社会发布肉用种牛遗传评估结果，指导全国肉牛育种。2018 年成立西门塔尔牛育种联合会、安格斯牛育种联合会两个育种组织，针对我国市场占有率最高的肉用西门塔尔牛、安格斯牛展开联合育种工作。截至目前我国肉牛育种体系已经初步建立完成，下一步是探索如何使其高效率运转。

3. 我国肉牛种业取得的主要成效

肉牛种业市场稳定发展，形成了以人工授精为主的优良种质推广体系，良种繁育供种体系得到了加强，资源场、保种场建设稳步推进，先进技术应用进展显著，育种技术支撑体系逐步完善，有效促进了肉牛种业及肉牛养殖产业发展。

（1）种业市场趋于稳定发展

公牛站采精公牛存栏 2300～2800 头，年产冻精 3000 万～4000 万剂，基本能够满足主要产区牛群生产和改良需要。国内育种场对高遗传水平公牛种质需求旺盛。此外，据估计全国每年本交种公牛需求量约 10 万头。

（2）繁育体系逐步完善

以国家核心育种场、种公牛站、技术推广站、人工授精站为主体的肉牛良种繁育体系得到进一步完善，几个重点品种初步形成了良性循环繁育体系。肉牛核心育种场涵盖地方品种、引进品种、培育品种及水牛、牦牛等共计 27 个品种。冻精推广由地方推广站（改良站）发展为公牛站技术服务队伍、专业配种员、地方技术推广机构共同推广，转变为市场机制。

（3）遗传资源保护取得了良好效果

我国现有地方黄牛品种 56 个、牦牛品种 21 个、水牛品种 27 个；培育品种 12 个，其中专门化肉牛品种 5 个、兼用牛 5 个、牦牛 2 个；"十三五"期间新鉴定地方黄牛资源 2 个，牦牛资源 5 个。建设了皖东牛国家级保护场、帕里牦牛国家级保护场、天祝白牦牛国家级保护场。在保护、提纯复壮地方品种资源的同时，充分利用其特定性状，进行商业化开发，部分品种形成了"以用促保、保用结合"的良性循环模式。

（4）技术支撑体系建设取得突破性进展

我国肉牛遗传改良技术体系得到进一步完善和发展，在性能测定、育种数据库建设、遗传评估、选育提高、基因组选择等方面均有良好进展。一是肉用种牛登记技术体系：由国家肉牛遗传评估中心开展全国肉用种牛的登记，登记品种包括普通牛、水牛、牦牛。按各品种标准和《肉牛品种登记办法（试行）》对符合品种标准的牛只进行登记。二是生产性能测定技术体系：建立了肉牛生产性能测定中心和国家肉牛遗传评估中心，生产性能采取场内和测定站相结合的方式进行测定，测定方法参照核心育种场和种公牛站实施全群测定。三是后裔测定技术体系：2015 年，金博肉用牛后裔测定联合会成立，充分整合各会员单位的优势资源，统筹安排后裔测定的具体工作。目前国内共有 14 家种公牛站和核心育种场参与后裔联合测定。截至 2021 年，参测种公牛 244 头。四是遗传评估技术体系：根据国内肉牛育种需求的实际情况，国家肉牛遗传评估中心建立了中国肉牛选择指数（China beef index，CBI）及中国兼用牛总性能指数（total performance index，TPI）。五是肉牛分子育种技术体系：我国构建了第一个肉用西门塔尔牛基因组选择参考群，建立了全基因组选择技术体系，制定了基因组指数 GCBI，正在逐步扩大推广范围。完成了牦牛的全基因组测序、精细物理图谱绘制和高密度芯片设计，初步建设了参考群体，为牦牛基因组选择奠定了基础。六是人工授精技术体系日趋完善：年推广使用肉牛冻精 2500 万支左右，对群体遗传改良起到了重要作用。近年来，由种公牛站及其自身的技术队伍和"公牛站+基层配种员"组成的新型推广体系发展迅速，肉牛人工授精普及率逐年提高。七是数据传输系统建设日臻完善：核心育种场、种公牛站层面的性能测定系统基本完善，建成了表型数据收集和上传的计算机网络，部分场（站）能够与国家肉牛遗传评估中心进行实时网络视频，实现了全国范围内的技术共享，推进了联合育种。八是繁殖生物技术产业化进程加快：基于发情控制、超数排卵、体外受精、性别控制、体细胞克隆、活体采卵等技术的高效快繁体系正在逐步完善，有助于改变种牛长期依赖进口的局面。

（5）肉牛自主品种培育和群体遗传改良进展明显。

在我国地方黄牛选育提高和大规模杂交群体的基础上，几个主要生产区先后制定肉牛遗传改良计划或产业发展规划；启动了秦川牛、利鲁牛、无角夏南牛、延和牛、张掖肉牛、肉用新疆褐牛等系统选育工作；开展华西牛新品种培育；建立了秦川牛育种联合会、肉用西门塔尔牛育种联合会和安格斯牛育种协会；"十三五"期间，阿什旦牦牛新品种通过了国家审定，为牦牛的集约化生产奠定了品种基础。

4. 我国肉牛种业发展的重点任务

今后一个时期是我国肉牛种业转型升级的重要机遇期，未来发展方向和工作重点主要有以下 4 个方面。

（1）自主培育肉牛良种需求加强

我国优质国产冻精市场存在巨大潜力，完全依赖进口不能满足市场需求。中国的本地牛生长速度慢，但要利用其适应性、肉质风味等特色性状作为育种材料。同时需要有规划地引入生长速度快、屠宰率高、难产率低及母性好的牛品种，一方面用于直接杂交改良，另一方面需要自主培育新品种。

（2）市场需求导向性增强，加速供给侧结构性改革

在注重产量的同时，牛肉越来越快地向高档化、健康化推进。应根据市场需求调整育种目标，鼓励培育地方特色的肉牛品种。不同地区肉牛育种目标、养殖品种应因局部市场消费需求不同而差异化明显。

（3）高新技术的推广应用加速

以全基因组选择技术为核心的分子育种技术在肉牛育种实践中的应用应全面展开。同时需要跟踪新技术突破点，吸纳并整合到适合我国国情的肉牛育种体系中。

（4）肉牛育种商业化进程加速

随着国内市场对优质牛肉需求的不断增加，肉牛的规模化、规范化、标准化和商业化进一步加速。

（三）我国水牛种业发展现状和发展趋势

1. 我国水牛种业概况

我国水牛资源丰富，目前共有 27 个本地品种，其中槟榔江水牛为河流型水牛，其余品种均为沼泽型水牛；引进品种 3 个，分别为印度的摩拉水牛、巴基斯坦的尼里-拉菲水牛及意大利的地中海水牛。

我国水牛传统以役用为主，近年来由于农业机械化水平不断提高，水牛役用价值降低，需向乳用、肉用或兼用方向发展。由于长期的役用选择，水牛在乳用

和肉用性能方面远远落后于黄牛。因此，水牛产业体量小。近年来，水牛群体数量更呈严重下降趋势，有些水牛品种其至濒临灭绝。例如，福安水牛，1975 年存栏量为 7892 头，2004 年仅为 1810 头（张瑞光，2012）；信阳水牛，1989 年存栏量为 30 万头（蓝传仁，1989），2009 年仅为 5 万头（马云等，2009）；德宏水牛从 1985 年的 13.96 万头下降到 2005 年的 9.74 万头（德宏州畜牧站，2009）。在 21 世纪初，全国虽然先后建立了许多水牛保种场，如福安水牛保种场、信阳水牛保种场等，但由于政府和地方不够重视，近些年各水牛品种存栏量缺乏具体数据，据不完全统计和部分走访，近年来全国各地水牛群体数量仍然持续下降。

自 20 世纪 50 年代开始，我国先后引进 3 个国外优良品种对本地水牛进行遗传改良，也取得了一些成效。

（1）摩拉水牛

1957 年，我国农林部从印度购买的 55 头摩拉水牛运达广州港，农林部分配给广东、广西两地；1993 年印度国家奶业发展局和印度国家奶业研究院赠送 4 个血统的摩拉水牛冻精 300 支，1995 年再次赠送了 4 个血统的摩拉水牛冻精 2000 支。

（2）尼里-拉菲水牛

1973 年周恩来总理出访巴基斯坦，贝·布托总统赠送了 50 头尼里-拉菲水牛，分配给湖北和广西，均系育成牛；1999 年，我国从巴基斯坦引进尼里-拉菲水牛冻精 5214 支，共 16 个血统。

（3）地中海水牛

2007 年我国首次从意大利引进地中海水牛冻精 10 700 支；2015 年广西华胥水牛生物科技有限公司、湖北省畜禽育种中心分别从澳大利亚引进了 59 头、45 头地中海水牛，冻精推广至广西、云南、江苏、广东、江西等地，母牛生产性能优良。

1958 年开始，广西、广东、福建、湖北、河南、江西、云南、四川等省先后利用引进的摩拉公牛与本地母水牛进行杂交试验；1973 年开始，陕西、广西、广东、贵州、湖北、四川先后研制成功水牛颗粒冻精和细管冻精并应用于生产。1974 年全国水牛改良育种技术协作组成立，1974~1984 年，参加开展水牛杂交改良的共 16 个省（自治区、直辖市），全国杂交水牛从 16 930 头发展到 15 万头。1985 年挤奶母牛 3000 多头，总产奶量超过 300 万 kg，最高个体产奶量达 3800 kg。乳肉兼用水牛新品种选育也取得重大进展，育种群达 2895 头，核心群母牛泌乳期平均产奶量 2330 kg，最高达 4000 kg，乳脂率 8.11%。

2. 我国水牛种业研发机构和组织模式

我国的水牛遗传改良工作主要由中国农业科学院、广西壮族自治区水牛研究所（简称广西水牛研究所）牵头，之后辐射至南方各省。1995 年、1999 年利用引进的摩拉水牛和尼里-拉菲水牛冻精进行种群的血统更新和提纯复壮，并在广西、广东、云南等省（自治区）开展杂交选育工作。我国制定了《摩拉水牛种牛》（GB/T 27986—2011）和《尼里-拉菲水牛种牛》（GB/T 27987—2011）两个国家标准。之后，通过补充和完善原有种牛档案，建立主要水牛个体、群体及生存环境的信息采集及监控管理系统，实现对个体系谱的跟踪，建立育种繁育管理决策系统，并利用多种繁殖技术加快育种进程。

3. 我国水牛种业发展的重点任务

在政府积极推动下，我国水牛遗传改良获得了明显成效。经遗传改良的牛群，各项生长指标、繁殖性能、乳用性能和屠宰性能均获得明显提高，牛群能很好适应中国本地环境气候，各项生产指标接近其原产地。不足之处主要是种业与产业的脱节，导致种业发展受限，后劲不足。

作为南方优势畜种，水牛更耐热、耐粗饲，抗病力更强。虽然在产奶和产肉性能上远不如乳用和肉用牛，但水牛也有其独特优势，水牛奶各项营养指标均远远超过荷斯坦牛奶；水牛肉性凉，黄牛肉性温。根据我国国情，我国水牛未来仍将以培育乳用型水牛为主，同时逐步推进乳肉兼用型水牛的改良。水牛奶是水牛产业的特色及优势，可以借鉴国外成功案例，如印度、巴基斯坦和意大利的模式。另外，经过改良后的水牛，其在生长发育及屠宰性能方面也获得显著提高，可以考虑肉用方向发展。

第三节　牛种业科技创新现状和发展趋势

种业科技创新是引领畜牧业高质量发展的基础和关键。我国奶牛、肉牛重要性状遗传机制解析取得了一系列进展，全基因组选择技术得到了全面实质性应用。随着基因组学、遗传学和生物信息学的综合发展，为奶牛产奶、肉牛产肉、饲料转化率和长寿等性状的遗传解析、表型智能测定、基因组选择育种、基因精确编辑和干细胞育种等新技术在牛种业中应用提供了新的机遇、挑战和手段。2021年7月9日审议通过的《种业振兴行动方案》明确指出实现种业科技自立自强、种源自主可控。

一、奶牛种业科技创新现状和发展趋势

（一）我国奶牛基因组选择分子育种技术体系的构建与推广应用

选育优秀种公牛是奶牛育种的核心工作。由于产奶是限性性状，在传统的奶牛育种中，对乳用种公牛的遗传评定最可靠的方法，是根据其一定数量女儿的生

产性能及体型评分，通过统计分析来估测种公牛的育种价值，即所称的"后裔测定"方法，但该方法选择周期长、育种成本高、效率较低。

1. 遗传评估方法的发展

　　动物育种的核心是在对个体种用价值评定（遗传评定）的基础上进行选种选配，遗传评定首先是估计个体在育种目标性状上的育种值（estimated breeding value，EBV），再将各性状的 EBV 经过标准化和加权合并，得到综合性能指数。在过去的几十年间，奶牛遗传评定方法不断改进和完善，美国康奈尔大学的 Henderson 教授在 1949 年推导出了最佳线性无偏预测法（BLUP 法）的理论公式，但由于计算技术的限制，直到 1975 年才首次在实际育种中使用公畜模型 BLUP 方法；1988 年美国、加拿大等国陆续开始使用动物模型（animal model）BLUP 法进行奶牛的遗传评定，遗传评定准确性大大提高；1999 年 2 月加拿大开始应用测定日模型（test day model）进行奶牛遗传评定，其育种值预测的准确性更高。

　　自 20 世纪 80 年代中期，BLUP 法在我国奶牛遗传评定中得到应用，1988 年开始使用公畜模型 BLUP 对全国联合后裔测定的青年公牛进行遗传评定，1996 年北京奶牛中心在国内首先使用动物模型（animal model）BLUP 法，利用多年的历史数据对所有有关的公牛和母牛进行统一遗传评定。2006 年开始，中国奶业协会的奶业数据中心开始利用测定日模型（test day model）对中国荷斯坦牛进行统一的遗传评定，进一步提高了我国奶牛遗传评定的技术水平和准确性。2008 年根据全国奶牛良种补贴项目的要求，首次实现了全国种公牛联合遗传评定工作。

　　进入 21 世纪以来，基于基因组高密度标记信息的基因组选择技术（genomic selection，GS）成为动物育种领域的研究热点。利用该技术，可实现青年公牛早期准确选择，而不必通过后裔测定，从而大幅度缩短世代间隔，加快群体遗传进展，并显著降低育种成本（见典型案例：奶牛基因组选择技术的应用）。

　　2009 年，美国率先开展荷斯坦青年公牛基因组遗传评估。然后，德国、法国、丹麦等欧美主要发达国家陆续将基因组选择技术全面应用于奶牛育种中。目前美国与加拿大、英国等合作，参考群规模已达到 4.0 余万头荷斯坦公牛和 30 余万头母牛。德国、法国、丹麦、瑞典、荷兰、芬兰和比利时等国家联合成立欧洲基因组选择项目（EuroGenomics），2021 年，其参考群已达到 4.0 余万头验证公牛和几十万头母牛。主要性状的基因组遗传评估可靠性达到 70%～80%。

　　自 2008 年，在农业部、全国畜牧总站和中国奶业协会的支持下，我国科研人员与奶牛育种企业联合自主研发建立了中国荷斯坦牛基因组选择技术平台，构建了中国荷斯坦牛基因组选择参考群体，制定了基因组中国奶牛性能指数（genomic China performance index，GCPI），2012 年被农业部指定为我国荷斯坦青年公牛基因组评估的唯一方法，全面启动荷斯坦青年公牛基因组遗传评估（图 7-2），作为

《中国乳用种公牛遗传评估概要》的主要内容，截至 2022 年年底，已累计对 4509 头青年公牛进行了基因组遗传评估。

图 7-2　奶牛基因组选择技术的发展及应用情况

"中国荷斯坦牛基因组选择分子育种技术体系的建立与应用"项目获 2016 年度国家科学技术进步奖二等奖（主要完成人：张勤，张沅，孙东晓，张胜利，丁向东，刘林，李锡智，刘剑锋，刘海良，姜力；主要完成单位：中国农业大学，北京奶牛中心，北京首农畜牧发展有限公司，上海奶牛育种中心有限公司，全国畜牧总站）。

2. 平衡育种与智能表型技术研发

（1）现有育种目标性状

目前国内外奶牛育种发展已经形成了集泌乳、体型、繁殖、产犊、健康、长寿六大类性状为基础的数据采集与评估体系（表 7-9）。

表 7-9　奶牛育种已开发的主要性状

分类	性状（中文）	性状（英文）
泌乳性状	产奶量	milk yield
	乳脂率	milk fat percentage
	乳蛋白率	milk protein percentage
	乳脂量	milk fat yield
	乳蛋白量	milk protein yield
健康性状	体细胞评分	somatic cell score（SCS）
长寿性状	生产寿命	productive life
繁殖性状	青年母牛配妊率	heifer conception rate （HCR）
	成母牛配妊率	cow conception rate （CCR）
	女儿怀孕率	daughter pregnancy rate （DPR）

续表

分类	性状（中文）	性状（英文）
产犊性状	直接产犊难易	direct calving easy（CE）
	母本产犊难易	maternal CE
	直接死胎率	direct SB
	母本死胎率	maternal SB
体型性状	体高	stature
	胸宽	chest width
	体深	body depth
	棱角性	angularity
	尻角度	rump angle
	尻宽	rump width
	后肢侧视	rear leg set view
	后肢后视	rear leg rear view
	运动能力	locomotion
	蹄角度	foot angle
	前乳房附着	fore udder
	后乳房高度	rear udder height
	悬韧带	udder support
	乳房深度	udder depth
	乳头位置	teat placement
	乳头长度	teat length

（2）新育种目标性状

追溯奶牛育种目标性状的历史发展，发现随着终端市场需求的不断变化，奶牛养殖盈利模型不断更新；同时，随着检测技术的发展，育种目标性状的数量和精度不断提高。近十年来，欧美奶业发达国家在肢蹄病、代谢病、繁殖病、饲料转化率、胚胎早期死亡等方面进行了探索，综合性能指数涵盖的性状已经超过 50 个。荷兰等国已经开始在碳排放领域开展相关研究，进行技术储备。相比而言，我国的奶牛性能指数仅涵盖产奶、体型与乳房健康三类性状。以北京地区为代表发布的"UTPI"区域性指数，涵盖六大类性状，但在新性状开发与应用方面尚处于起步阶段。

（3）智能表型测定与收集技术

奶牛育种性状测定与采集的技术手段不断更新与拓展。DHI 奶样自动测定机器人系统，极大节约了劳动力且检测能力与准确性显著提升；大数据存储与分析技术使得海量育种数据的实时传送与规模聚集成为现实；手机端应用的引入，使得牧场端数据采集效率与便捷程度显著提升。

随着物联网、视频与人工智能技术的结合，以奶牛智能穿戴为主的信息采集技术得到发展和应用，如体温、反刍次数、瘤胃 pH 值、运动等智能数据采集技术；视频人工智能处理技术成为新的研发热点，如牛脸识别、采食量、步态、体型、体况人工智能视频识别技术等，有望取代传统依赖人工的评定模式，可极大扩大数据来源、规模与准确性；奶牛氮源、碳源饲料的高效利用与减少环境排放，可望通过智能装备，在可控成本下检测相关数据，通过分子育种、精准饲喂等手段实现减排，已经成为全球奶牛业的重点研究方向。

3. 重要性状遗传机制与功能基因挖掘

近 30 年来，针对奶牛的重要经济性状，国内外学者开展了大量数量性状基因座（QTL）定位、候选基因分析、全基因组关联分析（GWAS）、全基因组重测序和转录组测序等研究工作，挖掘与鉴定了一批产奶、体型、繁殖、抗病等性状相关的功能基因。

（1）产奶性状

2008 年以来，国际上多个研究团队通过产奶性状 GWAS 研究，发现了显著影响产奶量、乳成分性状（乳蛋白、乳脂、乳脂肪酸、酪蛋白、乳球蛋白等）的 SNP 位点；近几年针对血液、奶样、肝脏、乳腺、瘤胃液等开展转录组测序或宏基因组测序，鉴定到一些与乳蛋白、乳脂相关的功能基因、调控因子和瘤胃微生物。

2010 年我国科研人员采用 50K 芯片开展中国荷斯坦牛 GWAS，鉴定到 105 个 SNP 位点与产奶量、乳脂量、乳蛋白量、乳脂率或乳蛋白率显著关联（Jiang et al.，2010），随后通过 GWAS 检测到多个功能基因与乳脂肪酸含量、初乳 IgG 含量关联（Li et al.，2014；Lin et al.，2020，2022；林珊，2021）；通过肝脏、乳腺上皮组织转录组测序、蛋白质组分析及特定荷斯坦种公牛全基因组重测序，鉴定到 32 个产奶性状功能基因（Cui et al.，2014，2020；Liang et al.，2017；Xu et al.，2019；Li et al.，2020；Jiang et al.，2016）；利用多组学联合分析发现 *EEF1D* 基因启动区的 c.- 845G/A 可改变转录因子 CREB 结合并调控 *EEF1D* 转录活性，解释了 7%的乳脂量和乳脂率的遗传变异，在国际上首次揭示了 *EEF1D* 对奶牛乳脂合成的调控机制（Hou et al.，2021）。

截至 2022 年 12 月 28 日，国内外研究已鉴定到 5520 个、20 087 个、39 262 个和 1201 个产奶量、乳蛋白、乳脂和乳脂肪酸相关的数量性状基因座（quantitative trait locus，QTL）。但由于数量性状遗传基础复杂，受微效多基因及其与环境互作控制，其中经过验证的主效基因仅有 *DGAT1* 和 *GHR* 基因。

（2）繁殖性状

在北欧红牛中对死胎、难产和不返情率进行 GWAS，鉴定到 18 个显著位点

(Olsen et al., 2011)；中国和丹麦荷斯坦牛初产日龄等繁殖性状 GWAS 鉴定到 *KLHL4*、*TRAMl*、*TRAM2*、*ZNF438*、*MATK*、*IL6R*、*SLC39A12*、*CACNB2*、*ZEB1*、*ZMIZ1* 和 *FAM213A* 等候选基因，同时在第 13、第 23、第 28 号染色体上找到 3 个 QTL 位点（刘澳星，2018）。

（3）健康性状

1）遗传缺陷。遗传缺陷可导致早期胚胎死亡或者新生犊牛死亡。美国农业部动物遗传改良实验室通过全基因组 SNP 数据分析，首先在荷斯坦牛中发现了三种致死的隐性遗传缺陷单倍型，即 HH1、HH2 和 HH3（VanRaden et al.，2011）。随后，HH4、HH5、HH6、HCD 遗传缺陷单倍型被发现。目前，国际上在荷斯坦牛公牛系谱中标注的常见遗传缺陷共 10 种（表 7-10）。

表 7-10　影响荷斯坦牛繁殖力的常见遗传缺陷分子机制

名称	缩写	基因	染色体	致病突变	最早报道	分子机制解析
白细胞黏附缺陷征	BLAD	*ITGB2*	1	g.145114963A>G, missense	1983 年	1992 年
脊柱畸形综合征	CVM	*SLC35A3*	3	g.43412427G>T, missense	2001 年	2006 年
短脊柱综合征	BS	*FANCI*	21	g.21184870_21188198, deletion	2006 年	2012 年
单倍型 1	HH1	*APAF1*	5	g.63150400C>T, missense	2011 年	2012 年
单倍型 2	HH2	*IFT80*	1	g.107172616 delT, frameshift	2011 年	2021 年
单倍型 3	HH3	*SMC2*	8	g.95410507T>C, missense	2011 年	2014 年
单倍型 4	HH4	*GART*	1	g.1277227A>C, missense	2013 年	2013 年
单倍型 5	HH5	*TFB1M*	9	g.93, 223, 651_93, 370, 998, deletion	2013 年	2016 年
荷斯坦单倍型 6	HH6	*SDE2*	16	g.29773628A>G, missense	2018 年	2018 年
胆固醇缺失症	HCD	*APOB*	11	77, 958, 995 ins 1.3 kb	2015 年	2016 年

2）乳房炎。早期的候选基因分析发现趋化因子受体 1（*CXCR1*）与 SCS 显著关联（Beecher et al.，2010）。我国科研人员通过 GWAS 发现 6 个 SNP 位点与乳房炎易感性及抗性显著相关（Wang et al.，2014）并发现 *TRAPPC9* 与奶牛金黄色葡萄球菌乳房炎抗性关联（冯文等，2016）；通过 RNA-seq 技术在牛乳腺上皮细胞模型（Mac-T）中筛选到与乳房炎相关的 lncRNA（Wang et al.，2019）；通过 DNA 甲基化组和转录组联合分析，筛选出 *NRG1*、*MST1* 和 *NAT9* 三个潜在的金黄色葡萄球菌乳房炎抗性候选基因（Song et al.，2016）。

3）奶牛副结核易感性/抗性。副结核（paratuberculosis）可导致患病牛慢性和间断性腹泻，喉头和下颌水肿，消瘦并最终死亡。连锁分析发现第 20 号染色体上存在一个副结核易感性相关的 QTL；基于意大利和荷兰荷斯坦奶牛群体的 GWAS

发现了 15 个显著 SNP 位点与副结核易感性关联。我国科研人员通过 GWAS 鉴定到 8 个功能基因与副结核易感性/抗性关联（高亚辉，2017）。国内外学者通过空肠、回肠等组织转录组测序，挖掘到一批副结核易感性/抗性相关的功能基因，如 *CSF3*、*RAB3A*、*LOXL4*、*OPRD1*、*CCL20*、*CXCL2*、*CXCL3*、*IL1B*、*TNF*、*SAA3*、*CASP8*、*IGSF23*、*GNLY*、*FCRLA*、*CD79b*、*TNFRSF1A*、*NOD1*、*NOD2*、*CDKN2B*、*CYBA*、*FCER1G*、*HHLA2*、*IDO1*、*ITF*、*JUNB*、*KCNN4*、*LGALS3M*、*S100A12*、*SNX10* 和 *VNN1* 及非编码 RNA（高亚辉，2017）。

4）围产期代谢病。Mömke 等（2013）通过德国荷斯坦牛真胃变位性状 GWAS，发现了 36 个显著 SNP 位点及 *IL1RN*、*CUX2* 等胰岛素代谢通路基因和 *BMP2k*、*SLC8A1* 等钙离子代谢通路基因，并在意大利荷斯坦牛群体中得到验证。GWAS 研究发现了 6 个与真胃变位相关的基因组区域。Parker 等（2018）通过美国娟姗牛 GWAS，发现多个基因组区域与酮病显著相关。我国科研人员利用一步法 GWAS 及生物信息学分析，鉴定到 10 个与真胃变位相关的基因（*BMP4*、*SOCS4*、*GCH1*、*DDHD1*、*ATG14*、*ACBP/DBI*、*SMO*、*AHCYL2*、*CYP7A1*、*CACNA1A*）及 14 个酮病抗性相关的基因（*BMP4*、*HNF4A*、*APOBR*、*SOCS4*、*GCH1*、*ATG14*、*RGS6*、*CYP7A1*、*MAPK3*、*GRINA*、*MAF1*、*MAFA*、*C14H8orf82* 和 *RECQL4*）（Huang et al.，2019）。

（4）体型性状

国外报道通过基因组扫描鉴定到 41 个体型性状 QTL（Ashwell et al.，2005）；通过 GWAS 检测到与乳房深度、体深等性状显著关联的 SNP 位点及 *PHKA2*、*REN* 等功能基因（Cole et al.，2011；González-Rodríguez et al.，2017），值得关注的是，乳房深度相关的位点与产奶量、乳蛋白量 QTL 相关。我国科研人员通过中国荷斯坦牛 GWAS，发现了 59 个 SNP 位点与体型性状显著关联并将 *DARC*、*GAS1*、*MTPN*、*HTR2A*、*ZNF521*、*PDIA6* 和 *TMEM130* 作为候选基因（吴晓平，2014）。

4. 配子与胚胎工程技术研发与应用

20 世纪 50 年代，随着哺乳动物生殖生理学和生化技术的研究进步，英国的 Polge 博士（Animal Research Station，现归属于剑桥的 Babraham Institute）首次确立了牛精液的冷冻保存方法。牛冷冻精液和人工授精（artificial insemination，AI）的普及可以说是生殖生物工程技术在产业中的首次应用，从此拉开了现代生殖生物工程在更广范围内的研究开发和生产实用化的序幕。胚胎移植（embryo transfer，ET）是继人工授精后在 20 世纪 70 年代兴起的一项实用性很强、应用范围极广的技术，目前已在家畜品种改良、流通和珍贵野生动物繁殖及人类不育症治疗等其他相关领域中发挥着巨大的作用。从牛的人工授精开始到现在哺乳动物的体细胞克隆成功，其间繁殖技术不断增添新的内容，20 世纪 80 年代体外受精（*in vitro*

fertilization，IVF）技术的开发也是一个新的突破，在此基础上哺乳动物的生殖机制被不断被解明，诸如性别控制、基因编辑动物及基于干细胞-体细胞克隆-基因编辑的干细胞动物生物育种组合技术等也已成为可能。另外，单精子注射到卵细胞质内的显微受精技术，是在 IVF 技术基础上衍生出的"特殊体外受精技术"，目前已广泛应用在牛种用胚胎生产及人类不孕不育治疗领域。

5. 特色种质开发与创新应用

奶牛特色种质创新是奶源差异化的重要技术手段，可满足终端市场差异化需求。目前，通过分子育种手段，可以控制牛奶中 β 酪蛋白、κ 酪蛋白与 β 球蛋白的类型，形成低过敏原、高凝集性等原料或终端产品。无角、双肌臀等特色功能基因也应用到奶牛或兼用牛育种实践中。随着分子育种技术的不断发展，各国已经启动抗病、抗热应激等特色种质遗传机理研究，以期改变传统综合性能持续选育的育种模式。

（二）奶牛种业科技创新的发展趋势

1. 利用多组学技术挖掘育种目标性状功能基因及遗传解析

随着智能表型测定技术及测序和基因编辑技术的快速发展，如三维基因组（Hi-C）、ATAC-seq、ChIP-seq、单细胞测序、空间转录组测序、单碱基基因编辑技术和 CRISPR/Cas9 技术，利用多组学联合分析解析重要经济性状遗传机制已成为未来的必然趋势。基于此，开展奶牛重要性状遗传机制与生理学基础研究，整合利用多组学技术及生物信息学、系统生物学策略，系统挖掘与鉴定影响产奶量、牛奶品质、抗病、繁殖和长寿等重要性状的功能基因和分子标记，解析分子遗传机制，鉴定具有育种价值的优异基因，为开展分子育种提供必要的基因信息。

2. 高精度分子设计育种技术研发

（1）高通量智能表型组技术

针对农业大中型动物表型测定难的问题，集成生物信息学、物联网、机电传感等技术，创新性开展农业动物重要生产性状表型测定方法，开发自动测定设备。对奶牛大规模试验群体在不同生理阶段的性状表型进行实时动态监测，实现高通量表型精准测定和收集。大规模、高质量的系谱和表型组数据为高效基因挖掘和高精度分子育种与种质创新提供必要的基础育种数据支撑。

（2）精准基因组选择育种技术

优化基因组评估模型和方法，利用深度学习算法整合不同来源的先验数据，包括 GWAS 显著 SNP 位点、重要通路等多组学信息，并结合高效计算的线性混合模型（GBLUP、SS-GBLUP 等）、预测准确的贝叶斯方法（BayesR、BayesCπ

等），拟合优化基因组评估模型和方法。

3. 新兴生物育种技术探索与应用

基因编辑技术为农业动物优异基因资源的高效聚合及创制提供了新策略。为从技术源头上建立更适用于动物遗传修饰的精准基因编辑工具，需系统性组装介导定向基因编辑的工具资源；针对切割精度及定向修复效率的增强，开发新型基因编辑工具库，优化/建立适用于动物遗传修饰的基因/碱基编辑等工具，验证新型精准基因编辑系统及安全性评价，建立并优化精准多位点基因编辑体系。

干细胞育种技术是利用基因组选择技术、干细胞建系与定向分化技术、体外受精与胚胎生产技术，根据育种规划，在实验室内，在体外实现家畜多世代选种与选配的育种新技术（Hou et al.，2018）。与传统育种技术体系相比，该方法用胚胎替代个体，完成胚胎育种值估计，育种周期大幅度缩短，有望能改变全球家畜种业格局，实现家畜育种跨越式、颠覆性发展。

4. 突破关键育种技术自主研发，摆脱进口依赖

纵观全球，现代奶牛育种技术体系主要包括以下几方面，目前牛育种芯片、性控冻精及胚胎技术主要依赖进口。如何突破关键育种技术自主研发是种业科技创新的重点任务。

（1）基因组育种芯片

基因组选择已经成为全球奶牛遗传评估的黄金标准，基因芯片是实施基因组选择的硬件保证。目前我国尚不具备独立制作中高密度固态基因芯片（10 K 以上）的能力，完全依赖美国进口，是我国奶牛种业发展的"卡脖子"问题之一。目前，通过液相芯片测序技术有望解决芯片国产化的瓶颈问题。

（2）智能化数据采集装备

由于市场发育较晚，目前成熟的奶牛智能化穿戴装备主要依赖进口品牌，特别是 pH 值、温度与核心电池等，尚未出现优势企业完全实现自主供应。

（3）性别控制技术

性别控制技术是支撑更高选育强度与良种扩繁效果的核心技术，其中性控冻精生产是技术核心。我国目前生产性控冻精的设备全部依赖进口，国产装备集成化率极低，激光等关键部件性能仍与进口设备存在较大差距。

（4）干细胞育种、胚胎工程化生产体系

干细胞、胚胎被业界广泛视为将引领奶牛种业的第四次革命，是目前我国相关领域的研究与应用成为热点。但关键激素等试剂依赖进口，已经对我国该领域发展产生明显制约。

二、肉牛种业科技创新现状和发展趋势

（一）肉牛种业科技创新研究进展（含牦牛）

1. 有育种价值新基因的挖掘与利用

应用多组学与大数据技术，挖掘地方肉牛品种有育种价值的新基因、新元件，在国际肉牛育种界已成趋势和热点。González-Rodríguez 等（2017）在西班牙本地牛种群中，发现大量与分化过程相关的基因组区域，其中有 4 个区域包含 *MSTN*、*KIT-LG*、*LAP3*、*NAPCG*、*LCORL* 和 *MC1R* 基因。阿斯图里亚纳牛（Asturiana de los Valles）原本是一个乳肉役多用途品种，在近几代才定向肉用培育，通过加大双肌性状的选择，选育出 *MSTN* 基因纯合个体，*nt821*（*del11*）突变频率高达 93.6%。通过 *FLRT2*、*CRABP2*、*MSTN*、*ZNF215*、*RBPMS2*、*OAZ2* 或 *ZNF609* 等基因改善胴体和肉质性状；通过选择免疫（*GIMAP7*、*GIMAP4*、*GIMAP8* 和 *TICAM1*）或嗅觉受体（*OR2D2*、*OR2D3*、*OR10A4* 和 *0R6A2*）基因，保持旺盛生长的能力。

在俄罗斯，Yaroslavl 和 Kholmogor 两个品种牛具有抗寒冷、饲料效率高和繁殖力强等特点。Zinovieva 等（2020）使用 bovine HD BeadChip 在 Yaroslavl、Kholmogor 和 Holstein 品种中发现只有两个区域（定位于 bta14 24.4—25.1 Mb 和 bta16 42.5—43.5 Mb）存在重叠，发现了新的推测基因组区域和可能被选择的候选基因。通过对历史标本的研究表明，Yaroslavl 和 Kholmogor 牛很少受到非俄罗斯品种基因渗入的影响，仍保留古老品种的原始基因。

2. 分子遗传标记鉴定与应用

（1）生长性状分子标记

PLAG1 基因是影响牛体大小的关键基因，皮南牛和夏南牛的 *PLAG1* 基因 CNV 区域发生了复制，对后躯性状影响显著（Zhang et al.，2020）。Sonic Hedgehog（*Shh*）基因（Liu et al.，2019）和 Kupple 样因子 3（*KLF3*）基因及其拷贝数变异均与不同品种牛生长性状之间存在关联关系，对体重、胸围等生长性状有显著影响（Xu et al.，2019）。Raza 等（2020）在秦川牛中鉴定出 5 个 *Perilipin1*（*PLIN1*）基因 SNP 位点，与秦川牛的背膘厚、肌内脂肪和膘厚相关；*SH2B2* 基因 g.20570G>A 和 g.24070C>A 的变化与体重、平均日增重、体高、体长、髋宽等均存在显著相关。丝氨酸蛋白酶抑制剂蛋白 3 基因与肌肉的产量和质量有关，Yang 等（2020）发现有 5 个 SNP 位于该基因的启动子、内含子或外显子，与胸围、管围和体长相关联。牛肌动蛋白样蛋白 8（ACTL8）基因突变与肌肉生长有关（Cai et al.，2019）。Bordbar 等（2019）在西门塔尔肉牛的 BTA4 染色体上鉴定了一个约 280 kb 的区域，有 202 个 SNP 与后腿宽度显著相关；Taye 等（2017）在韩牛中发现与肉质性

状相关的基因有 *PEBP4*、*MTMR7*、*ACVR1C*、*ATP10B*，而且 *LCORL* 基因与牛的身高和体型有关。*DGAT1* 的 K 等位基因数量与臀高有关联，到体成熟时，臀部高度明显增加，表明 *DGAT1* 可能影响骨板闭合；信号传感和转录激活因子 3（*STAT3*）启动子区域的遗传变异对牛体型性状有贡献（Wu et al.，2018）。与牛体型大小相关的基因还有 *SIRT2*、*MTNR1A*、*SIX1*、*SIX4*、*MC4R*、*MXD3* 和 *FTO*（Taye et al.，2017；Wei et al.，2017；Hao et al.，2020）。

（2）肉质性状分子标记

与牛肌肉发育和肉质相关的特定基因主要分布在几条染色体上。例如，α-actin（*ACTA1*）位于 28 号染色体，*MYF5* 位于 5 号染色体，双肌相关位点位于 2 号染色体，*MYOG* 基因在 16 号染色体，嫩度相关基因 calpastatin（*CAST*）和 calpain1（*CAPN1*）分别在 7 号和 29 号染色体。RNA-seq 解析牛肉嫩度表明，肌红蛋白、烯醇化酶 3 和碳酸酐酶 3 对嫩度具有基本调控作用，通过钙信号、凋亡和蛋白质水解等途径影响牛肉嫩度；调控钙信号和凋亡靶基因的 bta-mir-133a-2 和 bta-mir-22 是柔嫩变化的候选调控因子（Gonçalves et al.，2018）。*AKIRIN2*、*TTN*、*EDG1* 和 *MYBPC1* 基因是著名的大理石纹相关基因，最早在日本黑肉牛中被发现，Li 等（2020）证实了上述基因的表达提高秦川牛的肌间脂肪含量和大理石纹水平。*PLIN1* 基因促进 *FASN*、*PPARγ*、*ACC*、*LPL*、*FABP4*、*DGAT2* 和 *C/EBPβ* 等与脂肪代谢相关基因的表达，从而影响肉质（Li et al.，2020）。Picard 等（2020）把二维电泳和质谱技术结合，鉴定青年公牛与成年公牛的背最长肌和半腱肌的嫩度标记，发现微小蛋白（PVALB）是一种可靠的分子标志物。*DGAT1* 基因与安格斯、比利时蓝、夏洛莱、赫里福德、荷斯坦-弗里斯、利木赞和西门塔尔牛的肌肉性状相关，其 SNP（c.572A/G 和 c.1416T/G）对背膘厚度、大理石纹评分及脂肪颜色有显著影响（Khan et al.，2021）。Cushman 等（2021）将 *CAPN1* 和 *CAST* 基因信息应用于牛肉嫩度的选择。

（3）繁殖性状分子标记

Taye 等（2017）发现 *MS4A13* 是一个在睾丸中表达的基因，影响精子发生、精子竞争与精卵相互作用。Oliver 等（2020）发现位于 BTA19 的 *ASIC2* 和 *SPACA3* 基因参与氧化应激，影响妊娠。Stegemiller 等（2021）通过 GWAS 确定了卵泡计数（AFC）位点在 2 号、3 号和 23 号染色体，生殖道评分（RTS）位点在 2 号、8 号、10 号和 11 号染色体；*STC1* 基因与排卵数减少显著相关；跨膜蛋白 260 和胞嘧啶/尿嘧啶单磷酸激酶 2 与繁殖性能相关。有趣的是，与嫩度相关的基因会影响牛繁殖性能，*CAPN1* 等位基因与肉牛产后发情间隔的增加有关，*CAST* 多态性与牛的生育能力和繁殖寿命有关，*DGAT1* 多态性也与牛繁殖性状相关；表明使用 *CAPN1* 等标记增加嫩度，可能会延迟母牛的再繁殖（Cushman et al.，2021）。

3. 基于基因组学技术研究与应用

基因组选择在过去十年中加快了遗传进展（Cole et al.，2011），促进了生产系统的集约化（Brito et al.，2021）。

（1）生长和肉质性状

采用 GBLUP、BayesA、BayesB、BayesCp 和 BayesR 5 种方法，Zhu 等（2019）对中国西门塔尔牛的生长、胴体和肉质等 20 个性状进行了基因组预测，贝叶斯方法特别是 BayesR 和 BayesCp，在大多数性状上略优于 GBLUP。Xia 等（2021）利用 WGS 数据分析郑县红牛的遗传多样性、群体结构和基因组区域，鉴定出与生长和饲料效率（*CCSER1*）、肉质性状（*ROCK2*、*PPP1R12A*、*CYB5R4*、*EYA3*、*PHACTR1*）、繁殖（*RFX4*、*SRD5A2*）和免疫系统应答（*SLAMF1*、*CD84* 和 *SLAMF6*）相关的基因。Bedhane 等（2019）通过 GWAS 发现 107 个 SNP 与大理石纹、肉质、肉色和脂肪颜色相关。Szmatola 等（2019）发现波兰 11 个牛品种的纯合子序列长度和分布差异与肉质性状基因如 *GHR*、*MSTN*、*DGAT1*、*FABP4* 和 *TRH* 相关。Srivastava 等（2020）对背膘厚、眼肌面积、胴体重量和大理石纹评分等胴体性状开展 GWAS，鉴定出显著相关的基因如 *PLCB1*、*PLCB4* 和胆盐激活脂肪酶等。Naserkheil 等（2020）利用加权一步法 GWAS，鉴定出 33 个基因区域的候选基因与生长和脂质代谢相关。Xia 等（2019）在 34 个中国牛品种/群体中发现 Y2-108-158、Y2-110-158、Y2-112-158 和 Y3-92-156 是中国黄牛特有的单倍型。

（2）抗逆与适应性性状

Zhang 等（2020）对 24 个中国地方牛品种的全基因组 CNV 进行了分析，瘤牛的 LETM1、TXNRD2、STUB1 和 *Bos taurus* × *Bos indicus* 杂种的 NOXA1、RUVBL1、SLC4A3 等具有高选择性信号，在适应高海拔环境中发挥作用。Shen 等（2020）通过对延边牛寒冷气候适应性的研究，鉴定出 3 个候选基因（*CORT*、*FGF5* 和 *CD36*），推测错意突变（c.638A > G）是延边牛耐冷性的候选基因。Braz 等（2021）分析全基因组 SNP 标记与大量环境变量的相互作用，结果表明 G×E 对初生重、断奶重和周岁重的表型变异贡献率分别为 10.1%、3.8%和 2.8%。Freitas 等（2021）发现大通牦牛和蒙古牛的多态性 SNP 位点比例为 0.197（牦牛）～0.992（蒙古牛），与热休克蛋白、氧气运输、线粒体 DNA 维持、代谢活动、采食量、胴体结构和生殖相关基因富集。Mei 等（2021）比较了我国南、北方代表性的蒙古牛（MG）和闽南牛（MN），鉴定出大量差异性变异，获得 1096 个和 529 个潜在选择基因（*PSGs*）与环境适应性、饲料效率和肉/奶产量等性状相关。

（3）抗病性状

Abanda 等（2021）对喀麦隆不同品种牛进行基因型分析，通过寄生虫学将表型分为蜱传病原体（TBP）、胃肠道线虫（GIN）和盘尾丝虫病（ONC），推定 GIN、TBP、ONC 的抗病候选基因分别在 11 号和 18 号染色体、20 号和 24 号染色体、12 号染色体。Paguem 等（2020）对喀麦隆本土 5 个品种牛 Namchi、Kapsiki、Gudali、White Fulani 和 Red Fulani 的全基因组进行分析，并与欧洲荷斯坦牛、非洲 N'dama 牛和亚洲婆罗门牛进行比较，发现 Namchi 和 Kapsiki 牛具有疾病易感性、抗性或耐热性相关基因型和表型。Morenikeji 等（2020）通过基因组分析阐明了抗锥虫的 N'dama 牛和易感的 White Fulani 牛 CD14 基因启动子变异，N'dama 牛具有较高的 SNP 密度，White Fulani 牛中缺乏（Kim et al.，2017）。在抗热方面，Naval-Sánchez 等（2020）发现 HELB 基因的编码序列中一个 430 kb 的基因，可能与热带牛适应恶劣环境有关。

4. 牦牛高原适应遗传机制解析

2012 年，首个牦牛基因组序列公布，获得 2.6 Gb 数据，注释 2 万多个编码基因，发现牦牛 100 个特异的基因家族，主要与能量代谢、低氧应答、免疫和感知功能相关。2018 年，Lan 等通过基因组重测序，揭示金川牦牛的驯化程度和选择强度高于其他牦牛品种，其中 339 个显著正向选择基因。经历了长期的低氧环境自然选择，牦牛的独特基因结构有利于抵御恶劣环境。Ayalew 等（2021）综述了牦牛与响应缺氧、高寒和营养胁迫的生理途径及心血管系统和能量代谢有关的基因，如 ADAM17、ARG2、MMP3、CAMK2B、GENT3、HSD17B12、WHSC1、GLUL、EPAS1 和 VEGF-A 等。Wang 等（2020）鉴定出牦牛高原适应差异表达基因 4257 个，与血压调节、活性氧的产生、新陈代谢、细胞钙和钾释放、红细胞和淋巴细胞发育有关。Wang 等（2020）发现牦牛肌肉和脂肪组织差异表达 16 种 mRNA、5 种 miRNA、3 种 lncRNA 和 5 种 circRNA，主要参与低氧适应生理与代谢。Ge 等（2021）从不同海拔的牦牛中鉴定出 756 个 mRNA、64 个环状 RNA 和 83 个 miRNA 差异表达，主要与呼吸代谢、糖胺聚糖降解、戊糖和葡萄糖醛酸转换、黄酮和黄酮醇生物合成及免疫代谢有关。

5. 基因修饰育种研究与应用

基因编辑技术（genomic editing，GE）可大幅提高修改基因组的效率和精确度，可以把目标基因引入基因组中的任何特定位置，或在任何位置进行编辑，产生所需的目标性状动物。在牛转基因和基因编辑育种研究领域，我国的研究处于国际领先水平。我国在转基因牛生物反应器、转基因与基因编辑抗病牛、转基因与基因编辑高产优质肉牛育种研究方面，均取得突破性进展。乳清蛋白转基因牛、乳铁蛋白转基因牛；抗乳房炎、抗结核病与抗口蹄疫转基因牛；fat-1 转基因牛、

Myostatin 基因编辑蒙古牛、鲁西牛及西门塔尔牛等均进入生产性试验阶段，获得国家生产性试验证书或生产证书，培育成转基因或基因编辑新品系。

目前已经在牛的 1 号染色体（BTA1）上鉴定出 4 个无角突变基因：10 bp 缺失的 212 bp 重复序列；80 128 bp 的同源重复；219 bp 重复插入、7 bp 缺失及 6 bp 插入的混合突变；110 kb 重复等位基因（Medugorac et al.，2017；Stafuzza et al.，2018； Utsunomiya et al.，2019）。Carlson 等（2016）利用基因编辑技术实现了品种内 212 bp 的重复序列无角基因的编辑，获得了健康纯合子无角牛。基因编辑有潜力通过提高抗病能力或适应不断变化的环境来改善动物的健康和福利（De Graeff et al.，2019）。

（二）肉牛种业科技创新的发展趋势

1. 表观基因组选择育种

比较表观基因组学作为一种工具，可用于跨物种研究表观遗传进化，可以注释其他缺乏此类信息的物种的调控元素。Liu 等（2020）对 1300 份牛样本中的 8 个组蛋白标记进行了交叉定位，覆盖 178 种独特的组织/细胞类型；通过分析 723 个 RNA-seq 和 40 个亚硫酸氢盐全基因组测序（WGBS）数据，捕获牛组织中特定的基因表达和 DNA 甲基化模式；通过多种信息整合分析，首次检测到牛 45 个重要经济性状和人工选择的相关组织和细胞类型。

Lambert 等（2018）发现 DNA 甲基化模式随公牛的年龄变化而变化；Wu 等（2020）观察到公牛的年龄可以影响受精后囊胚的代谢途径，囊胚的转录组和 DNA 甲基化模式均发生了改变，这种变化是可遗传的。母牛的产前环境与子宫环境可以改变犊牛及其后代的生长与产奶量。表观遗传因子对营养、病原体和气候等外部或内部环境因素做出反应，并有能力改变基因表达，从而导致特定表现型的出现（Zhu et al.，2021）。在胎儿、幼畜，甚至成年时期从环境获得的影响，可以作为表观遗传信息"记忆"在生殖系统中并传递给后代或跨代遗传（Thompson et al.，2020）。基因编辑技术的进步，可以实施表观基因修饰的精确编辑，干预表观基因组，助力更加精准与高效的生物育种进程。

2. 新型配子与胚胎工程技术

未来，足量配子和胚胎的供给是家畜遗传改良与生物育种两个领域的焦点问题。目前，小鼠和人的多能干细胞向配子方向的定向分化已经取得初步成果，但距离健康活体动物的生产尚存在很大差距。而家畜配子的诱导体系尚未取得突破性进展。用于体外人工配子诱导的干细胞，包括胚胎干细胞（ESC）、诱导多能干细胞（iPSC）或成体干细胞，在体外培养液中诱导配子细胞的发生、发育和成熟。

Cortez 等（2018）将骨髓来源的牛脂肪间充质干细胞在体外培养，获得了表达早期生殖细胞标记 OCT4、NANOG 和 DAZL 的细胞，但 VASA、STELLA、STRA8 和 PIWIL2 等成熟生殖细胞的标记缺乏。因此，目前仍没有通过牛多能干细胞诱导获得真正原始生殖细胞（PGC）的报道。与以往的 iPS 干细胞不同，"诱导全能干细胞（iTS 干细胞）"同时具有发育为胚内和胚外组织的潜能。诱导处理 iTS 干细胞向自然受精囊胚的牛"类囊胚样（blastoid-like）"结构发育，可逐渐培育出具有繁育能力的人工诱导胚胎。将基因编辑技术和"人造"配子技术相结合，直接在配子阶段编辑决定性状的基因，可实现经济、准确、高效的生物育种目标。

3. 生物育种与数字化育种

（1）生物育种

转基因和基因编辑技术可以从其他品种或物种引入已知的理想等位基因或在本品种内创造新的有益等位基因，为遗传改良提供了更多新的机会，而不会产生与传统基因渗入相关的连锁阻力。Bastiaansen 等（2018）利用数学模型分析，当效率为 100% 时，基因组编辑可使所需等位基因的固定速度提高 4 倍。因而，创新基因编辑技术，提高编辑效率，仍是今后的技术攻关难点，重点开发精准高效的基因编辑系统，确保对目标基因具有特异性且不会攻击其他基因。

（2）数字化育种

数字技术引入农业领域代表着第四次农业革命。数字畜牧业技术有自动育种数据收集系统、自动挤奶机器人、自动发情识别系统、动物摄食及呼吸心率微控制器、疾病预警系统、虚拟围栏控制系统、面部识别系统、生物传感器，以及大数据分析和机器学习算法等。畜牧业的数字化将实现从二维的物理-社会系统到三维的网络-物理-社会系统的转变，改变未来畜禽种业与畜牧业的发展。

三、水牛种业科技创新现状和发展趋势

（一）水牛种业科技创新研究进展与问题

1. 水牛快速扩繁技术

水牛繁殖性能低下，是制约水牛种业发展的主要因素之一。因此，各国学者近年来围绕发情与排卵调控、胚胎移植、胚胎体外生产、性别控制、体细胞克隆等水牛快速扩繁技术，开展了大量的研究工作，并获得一定成果，但也存在很多问题。

（1）超数排卵与同期发情

水牛卵巢上原始卵泡数较奶牛少30%，卵泡闭锁率也较奶牛高，并且水牛对外源激素不敏感、个体反应差异较大，进而导致每头供体水牛回收的可用胚胎数远低于奶牛（1/4～1/3）。近年来，虽然通过加大促卵泡素（FSH）的用量（奶牛的1倍），并结合注射雌二醇，部分水牛的胚胎回收数可达2.5～3.0枚，但大多数水牛回收的可用胚胎数仍在1.5～2.0枚。因此，需要进一步研究水牛卵泡发育的调控机制，研发新型有效的水牛超排激素和超排处理方法。同期发情定时输精可解决水牛的静态发情频发、排卵时间不易把控等问题，提高人工授精受胎率和胚胎移植妊娠率，是推动水牛种业发展的一项关键技术。然而，目前水牛同期发情定时输精技术的情期受胎率仍然偏低，仅有30%～40%，需要进一步研究水牛发情排卵的调控机制与调控方法。

（2）活体采卵与胚胎体外生产

胚胎体外生产技术可解决水牛胚胎移植的胚胎来源和成本问题，而活体采卵技术则可解决胚胎种质和遗传背景不清等问题。因此，两者的结合可产生大量系谱明确的胚胎，并可解决水牛胚胎体内生产效率低下的问题（效率是超数排卵的2～3倍，每头供体每月可产生可移植胚胎2.0±0.6），是推动水牛种业发展最有效的繁育技术之一。据相关报道，活体采集的水牛卵母细胞成熟率、卵裂率和囊胚率分别为50%～80%、53%～60%和18.5%～28.8%，但胚胎移植后的受胎率一般只有6%～13%，且胚胎移植受孕水牛3个月内流产率高，有时高达40%～50%。由此表明，其胚胎质量远低于体内胚胎，还需进一步优化卵母细胞的体外成熟和胚胎体外培养技术体系。

（3）性别控制

性别控制技术可有效增加群体的母牛比例，加快水牛良种群体的扩繁速度，也是促进水牛种业发展的重要繁育技术之一。目前，已经建立了水牛X、Y精子的分离技术方法，并在广西十个县（市）及广西皇氏乳业有限公司、广西壮牛水牛乳业有限责任公司等牛场对24 000余头母水牛进行X精子人工授精规模化推广试验，妊娠率和母犊率分别达到48.5%和87.6%，达到产业推广的技术要求。然而，水牛性控精液的生产成本仍然较高，难以市场化推广，且关键技术缺少自主知识产权，受制于人。因此，需要进一步研发具有自主知识产权的性控新技术，并降低生产成本。

（4）体细胞克隆技术。

体细胞克隆技术可对优良水牛个体进行大量复制，并可作为水牛遗传操作的有力技术手段进行定向遗传改良，它是推动水牛种业发展的关键核心技术。自2005年我国获得世界首例水牛体细胞克隆牛犊以来，印度也于2009年成功克隆水牛。随后，各国学者对水牛体细胞核移植的重编程和表观遗传调控机制进行了系统研究，改进了供体细胞的培养处理方法，重构胚的囊胚发育率可达 20% 左右，但移植后的妊娠率仍不到 20%。其主要原因是水牛体细胞和卵母细胞的活力相对较低，且技术操作复杂，影响因素众多，需进一步优化和完善水牛体细胞克隆的技术程序。

2. 水牛重要经济性状形成的遗传机制

与普通牛高产奶、高产肉性能不同，水牛有其独特品质：水牛奶在乳脂率、乳蛋白、干物质等方面均高于荷斯坦牛奶，水牛肉性寒，黄牛肉性温。然而，水牛产奶量远不及荷斯坦牛，产肉性能如生长速度、屠宰率、肉品质等方面也不如黄牛。在中国，水牛长期以役用为主，随着农业机械化水平的提高，急需向乳用和肉用方向转型。目前，对水牛奶用和肉用相关功能基因及遗传调控的研究，主要集中在泌乳、脂肪沉积和肌肉发育方面，相关研究结果还十分有限。

在水牛泌乳方面，早期研究主要使用传统关联分析和细胞水平验证，如 *HSD17B4*、*TUBA1C* 基因等。2020 年，我国科研人员结合基因组重测序技术，发现河流型水牛产奶相关基因（*ESR1*、*IGF2BP2*、*METTL17*、*RNASE2*、*RNASE4*、*INSR* 和 *BRCA1*）受到正向选择。由于水牛群体数量较少、饲养管理水平参差不齐、家系信息不完整、表型测量误差大等原因，关联分析通常难以获得理想结果，也难以验证。通过对泌乳和非泌乳时期、高和低产奶个体乳腺或水牛奶进行转录组测序，获得了一批对水牛泌乳具有潜在调控作用的候选基因，并进一步在细胞水平上确认了部分基因对乳腺上皮细胞的增殖和分化作用的影响。

水牛脂肪沉积调控方面，通过对肌肉和脂肪组织进行比较转录组测序分析，获得了一些调控水牛肌内脂肪沉积相关基因，如 *PCK1* 基因。我国科研人员发现水牛不同部位脂肪在组成成分、细胞形态、基因表达方面有各自的特征，这可能与不同部位脂肪组织的发育及沉积的偏好性相关。在水牛肌肉发育遗传调控方面的研究相对有限，主要为水牛肌肉转录组测序和差异表达分析，相关功能基因的研究还处于起步阶段。

3. 水牛基因组研究

水牛基因组与全基因组选择的研究起步较晚。近年来，多国研究人员着手开展水牛基因组研究，截至目前，在 NCBI 上已释放 5 个版本的水牛基因组（表 7-11）。我国科研人员系统开展了水牛基因组和功能基因解析相关研究，在国际上率先解析了中国沼泽型水牛和印度摩拉水牛染色体高质量参考基因组，解析了河流型水牛（50 条染色体）和沼泽型水牛（48 条染色体）染色体数目差异的本质是由于染色体粘连，同时还发现水牛与黄牛染色体数目存在差异也同样是由于染色体粘连或断裂；通过对 15 个国家 30 个地方水牛品系进行基因组重测序，获得迄今全世界最丰富的水牛遗传多样性数据集，为水牛基因组选择配种、选择育种及优异基因资源的发掘利用提供了基本的素材；同时，该研究还解析了 *OXTR*、*AMD1*、*TEADA1*、*HSP90*、*IGF2BP2*、*SCD1*、*BMP1* 等与水牛性格温顺、肌肉生长、抗热应激、个体大小、脂肪酸代谢及繁殖相关的功能基因。此外，我国科研人员系统开展了水牛群体基因组重测序，分析揭示了水牛的独特遗传结构和选择性压力。

表 7-11　不同版本水牛基因组初步统计

序列号	品种	研究机构	数据类型	全长（Gb）	contig N50（Mb）	scaffold N50（Mb）
GCA_000180995.3	贾法拉巴迪水牛	阿南德农业大学	二代测序	3.7	0.014	0.102
GCA_002993835.1	埃及水牛	尼罗河大学	二代测序	3.0	0.015	3.58
GCA_004794615.1	孟加拉水牛	深圳华大基因科技有限公司	二代测序	2.77	0.025	6.96
GCA_000471725.1	地中海水牛	马里兰大学	二代测序	2.76	0.22	1.41
GCA_003121395.1	地中海水牛	阿德莱德大学	三代加二代	2.66	22.4	117.2
GWHAAJZ00000000	中国沼泽型水牛	广西大学	三代加二代	2.63	8.80	117.2
GWHAAKA00000000	印度摩拉水牛	广西大学	三代加二代	2.64	3.10	116.1

Iamartino 等（2017）开发出水牛的 90K SNP 芯片，Liu 等（2018）对 489 头地中海水牛进行 GWAS，找到 *RGS22*、*VPS13B* 等显著与产奶性状相关联的基因。Du 等（2019）总结 GWAS 研究结果，找到 518 个候选基因。我国科研人员在水牛奶成分解析、重要性状遗传基础挖掘、体型外貌评估等研究方面做了大量工作（Deng et al.，2019）。

4. 水牛遗传操作与改良技术

如何提高水牛产肉和产奶性能是水牛产业转型的重要课题之一。由于水牛繁殖周期长，且为单胎大型家畜，传统的杂交改良和选育进展缓慢，需要花费大量的人力、物力。在全世界范围内，基因编辑技术在动物中的研究已获得了重要进展，目前已诞生抗特定疾病的基因编辑肉牛、基因编辑奶牛。然而，CRISPR/Cas9 基因编辑技术在水牛上的研究才刚刚起步。我国初步建立了基于 TALEN 和 Cas9 系统的水牛基因编辑技术体系，实现了水牛胎儿成纤维细胞 *BMP15* 和 *GDF9* 双基因的同时敲除，敲除效率分别达到 30% 和 40%，并建立了水牛的转基因克隆技术体系，获得了世界首批转基因克隆水牛。目前，我国科研人员拟将水牛成脂关键基因导入水牛基因组，实现该基因在水牛肌肉组织中特异表达，提高水牛肌内脂肪沉积水平，以期定向改善水牛肉品质。

基于目前的研究结果，水牛基因编辑技术的研究仍存在较多问题。可用于基因编辑的胚胎及用于胚胎移植的受体水牛非常有限。为降低成本和难度，基因编辑水牛通常考虑核移植技术，将筛选的阳性编辑细胞，通过核移植的方法获得阳性胚胎，移植到受体母畜的子宫内进行发育直至生产。但通过化学转染法或电转的方法将基因编辑工具转染到水牛胎儿成纤维细胞的效率非常低，转染后细胞状态差，进而影响单克隆细胞筛选，转染效率和编辑效率大大增加了阳性单克隆细胞筛选的难度。因此，如何突破这些技术瓶颈，也将是我们下一步研究的关键。

（二）水牛种业科技创新的发展趋势

1. 发情排卵调控、卵子高效利用、胚胎生产和遗传操作等技术的完善

水牛的静态发情频发，特别是杂交水牛发情持续时间较长，排卵时间不易把控，直接影响水牛改良和品种培育过程中的扩繁。因此，研发有效的水牛发情排卵调控技术，筛选水牛排卵的标志物或分子标记，将是今后的研发重点之一。

水牛卵巢的卵母细胞数仅有牛的 1/5，每个卵巢可回收的有腔卵泡卵母细胞数和每次超数排卵回收的可用胚胎数也仅有奶牛的 1/3。因此，如何提高水牛的可用卵子数将是今后重点发展的方向，包括腔前卵母细胞的分离培养、卵母细胞体外成熟培养体系的创新、高效活体采卵技术和超数排卵技术的创新。

水牛胚胎生产仍存在效率低下和质量不高等问题（包括种质和活力），移植妊娠率徘徊在 20% 左右，需进一步提高胚胎的活力和抗冻性，并解决胚胎的种质问题。今后要进一步优化胚胎生产的培养技术体系，并完善水牛克隆的技术体系。

此外，水牛的基因编辑、干细胞和转基因克隆等遗传操作技术相对滞后于其他动物和家畜，也将是今后发展的重点方向。

2. 重要经济性状的重要功能基因挖掘及遗传调控网络解析

在研究策略和技术层面，目前主流是基于转录组测序分析差异表达基因和调控网络，进而在分子、细胞、模式动物上进行验证。最近兴起的三维基因组（Hi-C）和空间转录组测序分析技术，为功能基因的研究开启新的视角，与传统分子研究技术如基因互作、蛋白质互作验证等相结合，将成为水牛重要经济性状相关功能基因研究及遗传调控网络解析的重要手段。

在研究广度和深度方面，目前对水牛重要经济性状的功能基因挖掘及遗传调控网络解析研究还十分有限，在细胞水平上验证的为数不多的功能基因，目前还未在水牛个体上获得验证。未来还需要加强功能基因的挖掘与鉴定，特别是对遗传调控网络进行解析，有助于获得特定性状的主效基因。

3. SNP 育种芯片、全基因组选择和精准育种值评估技术的紧密结合

我国水牛的遗传改良，最早可追溯到 20 世纪 50 年代，然而截至目前，我国仍未获得一个水牛新品种，可见水牛遗传改良难度要远高于奶牛、肉牛等家畜。

因此，水牛更迫切地需要使用现代化育种技术进行遗传改良。

SNP 芯片技术结合全基因组选择技术，克服了传统单基因单突变效应研究的缺点。该技术目前已成功运用于奶牛、肉牛、猪、家禽等育种中。将 SNP 芯片、全基因组选择与精准育种值评估技术相结合，运用到水牛遗传改良中，将是水牛种质创新研究的一个重要方向。

4. 品种分子设计、遗传操作与繁殖技术的系统整合

随着现代育种技术的发展，近年来提出了家畜的分子设计育种概念，即通过多种技术的集成与整合，包括公共生物信息数据库、基因组和蛋白质组数据库、分子标记辅助选择、基因编辑等，对育种程序中的诸多因素进行模拟、筛选和优化，提出最佳的符合育种目标的基因型及实现目标基因型的亲本选配和后代选择策略，以提高育种效率。如果能将分子设计育种技术应用到水牛新品种培育上，将在一定程度上弥补水牛繁殖率低、繁殖周期长的缺点，实现种用个体的精准早期选择，并通过胚胎的早期遗传操作与鉴定，培育特定生产性能的新品种。因此，建立特定水牛资源群体、完善功能基因与调控网络、准确收集与整理归纳水牛重要性状表型数据、分析全基因组数据等也将是未来研究的重要方向。

5. 高产奶和高繁殖性能水牛育种新材料创制

产奶量低和繁殖率低是制约水牛奶业发展的两大瓶颈因素。通过引进河流型水牛杂交改良本地水牛，虽可提高本地水牛的产奶量，但杂交后代的染色体不配对导致发情持续时间延长、生育力下降，使得扩群困难，产奶量难以维持稳定。因此，解决这一问题的战略构想是通过引进高产奶性能的河流型水牛血统，经过横交固定和核型定向选育，并结合基因编辑技术等，创制高产奶和高繁殖性能的沼泽型水牛育种新材料，培育我国乳用沼泽型水牛新品种。

第四节　我国牛种业发展的关键制约问题

通过实施全国畜禽遗传改良计划，我国基本构建了奶牛和肉牛遗传改良技术体系，良种覆盖率显著提高，推动了全国奶牛、肉牛群体平均生产水平大幅提升。但对标奶业发达国家，优秀种牛自主培育技术和能力不足，良种快速扩繁技术效率低。

一、育种技术体系的制约

（一）基础育种工作相对薄弱，育种效率低

一些已被发达国家证明行之有效的育种技术措施在我国还没有得到科学、规

范的应用，品种登记的规模小，生产性能测定总体参测比例低，测定数据质量不高，繁殖、健康等功能性状数据收集缺乏有效的体系，导致育种核心群规模小，种子母牛数量少，选择强度低，遗传评估的准确性不高，整体的群体遗传改良进展迟缓，种群遗传水平参差不齐，供种能力差。

（二）缺乏有效联合育种机制、种源自主培育能力不强

国家核心育种场、种公牛站之间缺乏有效的联合育种机制，育种工作的主体单位不明确，运行效率不高导致种牛自主选育体系不完善，种源自主培育能力不强。种公牛总体性能不高，综合选择指数目标性状不完善，自主培育优秀奶牛、肉牛种公牛的占比不到30%，大部分优质种牛精液和胚胎从国外引进；国外冻精产品不断冲击国内市场，已占国内冻精市场的50%以上。

主要品种核心育种场建设不足，基础设施相对落后，基层良种推广力量不强，人工授精等实用技术普及率低。主要肉牛品种的育种思路不清晰，在杂交改良和生产过程中不断更换父本品种，造成种群遗传背景混乱，生产性能停滞不前。

（三）基因组选择遗传评估的准确性不高，繁育新技术应用相对滞后

我国自 2012 年建立了具有自主知识产权的中国荷斯坦牛基因组选择技术平台，但与国外相比，参考群体规模小，评估准确性不高，综合选择指数缺乏繁殖、健康等功能性状，迫切需要开展实施"国家奶牛基因组育种计划"。奶牛基因组选择参考群体规模小，基因组检测芯片依赖进口，性别控制和胚胎扩繁等现代繁育技术研发与应用力度不足，先进繁育技术推广难度大。

（四）奶牛冷冻精液产品的质量监管不完善

虽然近年来我国制定了一系列保障冷冻精液产品质量的技术规程和管理措施，使国内种公牛站的冻精质量和合格率不断提升。但冻精质量监管体系不完善，目前的质量监管主要集中于国内生产企业，对国外进口冷冻精液的质量监管力度不够，没有树立行业对高水平遗传物质的正确评价，不利于鼓励国内奶牛育种企业的技术创新和发展。

（五）地方牛种资源保护仍显乏力、缺乏杂交改良规划

地方奶畜资源的保护和创新利用不够，种源自主培育和奶牛良种快速扩繁技术依然是短板。地方牛种选育提高进展滞后，肉质好、耐粗饲、抗逆性强等优良特性没有得到重视和发挥，多数品种处在"只保不用，难以保好"的状态，部分牛种濒临灭绝。

二、其他制约因素

（一）育种投入不足，缺乏长效机制

大家畜育种是一个长期稳定、持续的过程，是与生产和市场相互作用不断提高的过程，一旦停止便前功尽弃。改革开放以来，我国一直没有长期稳定的投入来保证育种工作的持续开展。国外商业化育种已形成相对完善的体系，但仍坚持核心育种群的大规模性能测定和基因组选择等先进技术的研发应用。美国人工授精产业经过数十年的发展和整合，仅存五六家主流的奶牛育种公司，冻精产销量占全国的 90%以上。奶牛育种公司和育种场承担了优秀种子公牛和种子母牛的繁育，都十分重视品种登记、生产性能记录、外貌鉴定等基础性育种工作，并且积极应用产业新技术如基因组检测、IVF、自动收集数据等，为培育优秀奶牛提供了良好的基础。企业年度收入的 10%～15%投入到技术研发，这正是国外奶牛、肉牛品种在生产性能方面保持领先、长期垄断全球市场的重要原因。

我国育种企业研发投入一般只有年度收入的 5%左右，限制了先进育种技术的应用，自主开展育种工作的积极性不高，进口冻精、胚胎和种牛投入较大。我国已经成功构建了奶牛、肉牛基因组选择技术体系，但参考群体规模小，参测公牛少，遗传评估及选择准确性有待提高。繁殖、长寿、饲料转化率等重要经济性状选择重视不够，需要借助基因组选择技术，缩小与国外的差距。

（二）育种行业人才队伍建设不足、产学研结合不够紧密

我国牛育种行业人才严重不足，不能满足有计划整体推进群体遗传改良的需求，特别是基层和企业的育种一线普遍缺乏高水平技术人才。国外育种企业商业化历史悠久，通过不断整合兼并聚集了大量育种科研人才，具备优异的育种综合创新能力，积极与科研机构和大学合作研发和应用育种关键技术，拥有自主知识产权的育种技术，除此之外，在营养需要、饲养管理、推广与售后等配套服务方面也拥有完善的人才团队，建立了成熟的组织机制。

我国育种企业较多，育种力量分散，企业规模参差不齐，大多整体技术力量薄弱，缺乏高层次和现场经验丰富的育种人才，技术人员流动性较大，育种队伍不稳定。育种企业多数未与科教单位建立有效的人才利益联结机制，上下游链式联合与育种企业间横向联合机制不健全，政府引导、企业主体、产学研推相结合的育种机制亟待加强。

（三）品牌建设不足

市场化、商业化是未来牛育种行业的发展方向，目前仍然缺乏国家级奶牛、肉牛育种场及联合育种体，未针对市场需求及育种目标进行品牌建设。在一定程

度上会影响国产品种市场占有率的快速提升，国产品种品牌建设和宣传需要加强。

第五节 我国牛种业发展的对策与建议

推动我国自主种业竞争力的全面提升，提升品种改良和种质创新能力是实现种业科技自立自强、种源自主可控的首要问题，亟须加快破解遗传基础科学问题，全面提升我国奶牛、肉牛、牦牛、水牛高产高效优势基因资源自主创制能力。优化完善良种繁育体系，夯实基础性工作，加快现代育种技术创新与应用，建立以市场需求为导向、企业为主体、产学研深度融合的技术创新体系，培育具有国际竞争力的现代牛种业企业和品牌。

一、奶牛种业发展战略构想

（一）加大基础研究力度，提高原始创新能力，助力我国奶牛种业国际竞争力

深入开展奶牛重要生产性状和功能性状遗传机制解析研究，挖掘优良特性和优异基因，针对产奶、乳品质、繁殖、长寿、饲料转化率、抗病等重要经济性状，揭示其性状的形成机制，挖掘、验证重要功能基因及其调控元件，分离鉴定一批与主要经济性状显著相关的分子标记。研发具有自主知识产权的高通量基因组育种 SNP 芯片，打破国际垄断。

生物育种是农业科技领域中最具引领性和颠覆性的战略高新技术，世界各国均将其作为国家优先发展战略给予重点支持。加快奶牛全基因组选择、基因编辑、胚胎生物、干细胞育种等重大科技计划实施和生物育种国家实验室建设，打造我国奶牛种业战略科技力量，在基础理论创新、关键技术突破、重大产品创制、生物安全评价和条件能力建设等方面增强我国生物育种核心竞争力，完善国家生物育种创新体系，提升我国奶牛种业的国际竞争力。

（二）创建国家奶牛遗传评估中心，构建奶牛种业大数据平台

创建国家奶牛遗传评估中心，建立以高校等专业科研人员为核心的研究团队，系统开展我国奶牛群体重要经济性状及新性状表型数据质控、优化利用、遗传参数和评估方法的研究，形成日常遗传评估系统，设立专职技术人员定期开展遗传评估工作并发布评估结果，完善育种技术体系，与国际接轨。整合行业管理部门和企业协会等各方数据资源，包括品种登记、品种审定、引种备案、种畜禽生产经营企业许可备案、畜禽种业统计、市场信息等内容，实现跨数据库融合，并利用大数据技术深度挖掘信息资源，推动种业数据共享与服务，实现数据价值最大化，为畜禽种业平稳健康发展提供有力支撑。

（三）构建高效育种技术体系，提高育种技术水平和效率

提高基因组选择技术在青年公牛、育种核心群及种子母牛筛选中的应用覆盖面，制定选择方案，加大对乳蛋白和乳脂、繁殖、长寿、饲料转化率等重要经济性状的选择力度，加快遗传进展。开展智能表型组研究，加快自动化、智能化精准测定装备的研发和应用，集成应用信息与传感技术，提高性能测定、数据采集与传输的自动化、智能化水平。建立健全遗传评估、评价示范和大数据信息共享平台，提高育种效率和准确性。实现生物信息、遗传育种等多学科的深度交义融合，建立高效的育种技术体系，主要育种技术与国际先进水平差距不断缩短，育种企业核心竞争力不断提高。

二、肉牛（含牦牛）种业发展战略构想

（一）加强优异种质资源挖掘鉴定

挖掘地方牛品种的优质特色性状基因，利用多组学等技术，系统挖掘影响产肉、肉质、饲料转化率和抗逆性等性状的关键基因及其调控元件，分离鉴定一批与主要经济性状显著相关的分子标记。创制特色种质，充分发掘优良特性遗传机制，为保护优良地方品种提供方法和技术指导。探索商业化保种模式和机制，在发挥其作用的同时，逐步提纯复壮。

（二）加快肉牛育种体系建设布局

完善肉牛品种登记技术规程，扩大肉牛品种登记范围。完善肉牛良种登记技术规程，重点在种公牛站和国家肉牛核心育种场实施良种登记，向社会推介优秀种牛。扩大肉牛高质量育种核心群规模，增强种公牛自主培育能力，提高肉牛种源自给率。遴选国家肉牛核心育种场；完善肉牛后裔测定技术规范，支持种公牛站加快种源自主创新，开展联合后裔测定，提高遗传物质生产效率和质量；加强选种选配，加快推广人工授精和胚胎移植等繁育技术，因地制宜开展牦牛、水牛人工授精，提升优质种源的利用效率。

（三）建设肉牛品种性能测定站和世界肉牛种质资源库等重大设施

亟待建立围绕我国肉牛主要品种及品种间杂交性能的测定中心，以全面客观评价品种的性能和遗传水平，科学指导全国肉牛生产。鉴于世界主导品种基因组成不断发生变化、部分资源处于濒危边缘，从国家战略地位考虑，要建立世界肉牛品种的种质资源库，收集世界主要品种资源和特殊资源，以活体、冻精、胚胎、组织、基因等形式保存。

（四）加强种业科技创新，建设国家肉牛遗传评估中心

建设国家肉牛遗传评估中心，制定和完善中国肉牛、牦牛、水牛和乳肉兼用牛选择指数。扩大主要肉牛品种基因组选择参考群体，完善肉牛基因组选择指数，提高选择准确性。对种公牛和国家肉牛核心育种场核心群开展基因组检测，用于提高育种群体性能。研发肉牛分子设计育种研究，利用基因编辑技术创制具有优异特性的新种质。

（五）培育适应中国市场的肉牛品种，建立肉牛育种的长效稳定机制

鼓励群体规模大、特色优势明显的地方品种持续开展本品种选育，提高生产性能。以地方品种为育种素材，利用传统和现代育种技术，有计划、有步骤地开展新品种、新品系培育。

在大力支持和引导技术研发、完善相关法律法规、建设质量安全体系等基础上，加快启动《畜禽育种法》及相关配套法规的立法研究工作，在法律层面尽快建立肉牛育种工作长效机制，确保肉牛育种工作的连续性、稳定性。

三、水牛种业发展战略构想

（一）完善水牛遗传和表型鉴定的技术体系，提高水牛育种值评估的准确性

优化水牛遗传鉴定的技术平台，研发水牛基因组选择芯片，构建具有自主知识产权的奶水牛基因组遗传评估体系，提高遗传评估准确性；完善水牛表型鉴定的技术方法、规范技术参数，推进奶水牛育种表型数据采集标准化和智能化，建立水牛育种值评估的计算模型，提高水牛育种值评估的准确性。

（二）构建水牛育种核心资源群体，建立以全基因组选择为核心的水牛育种技术体系

围绕产奶和繁殖两大性状，分别构建沼泽型和河流型优秀个体组成的水牛育种核心资源群体。系统开展两大群体的育种表型数据采集、全基因组关联分析，建立以全基因组选择为核心的两型水牛育种技术体系，指导全国的本地水牛和引进水牛品种选育，构建水牛育种家系。

（三）克隆验证一批水牛重要性状相关的功能基因，完善水牛遗传操作的技术体系，创制一批育种新材料

挖掘验证影响产奶量、牛奶品质、繁殖性能、生长速度和饲料转化率等性状的关键功能基因，并完善水牛基因编辑、转基因克隆、干细胞建系等遗传操作技术体系。通过集成相关研究成果和技术方法，创制一批性状明显优良的水牛育种新材料。

（四）创新集成水牛繁育技术，培育沼泽型水牛乳用新品种

进一步优化完善水牛的发情排卵调控技术、胚胎生产技术（包括超数排卵、活体采卵、卵子成熟、胚胎培养和核移植等）和性别控制等繁殖技术，并将其与育种技术结合起来，实现胚胎阶段的早期选择和优良个体的快速扩繁。利用创制的水牛育种新材料，通过沼泽型和河流型水牛优秀个体的杂交、横交和核型定向选育，培育48条染色体的沼泽型水牛乳用新品种，从根本上解决水牛杂交育性下降的问题。

四、牛种业发展科技体系创新

（一）建立以育种企业为主体的产学研创新体系，加快构建商业化育种

加快建立完善以企业为主体、产学研深度融合的自主创新体系。针对我国奶牛种业企业多而散、科技创新能力偏弱，而高校科研院所研发实力较强的现状，急需探索建立适合我国当前种业发展阶段的技术创新体系，出台政策鼓励科技人员在种业企业兼职和拥有股权，搭建以企业为载体的产学研技术创新体系。建立现代种业发展基金，加强畜禽种业科技创新联盟建设，构建产学研用一体化产业链条，重点支持育繁推一体化种业企业开展商业化育种。充分发挥政府监管职能，大幅提高育种企业制度性准入门槛，引导育种企业通过正常市场竞争兼并重组，做大做强畜禽种业企业，提高国际竞争力。

（二）加快学科、人才和平台建设，促进科技创新资源共享

完善和加强学科建设，以国家级核心育种场和种公牛站为重点建设种业繁育基地，完善设备设施，加强疾病防控和净化，提升繁育基地供种能力。依托高校科研院所和有实力的育种企业，在基础研究领域，建设一批国家重点实验室及国家工程技术研究中心，在主产区建设各省级表型测定技术平台，优化国家级育种技术平台，开展相关研究工作。加强本土从业人才培养，引进、培养一批领军人才和技术骨干，构建世界一流的奶牛育种人才团队，鼓励人才在科研机构之间、科研机构和企业之间流动，提高我国奶牛种业的整体科技创新能力。

（三）加强奶牛种业科技创新政策和保障机制，建立稳定投入机制

一是完善奶牛政策性保险，提高抵御灾害和疫病能力。二是强化育种创新支持政策，并保证政策的长期性和持续性。采取以奖代补方式，对持续开展育种创新，选育出市场占有率高、生产性能大幅提升的企业或科研技术推广单位予以奖励；推动设立稳定支持的奶牛育种创新重大科研专项，鼓励开展基因组选择育种技术、高产优质高效性状遗传机制解析和基因挖掘等方面的研究。三是做大现代种业提升工程，支持育繁推一体化企业建设。调整现有良种补贴政策，真正将资金补助给提供良种的企业和养殖场户，鼓励使用良种，提高生产水平。

（四）"十五五"我国牛种业发展重大项目建议

一是奶牛育种创新重大科研专项，解析奶牛高产优质高效性状遗传机制和关键功能基因挖掘，优化奶牛基因组选择育种技术，开展基因编辑、胚胎和干细胞育种研究。加大应用基础和育种新技术研究，提高种质原始创新能力，提高我国奶牛种业在国际市场的核心竞争力。

二是奶牛种质关键核心技术攻关专项，整合常规育种技术及智能表型组、高通量育种芯片和基因组遗传评估算法研发与优化，基于育种核心场和种公牛站，组建高产育种核心群，筛选种子母牛，提升优秀种公牛自主培育能力，提高奶牛种源自给率。

三是启动优质奶用牦牛品种选育的科技攻关，开展麦洼牦牛等奶用型牦牛品种选育，利用分子育种与传统育种相结合，选育奶用型牦牛品种，进行定向培育或新品种培育，挖掘牦牛奶乳蛋白、乳脂、免疫球蛋白、不饱和脂肪酸含量高的优异特性。

第六节 典 型 案 例

一、奶牛基因组选择技术的应用

基因组选择（genomic selection，GS）是最新一代的育种技术，育种效率远远超过传统育种方法。2009 年 1 月，美国农业部率先官方发布荷斯坦青年公牛的基因组评估结果并将之应用于早期选择，标志着奶牛育种进入基因组选择时代。之后，世界各国陆续应用该技术。2012 年，我国启动荷斯坦青年公牛基因组遗传评估工作，2016 年，"中国荷斯坦牛基因组选择分子育种技术体系的建立与应用"获国家科学技术进步奖二等奖。在畜禽育种领域，GS 技术最早应用于奶牛育种。

（一）基因组选择技术提出的背景

基因组选择的概念和基本方法是 Meuwissen 等于 2001 年提出的，其含义是利用覆盖个体基因组的大量分子标记（主要是 SNP 标记）信息来评估并选择遗传上优良的个体。选择，即在育种群体中选择遗传优良个体作为下一代的亲本，是动物育种的核心，它是实现群体遗传改良最重要的途径。长期以来，动物育种中所用的选择方法主要是 BLUP（最佳线性无偏预测）法，它利用表型和系谱信息对个体进行遗传评估，并在此基础上选择优良个体（图 7-3）。这一方法自 20 世纪70 年代应用于动物育种，取得了巨大成功，过去 50 余年中畜禽的一些重要经济性状的大幅度提升在很大程度上得益于有效的育种工作所带来的群体遗传进展，如美国荷斯坦奶牛的平均年产奶量从 1960 年的 6334 kg 提升到 2016 年的12 772 kg，其中，育种带来的增加量为 3889 kg，占表型增加量的 60%（图 7-4）。

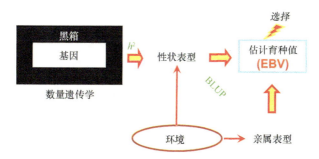

图 7-3　传统的基于 BLUP 遗传评估的选择方法

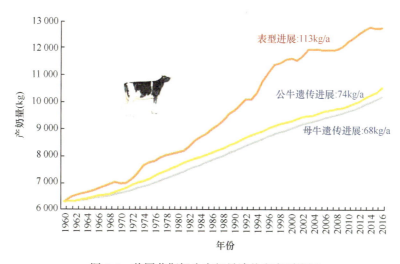

图 7-4　美国荷斯坦牛产奶量遗传和表型进展

基于 BLUP 传统选择方法也有很大的局限性，如图 7-3 所示，这种方法需要利用个体和（或）亲属的性状表型，对于那些表型测定难度大（如抗病性状）、成本高（如饲料转化率）的性状、活体不能测定的性状（如胴体、肉质）、只在单一性别中表达的性状（如繁殖、产奶、产蛋）、不能在留种前表现的性状（如产仔数、使用寿命）等，传统选择方法或者效率低，或者基本无法开展。例如，奶牛的产奶性状，由于公牛没有性状表型，要准确地选择优秀种公牛就需要进行大规模的后裔测定，这不仅要耗费很长时间（5 岁左右完成后裔测定），导致世代间隔很长，而且成本很高。因此，虽然奶牛育种带来了显著的遗传进展，但效率并不高。

20 世纪 80 年代以来，随着分子遗传学的快速发展，人们发现影响动物复杂性状的基因中，除了大量的微效基因外，还有一些效应较大的主效基因，于是有人提出了"标记辅助选择"方法，即利用主效基因或与其紧密连锁的分子标记的信息来辅助选择（仍以表型信息为主，标记信息作为辅助），期望能在一定程度上弥补传统选择方法的缺陷，育种工作者在这方面开展了大量工作，但在实际育种中的应用非常有限，这是由于目前已发现并得到证实的主效基因数量很少，而它们只能解释很小比例的遗传变异，应用价值不大。

进入 21 世纪以来，随着基因组学技术的发展，大量 DNA 分子标记被发现（主要是 SNP），它们分布于整个基因组，利用这些信息，可以全面评判个体间在基因组构成上的区别，基因组选择的概念和方法由此应运而生。与标记辅助选择不同的是，基因组选择是利用覆盖全基因组的标记（而不仅仅是与主效基因相关的少数标记）的信息来辅助选择，从而可以直接用标记信息（不依赖性状表型）对个体进行遗传评估，突破传统选择方法的局限。

（二）基因组选择的基本原理

在基因组中存在大量的 DNA 标记，尤其是 SNP，平均不到 1000 bp 就有一个 SNP，由于标记的密度很大，可保证影响性状的每个基因，无论它们在基因组中的什么位置，也无论它们的效应大小，都至少有一个 SNP 是它的功能突变位点或与它的功能突变位点紧密连锁，从而处于高度的连锁不平衡，所以利用这些标记可以直接或间接地捕获所有基因的遗传信息，如图 7-5 所示。

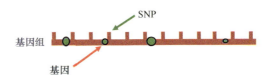

图 7-5　基因组中分布的基因与标记

基于这样的思路，基因组选择的基本方法是，先建立一个参考群体（或称为训练群体），测定其中每个个体的性状表型和足够数量的标记的基因型，利用这些信息估计每个标记对性状表型的效应（直接或间接效应），建立由标记效应估计个体育种值的方程，由此得到的估计育种值称为基因组估计育种值（genomic estimated breeding value，GEBV）。在选择群体中，测定候选个体的标记基因型（与参考群体相同的标记），根据由参考群得到的育种值估计方程，即可得到每个候选个体的 GEBV，以此作为选择的依据，如图 7-6 所示。

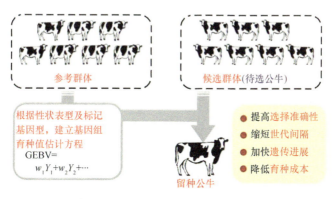

图 7-6　基因组选择基本过程的示意图
GEBV. 基因组估计育种值

在这个过程中有 3 个关键技术环节，一是对基因组标记的高通量准确测定方法，二是足够大的高质量的参考群体，三是基因组育种值的高效可靠的估计方法。

（三）基因组选择的优势

（1）利用高密度标记可以捕获基因组的全部或大部分遗传变异，可以获得较高的选择准确性，这对于遗传力低的性状尤其具有意义。

（2）可以在保证较高准确性的前提下进行早期选择（无须等待性状表现）。这对于奶牛育种尤其具有应用价值，因为种公牛的选择可以通过基因组信息，而无须经过后裔测定，从而大幅缩短了世代间隔，加快每年的遗传进展，并大幅节省了后裔测定的成本。根据 Schaeffer（2006）的测算，在加拿大传统的公牛后裔测定育种体系下，每年的理论遗传进展为 0.215 σ_g（σ_g 为性状的加性遗传标准差），每获得一个加性遗传标准差进展的育种成本约为 11 600 万加元，而如果采用基因组选择育种体系，每年的理论遗传进展为 0.467 σ_g，而每获得一个加性遗传标准差进展的育种成本仅为 417 万加元。

（3）对于表型难以测定的性状（如抗病性状、肉质性状、饲料转化率等），传统的选择方法很难实施，基因组选择则提供了一个可靠的方法。

（四）基因组选择在奶牛育种中的应用情况

虽然基因组选择方法早在 2001 年就提出了，但由于当时一方面基因组标记的高通量检测技术尚不成熟，另一方面育种者对基因组选择的优势认识不足，所以并没有引起广泛关注，直到 2006 年，SNP 芯片技术出现，Schaeffer（2006）系统比较了在奶牛中基因组选择和常规后裔测定选择在遗传进展和育种成本上的优劣，证明了基因组选择在加快遗传进展和降低育种成本上的巨大优势，此时基因组选择才引起了奶牛育种工作者的高度重视。奶牛育种工作者对基因组选择技术开展了大量的研究和论证，2008 年，第一款牛商业化 50K SNP 芯片（BovineSNP50, Illumina）问世，为奶牛基因组选择的实际应用提供了条件。从 2008 年起，基因组选择就陆续在各个奶牛业发达国家的奶牛育种中大规模应用（表 7-12），基因组选择已成为新的常规方法，不仅用于种公牛选择，也大规模用于母牛的选择（图 7-7）。

表 7-12 部分国家 2009 年和 2019 年基因型测定牛数

国家	基因型测定牛数	
	2009 年	2019 年
美国/加拿大	22 344	3 020 000
法国	8 500	550 000
荷兰	6 000	465 000
新西兰/爱尔兰	4 500	140 000
德国	3 000	785 000

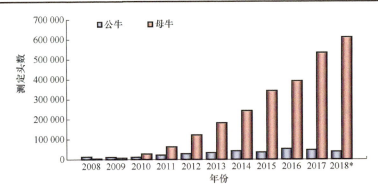

图 7-7 美国每年基因型测定的公牛和母牛数量

*截至 2018 年 12 月 13 日

我国自 2008 年开始进行基因组选择方法的研究和相关技术的研发，并开始构建参考群体，2011 年基本完成基因组选择技术体系建设，研发了中国荷斯坦牛基因组性能指数（GCPI），提出了针对我国奶牛育种实际的基因组选择实施方案（图 7-8），该研究成果于 2011 年通过了教育部组织的成果鉴定，被农业部指定为我国荷斯坦牛青年公牛遗传评估的方法，并在全国推广应用。自 2012 年起，我国开始对全国各公牛站的青年公牛进行基因组选择，选出的优秀青年公牛直接作为种公牛使用。目前已累计对全国各公牛站的 4509 头青年公牛进行了基因组遗传评估。2016 年，以"中国荷斯坦牛基因组选择分子育种技术体系的建立与应用"为题的研究成果获国家科学技术进步奖二等奖。

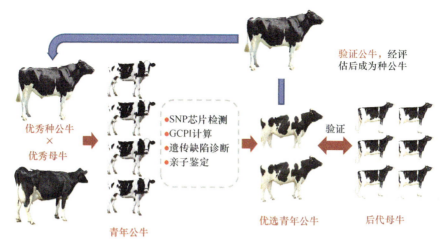

图 7-8 中国荷斯坦牛基因组选择实施方案

（五）基因组选择应用效果

基因组选择的应用大幅加快了奶牛群体的遗传进展，以美国荷斯坦牛为例，如图 7-9 所示，在基因组选择应用之前的 10 年（1999～2009 年），产奶量的遗传进展为 64.1 kg/a，净值指数（net merit）的进展为 22.9 \$/a，在基因组选择应用后的 10 年（2010～2019 年）中，产奶量的遗传进展为 97.2 kg/a，净值指数的进展为 57.9 \$/a，产奶量的遗传进展提高了 52%，净值指数的进展提高了 153%。我国奶牛产奶性能遗传进展在应用基因组选择后也显著加快（图 7-10），虽然遗传进展的加快有多方面的因素，但基因组选择无疑发挥了重要作用。

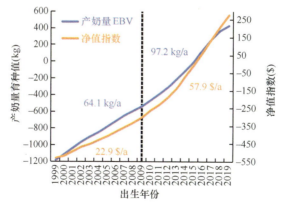

图 7-9 美国荷斯坦牛产奶量和净值指数遗传进展

［数据来源：美国奶牛育种委员会（Council on Dairy Cattle Breeding，CDCB），
https://www.uscdcb.com］

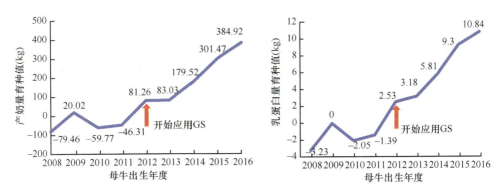

图 7-10   中国荷斯坦牛产奶量和乳蛋白量遗传进展

（数据来源：中国奶业数据平台，www.holstein.org.cn）

（六）基因组选择展望

动物育种已进入基因组选择时代，基因组选择给动物育种，尤其是奶牛育种带来了革命性的变化。毫无疑问，其应用将越来越广泛和深入，应用的性状越来越多。从技术上说，基因组选择方法也将随着各种生物技术，如功能基因组学技术、基因组测序技术、胚胎基因型测定技术、基因编辑技术、干细胞技术等的发展而继续发展。

随着基因组测序技术的发展，测序成本持续下降，用基因组测序代替 SNP 芯片成为基因组选择领域的一个兴趣热点，尤其是利用低深度测序（< 1×）和基因型填充技术，可以低成本（低于目前 SNP 芯片的成本）地获得基因组高覆盖度的 SNP 基因型，利用测序数据中所包含的功能基因组信息，有望进一步提高基因组选择的准确性，尤其是对于跨群体（品种）的基因组选择更加显著。但目前我们对功能基因组的信息掌握得还非常有限，同时测序数据中也含有大量的冗余垃圾信息，这些信息将给有效信息的利用带来干扰，此外，测序数据的利用也带来一定计算上的挑战，因此如何有效利用测序数据还有待进一步研究。

胚胎移植在奶牛育种和生产中有广泛应用，如果对胚胎进行基因组选择，选择优秀胚胎进行移植，而不是等个体出生后再进行基因组选择，这样可以增加选择强度，进一步缩短世代间隔，节省育种成本。而要对胚胎进行基因组选择，就需要对胚胎进行 SNP 芯片测定或测序，获得胚胎的高密度基因型数据，这需要在不影响胚胎发育能力的前提下从胚胎（桑椹胚或囊胚）分离一定数量的细胞，提取 DNA 并进行全基因组扩增，以获得可满足芯片测定或测序所需的足够量的 DNA。目前相关技术已基本形成，但对于大规模应用来说，这些技术还需进一步完善，以实现高通量和低成本。

基因组选择可以与基因编辑技术相结合，如对于用基因组选择出的优良个体

（尤其是雄性个体），对其产生的配子基因组中具有较大效应的功能位点的等位基因进行编辑，使得它们在这些位点上具有理想的等位基因，由此可得到更优秀的后代，加快遗传进展，如图 7-11 所示。要实现这一技术需要突破的是对影响性状的功能位点的挖掘和提高基因组编辑的效率。

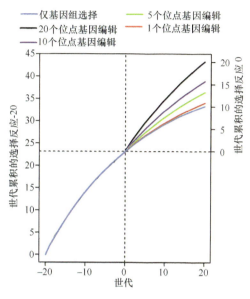

图 7-11　基因组选择+基因编辑的遗传进展（Jenko et al.，2015）

将基因组选择与胚胎干细胞技术相结合,也是一个具有重要应用价值的技术。例如,将优良公畜和母畜的配子进行体外受精,获得体外胚胎,分离胚胎干细胞,通过基因组选择出优秀的雄性和雌性胚胎干细胞,将它们诱导分化成配子细胞,再进行体外受精,产生体外胚胎,如此循环下去,这样就可在实验室完成育种（选种+选配）过程,即实现体外育种（*in vitro* breeding）或试管育种（Hou et al.，2018；Goszczynski et al.，2019）（图 7-12）。利用这一技术,完成一个育种周期只需要 3～4 个月,大大加快了育种进展（图 7-12）。目前这一技术应用的主要障碍是从胚胎干细胞诱导分化成配子细胞在大动物中还未能实现,但具有非常诱人的应用前景。

二、黄牛 *Myostatin* 基因编辑育种研究

在国家科技重大专项支持下,我国科研人员历时 15 年,以蒙古牛、鲁西牛和西门塔尔牛为对象,通过 CRISPR/Cas9 基因编辑技术,对调控肌肉发育的抑肌基因（*Myostatin*，MSTN）进行编辑,成功培育出双肌鲁西牛等高产优质肉牛新品系。基因编辑牛的生长速度、体型外貌与产肉性能等均得到显著提高,突破了黄牛品

种体型小、生长慢、产肉率低的肉用性状瓶颈，本小节系统分析了基因编辑牛性状改善的生理学分子机制，有望成为可与国际优秀肉牛媲美的自主肉牛品种。

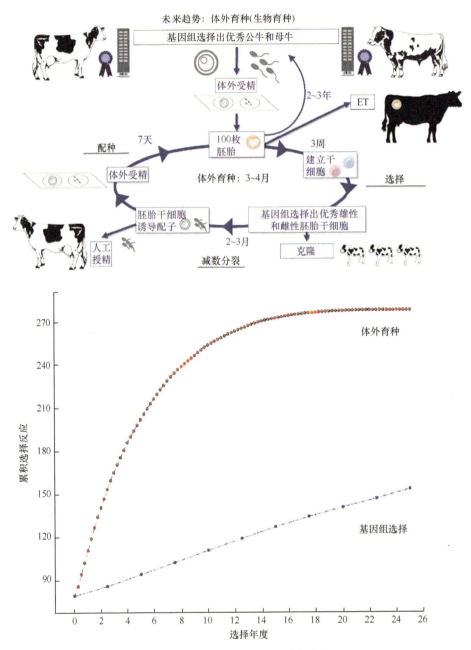

图 7-12 基于胚胎干细胞的奶牛体外育种流程及预期的遗传进展（Goszczynski et al.，2019）

（一）研究背景

黄牛是我国的特色种质资源，为经千年驯养选育的古老品种，蕴藏着极为丰富的优良遗传种质资源，具有耐粗饲、抗逆性好、适应性强与肉质细嫩等优点。但由于以长期役用为主，存在体型小、生长慢、产肉率低等缺陷，远不及国际肉用牛要求。如何克服黄牛的肉用性能缺陷，成为困扰我国肉牛育种界几十年的瓶颈问题。

（二）育种策略与目标

在国家转基因生物新品种培育重大专项资助下，针对黄牛体型小、生长慢、产肉率低的缺点，以鲁西牛和蒙古牛为研究对象，以调控肌肉发育的 *Myostatin*（*MSTN*）基因为靶标，通过基因编辑技术对 *MSTN* 进行精准编辑，培育具有典型肉牛特征的黄牛新品系或新品种。

（三）育种技术路线

育种技术路线为 CRISPR/Cas9 基因编辑 + 克隆技术 + 系组品系培育（图 7-13）。

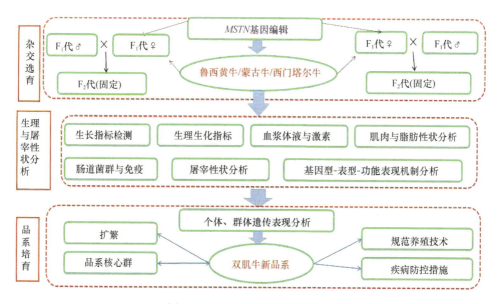

图 7-13 双肌牛育种总技术路线
超数排卵与胚胎移植

依据 *Myostatin* 基因的突变多态特点及自然突变牛的生长与生产性状，我们选择了不影响出生重及后期发育的 4 个位点作为突变靶标［g.507del（6）、g.505del（115）、g.415C>A 和 g.3942T>G］对基因进行定点编辑，通过体细胞克隆技术研制原代基因编辑公牛，再经系组培育法扩大基因编辑牛群体，组建核心育种群，培育生长快、肌肉发达，具有双肌性状的 *MSTN* 编辑基因牛新品系。

（四）双肌鲁西牛新品系培育成果

基因编辑牛具有典型鲁西牛的黄色或红棕色被毛和"三粉"特征；与普通对照牛相比，基因编辑牛的前躯与后躯均显著发达，躯体呈典型肉牛的宽大矩形结构。从 12 月龄开始，基因编辑牛的体重比普通牛提高 10.2%，到 24 月龄时增速比对照牛提高 16.8%；到 24 月龄时，F_1 代基因编辑公牛的平均体重为 510 kg，F_2 代为 530 kg，而普通公牛的体重为 440 kg；F_1 代编辑母牛的体重为 396 kg，F_2 代为 402 kg，而普通母牛的体重为 366 kg。基因编辑牛的"三高"（体高、宽高和十字部高）、"三宽"（肩宽、髋宽和十字部宽）与"三围"（胸围、腹围和管围）均比普通牛大，而且十字部高与十字部宽的后躯宽度增加极显著，使其呈现"双肌"表型。屠宰试验表明，26 月龄未育肥的 *MSTN* 基因编辑公牛的平均活体重为 662 kg，胴体重 416 kg，屠宰率为 62.8%；对照牛平均活体重为 575 kg，胴体重 311 kg，屠宰率为 54.1%；两组之间活体重、胴体重与屠宰率均具有显著性差异（$P<0.05$）。基因编辑牛的肉质品质及肌肉脂肪酸组成与对照组牛无显著差异，基因编辑牛的血液生理生化指标与对照牛基本一致。从基因型—表型—生理指标—代谢特征进行系统解析，培育出达到品系评定标准的新品系（图 7-14 和图 7-15）。

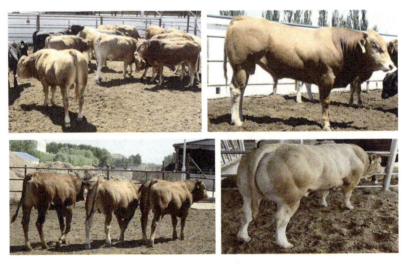

图 7-14　基因编辑双肌公牛

本项成果得到专家们的高度肯定，认为"基本解决了黄牛存在的体型小、长得慢与产肉率低等困扰常规育种家几十年的瓶颈问题，对于中国黄牛育种具有里程碑意义""整体技术达到国际领先水平"。

图 7-15　基因编辑双肌母牛

三、华西牛品种培育

华西牛是我国科研人员与肉牛育种企业联合，历经 43 年的杂交改良和持续选育，形成了当前体型外貌一致、生产性能较突出、遗传性能稳定的专门化肉用牛新品种。华西牛品种是我国种业翻身仗的代表性成果，是我国大动物育种历史上的重要里程碑，是积极贯彻落实国家《种业振兴行动方案》取得的标志性成果。

（一）背景

华西牛培育前期，我国存栏西门塔尔牛及杂交改良母牛约 3000 万头，占肉用能繁母牛的 60% 以上，是肉牛生产的主导品种。虽然具备了一定的育种基础，供种质量有所提高，但此阶段的西门塔尔牛为乳肉兼用，专门化肉牛品种自主培育仍是空白。

（二）培育历程

华西牛品种培育工作起始于 1978 年，经过 43 年的杂交改良和持续选育，形成了体型外貌一致、生产性能突出、遗传性能稳定的专门化肉用牛新品种，2021 年 12 月通过审定。培育过程经历了三个阶段。

1. 杂交探索阶段（1978～1993 年）

1978 年，利用内蒙古锡林郭勒盟乌拉盖当地蒙古牛和部分三河牛作母本，以乳肉兼用西门塔尔牛（来自德国和奥地利）、利木赞、夏洛莱、短角牛、三河牛作父本，开展杂交组合筛选，期间针对个别组合选留杂种公牛进行复杂杂交，旨在培育适于高寒牧区草原放牧饲养的大型肉乳兼用型乌拉盖肉牛新品种。通过生产性能、适应性、体型等指标的综合评判，确定了（西×三）×（西×夏×蒙）组合并形成了一定规模的群体。

2. 种质创新阶段（1994～2003 年）

1993 年，开始引入北美肉用西门塔尔牛冻精进行改良以提高肉用性能，育种目标调整为肉用方向。到 2003 年，经过两世代改良，牛群整体肉用性能稳步提升，形成了肉用西门塔尔牛占 24/32 血液，兼用西门塔尔牛占 5/32 血液，夏洛莱、三河牛和蒙古牛各占 1/32 血液的华西牛早期群体。该群体体质结实，肉乳性能高，性成熟早，适应性强，耐粗饲、耐寒冷。

3. 选育提高阶段（2004 年至今）

2004 年，在内蒙古锡林郭勒盟乌拉盖开始组建华西牛育种核心群，在群内选择公牛开展横交固定，采用核心群、育种群和扩繁群三级繁育体系，将常规育种和基因组选择技术相结合，利用开放式育种核心群模式开展选育，群体生产性能大幅度提高。育种群规模不断扩大，湖北荆门、内蒙古通辽、内蒙古赤峰、河南郑州、云南昆明、吉林长春、新疆等场站先后加入华西牛育种体系，实施统一登记制度，开展联合育种。

至 2020 年，华西牛已开始第 5 世代的选育工作，总存栏 2 万余头，其中，核心群母牛 3602 头，存栏采精种公牛 53 头（含后备公牛），主要集中在内蒙古自治区的锡林郭勒盟、兴安盟、通辽市、赤峰市，以及河南、湖北、吉林、云南、新疆等省（自治区），见图 7-16～图 7-18。

图 7-16　华西牛公牛

图 7-17　华西牛母牛

图 7-18　华西牛群体

（三）华西牛品种特征和性能

1. 体型外貌

华西牛躯体被毛多为红色（部分为黄色）或含少量白色花片，头部白色或带红黄眼圈，腹部有大片白色，肢蹄、尾梢均为白色。公牛颈部隆起发达，颈胸垂皮明显，体格骨架大，背腰平直，肋部方圆深广，背宽肉厚，肌肉发达，后臀丰满，体躯呈圆筒状。母牛体型结构匀称，乳房发育良好，母性好，性情温顺。

2. 生产性能

成年公牛和母牛体重分别为 936.39 kg 和 574.98 kg。20～24 月龄宰前活重 690.80 kg，胴体重 430.84 kg，屠宰率 62.39%，净肉率 53.95%。12～18 月龄育肥牛日增重 1.36 kg，第 12～13 肋间眼肌面积 92.62 cm^2。

3. 繁殖性状

华西牛初情期早，繁殖成活率高。母牛初情期 8～10 月龄，性成熟 10～14 月龄，初配年龄 14 月龄，发情周期 18～24 天，妊娠期（290±6）天，产后返情时间 45～60 天。难产率低于 1%。母牛繁殖成活率 82% 以上。在人工输精条件下，情期受胎率 50%～70%。

4. 抗逆性和适应性

华西牛抗逆性和适应性强，耐粗饲，易饲养，好管理。华西牛耐寒、耐高温高湿；既适应我国牧区、农区及北方农牧交错带，又适应南方草山草坡地区，均能发挥良好的繁殖和生长性能。

5. 育种成果的创新性和先进性

华西牛品种的育成打破了主要肉用品种种牛依靠进口的局面，是振兴民族种业的有效措施，为参与种业国际市场竞争打下坚实的基础。育种成果的主要创新性和先进性如下。

（1）生产性能和综合品质达到国际先进水平

华西牛具有生长速度快，屠宰率、净肉率高，繁殖性能好，抗逆性强，适应面广，经济效益高等特点，既适应全国所有的牧区、农区及北方农牧交错带，又适应南方草山草坡地区。在寒冷和高温高湿等环境下，都能表现出良好的生长发育性能。与国际同类型肉牛品种相比，日增重、屠宰率、净肉率均达到国际先进水平。

（2）应用基因组选择技术，实现肉牛育种核心技术从"跟跑"到"并跑"

构建了我国第一个华西牛基因组选择参考群，群体规模为 2689 头，测定了生长发育、育肥、屠宰、胴体、肉质、繁殖 6 类 87 个重要性状，建立了 770 K 基因型数据库，为我国实施肉牛全基因组选择奠定了基础，该平台总体处于国际先进水平；建立了基因组选择相应的软、硬件平台，研究制定了包括屠宰率和净肉率在内的基因组选择指数（GCBI），主要性状育种值评估准确度不低于 60%，加快了群体遗传进展；开发了 10 K 低密度生物芯片，降低了育种成本。育种技术体系引领了我国肉牛育种科技发展方向。

（3）首创联合育种实体，真正实现了大动物育种"全国一盘棋"的组织机制。

2015 年成立了我国首个肉用牛联合后裔测定组织，开创了我国肉用种公牛联合后裔测定的先河；2018 年，中国农业科学院北京畜牧兽医研究所牵头全国 24 家育种单位，成立了"肉用西门塔尔牛育种联合会（北京联育肉牛育种科技有限公司）"，推动肉牛联合育种。

肉用西门塔尔牛育种联合会坚持以企业为主，多元合作。坚持市场导向，突出育种企业主体地位，以科研单位为技术依托，建立首席科学家制度，以互利共赢为纽带，开展跨学科、跨单位、跨地区联合攻关。坚持整合资源，搭建平台。以智能集成、协作共享为指引，以信息化、协同化为抓手，聚焦共性需求，全力打造集生产性能测定平台、大数据信息共享平台、遗传评估平台、分子育种技术平台、育种评价示范平台为一体的良种联合攻关平台，进一步激发联合攻关活力，实现了"共享、共创、共赢"，形成了"繁育场＋养殖场（企业）＋规模养殖户"一体化的高效繁育体系。

（四）创建了可持续健康发展的育繁推一体化高效肉牛产业模式

形成了以中国农业科学院北京畜牧兽医研究所和国家肉牛遗传评估中心为研发中心，全国种公牛站、育种核心场、育肥场广泛参与的华西牛产学研深度融合联合育种模式，通过人才、技术、数据、产业链等资源有效整合，加快成果转化，提高创新效率。2018～2019年连续两年中国农业科学院北京畜牧兽医研究所、中国畜牧业协会主办全国种公牛拍卖会，累计拍卖种公牛119头，单头拍卖价格最高达到24万元，拍卖会是我国肉牛种业史上的创举，实现了种牛的优质优价，极大增强了我国肉牛繁育企业、育种合作社和农牧民参与肉牛育种的积极性。

（五）推广应用

华西牛生长速度快、产肉率高，改良效果好，可用于纯繁生产种公牛和种母牛，生产优质牛肉，也可用于改良其他地方品种牛或在经济杂交中用作第二父本或终端父本。2016～2019年，全国共推广华西牛种公牛冻精762万剂，累计改良各地母牛305万头，预计到2025年，提供进站采精公牛180头，自主供种率提升到60%。同时，华西牛抗逆性强、适应面广、耐粗饲、性情温顺、易饲养管理，已在内蒙古、吉林、河南、湖北、云南和新疆等多省（自治区）开始推广。

华西牛选育工作的不断推进，将为肉牛种源国产化提供重要的种质保证。按照当前遗传进展推算，再经过5～10年选育提高，其生长速度、产肉性能和屠宰性能等主要指标将媲美美国和澳大利亚等顶级肉用西门塔尔牛核心群。

华西牛新品种的育成和推广应用，将有效解决我国肉用种公牛严重依赖国外进口的问题；有效提升我国肉牛业的生产效率和效益，大幅度提高肉牛生产者的积极性；逐步缓解我国牛肉市场供不应求的局面；最终助力新农村经济建设，贯彻落实乡村振兴战略部署。

四、顶级奶牛种公牛培育与性别控制繁殖新技术开发应用

国际业界公认，遗传育种对奶牛生产水平的贡献率在50%以上。奶牛的育种

工作，主要是在现有的优良品种中，系统地开展选育工作，实现群体的持续遗传改良。在以人工授精为主导技术的奶牛繁育体系中，一头种公牛每年可承担 10 000头以上母牛的配种，因此，选育优秀种公牛是奶牛育种的核心工作。

（一）背景

我国奶牛育种企业立足我国"种业振兴"与"奶业振兴"战略，面向奶牛养殖产业发展的高端种业产品供种能力提升，前瞻性地挖掘国内外奶牛顶级种质资源并建立特色种质资源库，培育世界水平顶级奶牛种公牛；创新奶牛性别控制冷冻精液高效生产核心技术、高产奶牛性别控制胚胎与 OPU-IVF 奶牛种用胚胎生产新技术与新产品开发应用，实现奶牛种源及高端种业产品自主可控，抵御国际种业贸易风险，推动我国奶牛养殖与乳品加工产业持续、健康、稳定发展。

（二）奶牛育种平台建设与 TOP 奶牛种公牛培育

保护性挖掘、收集蒙古高原地区特有家畜（图 7-19）、濒危野生动物资源样本 2 纲 12 目 29 科 152 种和品种，冷冻保存了体细胞、胚胎、精液资源样品30 027 剂（管），占蒙古高原地区以哺乳动物为主动物种数量的 47%、家畜品种的 100%，初步形成了"蒙古高原动物遗传资源库与信息平台"，开拓了蒙古高原动物遗传资源保存与研究新领域，填补了我国该领域的研究空白。2021年 10 月 10 日，农业农村部科技发展中心组织由西北农林科技大学张涌院士任组长、军事医学科学院金宁一院士与中国科学院亚热带农业生态研究所印遇龙院士任副组长的 9 名行业知名专家对该成果进行评价。评价结论：该成果总体水平达到国际先进水平，特别是动物杂交生殖调控研究成果对生殖生物学研究具有重要理论意义。

蒙古牛　　　　蒙古羊　　　　蒙古马

双峰驼　　　　驯鹿　　　　蒙古黑山羊

图 7-19　蒙古高原特有动物

2021年4月国内各站注册公牛前20名

排名	NAAB	TPI	所属公牛站
1	291HO19023	2933	内蒙古赛科星
2	291HO20020	2879	内蒙古赛科星
3	311HO20833	2872	河南鼎元
4	291HO20014	2870	内蒙古赛科星
5	291HO19020	2868	内蒙古赛科星
6	291HO20021	2864	内蒙古赛科星
7	311HO20827	2859	河南鼎元
8	311HO20828	2843	河南鼎元
9	291HO20029	2829	内蒙古赛科星
10	305HO20067	2825	山东奥克斯
11	308HO20603	2824	北京奶牛中心
12	291HO20015	2821	内蒙古赛科星
13	311HO20831	2821	河南鼎元
14	309HO20367	2820	上海奶牛中心
15	305HO19065	2817	山东奥克斯
16	291HO20026	2813	内蒙古赛科星
17	291HO20027	2810	内蒙古赛科星
18	291HO20030	2806	内蒙古赛科星
19	291HO20028	2804	内蒙古赛科星
20	291HO20019	2803	内蒙古赛科星
	291HO19022	2803	内蒙古赛科星

2021年4月成绩统计(全国约650头牛在NAAB注册),赛科星在国内注册公牛TPI成绩前10名中占到6头, 占比60%,前20名的排名中占到13头,占比65%,其中291HO19023再次以TPI=2933的成绩排名全国第一,291HO20020以TPI=2879的成绩排名全国第二。

图 7-20　2021 年我国荷斯坦种公牛的遗传评估结果（美国综合选择指数 TPI）
（资料来源：美国荷斯坦协会 www.holsteinusa.com）

EVE
291HO19023

出生日期/2019.9.21
TPI（2021.4）2933
净价值/777

优点:

综合指数高;
TPI国内注册公牛连续3年第1名;
产奶量育种指数高;
生产寿命长;
饲料转化率高;
乳房结构优秀;

图 7-21　连续三年 TPI 成绩排名第一的注册种公牛（No.291HO19023）
（资料来源：美国荷斯坦协会 www.holsteinusa.com）

内蒙古赛科星公司研究建立了生产性能遗传检测、性别控制与克隆技术相结合的高效奶牛育种技术体系与国际标准的"国家级奶牛育种基地与胚胎工程中心",创新集成了科学高效的奶牛母系、父系遗传系谱组合为基础的种用胚胎生产、全基因组检测关键技术流程,2019~2021 年累计培育后备奶牛种公牛 276 头,其中 83 头参与全球荷斯坦奶牛注册遗传评估（NAAB）,在国内 300 头参与注册评价种公牛 TPI 成绩年度动态排名前 20 名中占比 50%~65%,其中 No.291HO19023 种公牛连续 3 年以 TPI=2933 的成绩排名全国第一（图 7-20、图 7-21）。奶牛育种技术体系建设与顶级遗传资源挖掘利用，为突破奶牛遗传资源"卡脖子"问题提供了技术支撑，提升了我国奶牛种业核心竞争力、高端种业产品供种能力与种业国际抗风险能力。

（三）奶牛性别控制新技术与新产品开发

我国研究人员开发了具有自主知识产权、国际领先的奶牛（肉牛）性控冷冻精液生产新技术与"奶牛超级性控冷冻精液"自主品牌，突破了种公牛精液利用率与 XY 精子分离效率低的"产业化生产技术瓶颈"，建立了高效市场关键核心技术流程（图 7-22 和图 7-23），与国外同类技术相比提升生产效率 3 倍、降低成本70%。2021 年 10 月 10 日，农业农村部科技发展中心组织专家，对完成的"奶牛

牛、羊XY精子分离操作

牛、羊分离精子灌装及冷冻

图 7-22　牛羊 XY 精子分离操作

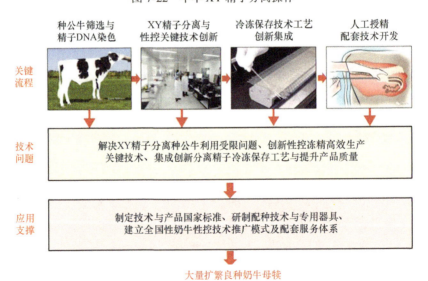

图 7-23　技术流程及体系

性别控制冷冻精液生产关键技术创新与应用"成果进行评价。以张涌院士为组长、金宁一院士与印遇龙院士为副组长的专家评价认为：该成果总体达到国际先进水平，其中技术应用水平和推广规模居国际领先；对于助力打好我国奶牛种业翻身仗、促进奶业振兴意义重大。

（四）良种奶牛性别控制快速扩繁应用

开发了"奶牛超级性控冻精"新产品，使奶牛性别控制冷冻精液适配母牛范围从 2 胎拓展到 4 胎；开发深部输精技术和配套新型人工输精枪，确定深部输精技术要点（发情排卵侧子宫角、排卵前后 4～6 h），使应用效果明显提升。制定了《牛性控冷冻精液生产技术规程》（GB/T 31581—2015）和《牛性控冷冻精液》（GB/T 31582—2015）2 项国家标准，累计在全国 31 个省（自治区、直辖市）5401 个规模化奶牛场推广 643 万剂，情期受胎率范围 50%～60%（平均 52.3%）、性别控制准确率总体达到 93%～98%（平均 93.7%），繁育良种奶牛 230 万头。2018～2021 年作为农业农村部主推技术，奶牛性别控制冷冻精液连续十年保持产销全国行业第一，显示了广阔的产业应用前景。

参 考 文 献

德宏州畜牧站. 2009. 云南德宏水牛遗传资源调查(科技成果).

方程. 2018. 隆林黄牛、荷斯坦牛和西林水牛的肉质、肌纤维和酶活性差异的研究. 广西大学硕士学位论文.

冯文, 董易春, 王晓, 等. 2016. Trappc9 基因对奶牛金葡菌乳房炎抗性性状的遗传效应. 畜牧兽医学报, 47(2): 276-283.

高亚辉. 2017. 基于组学技术鉴定奶牛副结核易感/抗性及乳成分性状功能基因.中国农业大学博士学位论文.

国家畜禽遗传资源委员会. 2011. 中国畜禽遗传资源志·牛志. 北京: 中国农业出版社.

黄河天. 2019. 利用全基因组关联分析鉴定奶牛真胃变位和酮病候选基因. 中国农业大学博士学位论文.

蓝传仁. 1989. 信阳地区特产及资源. 北京: 测绘出版社: 147-151.

李俊雅, 陈燕. 2021. 肉牛种业的昨天、今天和明天. 中国畜牧业, (14): 26-30.

李助南, 柳谷春. 2010. 江汉水牛屠宰性能的测定. 湖北农业科学, 49(11): 2861-2863.

林珊. 2021. 奶牛乳成分性状关键基因鉴定及功能验证. 中国农业大学博士学位论文.

刘澳星. 2018. 奶牛繁殖性状遗传参数估计与基因组预测. 中国农业大学博士学位论文.

马云, 左春生, 王启钊, 等. 2009. 信阳水牛种质资源调查与研究. 江苏农业科学, (4): 270-272, 283.

农业农村部种业管理司, 全国畜牧总站. 2020. 中国畜禽种业发展报告 2019. 北京: 中国农业出版社.

农业农村部种业管理司, 全国畜牧总站. 2023. 中国畜禽种业发展报告 2022. 北京: 中国农业出版社.

潘斌. 2014. 湖北杂交水牛乳中脂肪酸和氨基酸成分分析及其营养价值评价. 华中农业大学硕士学位论文.

汤守锟, 葛长荣, 曹振辉等. 2007. 德宏水牛及其不同杂交组合品种屠宰性能研究. 中国农学通报, (2): 31-33.

吴晓平. 2014. 基于 SNP 芯片和全测序数据的奶牛全基因组关联分析和基因组选择研究. 中国农业大学博士学位论文.

徐建忠. 2015. 摩拉水牛与贵州白水牛杂交效果初报. 中国牛业科学, 41(4): 24-27.

许尚忠, 高雪. 2013. 中国黄牛学. 北京: 中国农业出版社.

张瑞光. 2012. 福安水牛研究利用的现状与展望. 家畜生态学报, 33(4): 110-112.

张胜利, 孙东晓. 2021. 奶牛种业的昨天、今天和明天. 中国畜牧业, (15): 22-26.

Abanda B, Schmid M, Paguem A, et al. 2021. Genetic analyses and genome-wide association studies on pathogen resistance of *Bos taurus* and *Bos indicus* cattle breeds in Cameroon. Genes(Basel), 12(7): 976.

Ashwell M S, Heyen D W, Weller J I, et al. 2005. Detection of quantitative trait loci influencing conformation traits and calving ease in Holstein-Friesian cattle. J Dairy Sci, 88(11): 4111-4119.

Ayalew W, Chu M, Liang C, et al. 2021. Adaptation mechanisms of yak (*Bos grunniens*) to high-altitude environmental stress. Animals(Basel), 11(8): 2344.

Bastiaansen J W M, Bovenhuis H, Groenen M A M, et al. 2018. The impact of genome editing on the introduction of monogenic traits in livestock. Genet Sel Evol, 50(1): 18.

Bedhane M, van der Werf J, Gondro C, et al. 2019. Genome-wide association study of meat quality traits in hanwoo beef cattle using imputed whole-genome sequence data. Front Genet, 10: 1235.

Beecher C, Daly M, Childs S, et al. 2010. Polymorphisms in bovine immune genes and their associations with somatic cell count and milk production in dairy cattle. BMC Genet, 11: 99.

Bhati M, Kadri N K, Crysnanto D, et al. 2020. Assessing genomic diversity and signatures of selection in Original Braunvieh cattle using whole-genome sequencing data. BMC Genomics, 21(1): 27.

Bordbar F, Jensen J, Zhu B, et al. 2019. Identification of muscle-specific candidate genes in Simmental beef cattle using imputed next generation sequencing. PLoS One, 14(10): e0223671.

Braz C U, Rowan T N, Schnabel R D, et al. 2021. Genome-wide association analyses identify genotype-by-environment interactions of growth traits in Simmental cattle. Sci Rep, 11(1): 13335.

Brito L F, Bedere N, Douhard F, et al. 2021. Review: genetic selection of high-yielding dairy cattle toward sustainable farming systems in a rapidly changing world. Animal, 15(9): 100292.

Cai C, Xu J, Huang Y, et al. 2019. Differential Expression of ACTL8 Gene and Association Study of Its Variations with Growth Traits in Chinese Cattle. Animals (Basel), 9(12): 1068.

Carlson D F, Lancto C A, Zang B, et al. 2016. Production of hornless dairy cattle from genome-edited cell lines. Nat Biotechnol, 34(5): 479-481.

Casellas J, Cañas-Álvarez J J, González-Rodríguez A, et al. 2016. Bayesian analysis of parent-specific transmission ratio distortion in seven Spanish beef cattle breeds. Anim Genet, 48(1): 93-96.

Charatsari C D, Lioutas E, De Rosa M, et al. 2020. Extension and advisory organizations on the road to the digitalization of animal farming: an organizational learning perspective. Animals(Basel), 10(11): 2056.

Cole J B , Wiggans G R, Ma L, et al. 2011. Genome-wide association analysis of thirty one production, health, reproduction and body conformation traits in contemporary U.S. Holstein cows. BMC Genomics, 12(1): 408.

Cortez J, Bahamonde J, De Los Reyes M, et al. 2018. In vitro differentiation of bovine bone marrow-derived mesenchymal stem cells into male germ cells by exposure to exogenous bioactive factors. Reprod Domest Anim, 53(3): 700-709.

Cui X G, Hou Y L, Yang S H, et al. 2014. Transcriptional profiling of mammary gland in Holstein cows with extremely different milk protein and fat percentage using RNA sequencing. BMC Genomics, 15(1): 226.

Cui X, Zhang S, Zhang Q, et al. 2020. Comprehensive microRNA expression profile of the mammary gland in lactating dairy cows with extremely different milk protein and fat percentages. Front Genet, 11: 548268.

Cushman R A, Bennett G L, Tait R G Jr, et al. 2021. Relationship of molecular breeding value for beef tenderness with heifer traits through weaning of their first calf. Theriogenology, 73: 128-132.

De Graeff N, Jongsma KR, Johnston J, et al. 2019. The ethics of genome editing in non-human animals: a systematic review of reasons reported in the academic literature. Philos Trans R Soc Lond B Biol Sci, 374(1772): 20180106.

Deng T, Liang A, Liang S, et al. 2019. Integrative analysis of transcriptome and GWAS data to identify the hub genes associated with milk yield trait in buffalo. Front Genet, 10: 36.

Du C, Deng T, Zhou Y, et al. 2019. Systematic analyses for candidate genes of milk production traits in water buffalo(Bubalus Bubalis). Anim Genet, 50(3): 207-216.

Frankel O H, Brown A H D. 1984. Current plant genetic resources—a critical appraisal. Genetics: New Frontiers Vol. IV. England: Oxford and IBH Publishing: 3-13.

Freitas P H F, Wang Y C, Yan P, et al. 2021. Genetic diversity and signatures of selection for thermal stress in cattle and other two bos species adapted to divergent climatic conditions. Frontiers in Genetics, 12: 604823.

Gao Y H, Jiang J P, Yang S H, et al. 2017. CNV discovery for milk composition traits in dairy cattle using whole genome resequencing. BMC Genomics, 18(1): 265.

Gao Y H, Jiang J P, Yang S H, et al. 2018. Genome-wide association study of *Mycobacterium avium* subspecies *Paratuberculosis* infection in Chinese Holstein. BMC Genomics, 19(1): 972.

Ge Q, Guo Y, Zheng W, et al. 2021. Molecular mechanisms detected in yak lung tissue via transcriptome-wide analysis provide insights into adaptation to high altitudes. Sci Rep, 11(1): 7786.

Gonçalves T M, de Almeida Regitano L C, Koltes J E, et al. 2018. Gene co-expression analysis indicates potential pathways and regulators of beef tenderness in Nellore cattle. Front Genet, 9: 441.

González-Rodríguez A, Munilla S, Mouresan E F, et al. 2017. Genomic differentiation between Asturiana de los Valles, Avileña-Negra Ibérica, Bruna dels Pirineus, Morucha, Pirenaica, Retinta and Rubia Gallega cattle breeds. Animal, 11(10): 1667-1679.

Goszczynski D E, Cheng H, Demyda-Peyrás S, et al. 2019. In vitro breeding: application of embryonic stem cells to animal production. Biol Reprod, 100(4): 885-895.

Hempel R J, Bannantine J P, Stabel J R. 2016. Transcriptional profiling of ileocecal valve of Holstein dairy cows infected with *Mycobacterium avium* subsp. *paratuberculosis*. PLoS One, 11(4): e153932.

Hou Y, Xie Y, Yang S, et al. 2021. EEF1D facilitates milk lipid synthesis by regulation of PI3K-Akt signaling in mammals. FASEB J, 35(5): e21455.

Hou Z, An L, Han J, et al. 2018. Revolutionize livestock breeding in the future: an animal embryo-stem cell breeding system in a dish. J Anim Sci Biotechnol, 9(1): 90.

Huang H, Cao J, Guo G, et al. 2019. Genome-wide association study identifies QTLs for displacement of abomasum in Chinese Holstein cattle 1. J Anim Sci, 97(3): 1133-1142.

Huang H, Cao J, Hanif Q, et al. 2019. Genome-wide association study identifies energy metabolism genes for resistance to ketosis in Chinese Holstein cattle. Anim Genet, 50(4): 376-380.

Iamartino D, Nicolazzi E L, Van Tassell C P, et al. 2017. Design and validation of a 90K SNP genotyping assay for the water buffalo(*Bubalus bubalis*). PLoS One, 12(10): e0185220.

Ibeagha-Awemu E M, Peters S O, Bemji M N, et al. 2019. Leveraging available resources and stakeholder involvement for improved productivity of African livestock in the era of genomic breeding. Front Genet, 10: 357.

Jenko J, Gorjanc G, Cleveland MA, et al. 2015. Potential of promotion of alleles by genome editing to improve quantitative traits in livestock breeding programs. Genet Sel Evol, 47(1): 55.

Jiang J P, Gao Y H, Hou Y L, et al. 2016. Whole-genome resequencing of Holstein bulls for Indel discovery and identification of genes associated with milk composition traits in dairy cattle. PLoS One, 11(12): e0168946.

Jiang L, Liu J F, Sun D X, et al. 2010. Genome wide association studies for milk production traits in Chinese Holstein population. PLoS One, 5(10): e13661.

Karaman E, Su G, Croue I, et al. 2021. Genomic prediction using a reference population of multiple pure breeds and admixed individuals. Genet Sel Evol, 53(1): 46.

Khan M Z, Ma Y, Ma J, et al. 2021. Association of DGAT1 with cattle, buffalo, goat, and sheep milk and meat production traits. Front Vet Sci, 8: 712470.

Lambert S, Blondin P, Vigneault C, et al. 2018. Spermatozoa DNA methylation patterns differ due to peripubertal age in bulls. Theriogenology, 106: 21-29.

Lan D, Xiong X, Mipam T D, et al. 2018. Genetic diversity, molecular phylogeny, and selection evidence of Jinchuan Yak revealed by whole-genome resequencing. G3(Bethesda), 8(3): 945-952.

Li C, Sun D X, Zhang S L, et al. 2014. Genome wide association study identifies 20 novel promising genes associated with milk fatty acid traits in Chinese Holstein. PLoS One, 9(5): e96186.

Li J, Liang A, Li Z, et al. 2017. An association analysis between PRL genotype and milk production traits in Italian Mediterranean river buffalo. J Dairy Res, 84(4): 430-433.

Li Q, Liang R, Li Y, et al. 2020. Identification of candidate genes for milk production traits by RNA sequencing on bovine liver at different lactation stages. BMC Genet, 21(1): 72.

Liang R B, Han B, Li Q, et al. 2017. Using RNA sequencing to identify putative competing endogenous RNAs(ceRNAs) potentially regulating fat metabolism in bovine liver. Sci Rep-UK, 7(1): 6396.

Lin S, Ke C, Liu L, et al. 2022. Genome-wide association studies for immunoglobulin concentrations in colostrum and serum in Chinese Holstein. BMC Genomics, 23(1): 41.

Lin S, Wan Z H, Zhang J N, et al. 2020. Genome-wide association studies for the concentration of albumin in colostrum and serum in Chinese Holstein. Animals (Basel), 10(12): 2211.

Lin S, Zhang H Y, Hou Y L, et al. 2019. SNV discovery and functional candidate gene identification for milk composition based on whole genome resequencing of Holstein bulls with extremely high and low breeding values. PLoS One, 14(8): e0220629.

Liu J, Liang A, Campanile G, et al. 2018. Genome-wide association studies to identify quantitative trait loci affecting milk production traits in water buffalo. J Dairy Sci, 101(1): 433-444.

Liu M, Li B, Shi T, et al. 2019. Copy number variation of bovine *SHH* gene is associated with body conformation traits in Chinese beef cattle. J Appl Genet, 60(2): 199-207.

Liu S, Yu Y, Zhang S, et al. 2020. Epigenomics and genotype-phenotype association analyses reveal conserved genetic architecture of complex traits in cattle and human. BMC Biol, 18(1): 80.

Medugorac I, Graf A, Grohs C, et al. 2017. Whole-genome analysis of introgressive hybridization and characterization of the bovine legacy of Mongolian yaks. Nature Genetics, 49(3): 470-475.

Mei C, Gui L, Hong J, et al. 2021. Insights into adaption and growth evolution: a comparative genomics study on two distinct cattle breeds from Northern and Southern China. Mol Ther Nucleic Acids, 23: 959-967.

Meuwissen T H, Hayes B J, Goddard M E. 2001. Prediction of total genetic value using genome-wide dense marker maps. Genetics, 157(4): 1819-1829.

Mömke S, Sickinger M, Lichtner P, et al. 2013. Genome-wide association analysis identifies loci for left-sided displacement of the abomasum in German Holstein cattle. J Dairy Sci, 96(6): 3959-3964.

Morenikeji O B, Capria A L, Ojurongbe O, et al. 2020. SNP diversity in *CD14* gene promoter suggests adaptation footprints in trypanosome tolerant N'Dama (*Bos taurus*) but not in susceptible white Fulani (*Bos indicus*) cattle. Genes (Basel), 11(1): 112.

Naserkheil M, Bahrami A, Lee D, et al. 2020. Integrating single-step GWAS and bipartite networks reconstruction provides novel insights into yearling weight and carcass traits in Hanwoo beef cattle. Animals (Basel), 10(10): 1836.

Naval-Sánchez M, Porto-Neto L R, Cardoso D F, et al. 2020. Selection signatures in tropical cattle are enriched for promoter and coding regions and reveal missense mutations in the damage response gene HELB. Genet Sel Evol, 52(1): 27.

Oliver K F, Geary T W, Kiser J N, et al. 2020. Loci associated with conception rate in crossbred beef heifers. PLoS One, 15(4): e0230422.

Olsen H G, Hayes B J, Kent M P, et al. 2011. Genome-wide association mapping in Norwegian red cattle identifies quantitative trait loci for fertility and milk production on BTA12. Anim Genet, 42(5): 466-474.

Paguem A, Abanda B, Achukwi M D, et al. 2020. Whole genome characterization of autochthonous Bos taurus brachyceros and introduced Bos indicus indicus cattle breeds in Cameroon regarding their adaptive phenotypic traits and pathogen resistance. BMC Genet, 21(1): 64.

Parker Gaddis K L , Megonigal J H , Clay J S, et al. 2018. Genome-wide association study for ketosis in US Jerseys using producer-recorded data. J Dairy Sci, 101(1): 413-424.

Picard B, Gagaoua M. 2020. Meta-proteomics for the discovery of protein biomarkers of beef tenderness: an overview of integrated studies. Food Res Int, 127: 108739.

Raza S H A, Li S J, Khan R, et al. 2020. Polymorphism of the PLIN1 gene and its association with body measures and ultrasound carcass traits in Qinchuan beef cattle. Genome, 63(10): 483-492.

Schaeffer L R. 2006. Strategy for applying genome-wide selection in dairy cattle. J Anim Breed Genet, 123(4): 218-223.

Shen J, Hanif Q, Cao Y, et al. 2020. Whole genome scan and selection signatures for climate adaption in Yanbian cattle. Front Genet, 11: 94.

Silveira F D, Lermen F H, Amaral F G, et al. 2021. An overview of agriculture 4.0 development: systematic review of descriptions, technologies, barriers, advantages, and disadvantages. Computers and Electronics in Agriculture, 189: 106405.

Song M, He Y, Zhou H, et al. 2016. Combined analysis of DNA methylome and transcriptome reveal novel candidate genes with susceptibility to bovine *Staphylococcus aureus* subclinical mastitis. Sci Rep-UK, 6(1): 29390.

Srivastava S, Srikanth K, Won S, et al. 2020. Haplotype-based genome-wide association study and identification of candidate genes associated with carcass traits in Hanwoo cattle. Genes (Basel), 11(5): 551.

Stafuzza N B, Silva R M O, Peripolli E, et al. 2018. Genome-wide association study provides insights into genes related with horn development in Nelore beef cattle. PLoS One, 13(8): e0202978.

Stegemiller M R, Murdoch G K, Rowan T N, et al. 2021. Genome-wide association analyses of fertility traits in beef heifers. Genes (Basel), 12(2): 217.

Szmatoła T, Gurgul A, Jasielczuk I, et al. 2019. A Comprehensive analysis of runs of homozygosity of eleven cattle breeds representing different production types. Animals (Basel), 9(12): 1024.

Taye M, Lee W, Jeon S, et al. 2017. Exploring evidence of positive selection signatures in cattle breeds selected for different traits. Mamm Genome, 28(11-12): 528-541.

Thompson R P, Nilsson E, Skinner M K. 2020. Environmental epigenetics and epigenetic inheritance in domestic farm animals. Anim Reprod Sci, 220: 106316.

Utsunomiya Y T, Torrecilha R B P, Milanesi M, et al. 2019. Hornless Nellore cattle (Bos indicus) carrying a novel 110 kbp duplication variant of the polled locus. Anim Genet, 50(2): 187-188.

VanRaden P M, Olson K M, Null D J, et al. 2011. Harmful recessive effects on fertility detected by absence of homozygous haplotypes. J Dairy Sci, 94(12): 6153-6161.

Wang H, Wang X, Li X , et al. 2019. A novel long non-coding RNA regulates the immune response in MAC-T cells and contributes to bovine mastitis. FEBS J, 286(9): 1780-1795.

Wang J B, Chai Z X, Deng L, et al. 2020. Detection and integrated analysis of lncRNA and mRNA relevant to plateau adaptation of yak. Reproduction in Domestic Animals, 55(11): 1461-1469.

Wang X, Wang X, Wang Y, et al. 2014. Antimicrobial resistance and toxin gene profiles of staphylococcus aureus strains from Holstein milk. Lett Appl Microbiol, 58(6): 527-534.

Wiggans G R, Cole J B, Hubbard S M, et al. 2017. Genomic selection in dairy cattle: the USDA experience. Annual Review of Animal Biosciences, 5: 309-327.

Wu C, Blondin P, Vigneault C, et al. 2020. The age of the bull influences the transcriptome and epigenome of blastocysts produced by IVF. Theriogenology, 144: 122-131.

Wu X P, Fang M, Liu L, et al. 2013. Genome wide association studies for body conformation traits in the Chinese Holstein cattle population. BMC Genomics, 14: 897.

Wu X P, Lund M, Sahana G, et al. 2015. Association analysis for udder health based on SNP-panel and sequence data in Danish Holsteins. Genet Sel Evol, 47: 50.

Xia X, Yao Y, Li C, et al. 2019. Genetic diversity of Chinese cattle revealed by Y-SNP and Y-STR markers. Anim Genet, 50(1): 64-69.

Xia X, Zhang S, Zhang H, et al.2021. Assessing genomic diversity and signatures of selection in Jiaxian red cattle using whole-genome sequencing data. BMC Genomics, 22(1): 43.

Xu L N, Shi L J, Liu L, et al. 2019. Analysis of liver proteome and identification of critical proteins affecting milk fat, protein, and lactose metabolism in dairy cattle with iTRAQ. Proteomics, 19(12): e1800387.

Ya L H, Yan X, Shao H Y, et al. 2021. EEF1D facilitates milk lipid synthesis by regulation of PI3K-Akt signaling in mammals. Faseb J, 35(5): e21455.

Yan Z, Huang H, Freebern E, et al. 2020. Integrating RNA-seq with GWAS reveals novel insights into the molecular mechanism underpinning ketosis in cattle. BMC Genomics, 21(1): 489.

Yang S Z , He H, Zhang Z J, et al. 2020. Determination of genetic effects of SERPINA3 on important growth traits in beef cattle. Animal Biotechnology, 31(2): 164-173.

Zhang Y, Hu Y, Wang X, et al. 2020. Population structure, and selection signatures underlying high-altitude adaptation inferred from genome-wide copy number variations in Chinese indigenous cattle. Front Genet, 10: 1404.

Zhu B, Guo P, Wang Z, et al. 2019.Accuracies of genomic prediction for twenty economically important traits in Chinese Simmental beef cattle. Anim Genet, 50(6): 634-643.

Zhu L, Marjani S L, Jiang Z. 2021. The Epigenetics of gametes and early embryos and potential long-range consequences in livestock species-filling in the picture with epigenomic analyses. Front Genet, 12: 557934.

Zinovieva N A, Dotsev A V, Sermyagin A A, et al. 2020. Selection signatures in two oldest Russian native cattle breeds revealed using high-density single nucleotide polymorphism analysis. PLoS One, 15(11): e0242200.

牛种业专题报告编写组成员

组　长：李胜利（中国农业大学　产业体系首席/教授）

副组长：李光鹏（内蒙古大学　教授）

　　　　李俊雅（中国农业科学院北京畜牧兽医研究所　副所长/研究员）

成　员（按姓氏汉语拼音排序）：

　　　　陈　燕（中国农业科学院北京畜牧兽医研究所　副研究员）

　　　　高　雪（中国农业科学院北京畜牧兽医研究所　研究员）

　　　　高会江（中国农业科学院北京畜牧兽医研究所　研究员）

　　　　郭　宪（中国农业科学院兰州畜牧与兽药研究所　研究员）

　　　　韩　博（中国农业大学　副教授）

　　　　黄洁萍（广西大学　助理教授）

　　　　黄永震（西北农林科技大学　副教授）

　　　　李建斌（山东省农业科学院畜牧兽医研究所　研究员）

　　　　李喜和（内蒙古大学　教授）

　　　　　　　　（内蒙古赛科星家畜种业与繁育生物技术研究院　院长）

　　　　刘　林（北京奶牛中心　研究员）

　　　　刘庆友（佛山科学技术学院　教授）

　　　　陆凤花（广西大学　教授）

　　　　马　毅（天津市农业科学院　研究员）

　　　　石德顺（广西大学　教授）

　　　　苏建民（西北农林科技大学　教授）

　　　　孙东晓（中国农业大学　教授）

　　　　王　栋（中国农业科学院北京畜牧兽医研究所　研究员）

　　　　王雅春（中国农业大学　教授）

　　　　王泽昭（中国农业科学院北京畜牧兽医研究所　助理研究员）

　　　　阎　萍（中国农业科学院兰州畜牧与兽药研究所　研究员）

　　　　杨　磊（内蒙古大学　研究员）

　　　　张　勤（山东农业大学/中国农业大学　教授）

　　　　张　毅（中国农业大学　教授）

　　　　张路培（中国农业科学院北京畜牧兽医研究所　研究员）

张胜利（中国农业大学　教授）

张天留（河南农业大学　讲师）

朱　波（中国农业科学院北京畜牧兽医研究所　助理研究员）

秘　书（按姓氏汉语拼音排序）：

苏建民（西北农林科技大学　教授）

孙东晓（中国农业大学　教授）

张沙秋（四川农业大学　副教授）

第八章 羊种业专题

党的十八大以来，以习近平同志为核心的党中央明确提出"创新是引领发展的第一动力"，加快实施创新驱动发展战略，我国科技创新的整体能力得到显著提升，科技发展从以"跟跑"为主，步入"跟跑、并跑、领跑"并存的历史新阶段。我国"十四五"时期及更长时期的发展对加快科技创新提出了更为迫切的要求。加快科技创新是推动高质量发展的需要，是实现人民高品质生活的需要，是构建新发展格局的需要，是顺利开启全面建设社会主义现代化国家新征程的需要。种业是国家战略性、基础性核心产业，以习近平同志为核心的党中央对种业发展高度重视。2021年中央全面深化改革委员会第二十次会议上审议通过了《种业振兴行动方案》，将种业作为国家安全战略的重要组成部分提到了史无前例的高度。习近平总书记强调必须把民族种业搞上去，实现种业科技自立自强、种源自主可控。2022年10月16日召开的中国共产党第二十次全国代表大会上，习近平总书记提出全面推进乡村振兴，加快建设农业强国，深入实施种业振兴行动，强化农业科技和装备支撑，确保中国人的饭碗牢牢端在自己手中，为我国种业发展提出宏伟蓝图和清晰路径。

我国是养羊大国，羊存栏量、出栏量、肉产量均居世界首位，羊种业作为畜牧业的重要组成部分，对优化畜牧业结构、发展节粮型畜牧业、增加农牧民收入、满足消费者不断变化的消费需求具有重要意义；同时作为农牧民脱贫首选的产业之一，对推动国家农业产业结构的调整与绿色发展重大战略的实施具有重要作用。回顾过去70年的发展历程，我国羊种业经历了以毛用为主到肉用为主的转变，走出一条从无到有、从小到大的振兴之路。近年来，我国肉羊种业发展迅速，种质资源不断丰富，良种繁育体系逐步完善，种羊生产水平稳步提升。但总体上看与肉羊产业发达国家仍存在较大差距，发展基础仍不牢固，保障种源自主可控十分重要和紧迫。

畜禽种业科技创新是落实习近平总书记关于科技创新重要论述、推动种业科技自立自强的必需路径，是满足人民营养健康需求的重要基础，是提高畜牧业自主创新能力、引领新兴技术变革带动畜禽种业跨越式发展的迫切需求。为深入贯彻习近平新时代中国特色社会主义思想，全面贯彻落实党的十九大、十九届历次全会、二十大会议精神，立足新发展阶段、贯彻新发展理念、构建新发展格局、推动高质量发展，全面实施种业振兴行动，不折不扣完成各项目标任务，坚决打好种业翻身仗，树立大农业观、大食物观，构建多元化食物供给体系，牢牢掌握国家粮食安全和农业现代化主动权。中国农村技术开发中心精心组织国内羊种业一线专家，编写形成《畜禽种业科技创新战略研究——羊种业专题》，共 8 个部分，包括我国绵羊、山羊种业科技创新战略背景，种质资源的开发利用，国内外种业发展现状和趋势，科技创新现状和趋势，我国羊种业发展的关键制约问题、主要任务和发展重点，未来我国羊种业科技创新政策和建议，典型案例。

"羊种业专题"坚持"四个面向"，突出问题导向、需求导向、目标导向和场景导向，立足"十四五"，面向"十五五"，超前谋划羊种业科技创新基础研究、技术和产品开发、应用示范全产业链的重点任务与方向，为未来羊种业科技创新部署实施提供重要战略支撑。

第一节　我国绵羊、山羊种业科技创新战略背景

种业事关粮食安全和农业农村现代化，种业科技创新是种业发展的关键。我国是羊生产、消费和进口大国，也是羊毛和羊绒制品出口大国，羊存栏量、出栏量、产肉量和绒产量均居世界第一。中国共产党第二十次全国代表大会上，习近平总书记提出全面推进乡村振兴，加快建设农业强国，深入实施种业振兴行动，强化农业科技和装备支撑，为我国羊种业发展提出宏伟蓝图和清晰路径。实现羊种业科技自立自强，一定要从战略和全局高度，深刻领悟其重大战略意义。

一、羊种业发展为优质动物蛋白供应提供保障

种业是国家战略性、基础性核心产业，是保障国家粮食安全和重要农产品有效供给、推动生态文明建设、维护生物多样性的重要基础，是国家安全的重中之重。羊种业是提升羊产业核心竞争力的关键。我国是世界养羊大国，2020 年绵山羊存栏 3.07 亿只，出栏 3.19 亿只，羊肉产量 492.3 万 t，居世界首位，同时我国也是羊肉消费大国和羊肉进口大国，2020 年进口羊肉 36.50 万 t。此外，绵山羊为人民提供肉、毛、乳、绒等多种形式的畜产品，并且羊精料料重比不足 1.9∶1，是解决我国饲料用粮不足的最佳物种。随着国际能源的逐渐紧张和人口的不断增长，饲料原料短缺、饲料价格不断攀升已成为全球普遍趋势，提高养羊业综合生产水平，利用废弃秸秆等农业副产物资源和草地资源可以减少饲料用粮的消耗，实现植物蛋白向动物蛋白转化，为人民提供优质的动物蛋白。

二、羊种业发展是推动乡村振兴的重要组成部分

民族要复兴，乡村必振兴。2021 年《中共中央 国务院关于全面推进乡村振兴加快农业农村现代化的意见》总体目标提出：农业供给侧结构性改革深入推进，农产品质量和食品安全水平进一步提高，农民收入增长继续快于城镇居民，脱贫攻坚成果持续巩固。我国绵山羊广泛分布在全国 32 个省（自治区、直辖市），一些地区养羊业是农牧民收入的主要来源，对增加农牧民收入、保障供给具有重要作用。同时，羊种业也承载着戍边富民功能，是边疆少数民族地区及偏远贫困地区农牧民赖以生存的产业，"扶贫羊"产业正成为当地脱贫攻坚工作的"领头羊"，产业精准帮扶显现良好脱贫效果，对持续推进产业扶贫、实现稳定增收、巩固脱贫攻坚成果及为乡村振兴打下坚实基础等方面具有重要意义。

三、种业科技创新是羊产业核心竞争力的体现

新中国成立以来，我国养羊业不断发展，但总体上长期处于散、小、慢的状态。2015 年和 2021 年国家分别颁布《全国肉羊遗传改良计划（2015—2025）》和《全国肉羊遗传改良计划（2021—2035 年）》，实施肉羊遗传改良计划，绵山羊种质资源不断丰富、良种繁育体系逐步完善，生产水平显著提高，育种技术与研发应用不断加快，羊种业得到快速发展，为羊产业健康发展提供了有力支撑。

但总体而言，我国羊产业生产水平与发达国家仍有差距，存在育种体系有待完善，肉羊、奶山羊等当家品种缺乏，品种改良过度依赖进口品种，地方品种选育提高不足，优异遗传资源挖掘利用有待加强等瓶颈。加快种业科技创新是推动羊产业高质量发展的需要，通过科技创新开展基因组选育，提高自主培育品种和本土品种的生产性能，大幅降低对国外品种的依赖度，将使我国羊产业从种源上掌握话语权，显著提升我国羊产业的竞争实力，实现"种业科技自立自强、种源自主可控"，使我国从羊产业大国变成羊产业强国。

第二节　羊种质资源的开发利用

羊种质资源是羊产业可持续发展的基石，是创制育种新素材和进行新品种培育的前提。我国历来重视羊种质资源的收集、保护和开发利用。我国绵山羊遗传资源丰富，共有品种 167 个，其中，绵羊品种 89 个，包括 44 个地方品种、32 个培育品种及 13 个引进品种；山羊品种 78 个，包括 60 个地方品种、12 个培育品种和 6 个引进品种。2020 年我国绵山羊存栏 3.07 亿只，出栏 3.19 亿只，羊肉产量 492.3 万 t，居世界首位。通过一系列的政策引导和支持，我国羊种质资源开发

利用工作也取得了明显的成效。

一、绵羊种质资源的开发利用

我国绵羊广泛分布于 32 个省（自治区、直辖市），但是由于各地生态经济条件差异很大，分布极不平衡。总体来看，绵羊的主要分布地区属温带、暖温带和寒温带的干旱、半干旱和半湿润地带，西部多于东部，北方多于南方。根据生态经济学原则，结合行政区域将我国绵羊的分布划分为 8 个生态地理区域。根据我国韩亚儒（2016）对中国绵羊地方品种种质特性及其生态分布规律的研究表明，亚热带季风气候区分布的绵羊体型性状、产肉性状和产毛性状均是最差的，温带大陆性气候区分布的绵羊产肉性状、产毛性状和羔羊体型性状均是最好的，温带季风气候区分布的成年绵羊体型性状最好（表 8-1）。

表 8-1　中国绵羊地方品种地理分布

生态地理区域	包括省份	气候	地方品种	培育品种
内蒙古地区	内蒙古	温带大陆性季风气候	蒙古羊、呼伦贝尔羊、苏尼特羊、乌冉克羊、乌珠穆沁羊	内蒙古细毛羊、敖汉细毛羊、巴美肉羊、鄂尔多斯细毛羊、呼伦贝尔细毛羊、中国美利奴羊（科尔沁型）、乌兰察布细毛羊、兴安毛肉兼用细毛羊、内蒙古半细毛羊、察哈尔羊、戈壁短尾羊、草原短尾羊、中国卡拉库尔羊
华北农区	山东、山西、河北、河南、北京、天津	温带大陆性季风气候	广灵大尾羊、晋中绵羊、豫西脂尾羊、鲁中山地绵羊、泗水裘皮羊、洼地绵羊、大尾寒羊、小尾寒羊、太行裘皮羊	鲁西黑头羊、鲁中肉羊
西北农牧交错区	陕西、甘肃、宁夏	少数地区属亚热带气候，多属内陆气候，干旱少雨	汉中绵羊、同羊、滩羊、兰州大尾羊、岷县黑裘皮羊	甘肃高山细毛羊、陕北细毛羊、高山美利奴羊
新疆牧区	新疆	温带大陆性季风气候	哈萨克羊、阿勒泰羊、巴尔楚克羊、巴什拜羊、巴音布鲁克羊、策勒黑羊、多浪羊、和田羊、柯尔克孜羊、罗布羊、塔什库尔干羊、吐鲁番黑羊、叶城羊	新疆细毛羊、中国美利奴羊、中国卡拉库尔羊、苏博美利奴羊
中南农区	上海、江苏、浙江、安徽、江西、湖北、湖南、广东、广西、福建、海南、台湾	亚热带和热带气候，温暖潮湿	湖羊	无

续表

生态 地理区域	包括省份	气候	地方品种	培育品种
西南农区	四川、云南、贵州、重庆	亚热带湿润季风气候	威宁绵羊、迪庆绵羊、兰坪乌骨绵羊、宁蒗黑绵羊、石屏青绵羊、腾冲绵羊、昭通绵羊	凉山半细毛羊、云南半细毛羊、黄滩肉羊
青藏高原区	青海、西藏、甘肃南部、四川西北部	属于高山高原气候,辐射强烈,日照多,气温低,冬季干冷漫长,夏季温凉多雨	西藏羊、欧拉羊、扎什加羊、贵德黑裘皮羊	青海毛肉兼用细毛羊、青海高原毛肉兼用半细毛羊、彭波半细毛羊、象雄半细毛羊

资料来源:国家畜禽遗传资源委员会,2011;王慧华等,2015;韩亚儒,2016

(一)绵羊种质生产性能

1. 毛用绵羊生产性能

20 世纪 90 年代以来,受羊毛市场行情和羊肉需求不断上升的影响,细毛羊数量急剧下降,部分品种处于濒危边缘。引进品种相对较少,主要以肉毛兼用羊为主,还有少量的澳洲美利奴羊超细毛羊群体(羊毛纤维直径 18 μm 以下)。由于毛用羊的养殖群体以成年母羊为主,因此表 8-2 统计的为成年母羊的生产性能。

表8-2 我国毛用绵羊的生产性能(成年母羊)

品种	体重(kg)	毛长(cm)	毛细(μm)	毛产量(kg)	主要分布
新疆细毛羊	48.6~60.0	7.0~7.2	21.6~23.0	4.0~5.0	新疆、青海、甘肃、内蒙古、辽宁、吉林、黑龙江等地区
东北细毛羊	47.5~55.5	7.0~8.5	23.1~27.3	5.5~7.5	辽宁、吉林、黑龙江等地区
内蒙古细毛羊	45.1~45.9	7.2~8.5	21.6~23.0	4.0~5.5	内蒙古锡林郭勒盟
甘肃高山细毛羊	34.9~40.0	7.4~10.9	21.6~23.0	3.9~4.4	甘肃省
中国美利奴羊	43.1~55.2	9.0~10.5	20.0~25.0	4.4~7.4	新疆、内蒙古和东北三省(黑龙江、吉林、辽宁)
新吉细毛羊	48.0~59.0	9.40~9.82	19.2~20.3	3.67~7.6	新疆、吉林、甘肃、辽宁、黑龙江和内蒙古等地区
苏博美利奴羊	39.7~45.8	8.5~9.06	18.0~21.5	3.7~4.4	新疆、内蒙古和吉林
凉山半细毛羊	41.5~55.8	14.8~14.6	29.1~30.0	3.3~4.0	四川省凉山彝族自治州
德国肉用美利奴羊	70.0~80.0	7.0~10.0	21.6~23.0	4.0~5.0	内蒙古、黑龙江、辽宁等地区
南非肉用美利奴羊	70.0~80.0	7.0~10.0	18.0~27.0	4.0~5.0	新疆、内蒙古、甘肃、北京、山西、辽宁、吉林和宁夏等地区

资料来源:张启成,1988;相军和赵红波,2003;姬爱国和刘文忠,2004;国家畜禽遗传资源委员会,2011;蒋烈戈等,2013;王天翔,2014;杨祐程等,2014;田可川等,2018;关鸣轩等,2022

2. 肉用绵羊生产性能

随着居民消费结构的变化与生活水平的提高，绵羊的产毛性能逐渐被产肉需求取代，肉用羊品种成为市场的主流。我国地域辽阔，气候多样，各地绵羊品种均具有很强的适应性，而且风味独特，随着人们对地方品种保护意识的提高，培育品种不断被优化，国内肉用羊品种的产肉性能得到不断加强。此外，我国每年都会进口一定数量的优秀绵羊品种，大多用于品种改良（表 8-3 和表 8-4）。目前我国还没有可直接将进口品种用作生产群体且已形成一定规模的畜牧企业，但利用我国大量的自有地方品种和引进的多个优质肉羊品种，培育了一定数量的品种。

表 8-3 我国绵羊地方品种生产性能

品种	成年公羊重（kg）	成年母羊重（kg）	屠宰率（%）	主要分布
蒙古羊	51.3~71.1	44.4~55.2	40.3~57.9	内蒙古，我国东北、华北、西北各地也有分布
西藏羊（高山型）	51.3~90.6	52.9~64.1	43.0~47.5	西藏、青海、甘肃、四川、云南、贵州等地区
哈萨克羊	57.9~88.9	45.9~59.1	42.4~42.6	新疆北疆各地及其与甘肃、青海毗邻的地区
苏尼特羊	78.3~86.1	48.1~57.7	53.2~55.4	内蒙古锡林郭勒盟的苏尼特左旗、苏尼特右旗
乌珠穆沁羊	71.2~84.0	54.3~64.3	50.1~54.1	内蒙古锡林郭勒盟东乌珠穆沁旗、西乌珠穆沁旗
湖羊	70.6~88.0	45~56.2	52.6~53.5	浙江嘉兴和太湖地区
小尾寒羊	78.2~129.6	56~72.8	51.4~55.2	山东南部、河北南部、河南北部等地区
大尾寒羊	46.1~64.7	52.4~60.2	52.2~52.8	河南平顶山市、河北东南部、山东聊城市和德州市等地区
同羊	63.6~73.0	44.5~49.7	50.7~56.1	陕西省渭南和咸阳两市北部，延安市南部
滩羊	41.1~69.7	34.6~52.8	47.9~53.7	宁夏及其与陕西、甘肃、内蒙古相毗邻的地区
阿勒泰羊	80.1~116.5	69.1~85.1	48.9~49.0	新疆阿勒泰地区
巴什拜羊	77.4~94.0	55.0~65.4	52.5~53.8	新疆塔城地区
巴音布鲁克羊	39.2~78.8	35.4~54.6	44.1~46.5	新疆巴音郭楞蒙古自治州
多浪羊	80.6~112.0	61.6~86.6	46.1~55.9	新疆喀什地区和兵团第三师
和田羊	46.4~65.2	31.5~40.1	48.8~49.2	新疆和田地区

资料来源：桑布，1998；马章全等，2009；金花和卓娅，2003；杨树猛等，2008；国家畜禽遗传资源委员会，2011；《湖羊》(T/CAAA 051—2020)

表 8-4　我国引进羊的生产性能

品种	成年公羊重（kg）	成年母羊重(kg)	平均屠宰率（%）	原产地
夏洛莱羊	110.0～140.0	80.0～100.0	50.0～58.0	法国
德国肉用美利奴羊	100.0～140.0	70.0～80.0	47.5～51.1	德国
萨福克羊	114.0～136.0	60.0～90.0	49.4～58.0	澳大利亚和新西兰
无角陶塞特羊	85.0～115.0	60.0～80.0	54.0～55.0	澳大利亚和新西兰
特克赛尔羊	90.0～120.0	65.0～80.0	47.4～51.6	荷兰
杜泊羊	109.7～130.3	74.8～95.2	51.0～55.0	南非
南非肉用美利奴羊	100.0～110.0	70.0～80.0	47.4～51.6	南非
澳洲白绵羊	70.0～90.0	65.0～75.0	52.0～56.0	澳大利亚

资料来源：许英民，1995；相军和赵红波，2003；姬爱国和刘文忠，2004；国家畜禽遗传资源委员会，2011；麦麦提·吐尔逊，2014；李锋红等，2015；罗学明等，2015；李佳蓉等，2017；《萨福克羊种羊》（NY/T 3134—2017）；《杜泊羊》（DB15/T 1415—2018）；《夏洛莱羊种羊》（T/CAAA 029—2020）；《澳洲白绵羊肉羊》（T/CAAA 030—2020）；韩战强等，2021

3. 奶用绵羊生产性能

相比较奶用山羊，奶用绵羊品种相对较少，目前国内主要有 2 个品种，分别是东佛里生羊和戴瑞羊，均为引进品种（表 8-5）。

表 8-5　我国奶用绵羊生产性能

品种	泌乳期（d）/产奶量（L）	繁殖性能（%）	成年体重（kg）	主要分布
东佛里生羊	230/500～700	230	公 90～100 母 70～90	内蒙古、甘肃、宁夏
戴瑞羊	220/450～700	220	公 100～120 母 75～85	内蒙古

资料来源：郑重等，2019

（二）我国主要绵羊品种的开发情况

1. 地方绵羊品种的开发利用

我国地方绵羊品种资源丰富，因具有较好的适应性、繁殖力高、肉质鲜美、耐粗饲等优良特性而被广泛饲养，同时也为新品种培育提供重要的育种素材，参与新品种培育。表 8-6 列出在我国开发利用较好的 12 个主要地方绵羊品种的利用情况。

2. 培育品种的开发利用

新中国成立初期，为满足现代毛纺织业的发展，保证原料供应，我国早期的培育方向以细毛羊为主，而且随着纺织工艺的提高，对羊毛细度不断提出新的要

表 8-6 我国主要地方品种特性及开发利用情况

品种名称	品种形成	品种利用
蒙古羊	蒙古高原自然条件长期选择和北方各族人民人工选育形成，1989 年收录于《中国羊品种志》	参与培育新疆细毛羊、东北细毛羊、内蒙古细毛羊、敖汉细毛羊和中国克拉库尔羊；因其适应性，作为杂交母本，产肉性能突出
西藏羊	青藏高原自然条件长期选择和藏族人民人工选育形成，1989 年收录于《中国羊品种志》	参与培育青海细毛羊、青海高原毛肉兼用半细毛羊、凉山半细毛羊、云南半细毛羊和彭波半细毛羊；因其适应性，作为杂交母本，产肉性能突出
湖羊	湖羊源于蒙古羊，南宋迁都临安后，随北方移民南下而被携至江南太湖流域一带，逐渐适应当地气候条件而形成，1989 年收录于《中国羊品种志》	参与鲁中肉羊的育成；各地利用其繁殖性能，常作为杂交母本，产肉性能突出
小尾寒羊	小尾寒羊源于蒙古羊，后迁徙进入中原黄河流域，适应当地气候及人工选育，逐渐形成该品种，1989 年收录于《中国羊品种志》	参与黄淮肉羊的育成；因其适应性，作为杂交母本，产肉性能突出
哈萨克羊	新疆自然环境和牧民选育而成，1989 年收录于《中国羊品种志》	因其适应性，作为杂交母本，产肉性能突出
苏尼特羊	蒙古族苏尼特部落经过长达 800 年的自然选择和人工选育而成，1997 年由内蒙古自治区正式命名	肉质鲜美，作为纯种扩繁
乌珠穆沁羊	乌珠穆沁羊来源于蒙古羊血统，在乌珠穆沁草原经过长期的自然选择和人工选育而成，1989 年收录于《中国羊品种志》	肉质鲜美，作为纯种扩繁
同羊	陕西同州自然条件长期选择和当地人民选育形成，1989 年收录于《中国羊品种志》	肉质鲜美，作为纯种扩繁
滩羊	滩羊因具有特殊滩皮而得名，1989 年收录于《中国羊品种志》	肉质鲜美，作为纯种扩繁
阿勒泰羊	阿勒泰地区自然生态环境和牧民长期选择培育而成，1989 年收录于《中国羊品种志》	因其适应性，保种的同时作为杂交母本，产肉性能突出
巴音布鲁克羊	蒙古羊与当地羊杂交，后与欧洲、俄国羊再次杂交繁育，逐渐适应巴音布鲁克草原驯化形成，1989 年收录于《中国羊品种志》	因其适应性，保种的同时作为杂交母本，产肉性能突出
多浪羊	1919 年我国从阿富汗合吉尔地区引入 4 只羊，与南疆当地绵羊杂交，逐步培育而成，2006 年列入《国家畜禽遗传资源保护名录》	因其适应性，保种的同时作为杂交母本，产肉性能突出

资料来源：国家畜禽遗传资源委员会，2011

求，不断有更高品质的细毛羊培育品种出现，如从中国美利奴羊中又培育出苏博美利奴羊。20 世纪 90 年代后，随着人民生活水平的提高，绵羊育种向"以肉为主、肉主毛从、肉毛兼顾、综合开发"转变，逐渐培育出一批产量高、繁育率高、肉品质好的新品种。表 8-7 是 8 个主要培育品种的生产特征和利用情况。

表 8-7 我国主要培育品种特性及开发利用情况

品种名称	品种特性	培育方式
中国美利奴羊	属毛用细毛羊培育品种,具有体型好、适宜放牧饲养、净毛率高、羊毛品质优良等特点	澳洲美利奴羊为父本,新疆细毛羊、军垦细毛羊和波尔华斯羊为母本进行级进杂交而成
新吉细毛羊	属细毛羊培育品种,超细型细毛型新品种,具有净毛产量高、羊毛综合品质优异、适应性较强、遗传性能稳定等特点	三级开放式育种技术方案,中国美利奴羊为核心群和育种群,新疆和吉林细毛羊为改良群
苏博美利奴羊	属毛用细毛羊培育品种,具有净毛产量高、羊毛综合品质优异、适应性较强、遗传性能稳定等特点	超细型澳美公羊与中国美利奴羊、新吉细毛羊和放汉细毛羊母羊进行级进杂交培育而成
巴美肉羊	属肉毛兼用培育品种,具有生长发育快、繁殖率高、胴体品质好、适应性强、耐粗饲,适合舍饲、半舍饲饲养,养殖效益高等特点	德国肉用美利奴羊为终端父本,林肯羊、边区莱斯特羊、罗姆尼羊、强毛型澳洲美利奴羊等杂交改良过的当地蒙古羊为最初的母本群体,杂交培育而成
鲁西黑头羊	属多胎肉用羊品种,生长发育快,繁殖率高,具有耐粗饲、抗病、适合农区舍饲圈养等特点	南非黑头杜泊绵羊作父本,小尾寒羊为母本杂交培育而成
乾华肉用美利奴羊	属肉毛兼用培育品种,具有体格大、产肉性能高、生长发育快等特点	南非肉用美利奴羊公羊为父本,以当地导入澳美基因的东北细毛羊为母本杂交培育而成
鲁中肉羊	属多胎肉用羊品种,具有繁殖率高、产肉性能高、生长发育快等特点	南非白头杜泊绵羊作父本,湖羊为母本杂交培育而成
黄淮肉羊	属多胎肉用羊品种,具有繁殖率高、双肌臀特征明显、屠宰性能优越、肉品质优良等特点	小尾寒羊和寒杂羊为母本,杜泊羊为父本,采用传统育种与分子育种相结合杂交培育而成

资料来源:王金文等,2011;国家畜禽遗传资源委员会,2011;郑建梅等,2016;李强和潘林香,2020;马龙等,2020;徐建唐,2021;赵金艳,2021

湖羊:湖羊是我国特有的白色羔皮用绵羊地方品种,据考证,湖羊源于蒙古羊,已有 1000 多年的历史,南宋迁都临安(今杭州)后,黄河流域的蒙古羊随居民大量南移而被携至太湖流域一带,逐渐适应当地气候条件而形成,1989 年收录于《中国羊品种志》。中心产区位于太湖流域的浙江湖州市的吴兴、南浔、长兴和嘉兴市的桐乡、秀洲、南湖、海宁,江苏的吴中、太仓、吴江等县(市、区)。分布于浙江的余杭、德清、海盐,江苏的苏州、无锡、常熟,上海的嘉定、青浦、昆山等县(市、区)。湖羊初生重公羔和母羔分别为 3.24 kg 和 3.28 kg,断奶重平均为 16.03 kg,6 月龄公羊和母羊分别重 29.92 kg 和 28.39 kg,周岁龄公、母羊体重分别为 37.2 kg、31.7 kg,成年公羊体重 40~50 kg,母羊 35~45 kg;初产窝产羔数 1.8 只,经产窝平均产羔数大于 2 只,产羔率 277.4%;成年公羊平均产毛为 1.65 kg,成年母羊平均产毛为 1.17 kg。该品种是世界著名的多羔绵羊品种,具有性成熟早、繁殖力高、四季发情、前期生长速度快、耐湿热、耐粗饲、宜舍饲、适应性强等特点,常作为杂交改良母本。2021 年 8 月 9 日,国家畜禽遗传资源基因库、保护区、保种场名单发布,农业农村部公布了《国家畜禽遗传资源保护区名单(第一批)》,湖州菰城湖羊合作社联合社、苏州市吴中区东山动物防疫站入选,浙江华丽牧业有限公司入选现有国家级保种场,2006年年底存栏112.7万头,其中浙江92.65%、江苏7.35%,曾参与鲁中肉羊的育成(时乾,2007;国家畜禽遗传资源委员会,2011)。

苏博美利奴羊:苏博美利奴羊属毛用细毛羊培育品种,用超细型澳美公羊与中国美利奴羊、新吉细毛羊和敖汉细毛羊母羊进行级进杂交,于2014年由新疆巩乃斯种羊场、拜城种羊场、新疆科创畜牧繁育中心、新疆生产建设兵团紫泥泉种羊场、内蒙古敖汉种羊场和吉林省查干花种畜场联合育种培育而成,成年母羊45.8 kg;产羔率在120%以上,平均净毛量为3.04 kg,平均细度18~21.5 μm,平均毛长9.82 cm。该品种是我国第一个超细毛羊新品种,具有净毛产量高、羊毛综合品质优异、适应性较强、遗传性能稳定等特点。主要分布在新疆、内蒙古和吉林。截至2020年,全国有苏博美利奴羊及其改良羊460余万只。

3. 引进品种的开发利用

新中国成立初期由于育种的需要,我国先后从苏联、德国、英国、澳大利亚、新西兰等国引进大批细毛羊、半细毛羊和羔皮羊,20世纪90年代后,我国的绵羊引种工作转向肉用和奶用品种,在各地建立多个原种基地,进行纯种繁育和对地方品种进行杂交改良,这些品种的引进对我国不同生产方向的羊的育种工作起到了促进作用,极大地丰富了我国绵羊的遗传资源,表8-8中列举了主要引进品种。

表8-8 引进品种培育及开发利用情况

品种名称	品种特点	品种利用
澳洲美利奴羊	世界著名毛用细毛羊品种,具有产毛量高、毛品质好等特点	用于培育中国美利奴羊、高山美利奴羊和苏博美利奴羊
杜泊羊	具有典型的肉用体型,肉用品质好,体质结实,对炎热、干旱、寒冷等气候条件有良好的适应性	用于培育鲁西黑头羊、鲁中肉羊和黄淮肉羊
德国肉用美利奴羊	具有体格大、早熟、生长发育快、繁殖力高、产肉多、被毛品质好、改良效果明显等特点	用于培育内蒙古细毛羊和巴美肉羊
南非肉用美利奴羊	具有体格大、早熟、生长发育快、繁殖力高、产肉多、被毛品质好、改良效果明显等特点	用于培育乾华肉用美利奴羊和中国美利奴羊肉用品系
萨福克羊	世界大型肉用品种,具有肉用体型突出、繁殖率高、产肉率高、日增重高、肉质好等特点	作为父本品种与各地的原有绵羊品种(包括细毛羊、小尾寒羊、湖羊、滩羊等)进行杂交,利用品种间的杂种优势生产商品肉羊

续表

品种名称	品种特点	品种利用
无角陶赛特羊	具有生长发育快、体型大、肉用性能好、常年发情、适应性强等特点	作为父本在我国平原及高原地区与地方绵羊品种开展经济或改良杂交，对提高当地绵羊品种的生长发育速度及产肉性能效果显著
特克塞尔羊	具有生长速度快、肉品质好、适应性强、耐粗饲、抗病力强、耐寒等特点	作为经济杂交生产优质肥羔及培育肉羊新品种的父本
澳洲白绵羊		作为父本与小尾寒羊、湖羊杂交改良。杂交后代生长速度提高、产肉性能提高、杂交效果明显
东佛里生羊	世界著名奶用绵羊品种，具有体格大、体型结构良好、产奶性能好、奶品质高等特点	目前主要与我国高繁地方品种湖羊或小尾寒羊进行杂交

资料来源：国家畜禽遗传资源委员会，2011

萨福克羊（Suffolk sheep）：萨福克羊体躯强壮、高大，背腰平直，颈长而粗，胸宽而深，后躯发育丰满，呈筒形，公母羊均无角，有黑头羊和白头羊之分，萨福克羊是体型最大的肉用羊品种，具有早熟、繁殖率高、适应性强、生长速度快、产肉多、肉质好等特点。1978年我国首次从澳大利亚和新西兰引入萨福克羊，20世纪90年代后多次引入新疆、内蒙古、北京、宁夏、吉林、甘肃、河北和山西等省（自治区、直辖市），用于纯种繁育及杂交改良本地绵羊的父本品种，利用品种间的杂种优势生产商品肉羊；在三元杂交应用中，萨福克羊常作为终端杂交父本。萨福克羊作为终端父本适合在规模化羊场开展多元杂交利用，以提高平原地区绵羊品种的生长性能和肉用性能，作为经济杂交的父本适合在边疆地区农户养羊生产中推广应用（国家畜禽遗传资源委员会，2011；韩战强等，2021）。

澳洲白绵羊（Australian White）：澳洲白绵羊，原产于澳大利亚的粗毛型中、大型肉羊品种，体型大、生长快、成熟早、全年发情。2011年首次引入中国。经本土化选育的澳洲白绵羊，采食性广、抗病力强，具有生长发育快、肉用特征突出、自动脱毛等特性，可广泛适应多种气候条件和生态环境。目前在内蒙古、甘肃、新疆、北京、天津、河北、黑龙江、吉林、辽宁、河南等全国主要牧区和农区广泛推广，效益显著。澳洲白绵羊和地方品种绵羊杂交生产后代尾脂少、粗毛板皮厚、羔羊育肥增重快、产肉率高、肉质佳，特别符合农区和牧区生产实际，可加快肉羊产业发展，促进规模化、标准化肉羊生产（T/CAAA 030—2020）。

二、山羊种质资源的开发利用

山羊是适应性最强和地理分布最广泛的家畜，对自然条件具有很强的适应能力，可在严寒、酷热等各种气候条件下繁衍生存，在人类居住的大部分地区，几乎都有山羊的分布。根据《国家畜禽遗传资源品种名录（2021 年版）》，我国现有山羊品种 78 种，其中，引进品种 6 种，地方品种 60 种，培育品种 12 种，2020年年底山羊存栏数为 13 345.25 万只（国家统计局 https://data.stats.gov.cn/easyquery.htm?cn=C01），我国山羊品种分布遍及全国，北自黑龙江，南至海南，东到黄海，西达青藏高原。由于各地自然条件相差悬殊，山羊在千差万别的生态环境条件下，经过多年的自然选择和人工选择，各地区逐步形成具有不同遗传特点、体型、外貌特征和生产性能的品种（表 8-9）。

表 8-9 绒山羊种质资源现状和开发利用水平

品种	山羊名称	性别	体重（kg）	产绒量（g）	绒细度（μm）	净绒率（%）	主要分布
地方品种	内蒙古阿尔巴斯型绒山羊	公	58.3～69.3	884.6～1143.4	15.7～17.3	42.06	鄂尔多斯市鄂托克旗、鄂托克前旗和杭锦旗等地
		母	26.8～32.9	536.7～709.3	14.1～16.3	37.76	
	内蒙古二狼山型绒山羊	公	30.0～75.0	586.0～934.0	12.1～15.8	56.56	巴彦淖尔市乌拉特前旗、乌拉特中旗、乌拉特后旗及磴口县等地
		母	22.0～46.0	337.0～493.0	12.38～160.2	50.04	
	内蒙古阿拉善型绒山羊	公	37.3～47.0	491.9～660.1	14.1～15.4	68.62	阿拉善左旗、阿拉善右旗和额济纳旗等地
		母	29.3～35.4	327.5～481.5	13.9～15.0	60.2～73.4	
	辽宁绒山羊	公	76.9～86.5	1175.0～1561.0	15.8～17.6	66.6～82.9	盖州、本溪、凤城、宽甸、辽阳等地
		母	40.6～45.8	496.0～786.0	14.8～16.3	71.3～87.15	
培育品种	陕北白绒山羊	公	35.0～47.4	598.1～849.5	—		陕西北部的榆林市和延安市各县（市）
		母	23.7～33.7	353.6～507.2	—		
	柴达木绒山羊	公	35.2～45.1	450.0～630.0	13.7～15.7	48.6～63.2	青海省海东地区、西宁市等地
		母	24.2～35.04	340.0～560.0	14.0～15.4	45.4～62.2	
	罕山白绒山羊	公	34.2～42.6	752.6～755.7	12.9～15.3	—	内蒙古赤峰市巴林右旗和通辽市扎鲁特旗等地
		母	31.9～41.5	512.8～515.8	13.1～14.7	—	

中国山羊品种或遗传资源按主要生产用途分为以下三大类型：绒用山羊，是我国特殊的山羊遗传资源，以辽宁绒山羊、内蒙古绒山羊为代表，具有产绒量高、羊绒综合品质好、耐粗饲、适应性强、遗传性能稳定等特点。肉用山羊，除培育品种南江黄羊外，我国许多地方品种羊屠宰率高、肉质细嫩，具有良好的肉用性能。乳用山羊，以关中奶山羊、崂山奶山羊和新培育的文登奶山羊为代表，具有

产乳量高、性情温和等特点。

（一）绒用山羊种质资源现状和开发利用水平

内蒙古绒山羊：内蒙古绒山羊是我国特有生物资源，经长期自然选择和人工选育而成，抗逆性强，适应半荒漠草原和山地放牧，其所产羊绒纤维柔软，具有丝光、强度好，所产羊肉鲜美细嫩。截至 2017 年，内蒙古绒山羊存栏 1553 万只，羊绒产量达 8000 t，约占全国羊绒产量的 43%，占世界羊绒产量的 1/3，内蒙古绒山羊平均产绒量 350 g，高出全国平均水平近 1 倍，其优良的绒产品品质享誉国内外，是当地农牧民增收的主要经济来源之一。

辽宁绒山羊：主要产于辽宁省东南部山区，被誉为"国宝"，在国际上颇具盛名。该山羊体型大、产绒量高、绒综合品质好、适应性强、遗传性稳定。辽宁省境内各县（市）都有辽宁绒山羊。2010 年年末存栏量约为 417.8 万只，其中，大连市、鞍山市、抚顺市、本溪市、丹东市、营口市、辽阳市、铁岭市 8 个地级市存栏绒山羊约占全省总存栏量的 80%，是辽宁绒山羊的主产区。

（二）肉用山羊种质资源现状和开发利用水平

黄淮山羊：黄淮山羊属肉皮兼用型山羊地方品种，黄淮山羊板皮品质好，以产优质汉口路山羊板皮著称，原产于黄淮平原。中心产区位于河南、安徽和江苏三省接壤地区。黄淮山羊被毛为白色，毛短、有丝光，绒毛少，皮肤为粉红色，具有颈长、腿长、腰身长"三长"特征。体格中等，体躯呈长方形。公羊均重 49.1 kg，母羊均重 37.8 kg。1998 年以来，引进波尔山羊对黄淮山羊进行了大面积的杂交改良，取得了较好的效果，但也导致纯种黄淮山羊种群规模急剧下降。

努比亚山羊：努比亚山羊是世界著名的奶肉兼用山羊，原产于苏丹、埃及及其邻近国家。成年公羊一般体重可达 300 斤[①]以上，成年母羊可达 200 斤以上。努比亚山羊在我国经过了 30 多年的培育，与很多地方品种进行了杂交改良，也起到了一定的效果。2012 年贵州省投资 7000 多万元在贵州省松桃县建立了贵州省努比亚牧业发展有限公司、努比亚山羊研究所、努比亚山羊原种场和努比亚山羊杂交改良场用于努比亚山羊的遗传改良。努比亚山羊常年外调种羊 7 万只，主要调往四川、贵州、云南、湖南、广东、广西、湖北、陕西、河南等省（自治区），在调入地表现出了良好的适应性和很好的生产能力，努比亚山羊改良调入地母羊成效显著，其中改良简州大耳羊效果最为显著。以努比亚山羊为主体的山羊产业是贵州松桃县畜牧产业中的优势特色产业，2013 年全市山羊共计出栏 20 万只，其中努比亚商品羊 15 万只，努比亚种羊 5 万余只，共计产值 2 亿 5000 万元左右（表 8-10）。

---

① 1 斤=500 g。

表 8-10　肉用山羊种质资源现状和开发利用水平

品种	山羊名称	性别	体重（kg）	体尺（体高/体长/胸围）(cm)	屠宰率（%）	净肉率（%）	主要分布
引进品种	波尔山羊	公	95.0～110.0	81.0/96.6/118.5	54.0～60.0	—	原产于南非好望角地区
		母	65.0～75.0	69.2/79.2/107.2	—	—	
	努比亚山羊	公	80.0～90.0	85.0/89.0/94.3	52.0	40.1	原产于非洲东北部的埃及、苏丹、埃塞俄比亚等国
		母	50.0～70.0	72.1/73.6/85.5	49.2	37.9	
培育品种	简州大耳羊	公	68.9～78.9	76.1～83.6/83.8～90.9/95.8～103.9	52.0	40.1	四川省简阳市等地区
		母	45.7～54.9	68.4～73.7/73.5～79.4/81.8～88.6	49.2	37.9	
	南江黄羊	公	61.8～71.9	73.4～79.3/77.0～82.7/90.0～96.2	52.0～59.4	37.6～42.6	秦巴山区的大巴山南麓地区
		母	41.2～50.1	64.5～71.0/67.5～75.9/78.8～87.3	—	—	
地方品种	大足黑山羊	公	57.1～61.8	69.6～73.9/77.8～84.7/73.8～98.2	47.7	34.2	重庆市大足县及相邻地区
		母	35.9～43.2	58.6～61.7/65.3～74.6/82.5～86.6	46.8	33.1	
	黄淮山羊	公	41.7～46.8	66.2～72.5/64.9～76.5/80.1～86.6	51.3	36.9	河南、安徽和江苏三省接壤地区
		母	32.1～35.0	60.5～62.1/50.5～56.3/74.8～77.0	51.1	36.2	

（三）乳用山羊种质资源现状和开发利用情况

崂山奶山羊：崂山奶山羊是我国培育的优良乳用山羊品种，由山东省培育，中心产区位于山东省胶东半岛，主要分布于青岛市、烟台市、威海市、潍坊市、临沂市、枣庄市等部分县（市）。崂山奶山羊平均泌乳期 240 天，平均产奶量第一胎（361.7±40.2）kg，第二胎（483.2±42.3）kg，第三胎（613.8±52.3）kg。鲜奶干物质含量为 12.03%，其中，含乳脂肪 3.73%、乳蛋白 2.89%、乳糖 4.53%、其他物质 0.23%（罗军等，2019）。1988 年崂山奶山羊存栏 110 万只，其中青岛市存栏 30 余万只。1995 年后其数量直线下降，1999 年年末青岛市存栏不足 10 万只，到 2007 年仅存栏约 5900 只，其中原产地崂山区只有 100 余只。

萨能奶山羊：萨能奶山羊是世界上最优秀的乳用山羊品种之一，原产于气候凉爽、干燥的瑞士伯尔尼西部柏龙县的萨能山谷。1904 年由德国传教士及其侨民将萨能奶山羊带入我国。1932 年我国又从加拿大大量引进萨能奶山羊，最初饲养在河北省定县，1936 年和 1938 年两次从瑞士引进萨能奶山羊，在我国建立了萨能奶山羊繁育场。经过多年的选育，该地区的萨能奶山羊成为适应我国农区条件的高产奶羊群体，1985 年被定名为"西农萨能奶山羊"。萨能奶山羊是世界公认的最优秀的奶山羊品种，在西农萨能奶山羊、关中奶山羊、崂山奶山羊及文登奶山羊等品种的培育过程中发挥了重要作用，并为全国许多省（自治区）提供种羊上万余只，建成 29 个基地县（冯艳，2019）（表 8-11）。

表 8-11　乳用山羊种质资源现状和开发利用情况

品种	山羊名称	性别	体重（kg）	产奶量（kg）	年平均产奶周期（天）	主要分布
地方品种	圭山山羊	母	36.6~46.5	150.0~220.0	160.0~200.0	云南省石林县的圭山、长湖、石林、板桥 4 个乡镇
		公	37.1~46.9	—	—	
	弥勒红骨山羊	母	28.6~33.0	—	—	云南省弥勒市东山镇
		公	35.9~39.1	—	—	
培育品种	崂山奶山羊	母	38.0~52.4	300.7~503.3	249.4~275.2	青岛市、烟台市、威海市和潍坊市、临沂市、枣庄市等部分县（市）
		公	70.9~81.9	—	—	
	关中奶山羊	母	46.5~66.3	1000.0~1100.0	210.0~240.0	渭南、咸阳、宝鸡、西安等市各县（区）
		公	46.1~86.9	—	—	
	文登奶山羊	母	51.6~61.4	587.7~1078.6	233.7~276.9	文登区界石、葛家、小观、泽头、米山、汪疃、文登营、大水泊等乡镇，以及相邻的荣成、乳山、环翠、牟平等市（区）的部分乡镇
		公	74.1~86.9	—	—	
	雅安奶山羊	母	39.8~57.8	530.6~1039.2	250.0~292.0	凤鸣、陇西、姚桥、对岩、北郊、南郊、下里、中里等乡（镇）
		公	86.4~97.6	—	—	
引入品种	萨能奶山羊	母	75.0~95.0	600.0~1200.0	290.0~310.0	原产于气候凉爽、干燥的瑞士伯尔西部柏龙县的萨能山谷，地处阿尔卑斯山区，国内主要分布于陕西、山东、山西、河南、河北及辽宁等地
		公	55.0~65.0	—	—	

第三节　国内外种业发展现状和趋势

羊的驯化距今已有 11 000 年的历史，几乎与牛、猪是同一个时期。世界绵羊品种 1374 个，山羊品种 678 个，而我国有绵羊地方品种 44 个，培育品种 32 个，引进品种 13 个；山羊地方品种 60 个，培育品种 12 个，引进品种 6 个。这些优良的种质资源为我国牧区发展和牧民收入增长做出了重要贡献。

羊为人类的日常生活提供了丰富的畜产品。羊是所有畜禽品种中能够为人类提供最多类型畜产品的物种，包括肉、毛、皮、奶和医用羊肠线等，同时部分羊品种还可以作为宠物进行饲养。羊绒是优质羊绒衫的主要原料；由羔羊生产的"猾子皮""二毛皮"等是裘皮制品的主要原料。《本草纲目》记载：羊肉能暖中补虚，补中益气，开胃健身，益肾气，养胆明目，治虚劳寒冷、五劳七伤，是人体保健之佳品。中国著名的长寿之乡——山东单县（其百岁老人比例为 19.5 人/10 万人，远远高于国家标准 11 人/10 万人）就流传着"常喝羊肉汤，不用医生开处方"的说法，说明羊肉对人类健康有着重要作用。《本草纲目》还记载：羊乳甘温无毒，可益五脏、补肾虚、益精气、养心肺；治消渴、疗虚劳；利皮肤、润毛发；和小肠、利大肠。羊粪又是非常好的农家肥，承担着草地土质改良的功能。

羊精料料重比不足 1.9∶1，是解决我国饲料用粮不足的最佳物种。羊的饲料摄入量的料重比为（4~6）∶1，而精料占整个摄入量的比例不足 30%，其他由粗料（主要为饲草等）提供，其饲料用粮的转化效率达到了（1.3~2.0）∶1，是饲料用粮转化效率最高的物种。我国每年可生产秸秆接近 8 亿 t，而饲料用秸秆仅为 20%左右；同时还有 60 亿亩①草地，为草食家畜的生产提供了丰富的饲草。由此看来，提高养羊业生产水平，不但可以消化利用废弃的秸秆资源、在增加肉产量的同时减少饲料用粮的消耗，还可以充分利用现有的草地资源，实现植物蛋白向动物蛋白转化，维护良好的生态环境，推动生态文明建设。

羊丰富的品种资源是人类珍贵的遗传资源。全世界现有绵山羊品种 2052 个，分布在世界各地，为当地农民的日常生活提供着重要的食物和毛皮产品，即使在非洲，羊也是当地饲养的主要家畜。羊为人类提供最多类型的蛋白质产品，包括肉、奶、毛和皮等，涉及了许多与重要经济性状密切相关的基因资源，是品种改良的重要遗传基础。羊产品药用特性的开发必将对提升人类生活质量、预防疾病发生、减少老年病和延年益寿发挥重要作用。

羊产业与猪、鸡产业相比，育种水平差距巨大。国际上，猪、鸡产业十分发达，不但有优良的品种，还有经济性状十分突出的专门化新品系，以及成熟的配套系，生产效率大幅度提升，饲料转化率达到了（1.4~2.0）∶1；并且猪鸡已经

---

① 1 亩≈666.67 m²。

完全实现了规模化、集约化和标准化养殖，产业体系十分完善。而羊产业龙头企业少、正处于从放牧形式向舍饲转变的过渡时期，育种水平和创新力急需加强。

一、国际绵羊、山羊种业发展现状和趋势

（一）国际绵羊种业发展现状和趋势

1. 国际绵羊种业的发展现状

（1）肉用绵羊种业国内外发展现状

肥羔肉生产已经成为肉用绵羊的主要生产方向。由于羔羊在 6 月龄前具有生长速度快、饲料报酬高、胴体品质好的特点，其生产在国际上已占主导地位。新西兰和英国等国家，胴体重要求在 16～19 kg，而美国、荷兰则要求在 25～28 kg，以获得大胴体所产生的屠宰率、可食部分比例增加所带来的最佳产肉效果和经济效益。因此国际上对肉用绵羊的选育依然是以增重快、繁殖力高、肉质好为主要方向，在满足人们对羊肉产品需求的基础上，提高经济效益（图 8-1）。

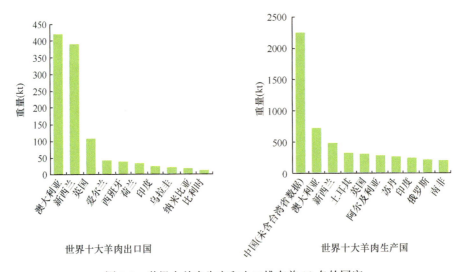

图 8-1　世界上羊肉生产和出口排在前 10 名的国家

杂交选育一直是培育肉用绵羊新品种的主要手段：萨福克羊（Suffolk sheep）通过南丘公羊和黑面有角诺福克母羊杂交，后代经选择和横交固定后成为世界公认终端杂交的优良父本品种，其成年体重为 110～136 kg，屠宰率达 50%；萨福克羊生长速度快、适应性强、适合农户养殖和放牧。澳洲白绵羊集成了白头杜泊、多赛特、特克赛和万瑞绵羊的优良基因，表现出体型大、性成熟早、生长速度快和全年均可发情配种等优点，是一个非常好的终端父本。无角多赛特羊是利用有

角多赛特导入雷兰、考力代羊血统，经系统选育所获得的优良肉羊品种。该品种体型大、肌肉丰满、被毛全白、温顺易于管理；成年公羊体重可达 100～120 kg；适合用作肉羊生产的终端父本。罗曼诺夫羊是用林肯羊为父本、斯塔夫羊为母本，并导入了泊列考斯羊的血统，通过低代横交的肉毛兼用型半细毛羊品种。该品种具有良好的肥育和产肉性能，早熟且肉毛品质好，其产羔率达 285%，接近 3 羔，成年公羊体重达 115 kg，是世界上产羔数最多的肉毛兼用品种。

选育提高：国际上已经培育出了一大批肉用绵羊品种，并成立了相应的肉用绵羊协会和联合会等机构，有效促进了优质肉羊的产业化推广，尽管最近几年原品种经济性状改良速度没有大幅度改进，但提升了群体的质量与产肉性能。例如，美国的肉羊 6 月龄胴体重达到了 26 kg，接近我国肉羊胴体重（12 kg）的 2 倍之多。

新技术的应用：羊基因组选择已经在新西兰、澳大利亚、法国等国家开始应用，并且取得了显著的成效。

（2）毛皮用绵羊种业国内外发展现状

美利奴绵羊是全球细毛羊的主要品种，细毛直径达到了 18～23 μm，长度达 3～4 in[①]，产毛量为 7～8 kg。在美利奴选育过程中又对产羔性能进行了选育，培育出了高繁殖力的布鲁拉美利奴细毛羊，1.5 岁布鲁拉美利奴母羊的排卵数平均为 3.39 枚，2.5～6.5 岁的排卵数为 3.72 枚，一胎的产羔数平均为 2.29 只。

1985 年澳大利亚在高繁殖力的布鲁拉美利奴羊品种中发现其高繁殖力的主要原因是 *FecB* 的多态性造成的，该突变定位于 *BMPR-IB* 基因。一个 *FecB* 拷贝增加排卵数 1.3～1.6 枚，两个 *FecB* 拷贝增加排卵数 2.7～3 枚；携带一个 *FecB* 的母羊产羔数增加 0.9～1.2 只，携带两个 *FecB* 拷贝的母羊产羔数增加 1.1～1.7 只。阐明了布鲁拉美利奴羊高产羔率的分子机制，为羊高繁殖力选育提供了非常重要的分子标记，并在新品种培育过程中得到了广泛应用。从 20 世纪 70 年代开始，新西兰、美国、加拿大等国多次从澳大利亚引入布鲁拉美利奴羊。新西兰引入布鲁拉美利奴羊，用于纯繁和改良当地的罗姆尼羊、柯泊华斯羊、派伦代羊、考力代羊、美利奴羊等商品羊，以增加母羊的排卵数和产羔率。

（3）奶用绵羊种业

绵羊奶的总固体含量、乳脂含量通常高于山羊奶和牛奶。绵羊奶单位奶酪产量高于其他物种。欧洲国家的绵羊奶主要用于加工奶酪。所以在奶绵羊的育种中，对乳脂和乳蛋白方面关注得更多。目前国外奶绵羊育种采用不断改进应用于育种值的遗传模型，结合数量遗传学和分子遗传学技术，在关注产奶量和乳成分的同时，注重乳品质、乳房形状和乳汁体细胞数。

纯种选育：法国对奶绵羊采取两种选育策略，一种是对奶绵羊品种拉科恩的

---

① 1 in=2.54 cm。

纯种选育，另一种是采用系谱记录、官方检测站测定、人工授精、后裔测定和选型交配等方式进行杂交创新，培育新的奶绵羊品种。德国也制定了类似的奶绵羊育种计划。英国、西班牙和希腊分别在地方奶绵羊品种英国奶绵羊（British Milksheep）、楚拉奶绵羊（Churra）和西俄斯奶绵羊（Chios）基础上进行选育，显著提升了羊乳产量。东佛里生奶用绵羊是目前世界绵羊品种中产奶性能最好的品种，成年母羊每年可产奶 260～300 天，产奶量达 500～810 kg，乳脂率为 6%～6.5%，重要的是其产羔率达到 230%。普列文黑头羊（Blackhead Pleven Sheep）产奶量达 470 kg，泌乳期 180 天，产羔率 180%，乳脂率达 7.6%，母羊乳头大、垂直排列、适合于机械榨乳，对环境适应性较强。

杂交选育：以色列利用阿瓦西羊（Awassi）和东佛里生羊杂交培育了阿萨夫奶用绵羊，其产奶量达 330 kg，泌乳天数为 170 天。新西兰利用东佛里生与 Coopworth 羊杂交培育了戴瑞羊（Dairy Meads），产奶量达到了 450～700 kg，产羔率 220%，母羊乳头适合于机械榨乳。

杂种优势利用：匈牙利利用普列文黑头羊与当地绵羊杂交，杂交一代在泌乳期间（150～160 天）生产 80～150 kg 商品奶。前南斯拉夫利用阿萨夫羊进行杂交，杂交羊产奶量比改良品种高 8.9%。当地绵羊与东佛里生杂交一代羊的平均产奶量为 250～300 kg（1 个泌乳期）。

（4）育种组织形式

美国是世界上绵羊胴体重最大的国家，平均可达到 26 kg（是我国绵羊胴体重的 2 倍之多），充分反映了育种水平的先进性。美国的绵羊育种主要是通过全美绵羊协会和全美绵羊育种协会，以及各品种协会来完成。通过品种注册与登记，结合数字化选育技术使得育种进展大幅度提升。品种协会还经常组织涉及生产和技术推广的专题日活动，讨论并向科研机构提供基金，为政府提供立法意见和依据，出版协会杂志和通讯等，推动羊全产业链的发展。美国制定了国家绵羊改良计划（NSIP），截至 2020 年 8 月，美国 39 个州共有 294 个群体参加了 NSIP。从 2015～2019 年，通过该计划处理了约 77 000 份个体羔羊记录。目前，共有 24 个不同的品种被登记。通过开展 NSIP，许多重要的经济性状获得重要遗传改良。由美国农业科学研究院（ARS）或公共机构管理组建了参考群体，建立了遗传和表型数据库，有效提高多种性状育种策略的准确性。这些资源群体的遗传连通性特别有利于群体规模较小的生产者。

澳大利亚是世界上第一大羊肉出口国，第二大羊肉生产国，第三大活羊出口国。羊肉行业的持续成功取决于该行业现有的结构和系统，以及澳洲肉类及畜牧业协会（Meat and Livestock Australia，MLA）、AHA（Australian Halal Authority）和 NRS（National Residue Survey）的营销和研究。MLA 在营销和研发方面的重大投资，使澳大利亚品牌在国际市场上取得了成功。澳大利亚成立了澳大利亚绵羊生产商成员组织（SPA），该组织由具有投票权的国家级成员和个人成员，以及没有投票权的非国家级成员组成。SPA 负责监督征税和投资，并向农业部部长提出征税建议。SPA 管理的资金为 5700 万美元，其中 3700 万美元用于科技创新。

新西兰的绵羊产业在政府补贴、科技投入和保护价收购等政策的支持下，取得了快速发展，群体规模大幅提升。优惠政策实施后，羔羊的羊毛和毛皮收益降低了 50%，存栏数大幅度下降，但单产水平有了明显提升。1967 年新西兰开展了国家羊群注册计划（NFRS），通过建立育种价值和其他遗传信息的遗传数据库，帮助育种家和公羊购买者选择生产水平更高的绵羊。到 20 世纪 80 年代初，每年有 50 万只母羊被登记注册。自 2002 年以来，绵羊改良有限公司（SIL）拥有了该记录系统，该系统对新西兰绵羊的遗传改良做出了重大贡献。

目前，国际上比较知名的绵羊育种和遗传评估协会有：美国绵羊业协会（American Sheep Industry Association，ASIA）、英国国家绵羊协会（National Sheep Association，NSA）、澳大利亚绵羊遗传学咨询委员会（Australian Sheep Genetics，ASG）、新西兰牛羊遗传机构下属的绵羊改良有限公司（Sheep Improvement Limited，SIL）等。需要特别说明的是，南非血统证书协会为杜泊羊、肉用美利奴羊和波尔山羊等世界级优良肉羊品种的持续选育提高和推广做出了巨大的贡献。

在美国、英国、澳大利亚、新西兰和南非等养羊业发达的国家，育种或品种协会在绵羊的育种工作中发挥了重要的领导作用。在这些发达国家，所有绵羊品种不论其数量多少，都有自己的品种小协会。几乎每一个绵羊新品种的培育，都是在大协会的指导下进行的。协会主要负责制定统一的育种方案，开展联合育种；负责育种技术的研发和投入、性能测定、遗传评估及生产销售等，形成了完善的种业产业链服务模式。协会的日常运营资金主要来源于绵羊销售的交易税、政府的配套资金和社会团体的资助等。政府还赋予了协会许多权利，如技术标准、规章和规范的制定，技术推广，政府补贴的发放及市场监督等，其中许多工作都交由协会办理。这些协会组织化程度高、理念先进、管理规范，实行市场化运作，为品种的持续选育和保持竞争优势提供了强力的组织保障。

此外，政府、育种场或家庭羊场及大学与科研机构在国外养羊业发达国家的绵羊育种工作中也扮演着关键角色。其中政府主要是通过市场预测与调节来引导绵羊育种的方向。育种场或家庭羊场是国外养羊业发达国家育种工作的主战场，是执行和落实育种规划的基本保障。大学与科研机构一方面可帮助政府预测市场变化，另一方面可帮助协会制定育种方案，还可向育种场或家庭羊场提出具体技术措施。

因此，国外养羊业发达国家的绵羊育种体系可概括为政府引导，育种或品种协会主导，育种场或家庭羊场实施，大学与科研机构总体指导。

（5）育种技术

第一阶段，肉羊育种的起源。从 18 世纪中后期开始，该时期羊育种的重点是培育早熟、高品质的肉毛兼用品种，以求肉毛并进。第二阶段，19 世纪中后期，世界各国相继从英国引进肉用和肉毛兼用品种与当地的美利奴羊或其他地方绵羊杂交，培育肉用或肉毛兼用新品种。第三阶段，20 世纪 30 年代起，专门化肉用品种选育开始受到重视。这一阶段的肉羊育种主要有 2 条技术路线，一是利用第二阶段培育的肉用或肉毛兼用品种为育种素材，通过杂交培育新的肉羊品种；二是对原有品种进行持续选育，提高、提纯或选育新类型（图 8-2）。

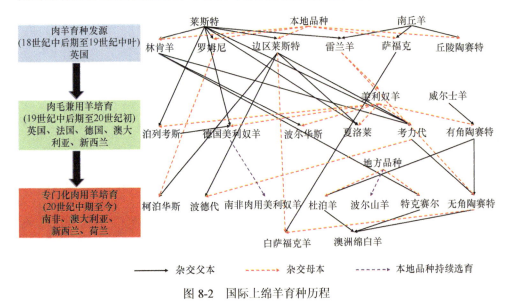

图 8-2　国际上绵羊育种历程

20 世纪 80 年代，随着美国国家绵羊改良计划（NSIP）的启动，逐步开始使用估计育种值（EBV）。早期使用单性状动物模型计算绵羊繁殖、羔羊体重和羊毛性状的群内 EBV。自 90 年代中期以来，由于系谱信息的完善，各群体的 EBV 已可供育种人员使用。此外，还开发了几种多性状指数，包括粗毛和细毛品种的母体指数及用于父系品种的胴体指数（图 8-3）。

遗传改良技术的持续发展和应用是美国提高绵羊产量的关键因素。采用 EBV 进行选育取得了重大进展，特别是在生长、繁殖和寄生虫抗性等方面进展迅速。随着绵羊基因组计划的开展，科学家发掘了大量与繁殖、生长、环境适应性和抗病性相关的遗传标记，其可用于识别亲子关系和标记辅助选择育种，进而提高绵羊产业的生产效率和盈利能力。

美国的绵羊育种工作主要是提高绵羊的肉用性能，以及与之相关性状的改良提高。由于美国绵羊品种基本上都是引进品种，所以其更注重原品种的改良提高。

图 8-3　羔羊断奶数的 EBV 和断奶后粪便中虫卵数量的 EBV

同时侧重于对初生重、生长速度、成熟体重、上市时间、胴体质量的选择，使得引入品种的肉用性能均比原产地饲养的相同品种有显著提高。新西兰育种技术也发生了较大变化，由基于品种的选择逐步转向基于表型的选择，比如突出了对产毛量、繁殖力和羔羊生长速度等重要经济性状的选择。当评估了不同性状的遗传力后，提高了选择进展，通过引入杂交培育新品种。新西兰育种目标是建立在完整的数据记录基础之上的遗传价值评估和经济价值评估。澳大利亚绵羊的育种目标是提高断奶后体重和眼肌深度，降低背部脂肪厚度。德国肉羊育种的要求是肉用和适应性协调发展的同时获得最大的经济效益。肉用指数包括胴体重、日增重、屠宰率和胴体等级等，外貌体型评定包括 4 个整体性状（体躯、肌肉、肢蹄和睾丸），然后进行各个性状的育种值估计。

随着基因测序、表达水平检测、基因多态性检测技术的日益成熟，基因芯片在绵羊育种中将会发挥重大作用。2009 年，首张绵羊芯片 OvineSNP50 BeadChip array 问世，2015 年新西兰和澳大利亚分别推出了 5K 绵羊芯片和 12K SNP 的低密度绵羊芯片。羊基因组选择已经在新西兰、澳大利亚、法国等开始实施，并且取得了显著的成效。基因编辑技术也在逐步应用于绵羊育种。采用 CRISPR/Cas9 技术高效生成肌生成抑制素敲除绵羊，为提高绵羊生产性能和遗传改良提供了新的方法。此外，育种辅助技术如胚胎移植、幼羔体外胚胎移植技术等也进一步促进了绵羊育种工作。综上，目前育种值的应用、分子标记、基因编辑、计算机等技术在肉羊育种应用中研究的很多，但在实际的育种工作中，由于资金、技术培训不够等问题，这些新技术应用的较少。目前还是采用费时费力的传统经验育种较多，没有将现有的技术应用到育种工作中。

（6）主要商业化品种或品系

肉用绵羊品种主要包括杜泊羊、澳洲白绵羊，其他较广泛应用的肉用绵羊还包括无角陶赛特、萨福克羊（Suffolk sheep）、卡塔赫丁羊（Katahdin sheep）和罗姆尼羊等品种。

杜泊羊（Dorper sheep）：羔羊生长迅速，断奶体重大，3.5～4月龄的杜泊羔羊体重可达36 kg，屠宰胴体约为16 kg，品质优良。羔羊不仅生长快，而且具有早期采食的能力。一般条件下，羔羊平均日增重200 g以上。成年公羊和母羊的体重分别在120 kg和85 kg左右。杜泊羊具有多羔性，产羔率能达到150%。杜泊羊遗传性很稳定，无论纯繁后代或改良后代，都表现出极好的生产性能与适应能力，特别是产肉性能，肉中脂肪分布均匀，为高品质胴体。肉质细嫩可口，特别适合绵羊肥羔生产，肉质细嫩可口，被国际誉为钻石级绵羊肉。

澳洲白绵羊：具有生长速度快、性成熟早、繁殖性能强、自动脱毛、肉质好、肌内脂肪含量高、口感适宜等优点。3月龄平均活重公羔35 kg，母羔33 kg。胴体质量好，6月龄胴体可达26 kg，优质肉比例高，眼肌面积大。肉品质量好：大理石纹，多汁、适合国内外中高端羊肉产品烹饪，尤其是西餐烧烤等。

毛用绵羊品种——澳洲美利奴羊：质量均匀，品质支数在60支以上，最细可达80支以上，多数在60～70支；毛丝长度4～10 cm，端部平齐，纤维中无毛髓，含油脂量高，净毛率比一般的半细毛和长羊毛低，洗后色泽洁白，带有银光或珠光般的优雅光泽。

乳用绵羊品种包括东佛里生奶绵羊、阿瓦西奶绵羊，其他奶用绵羊品种还包括阿萨夫羊（Assaf）、拉科恩（Lacaune）奶绵羊、萨达（Sarda）奶绵羊、希俄斯（Chios）奶绵羊和Dairy Meade等优良奶用绵羊品种。

东佛里生（East Friesian）奶绵羊：属半细毛羊，产奶量高，成年母羊平均产奶量在500 kg以上，乳脂率6.3%，乳蛋白6.21%。母羊繁殖力强，多胎，产羔率平均230%。正因该品种繁殖力强，并且泌乳性能好，是一个非常适合作为母系参与杂交肉羊生产的品种，但适应性较差。

阿瓦西（Dairy Meade Awassi）奶绵羊：体型大小中等，成年公羊体重为60～90 kg，成年母羊体重为45～55 kg。阿瓦西奶绵羊每个泌乳期产奶量可达300 kg，高强度选育的品系可达750 kg以上，乳蛋白率5%～7%，乳脂率6%～8%。该品种的突出特点是合群性好，抗逆性强，在极端严酷环境中生存能力强，对疾病和寄生虫有很好的抗性。良好的适应性和抗病能力是这个品种被用于奶绵羊新品种培育的首选材料。缺点是尾型属于大脂尾，这对产奶性状不利。繁殖性能比较低，仅为110%左右。

（7）主要杂交配套

美国绵羊的杂交配套是养羊业的另一大特色，并将所有绵羊品种分成三大类：父本品种、母本品种和双用品种。母本品种：对环境适应性强、繁殖力高、产毛性能好、体格大、泌乳力和生活力强；父本品种为体格大、体重重；双用品种：

既可用作父本又可用于母本。

根据新西兰育种协会（NZBA）1998 年的资料，新西兰饲养的绵羊是生长发育快、早熟、肉毛性能好、繁殖率高的肉用或肉毛兼用专门品种；注重经济杂交，利用杂交优势，并向多元杂交发展，选择体大、早熟、多胎和肉用性能好的亲本进行经济杂交。羔羊肉经济效益的增加，30%～60% 是经济杂交的结果。

随着育种技术的发展，分子生物学技术逐步应用到肉羊育种中，澳大利亚集成白杜泊羊、万瑞绵羊、无角陶赛特羊和特克塞尔羊等品种的基因，通过对多个品种羊特定肌肉生长基因标记和抗寄生虫基因标记的选择（MyoMAX、LoinMAX 和 WormSTAR），培育出了粗毛型的中大型肉用品种澳洲白绵羊。

（8）种用绵羊商业模式、市场规模与份额

澳大利亚、新西兰等国养殖牧场几乎都是以家庭为单位，高度依赖非营利性的育种或品种协会进行交流管理。协会组织化程度高、理念先进、管理规范、市场化运作，为品种的持续选育和保持竞争优势提供了组织保障。另外，家庭羊场作为主要的生产经营单位，是执行和落实育种规划的基本保障。这些协会建立有专门的育种信息网站，几乎覆盖全国牧场中所有种用绵羊信息。该网站提供简单易操作的工具，方便牧场主录入羊只信息，包括谱系信息、繁殖率、存活率、生长性能、产毛及产肉性能、后代预测数据等，按固定频率（一般是 1 次/月）对所有羊只的数据进行排名。美国和英国的协会还会每年举办种羊评比，评出性能最优异的"冠军种羊"。种羊精液及羊只买卖透明、方便，可追踪溯源，谱系清晰。

这些组织运行的资金来源主要是牲畜销售的交易税、政府配套资金和社会团体资助资金，主要负责育种技术研发和投入、性能测定、遗传评估及生产销售等，形成了完善的种业产业链服务模式，巩固了羊种业发达国家在世界羊业中的领先地位。

此外，南非的血统证书协会为南非培育出杜泊羊、南非肉用美利奴羊等世界级的优秀肉羊品种及对品种持续选育提高和推广做出了巨大的贡献。南非的血统证书协会（https://www.ancestors.co.za）是一个私营机构，目前该系统在册的动物数量超过 90 万只，服务人数超过 7000 人。血统证书协会收集和记录动物的资料，包括所有者、登记号和性能表现等资料输入计算机系统后，INTERGIS 系统的其他使用者都可以查询，用于鉴别处理和出版发表。通过对优质良种进行数据登记完成该品种生产性能评估分析，以对其繁殖性能和生产性能进行准确评估。主要任务是保护、鼓励和促进繁殖与基因改良；建立、记录牲畜的系谱、产量与性能测定的数据库，对南非的纯种血统的牲畜的出生及所有者的资料进行登记和记录，同时不断对牲畜血统资料的数据库进行更新，并进行遗传评估认证和颁发血统证书；向下属各个动物品种繁育者协会及其成员提供登记与遗传信息方面的技术与咨询服务；为出口优良牲畜品种精液、卵子和胚胎的质量提供可靠的保证，促进畜牧业产品的出口。

（9）国际贸易

绵羊毛：世界羊毛生产主要集中在大洋洲和亚洲，两大洲的羊毛生产总量占世界的 70%。不同国家生产的绵羊毛产品各不相同。澳大利亚 75%的羊毛属于细毛，新西兰 98%的羊毛属于半细毛，南美洲主要是半细毛和细毛，欧洲是半细毛，亚洲和非洲国家生产所有种类的羊毛。在羊毛的出口贸易中，以原毛形式出口占较大比重，但将原毛经初加工成洗净毛形式再出口的比例呈明显的增长趋势。1961～2002 年的 40 多年间世界洗净毛贸易量占生产量的比例呈上升趋势。根据美国绵羊协会统计数据，2013 年，除阿根廷外，其他几个主产国的羊毛出口量同比均出现不同程度的上升。从羊毛出口国出口流向看，中国、印度、意大利、德国、土耳其等国在 2013 年是羊毛出口的主要目的国。这些国家的进口量均出现不同程度的增加。

绵羊奶：全球奶绵羊产业主要集中在地中海地区、中东地区和非洲部分国家。2019 年全球奶绵羊数量为 2.5 亿只，绵羊奶产量总计为 1058.79 万 t，占总奶类产量的 1.15%。全球的奶绵羊种质资源主要有东佛里生、拉考恩、阿瓦西等品种。

绵羊肉：在美国、英国，每年上市的羊肉中 90%以上是羔羊肉，在新西兰、澳大利亚和法国，羔羊肉的产量占羊肉产量的 70%。欧美、中东各国羔羊肉的需求量很大，仅中东地区每年就进口活羊 1500 万只以上。

（10）头部企业

澳大利亚向 100 多个国家出口牛羊肉，占该行业总产量的 60%以上。2017 年澳大利亚出口活羊 200 万只，价值 2.49 亿澳元；2019 年出口活羊 110 万只，价值 1.43 亿澳元。出口羊肉包括绵羊肉和山羊肉，以绵羊肉为主，绵羊肉出口 3.68 万 t。澳大利亚从事绵羊与羔羊的农业企业有 31 136 家，有 3720 万头 1 岁及以上的繁殖母羊，羊肉行业占所有从事农业活动的企业的 36%。澳大利亚的活羊出口主要是通过 ABL（Australia Breeding Livestock）出口公司来完成。目前，该公司已与澳大利亚的 10 000 多家牧场和物流公司建立了长期合作关系，并在美国、中国和中东主要国家和地区建立了供应网络，负责从选择牧场到出口目的地的整个过程。大型跨国加工企业在澳大利亚乳制品行业占据重要的市场份额；4 家最大的加工企业消耗农场牛奶收集总量的 85%左右。包括新西兰 Fonterra，日本麒麟（Lion Dairy and Drinks），法国 Lactalis（Parmalat）和加拿大的 Saputo（Warrnambool 奶酪和黄油厂及 Murray Goulburn）。

澳大利亚的注册羊毛等级分选员队伍超过 17 000 人，为美利奴羊毛提供客观的检测结果。澳大利亚羊毛服务有限公司（AWS）成立于 1973 年，是一家单一的以市场为导向的机构。澳大利亚羊毛服务有限公司的旗下子公司澳大利亚羊毛发展有限公司（AWI）负责投资研发项目，拥有 Woolmark 品牌。Woolmark 是全球最具盛名的纺织纤维品牌。澳大利亚羊毛发展有限公司作为一家非营利机构，与澳大利亚的 60 000 多位牧民合作，开展澳大利亚羊毛全球供应链研究、开发和认证工作。The Woolmark Company（国际羊毛局）是澳大利亚羊毛发展有限公司的子公司，参与组织羊毛生产商的网络培训和管理活动，传播前瞻性的新思想和进行继续教育。公司举办各种研讨会来提高羊只的繁殖能力；据参会的生产商报告，其母羊的繁殖力平均提高 10%。

新西兰畜产品流通采用了灵活有效的形式。畜产品流通主要有三种形式：一是通过拍卖市场出售；二是直接出售；三是合作社经营。新西兰奶品生产者在全国设有奶制品公司。新西兰是世界上最大的羔羊出口国，也是世界上最大的乳制品出口国。奶农生产的奶，由公司统一收购、统一加工、统一出口，其中黄油、奶酪等乳制品行销世界上 50 多个国家。2014 年新西兰有 4 家奶用绵羊公司，到 2018 年已经达到了 16 家，主要是进行奶酪、酸奶、婴儿配方奶粉和其他营养品生产。Karicare 是全球母婴营养专家 Nutricia 旗下著名婴幼儿奶粉品牌，现已成为新西兰和澳大利亚市场领导品牌，现有有机奶、绵羊奶、山羊奶、牛奶及豆奶等多种婴幼儿配方奶粉。新西兰春天绵羊奶公司是一家生产与销售绵羊奶的公司，借助公司的先进管理系统，新加入的企业的日产奶量可达 250 L，技术熟练后可达 350～400 L。Landcorp 在新西兰管理经营 140 个农场，该公司近来与 SLC Group 合作开发羊奶生产，也与丹麦制鞋企业 Gleryps 签订了皮毛供应合同。新西兰的绵羊改良公司（SIL）是 B+LNZ 的全资子公司，为新西兰的绵羊企业和养殖户提供绵羊的改良计划。另外，值得一提的是，享誉全球的蓝纹奶酪罗奎福特（Roquefort）是由绵羊奶制成的，只有 7 家奶酪厂有资格生产，最著名的品牌包括 Societe、Papillon、Carles。

2. 国外种业企业和机构对我国绵羊种业的影响

（1）国外绵羊育种体系为我国绵羊种业发展提供了参考

全球绵羊种业和产业发达国家主要集中在大洋洲和欧洲，这些地区形成了完善的绵羊种业与产业服务模式。以澳大利亚和新西兰为例，采取全国联合育种模式，建立国家级的遗传评估平台。澳大利亚绵羊遗传评估和育种由隶属于澳大利亚肉类及畜牧业协会（Meat and Livestock Australia，MLA）的澳大利亚绵羊遗传学咨询委员会（Australian Sheep Genetics，ASG）执行，推行绵羊种值估计（Australian sheep breeding value，ASBV）与选择指数（selection index）育种，整合了 LAMBPLAN 和 MERINOSELECT 的 ASBV 对终端父本、母本肉用、肉毛兼用和毛用美利奴种公羊进行遗传评估和育种值估计，并针对不同品种不同性状制定选择指数。终端父本公羊针对产肉和肉质等制定了胴体生产选择指数（terminal carcase production index，TCP）和羊肉食用品质选择指数（lamb eating quality index，LEQ），TCP 主要考虑生长、眼肌面积、胴体脂肪厚度、瘦肉量、屠宰率和肌肉剪切力等,如图 8-4A 所示,2020 年澳大利亚前 10%终端父本种公羊各表型 ASBV 在 TCP 中的权重,其中断奶后体重、胴体眼肌、肌肉剪切力表型 ASBV 权重较高,占 20%以上。LEQ 中更侧重肉品质的表型,降低了断奶后体重和胴体眼肌比重,增加了肌肉剪切力权重,同时引入了虫卵计数表型,占 5%(图 8-4B)。采取选择指数育种后,10%终端父本后代 TCP 中断奶后体重、胴体眼肌和瘦肉量等 ASBV 显著增加,LEQ 中肌肉剪切力和虫卵计数表型 ASBV 明显降低,证实基于各表型 ASBV 的选择指数育种策略对于肉羊性能提高非常有效(图 8-4)。

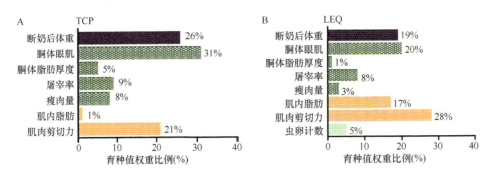

图 8-4 终端父本肉羊选择指数各表型育种值权重比例(引自 Australian Sheep Genetics, https://www.sheepgenetics.org.au/getting-started/asbvs-and-indexes/)

(2)国外种羊协会机构组织种羊销售模式也为我国种羊产业提供了借鉴

为了提高终端父本肉羊生长与产肉水平,围绕改良生长、肉质、适应性等性状,筛选 4 个不同特点的肉羊品种——杜泊羊、无角陶赛特羊、特克塞尔羊和万瑞绵羊进行杂交育种,于 2009 年培育出肉羊新品种澳洲白绵羊,并成立了澳大利亚澳洲白绵羊协会。2011 年起,组织全球范围内推广澳洲白绵羊,目前协会有 6~7 家公司推动种羊销售。天津奥群牧业有限公司于 2012 年将澳洲白绵羊引入我国,经过 10 余年的本土化选育,其综合性能进一步提高,环境适应性更强(适应放牧、集约化舍饲、温度−40~35℃、海拔达 3800 m),基本适应我国所有气候和管理条件。公羊与中国本土多种绵羊品种杂交,后代具有优良的出生体重和断奶体重、断奶后平均日增重、断奶成活率、育肥期短和优秀胴体特征,成为高产优质终端父本品种,对我国肉羊产业具有深刻影响。

3. 世界绵羊种业未来发展趋势

(1)专门化绵羊品种为主导,兼用品种趋于减少

绵羊种业伴随社会发展不断发生变化,品种培育方向紧跟市场需求。19 世纪之前纺织业对羊毛的需求急剧增加,绵羊向毛用品种培育,育种目标主要是提高羊毛细度和产量。19 世纪中期到 20 世纪初,社会经济水平提高,对羊肉的需求

增加，绵羊品种培育转向了肉毛兼用型。20 世纪中叶开始，化工业高速发展，合成纤维材料进入纺织业，羊毛需求急剧下降，反而羊肉消费逐渐兴起，绵羊品种向专门化肉羊转变。伴随人类对优质蛋白质需求逐年增加，优质羊肉的需求量提升，追求高产优质专门化肉羊品种仍然是未来绵羊种业发展大趋势。

（2）多品种杂交模式成为高效优质商品肉羊生产主导体系

杂交不仅是培育绵羊新品种的有效手段，也是生产商品羊的主要体系，杂交羊能够充分利用杂种优势，而且能聚集不同品种的优良性能，目前澳大利亚、新西兰等国家，商品羊生产普遍采取多元杂交模式，这种模式是生产高产优质商品羊的有效体系，对世界绵羊产业发展具有深刻意义。

（3）基因育种技术逐渐在绵羊育种实践中应用

20 世纪后期，伴随分子生物学技术高速发展，分子标记辅助选择技术在绵羊育种中逐步应用，提高了育种准确性和缩短了世代间隔。随着生物信息技术的发展，绵羊基因组信息不断完善，绵羊 50K、600K 等不同密度 SNP 芯片问世，为基因组选择在羊育种中的应用提供了技术保障。在澳大利亚肉用绵羊上开展基因组选择效果显著，胴体性状、眼肌面积和肌内脂肪含量 GEBV 的基因组预测准确性分别为 0.45、0.72 和 0.32。随着基因组技术发展，基因组选择技术将在绵羊育种实践中广泛应用。

（4）开发羊产品的特殊性能

2016 年，《时代》杂志将由新西兰 AgResearch 公司研制的羊毛跑鞋称为世界上最舒适的羊毛跑步鞋，比合成纤维更加有优势，因此开发羊毛的新特性，或许可为羊毛的开发利用提供新的机遇。

（5）育种方向与目标

肉用绵羊育肥后达到优等羔羊肉标准：胴体重 20～25 kg，眼肌面积不小于 16.2 cm^2，脂肪层厚 0.5～0.76 cm。由于消费者对羊奶消费的认同，奶用绵羊发展趋势迅猛，通过纯种繁育及杂交利用生产商品产奶羊已成为今后的发展方向。

（6）育种体系与育种布局

保持品种协会和育种公司相结合的数字化选育体系，由专业的育种公司支撑绵羊产业的种质创新，通过拍卖等形式挖掘优质种源，引领产业发展。由以家庭为基本单位的分散养殖，向集约化、标准化的生产方式过渡，充分挖掘养殖大户和育种公司的生产潜力，结合联合育种策略，形成以点带面的育种格局；建立完善的高效繁育技术和服务体系，有效推进优良品种的推广。

（7）新技术应用

随着基因组测序技术应用，学者们发现 TMEM154 与慢病毒易感性相关的变异，在 SLC2Ap 和 NLN 中发现了与眼睑内翻相关的显著 SNP，进一步确定该区域为绵羊肺炎支原体和退行性绵羊约翰氏病相关的基因组区域。通过使用 PRNP

的密码子 136、141、154 和 171 处变异体，导致对羊瘙痒病的易感性降低。胃肠道线虫（GIN）对驱虫药的抗性越来越普遍，提高绵羊对金霉素的抗性或耐受性是基于基因组学研究的一个高度优先事项。

（二）世界山羊种业发展现状和趋势

1. 世界山羊种业的发展现状

国外是肉用山羊培育的主角，通过杂交育种等手段，开发了 KIKO 羊、KINDER 羊、TMG 羊、TexNaster 羊和 GeneMaster 羊等优秀种羊，其产肉性能是国内品种的 1～2 倍。瑞士、法国、德国是世界上奶山羊生产国家，培育了萨能奶山羊、阿尔卑斯奶山羊、吐根堡奶山羊等优秀奶山羊，其产奶量是我国地方品种的 3～5 倍，差距悬殊。在绒山羊方面，我国已经走在了国际的前列，涌现出了一批优良的绒山羊品种，如辽宁绒山羊和内蒙古绒山羊等。

（1）育种技术

20 世纪以前，国外奶山羊良种选育主要是通过体型外貌评定。20 世纪初，一些育种专家开始利用生产数据进行奶山羊选种。1950 年左右，已经通过表型数据（生产性能和外貌数据）建立简单的选择指数对奶山羊进行选育。1986 年，美国率先使用 BLUP（最佳线性无偏预测）对奶山羊进行育种，羊奶产量、乳脂产量、乳脂率的改良速度均大幅提高，育种进展速度明显提升。2013 年以后，在常规 BLUP 遗传评估基础上，借用高通量分子手段，应用全基因组选择技术加强奶山羊育种工作，使选种的准确性进一步提高。

2010 年之后，山羊基因组组装成功，商业化 SNP 芯片相继问世，澳大利亚、新西兰等养羊业发达国家先后建立起了大规模的基因组选择参考群体并开展基因组选择。国际山羊基因组联盟（IGGC；www.goatgenome.org）推动开发了山羊 52K SNP 芯片（Tosser-Klopp et al.，2016），由 Illumina（SNP50 BeadChip）商业化（www.illumina.com）。目前，随着计算机断层扫描（CT）、多组学联合、基因编辑、物联网、人工智能等技术相继应用于肉羊育种领域并推动肉羊育种技术向高通量、高效率、高准确性的革新升级，肉羊育种技术将进入新阶段。

（2）主要商业化品种或品系

奶山羊品种：萨能（Saanen）奶山羊是世界上产奶量最高的品种；阿尔卑斯（Alpine）奶山羊是体型较大的奶山羊之一，也是商业奶场的热门品种。阿尔卑斯奶山羊肩隆至少有 30 in，体重至少 135 lb[①]。雄性身高至少 32 lb，体重至少 160 lb。其他奶山羊还包括拉曼查（LaMancha）奶山羊、努比亚（Nubian）奶山羊、奥贝哈斯利（Oberhasli）奶山羊、吐根堡（Toggenburg）奶山羊等。

---

① 1 lb（磅）≈0.454 kg。

肉用山羊品种：波尔山羊（Boer）由南非本地品种选育出来，没有与外来品种杂交。具有产羔率多、存活率高、肉质好、生长速度快、能在恶劣的气候中茁壮成长等优点。波尔山羊性情温和，易于训练，体重从 200 lb 到 250 lb 不等；KIKO：拥有很高的双胎率、快速的生长速度及高抗病力。KIKO 羊不会像波尔山羊那样重，但它的肉骨比更高。其他商业化品种还包括西班牙（Spanish）山羊、Myotonic 山羊、TMG 山羊、GeneMaster 山羊、TexMaster 山羊等优秀肉用山羊品种。

毛皮用山羊品种：安哥拉（Angora）山羊的羊毛皮柔滑，长有 5～6 in 长的波浪形或卷曲的毛。安哥拉山羊不是特别耐寒的品种，由于它们的皮毛致密，容易受到寄生虫感染，其平均体重在 95 lb 左右；俾格拉山羊（Pygora）：侏儒山羊和白色安哥拉山羊杂交而成，主要用于纤维生产。俾格拉山羊是一种小型动物，平均身高约为 23 in，母羊约为 18 in。公羊的平均体重为 34～43 kg，母羊平均体重为 29～34 kg。其他商业化毛皮用山羊品种还包括：阿尔泰山羊（Altai Mountain goat）、绒山羊（Cashmere goat）等。

（3）主要杂交配套

关于山羊比较成熟的商业化配套系未见相关报道，仅有一些测试杂交效果的报道。①毛山羊与阿尔卑斯和萨能山羊杂交：毛山羊与阿尔卑斯或萨能公羊交配。杂交后代繁殖性能没有明显提高，然而，毛山羊和阿尔卑斯杂交 F_1 代有更高的出生体重，此外杂交后代产奶量得到显著提高。②沙特阿拉迪山羊与大马士革山羊杂交：杂交后代日增重显著增加 13.7%～30.6%；胴体性状方面，杂交后代的干物质含量有 15.7% 的直接加成效应，乙醚提取物有 2.8% 的加成效应。③阿尔卑斯山羊和波尔山羊杂交：杂交后代的肉含有更多的肌间脂肪、胆固醇和维生素 A，有更高的热值、更亮的颜色、更低的持水能力、更高的生理成熟度（用水蛋白比值来衡量），嫩度和多汁性得分更高。杂交后代的肉中蛋白质的必需氨基酸与非必需氨基酸比值（EAA/NEAA）较理想，肌间脂肪中不饱和脂肪酸与饱和脂肪酸比值（UFA/SFA）也非常理想。杂交后代拥有高蛋白质、低脂肪和低胆固醇、低能量值、高浓度的必需氨基酸和理想的脂肪酸组成，感官特性评分较高。

（4）商业模式、市场规模与份额

尽管世界上大部分山羊奶的生产和消费都在亚洲，但最有组织的山羊奶市场在欧洲，特别是在法国、西班牙、希腊和荷兰。由于对山羊奶酪的需求不断增加，美国的奶山羊数量在 20 世纪 80 年代开始增长。从 1997～2012 年，美国的奶山羊数量翻了一番。美国的山羊遗传公司（Goat Genetics）销售用于品种改良的山羊与精液，美国农业部市场服务中心（USDA's market service）销售种羊；法国 La Métairie du Rouergue 公司销售萨能奶山羊、Alpine 山羊和 Lacaune 山羊种羊；南非的 Klei Karoo 出口公司销售波尔山羊；斯里兰卡出口商（Sri Lanka Exporters）从事山羊的进出口业务。

（5）国际贸易

据联合国粮食及农业组织（FAO）统计显示，2005 年全世界山羊出口数量是 325 万只，中国（不包含台湾省数据）是 10 849 只，占世界的 0.33%。2005 年年末世界山羊出口贸易金额是 69 129.17 万美元，中国是 339 万美元，占全世界的 0.49%，出口贸易最多的国家伊朗，其金额达到 22 209 万美元。2005 年全世界山羊肉进口贸易金额是 131 559 万美元，中国是 21 716 万美元，占世界的 16.5%。中国是世界山羊肉进口贸易金额排名第 2 的大国，美国以 33 652 万美元排在第 1 位。山羊奶贸易在世界上未形成规模，除了几个国家外，绝大部分国家是自给自足现象，满足自己国家的消费需要，中国和其他国家基本没有进出口贸易关系。中国是世界山羊绒出口大国，2005 年出口了 3662 t，贸易金额是 2.5 亿美元。近 10 年来，中国年平均出口 3392 t，贸易金额达到 2.1 亿美元。

（6）头部企业

海普诺凯集团（Hyproca）位于乳业大国荷兰，拥有得天独厚的奶源优势，有从收奶到包装成产品的完整产业链及强大的研发实力和严格的质量安全控制系统。佳贝艾特（Kabrita），属于海普诺凯集团，拥有荷兰 1/4 的奶山羊牧场，年收奶量达 5000 万 L。旗下主要的产品有新鲜羊奶、羊酸奶、羊乳酪、婴幼儿配方羊奶粉、妈妈羊奶粉。是世界上较早推出的婴幼儿羊奶粉品牌。Kabrita 的产品遍及世界上 66 个国家和地区，覆盖全球大部分地区。

Kabrita 在中国、美国、比利时、俄罗斯、荷兰等成立了医学、营养中心及科研工作室等研发平台，组建了强大的研发团队。2015 年，美国科研中心开展"牛奶不适症测试研究"得出对牛奶蛋白不适的婴幼儿在改喝羊奶时，不会产生类似牛奶蛋白过敏的症状，实验进一步验证了羊奶不易过敏的优势。

2. 国外种业企业和机构对我国山羊种业的影响

16 世纪中叶，通过人工选择，逐步形成了奶山羊、毛山羊、绒山羊、肉山羊及皮山羊等多种生产类型品种。18 世纪后期，瑞士、英国、法国等欧洲国家出现了山羊选育协作组织，加快了专门化山羊品种的培育步伐，在世界范围内形成了具有区域经济特征、体现民族特色的初级山羊生产体系，并推动了山羊品种类型的形成。1986 年，澳大利亚山羊绒者协会（Australian Cashmere Growers Association，ACGA）下属山羊绒交易公司（Australian Cashmere Marketing Corporation，ACMC）负责全国绒山羊选育和山羊绒的市场收购、检验分级和包装、出售。该机构对澳大利亚多个绒山羊群体的生产性能进行记录并估计育种值，选择优良种畜，制定合理的育种方案，大大增加了羊绒产量。1982 年，2 周岁羊的羊绒纤维直径大约 16.76 μm，羊绒产量约 98 g；2014 年，2 周岁羊的羊绒纤维直径大约 15.07 μm，羊绒产量约 363 g。通过选育，绒山羊产绒量和细度都有较大改善。

国际上奶山羊育种组织形式主要有社会团体联合育种体系、科研团体育种体系和专业公司商业化育种体系。这些种羊育种组织建立了完善的育种技术体系，持续开展奶山羊生产性能测定，形成了研发、生产、销售一条龙服务体系，具备极强的国际竞争力。我国绒山羊品种处于世界领先水平，以辽宁绒山羊、内蒙古白绒山羊等最为典型；奶山羊生产的当家品种主要是萨能奶山羊的血缘，近年来先后多次从国外引进萨能奶山羊、努比亚山羊等品种，资源相对丰富。但育种体系不完善，联合育种工作未开展，联合遗传评估条件不成熟，遗传评估服务和技术推广服务效率低。可借鉴国外山羊育种体系，结合我国国情，建立全国性山羊遗传评估平台，开展联合育种。

3. 世界山羊种业未来趋势

（1）绒山羊生产性能持续提高

山羊种业类似绵羊，品种向产绒、肉、奶等专门化品种（系）选育。全球绒山羊的专用优良品种较少，但资源丰富。中国是世界山羊绒的最大生产国和出口国，年产量占世界羊绒产量的70%左右，占国际市场贸易总量的50%。但专门化绒用山羊性能仍需要提高，在保持其细度（16 μm以下）的前提下进一步提高其产绒量，同时通过营养、环境调控等手段从季节性产绒向常年产绒转变。

（2）基因组选择技术逐步应用

伴随山羊基因组组装完成和SNP芯片的研制，基因组选择技术在山羊育种中广泛应用。法国建立了萨能和阿尔卑斯奶山羊基因组参考群体2700只，并开展了基因组选择育种，基因组评估进行交叉验证时GEBV的准确性为36%～53%。美国建立了萨能、阿尔卑斯和吐根堡奶山羊3个品种14 453只混合参考群，对3个品种的产奶量性状进行GEBV估计，采用ssBLUP准确性达到了0.61。可见，在常规BLUP遗传评估基础上，应用全基因组选择技术加强了奶山羊育种，选种的准确性进一步提高。

（3）借助数字化平台，通过行业协会或联合会全面提升山羊育种与养殖水平

国际上已经建立了"加拿大山羊协会""北美绒山羊联合会""美国山羊联合会"等行业协会，引导养殖户或企业提升育种与管理水平；提供最佳的育种策略，提高选种的精度和可靠性；通过举办各种博览会集中推广优良种用个体，将选育与推广有机结合。

（4）专业化羊产品销售公司作为羊产业发展的龙头，可依据市场需求和产品特点推动育繁推一体化的商业育种模式

国际上已经成立了多家大型跨国的羊产品生产与销售公司，为市场提供源源不断的高质量产品，公司均设立了羊育种公司，开展数字化育种，为养羊企业提供育种与生产管理等技术咨询与服务，同时也与政府进行沟通，把握市场布局及

立法，形成良好的羊产业大发展格局。

（5）育种方向与目标

提高肉用山羊的产肉性能依然是山羊产业的重要发展方向：一方面通过纯种选育提高产肉水平，另一方面通过合成品种充分利用杂种优势，使产肉量与肉质得到大幅度提高，力争平均胴体重达到 26 kg。提高羊奶产量：许多公司招聘养殖户，提供技术咨询与指导，提供优良的种质资源，进而保证高效的生产水平。减少羊产生的温室气体：2018 年新西兰的 AgResearch 公司经过两代的选育，绵羊的甲烷排放量减少了 13%。

（6）育种体系

数字化育种技术相对稳定与成熟，基于 EBV 的选择进展较大，各品种的生产性能得到大幅提高，可出口销售具有国际竞争力的种源。分子标记辅助选择技术发展迅速，特别是在遗传病的选择淘汰方面，许多遗传病已经被杜绝。基因组选择技术突飞猛进，开发了 55K SNP 芯片，产肉性能得到提升。充分利用杂种优势的合成品种日趋增多，许多优良地方品种的优势得以充分发挥。

（7）新技术的应用

继 EBV 选择之后，基因组选择技术成为新兴生物技术，在奶牛、猪、鸡等畜禽育种中发挥重要作用。特别是在 2～3 代测序技术的支持下，测序成本和时间大大减少和缩短，预测精度和准确性会进一步提升。山羊抗病力较差，死亡率较高，开展抗病育种较为迫切。因疾病造成的巨大经济损失，使得抗病育种受到高度重视。目前，已经发现了一些与畜禽抗病能力密切相关的重要基因，开发出检测试剂盒并推广应用，许多遗传病得以根除。基因编辑技术具有针对性强、目标清晰、操作简便等优点，已经成为遗传病治疗的重要手段。将重要基因一次性导入新品种中，实现单一性状的改变而不影响其他性状，省去多代杂交和筛选的步骤。

二、我国绵羊、山羊种业发展现状和趋势

我国是世界上的养羊大国，也是羊肉生产与消费大国。20 世纪 90 年代初期注重于毛用与皮用及适合于小规模农户养殖的选育，羊品种选育尚处于初级阶段；90 年代后期，羊产业向肉用方向过渡，我国肉羊品种缺乏，主要通过引进国外品种（陶赛特绵羊、杜泊绵羊和波尔山羊等）进行改良，并培育出了具有地方特色的新品种，羊产业进入了规模化和集约化发展的快车道。但我国羊产业依然以小规模农户养殖为主体，从业人数多，羊品种改良进展缓慢，甚至出现了退化，羊单产水平和产品品质与国外相比差异较大，严重影响了养殖户的生产积极性和养羊业发展。然而，在科技工作者艰苦努力下，我国绒山羊产业取得了快速进步，培育出了多个具有国际影响力的绒山羊品种，绒产量与质量在国际上享有较高的声誉，实现了品种的自主可控。

（一）我国羊种业概况

我国是羊生产、消费和进口大国，也是羊毛和羊绒制品出口大国，羊存栏量、出栏量、产肉量和绒产量均居世界第一位。2020 年我国绵山羊存栏 3.07 亿只，出栏 3.19 亿只，羊肉产量 492.3 万 t。在《全国肉羊遗传改良计划（2015—2025）》的统筹推动下，我国绵山羊种质资源不断丰富、良种繁育体系逐步完善，生产水平显著提高，育种技术与研发应用不断加快，羊种业得到快速发展（图 8-5）。

图 8-5　2016～2020 年全国羊存栏、出栏量

1. 我国绵羊、山羊遗传资源丰富且各具特色

绵羊、山羊在动物学分类上属哺乳动物纲（Mammalia）偶蹄目（Artiodactyla），反刍亚目（Ruminantia）洞角科（Bovidae）羊亚科（Caprinae）的绵羊属（Ovis）和山羊属（Capra）。绵山羊作为人类最早驯化的物种之一，已经有 10 000 多年的历史，随着人类的不断迁徙，所处环境的不断改变，经过驯化、扩散、突变和适应性变化形成了现今绵山羊遗传资源的多样性。

根据 FAO 的数据统计，全世界共有绵羊品种 1374 个，山羊品种 678 个，其中地方品种占 80% 以上（83% 和 87%）。我国绵羊、山羊遗传资源十分丰富，为了摸清我国畜禽品种资源情况，我国在 1976～1985 年和 2006～2009 年完成第一次和第二次全国畜种资源品种调查，2021 年全国畜禽遗传资源管理办公室发布《国家畜禽遗传资源品种名录（2021 年版）》，至此我国绵山羊品种数从第一次普查的 53 个增加到 167 个，增加了 215%。其中，绵羊遗传资源 89 个，包括 44 个地方绵羊品种、32 个培育品种及 13 个引进品种；山羊遗传资源 78 个品种，其中 60 个地方品种、12 个培育品种及 6 个引进品种。2021 年 3 月农业农村部启动了第三次全国畜禽遗传资源普查，计划利用 3 年时间发掘一批新资源，科学评估资源珍贵稀有程度和濒危状况，加快抢救性收集保护，确保重要资源不丢失、种质特性不改变、经济性能不降低（表 8-12 和表 8-13）。

表 8-12　世界绵山羊遗传资源品种数量

地区		非洲	亚洲	欧洲及高加索	拉美及加勒比	中近东	北美洲	西南太平洋	世界
地方品种	山羊	97	194	213	36	34	6	11	591
	绵羊	97	263	615	64	48	21	38	1146
区域性跨境品种	山羊	16	13	14	2	1	4	1	51
	绵羊	24	14	72	9	4	4	4	131
国际跨境性品种	山羊								36
	绵羊								97

资料来源：FAO，2021

表 8-13　我国绵山羊品种资源

项目	绵羊			合计	山羊			合计
	地方品种	培育品种	引进品种		地方品种	培育品种	引进品种	
第一次资源普查	15	7	8	30	20	2	1	23
第二次资源普查	42	21	8	71	58	8	3	69
2021 年资源名录	44	32	13	89	60	12	6	78
2022 年新审定品种	—	1	—	1	—	1	—	1

地方品种适应性强、数量多、整体生产性能较低，是我国绵山羊生产的主体。这些地方品种具有繁殖力高、肉质鲜美、耐粗饲等优良特性，有的还具有药用、竞技等价值，是培育新品种不可缺少的原始素材和羊种业可持续发展的宝贵资源，其中湖羊、小尾寒羊等由于其高繁殖力的特性，常用作新品种培育的素材；培育品种具备生产力水平高、特性明显、适应性强的特点，在提高我国绵山羊生产水平和产品品质上发挥着积极作用，为我国羊产业可持续发展提供宝贵资源和育种素材；引进品种生产性能优异、数量少、价格昂贵，主要用于商业杂交的终端父本和新品种培育。

2. 繁育体系逐步完善

建立了以种羊场为核心、以繁育场为基础、以质量监督检验测试中心和性能测定中心为支撑的良种繁育体系。建立了国家肉羊种业科技创新联盟 1 个，性能测定中心（站）和绒毛质量监督检验测试中心各 3 个，遴选国家肉羊核心育种场 28 家，羊标准化示范场 18 家。2020 年年底全国有种羊场 1213 个，其中，绵羊种羊场 791 家，山羊种羊场 422 家，种羊生产区域布局符合我国羊业生产实际，种羊场在减量同时提高了种羊质量。国家肉羊核心育种场登记品种共有 21 个，其中，绵羊品种 16 个，分别为澳洲白绵羊、杜泊羊、萨福克羊、白萨福克羊、特克赛尔羊、夏洛莱羊、无角陶赛特羊、湖羊、小尾寒羊、滩羊、昭乌达肉羊、呼伦贝尔羊、巴美肉羊、德国肉用美利奴羊、中国美利奴羊、苏博美利奴羊和乾华肉用美利奴羊；山羊品种 5 个，分别为黄淮山羊、南江黄羊、川中黑山羊、云上黑山羊和龙陵黄山羊。2020 年国家肉羊核心育种场登记的种羊共 14.9 万只，其中，地方品种中湖羊数量最多，为 7.1 万只，引入品种中杜泊羊数量最多，为 1.1 万只。

3. 规模化程度不断提高、性能稳步提升

全国规模化养殖呈现增长态势，养羊业受禁牧生态环保等政策要求，从业人群短缺，养殖成本上涨，小规模散户养殖加速退出，标准化、智能化、自动化养殖设备的广泛应用推动了规模化养殖的快速发展。随着良种的普及和饲养管理方式的改进，肉羊个体生产性能明显提高，产业综合生产能力稳步提升，2020 年全国绵山羊存栏 30 654.8 万只，比 2016 年增加 542.8 万只；出栏 31 941.3 万只，比 2016 年增加 1246.7 万只；羊肉产量 492.3 万 t，比 2016 年增加 32.9 万 t，增长 7.2%。羊出栏率由 1980 年的 23% 提高到 2019 年的 105.4%，胴体重由 10.5 kg 提高到 2020 年的 15.4 kg。细毛羊个体产毛量明显提高，羊毛主体细度由 20 世纪 90 年代的 64 支提高到目前的 66 支以上。绒山羊产绒量明显提高，羊绒品质保持优良。2015～2020 年，全国奶山羊 300 天泌乳期平均产奶量从 450 kg 增加到 500 kg。

4. 绵山羊遗传资源保护体系逐渐完善

畜禽遗传资源是生物多样性的重要组成部分，是维护国家生态安全、农业安全的重要战略资源，是畜牧业可持续发展的物质基础。随着少数畜禽商业品种在全球范围内大量饲养，很多生产性能较低的地方品种受到冲击，根据 FAO（2021）的数据，全球有 2281 个畜禽品种处于濒危状态，占全球畜禽品种的 26%，而 54% 的畜禽品种因没有进行评估，其濒危状况不明，其中处于濒危状态的山羊品种 171 个，绵羊品种 428 个（图 8-6）。我国已经建立了原产地和异地保护结合、活体和遗传物质互为补充的保种模式。按照"分级管理、重点保护"的原则，农业部于 2000 年 8 月 23 日公布了《国家畜禽品种保护名录》，对 78 个珍贵、稀有、濒危的品种实施重点保护。2006 年对名录进行了修订，更名为《国家级畜禽遗传资源保护名录》，国家级保护品种扩大到 138 个。结合第二次全国畜禽遗传资源调查结果，农业部于 2014 年第三次发布《国家级畜禽遗传资源保护名录》，确定包括鸡、鸭、猪、羊、马、驴、驼等 10 个畜种 159 个品种畜禽资源为国家级畜禽保护资源，2021 年农业农村部发布最新的国家畜禽遗传资源基因库、保护区、保种场名单，对 8 个基因库、24 个保护区和 173 个保种场的畜禽资源重点开展保护。目前已经建立了 1 个国家家畜基因库，4 个绵山羊保护区和 25 个绵山羊保种场，对重要、濒危绵山羊遗传资源的活体和遗传物质开展保护（表 8-14）。

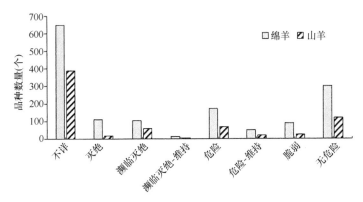

图 8-6　世界绵山羊濒危品种数量

表 8-14　2021 年国家畜禽遗传资源基因库、保护区、保种场名单

类型	数量	名称	编号
基因库	1	国家家畜基因库	A1101
保护区	4	内蒙古绒山羊（阿拉善型）国家保护区	B1510801
		湖羊国家保护区	B3210701
		湖羊国家保护区	B3310701
		和田羊国家保护区	B6510701
保种场	山羊 14	国家太行山羊保种场	C1410801
		国家内蒙古绒山羊（二狼山型）保种场	C1510801
		国家内蒙古绒山羊（阿尔巴斯型）保种场	C1510802
		国家内蒙古绒山羊（阿拉善型）保种场	C1510803
		国家辽宁绒山羊保种场	C2110801
		国家长江三角洲白山羊（笔料毛型）保种场	C3210801
		国家济宁青山羊保种场	C3710801
		国家莱芜黑山羊保种场	C3710802
		国家牙山黑绒山羊保种场	C3710803
		国家大足黑山羊保种场	C5010701
		国家龙陵黄山羊保种场	C5310801
		国家西藏山羊（白绒型）保种场	C5410801
		国家西藏山羊（紫绒型）保种场	C5410802
		国家中卫山羊保种场	C6410801
	绵羊 11	国家乌珠穆沁羊保种场	C1510701
		国家苏尼特羊保种场	C1510702
		国家湖羊保种场	C3310701
		国家小尾寒羊保种场	C3710701
		国家大尾寒羊保种场	C3710702
		国家汉中绵羊保种场	C6110701

类型	数量		名称	编号
			国家同羊保种场	C6110702
			国家贵德黑裘皮羊保种场	C6310701
保种场	绵羊	11	国家滩羊保种场	C6410701
			国家滩羊保种场	C6410702
			国家多浪羊保种场	C6510701
羊保种场占所有畜禽场百分比			13.87%	

5. 育种技术取得突破

针对供给侧开展种质创新，创制出一批具有生长速度快、尾部脂肪少、肉毛品质好、产羔及泌乳多、饲料转化率高和抗逆性强等特性，并适用于不同生态环境和生产方式的新品种和新品系。挖掘了一系列与绵山羊驯化和肉羊主要经济性状有重要影响的候选基因。例如，尾型、尾椎数和抗病力等，部分分子标记已应用于育种实践中，通过引进吸收，自主开发了适用于肉羊性能测定的自动称重、自动采食、体尺和标识系统，B 型超声波检查和计算机断层扫描活体测定技术、高通量基因分型技术并开展了初步应用。建立了基因组选择参考群体，其中湖羊1656 只，杜泊羊和澳洲白绵羊混合群体 2385 只。

（二）我国绵羊种业发展现状和趋势

1. 育种组织模式

我国绵羊品种资源丰富，同时也引进、育成了很多品种，但目前仍缺少产业"当家"品种。1977 年制定《全国家畜改良区域规划》后，提出不同地区肉羊的选育方向，地方品种的选育由外形一致转向产品质量提高。2000 年以后生产方向由毛用向肉用方向改变，形成"以肉为主，肉主毛从，肉毛兼顾综合开发"的生产方向，中原、内蒙古中东部和东北、西北和西南 5 个肉羊优势区域生产格局基本形成。

绵羊品种培育模式主要有政府主导型、企业主导型和科研单位主导型 3 种。以科研单位主导型为主，如高山美利奴羊和鲁西黑头羊的选育。培育方式主要以从国外引进美利奴羊、无角陶赛特羊、萨福克羊和杜泊羊等为父本，以本地细毛羊、蒙古羊、小尾寒羊、湖羊等为母本进行杂交选育。20 世纪 80 年代以后，主要是"以场带户"的组织形式。近年来，逐渐形成牧工商、产供销一体化组织形式。这种组织形式在我国羊育种工作和养羊生产中已经在部分地区启动，这将是我国市场经济体制下今后羊育种工作组织的发展方向。

自 20 世纪 80 年代以来中央和省级政府先后投入资金改建和完善种羊场，县

（市）政府和各类企业建立了一大批原种扩繁场。农业农村部公布了小尾寒羊、湖羊等在内的 21 个地方羊品种为国家级畜禽保护品种；建立了国家级家畜遗传资源基因库，保存 30 多个羊品种的遗传物质并确立了 25 个保种场和湖羊在内的 4 个保护区。初步形成了以国家级重点种羊场为核心，省级种羊繁育场相配套、资源保护与开发相结合、与畜牧业区域生产格局相适应的羊良种繁育体系，但从总体上看，我国肉用绵羊良种繁育体系仍缺乏活力、极不健全。

2. 育种技术

在传统绵羊品种选育中，主要是将数量遗传学原理应用到育种实践，通过应用杂交改良技术与品系选育技术，实现绵羊品种的选育。我国于 1988 年首次将 BLUP 法应用于细毛绵羊育种，利用 BLUP 法测定了公羊的选择指数，评定出了种公羊的育种值大小顺序，并用于育种实践。在 2005 年通过 BLUP 模型筛选对甘肃皇城种羊场一些种公羊后代的早期生长性状进行了相关研究，并用 BLUP 法对其部分后代的断乳重进行育种值评定，为该品系筛选出 20 只继代公羊。

近年来，我国绵羊育种逐渐由传统育种方式向分子方向转变。国际上，在羊群体中发现 SSTR1、IGF-1、GSKIP、MYoG、BMPR-IB、CAPN4 和 FTO 基因多态性可作为肉用绵羊生长性状、胴体性状和繁殖性状提升的分子标记。结果发现 BMPR-IB 基因的多态性对湖羊与新疆多浪羊的多胎性状产生影响，为标记辅助选择提供高效选择位点。2019 年，我国与相关企业联合组织了绵羊育种芯片研发技术论证暨基因组选择育种启动会，未来将在绵羊基因组育种、种质资源鉴定和基因组学研究方面为国内绵羊育种提供技术支持。

利用多胚胎移植（multiple ovulation embryo transfer，MOET）技术进行品种扩繁，提高育种效率，缩短育种周期。幼畜超排胚胎移植（juvenile in vitro embryo transfer，JIVET）技术可将羊的繁殖效率较常规胚胎移植提高约 20 倍，较自然繁殖提高约 60 倍，使世代间隔缩短到正常的 1/4～1/3。这些技术能扩繁优良种畜，减少生产成本，提高双胎率和生产效率。

基因编辑技术在农业动物生产应用方面，我国处于世界前列。我国制备的转 TLR4 基因绵羊，抗病性提了 20%，进一步在疫区测试，TLR4 转基因羊布氏杆菌自然相对感染率降低了 37.8%，可有效预防布鲁氏杆菌。创制了 MSTN 基因编辑羊，后腿肉比例比野生型绵羊高 21.2%，臀中肌占胴体比例比野生型高 26.3%，呈现出明显的"双肌"表型；背膘厚比野生型降低 49.5%，明显降低了脂肪沉积；骨重降低了 28.5%，肉骨比相对于野生型绵羊提高 16.5%。我国运用基因编辑技术敲除哈萨克羊 MSTN 基因，获得具有"双肌"表型的哈萨克羊。利用 CRISPR/Cas9 系统编辑中国美利奴细毛羊和杜泊羊的 FGF5 基因，这些基因编辑羊的毛自然长度和拉伸长度均显著长于野生型对照。

3. 主要商业化品种或品系

20 世纪 80 年代以后，绵羊选育主要有 4 条技术路线，一是对已有品种肉用性能的选育提高，选出高繁（多胎）、体大快长和肉用等新品系、新类群；二是以细毛羊改良群或已有细毛羊为母本，与德国肉用美利奴或南非肉用美利奴等肉用细毛羊杂交，培育出巴美肉羊、昭乌达肉羊、察哈尔羊和乾华肉用美利奴羊 4 个适应放牧加补饲条件的肉用细毛羊新品种；三是对已有短脂尾品种中的小尾群体持续选育，培育出适应市场需求并与原有品种有明显差异的戈壁短尾羊和草原短尾羊 2 个肉羊新品种；四是用专门化肉用品种杜泊羊与我国高繁殖力品种小尾寒羊和湖羊杂交，培育出鲁西黑头羊等 3 个适于舍饲的高繁殖力肉羊。

目前已育成的主要商业化绵羊品种或品系包括小尾寒羊、湖羊、兰哈羊、新疆毛肉兼用细毛羊、中国美利奴羊、巴美肉羊、昭乌达羊、察哈尔羊、乾华肉用美利奴羊、鲁西黑头羊、鲁中肉羊、黄淮肉羊、高山美利奴羊、乌珠穆沁羊、贵乾半细毛羊等。新疆毛肉兼用细毛羊由巩乃斯种羊场联合其他羊场共同在兰哈羊的基础上于 1954 年育成，是我国培育的第一个羊的新品种。该品种的育成为我国绵羊育种提供了样板和经验，该品种也作为主要父系之一，参加了多个细毛羊、半细毛羊等国内新品种的培育，对推动全国范围内的绵羊杂交育种工作起到了积极的推动作用。

4. 主要杂交配套

尽管我国已经引进了大量国外肉羊品种，开展了杂交选育，一方面开展新品种培育，但由于遗传资源狭窄，难于选育提高；另一方面试图进行杂交利用，但目前国内尚没有杂交所用的专门化品系，以及完整的杂交配套系。通过所开展的杂交试验可以看出，夏寒杂交组合、萨寒杂交组合和兰寒杂交组合等杂交均有效提升了 6 月龄体重和屠宰率，经济效益显著增加。绵羊的杂种优势利用程度，没有较为成熟的相应配套系，与猪和鸡相比还存在着很大差距。随着市场需求的加剧及追求经济效益，相信杂交配套系一定能够得到快速发展。

5. 国际贸易

中国为羊毛进口大国，2019 年中国羊毛进口数量为 27.5 万 t，相比 2018 年累计下降 27%。2019 年中国羊毛进口金额为 23.95 亿美元，比 2018 年进口金额降低 8.27 亿美元，累计下降 25.6%。

我国是典型的羊肉生产大国，2019 年羊肉产量 488 万 t，同比增长 2.6%。我国羊肉表观消费量约为 527 万 t，人年均羊肉消费量逐步增加，已达 3.76 kg。与产量相比，我国羊肉贸易仅占很小一部分，进口羊肉 392 319 t，进口金额达 18.6 亿美元。根据中国海关数据显示，2018 年我国活羊及羊肉进口额 13.15 亿美元、出口额 0.34 亿美元。我国活羊及羊肉进口主要来自新西兰、澳大利亚、乌拉圭、智利、哈萨克斯坦等国家,进口的绵羊品种多为杜泊羊、无角陶赛特羊、夏洛莱羊等。我国羊肉出口主要是高档羊肉,出口国较多且不固定,变化较大。目前,国内羊肉产量无法满足市场需求的上涨,加上羊养殖周期长,无法达到快速供给,只能依靠进口填补羊肉供需缺口。

6. 头部企业

根据《全国肉羊遗传改良计划(2015—2025)》,全国肉羊遗传改良计划工作领导小组办公室组织对 2016 年申报国家肉羊核心育种场的企业进行了评审,遴选出天津奥群牧业有限公司等 6 家企业。2019 年,农业农村部根据《全国肉羊遗传改良计划(2015—2025)》的规定,遴选出内蒙古草原金峰畜牧有限公司等 12 家企业为国家绵羊肉羊核心育种场。

2016 年申报国家肉羊核心育种场:天津奥群牧业有限公司拥有世界最著名的3 个专门化的肉羊品种(杜泊绵羊、波尔山羊、澳洲白绵羊)。内蒙古赛诺草原羊业有限公司主导产品包括杜泊种羊、萨福克种羊、杜蒙肉羊、奶山羊、冷冻胚胎、冷冻精液等。每年向全国 20 多个省份提供优质种羊及配套标准化技术服务。朝阳市朝牧种畜场,原朝阳市种畜场,是国家肉羊产业技术体系朝阳综合试验站,自1995 年建场以来,先后引入 9 个品种优良种羊,现在存栏优质种羊 1500 只,冻胚 5000 余枚,是东北地区最大的肉用种羊基地。

2019 年申报国家肉羊核心育种场:内蒙古草原金峰畜牧有限公司是一家以种羊培育、肉羊生产、绵羊毛加工、肉羊繁育技术推广为一体的大型畜牧企业,是内蒙古自治区农牧业产业化重点龙头企业、国家扶贫龙头企业、中国畜牧行业百强优秀企业、内蒙古自治区重点种畜场、昭乌达肉羊核心原种场、国家肉羊产业技术体系赤峰综合试验站依托单位、内蒙古肉羊产业技术创新战略联盟理事长单位、国家高新技术企业;苏尼特右旗苏尼特羊良种场承担着为全旗苏尼特羊种公羊生产专业户及标准化畜群提供种羊的任务,生产培育苏尼特羊特一级后备基础母羊、特一级种公羊;杭州庞大农业开发有限公司是浙江省规模领先的一级湖羊种羊场,现存栏湖羊 8000 只,公司现有湖羊养殖基地 100 亩,引进湖羊纯种羊510 头,达到存栏湖羊核心种羊 2500 头、年新增湖羊种羊 1500 头的规模;拜城县种羊场是新疆南疆地区细毛羊养殖和育种规模最大的种羊场,1993 年培育出中国美利奴(新疆型)细毛羊,被新疆畜牧科学院列为细毛羊研发基地,2000 年被农业部列为萨帕乐品牌羊毛生产基地,2005 年被新疆维吾尔自治区科学技术厅列为中国美利奴(新疆型)细毛羊生产基地,2007 年被农业列为国家级细毛羊标准化示范场,2008 年被农业部列为新疆细毛羊原种场和国家绒毛用羊产业技术体系拜城综合试验站。2014 年经国家畜禽遗传资源委员会专家验收,新增苏博美利奴细毛羊新品种，开启超细细羊毛生产新篇章。

（三）我国山羊种业发展现状

我国拥有丰富的山羊品种资源，地方品种 60 个、培育品种 12 个和引进品种 6 个。2020 年山羊存栏量为 1.33 亿只。我国绒山羊产业十分发达，培育出了国际上著名的绒山羊品种（辽宁绒山羊、内蒙古绒山羊等），绒产量与质量在国际上享有较高声誉，绒产量占世界的 2/3，有效解决了优良品种的"卡脖子"瓶颈，实现了品种的自主可控。

我国尽管有丰富、适应当地环境条件、高繁殖力的地方品种资源，但其产肉性能与国外品种相比差距十分明显，加之没有自己的"当家"品种，优良种源严重依赖进口。近年来，我国加大了品种引进力度，对地方品种进行遗传改良，取得了较好的成绩，并利用努比亚山羊与麻羊杂交选育出的南江黄羊，产肉性能得到了明显提升。但现阶段山羊的养殖仍较为分散、品种改良难度较大，优良肉羊新品种培育将成为今后的主要研究方向。

现我国奶山羊存栏数量达到了 1400 万只，虽然利用引进的萨能奶山羊进行了改良，但产奶水平仍较低，平均为 184.5 kg/(a·只)，世界排名第 35 位。在奶业快速发展的今天，奶山羊面临着重要的机遇，具有较为广阔的发展空间。我国在肉用与奶用山羊改良方面还缺乏自己的"当家"品种，品种培育体系尚需完善，具有较强影响力的加工企业缺乏，产业发展空间巨大。

1. 育种组织模式

我国山羊育种工作组织形式的变化与绵羊有很多相同之处。20 世纪 80 年代以后，实行"以场带户"的组织形式，以种羊场与邻近乡镇山羊专业养殖户签订"场户联营"联合扩繁的育种形式。在 80 年代后期成立品种协会，并逐渐替代原育种委员会组织形式。目前发展成"公司加农户"的组织形式，如内蒙古草原宏宝食品有限公司、内蒙古盛健生物科技有限责任公司等公司+农户的生产体系。

奶山羊品种选育模式：20 世纪 80 年代改革开放初期，在农业部、商业部、轻工业部的大力支持下，在全国奶山羊工作领导小组指导协调下，在全国建成了 3 个纯种西农萨能羊良种场、十几个奶山羊繁育中心和种羊场，以及 64 个奶山羊生产基地县。经过十几年的努力，在原农业部奶山羊行业专项的支持下，依托原有的奶山羊基地及新建养殖和加工企业，整合全国奶山羊产业科学研究、技术推广力量，初步建成以原种场、繁育中心、种羊场、生产基地、加工企业和产业联盟等为主体的现代奶山羊产业技术体系，为产业发展提供了强大的人才与科技支撑。

云南努比黑山羊的育种组织模式：20 世纪 90 年代，云南省建立了以畜牧部门和国营单位为主的育种组织结构。2002 年开始，极少数羊场通过产学研合作开展山羊育种。通过借鉴国外专业化品种协会育种组织成功范例,云南省畜牧主管部门、企业、专业化的检测机构、数据处理评估中心或研究所、冻精站等组建"云南努比亚山羊育种协会"。云南努比亚山羊育种协会是云南努比亚山羊育种的核心机构,主要负责努比亚山羊育种目标的制定,育种组织之间的协调,技术培训、种羊登记、性能测定、遗传评估等工作。

2. 育种技术

最佳线性无偏预测(best linear unbiased prediction,BLUP)主要广泛应用于种公畜的评定,而且用于估计遗传趋势和配合力等。应用 BLUP 法估计西农萨能奶山羊的育种值和遗传趋势,分析了过去的育种效果,为确定西农萨能奶山羊的育种目标、建立系统的选种体系,提供了基本参数和依据。西农萨能奶山羊在 1960~1985 年初产母羊 300 天产奶量的平均年遗传趋势为 7.2 kg,表明西农萨能羊群的选育卓有成效。

创新型育种技术:我国创制了抗乳房炎的人溶菌酶(hLYZ)转基因山羊,其其具有泌乳量高、乳房炎发病率低的特性,泌乳母羊重组人溶菌酶表达量为 2.5 g/L。hLYZ 转基因山羊累计乳房炎发生率 2.56%,显著低于野生型山羊乳房炎发生率(6.28%),乳房炎发生率相对降低 59.24%;临床型乳房炎经治疗后死亡率为 0.96%,病死率相对降低 50.26%。在产毛方面,我国利用 CRISPR/Cas9 培育 FGF5 基因编辑羊,绵羊的细毛产毛量和毛长均显著提升,生长期 FGF5 基因编辑组的细毛密度极显著高于野生羊,FGF5 基因编辑组的次级活性毛囊的比例显著高于野生羊。我国生产出 FGF5 敲除阿尔巴斯绒山羊,也成功获得转基因陕北白绒山羊,敲除 FGF5 基因绒山羊的绒长度明显降低、细度明显变粗和毛长度明显增加。

3. 主要商业化品种或品系

我国地方山羊品种较多,主要集中在中原及南方地区,具有早熟、繁殖力高和适应性强等特点,但存在个体小、生长速度慢、饲料转化率低、产肉量少等缺点。20 世纪 80 年代以后,山羊选育主要有 2 条技术路线,一是对已有品种的繁殖性能、肉用性能、奶用性能选育提高,并选出高繁、体大快长和肉用奶用等新品系;二是用努比亚山羊与当地山羊杂交培育出南江黄羊、简州大耳羊、云上黑山羊 3 个肉用山羊新品种。上述培育品种特性明显、生产力水平高、适应性强,在提高我国羊生产水平和产品品质上发挥了积极的作用,也为我国羊产业可持续发展提供了宝贵资源和育种素材。

目前已育成的主要商业化山羊品种或品系包括南江黄羊、简州大耳羊、云上黑山羊、藏西北白绒山羊、罕山白绒山羊等。南江黄羊是由四川铜羊和含有努比亚血统羊杂交而来的杂交公羊,与当地母山羊及引入的金堂黑山羊母羊进行复杂的育成杂交而选育成的新品种，1995 年通过品种审定。南江黄羊不仅具有性成熟早、生长速度快、繁殖力高、产肉性能好、适应性强、耐粗饲等特点，而且肉质细嫩、适口性好、板皮品质优。公羊成年体重 66.87 kg，母羊 45.64 kg，产羔率 194.62%。罕山白绒山羊是采用辽宁绒山羊和内蒙古绒山羊杂交选育而成的品种，1995 年通过了品种审定，属于绒肉兼用型品种。成年公羊体重 47.5 kg，母羊 33.4 kg。产羔率 114.2%。绒细度为 14.5 μm。

4. 主要杂交配套

我国山羊的开发利用均是以纯品种选育与推广为主体，尽管开展了一些杂交测试，如测试了'波奶'杂交组合：以引进的波尔山羊为父本，本地奶山羊为母本进行二元杂交。羔羊初生重达 4.2 kg，4 月龄日增重为 253.2 g，8 月龄日增重为 215.4 g，8 月龄体重达 55.9 kg，屠宰率达 51.8%，但没有形成高产、优质的配套系，杂种优势的利用十分缺乏，这也是今后的主要发展方向。

5. 国际贸易

我国自 1995 年开始的羊肉贸易格局表现为净进口，贸易逆差持续增大，2010年以后我国羊肉进口呈现较快增长趋势，2012 年成为世界上最大的羊肉进口国。2010～2019 年我国羊肉进口总量由 5.7 万 t 增长至 39.24 万 t，年均增长率接近 24%，与 2000～2010 年我国羊肉进口总量年均 12% 的增长率相比，增长速度将近提高 1倍。我国 2020 年出口量 0.17 万 t，同比下降 11.7%，出口额 1.32 亿元，同比下降 4.1%。羊肉贸易逆差 119.93 亿元，同比下降 0.2%。

我国绒、毛、皮用羊种质资源丰富，主要以出口为主，不同发展时间也表现出不同的特征。据统计，2006 年中国羊绒及其制品出口 15.7 亿美元，其中，羊绒及无毛绒出口 3201 t，金额 2.38 亿美元；羊绒衫出口 2087 万件，金额 6.02 亿美元；羊绒围巾出口金额为 4.3 亿美元；羊绒纱及其他制成品出口金额为 3 亿美元。2007～2017 年，世界原绒产量稳定在 20 000 t，其中我国产近 15 000 t，占世界总产量的 75%。同时我国年加工超过 8000 t 无毛绒，年生产 2000 多万件羊绒衫，年出口 4000 t 无毛绒和 1500 万件羊绒衫，在数量上处于绝对垄断地位。2017 年，中国的羊绒实际分梳量达到了 20 000 t 原绒的水平，羊绒深加工能力 5000 万件，而国内外每年市场需求量仅为 2000 万件，此情况导致我国羊绒产业的加工能力明显过剩。

羊奶作为优质奶源之一，逐渐地走向市场，但是我国奶山羊产业基础薄弱，羊奶产品主要以进口为主。据统计，2014 年我国进口羊奶粉 388.95 t；随着全面两孩政策的实施，2015 年和 2016 年婴幼儿配方羊奶粉进口量呈快速上涨态势，进口量分别为 3678.23 t 和 8290.80 t，占当年羊奶粉进口量的 85.60% 和 95.83%，仍难以满足羊奶粉市场缺口。我国自主加工羊奶粉成本低廉，较国外进口的"大包粉"价格低 50% 以上，目前进口羊奶粉价格约为 7.5 万元/t，自主生产羊奶粉价格为 3 万元/t。

6. 头部企业

2019 年，农业农村部根据《全国肉羊遗传改良计划（2015—2025）》的规定，遴选出黑龙江农垦大山羊业有限公司等 5 家企业为国家山羊肉羊核心育种场。黑龙江农垦大山羊业有限公司地处大庆市西北杜尔伯特蒙古族自治县境内，以农业种植、农业生产、生态养殖、产品加工、休闲旅游、市场营销、贸易投资于一体的多元化产业集团。四川南江黄羊原种场现有南江黄羊核心羊群 30 个，存栏南江黄羊核心群羊只 6127 只，由 18 个血统组成，其中特一级基础母羊 3574 只，年可生产优质种羊 5000 只，是南江县唯一取得省级颁发的"种畜禽生产经营许可证"的单位；2002 年被评为"四川省重点种畜禽场"。云南立新羊业有限公司养殖的努比亚山羊具有繁殖力高、适应性强、耐粗饲、生长速度快、体型大、产肉多、肉质好等特点，用努比亚种公羊与本地母羊杂交后生产的努比亚杂交一代 12 月龄体重达 40 kg 以上，出栏时间比地方品种缩短近一半，养殖效益较好。还有龙陵县黄山羊核心种羊有限责任公司和成都蜀新黑山羊产业发展有限责任公司，担负着优质种羊的生产和销售任务。

（四）我国羊种业未来趋势

1. 适合舍饲的高产性状新品种培育仍是育种主要方向

我国羊产业正处于关键转型阶段，即由分散、粗放经营为主向规模化、标准化为主转变，规模化舍饲比重不断增大。我国虽然已经培育出了一批肉羊品种并在生产中发挥了重要作用，但品种创新与产业发展的需求仍有较大差距，专门化肉用杂交父本种源仍需从国外引进，适于规模化、工厂化舍饲生产的专门化肉用母本品种尚为空白。可以繁殖力和饲料效率为重点，选育适于舍饲的专门化母本品种；以生长速度、饲料效率、产肉量和肉质为重点，选育专门化肉用杂交父本品种。

2. 本品种的持续选育提高

我国现有地方品种、培育品种和引入品种具有抗逆性强、耐粗饲、繁殖力高、生长速度快、肉质好等一项或多项突出性状，是打造肉羊"中国芯"的种源基础。目前，除对少数品种开展持续选育并取得显著成效外，普遍对地方品种、育成品种和引进品种的选育重视不够，群体一致性差，存在退化现象。美国等羊业发达国家将本品种选育提高作为肉羊育种重点，大幅度提升了群体的质量与产肉性能。根据最新颁布的《全国羊遗传改良计划（2021—2035 年）》，本品种持续选育和新品种培育并重，我国将持续开展已有品种的本品种选育，对市场占有率高的湖羊、杜泊羊、澳洲白绵羊和萨福克羊等品种开展联合选育。对保护品种，在加强保种的同时逐步提高其特色性状的遗传水平和整体生产水平。

3. 奶用绵羊正处于快速发展阶段

由于东佛里生、戴瑞羊等优秀的乳用绵羊品种具有适应性差等显著缺点，利用本地绵羊作为母本，通过杂交改良实现乳用化升级，充分导入本地品种的遗传多样性和抗病性能，通过持续选育，培育适应性良好、产奶和繁殖性能优异的本土奶绵羊品种，可能是必然选择。在纯种扩繁与级进杂交后代的育种进程中，利用如同期发情、人工授精、超数排卵、胚胎移植等高效繁殖技术，可以提高优秀种羊的利用效率并利于建立完善的羊群谱系，加快形成纯种核心群和提高级进杂交与横交的迭代效率。冻精和性控冻精的使用，将推动我国乳制品产业的跨越式发展。然而，目前的绵羊冻精技术体系还不完善，未来需要加快奶绵羊冻精技术的优化与配套应用技术的研发，并在此基础上研发性控冻精，以提升母羊的生产效率。此外，大部分绵羊品种为季节性发情，因此研发奶绵羊的全年发情配种技术或培育全年发情的新品系，以实现绵羊奶的全年不间断生产将有良好前景。

4. 创新育种体系和机制

未来我国羊育种将由科研单位主导型转向企业为主体的商业化育种体系，构建以育繁推一体化羊育种龙头企业为主体、教学科研单位为支撑、产学研深度融合的肉羊种业创新体系和利益共同体，形成以市场需求为导向的商业化育种模式和育种成果分享机制。建立稳定的经费投入和政策扶持机制，建立专业化的育种公司，聚集国内顶级的育种专家，通过信息化手段为企业和养殖户提供育种方案，保证育种工作的连续性和稳定性。逐步建立政府与企业和社会资本共同投入的多元化投融资机制，不断激发企业自主创新和育种的驱动力。构建羊群数字化管理系统，对国内种羊信息和数据进行采集、分析、存储。大量完善的数据将为国家羊业育种水平的提升和产业的持续增速提供巨大动力。

第四节 绵羊、山羊种业科技创新现状和发展趋势

种业科技创新是种业发展的源头和核心，直接引领着农业种植业、养殖业、农产品加工业及服务业等全产业链高质量的发展。2021年中央一号文件特别提出要打好种业翻身仗，而种业科技创新是威胁我国种业安全的主要短板，要打好种业翻身仗，就必须要以种业科技创新为牵引，推动种业生产、经营和管理的变革。目前我国是养羊大国，羊存栏量、出栏量、肉产量均居世界首位。长期以来，羊

产业既是供给优质畜产品、满足国民营养均衡的主要产业，又是北方农牧民致富的首选产业。健康和高质量发展羊产业对建设现代化畜牧业、提升我国畜产品国际竞争力、推动国家农业产业结构调整与绿色发展、提高畜牧业对国民经济发展和人民生活水平贡献等重大战略的实施具有重要意义。2020 年，国务院办公厅印发《关于促进畜牧业高质量发展的意见》，提出强化科技创新，不断增强畜牧业质量效益和竞争力，形成产出高效、产品安全、资源节约、环境友好、调控有效的高质量发展新格局，更好地满足人民群众多元化的畜禽产品消费需求。因此，本节就绵羊、山羊科技创新现状和发展趋势进行总结，以期为科研人员和相关专业的工作人员提供参考。

一、绵羊、山羊种业科技创新现状

我国羊产业的发展正处于由传统向现代智能化转型的关键阶段。虽然科技创新与融合发展的过程中存在诸多问题，但以创新应对转型挑战，将传统生产要素驱动转变为科技创新驱动，仍是畜牧产业发展的主流趋势。近年来，我国羊遗传繁育从理论、方法、技术到育种实践各方面，均取得了很大进展。基于 20 世纪80 年代开展的遗传参数估计工作，为我国羊育种从表型选择到育种值选择起到了关键作用；从应用形态学、解剖学、生理生化技术，到应用分子生物学技术对地方品种遗传多样性的研究，我国羊起源进化和主要品种的遗传特性等研究取得了长足进步；应用分子遗传与育种技术，对小尾寒羊、湖羊高繁殖力主效基因的研究，以及羊遗传连锁图谱的构建，生长、产肉量、毛（绒）生长、抗病性等经济性状相关遗传标记的筛选与验证，为开展羊标记辅助选择和基因聚合育种提供了可能。

（一）分子标记辅助育种

理想的分子标记具有高多态性、明确辨别等位基因、在整个基因组分布均匀、无基因多效性、重复性好、检测手段简单快速、成本低等多个优点，为实现对动物优良基因型的选择与聚合提供了广泛的技术支撑。目前常用的分子标记技术应用主要包括构建基因图谱并进行基因定位、分析群体遗传结构与遗传距离、预测杂种优势、性别鉴定、分析亲缘关系和动物的抗病育种等。直接在分子水平上利用与目标性状基因紧密连锁的分子标记进行选择，结果可靠，不受环境及等位基因显隐性关系影响，可加快遗传进展，缩短育种周期，增强选择强度，提高选择的准确性和效率，还能够克服时间、环境、年龄等条件的限制，适用于目标个体育种的早期选择，对群体的遗传改良具有重要意义。目前，最普遍应用的分子标记育种策略是通过在杂交、回交及复合杂交后代中利用分子标记进行检测，将目标基因固定，聚合到同一个体、群体或品系中。

长期以来，自然环境对动物的适应性选择及人为驯养造就了遗传的多样性，如生长速度、羊毛着色、脂肪沉积、气候适应、繁殖能力等。同时这些性状也受到机体一系列复杂而又精细的基因决定的生理调控网络的作用。通常，同一品种的不同个体间表型数据差异较大，而传统育种正是基于这种差异选择优良个体并进行固定和扩繁。利用重测序或高密度芯片挖掘决定这些优良性状的主效基因并进行深入研究和应用，对于种质资源的开发利用和动物生产性能的提高具有重大意义。近年来，国内外研究人员通过将重测序数据与已有的参考基因组序列进行对比，寻找与经济性状相关的 SNP、拷贝数变异、结构变异等遗传信息，预测出大量与动物生长、生产相关的基因（表 8-15），其中一部分已被证实在某些动物经济性状上具有决定性作用。

表 8-15　绵羊、山羊经济性状代表性功能基因

畜种	候选基因	性状
绵羊	*IFNGR2*，*MAPK4*，*NOX4*，*SLC2A4*，*PDK1*，*SOCS2*	高原适应
	GPX3，*ANAX6*，*GPX7*，*PTGS2*，*CPA3*，*ECE1*	沙漠干旱适应
	SLC10AS，*GPCPD1*	高海拔干旱环境适应
	BMP15，*GDF9*，*LTBP-1*，*BMPR1B*，*B4GALNT2*，*INHBA*，*MTNR1B*	高繁性状
	RXFP2	角型
	TCHHL2，*PRD-SPRRII*	瘤胃功能
	LCE7A，*MOGAT2*，*MOGAT3*	绒毛生长
	ASIP	毛色
山羊	*MSTN*	生长速度
	LCORL	体格大小
	GDF9，*BMPR1B*，*BMP15*，*CMTM2*，*SPEF2*，*DNMT3B*，*AKAP13*，*PPP3CA*	繁殖性状
	NANOS2	雄性不育
	FGF5，*Tβ4*，*VEGF*	绒毛生长
	ASIP，*TYRP1*，*KIT*，*MC1R*，*KITLG*，*EDNRA*	毛色
	PISRT1，*FOXL2*，*KCNJ15*，*ERG*	角　（性别）
	HOXD1	多角性状
	CSN1S1，*CSN1S2*，*CSN2*，*CSN3*	产奶性状
	DSG3，*FGF5*，*PAPSS2*	高原适应
	PRNP	传染性海绵状脑病抗性

（二）全基因组选择

近年来，高通量测序和芯片技术发展迅速，一种新兴的、利用高密度覆盖基因组 SNP 标记多态信息，基于连锁不平衡的理论估计基因组全部染色体片段的遗传效应，进而预测新生动物的遗传价值，实现早期选择的选育方法被逐渐推广并应用到动物遗传改良中，即全基因组选择方法（genomic selection，GS）。全基因组选择最早由 Meuwissen 等（2001）提出，即通过检测覆盖全基因组的分子标记，利用基因组水平的遗传信息对个体进行遗传评估，将个体全基因组范围内片段或标记效应值累加用于获得基因组估计育种值（genomic estimated breeding value，GEBV）并进行选择。GS 的理论基础是，假设分布于全基因组的标记中，至少有一个能够与影响目标性状的数量性状基因座（quantitative trait locus，QTL）处于连锁不平衡（linkage disequilibrium，LD）状态，使得每个 QTL 的效应都可以通过基因组标记得到反映，利用标记估计的染色体片段效应在不同群体和不同世代中是相同的，这就要求标记的密度足够高以确保控制目标性状的所有 QTL 都与标记处于连锁不平衡状态。其优势体现在以下几个方面：①增加了选择的准确性；②提高了选择效率；③缩短了世代间隔，降低了成本；④对低遗传力性状、难以测定的性状、后期表达的性状和限性性状等具有高选择效率；⑤平衡不同性状的遗传进展；⑥在提高种群遗传进展的前提下降低群体的近交增量。

我国的科研团队历时 30 余年，建成了包含 56 891 条系谱记录和 763 882 条生产性能记录的绒山羊育种数据库，建立了包含 18 857 份组织和 8702 份 DNA 样品的绒山羊种质资源库，在此基础上，搭建了绒山羊大数据育种管理平台。构建了包含国内外不同山羊品种 2000 只个体的高深度重测序数据库，设计研发了基于国内地方山羊品种的全新山羊 70K SNP 芯片，利用该芯片开展了绒山羊重要经济性状全基因组关联分析，筛选得到一些重要候选基因（Wang et al.，2021a；Zhang et al.，2021）。建立了绒山羊基因组选择技术体系，构建了规模为 3000 只的高质量基因组选择参考群，采用 ssGBLUP 法估计了 GEBV，GS 准确性较传统 ABLUP 提高了 19%～25%，最高达 82%（Wang et al.，2021b）。

（三）转基因技术

转基因技术是将人工分离和修饰过的基因导入动物的早期胚胎细胞或受精卵进行培养；将该受精卵或胚胎植入受体动物体内，使得外源基因整合到染色体基因组上并在发育的过程中能够稳定表达传递给后代。目前外源基因的导入方法包括病毒感染法、磷酸钙沉淀法、脂质体介导法、血影细胞介导法、电穿孔法、显微注射法、胚胎干细胞介导法和精子载体法等。但是应用成熟并能产生稳定遗传性能的方法有两种，即显微注射 DNA 的方法和精子介导的基因转移法。2014 年，我国的科研团队利用 PiggyBac 转座子技术，首先构建 PiggyBac 转座子介导的 FGF5s 表达载体，获得了转基因 *FGF5* 基因编辑绒山羊胎儿成纤维细胞；其次通过体细胞核移植的方法构建转基因克隆胚；最后借助胚胎移植技术获得体细胞核移植转基因陕北白绒山羊（何晓琳，2018）。

（四）基因编辑技术

基因编辑技术在家畜育种中实现了高效和精确的基因组操作，有助于较快提高家畜的生产能力、抗病能力和育种能力，并构建合适的动物疾病模型。目前基因编辑技术包括锌指核酸酶（ZFN）、转录激活因子样核酸酶（TALEN）及最新的规则间隔的短回文重复序列（CRISPR）相关系统，这些技术的应用促进了家畜的遗传进化，展现出了精确编辑动物基因组的巨大潜力。

1. 基因编辑技术在山羊育种上的应用

我国的科研团队针对肌肉生长抑制素（myostatin，MSTN）、成纤维生长因子5（FGF5）、生长分化因子9（growth differentiation factor 9，GDF9）等基因，分别利用 CRISPR/Cas9 及碱基编辑器 BE3 对陕北白绒山羊进行编辑，并成功获得 *MSTN*、*FGF5* 基因敲除及 *FGF5* 和 *GDF9* 单碱基突变的个体。经表型鉴定，基因编辑羔羊在生产性能方面达到了预期效果，与传统绒山羊品种羔羊日增重 150 g 相比，部分羔羊日增重可达 300 g 以上，表明基因编辑绒山羊拥有更快的生长速度。*FGF5* 基因敲除绒山羊 0～120 天的羊绒长度的检测表明，其绒毛长度和密度指标均显著高于野生型绒山羊（Wang et al.，2015）。同时利用 BE3 碱基编辑器获得的 *FGF5* 基因编辑陕北白绒山羊，其表型分析也同样证明编辑后代绒毛长度及毛纤维直径增加（Li et al.，2019）。

生长分化因子 9 在哺乳动物早期卵泡形成过程中发挥重要作用（Dong et al.，1996），并影响哺乳动物排卵率。研究发现，GDF9 进化保守区内发生错义突变（g. 2311A>G）与山羊产羔数密切相关（Zhao et al.，2016）。因此，通过 CRISPR/Cas9 系统对 *GDF9* 基因进行点突变，可提高陕北白绒山羊繁殖性能，对绒山羊的育种具有重要意义。2018 年，Niu 等针对 *GDF9* 第二外显子进行单碱基突变，成功获得单碱基突变陕北白绒山羊羔羊，为提高陕北白绒山羊繁殖性能提供了良好的实验材料。

内蒙古阿尔巴斯绒山羊是经过长期自然选择和人工选育而获得的产绒量高、具有优良品质绒纤维的我国独有的绒山羊品种。我国的科研团队分别利用基因打靶技术、RNA 干扰技术、TALEN 技术针对内蒙古阿尔巴斯绒山羊 *FGF5* 基因进行编辑，成功获得 *FGF5* 基因编辑后代（王丙萍，2014）；对以上几种方式获得的基因编辑个体被毛性状进行鉴定，发现基因打靶技术获得 *FGF5* 敲除个体绒毛长度明显降低、细度明显变粗和毛长度明显增加；TALEN 技术获得的 *FGF5* 敲除个体绒长度明显增加（高原等，2016）。我国的科研团队针对 *CCR5* 基因第二外显子

设计 sgRNA，利用 CRISPR/Cas9 系统，构建 *TβB4* 基因同源重组载体，成功获得 *TβB4*
基因定点整合的单克隆细胞系，并进一步利用体细胞核移植技术，成功获得 *TβB4*
基因定点整合内蒙古阿尔巴斯绒山羊羔羊（李晓聪，2017）；之后针对内蒙古阿尔
巴斯绒山羊 *MSTN* 及 *fat-1* 基因进行编辑，成功获得 *MSTN* 敲除且 *fat-1* 定点敲入
的内蒙古阿尔巴斯绒山羊个体（Zhang et al.，2018）。

2. 基因编辑技术在绵羊育种上的应用

2015 年，我国的科研团队选取了肌肉生长抑制素（myostatin，MSTN）基因、
影响脂肪颜色的 β-胡萝卜素双脱氧加氢酶（β-carotene-9',10'-dioxygenase，BCO2）
基因和影响毛色的刺鼠信号蛋白（agouti signal protein，ASIP）基因作为目标基因，
利用 CRISPR/Cas9 系统，生产 *MSTN*、*ASIP* 和 *BCO2* 基因编辑滩羊，成功获得 36
只后代羔羊。其中，*MSTN* 基因编辑阳性羊 27.8%（10/36），*ASIP* 基因编辑阳性
羊 33.3%（12/36），*BCO2* 基因编辑阳性羊 27.8%（10/36）（Wang et al.，2016）。
通过持续监测 *MSTN* 阳性羊和野生型羊从出生至 240 天的体重，发现 *MSTN* 阳性
滩羊的体重均显著高于野生型羊，且阳性羊的肌纤维直径更粗、肌纤维横截面积
更大，表明 *MSTN* 基因突变造成基因编辑绵羊肌肉快速发育。同时利用家系数据
证明了基因编辑技术并未在全基因组上引入潜在的有害突变，初步证明了该技术
的安全性，可用于动植物育种和生物医学研究。2019~2020 年，又利用单碱基编
辑技术（BE3 与 ABE）分别靶向影响绵羊骨骼生长的细胞因子信号抑制因子
（suppressor of cytokine signaling 2，SOCS2）和影响繁殖率的骨形态发生蛋白受体
1B（bone morphogenetic protein receptor type 1B，BMPR-1B，FecB）基因，成功创
制了 *SOCS2* 和 *FecB* 基因编辑点突变滩羊（Zhou et al.，2019，2020）。

（五）高效繁殖技术

繁殖性状是产羔性状中最有效的经济性状，繁殖力制约着整个羊产业的发展。
不同的羊品种之间，产羔情况并不相同（表 8-16）。羊的繁殖力除受到本身品种因
素的影响外，外界环境对其影响也较大。过高的温度会造成精液品质下降，受胎
率下降，死胎率增加；其次，光照也是影响繁殖力的重要外因之一。一般情况下，
人为缩短光照时长，母羊分泌促卵泡素、促黄体素增强进而促进卵泡发育，公羊
精液质量也会得到提高。同时，营养也是能起到决定性作用的因素之一。缺乏营
养会造成公羊生殖器官发育缓慢甚至功能障碍，也会造成母羊发情不规律、排卵
少。但营养过剩也会造成不良影响，如子宫内脂肪过厚限制胎儿发育等。种畜的
年龄也会影响繁殖力，对于一般的多羔品种，母羊的头胎产羔数较少，随着年龄
的增长，公羊、母羊的繁殖力均会增加，直到达到特定的使用年限后种畜的繁殖
力显著下降。为了提高经济效益，应将到达使用年限的种畜进行及时淘汰。羊场

的饲养管理水平也影响着羊的繁殖力，比如要定期对羊场进行驱虫，如囊尾蚴等寄生虫寄生在母羊的输卵管内，会造成输卵管阻塞，致使精子无法通过，进而造成繁殖力降低。

表8-16　不同绵羊、山羊品种的繁殖情况

品种	繁殖情况
小尾寒羊	全年发情，母羊可一年两胎或两年三胎，每胎可产2～3羔，最多可产7羔
蒙古羊	一年一胎，一胎一羔，产双羔的比例为3%～5%
哈萨克羊	一年一胎，一胎一羔，产双羔的比例为3%～5%
同羊	两年三胎，一胎一羔
湖羊	年产两胎或者两年三胎，每胎多羔，产羔率平均为229%
滩羊	一年一胎，双羔率极低
南江黄羊	常年发情，年产两胎或两年三胎，双羔率极高
辽宁绒山羊	一年两胎，一胎一羔
陕北白绒山羊	一年两胎或两年三胎，双羔率比例很高
成都麻羊	全年发情，一年可产双胎，每胎产羔2～3只
济宁青山羊	常年发情，年产两胎或两年三胎，一胎多羔，平均产羔率293.65%
萨能山羊	头胎多产单羔，经产羊多产双羔或多羔
黑头萨福克羊	一年两胎，一胎一羔

人工授精技术是羊育种中经常使用的技术之一。人工授精是指使用人工方法对雄性动物的精液进行采集，并将精液稀释后使用器具注射到雌性动物生殖器官内。在进行人工授精前要制订好详细的配种计划、准备好采精和输精需要的器械和设备，同时也要选择合适的发情种羊，并对公羊进行调教。人工授精时的一般步骤包括采精、精液品质的检查、精液的处理及输精等。冷冻精液技术通常是配合人工授精技术的一种辅助技术，制作冷冻精液可以使一只优秀的种公羊产8000头份以上可供授精的颗粒冻精，或可生产0.25 mL型细管冻精10 000枚以上。精液的冷冻方式目前包括颗粒精液冷冻技术、细管精液冷冻技术和安瓿精液冷冻技术。

除此之外，胚胎移植技术也是常用的一种繁殖技术。通过使用外源激素对配种母羊进行超数排卵，将胚胎取出并移植到多个同期发情的受体母畜子宫内。该技术可分为供受体选择、供体超数排卵、受体同期发情、供体冲胚、回收、检测、受体移植等多个关键技术环节。为了实现同期发情，通常使用孕酮阴道栓+促卵泡发育激素+前列腺素+促排卵激素。孕激素能够抑制母羊血清促卵泡素和黄体生成素的合成与分泌，撤除孕激素阴道栓同时注射前列腺素促进母羊黄体退化，再配合注射促卵泡发育激素促进母羊卵泡发育，也可配合注射促排卵激素从而使母羊同步排卵。

除传统育种手段以外，利用分子辅助育种技术筛选出控制繁殖性状主效基因的 SNP 位点，也可有效提高羊的繁殖力。羊产羔数是一个遗传力很低且极其复杂的经济性状，目前仅有少数品种产羔率可达 200%（表 8-16），大多数属于单羔品种，且产羔性状遗传力仅为 0.1 左右。*FecB* 基因是最早发现控制绵羊高繁殖力的主效基因，对排卵数的影响呈加性效应，对产羔数的影响呈部分显性效应。单 *FecB* 拷贝可增加 1.3～1.6 枚排卵数，0.9～1.2 只产羔数，双 *FecB* 拷贝可增加 2.7～3.0 枚排卵数，1.1～1.7 只产羔数。研究表明，*FecB* 基因的定点突变（g.A746G，p.Q249R）致使其高度保守区域中的谷氨酰胺突变为精氨酸，丧失部分生物学活性，降低其配体 BMP4 和 GDF5 对类固醇生成的抑制作用，加速颗粒细胞分化，促进卵泡发育及排卵，提高动物的繁殖性能（王雨瞳，2020）。生长分化因子 9（*GDF9*）基因是另外一种影响多产的常染色体主效基因，对于正常的卵泡发生至关重要。其突变可导致雌性哺乳动物的排卵异常和不孕（Abdoli et al.，2016）。Hanrahan 等（2004）在 Cambridge 羊和 Belclare 羊中发现 *GDF9* 基因的突变导致杂合子条件下排卵率的增加，存在 8 个碱基突变，其中一个是 FecGH 碱基突变，揭示了其在绵羊正常卵泡发育中的重要作用。

（六）全混合日粮

全混合日粮（total mixed ration，TMR）是一种利用科学合理的配方和先进的加工工艺，按照具体的饲养标准将粗料、精料、矿物质、维生素和其他添加剂充分混合成营养相对平衡的日粮进行饲喂的技术。TMR 能够按照羊在不同生理阶段的营养需要，将切碎成适当长度的粗饲料、精饲料和各种营养添加剂按照一定的配比进行充分搅拌混合，以保证羊采食到精粗比例稳定、营养浓度一致的全价日粮。与传统饲喂方式相比，TMR 技术能够提高羊的产奶量和奶质量、增加干物质采食量、降低疾病发生率、提高繁殖率、节省饲料成本和节约劳力时间。目前 TMR 饲喂技术在养羊业中已得到良好的效果。全混合颗粒日粮可以有效减轻羔羊断奶应激，提高羔羊断奶后的日增重，显著提高湖羊羔羊生产性能，明显提高育肥经济效益。TMR 饲喂舍饲羊能够实现经济效益最大化，且该体系必定成为我国现代化养羊产业的重要手段，但其面临的饲料紧缺、饲养技术缺乏和机器设备费用较高等问题将会是推广过程中的阻碍。因此，以发掘不同原料间的互作为基础来优化饲料配方，或以提高生产效率为原则来优化机器功能，均是打破 TMR 饲喂技术局限性的有效手段，对养羊产业集约化、规模化养殖的长效发展具有深远的意义。

（七）标志性成果

我国羊产业的发展正处于由传统向现代转型的关键阶段，虽然科技创新与产业融合发展过程中存在诸多问题，但仍取得了重要成果。

在育种方面，为适应由放牧向舍饲转变的生产方式，能够适应舍饲环境的多羔绵羊新品种选育受到重视，主要表现在广泛地使用湖羊和小尾寒羊作为育种材料，培养舍饲高繁绵羊新品种；持续进行品种选育，形成了以波尔山羊、杜泊羊、夏洛莱羊等为代表的核心群；引入国外优异种质资源，包括东佛里生、萨福克、杜泊及澳洲白绵羊等生产的冷冻胚胎和活体，与本地品种杂交，成功培育出鲁西黑头羊等新品种（系），并对本土品种进行改良；本土品种持续选育提高，培育并鉴定了戈壁短尾羊新品种；研制了一批自动测定设备和育种软件，初步形成了育种技术平台和产业化技术支撑平台。此外，为了提高选种准确性或育种效率，应用包括基因编辑、全基因组选择、遗传标记辅助选择、QTL、BLUP 等现代繁育新技术及生物技术进行育种，但这些技术目前仍处于技术探索阶段，尚未达到产业化利用的程度。

在营养与饲料技术方面，先进的组学技术（包括宏基因组、宏转录组、蛋白质组及代谢组等）广泛用于研究不同饲粮、饲粮添加剂、养殖环境等对羊胃肠道微生物区系的影响，从微生物的功能、代谢变化等角度进一步解析宿主和微生物之间的互作，为合理利用饲粮，提高羊的生产性能、健康水平及降低向环境中排出氮、磷、甲烷等提供重要理论依据和手段；针对不同地域、不同气候及不同品种肉羊的养殖特点，合理地开发优质粗饲料资源，变废为宝，提高肉羊产业的经济效益和促进可持续发展；确定母羊在妊娠阶段对蛋白质、能量、纤维素、矿物元素、维生素等营养素的需要量，可提高羔羊成活率、降低断奶应激、提高免疫力。为羔羊胎儿期及出生后的健康生长发育提供理论基础；初乳、开食料等关键营养素的供给对于新生羔羊瘤胃发育、胃肠道微生物群落组成，以及成年后的生产性能具有长效影响作用，也越来越多地受到关注；开发肉羊专用饲料添加剂，对促进羔羊瘤胃发育、提高瘤胃纤维素酶的活性、提高饲料养分消化吸收有积极作用；植物提取物、益生菌、酶制剂等抗生素替代品的研发，一方面减少了抗药性细菌的发生，对于肉羊生产健康及人类食品安全具有重要保障意义，另一方面也提高了肉羊生产性能和养殖效益，具有非常重要的生产价值。

在疾病防治技术方面，开展了不同地区流行病学调查，发现了每一种肉羊疫病的流行特点和规律，根据流调情况制定并开展相应防治办法；关于布鲁氏菌病的研究主要包括：针对影响羊产业发展的布鲁氏菌病，开发了布鲁氏杆菌病原分子快速诊断免疫磁珠 q-PCR 方法、血清亚类抗体检测 ELISA 法；针对各种疫病的疫苗免疫效果评价和疫病净化技术的研究示范集成为有效提高肉羊疫病控制发挥了关键作用；关于羊病防控技术的研究主要从公共卫生战略安全的角度入手，利用分子生物学和现代组学技术、高通量技术相结合的方法探究疾病防控新方法。例如，通过对肉羊瘤胃微生物进行测序，分析瘤胃酸中毒等代谢性疾病，对病毒或细菌的基因组进行测序，分析其毒力基因和动物感染机制，这些为疫病防治提供理论基础；开展了营养代谢病的防控技术研究，确定了特征生化指标阈值，为研发针对性的简易快速检测试剂盒提供了理论基础。

在屠宰与羊肉加工技术方面，开展了热鲜羊肉保鲜理论与技术研究，明确了宰后不同阶段羊肉的加工特性，发明了热鲜羊肉超快速冷却保鲜技术，实现了热鲜羊肉的品质保持；开展了羊自动化屠宰分级分割加工技术和装备的研发工作，构建了羊胴体成像系统，研发了智能化羊肉品质在线分级系统，实现羊肉品质的快速分级；开展了传统羊肉制品绿色智能制造技术研究，研发了过热蒸汽、远红外烤制等新型烤制技术，实现了传统烤制羊肉的品质提升和危害物消减；开展了羊肉品质的调控与营养提升技术研究，明确了不同品种、不同饲喂模式对肉羊生产及羊肉品质的影响，揭示了叶酸添加对胎儿发育、羔羊生长、羊肉品质的调控机制；开展了不同品种羊肉品质的鉴别研究，建立了基于特征风味的指纹图谱分析技术，实现羊肉优劣品质及掺假状态的快速及准确判别；开展了羊骨血脂副产物高值化加工技术研究，开发了功能性骨蛋白肽、血蛋白肽、精炼羊油等新产品。

在生产与环境控制技术方面，通过集成嵌入式系统、无线射频、网络通信、传感器及控制技术，在示范基地里建设标准化羊舍智能环境综合监测和调控系统，建设羊舍环境参数监控装置，实现了对羊舍环境（温湿度、氨气和硫化氢浓度）的实时监测，根据环境参数随时对羊舍环境进行远程和自动控制，同时能够通过 Web 和安卓手机实现远程的羊舍环境参数信息采集、分析及设备控制等日常管理工作；针对我国南方地区食用菌产业发达，食用菌生产产生的废弃菌糠处理成本高、资源利用率低等问题，开展菌糠 TMR 饲料化利用技术用于肉羊生产；开展一系列包括羊粪资源化利用及牧草种植相关试验，为提高羊类综合利用率和羊产业健康发展提供理论基础。

二、绵羊、山羊种业科技创新发展趋势

（一）羊遗传资源鉴定评价和基因发掘

利用现代生物学育种技术开展我国地方绵羊、山羊品种优异基因资源发掘，针对影响复杂性状的基因及基因突变体进行筛选和功能分析，获得地方羊品种最基本的生物遗传信息；同时发掘重要的功能基因，促进对重要经济性状遗传机制的综合解析，获得具有自主知识产权的功能性新基因，为我国羊基因资源研究和遗传改良奠定坚实的理论基础，最终全面推动羊产业分子育种的应用研究。

（二）突破生物育种核心技术

近年来新兴的 ZFN、TALEN、CRISPR/Cas9、单碱基编辑器（BE）及先导编辑器（PE）等基因编辑技术，可打破物种界限，实现基因转移，拓宽遗传资源利

用范围，为快速改良或提高家畜生长发育、肉品质、抗病能力等农业性状提供了良好的解决措施。同时克服了传统育种周期长，需耗费大量人力、物力等缺点，是传统育种技术的延伸、发展和新的突破。随着基因编辑技术发展，我国已在羊上建立了大片段编辑、多基因编辑技术体系，并获得了一批农业、医用基因编辑羊育种新材料。但目前基因编辑在羊上应用不够成熟，主要是大部分经济性状关键基因进行修饰时存在效率不稳定、精准度不高等现象。因此，未来需要进一步开发新型的适宜在羊上应用的基因编辑工具。

体外育种（*in vitro* breeding，IVB）是加速畜群遗传改良的一种方法。牛、绵羊等家畜中胚胎干细胞的成功分离及培养，使运用 IVB 在主要家畜中进行体外育种变为可能。与全基因组选择相似，IVB 法估测生产特征相关的基因型值，并在囊胚的 ICM 基因型中计算估计的胚胎育种值。未来，育种人员可根据需求选出数十个或数百个具有高遗传价值的细胞系，从胚胎干细胞（ESC）生成配子，进行新一轮体外受精、ESC 选择和生殖细胞分化。IVB 的一个周期（包括基因组选择和减数分裂）只需 3~4 个月，大大缩短了育种世代间隔，提高遗传增益，节省人力、物力成本。除 IVB 育种策略以外，ESC 也可与基因编辑技术相结合，使用 CRISPR/Cas9 系统及其衍生技术对胚胎干细胞进行定点编辑，创制羊的优异种质资源。

随着"代父"技术的兴起（将体外培养的胚胎干细胞移植入另一雄性动物睾丸内再生精子），精原干细胞育种进入了新的历史阶段。2015 年，Chapman 等将 CRISPR/Cas9 基因编辑系统导入大鼠精原干细胞中并成功编辑了 *Epsti1* 和 *Erbb3* 基因，将修饰的精原细胞干细胞移植入睾丸后再生精子，获得了基因编辑后代（Chapman et al.，2015）。2020 年，华盛顿大学生殖生物学家 Jon Oatley 团队成功敲除了山羊的 *NANOS2* 基因，并将外源精原干细胞导入该山羊体内产生了外源精子（Ciccarelli et al.，2020）。至此，基于精原干细胞育种的"代父"技术走向成熟，未来也将大量使用精原干细胞育种技术改良羊的种质特性。

第五节　我国羊种业发展的关键制约问题

近年来，我国羊种业发展迅速。一是种质资源不断丰富。目前，列入《国家畜禽遗传资源品种名录（2021 年版）》的羊品种共 167 个，其中，绵羊 89 个、山羊 78 个。截至 2020 年年底，我国先后育成新品种 44 个，这些育成品种特性明显、生产水平高、适应性强，在提高我国羊生产水平和产品品质上发挥了积极作用。二是良种繁育体系逐步完善。与羊产业区域布局相适应，初步建立了以种羊场为核心、以繁育场为基础、以质量监督检验测试中心和性能测定中心为支撑的良种繁育体系。2020 年，全国现有绵羊种羊场 791 家，山羊种羊场 442 家，遴选国家肉羊核心育种场 28 家，性能测定中心（站）5 个和绒毛质量监督检验测试中心 3 个。三是生产水平稳步提升。羊出栏率由 1980 年的 23% 提高到 2020 年的 104.2%，胴体重由 10.5 kg 提高到 15.4 kg。细毛羊个体产毛量明显提高，羊毛主体细度由 20 世纪 90 年代的 64 支提高到目前的 66 支以上。绒山羊产绒量明显提高，羊绒品质保持优良。2015～2020 年，全国奶山羊 300 天泌乳期平均产奶量从 450 kg 增加到 500 kg。但总体上看，与羊产业发达国家仍存在较大差距。

一、遗传资源保护、评价和创新利用不足

尽管我国羊遗传资源十分丰富，但总体上对羊遗传资源的保护、评价和创新利用不足。

（一）遗传资源保护和评价不足

截至 2020 年，已先后建设羊相关的国家家畜基因库 1 个、国家畜禽遗传资源保护区 4 个，国家畜禽遗传资源保种场 26 个。纳入国家级保护的遗传资源仅占全部羊地方品种的 1/5，规模化开发和作为育种素材的羊遗传资源则更少。此外，一些地方品种资源由于保护力度不足，遗传资源评价体系不完善，盲目杂交导致品种血统不纯，优良基因流失，甚至部分品种濒临灭绝。

（二）品种创新利用和持续选育不够

我国已经培育出了一批肉羊品种并在生产中发挥了重要作用，但品种创新与产业发展的需求仍有较大差距，专门化肉用杂交父本种源仍有一定的对外依从度，适于规模化、工厂化舍饲生产的专门化肉用母本品种尚为空白。现有的地方品种、培育品种和引入品种具有抗逆性强、耐粗饲、繁殖力高、生长速度快、肉质好等一项或多项突出性状，是打造肉羊"中国芯"的种源基础。目前，我国除对少数品种开展持续选育并取得显著成效外，普遍对地方品种、育成品种选育重视不够，群体一致性差，对引进品种的本土化选育不足，退化现象较为普遍。

二、育种机制不健全

我国专业化的育种公司仍处于起步阶段，企业研发投入动力不足，以企业为主体、育繁推一体化的商业化育种体系尚未建立。科技人员成果评价、绩效考核和激励与成果分享机制不完善，与企业利益联结不紧密，产学研深度融合的羊种业联合体和利益共同体还未形成。受疫病、数据的可靠性、利益分配机制等制约，联合育种工作推进较为缓慢。由于独立分散的制种模式，种羊价格无法反映种羊育种价值，重繁轻育现象较为普遍。没有稳定的经费投入和政策扶持机制，育种

工作的连续性无法切实保证，核心育种群常因市场波动而流失。

三、育种基础工作较为薄弱

总体上，育种基础设施和装备普遍较差，选育手段落后，育种信息记录不完善，良种登记、性能测定、遗传评估等基础工作不系统。部分地方品种选育目标不明确、思路不清晰。杂交利用体系不健全，杂交组合筛选较为滞后，导致杂交利用面较小，部分品种杂交较为盲目和混乱。

四、关键技术研发和应用不足

近年来，我国羊育种关键技术研发和应用虽取得了长足进步，但受到缺乏长期连续的支持和企业自主创新能力不强等原因影响，关键技术的研发和应用明显不足。与国外羊及国内猪、禽、奶牛相比，羊的基因组选择技术的研发和商业化推广应用均相对滞后，仍处于起步阶段，初步建立了几个千级规模具有精准表型的参考群体；性能测定技术手段也相对落后，高通量智能化性能测定设备的自主研发能力不足，严重影响测定效率和准确性，测定数据质量不高；高效繁殖技术尚未全面推广利用，优秀公母羊的遗传潜能难以充分发挥，导致育种周期较长，遗传进展缓慢。

五、育种人才匮乏

羊种业高端人才匮乏已成为制约我国羊种业高质量发展、打赢种业翻身仗的瓶颈，特别是羊种业企业的育种人才面临着总量缺口大、人才培养质量亟待提高的问题。尽管每年有大量研究生毕业，但不少研究生在校期间所从事的研究课题都集中在基因功能、基因组数据分析等方面，然而真正找到并具有育种价值的功能基因很少，而育种生产急需的准确、快速性能测定技术却鲜有研究，部分从事育种算法软件研究的研究生对整个育种环节的理解也不够充分，种业科技理论研究与育种实践脱节现象仍较严重。掌握种业关键技术的高端育种人才主要集中在科研院所、大专院校，而羊种业企业则十分匮乏，没有形成一支过硬的队伍，不能满足我国羊种业高质量发展的需求。

六、生物安全防控形势不容乐观

随着舍饲规模增大和跨区域调运日趋频繁，重要疫病的流行情况变得极为复杂，生物安全形势不容乐观。羊痘、布氏杆菌病等一些垂直疾病和人畜共患病还没有得到净化，疫病的感染不仅影响表型测定和遗传评估，甚至会使多年的育种工作前功尽弃。

第六节　我国羊种业主要任务和发展重点

目前，我国羊种业发展处于历史新时期，面对国际羊种业的竞争压力加大，应建立我国羊种业科技创新体系，全面实施种业振兴行动方案，解决羊种业短板弱项，明确羊产业发展的主要任务和发展重点，推进羊种业科技自立自强、实现羊种源自主可控。

一、主要任务

（一）突破羊种源"卡脖子"关键品种和技术

创新羊遗传资源保护技术体系，创建高通量表型组精准测定技术体系，解析重要经济性状的遗传机理，挖掘关键基因和遗传变异。要积极建立全基因组选择参考群体，设计育种"芯片"，研发全基因组选择选配技术，创新应用现代繁殖新技术，形成一批具有自主知识产权的突破性原创成果。

（二）加强育种基础设施和公共平台建设

完善育种场性能测定设施，提升性能测定智能化水平，大幅提高育种数据采集能力和数据质量。形成以场内测定与测定站（中心）测定结合的性能测定体系。建设羊遗传资源分子特征库和特色性状表型库，构建高通量基因挖掘技术平台。建立国家羊遗传评估中心，指导场内遗传评估，开展主导品种的跨场遗传评估。

（三）构建产学研深度融合的现代羊种业创新体系

构建以市场需求为导向、以企业为主体、产学研深度融合的现代羊种业创新体系。理顺产学研用协作关系，建立商业化联合育种机制，助力打赢羊种业翻身仗。优化创新现有政策，打破科研院所和企业界限，建立产学研用融合的商业化联合育种机制和组织体系，推进遗传评估结果应用，逐步建立基于全产业链的新型育种体系，做大做强培育一批航母型育种企业，努力打造羊种业科技强、企业强、产业强的新格局。

二、发展重点

（一）加强现代羊育种体系建设

优化国家羊育种核心群结构和布局，遴选一批以地方品种、引进品种和培育品种为核心群的国家羊核心育种场。持续推进商业化育种，主导品种综合生产性能达到国际先进水平。打造具有国际竞争力的种羊企业，建立完善的繁育体系和以企业为主体的商业化育种体系，支撑和引领羊产业高质量发展。未来5年，完成35个国家肉羊核心育种场的遴选，形成基础母羊总存栏10万只的肉羊核心育种群。到2035年，组建高质量羊育种核心群，建立相对完善的商业化育种体系。建设一批高水平的国家羊核心育种场，国家羊核心育种场数量达到100家，形成基础母羊20万只的育种核心群；建成相对完善的联合育种机制，打造具有国际竞争力的羊种业企业3~5家。重点培育主导品种10个，重点开展主导品种的联合育种，支持联合体、协作组、联盟等联合育种组织发展，推进建立联合育种创新实体。

（二）建立完善性能测定体系

建立完善的羊性能测定体系，构建羊育种数据库。完善种羊登记制度，修订种羊登记技术规范，在国家羊核心育种场开展品种登记。未来5年，完成核心育种场在群种羊良种登记，逐步形成连续完整的种羊系谱档案，核心育种场规范开展生产性能测定；到2035年，研发表型精准测定技术与装备，建立表型精准测定技术体系。建立健全种羊性能测定规范，完善生长发育、肉质、繁殖、毛绒、乳用等性状测定规范，建立饲料转化率、抗逆等测定规范。国家羊核心育种场种羊品种登记实现全覆盖。培养专业的测定员队伍，实现规范管理，全面开展场内性能测定，每年种羊性能测定数量达到40万只以上，大幅提升育种数据采集能力。

（三）羊遗传评估技术平台建立

建立国家羊遗传评估中心，构建遗传评估模型，定期发布遗传评估结果，指导企业实施精准选育。未来5年，建立羊基因组选择育种平台，组建高质量参考群体，开发基因组评估方法，在国家羊核心育种场逐步推进基因组选择技术的应用；到2035年，完善国家羊遗传评估中心，建立区域性生产性能测定中心，分类组建肉羊、绒山羊等高质量参考群体，广泛应用表型精准性能测定，设计育种"芯片"，基因组选择等育种新技术在国家羊核心育种场得到普遍应用，建成国际一流水平的羊遗传评估技术平台，加快遗传进展。

（四）现有羊品种主要生产性能显著提高

根据羊优势产区布局和遗传资源现状，确定重点选育品种，制定选育方案，开展持续选育。综合应用现代繁殖新技术，高效扩繁优异种质。地方品种重点对生长发育、繁殖和肉品质等性状开展选育；培育品种重点提高繁殖性能、肉用性能和饲料转化率；引进品种开展系统性联合育种，加快本土化选育和种群扩繁。未来5年，对20个生产性能突出的地方品种、培育品种和引入品种开展本品种选育提高，地方品种主要肉用性能提高 10% 以上，绵羊产羔率牧区达到 120% 以上、农区达到 150% 以上，山羊产羔率达到 180% 以上；到 2035 年，对 30 个生产性能突出、推广潜力大的现有品种开展本品种选育，现有品种主要生产性能显著提高，细毛羊、半细毛羊产毛量提高 10%；绒山羊产绒量提高 10%，羊绒细度达到 16 μm 以下；乳用羊产奶量提高 20% 以上，满足多元化种源需求；系统挖掘地方羊优异性状关键基因。挖掘一批重要、特色性状，包括肉用、肉品质、繁殖、抗病力等关键基因和遗传突变，为新种质的研制提供技术储备。

（五）新品种培育

加快培育一批生产性能水平高、综合性状优良、重点性状突出的羊新品种和配套系，不断提高优质种源供给能力。未来 5 年，选育肉羊专门化品种，新培育品种主要肉用性能比亲本平均提高 12% 以上。到 2035 年培育 10 个左右肉羊新品种，群体生产性能稳步提高，主导肉羊品种肉用性能和繁殖性能分别提高 20% 及 15% 以上，缩小与国际一流水平的差距，大幅提升自主供种能力。

第七节　未来我国羊种业科技创新政策和建议

全面推进种业振兴的重大决策为我国羊种业带来了千载难逢的战略机遇，必须抓住此次机遇，扎实推进新一轮全国肉羊遗传改良计划实施，做强做优我国羊种业。要打好打赢羊种业翻身仗，必须紧跟世界羊业科技发展前沿，满足国家羊业重大需求和经济建设主战场，紧扣人民生命健康，创新商业化联合育种机制，集全要素优势资源，引领羊产业高质量发展。

一、抓住资源普查契机推进羊资源保护，提升我国特色羊资源利用水平

以第三次全国畜禽遗传资源普查工作为契机，进一步摸清我国羊遗传资源的"家底"，建立羊种质资源库，收集和保存地方羊种质资源。将国家保护区、保种场、基因库有机结合，建立原产地保护和异地保护相结合、活体保护和遗传材料保存相互补充的羊遗传资源保护体系。建立健全企业为主体、事业单位为支撑的联合保种机制。以市场为导向，对地方品种实施保种和创新利用相结合的"边保边用、以用促保"策略，积极开发地方特色品种的独特优势，如滩羊具有肉质细嫩、膻味轻、营养丰富等特点，适用于生产高档优质羊肉；湖羊除繁殖力高外，其羔皮具有皮板轻柔、毛色洁白、花纹呈波浪状、花案清晰、光润美观等特点，享有"软宝石"之称，是制作高档羊皮制品的良好原料。另有一些具有保健功能和药膳作用的羊产品也越来越受到青睐，如兰坪乌骨羊的黑色素与乌骨鸡的黑色

素相同，具有较高的抗氧化能力，是我国十分珍稀的动物遗传资源，也是生产特色高端羊肉的品种资源。此外，还有部分地方绵、山羊品种对极端环境具有良好的适应性，如藏羊，是我国青藏高原地区主要家畜品种之一，具有独特的生物学特性，对高寒牧区生态环境和粗放饲养管理条件有很强的适应性，是高寒藏区牧民饲养的主体畜种，并在其经济和社会中占有重要地位。通过开发特定的供应链和差异化产品，推动地方特色羊品种的保护和可持续利用。

二、创新育种体系和机制，激发企业自主创新和育种的驱动力

构建以育繁推一体化羊育种龙头企业为主体、教学科研单位为支撑、产学研深度融合的羊种业创新体系和利益共同体，形成以市场需求为导向的商业化育种模式和育种成果分享机制。建立稳定的经费投入和政策扶持机制，保证育种工作的连续性和稳定性。逐步建立政府与企业和社会资本共同投入的多元化投融资机制，不断激发企业自主创新和育种的驱动力。

三、研究突破羊基因组选择关键技术，提升核心育种技术能力

创新羊胚胎、配子、干细胞、基因等保存方法，建立多种保存方式相互配套的遗传资源保存技术体系。研发高通量、智能化、自动化的表型组精准测定技术与装备，建立高通量表型组精准测定技术体系。解析繁殖、饲料效率、生长、抗病、抗逆、产品品质等重要经济性状的遗传机理，挖掘有利用价值的关键基因和遗传变异。分类别建立主导品种的大规模基因组选择参考群体，研发基因组选择技术，设计专门、高效、低成本的羊育种芯片，开发配套遗传评估技术。创新应用现代繁殖新技术，高效扩繁优异种质，提高制种效率。

四、打破种业科技理论与育种实践壁垒，引导种业科技人才向企业流动

从种业领域高等教育入手，以育种实践的关键科学问题和技术需求为导向，深化应用型育种人才培养体系改革，打破种业科技理论与育种实践壁垒。强化激励措施，积极引导种业科技人才向企业流动，加快形成一支"甘愿坐冷板凳且能将冷板凳坐热"的创新型育种人才队伍，建立灵活的人才激励机制，构建具有竞争力的人才制度体系。针对种业创新与经营管理不一样，具有时间长、见效慢、不鸣则已一鸣惊人的特点，企业在重视相关人才培养的同时，应想方设法留住种业人才，一是为种业人才提供良好的发展平台，二是提高种业人才薪酬待遇，三是解决企业中种业人才职称晋升难的问题，提升企业种业人才的获得感、成就感，从而稳定和扩大种业人才队伍，保障企业种业科技创新的长期可持续。

五、加强布鲁氏菌病等重要疫病的防控，提升生物安全水平

建立种羊场布鲁氏菌病等重要疫病综合防控和生物安全技术体系与规程，制定布鲁氏菌病等重要疫病综合防控和生物安全技术标准，研发布鲁氏菌病等重要疫病监测设备。加大力度支持布鲁氏菌病等重要疫病净化场和示范场建设，加强对育种场的布鲁氏菌病等重要疫病的防控管理，提升育种场生物安全水平，确保种源生物安全。

第八节　典　型　案　例

一、促进种业发展典型先进技术

我国地方绵羊品种资源丰富，据最新版的《中国畜禽遗传资源志·羊志》统计，现有绵羊品种 71 个，其中地方品种 42 个。经过长期的驯化和人工选择，地方绵羊品种既完美地适应了当地气候特点、各具特色，同时作为特色遗传资源库，为新品种培育与改良提供了丰富的遗传材料。滩羊作为宁夏特有的绵羊遗传资源，肉质鲜美，风味独特，备受青睐，但与大部分地方绵羊品种一样，存在生长速度慢、繁殖力低、尾部脂肪沉积过多等缺点，严重制约着我国绵羊产业的发展。

基于 CRISPR 系统的基因编辑技术可以针对重要性状（如环境适应、生长、繁殖、抗病性状等）的关键功能基因靶向修饰，快速聚合动物的优良性状，突破种源及种间杂交的限制，大大缩短育种周期，加快育种进程，对我国地方畜禽品种的遗传改良和新品种培育意义重大。近年来，西北农林科技大学遗传改良与生物育种团队围绕滩羊种质资源挖掘、创新利用及技术创新与突破开展工作，形成了一系列创新性成果。通过多组学技术，鉴定并验证了一批与绵羊产羔数、角型、尾脂、生长性状及高原适应、体型大小、毛色等性状相关的功能基因，阐明了其在主要性状形成过程中的作用机理。目前构建了高效安全的羊基因编辑育种技术平台，开发了一种被命名为 ePE 的高效先导基因编辑工具，针对 *MSTN*、*BCO2*、*ASIP*、*BMPR1B*、*SOCS2* 等经济性状功能基因，采用基于 CRISPR 系统的 Cas9、CBE、ABE、PE 等技术，创制了一批目标性状突出、综合性状优良的滩羊育种新材料，共获得基因编辑滩羊群体及其后代 400 余只，形成了世界上最大规模的基因编辑羊育种资源群体。开发了基于家系遗传变异分析基因编辑动物安全性的方法，并首次证实了基因编辑技术在农业动物育种应用中的生物安全性，为基因编辑技术等生物育种在家畜中的应用奠定了基础。该团队在绵羊基因编辑育种领域的系列工作为占领生物育种技术制高点、打赢畜禽种业翻身仗和保障国家粮食安全提供了有力支撑。

二、肉羊种业科技创新典型企业

天津奥群牧业有限公司创立于1998年，专注于现代肉羊育种、繁育体系建设及技术创新，把科学管理、创新能力、高效生产、市场开拓与"产学研"结合，形成了"育繁推"一体化的商业育种模式。是首批国家肉羊核心育种场、首批国家级动物疫病净化示范场，承运国家（天津）肉羊生产性能测定中心，牵头成立国家肉羊种业科技创新联盟，是院士工作站设站单位。近年来在肉羊生产性能测定、遗传评估、方案优化、繁育技术集成应用、成果示范推广方面都走在产业前列，并发挥着非常重要的引领、示范和推广作用。

1. 培育拥有自主知识产权、满足消费者需求的新品种

以肉羊育种及创新技术研发与应用为目标，以满足消费者需求为导向，企业26年来致力于澳洲白绵羊和白头杜泊羊的本土化选育、扩繁及产业化推广，充分利用澳洲白绵羊、杜泊羊和湖羊等优异种质资源，开展澳湖、杜湖二元杂种母羊生产，选育高繁殖力舍饲肉羊新品种。其种质资源及产业化服务已经辐射北京、天津、河北、内蒙古、甘肃、新疆、西藏、河南、山东、黑龙江、辽宁、吉林、广西等地，打破了专门化肉用父本种源长期以来被国外垄断的局面，改变了"引种—退化—再引种—再退化"的被动现状，澳洲白绵羊和杜泊羊种群品质已达到国内领先、国际一流。取得具有自主知识产权"杜泊绵羊专门化品系的选育"和"澳洲白绵羊本品种选育及规模养殖技术研发"等科技成果4项，申请了"优良肉羊品系的培育方法"等专利60项，年研发投入占销售收入的6%以上，牵头制定肉羊相关标准7项，获得了科学技术进步奖两项，育种技术水平中国领先、世界同步。

2. 开展自主创新，突破"卡脖子"关键技术

性能测定是育种工作的基础，但目前高通量的表型组精准测定技术是主要卡点。通过国家（天津）肉羊生产性能测定中心，实现肉羊育种信息化、智能化数据采集、储存，把测定融入育种生产流程，保证了肉羊生产数据的准确性、时效性。通过高通量表型组测定技术的应用，构建肉羊 CT 扫描技术体系，实现了活体估算肌肉、骨骼和肌肉与脂肪的比率，胴体产肉量，关键部位骨骼、肌肉等指标。联合开发了世界领先 TMR 饲料转化率测定装置及系统，实现全自动监测羊只采食行为，饲喂 TMR 或颗粒饲料，实时测定采食量、采食时间、采食次数和体重，并准确计算饲料转化率等数据。通过智能化体尺测量系统开发，极大减少了人力、缩短了工作时间，推动了育种基础数据的智能化采集。

基因组育种技术已经在国外广泛应用，但高精度、低成本、多性状基因组育

种技术是目前肉羊育种的另一卡点。天津奥群牧业有限公司与深圳华大基因科技有限公司及有关高校和科研院所合作，建立了 3357 只羊的基因组选择参考群体，有望在短期内取得基因组育种技术的重要突破。

3. 建立肉羊联合育种创新实体，构建良好的育种联合机制

把科学管理、创新能力、高效生产、市场开拓与"产学研"结合，形成了"育繁推"一体化的商业育种模式。为了提高我国肉羊种群的生产水平和肉羊种业的竞争力，由企业牵头联合国内肉羊育种企业、高校、科研院所、技术推广和肉羊产业相关企业等单位，共同成立了国家肉羊种业科技创新联盟，以合力推动我国肉羊育种科技创新为宗旨，建立信息资源共享服务和技术与产品试验示范推广的交流合作平台，形成以产业发展和市场需求为导向的商业化育种体系，培育具有自主知识产权的肉羊新品种，突破种业发展的瓶颈，为促进全国肉羊种业不断升级和又好又快发展提供强大动力。公司建有万只规模核心育种场 1 个、万只规模扩繁制种场 5 个，胚胎工程中心 2 个，百万肉羊产业化示范基地 2 处，年制种能力达到 6 万只。种质资源和技术服务辐射到甘肃、内蒙古、新疆、河北、西藏、河南、山东、广西、辽宁、吉林、黑龙江等全国主要牧区和农区。

4. 通过产业扶贫助力乡村振兴

企业通过杂交改良和产业扶贫的方式为当地带来经济和社会效益。在内蒙古和新疆，天津奥群牧业有限公司利用其种公羊和人工授精技术的优势协助当地政府（内蒙古鄂温克旗和巴林右旗、新疆于田县和策勒县）以县为单位推动当地羊杂交改良，每只杂交羔羊多收入 150～200 元。天津奥群牧业有限公司还与天津食品集团有限公司合作，在新疆和田地区和河北承德各打造一个百万只肉羊项目，天津奥群牧业有限公司为项目提供种羊和养殖技术。和田项目成为"十三五"期间全国的扶贫典范，同时带动了当地的肉羊产业发展，并继续在"十四五"期间作为乡村振兴的抓手。总之近年来奥群良种推广 10 万余只，良种辐射 500 多万只，估计直接经济效益 6 亿元，实现社会效益 50 亿元。

参 考 文 献

安雪姣, 文禹梁, 宋淑珍, 等. 2018. 羔羊日粮精粗比对其肉及脂肪组织中脂肪酸组成的影响. 草业科学, 35(3): 654-662.

常倩. 2018. 基于效益与质量提升的肉羊产业组织运行机制研究. 中国农业大学博士学位论文.

楚高洁, 王杰, 沈辰峰, 等. 2020. 绵羊消化道线虫驱除效果试验. 草食家畜, (2): 61-64.

冯艳. 2019. 陕西省千阳县奶山羊产业发展现状. 中国乳业, (8): 35-37.

高原, 阿力玛, 李璐, 等. 2016. 靶除内蒙古白绒山羊 FGF5 基因对其毛被性状的影响. 内蒙古农

业大学学报(自然科学版), 37(1): 61-65.

关鸣轩, 魏趁, 侣博学, 等. 2022. 苏博美利奴羊主要经济性状的遗传参数估计. 中国畜牧杂志, 58(1): 97-101.

郭万正, 赵娜, 杨雪海, 等. 2021. 三阶段全混合颗粒日粮对湖羊羔羊生产性能及瘤胃液指标的影响. 中国饲料, (21): 5-9.

韩亚儒. 2016. 中国绵羊地方品种的种质特性及其生态分布规律的研究. 山东农业大学硕士学位论文.

韩战强, 李鹏伟, 赵秀敏, 等. 2021. 引进肉用绵羊品种的杂交利用研究进展. 中国草食动物科学, 41(1): 52-56.

何晓琳. 2018. 陕北白绒山羊 FGF5 基因及其转基因羊的研究. 西北农林科技大学博士学位论文.

胡琳, 王定发, 周汉林, 等. 2015. 全混合日粮(TMR)在养羊产业中的应用前景. 养殖与饲料, (7): 25-29.

姬爱国, 刘文忠. 2004. 南非肉用美利奴羊. 畜牧兽医科技信息, (8): 33.

郑建梅. 2016. 巴美肉羊新品种培育模式. 中国畜牧兽医文摘, 32(8): 67.

贾伟龙. 2018. 绵羊养殖技术及常见病预防措施. 养殖与饲料, (7): 70-71.

蒋烈戈, 李勇忠, 景亚平, 等. 2013. 德国美利奴羊与中国美利奴羊主要生产性能比较. 中国草食动物科学, 33(6): 78-79.

金花, 卓娅. 2003. 巴音布鲁克羊品种资源介绍. 新疆畜牧业, (1): 22-23.

李迪生. 2021. 中国牛羊养殖业区域数据分析及未来市场展望. 兽医导刊, (15): 6-7.

李发弟, 王维民, 乐翔鹏, 等. 2021. 肉羊种业的昨天、今天和明天. 中国畜牧业, (13): 29-33.

李锋红, 马友记, 常伟, 等. 2015. 南非肉用美利奴羊与甘肃高山细毛羊杂交羔羊屠宰性能和肉品质测定. 中国草食动物科学, 35(3): 10-13.

李佳蓉, 贾超, 姜怀志. 2017. 萨福克羊种质特性及利用状况. 中国草食动物科学, 37(3): 51-55.

李强, 潘林香. 2020. 鲁中肉羊新品种培育经历及应用. 中国畜禽种业, 16(12): 100-101.

李淑凤. 2021. 关于无抗养殖的几点见解. 养禽与禽病防治, (4): 38-39.

李晓聪. 2017. CRISPR/Cas9 介导绒山羊 Tβ4 基因定点敲入的研究. 内蒙古大学硕士学位论文.

李晓东. 2019. 肉羊养殖场的环境控制措施. 畜牧兽医科技信息, (5): 49.

李振清. 2008. 现代肉羊场的环境控制与净化. 河南畜牧兽医(综合版), (6): 20-21.

刘恩民, 卢增奎, 乐祥鹏. 2018. 我国养羊业现状及未来发展思考. 中国畜牧业, (9): 34-35.

刘海军. 2013. 环境因素对肉羊生产的影响及控制对策. 中国畜牧兽医文摘, 29(7): 55.

刘志光. 2021. 浅谈山羊常见疾病与防治. 中国动物保健, 23(1): 35, 37.

陆欢, 折帅帅, 冯平. 2021. 无抗养殖环境下如何选择替抗产品. 中国畜禽种业, 17(8): 83-84.

陆伟民. 2021. 山羊圈舍建设及疾病防控技术探讨. 畜禽业, 32(11): 47-48.

罗军, 史怀平, 王建民, 等. 2019. 中国奶山羊产业发展综述——发展趋势及特征. 中国奶牛, (9): 1-11.

罗学明, 叶峰, 陶立华, 等. 2015. 胚胎移植快速繁育纯种杜泊绵羊的杂交利用. 杭州农业与科技, (F11): 38-41.

马龙, 姜怀志, 马志华, 等. 2020. 乾华肉用美利奴羊新品种的培育与应用. 现代畜牧兽医, (4): 26-33.

马章全, 杨师珍, 杨晓明, 等. 2009. 选育提高中的多胎同羊//中国畜牧业协会. 《2009 中国羊业进展》论文集: 201-203.

麦麦提·吐尔逊. 2014. 无角陶赛特羊的品种简介. 新疆畜牧业, (5): 61.

梅珺琰. 2017. CRISPR/Cas9 技术对山羊 MSTN 基因的靶向敲除研究. 扬州大学硕士学位论文.

桑布. 1998. 苏尼特羊. 当代畜禽养殖业, (7): 18-19.

沙哈代提·沙塔尔, 李春明. 2021. 绵羊养殖技术及常见病预防措施. 畜牧兽医科技信息, (5): 109.

时乾. 2007. 湖羊部分繁殖性状及其羔羊生长发育研究. 南京农业大学硕士学位论文.

司维江, 韩燕国, 黄泽宇, 等. 2022. 发酵饲料在肉羊生产上的应用研究进展. 中国畜牧杂志, 5(58): 90-95.

田可川, 等. 2017. 苏博美利奴羊新品种培育. 国家科技成果. 新疆维吾尔自治区畜牧科学院.

王丙萍. 2014. 靶除 FGF5 基因体细胞克隆绒山羊的研究. 内蒙古农业大学博士学位论文.

王峰. 2019. 关中奶山羊伪结核棒状杆菌的分离鉴定及毒力基因和耐药性检测. 西北农林科技大学硕士学位论文.

王锋. 2012. 动物繁殖学. 北京: 中国农业大学出版社.

王慧华, 赵福平, 张莉, 等. 2015. 中国地方绵羊品种的地域分布及肉用相关性状的多元分析. 中国农业科学, 48(20): 4170-4177.

王金文. 2006. 依靠科技创新, 实施龙头带动, 加快肉羊产业化发展. 2006 中国羊业进展——第三届中国羊业发展大会论文集: 88-90.

王金文, 崔绪奎, 张果平, 等. 2011. 鲁西黑头肉羊种质特性研究. 山东畜牧兽医, 32(6): 14-16.

王荣, 邓近平, 王敏, 等. 2015. 基于 IPCC Tier 1 层级的中国反刍家畜胃肠道甲烷排放格局变化分析. 生态学报, 35(21): 7244-7254.

王思再, 李亚力, 李刚. 2011. 加快现代畜牧业建设的对策思考——以黑龙江省为例. 中国畜牧杂志, 47(12): 22-24.

王天翔, 王丽娟, 王喜军, 等. 2014. 导入澳血公羊对甘肃高山细毛羊生产性能的影响研究. 家畜生态学报, 35(9): 70-73.

王雨瞳. 2020. 不同 BMPR-IB 基因型对绵羊初情期生殖激素及生长发育的影响. 石河子大学硕士学位论文.

吴萍, 吴瑛, 吴蕊汝, 等. 2019. 羊常见病发生的原因及防治对策. 中国畜禽种业, 15(8): 150-151.

吴艳芳. 2021. MSTN 基因敲除和 FecB 基因突变滩羊扩繁试验. 西北农林科技大学硕士学位论文.

相军, 赵红波. 2003. 德国肉用美利奴羊. 农业知识, (10): 40.

肖海峰, 康海琪, 张俊华, 等. 2021. 2021 年上半年肉羊生产形势分析及后市展望. 中国畜牧业, (15): 37.

徐建堂. 2021. 肉用绵羊新品种鲁中肉羊. 农业知识, (14): F0003.

徐丽. 2015. 超细型细毛羊新品种——苏博美利奴羊. 农村百事通, (12): 43-44, 73.

许英民. 1995. 肉羊新品种——夏洛米羊. 农村实用科技信息, (6): 14.

杨淑萍. 2021. 羊饲料的营养成分及配制. 现代畜牧科技, (8): 74-75.

杨树猛, 杨勤, 郎多勇, 等. 2008. 甘加型藏羊与当地蒙古羊屠宰性能对比试验. 甘肃畜牧兽医, 38(6): 4-5.

杨雪, 卿静, 刘翰扬, 等. 2019. 浅谈肉羊养殖场环境控制. 农业与技术, 39(11): 98-100.

杨祎程, 文亚洲, 王选慧. 2014. 奶结症对甘肃高山细毛羊羊毛品质的影响. 畜牧与兽医, 46(1): 56-57.

杨志平. 2021. 养殖疾病防控重要性及应对策略探讨. 中国畜禽种业, 17(7): 60-61.

于家良, 刘成军. 2021. 浅谈畜禽无抗养殖. 吉林畜牧兽医, 42(5): 105, 107.

岳文斌. 2011. 建立科技创新体系推动肉羊产业化. 新农业, (6): 4-5

战宇. 2021. 确保肉羊饲料配制营养与安全的策略. 饲料博览, (4): 76-77.

张彩红. 2019. 羊常见病发生的原因及防治对策. 中国动物保健, 21(2): 40-41.

张春梅, 周力, 桂林生, 等. 2021. 不同精粗比全混合日粮对黑藏羊瘤胃发酵参数、抗氧化能力及消化酶活性的影响. 饲料研究, 44(17): 1-4.

张亮, 马慧钟, 张伟涛, 等. 2018. 规模化羊场环境对羊的影响及控制措施. 北方牧业, (18): 11-12.

张毛朵, 齐丽娜, 邝美倩, 等. 2018. 高精料日粮对湖羊发情、生殖激素及黄体 PLIN 家族成员表达的影响. 2018 年全国养羊生产与学术研讨会论文集: 8.

张启成. 1988. 内蒙古细毛羊导入澳血的效果. 内蒙古畜牧科学, (1): 18-19.

张小寒, 涂远璐, 汤海江, 等. 2021. 肉羊非常规 TMR 饲粮中添加过瘤胃赖氨酸和蛋氨酸对其生产性能的影响. 江苏农业科学, 49(17): 155-160.

张筱艳. 2020. 绵羊 BMPR1B 基因 SNP 和血液 BMPR1B 蛋白与繁殖性能的相关性研究. 甘肃农业大学博士学位论文.

张旭, 周晓克, 谢彪, 等. 2020. 动物系谱生成方法及装置. CN106294720B.

赵金艳. 2021. 肉羊规模化养殖. 郑州: 河南科学技术出版社.

郑重, 张功, 张立果, 等. 2019. 戴瑞奶绵羊在内蒙古乌兰察布市引种观察. 内蒙古大学学报(自然科学版), 50(6): 660-665.

朱春刚, 蒋莹, 聂丹, 等. 2021. 甘蔗尾叶秸秆发酵饲料对肉羊生长性能、产肉性能及肉品质的影响. 饲料研究, 44(10): 9-12.

邹艳波. 2021. 山羊养殖的疾病防治新技术. 兽医导刊, (1): 101.

Abdoli R, Zamani P, Mirhoseini S Z, et al. 2016. A review on prolificacy genes in sheep. Reproduction in Domestic Animals, 51(5): 631-637.

Cermak T, Doyle E L, Christian M, et al. 2011. Efficient design and assembly of custom TALEN and other TAL effector-based constructs for DNA targeting. Nucleic Acids Research, 39(12): 82.

Chapman K M, Medrano G A, Jaichander P, et al. 2015. Targeted germline modifications in rats using CRISPR/Cas9 and spermatogonial stem cells. Cell Reports, 10(11): 1828-1835.

Ciccarelli M, Giassetti M I, Miao D, et al. 2020. Donor-derived spermatogenesis following stem cell transplantation in sterile NANOS2 knockout males. Proceedings of the National Academy of Sciences, 117(39): 24195-24204.

Dong J, Albertini D F, Nishimori K, et al. 1996. Growth differentiation factor-9 is required during early ovarian folliculogenesis. Nature, 383(6600): 531-535.

FAO. 2021. Intergovernmental technical working group on animal genetic resources for food and agriculture: Eleventh Session, Status and trends of animal genetic resources-2020, Rome Italy,19-21 May 2021.

Gaudelli N M, Komor A C, Rees H A, et al. 2017. Programmable base editing of A·T to G·C in genomic DNA without DNA cleavage. Nature, 551(7681): 464-471.

Hanrahan J P , Gregan S M, Mulsant P, et al. 2004. Mutations in the genes for oocyte-derived growth factors GDF9 and BMP15 are associated with both increased ovulation rate and sterility in Cambridge and Belclare sheep (Ovis aries). Biol Reprod, 70 (4): 900-909.

Kim Y B, Komor A C, Levy J M, et al. 2017. Increasing the genome-targeting scope and precision of base editing with engineered Cas9-cytidine deaminase fusions. Nature Biotechnology, 35(4): 371-376.

Kim Y G, Cha J, Chandrasegaran S, et al. 1996. Hybrid restriction enzymes: zinc finger fusions to Fok I cleavage domain. Proceedings of the National Academy of Sciences of the United States of America, 93(3): 1156-1160.

Kittelmann S, Pinares-Patiño C S, Seedorf H, et al. 2014. Two different bacterial community types are linked with the low-methane emission trait in sheep. PLoS One, 9(7): e103171.

Komor A C, Kim Y B, Packer M S, et al. 2016. Programmable editing of a target base in genomic DNA without double-stranded DNA cleavage. Nature, 533(7603): 420-424.

Li G, Zhou S, Li C, et al. 2019. Base pair editing in goat: nonsense codon introgression into FGF5 results in longer hair. The FEBS Journal, 286(23): 4675-4692.

Meuwissen T H, Hayes B J, Goddard M E. 2001. Prediction of total genetic value using genome-wide dense marker maps. Genetics, 157(4): 1819-1829.

Moscou M J, Bogdanove A J. 2009. A simple cipher governs DNA recognition by TAL effectors. Science, 326: 1501.

Mulsant P, Lecerf F, Fabre S, et al. 2001. Mutation in bone morphogenetic protein receptor-IB is associated with increased ovulation rate in Booroola Mérino ewes. Proceedings of the National Academy of Sciences of the United States of America, 98(9): 5104-5109.

Niu Y, Jin M, Li Y, et al. 2016. Biallelic β-carotene oxygenase 2 knockout results in yellow fat in sheep via CRISPR/Cas9. Animal Genetics, 48(2): 242-244.

Niu Y, Zhao X, Zhou J, et al. 2018. Efficient generation of goats with defined point mutation (I397V) in GDF9 through CRISPR/Cas9. Reproduction, Fertility, and Development, 30(2): 307-312.

Pinares-Patiño C S, Ulyatt M J, Lassey K R, et al. 2003. Persistence of differences between sheep in methane emission under generous grazing conditions. Journal of Agricultural Science, 140(2): 227-233.

Reader K L, Haydon L J, Littlejohn R P, et al. 2012. Booroola BMPR1B mutation alters early follicular development and oocyte ultrastructure in sheep. Reproduction, Fertility, and Development, 24(2): 353-361.

Roy J, Polley S, De S, et al. 2011. Polymorphism of fecundity genes (*FecB*, *FecX*, and *FecG*) in the Indian Bonpala sheep. Animal Biotechnology, 22(3): 151-162.

Santos A R D, Souza J N C, Parente H N, et al. 2020. Characteristics of nutrition, growth, carcass and meat of male goats fed babassu mesocarp flour. Agriculture, 10(7): 288.

Shi W, Moon C D, Leahy S C, et al. 2014. Methane yield phenotypes linked to differential gene expression in the sheep rumen microbiome. Genome Research, doi: 10.1101/gr.168245.113.

Souza C J, Mcneilly A S, Benavides M V, et al. 2014. Mutation in the protease cleavage site of GDF9 increases ovulation rate and litter size in heterozygous ewes and causes infertility in homozygous ewes. Animal Genetics, 45(5): 732-739.

Tosser-Klopp G, Bardou P, Bouchez O, et al. 2016. Correction: design and characterization of a 52K SNP chip for goats. PLoS One, 11(3): e0152632.

Villa-Mancera A, Alcalá-Canto Y, Reynoso-Palomar A, et al. 2021. Vaccination with cathepsin L phage-exposed mimotopes, single or in combination, reduce size, fluke burden, egg production and viability in sheep experimentally infected with Fasciola hepatica. Parasitology International, 83: 102355

Wang F H, Zhang L, Gong G, et al. 2021a. Genome-wide association study of fleece traits in Inner Mongolia cashmere goats. Animal Genetics, 52(3): 375-379.

Wang X, Niu Y, Zhou J, et al. 2016. Multiplex gene editing via CRISPR/Cas9 exhibits desirable muscle hypertrophy without detectable off-target effects in sheep. Scientific Reports, 6: 32271.

Wang X, Yu H, Lei A, et al. 2015. Generation of gene-modified goats targeting MSTN and FGF5 via zygote injection of CRISPR/Cas9 system. Scientific Reports, 5(1): 13878.

Wang Z, Zhou B, Zhang T, et al. 2021b. Assessing genetic diversity and estimating the inbreeding effect on economic traits of Inner Mongolia white cashmere goats through pedigree analysis. Frontiers Veterinary Science, 8: 665872.

Yu B, Lu R, Yuan Y, et al. 2016. Efficient TALEN-mediated myostatin gene editing in goats. BMC Development Biology, 16(1): 26.

Zhang J, Cui M L, Nie Y W, et al. 2018. CRISPR/Cas9-mediated specific integration of fat-1 at the goat MSTN locus. FEBS Journal, 285(15): 2828-2839.

Zhang L, Wang F, Gao G, et al. 2021. Genome-wide association study of body weight traits in Inner Mongolia cashmere goats. Frontiers in Veterinary Science, 8: 752746.

Zhao J, Liu S, Zhou X, et al. 2016. A non-synonymous mutation in GDF9 is highly associated with litter size in cashmere goats. Animal Genetic, 47(5): 630-631.

Zhou S, Cai B, He C, et al. 2019. Programmable base editing of the sheep genome revealed no genome-wide off-target mutations. Frontiers in Genetics, 10: 215.

Zhou S, Ding Y, Liu J, et al. 2020. Highly efficient generation of sheep with a defined $FecB^B$ mutation via adenine base editing. Genetics Selection Evolution, 52(1): 35.

羊种业专题报告编写组成员

组　长：马月辉（中国农业科学院北京畜牧兽医研究所　研究员）

副组长：李发弟（兰州大学　教授）

　　　　陈玉林（西北农林科技大学　教授）

成　员（按姓氏汉语拼音排序）：

　　　　曹贵方（内蒙古农业大学　教授）

　　　　韩红兵（中国农业大学　副教授）

　　　　何晓红（中国农业科学院北京畜牧兽医研究所　副研究员）

　　　　李　岩（军事科学院军事医学研究院　助理研究员）

　　　　连正兴（中国农业大学　教授）

　　　　梁　浩（内蒙古大学　副研究员）

　　　　刘　军（西北农林科技大学　教授）

　　　　刘东军（内蒙古大学　研究员）

　　　　罗海玲（中国农业大学　教授）

　　　　苏　蕊（内蒙古农业大学　教授）

　　　　唐　红（新疆农垦科学院　副研究员）

　　　　王凤阳（海南大学　教授）

　　　　王立民（新疆农垦科学院　研究员）

　　　　王维民（兰州大学　副教授）

　　　　王小龙（西北农林科技大学　教授）

　　　　张子军（安徽农业大学　教授）

　　　　赵倩君（中国农业科学院北京畜牧兽医研究所　副研究员）

　　　　赵永聚（西南大学　教授）

　　　　周　平（新疆农垦科学院　研究员）

　　　　周世卫（西北农林科技大学　助理研究员）

秘　书（按姓氏汉语拼音排序）：

　　　　何晓红（中国农业科学院北京畜牧兽医研究所　副研究员）

　　　　刘　旭（西北农林科技大学　教授）

　　　　孙　晶（中国农业科学院生物技术研究所　副研究员）

第九章　鸡种业专题

第一节　我国鸡种业战略背景

我国是世界上养鸡历史最为悠久的国家，是世界鸡种质资源最为丰富的国家之一。经过 40 余年的发展，我国的鸡蛋产量达到世界总量的 35% 左右，居世界第一位；肉鸡年出栏量超过 100 亿只，居世界第一位；鸡肉产量达世界鸡肉总产量的 15%，居世界第二位，并且鸡产业也是畜禽业中产业化、规模化、市场化程度较高的产业之一。

种业是产业发展的基础，是推动产业发展的核心要素，位于畜牧产业链的顶端。习近平总书记指出，"要下决心把我国种业搞上去，抓紧培育具有自主知识产权的优良品种"。党中央、国务院高度重视畜禽种业的发展，从 2015 年至今，每年的中央一号文件都对加快畜禽种业发展提出明确要求。例如，2020年中央一号文件提出"加强农业生物技术研发，大力实施种业自主创新工程，实施国家农业种质资源保护利用工程"；2021 年中央一号文件首次单独成段表述"打好种业翻身仗"。2021 年中央全面深化改革委员会第二十次会议审议通过《种业振兴行动方案》，把种源安全提升到关系国家安全的战略高度，中国畜禽良种资源保护与开发进入了新时代。2022 年中央一号文件指出"全面实施种业振兴行动方案。加快推进农业种质资源普查收集，强化精准鉴定评价。"党的二十大报告再次强调"深入实施种业振兴行动""确保中国人的饭碗牢牢端在自己手中"。

一、鸡种业发展可有效保障蛋肉产品的市场供应

党的二十大报告提出要树立大食物观。鸡蛋和鸡肉是廉价的动物性蛋白质的重要来源，发展高质量鸡种业，是保障鸡蛋、鸡肉产品市场供给，支持居民从"吃得饱"转向"吃得好""吃得健康"的基础。根据联合国粮食及农业组织（FAO）统计数据，我国鸡蛋总产量从 1978 年的年产 209 万 t 增长到 2020 年的 3024 万 t，增长了近 13.5 倍，远高于世界同期的鸡蛋产量增长速度，并且我国的鸡蛋产量自 1985 年开始长期居世界首位（图 9-1）。目前，人均鸡蛋占有量 20.6 kg，达到发达国家水平。我国鸡肉总产量从 1980 年的年产 108 万 t 增长到 2020 年的 1582 万 t，

也增长了近 14 倍, 而世界同期鸡肉产量只增加了 6 倍。鸡肉产量在我国是仅次于猪肉的第二大肉类 (图 9-2), 其在肉类消费结构中的占比不断提高, 目前约占肉类总量的 20%。

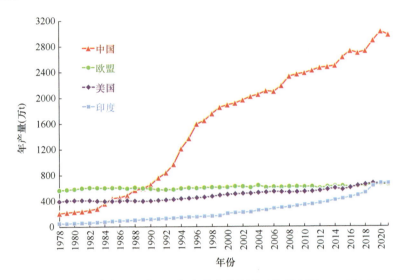

图 9-1　全球四大鸡蛋生产国 (地区) 年产量变化情况 (数据来源: FAOSTAT, 2023)

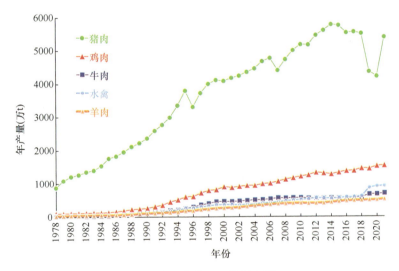

图 9-2　我国主要肉类年产量变化情况 (数据来源: FAOSTAT, 2023)

品种培育的最终目的是保障优质、安全、价廉的动物产品供应。随着鸡蛋、鸡肉需求的刚性增长, 我国面临的饲料资源和环境压力越来越大。品种生产性能的优越性主要体现在, 能够将有限的饲料资源最大限度地转化为鸡蛋和鸡肉产品。随着我国鸡自主育种技术和育种能力的持续增强, 蛋鸡和肉鸡育种和生产效率稳步提高。目前，高产蛋鸡年产蛋量可达 320 个，料蛋比约 2.0∶1；快大型白羽肉鸡 42 日龄体重从 1957 年的 539 g 增加到目前的 2900 g，料重比由 1957 年的 2.3∶1 下降到目前的 1.5∶1。鸡蛋和鸡肉已成为普通消费者的日常食物，且其价格涨幅远远低于其他畜禽产品（表 9-1）。因此，加快鸡种业发展和科技创新，是缓解资源环境受限与动物蛋白需求刚性增长之间矛盾的有效措施。

表 9-1　畜禽产品蛋白质价格比较

	猪肉	牛肉	羊肉	鸡肉	鸡蛋
2010 年 9 月全国平均价格（元/kg）	17.47	30.14	32.54	12.97	8.29
2022 年 9 月全国平均价格（元/kg）	30.82	77.27	66.92	19.03	11.64
蛋白质含量（%）	13.2	19.9	19.0	19.3	13.3
2010 年蛋白质价格（元/g）	0.132	0.151	0.171	0.067	0.062
2021 年蛋白质价格（元/g）	0.233	0.388	0.352	0.099	0.088

注：价格来源于农业农村部全国农产品批发市场价格信息系统；蛋白质含量来源于《中国食物成分表（标准版）》

二、鸡种业科技创新可推动鸡遗传资源的开发利用

中国是世界上鸡品种资源最丰富的国家之一。《国家畜禽遗传资源品种名录（2021 年版）》列入地方品种 115 个，培育品种 5 个，引入品种 8 个。地方鸡种既是宝贵的遗传资源，又是价值极高的经济资源，为新品种培育开发提供了基本素材。我国地方品种外貌特点鲜明、产品品质优良、抗劣性强，适应原产地生产条件和传统消费习惯。随着人们生活水平的不断提高，消费者对鸡蛋和鸡肉的产量、安全、深加工和产品多样化等需求不断增加。根据国内消费市场需求，对我国现存优异品种资源进行综合分析和评价，利用新技术开发利用我国现有遗传资源形成具有特色的新品种和配套系，对满足我国多样化的市场需求十分重要。

三、鸡种业科技创新推动育种技术迭代升级

鸡种业的快速发展，对育种科技和种源自主提出更高要求。现代鸡种业育种技术近年来发展迅猛。蛋鸡育种目标从产蛋量、蛋品质拓展到目前包括饲料转化率、孵化性能、抗病力、成活率、骨骼健康等高产、优质、节粮、高效多类性状的综合选择；白羽肉鸡育种目标由以体重和饲料转化率为主，拓展到包括肉品质、心肺功能、骨骼强度、抗病抗逆性等品质、生活力和健康等多类性状的平衡遗传选择；黄羽肉鸡育种目标更加注重饲料转化率和胴体品质等。多性状选择对育种

技术提出了更高要求，测定技术从以人工测定为主，逐步向机械自动化精准测定过渡；育种技术从表型选择、指数选择逐步发展到分子标记辅助选择、基因组选择技术等。当前，基因组选择方法是鸡遗传育种技术研发和推广应用的前沿和焦点，可显著提高选择准确性并加速遗传育种进程。

四、鸡种业科技创新提高产业核心竞争力

现代养鸡业的竞争，很大程度上是种业的竞争，谁掌握了生产性能最优越的品种，谁就掌握了抢占种业市场的先决权。近年来，在相关政策引导和市场机制的作用下，我国自主知识产权的新品种和配套系具有适应性强、品质风味好等特点，在提高我国生产水平和产品质量上发挥了积极作用。目前，我国蛋鸡良种已可以做到自主可控，黄羽肉鸡全面国产化，白羽肉鸡自主育种也取得了显著成效。然而，我国鸡种业仍面临育种素材创新不足、核心品种缺乏、优异遗传资源挖掘利用有待加强等瓶颈。因此，通过科技创新提高自主培育品种的生产性能，进一步减少祖代种鸡进口量，大幅降低对国外品种的依赖度，从种源上掌握话语权，可显著提升我国养鸡产业的竞争实力，最终实现鸡种业科技自立自强和种源自主可控。

第二节 国内外鸡种业发展现状和趋势

一、国外鸡种业发展现状

长期以来，人类饲养鸡的主要目的是获取鸡蛋这一高营养价值的食品，并通过蛋鸡和公鸡得到美味的鸡肉等食物。第二次世界大战后，随着人们对家禽生产价值认识的提高，鸡蛋和鸡肉生产向专业化方向发展，蛋鸡和肉鸡育种开始分化。

（一）国外蛋鸡种业发展现状

蛋鸡育种以产蛋性能、蛋品质和饲料转化率等性状的选育提高为主。发达国家蛋鸡育种历程较长，德国罗曼集团 1932 年成立，美国海兰公司 1937 年成立，已有 80 多年的蛋鸡育种经验积累。各大企业都以白来航、洛岛红、洛岛白等标准品种为种质资源，开展专门化品系选育，大多采用四系配套的形式高效地组织杂交生产商品代蛋鸡。

为了提高入舍鸡产蛋量和饲养日产蛋量，育种工作者在 20 世纪 40 年代前采用表型选择，之后采用自闭产蛋箱观测个体产蛋性能，并运用选择指数等选种方法进行蛋鸡育种，逐渐实现了蛋鸡的高效生产，而后笼养选种又获得了更大的成

功，使笼养商品蛋鸡达到了较高生产水平。随着数量遗传学的发展，家系选择、BLUP 育种值选择进入了现代蛋鸡育种。近年来，基因组选择技术逐步得到应用，蛋鸡育种的技术水平达到了新高度。

随着蛋鸡育种商业化发展，种业市场竞争加剧，蛋鸡育种公司不断被并购和整合。目前，全球的蛋鸡育种公司已整合为两大集团，即德国 EW（Erich Wesjohann）集团和荷兰汉德克（Hendrix）动物育种集团。国际蛋鸡育种主要集中在德国 EW 集团旗下的罗曼（Lohmann）集团和荷兰汉德克动物育种集团旗下的伊莎（ISA）家禽育种公司。国际蛋鸡的主要品种有 EW 集团的罗曼、海兰、尼克 3 个品牌，汉德克动物育种集团的海赛克斯、宝万斯、迪卡、伊沙、雪佛、沃伦、巴布考克等品牌。每个品牌下又细分为多个产品，包括褐壳、粉壳、白壳等，以适应不同地区市场客户的多样化需求。

当今世界蛋鸡市场（除中国市场外），主要是这两家育种公司产品之间的竞争，市场份额约各占 47%。而占世界 40% 蛋鸡存栏的中国市场则主要是德国 EW 集团旗下的产品与北京市华都峪口禽业有限责任公司自主培育的国产"京"系列蛋鸡品种之间的竞争。

近年来，随着土地资源趋紧、饲料成本不断上涨，人们在蛋鸡育种上越来越关注蛋鸡生产的总体效率。据国外 Anco 动物营养性能研究室测算，蛋鸡养殖中达到收支平衡的产蛋期已经从 1998 年的 34 周提高到 2016 年的 52 周。这就意味着蛋鸡养殖者需要更长的饲养周期才能获得更高的利润。针对这种形势，汉德克动物育种集团旗下的伊莎家禽育种公司最早在 2011 年提出蛋鸡"100 周产 500 蛋"的育种计划，即"在不换羽的情况下，为商品生产者提供 500 个优质鸡蛋"。经过几年的持续选育，汉德克动物育种集团宣称部分品种实现了该目标，如迪卡白、伊莎褐等品种。EW 集团下的海兰公司采用三场轮转的模式，将所有育种核心群品系饲养至 100 周龄，通过先进测量设备的集成、图像识别技术的利用加强对中后期生产性能、蛋品质性状、繁殖性能、剩余采食量及动物行为性状的收集，在所有品系中应用基因组选择技术进行选种，缩短世代间隔，加快遗传进展。

（二）国外肉鸡种业发展现状

肉鸡养殖因饲料报酬高、出栏周期短、生产成本低、对环境的负面影响小、产品营养价值高等特点，在全球快速发展。2019 年鸡肉首次超过猪肉成为全球第一大肉类产品，2020 年全世界鸡肉产量达到 1.195 亿 t，占肉类产品总量的 35.44%（图 9-3）。

现代肉鸡育种始于 20 世纪 30 年代，发端于欧洲、北美地区。父系来自科尼什，母系来自白洛克，通过系统配种产生杂种优势。科尼什鸡在英格兰培育出来，最开始被称为印度斗鸡，含有东方鸡的血统，具有胸肌宽厚的特征。后经过

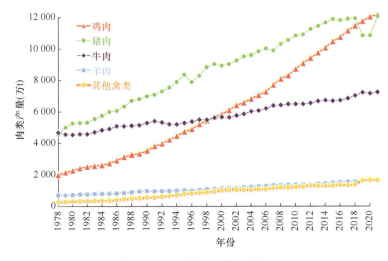

图 9-3　全球主要肉类年产量变化情况（数据来源：FAOSTAT，2023）

育种家数十年的持续纯种繁育，成功培育出产肉量高、抗病力强的肉用型科尼什鸡纯种。白洛克鸡是美国鸡种，具有高产蛋量、高产肉量等优势。从 20 世纪 40 年代开始，以科尼什鸡作为父本、白洛克鸡作为母本进行杂交育种，选育出一系列体型大、长速快、产肉多、产蛋量也较高的白羽肉鸡品种。

当前，世界白羽肉鸡种源基本由德国 EW 集团旗下的安伟捷和美国泰森食品公司旗下的科宝两家跨国企业垄断。其中安伟捷公司成立于 1923 年，经过并购重组，已拥有爱拔益加（Arbor Acres）、印度安河（Indian River）、罗斯（Ross）和哈伯德（Hubbard）等白羽肉鸡品牌，占全球白羽肉鸡市场的 55% 左右，科宝公司成立于 1916 年，拥有科宝系列、艾维茵（Avian）等白羽肉鸡品种，占全球白羽肉鸡市场的 40% 左右。国际跨国企业通过不断重组与整合，不但公司规模越来越大，而且还拥有家禽育种最丰富的基础种质资源素材、最新科技、最现代化的饲养管理方式、最先进的产品销售经营理念及完善的良种繁育体系和雄厚的技术资源支撑。

跨国肉鸡企业育种综合创新能力突出，注重科技创新投入，拥有自主知识产权的育种技术，重视种群疾病净化，依据市场需求调整育种目标。近十多年，国外育种企业在满足不断变化市场需要的同时，更加强调不同性状之间的平衡，在对饲料报酬、产肉率、繁殖力等效率性状选择的同时，也注重骨骼强健度、生活力、适应性等动物福利性状，采用平衡育种方法，追求综合经济效益最大化。在常规育种技术基础上，持续应用超声波、X 射线等无损测定技术，全面应用了基因组育种技术，大幅提升育种效率。以美国肉鸡生产统计数据来看，1925 年，美国肉鸡平均上市日龄长达 112 天，平均上市体重只有 1.1 kg，平均日增重仅为 10 g；

到 2020 年平均上市体重达到 2.9 kg，平均日增重已超过 60 g，即 2020 年肉鸡的生长速度比 1925 年提高了 5 倍，料肉比也从最初的 4.7∶1，提高到近期的 1.5∶1，即生产 1 kg 的鸡肉只需要 1.5 kg 饲料，比 90 年前减少了 3.2 kg。

二、国外鸡种业发展主要经验

（一）强调育种企业的综合实力

育种是一项高投入、高技术、高产出的产业，但同时也是周期相对较长、市场风险大的产业。由于家禽育种行业本身的特点和市场竞争的加剧，国际上的家禽育种公司在长达百年不间断的商业化育种竞争中逐步兼并淘汰，公司规模越来越大，但公司的数量在逐年减少。育种公司的类型由多年前的国家育种、联合育种和集团式育种并存，发展为仅仅是集团式育种一种类型。整合后的家禽育种公司综合实力越来越强，其拥有强大的研发团队、优异的育种综合科技创新能力、最现代化的饲养管理方式方法和最先进的产品销售经营理念。同时，具有代次清晰、完善的"资源群—育种群—曾祖代—祖代—父母代—商品代"良种繁育体系和雄厚的技术资源支撑。简而言之，国际家禽育种以企业为主体，实现了育种与销售一体化和高度垄断，并建立了国际性技术服务团队，提高了饲养者的生产水平，同时不断推广公司的产品，扩大产品市场占有率。

（二）注重育种素材的收集和利用

种质资源是良种培育的基础和种质创新的前提。国际跨国种业集团均建有种质资源核心场，从世界各地收集相关种质资源并进行评价、保存与利用。在发达国家育种技术水平不断提升、遗传进展逐渐减缓的动物种业发展态势下，新的遗传变异的发现与利用在未来种业市场竞争中将起到重要作用。同时，受全球经济一体化的影响，动物的广泛适应性越来越引起重视。因此，各跨国种业集团纷纷在销售地进行育种场建设，通过对销售地品种资源的收集评价，将其纳入品种培育计划。各国政府也非常重视品种资源，根据本国种业需要建立了专门化机构，将研究工作集中在畜禽遗传资源收集、评价和创新利用方面，特别是以挖掘具有自主知识产权的基因资源为重点，形成了以经济学标准作为评判资源价值的评估方法，并形成了利用 DNA 分子标记的资源鉴定和保种效果评估的分子方法。

（三）注重育种技术的创新和应用

科学技术是推动种业快速发展的动力。当前，新技术不断发展，多学科交叉、多领域融合，形成了以生物技术为核心，以信息技术、自动化技术为主要内容的工程技术，给鸡育种带来了革命性变化，育种新技术已经进入日新月异的快速发展时期。基因组技术、基因编辑技术等高科技生物技术在动物育种领域的应用使得育种精准度、育种速度显著提高。新技术的快速发展和迅速推广应用推动了发达国家动物种业的快速增长。现代蛋鸡、肉鸡育种在满足不断变化的市场需要的同时更加强调不同性状之间的平衡，采用平衡育种方法，追求综合经济效益最大化。

（四）重视育种核心群的疾病净化工作

家禽疫病种类繁多，禽白血病、鸡白痢等种源性疾病可通过种蛋垂直传播给下一代。种源性疾病一般都没有有效的疫苗预防，只能通过淘汰携带病原的种鸡来控制。由于种源性疾病的检测和净化费用高，投入大，见效慢，对于检测出的阳性种鸡必须坚决予以淘汰，且经过多年的持续性严格净化才能获得理想的效果。因而，这对家禽育种企业提出了资金和人力方面的挑战。国外大型家禽育种公司依靠其雄厚的资金实力，对种鸡进行了多年严格的持续性净化，淘汰具有种源性疾病的个体，从而保证了整个家禽生产过程中的安全。

三、我国鸡种业发展现状

（一）我国蛋鸡种业发展现状

畜禽良种对畜牧业发展的贡献率超过 40%，是畜牧业核心竞争力的主要体现。我国是世界上鸡蛋生产和消费大国，我国的鸡蛋产量连续 37 年位居全球首位，已达到世界总量的 35% 左右。中国国产优秀蛋鸡品种的培育与推广，打破了国外对高产蛋鸡种源的垄断。目前，国产品种的供种能力可充分满足市场需求。蛋鸡种业的发展在保障人民蛋类供给、提高城乡居民营养水平方面发挥着巨大作用。

1. 品种研发状况

我国蛋鸡育种工作起步较晚，现代蛋鸡育种在我国全面开展的标志是国家把蛋鸡育种列为"六五"国家科技攻关项目。40 年来我国利用从国外引进的高产蛋鸡育种素材和我国地方品种资源开展国产蛋鸡品种的培育工作。其中，京白 939 是我国最早审定通过的蛋鸡配套系，是由北京市种禽公司于 1993 年培育成功的粉壳蛋鸡配套系。之后，2000 年上海新杨家禽育种中心成功培育新杨褐壳蛋鸡；2004 年，中国农业大学培育了节粮型农大 3 号小型蛋鸡；2009 年，北京市华都峪口禽业有限责任公司先后培育了京红 1 号、京粉 1 号等高产蛋鸡新品种。2010 年以后，培育的品种逐渐增多。截至 2021 年年底，通过国家审定的蛋鸡新品种和配套系（以下均简称品种）共计 24 个。

我国自主培育的蛋鸡品种主要分为两大类：高产蛋鸡和地方特色蛋鸡。高产蛋鸡品种 14 个，绝大多数品种 72 周龄产蛋数超过 310 个，生产性能达到或接近国外同类品种水平，适合我国饲养环境，推广量较大。其中，京粉 6 号是中国首个羽毛红、产蛋多、蛋重小、体重大的高产蛋鸡配套系，该配套系的培育得益于我国具有自主知识产权的蛋鸡基因芯片"凤芯壹号"的应用，这是我国家禽领域传统育种技术与分子育种技术相结合的成功案例，该配套系的成功培育标志着我国蛋鸡育种达到国际先进水平。地方特色蛋鸡品种 10 个，都是在我国地方鸡资源基础上培育而成，虽然产蛋数相对较少，但蛋品质较好，蛋黄比例大、蛋白黏稠、蛋壳光泽好、蛋重适中，更符合我国居民消费习惯，可满足多元化市场消费需求。雪域白鸡是我国自主培育的第一个蛋鸡新品种，该品种的审定通过实现了藏鸡育种重大突破。除鸡蛋外，地方特色蛋鸡的淘汰老鸡经济收益也较高，有的甚至可以与育成期饲养成本持平。

目前，国内饲养的蛋鸡品种主要分为两大类：一类是国产品种，另一类是引进品种。育种企业向着大型、集约化方向发展的同时，国产品种逐渐成为主流。2006 年我国祖代蛋鸡存栏中国产品种占 30.99%，进口品种约占 69.01%；到 2021 年时，国产自主培育品种占比达到 80.24%，彻底摆脱了对国外蛋鸡种源的依赖（图 9-4）。年推广量超过 1 亿只的国产品种有京红 1 号等，超过 1000 万只的有京粉 6 号、京粉 2 号、京粉 1 号、农大 3 号、农大 5 号等。国产品种的质量和供种能力不但可满足国内市场的需求，也具备一定的国际竞争力。

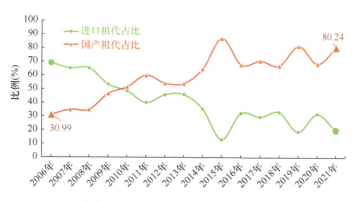

图 9-4　我国蛋鸡祖代品种比例变化

2. 育种企业状况

伴随着整个蛋种鸡产业的发展，与国际蛋鸡育种企业发展趋势相似，国内的蛋鸡育种经过整合，集中到少数几个育种企业中。目前，全国从事蛋鸡育种的企业和科研单位有 10 余家，我国蛋鸡种业已基本建立健全了育种（原种）—祖代—父母代—商品代的四级良种繁育体系。入选国家蛋鸡核心育种场的种鸡企业有 5

家（表 9-2），其中北京市华都峪口禽业有限责任公司是我国最大的蛋鸡育种企业，也是世界三大蛋鸡育种公司之一。

表 9-2　国家蛋鸡核心育种场情况

序号	单位名称	入选时间
1	北京市华都峪口禽业有限责任公司	2014 年
2	北京中农榜样蛋鸡育种有限责任公司	2014 年
3	河北大午农牧集团种禽有限公司	2014 年
4	扬州翔龙禽业发展有限公司	2014 年
5	安徽荣达禽业开发有限公司	2014 年

3. 良种扩繁推广基地概况

自 2012 年 12 月，原农业部发布实施《全国蛋鸡遗传改良计划（2012—2020）》，遴选出国家蛋鸡良种扩繁推广基地 16 个（表 9-3），使我国的供种能力有了大幅提升。5 家国家蛋鸡核心育种场均为 2014 年入选，而 16 家国家蛋鸡良种扩繁推广基地中有 10 家在 2014 年入选，6 家在 2016 年入选。对于入选的蛋鸡良种扩繁基地，除扬州翔龙禽业发展有限公司外，均饲养高产蛋鸡品种。

表 9-3　国家蛋鸡良种扩繁基地

序号	单位名称	入选时间
1	北京市华都峪口禽业有限责任公司父母代种鸡场	2014 年
2	华裕农业科技有限公司高岳养殖示范基地	2014 年
3	扬州翔龙禽业发展有限公司	2014 年
4	黄山德青源种禽有限公司	2014 年
5	山东峪口禽业有限公司	2014 年
6	河南省惠民禽业有限公司	2014 年
7	荆州市峪口禽业有限公司	2014 年
8	四川圣迪乐村生态食品股份有限公司	2014 年
9	四川省正鑫农业科技有限公司	2014 年
10	宁夏晓鸣农牧股份有限公司	2014 年
11	曲周县北农大禽业有限公司	2016 年
12	河北大午农牧集团种禽有限公司	2016 年
13	沈阳华美畜禽有限公司	2016 年
14	江西华裕家禽育种有限公司	2016 年
15	云南云岭广大峪口禽业有限公司	2016 年
16	宁夏九三零生态农牧有限公司	2016 年

4. 蛋鸡育种机制现状

（1）集团化蛋鸡育种企业

集团化蛋鸡育种企业是目前国内的主要蛋鸡育种机制之一，已成为我国蛋鸡种业的显著特征。其中以峪口禽业和大北农集团为代表的蛋鸡育种企业均已开展或正在迈向集团化育种，建立了以育种企业为主体、产学研相结合的商业育种模式，实现了育繁推一体化，涵盖原种、祖代、父母代三级良种繁育体系。所有蛋鸡育种企业均配备有专业化的育种场，包括选育场、产蛋个体性能测定场等。

集团化蛋鸡育种企业的育种目标、育种规划及品种培育过程均以市场需求为导向，结合企业本身条件而实现，由于有产业链后端的补偿，保障了产业链前端育种工作的大量研发费用，更有利于育种企业在人才、平台、资源、设施设备等配套软硬件方面实现最优化。由于集团化蛋鸡育种企业内部建立了利益机制联系紧密的良种繁育体系，其种鸡苗、商品鸡苗主要满足企业自身产业发展需求，根据生产周期季节性少量对外供种。集团化蛋鸡育种企业的商品鸡养殖基地群大多拥有几百万、几千万乃至上亿只的超大规模养殖量，因此，采取这种机制的育种企业其主推品种均拥有较大市场占有量。

（2）区域性育种联合体及产业联盟

畜禽良种产业技术创新战略联盟于 2009 年 9 月成立，2010 年 1 月 8 日入选科技部国家产业技术创新战略试点联盟。此联盟以种畜禽龙头企业为主体，以中国农业大学为依托，现有 18 家企业、5 所高校和 6 家科研院所（截至 2020 年 12 月）。此联盟以畜禽新品种自主培育、全基因组选择、重要基因开发利用、快速扩繁等产业关键技术合作创新为重点，形成具有自主知识产权的育种新技术体系，加快产业化应用。此联盟在蛋鸡领域开展的新品种（新品系）的选育及关键技术研究，蛋鸡育种和高效扩繁的技术创新与推广，加快蛋鸡良种培育及提升国产品种的市场竞争力等方面都取得了阶段性的进展。

（3）专业化育种场

以扬州翔龙禽业发展有限公司、安徽荣达禽业开发有限公司为代表的蛋鸡育种公司，可视为专业化育种场，专业从事地方特色蛋鸡的培育与推广工作，这类育种场往往以科研院所或高校为技术依托，拥有专业的技术人才、雄厚的技术力量，实行精细化、专业化育种。专业化育种场的育成品种全部对外销售，其育种研发经费主要来源于种鸡苗、商品鸡苗的销售利润。由于其提供的种苗直接参与市场竞争，与集团化蛋鸡育种和区域性育种联合体及产业联盟等育种模式相比，专业化育种场面临着更大的市场竞争压力。所以，开展专业化育种必须进行前瞻性预测，并制定明确的育种目标、科学的育种方案进行精细化育种，确保育成品种的核心竞争力并满足未来市场需求。

（二）我国肉鸡种业发展现状

中国肉鸡年出栏量超过 100 亿只，居世界第一位，年产值超过 2500 亿元，约占畜牧业总产值的 10%，是全国第二大肉类，2020 年产量达到 1582 万 t，约占肉类总量的 20%，且在肉类消费结构中的占比不断提高。近年来鸡肉的出口量和出口额在我国的肉类出口贸易中占据第一位。长期以来，我国的肉鸡育种工作主要集中在黄羽肉鸡领域，而白羽肉鸡育种则发力不足。在《全国肉鸡遗传改良计划（2014—2025）》（简称改良计划）等政策推动下，我国白羽肉鸡新品种培育取得了显著进展，有效支撑了肉鸡产业的持续健康发展，对加快畜牧业结构调整、满足城乡居民肉类消费和增加农民收入做出了重要贡献。

1. 黄羽肉鸡良种培育

黄羽肉鸡是我国特色畜牧业中重要的组成部分。其发展从最初的土种鸡群养殖，经历了专业户饲养、小型企业到公司加农户的一体化养殖历程。截至 2021 年年底，通过国家审定的肉鸡新品种和配套系 69 个，其中黄羽肉鸡 63 个。我国自主培育的黄羽肉鸡品种分快速型、中速型、慢速型三大类（表 9-4），大多肉品质优良、环境适应性强，具有较好的养殖效益，极大地丰富了我国肉鸡产品市场，满足了多样化的消费需求。

表 9-4　快速型、中速型和慢速型黄羽肉鸡 2020 年生产性能统计表

快速型				
	出栏日龄	出栏重	料重比	成活率	日增重
平均值	53.62	1.76 kg	2.30	93.7%	32.90 g
变异系数	4.80%	14.80%	15.20%	6.30%	—
区域	安徽、广东、广西、湖北、江苏、江西、山东、浙江				
统计批次/出栏量	21/48.5 万				
规模	单批>5000				
日龄	45<日龄<56				

中速型				
	出栏日龄	出栏重	料重比	成活率	日增重
平均值	75.69	2.01 kg	2.65	94.9%	27.00 g
变异系数	11.96%	17.71%	13.65%	6.05%	21.21%
统计批次/出栏量	642/849.5 万				
区域	安徽、广东、广西、河北、河南、湖北、湖南、吉林、江苏、江西、山东、四川、浙江				
规模	单批>5000				
日龄	60<日龄<90				

续表

	慢速型				
	出栏日龄	出栏重	料重比	成活率	日增重
平均值	110.94	1.787 kg	3.357	94.5%	16.38 g
变异系数	10.20%	17.60%	16.40%	4.90%	——
统计批次/出栏量	772/144.7 万				
区域	安徽、广东、广西、河北、河南、湖北、湖南、吉林、江苏、江西、四川、浙江				
规模	单批＞5000				
日龄	90＜日龄＜130				

注：数据来自农业农村部全国肉鸡监测项目

黄羽肉鸡的规模较小，单品种的市场占有率较小。经过多年发展，产业不断转型升级，也出现了一些市场占有率高的品种，年出栏商品鸡 1 亿只左右的配套系：新兴矮脚黄鸡、天露黑鸡、温氏青脚麻鸡 2 号、新广铁脚麻鸡、金陵花鸡、岭南黄 2 号、雪山鸡配套系等。改良计划实施以来，肉鸡饲料转化率、产蛋等生产性能得到显著提高，禽白血病基本得到有效控制。

目前，在应用常规育种方法对黄羽肉鸡质量性状等进行选择的同时，通过对肉质形成机理和抗病机理的深入研究，加强了对肉质、抗病和屠宰等性状的选育。禽流感等疫病的不断暴发，使政府对活鸡市场的管理日趋严格，加速了以胴体性状和包装性状为重点的加工型黄羽肉鸡品种培育的步伐。

2. 白羽肉鸡良种培育

我国白羽肉鸡产业发展历经近 40 年，但种源主要依赖进口。20 世纪 90 年代，我国自主培育的艾维茵肉鸡一度占有白羽肉鸡 50% 左右的市场份额，后因疾病影响，2004 年淡出。进入 21 世纪，我国快大型白羽肉鸡育种中断，生产中使用的良种全部从国外引进。白羽肉鸡自主研发对资金要求投入大、技术要求高，还存在遗传素材资料少、周期长、产出慢等诸多短板。

近些年来，我国白羽肉鸡在育种技术研究、新品系培育、疾病净化等方面取得了较大的进展，一些有远见有实力的育种企业纷纷开始白羽肉鸡育种工作。佛山市高明区新广农牧有限公司最早于 2010 年在国内率先启动了白羽快大型肉鸡自主育种工作，随后龙头企业福建圣农发展股份有限公司（简称福建圣农）、北京市华都峪口禽业有限责任公司纷纷加入该行列。2019 年，我国白羽肉鸡联合攻关项目正式启动，包括圣农发展和新广农牧两组；2021 年 10 月圣泽 901 白羽肉鸡配套系、广明 2 号白羽肉鸡配套系和沃德 188 肉鸡配套系通过国家畜禽遗传资源委员会品种审定（表 9-5），标志着我国快大型白羽肉鸡自主育种取得实质性突破，打破西方在种源上的垄断，保障了我国家禽种源安全、产业安全和生物安全。

表 9-5　首批通过国家审定的快速型白羽肉鸡新品种

配套系名称	培育单位
广明 2 号白羽肉鸡配套系	中国农业科学院北京畜牧兽医研究所、佛山市高明区新广农牧有限公司
圣泽 901 白羽肉鸡配套系	福建圣泽生物科技发展有限公司、东北农业大学、福建圣农发展股份有限公司、中国农业科学院哈尔滨兽医研究所
沃德 188 肉鸡配套系	北京市华都峪口禽业有限责任公司、中国农业大学、思玛特（北京）食品有限公司

　　此外，市场份额不断扩大的小型白羽肉鸡生产所面临的品种规范问题也引起了政府和行业的重视。2018 年，我国自主培育的首个小型白羽肉鸡新品系——WOD168 肉鸡配套系通过国家审定，并在市场上快速推广。该配套系的审定通过，标志着小型白羽肉鸡制种已形成完整的配套杂交体系。2021 年又有两个小型白羽肉鸡新品种通过国家审定（表 9-6）。小型白羽肉鸡利用了快大型白羽肉鸡和高产蛋鸡的杂交优势，商品鸡苗成本低，生长速度和肉品质介于黄羽肉鸡和快大型白羽肉鸡之间，该品种表现出很强的市场竞争能力，是我国肉鸡育种实践的重大创新。

表 9-6　通过国家审定的小型白羽肉鸡新品种

配套系名称	培育单位
WOD168 肉鸡配套系	北京市华都峪口禽业有限责任公司、中国农业大学
沃德 158 肉鸡配套系	北京市华都峪口禽业有限责任公司、中国农业大学、思玛特（北京）食品有限公司
益生 909 小型白羽肉鸡配套系	山东益生种畜禽股份有限公司

3. 高效育繁推体系逐步完善

　　全国肉鸡规模化率已达到 79%，是规模化最高的畜禽品种之一。我国肉鸡产业已经形成了育种场（或资源场）、祖代肉种鸡场、父母代场与肉鸡生产场（户）等层次分明、代次完善的良种繁育体系，保障了产业稳定发展。近年来，在全国肉鸡遗传改良计划的推动下，肉鸡良种繁育体系逐渐完善。全国认定的国家肉鸡核心育种场 17 个，扩繁推广基地 16 个（表 9-7）。核心育种场主要承担新品种培育和已育成品种的选育提高等工作，其所在企业供应的黄羽肉鸡市场占有率达到 70% 以上，扩繁场以品种"育繁推一体化"企业为主。

　　肉鸡养殖的规模化发展十分迅速，肉鸡单场（户）的养殖规模不断上升。2010 年 1/3 的肉鸡生产规模为 1 万~5 万；2019 年 5 万只以上规模占比已经接近 61.5%，饲喂机械普及、装备水平提升（农业农村部畜牧兽医局和全国畜牧总站，2019）。商业育种的实力逐步增强。温氏食品集团股份有限公司（简称温氏集团）、江苏立华牧业股份有限公司（简称江苏立华）等集育种、扩繁与肉鸡生产及销售于一体的企业，在选种技术、生产性能指标等方面正在接近和达到国际先进水平。

表 9-7　国家肉鸡核心育种场、良种扩繁推广基地名单（2020~2024 年）

国家肉鸡核心育种场	国家肉鸡良种扩繁推广基地
江苏省家禽科学研究所科技创新有限公司	江苏立华牧业股份有限公司
江苏兴牧农业科技有限公司	江苏京海家禽业集团有限公司
浙江光大农业科技发展有限公司	河北飞龙家禽育种有限公司
河南三高农牧股份有限公司	福建圣农发展股份有限公司
广东温氏南方家禽育种有限公司	广东温氏南方家禽育种有限公司
广东天农食品集团股份有限公司	广东天农食品集团股份有限公司
广东金种农牧科技股份有限公司	台山市科朗现代农业有限公司
广州市江丰实业股份有限公司福和种鸡场	广州市江丰实业股份有限公司
广东墟岗黄家禽种业集团有限公司	广东墟岗黄家禽种业集团有限公司
佛山市高明区新广农牧有限公司	玉溪新广家禽有限公司
佛山市南海种禽有限公司	佛山市南海种禽有限公司
台山市科朗现代农业有限公司	隆安凤鸣农牧有限公司
海南罗牛山文昌鸡育种有限公司	海南罗牛山文昌鸡育种有限公司
广西金陵农牧集团有限公司	山东益生种畜禽股份有限公司
广西鸿光农牧有限公司	广西鸿光农牧有限公司
眉山温氏家禽育种有限公司	湖南湘佳牧业股份有限公司
四川大恒家禽育种有限公司	

四、我国鸡种业取得的主要成就

（一）种质资源保护与利用体系构建取得显著成效

我国是世界上地方鸡种资源最丰富的国家之一，截至 2022 年，我国现有通过国家畜禽遗传资源委员会鉴定的地方鸡品种 116 个。虽然地方鸡种产蛋性能较低并且生长速度慢，但大多具有外貌特征多样、适应性强、蛋品质优良、肉质风味独特等特点，符合我国传统消费习惯，为培育地方特色蛋鸡和黄羽肉鸡新品种积累了丰富的育种素材。

1. 遗传资源保护能力逐步增强

近年来，为了加强对地方鸡遗传资源的保护工作，建设有国家级鸡遗传基因库 3 个，有效保存了地方鸡品种达 85 个，资源名录中 28 个品种还建有国家级遗传资源保种场。各地也陆续公布了省级地方鸡种保护名录，不断完善原产地保护和异地保护相结合、活体保种和遗传物质保存互为补充的地方畜禽遗传资源保护体系。为充实国家畜禽遗传资源委员会专家队伍，山西、四川等 14 省（自治区、直辖市）成立了省级畜禽遗传资源委员会，为深入开展畜禽遗传资源保护和利用提供了有力支撑。江苏等省创新保种机制，积极探索"省级主管部门＋县市政府＋保种场"三方协议保种试点。此外，遗传资源保护的科技创新水平进一步提高，随着生物技术的发展而不断进步，细胞和基因保存技术也逐渐开始用于家禽资源保护。

2. 组织开展第三次全国鸡遗传资源调查

我国先后于 1979～1983 年、2006～2009 年开展了两次全国性畜禽遗传资源调查。第一次调查，初步摸清了全国大部分地区的鸡遗传资源家底。第二次调查，查清了 1979 年以来畜禽遗传资源的消长变化。由于工作基础、交通条件、人文地理等多种原因，第一次调查未涉及西藏、四川、云南、甘肃、青海 5 省（自治区）青藏高原区域及新疆部分地州县和部分边远地区，第二次调查也没有完全覆盖上述地区。摸清我国鸡种质资源是实现种业振兴的关键一环。2021 年 3 月农业农村部启动了第三次全国畜禽遗传资源普查，计划利用 3 年时间发掘一批新资源，科学评估资源珍贵稀有程度和濒危状况，加快抢救性收集保护，确保重要资源不丢失、种质特性不改变、经济性能不降低。开展畜禽遗传资源登记，大力扶持以地方畜禽遗传资源为基础的新品种和配套系培育，健全资源交流共享机制，加快地方品种产业化开发，为打好种业翻身仗奠定种质资源基础。由中国农业大学杨宁教授担任组长的鸡遗传普查专业组，已按照《第三次全国畜禽遗传资源普查实施方案（2021—2023 年）》要求开展相关工作，并于 2021 年年底鉴定通过了在云南怒江傈僳族自治州新发现的一个优异地方鸡种——阿克鸡，填补了前两次资源调查的空白。

（二）建立了管理和技术平台支撑体系

1. 建立了鸡遗传资源改良管理机制

农业农村部在 2012 年和 2014 年分别发布《全国蛋鸡遗传改良计划（2012—2020）》和《全国肉鸡遗传改良计划（2014—2025）》，2021 年又发布新一轮《全国蛋鸡遗传改良计划（2021—2035 年）》和《全国肉鸡遗传改良计划（2021—2035 年）》，表现出国家对鸡自主育种的高度重视。《中华人民共和国畜牧法》（2023 年 3 月 1 日起施行）明确规定，实施全国畜禽遗传改良计划。改良计划要求以科学发展观为指导，以提高国产品种质量和市场占有率为主攻方向，坚持走以企业为主体的商业化育种道路，推进"产、学、研、推"育种协作机制创新，整合和利用产业资源，健全完善以核心育种场为龙头的包括良种选育、扩繁推广和育种技术支撑在内的良种繁育体系，合理有序地开发地方鸡种资源，加强育种技术研发，全面提升我国蛋鸡和肉鸡种业发展水平，促进产业可持续健康发展。截至 2022 年，已遴选国家蛋鸡核心育种场 5 个、国家肉鸡核心育种场 17 个、国家蛋鸡良种扩繁基地 16 个、国家肉鸡良种扩繁基地 16 个，形成了以国家畜禽遗传改良计划为引领，国家重点指导、省地紧密配合，改良计划专家组提供技术支撑，国家核心育种场为主体开展具体育种工作，国家良种扩繁基地负责品种推广，实行全国一盘棋，统一规划布局，统一组织实施的畜禽遗传改良体制机制。

2. 构建了国家产业科技支撑体系

2007 年农业部、财政部分别成立了国家蛋鸡产业技术体系和国家肉鸡产业技术体系。体系依托中央和地方科研优势力量和资源，从遗传改良、疫病防治、饲料营养、产品加工、环境控制、产业经济等全产业链出发，进行共性技术和关键技术研究、集成和示范，为促进种业发展提供了强有力的技术支撑。自 2012 年起，农业部（现为农业农村部）成立蛋鸡、肉鸡遗传改良计划专家组，落实专家联系制，实行一对一技术指导；组织改良计划专家赴核心场上千余次，开展现场技术指导；持续开展种禽生产性能测定、遗传评估，为种鸡企业，尤其是核心育种场，培养了技术和管理人才上百人次。

3. 搭建了以基因组选择为基础的第三代育种技术体系

以基因组选择为代表的分子育种手段是目前动物育种领域最前沿的技术之一，而我国鸡 SNP 分型芯片长期依赖进口，并且进口芯片依据国外群体设计，并不适用于我国鸡种的选育。针对这一问题，中国农业大学研发了适合我国蛋鸡品种基因组选择的 50K SNP 分型芯片"凤芯壹号"，该芯片的突出特点在于含有约 16.5K 直接与蛋鸡重要经济性状相关联的 SNP，有效性和针对性更强，并且检出率高、检测成本低，在品种间具有广泛适应性。彻底解决了我国蛋鸡育种长期以来缺"中国芯"的问题。以此芯片为基础，优化了基因组选择模型，在国内率先构建了规模最大、表型准确全面的国产蛋鸡基因组选择参考群体，覆盖生长、生产和蛋品质等重要性状共 130 个指标。建立了蛋鸡基因组选择技术体系，并将其应用于实际选育工作中，结果显示准确性比常规育种值选择平均提高 51%，显著加快了选育进展，支撑了京粉 6 号高产蛋鸡新品种的育成，以及京红 1 号、京粉 1 号等国产优势品种生产性能的持续选育提高。

中国农业科学院北京畜牧兽医研究所针对我国肉鸡育种的实际需要，自主设计制作了 55K 肉鸡专用 SNP 芯片"京芯一号"，并用于肉鸡核心群育种和保种等工作。"京芯一号"芯片的研发和应用，有效提高了肉鸡基因组选择效率，肌间脂肪、饲料效率、产肉率、肉品质、抗病力等性状获得明显提高，在肉鸡育种中起到了关键性作用。

（三）形成了以企业为主体的良种繁育体系

经过 40 余年的努力，国家育种科技力量显著增强，以企业为育种主体的家禽良种繁育体系已经形成。鸡种业企业养殖规模不断扩大，装备水平和生产力水平不断提升，峪口禽业、温氏集团、江苏立华、福建圣农等育种公司培育的国产品种，逐步成为市场主打品种，核心竞争力稳步上升，保障了蛋鸡和肉鸡产业的稳定发展。截至 2021 年年底，国家畜禽遗传资源委员会共审定通过鸡新品种和配套系 94 个，多数品种具有适应性强、生产性能优异、风味独特等特点，受到市场青睐。以地方品种为主自主培育的黄羽肉鸡新品种（配套系）市场占有率达到 50%，为保障种源安全做出突出贡献。北京市华都峪口禽业有限责任公司成功培育出京红、京粉、京白系列蛋鸡配套系，累计推广超过 50 亿只，市场占有率接近 50%。福建圣农培育的白羽肉鸡配套系圣泽 901 市场占有率达到 10%。

1. 品种自主创新能力与生产性能持续增强

40 余年来，利用从国外引进的高产蛋鸡育种素材和我国地方品种资源，先后育成了京白 939、农大 3 号、新杨褐、京红 1 号、京粉 1 号、新杨白和新杨绿壳等蛋鸡品种或配套系，部分品种的生产性能已达到或接近国外同类品种水平，为进一步选育奠定了良好基础。通过国家审定的黄羽肉鸡新品种和配套系数量达 63 个，我国自主培育的黄羽肉鸡品种大多肉品质优良、环境适应性强，具有较好的养殖效益，极大地丰富了我国肉鸡产品市场，满足了多样化的消费需求。

蛋鸡祖代良种国产化比例超过 70%，黄羽肉鸡全面国产化。国内整合基础研究成果和先进育种技术的一个重要案例是京粉 6 号高产蛋鸡配套系的培育，首先通过高通量测序挖掘到白来航蛋鸡羽色基因突变位点，解析了鸡红羽的遗传决定机制，并开发了快速鉴定致因突变的分子技术和红羽粉壳蛋鸡配套系的培育方法，解决了红羽鸡产粉蛋壳的难题。进一步整合传统育种方法、分子标记辅助选择和前沿的基因组选择技术，培育出世界首创的红羽小粉蛋高产蛋鸡。在地方特色蛋鸡方面，通过全基因组关联分析、基因表达分析、序列分析等工作，解析了绿壳蛋形成机理，并开发了绿壳基因的检测技术应用于新品种选育与地方品种保护，通过一个世代的选育使绿壳基因完全纯合，从而避免了传统育种长周期、高成本的特点，显著加快了育种进展，培育出新杨绿壳蛋鸡、苏禽绿壳蛋鸡和神丹 6 号绿壳蛋鸡等蛋鸡新品种，在绿壳蛋鸡市场占据重要地位。

在快大型白羽肉鸡方面，福建省圣农发展股份有限公司、广东省佛山市高明区新广农牧有限公司和北京市华都峪口禽业有限责任公司均在国内科研教学单位支持下开展独立的育种工作，分别培育出圣泽 901、广明 2 号和沃德 188 配套系，并于 2021 年 12 月获得国家新品种证书，这是深入贯彻落实国家《种业振兴行动方案》所产生的重大标志性成果。国产白羽肉鸡新品种的成功培育扭转了国际育种公司对中国市场长期垄断的严峻局面，开启了我国白羽肉鸡产业种源自主可控的新时代。国内专家和企业也结合中国市场的特点，突破传统观念的束缚，开发应用了新一代原创育种技术和理论。其中，小型白羽肉鸡是我国肉鸡育种实践的重大创新，其利用了快大型白羽肉鸡和高产蛋鸡的杂交优势。小型白羽肉鸡商品鸡苗成本低，生长速度和肉品质介于黄羽肉鸡和快大型白羽肉鸡之间，表现出较强的市场竞争能力，已成为我国肉鸡三大主导类型之一。

2. 良繁基地供种保障能力进一步增强

我国已经基本形成了以原种场和资源场为核心、扩繁场和改良站为支撑、质量检测中心和遗传评估中心为保障的畜禽良种繁育体系框架，良种供应能力显著增强。据中国畜牧业协会禽业分会监测（腰文颖，2021），全国常年存栏祖代蛋种鸡基本为 50 余万套（图 9-5）、父母代蛋鸡 1500 余万套，商品代供种量超过 15 亿只，良种供应能力远超实际需求水平。

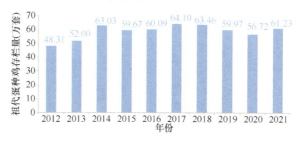

图 9-5　我国祖代在产蛋种鸡年平均存栏量

肉鸡产业通过引进国外优良品种与国内自主培育相结合，形成了曾祖代（原种）、祖代、父母代和商品代相配套的良种繁育体系。2021 年我国白羽肉鸡祖代种鸡在产存栏量 114.02 万套（图 9-6），父母代种鸡总在产存栏量 3843.98 万套；在产祖代黄羽肉种鸡平均存栏量 151.45 万套（图 9-6），父母代黄羽肉种鸡年平均存栏量 4047.15 万套，有能力向社会提供商品代雏鸡 60 亿只以上，鸡苗供给能力充足。

图 9-6　祖代在产肉种鸡年平均存栏量

五、我国鸡种业发展趋势

我国养鸡业的发展模式已经从数量增长型向质量效益型转变，过度依赖国外品种的时代已经结束，我国鸡自主育种已经进入了关键的战略机遇期。而育种如逆水行舟，需以政府为引导、企业为主体、科研单位创新协同，三者共同努力前行。

（一）鸡种业发展机遇

1. 种源安全已提升到关系国家安全战略高度

2021 年 7 月，中央全面深化改革委员会第二十次会议审议通过《种业振兴行动方案》，把种源安全提升到关系国家安全的战略高度，2022 年中央一号文件指出"全面实施种业振兴行动方案"，党的二十大报告再次强调"深入实施种业振兴行动"。《中华人民共和国畜牧法》（2023 年 3 月 1 日起施行）明确规定，实施全国畜禽遗传改良计划。即以科学发展观为指导，以提高国产品种质量和市场占有率为主攻方向，坚持走以企业为主体的商业化育种道路，推进"产、学、研、推"育种协作机制创新，整合和利用产业资源，健全完善以核心育种场为龙头的包括良种选育、扩繁推广和育种技术支撑在内的良种繁育体系，合理有序地开发地方家禽品种资源，加强育种技术研发，全面提升我国鸡种业发展水平，促进产业可持续健康发展。在国家政策的支持和引导下，我国鸡育种将加快技术进步和条件建设，未来品种创新与种鸡生产关键技术将更加成熟。

2. 新技术发展为鸡种业提供了有力支撑

国内外经验表明，生物技术的每一次重大进步，都对生物种业的跨越式发展起到明显的引领和推动作用。我国将分子标记辅助育种手段应用于品种选育与提高中取得了显著的成效。例如，将性连锁矮小基因 dw 基因用于地方品种鸡的改良及优良蛋鸡、肉鸡生产中，培育出诸如农大 3 号节粮型矮小蛋鸡配套系、京星 100 等系列节粮型黄羽肉鸡配套系，均具有饲料转化率高的优势；将鱼腥味基因 $FMO3$ 检测技术应用于蛋鸡分子育种中，通过剔除鱼腥味敏感等位基因达到去除鸡蛋鱼腥味的目标；借助绿壳基因的检测技术，通过一个世代的选育使绿壳基因完全纯合，替代了传统测交的方法，从而避免了传统育种长周期、高成本的特点，显著加快了育种进展，并且培育出新杨绿壳蛋鸡、苏禽绿壳蛋鸡和神丹 6 号绿壳蛋鸡等蛋鸡新品种，在绿壳蛋鸡市场占据重要地位。

近年来，计算机、信息、超声波、无线射频等新技术的发展及在畜禽性能测定和遗传评估中的应用，使性状指标大规模测定、多性状大数据遗传评估成为现实，给畜禽常规育种技术带来了新的生机。由于很多经济性状都是由多基因控制的数量性状，利用传统育种方法进行改良周期长、进展慢，随着高通量测序和分子标记发掘技术的进步，以全基因组选择为代表的全新的育种技术正显示出巨大的发展前景和应用潜力。2017 年，中国农业大学和中国农业科学院北京畜牧兽医研究所针对我国鸡育种的实际需要，分别自主设计制作了50K 蛋鸡专用SNP 芯片——"凤芯壹号"和55K 肉鸡专用 SNP 芯片——"京芯一号"，并大规模用于蛋鸡、肉鸡核心群育种和保种等工作。相关成果在北京市华都峪口禽业有限责任公司、广东省佛山市高明区新广农牧有限公司等多家育种企业推广运用，显著提高了遗传选择进展。

3. 多元化市场需求为鸡种业提供了巨大的发展空间

从需求端来看，随着国内居民收入水平和生活质量的日益提升，居民健康饮食理念逐步深化，鸡蛋、鸡肉作为主流健康型畜禽消费品之一，消费量内生增长空间巨大，消费结构也将趋于优质化、多样化和区域化。例如，消费者对鸡蛋质量的要求也越来越高，对鸡蛋的蛋形、蛋重、蛋壳颜色及饲养方式等都形成了不同的消费者偏好，消费者的消费方式也在逐步变化中，鸡蛋的多元化市场需求日益形成。以蛋壳颜色为例，美国鸡蛋95%为白色，5%为褐色，所以蛋鸡育种主要以白色为主、褐色为辅即可。而我国市场中 58%为褐壳鸡蛋，40%为粉壳鸡蛋，并且粉壳鸡蛋中又分普通蛋（>58 g，30%）和小蛋（40～55 g，10%）。不同类型的鸡蛋在国内均有市场。因此，以国内市场需求为核心培育适合中国消费习惯的鸡新品种，将具有更明显的市场竞争优势。此外，肉鸡的市场多元化特点显著，由白羽肉鸡、黄羽肉鸡、小型白羽肉鸡和淘汰蛋鸡 4 种类型构成，2021 年出栏量占比分别为 40.5%、36.5%、13.8%和 9.2%（腰文颖，2021），且以风味品质优良闻名的黄羽肉鸡又分为快速型、中速型和慢速型三类，与国外喜食鸡胸肉的习惯不同，中国消费者更偏好食用鸡翅和鸡腿等部位。我国育种公司更了解国内对蛋鸡、肉鸡产品的需求，因此具有明显的本土优势。

（二）遗传育种主攻方向

1. 饲料转化率的快速提升

据联合国预测，2050 年世界人口将突破 95 亿，食物需求量要在目前水平上增加 70%～100%。而我国对畜禽饲料主要原料大豆的进口量常年居高不下，2020 年首次突破 1 亿 t，饲用玉米的进口量也在不断攀升。饲料成本占鸡养殖总成本的 60%～70%，随着饲料及原料成本的持续增加，鸡饲养成本也逐年增加。持续提高饲料转化率是实现鸡产业可持续发展的重要环节。在产蛋数和产肉量提升空间十分有限的情况下，如何提高饲料转化率显得尤为重要。

在经典遗传学理论指导下，通过对产量的大幅提高，间接显著改进了饲料转化率。目前，高产蛋鸡和白羽肉鸡的饲料转化比分别可达 2.0∶1 和 1.5∶1。此外，我国诸多地方品种虽然在蛋品质和肉品质，以及抗逆性状上具有优势，但产量相对较低，饲料转化率显著低于高产蛋鸡和快大型白羽肉鸡。因此，在自主培育鸡新品种的过程中，需要重点开展对饲料转化率的选择，以节省饲料成本，提高养殖经济效益。

2. 蛋鸡超长产蛋期技术集成

目前我国商品蛋鸡的饲养周期一般为 72 周。随着土地资源的不断减少和饲料成本的不断上涨，延长蛋鸡饲养周期从而平衡育雏阶段的饲养费用成为提高蛋鸡行业效益的关键；从供给侧的结构性调整、提质增效的角度而言，商品代群体集约化养殖、减少商品代群体数量、提高单产也是育种产业必须面对的趋势。国外汉德克动物育种集团旗下伊莎等蛋鸡育种公司已经培育出了具有超长产蛋期的品种，给国内蛋鸡品种带来了进一步的竞争压力。这就需要对已有国产蛋鸡品种从育种技术开发、遗传机制解析和遗传标记挖掘方面来培育超长产蛋期蛋鸡品种，再配套超长产蛋期营养调控、疫病控制、蛋品分级加工、环境控制等管理技术，最终实现超长产蛋期蛋鸡的养殖模式，实现蛋鸡生产的绿色高质量发展。

3. 鸡肉品质的精细调控

优质肉鸡市场在我国有较牢固的基础，中国消费者特殊的口感风味要求使优质肉鸡产业不断扩大。随着我国活鸡消费市场的不断缩小，未来的黄羽肉鸡育种将越来越注重胴体品质和肉品质本身。鸡肉风味品质与肌内脂肪含量和肌纤维直径等有着密切联系。肌内脂肪沉积和肌纤维发育决定了鸡肉特殊的肉香味和嫩度等重要品质指标。白羽肉鸡具有产肉率高的显著优势，随着自主白羽肉鸡品种培育成功，育种工作者非常重视提高白羽肉鸡的肉品质。白羽肉鸡肉品质的劣势是肌纤维较粗，肉质松软，且存在木质化等劣质肉高发问题；而我国地方鸡种遗传资源由于肌肉纤维直径细小、肌内脂肪与肌苷酸含量高而具有细嫩多汁、味浓鲜美的特征。因此，如何提高肌纤维数量、肌肉沉积更多的风味物质是培育突破性品种的重要研究方向。

4. 繁殖性能的综合提高

随着人工成本的不断上升，人工授精方式制种受到越来越多的挑战，因此配套系制种技术升级将向几个方向发展，一是开发精准机器人输精设备；二是延长输精间隔，减少输精次数；三是开发应用精液稀释，降低公鸡饲养数量；四是随着种鸡平养比例的增加，自然交配逐渐代替笼养。在制种技术转变的过程中，除了持续提高产蛋性能外，种鸡还应特别重视受精率和孵化率的提升。种鸡孵化性能受公鸡精液质量、母鸡持续受精性能等多方面因素影响。因此，应加大对种鸡各项繁殖力的研究和育种投入，以提高种鸡繁殖性能。

（三）种业企业发展方向

1. 品种自主化

国家着力提升种业企业竞争力、品种创新力和供种保障力，开创了我国现代种业发展的新局面。在政策层面上，政府积极向市场推广具有自主知识产权的蛋鸡、肉鸡新品种，以打破过度依赖进口品种的局面，改变我国鸡品种的供需格局。在育种目标上，我国种业企业更了解中国市场和养殖户的品种需要，能更全面、充分地掌握不同地区和群体对蛋鸡和肉鸡品种及鸡蛋和鸡肉消费的多元化需求。以国内市场需求为核心培育适合中国消费习惯的蛋鸡和肉鸡新品种，将具有更明显的市场竞争优势。因此，未来国内饲养的品种将以国产自主培育品种为主。

2. 育种商业化

建立适合我国当前种业发展阶段的技术创新体系，出台政策鼓励科技人员在种业企业兼职和拥有股权，搭建以育种企业为载体的产学研技术创新体系，共享政策信息、育种资源，提升育种技术、加快育种进程。建立现代种业发展基金，加强鸡种业科技创新联盟建设，构建产学研用一体化产业链条，重点支持育繁推一体化种业企业开展商业化育种。充分发挥政府监管职能，大幅提高育种企业制度性准入门槛，引导育种企业通过正常市场竞争兼并重组，做大做强鸡种业企业，提高国际竞争力。

3. 育繁推一体化

我国正处在工业化、信息化、城镇化、农业现代化同步发展的新阶段，实现农业现代化对种业发展的要求明显提高。同时，随着全球经济一体化进程的不断加快和生物技术的迅猛发展，种业国际竞争异常激烈，育繁推一体化是提高我国种业竞争力的根本途径。育繁推一体化能保障品种选育以市场需求为导向、品种繁育以产品质量为核心，同时我国的养殖主体是养殖专业户，针对这样的养殖群体，他们在产品需求之外，更重要的是需要有技术服务的支撑，才能保证品种性能的有效发挥，保障市场的供给。

4. 发展合作化

随着养鸡业近几年的迅猛发展，越来越多的下游企业加入高代次繁育环节。高代次种鸡企业不断增加存栏量，使得近几年行业增量迅速，供给过剩，供需严重失衡。经过市场洗礼，为了实现行业的有序发展，在经营方面政府及行业龙头企业应该推动产业间、企业间的合作化发展，保持市场的稳定和健康发展。

第三节　我国鸡种质资源现状和开发利用水平

一、鸡的起源、驯化和主要用途

（一）家鸡的起源驯化

鸡是较早被人类驯化的禽类，认识鸡的起源和驯化有利于种质资源保护及科学开发利用，而目前的研究主要集中于家鸡的起源地和野生祖先。达尔文认为家鸡起源于 4000 多年前的印度大峡谷中的红原鸡，然后向东、向西扩散到全球（Darwin，1868）。然而，在黄河流域的考古遗址中都发现了鸡骨残骸，包括出土了世界公认的最早家鸡遗骸的河北武安磁山遗址（距今约 7500 年）（周本雄，1981）。家鸡在中国，至少是与印度同时从原鸡进行驯化的。

关于鸡的野生祖先，目前普遍接受红原鸡是家鸡的主要祖先这一结论。原鸡属有绿原鸡、红原鸡、黑尾原鸡和灰原鸡 4 个品种。其中，红原鸡有 5 个亚种，最近的研究表明家鸡起源于缅甸和中国云南的 *Gallus gallus spadiceus*（Wang et al.，2020）。

（二）鸡的主要用途

1. 食用

养鸡业为消费者提供了肉、蛋等多种动物产品。鸡蛋含有丰富的营养物质，由蛋白质、脂肪、矿物质、维生素等物质组成，在体内极易消化、吸收，是全世界范围内公认的营养食品。每 100 g 鸡蛋含蛋白质 12～13.5 g（张莹等，2020），主要为卵白蛋白和卵球蛋白，其中含有人体必需的 8 种氨基酸，并与人体蛋白质的组成极为近似，人体对鸡蛋蛋白质的吸收率可高达 98%。鸡肉以其健康方便、物美价廉的优势，成为世界上消费增长速度最快的肉类；并且除素食者之外，鸡肉没有宗教禁忌，其拥有世界最大的消费群体。鸡肉营养丰富、蛋白质含量高、脂肪含量低、风味独特。鸡肉粗蛋白含量为 20～24 g/100 g，肌内脂肪为 1.25～2.30 g/100 g（王珏等，2020）。此外，鸡肉中脂肪酸含量丰富，黄羽肉鸡中脂肪酸种类可达 30 余种，其中含人体必需的一种多不饱和脂肪酸 DHA，占 2.80%～4.67%（席斌等，2020）。

2. 药用

乌骨鸡是我国特有的药用珍禽，其作为药用在中国民间历史悠久。在明代李时珍所著的《本草纲目》、唐代孟诜所著的《食疗本草》、宋代陈言所著的《三因极一病证方论》，以及当代的《中药志》和《中国药用动物志》中均有记载。以丝羽乌骨鸡的肉、内脏和骨为主要原料生产的"乌鸡白凤丸"更是闻名遐迩，具有补养气血、调经止带的功效（贺淹才，2003）。此外，乌骨鸡的活性物质具有消除自由基、抗氧化、抗诱变、延缓衰老等功效（谢明勇等，2009）。

3. 观赏

由于我国幅员辽阔，地理环境和自然气候差异较大，加之人工选育的影响，鸡形成诸多形态各异的品种类型。丝羽乌骨鸡具有桑椹冠、缨头、绿耳、胡须、丝羽、毛脚、五爪、乌皮、乌肉、乌骨"十全"特征，国际上将丝羽乌骨鸡列为观赏型鸡。此外，斗鸡是以善打善斗而著称的珍禽，是一种杂食家养鸟，属玩赏型鸡种。《史记》和《汉书》上多处记载有关"斗鸡走狗"之事，丰富了当时人们的文化娱乐生活。

二、鸡种质资源保护的意义

鸡种质资源是生物多样性的重要组成部分，是人类赖以生存和发展的基础，是满足未来不可预见需求的重要基因库。鸡种质资源是新品种或配套系培育和产业发展的最重要的物质基础。即使是有些在当前看来被认为是生产性能不高的品种，其蕴藏的科学价值和经济价值也可能是巨大的，一旦被发掘便会成为重要的生物和经济资源。

（一）科学意义

家禽体型小、生产周期短，是良好的科研模式动物。每一个家禽品种都是一个蕴含巨大遗传信息的基因库，一些具有特殊基因的家禽品种是研究的理想对象。鸡具有非常多的特色性状，这些性状形成的分子遗传机制是丰富当代分子生物学和遗传学的重要素材。因此，为了实现家禽业持续、稳定、高效的发展，满足人类社会对禽产品种类、质量的更高需求，加强现有鸡品种资源的保护和有效、合理、持续利用具有重大战略意义和科学意义（康相涛等，2009；杨红杰和陈宽维，2010）。

（二）经济意义

鸡是最为高效环保的农业动物，为人类日常生活提供蛋类和肉类食品。据FAO统计，经过40年的发展，我国鸡蛋和鸡肉产量均增长了15倍左右。2020年，我国鸡蛋产量为3024万t，占世界总量的35%左右，至2022年连续37年位居世界第一；2020年，我国鸡肉产量1582万t，占世界总量的16%左右，位居世界第二。鸡肉产量在我国是仅次于猪肉产量的第二大肉类，约占肉类总量的20%，其在肉类消费结构中的占比不断提高。近年来，鸡肉的出口量和出口额在我国的肉类出口贸易中占据第一位。在畜牧生产过程中，畜禽种质资源的直接贡献在各种因素中所占比例最大，达40%以上。因此，鸡种质资源保护对我国蛋鸡和肉鸡产业可持续高质量发展具有极其重要的经济意义。

（三）文化和历史意义

我国养禽业始于新石器时代的早期，时间可以追溯到7000多年以前，是世界上养禽历史最为悠久的国家之一。《周礼·春官》有鸡人一职："掌共鸡牲，辨其物"。公元前1100年至公元前600年出现的民间诗歌《诗经·国风·王风·君子于役》中有"鸡栖于埘""鸡栖于桀"，已说明当时鸡的家养方式。早在先秦时代，我国就有了"相鸡术"，《庄子·逸篇》中"羊沟之鸡，三岁为株，相者视之，非良鸡也"。北魏贾思勰《齐民要术》中的《养鸡篇》是我们现在能见到的最早的养鸡文献。唐宋以后，鸡一直被作为主要家禽饲养，养鸡成为我国古代畜牧业的一个重要部分。我国最早有关鸡的文献是在殷代甲骨文中，"鸡"字为"鸟"旁加"奚"的形声字。中国古代重视祭祀礼仪，往往将最好的东西供奉神灵，谓之"献食"。"六畜"是用于祭拜的用品"牺牲"，作为六畜之一的鸡当然也在其中。在民俗文化中，鸡也有着丰富的文化内涵，十二生肖中，鸡是唯一的鸟类。文献中涉及鸡的事例很多，在古典诗词中，鸡也是出镜率最高的家禽，有很多关于鸡的成语与典故，如鸡鸣将旦、为人起居，鬼畏鸡鸣，闻鸡起舞，鸡鸣狗盗等（李建萍，2017）。

我国有地方鸡种116个，这些品种是在特定的自然生态环境和社会历史条件下，经过人类长期驯化、培育而成的，几千年来一直与人类生活密切相关，它们是人类文化的特征之一。这些遗传资源的存在也为研究一个国家的历史文化遗产提供了依据，具有一定的历史价值。

三、国内外鸡遗传资源现状

（一）国外主要品种概括

1. 主要蛋用型品种

主要包括白来航鸡、洛岛白鸡、洛岛红鸡、横斑洛克鸡、哥伦比亚洛克鸡等品种。以白来航鸡为素材育成海兰白、罗曼白等白壳蛋鸡商用配套系，通过羽速实现雏鸡自别雌雄；以洛岛红鸡与洛岛白鸡、横斑洛克鸡、哥伦比亚洛克鸡为素材育成海兰褐、罗曼褐、伊莎褐、巴波娜、雪佛黑、巴布考克B380等褐壳蛋鸡商用配套系，通过羽色实现雏鸡自别雌雄；以洛岛红鸡、洛岛白鸡与白来航鸡为素材育成海兰灰、海兰粉、罗曼粉、伊莎粉、尼克粉等粉壳蛋鸡商用配套系，通过羽速实现雏鸡自别雌雄。

2. 主要肉用型品种

主要包括科尼什鸡、白洛克鸡、安卡鸡、隐性白鸡等品种。以科尼什鸡和白洛克鸡为素材育成爱拔益加、罗斯 308、科宝、艾维茵、哈伯德等快大型白羽肉鸡商用配套系；以安卡鸡与隐性白鸡为素材育成迪高、红宝、海波罗等快大型有色羽肉鸡商用配套系。

（二）国内鸡遗传资源目录

农业农村部先后四次公布国家级畜禽遗传资源保护名录，2021 年最新版名录列入鸡遗传资源 240 个，其中，地方品种 115 个，培育品种 5 个，培育配套系 80 个，引入品种 8 个，引入配套系 32 个。2021 年年底国家畜禽遗传资源委员会又鉴定了 1 个地方品种、审定通过了 9 个配套系。

1. 地方品种

根据我国地理位置和气候条件，116 个地方品种主要分布在七大区域（表9-8）。

表 9-8　我国地方鸡种分布区域

区域划分	区域范围	品种	经济类型
青藏高原区（2 个）	西藏全境、青海大部、四川、甘肃一部分和云南西北角	藏鸡、海东鸡	兼用型地方品种
蒙新高原区（5 个）	内蒙古、新疆全境和甘肃、河北一部分	吐鲁番斗鸡	观赏型地方品种
		边鸡、拜城油鸡、和田黑鸡	兼用型地方品种
		富蕴黑鸡	药用兼用型地方品种
黄土高原区（3 个）	山西、宁夏全境和青海、甘肃、陕西、河南、河北的一部分	太白鸡、静原鸡	兼用型地方品种
		略阳鸡	肉用型地方品种
西南山地区（35 个）	云南、贵州、重庆全境、四川大部和甘肃、陕西、湖北、湖南、广西一部分	高脚鸡、武定鸡、瑶鸡	肉用型地方品种
		盐津乌骨鸡、四川山地乌骨鸡、乌蒙乌骨鸡、金阳丝毛鸡	药用兼用型地方品种
		西双版纳斗鸡	玩赏型地方品种
		矮脚鸡、长顺绿壳蛋鸡、腾冲雪鸡、峨眉黑鸡、茶花鸡、大宁河鸡、城口山地鸡、大围山微型鸡、瓢鸡、威宁鸡、竹乡鸡、黔东南小香鸡、旧院黑鸡、凉山崖鹰鸡、米易鸡、彭县黄鸡、石棉草科鸡、独龙鸡、兰坪绒毛鸡、尼西鸡、云龙矮脚鸡、他留乌骨鸡、无量山乌骨鸡、泸宁鸡、宁浪高原鸡、广元灰鸡、阿克鸡	兼用型地方品种

续表

区域划分	区域范围	品种	经济类型
东北区 （2个）	辽宁、吉林、黑龙江三省全境	林甸鸡、大骨鸡	兼用型地方品种
黄淮海区 （14个）	北京、天津、山东及河南、河北大部及安徽、江苏北部	济宁百日鸡	蛋用型地方鸡种
		坝上长尾鸡、琅琊鸡、寿光鸡、固始鸡、卢氏鸡、正阳三黄鸡、北京油鸡、汶上芦花鸡、沂蒙鸡、太行鸡	兼用型地方品种
		淅川乌骨鸡	药用兼用型地方品种
		河南斗鸡、鲁西斗鸡	玩赏型地方品种
东南区 （55个）	上海、浙江、福建、台湾、广东、海南、江西全境，及广西、湖北、湖南、江苏、安徽大部及河南部分	文昌鸡、清远麻鸡、桃源鸡、广西三黄鸡、东安鸡、怀乡鸡、阳山鸡、霞烟鸡、惠阳胡须鸡、中山沙栏鸡、杏花鸡、德化黑鸡、河田鸡、象洞鸡、溧阳鸡	肉用型地方品种
		仙居鸡、白耳黄鸡	蛋用型地方品种
		丝羽乌骨鸡、郧阳白羽乌鸡、雪峰乌骨鸡、江山乌骨鸡、广西乌鸡、金湖乌凤鸡、余干乌骨鸡	药用兼用型地方品种
		皖北斗鸡、漳州斗鸡	玩赏型地方品种
		狼山鸡、浦东鸡、五华鸡、黄郎鸡、萧山鸡、太湖鸡、广西麻鸡、灵昆鸡、龙胜凤鸡、安义瓦灰鸡、崇仁麻鸡、东乡绿壳蛋鸡、康乐鸡、宁都黄鸡、洪山鸡、景阳鸡、双莲鸡、郧阳大鸡、江汉鸡、淮北麻鸡、淮南麻鸡、黄山黑鸡、皖南三黄鸡、闽清毛脚鸡、鹿苑鸡、如皋黄鸡、荆门黑羽绿壳蛋鸡、麻城绿壳蛋鸡、天长三黄鸡	兼用型地方品种

2. 培育品种和配套系

培育品种有新狼山鸡、京海黄鸡、雪域白鸡等 5 个品种，分为蛋用型、肉用型和兼用型。蛋用配套系有农大 3 号、豫粉 1 号、京粉 6 号等 23 个，分为高产蛋鸡品种和地方特色蛋鸡品种。肉用配套系有康达尔黄鸡、新兴矮脚黄鸡、雪山鸡等 66 个，可分为黄羽肉鸡、小型白羽肉鸡和快大型白羽肉鸡三类，详见表 9-9。

表 9-9　培育品种和配套系

	类型	品种	培育单位	审定时间	配套模式
培育品种	肉蛋兼用型	新狼山鸡	江苏省家禽科学研究所、华东农业科学研究所	1959 年 8 月	新品种
	肉用型	新浦东鸡	上海农业科学院畜牧兽医研究所	1981 年 12 月	新品种
		新扬州鸡	扬州大学动物科学与技术学院	1983 年 12 月	新品种
		京海黄鸡	江苏京海禽业集团有限公司、扬州大学、江苏省畜牧总站	2009 年 3 月	新品种
	蛋用型	雪域白鸡	西藏自治区农牧科学院畜牧兽医研究所	2020 年 12 月	新品种

续表

类型	品种	培育单位	审定时间	配套模式
	京白 939	北京市种禽公司	1993 年 3 月	三系配套
	新杨褐壳蛋鸡	上海新杨家禽育种中心、国家家禽工程技术研究中心、上海新杨种畜场	2000 年 7 月	三系配套
	农大 3 号小型蛋鸡	中国农业大学动物科技学院、北京北农大种禽有限责任公司	2004 年 4 月	三系配套
	京红 1 号蛋鸡	北京市华都峪口禽业有限责任公司、北京华都集团有限责任公司良种基地	2009 年 3 月	三系配套
	京粉 1 号蛋鸡	北京市华都峪口禽业有限责任公司、北京华都集团有限责任公司良种基地	2009 年 3 月	三系配套
高产蛋鸡（14 个）	新杨白壳蛋鸡	上海家禽育种有限公司、中国农业大学、国家家禽工程技术研究中心	2010 年 11 月	三系配套
	京粉 2 号蛋鸡	北京市华都峪口禽业有限责任公司	2013 年 2 月	三系配套
	大午粉 1 号蛋鸡	河北大午农牧集团种禽有限公司、中国农业大学	2013 年 8 月	三系配套
	农大 5 号小型蛋鸡	北京中农榜样蛋鸡育种有限责任公司、中国农业大学	2015 年 12 月	三系配套
	大午金凤蛋鸡	河北大午农牧集团种禽有限公司	2015 年 12 月	三系配套
	京白 1 号蛋鸡	北京市华都峪口禽业有限责任公司	2016 年 8 月	三系配套
	京粉 6 号蛋鸡	北京市华都峪口禽业有限责任公司、中国农业大学	2019 年 4 月	三系配套
	大午褐蛋鸡	河北大午农牧集团种禽有限公司	2020 年 12 月	三系配套
	农金 1 号蛋鸡	北京中农榜样蛋鸡育种有限责任公司	2021 年 12 月	三系配套
蛋用配套系				
	新杨绿壳蛋鸡	上海家禽育种有限公司、中国农业大学、国家家禽工程技术研究中心	2010 年 11 月	三系配套
	苏禽绿壳蛋鸡	江苏省家禽科学研究所、扬州翔龙禽业发展有限公司	2013 年 8 月	二系配套
	粤禽皇 5 号蛋鸡	广东粤禽种业有限公司、广东粤禽育种有限公司	2014 年 12 月	二系配套
地方特色蛋鸡（9 个）	新杨黑羽蛋鸡	上海家禽育种有限公司	2015 年 4 月	三系配套
	豫粉 1 号蛋鸡	河南农业大学、河南三高农牧股份有限公司、河南省畜牧总站	2015 年 12 月	三系配套
	栗园油鸡蛋鸡	中国农业科学院北京畜牧兽医研究所、北京百年栗园生态农业有限公司、北京百年栗园油鸡繁育有限公司	2016 年 8 月	三系配套
	凤达 1 号蛋鸡	荣达禽业股份有限公司、安徽农业大学	2016 年 8 月	三系配套
	欣华 2 号蛋鸡	湖北欣华生态畜禽开发有限公司、华中农业大学	2016 年 8 月	三系配套
	神丹 6 号蛋鸡	湖北神丹健康食品有限公司、浙江省农业科学院	2020 年 12 月	三系配套
肉用配套系	黄羽肉鸡（60 个）	康达尔黄鸡 128	深圳市康达尔（集团）股份有限公司家禽育种中心	1999 年 7 月	三系配套
		江村黄鸡 JH-2 号	广州市江丰实业股份有限公司	2002 年 1 月	二系配套

续表

类型	品种	培育单位	审定时间	配套模式
肉用配套系	黄羽肉鸡（60个）	江村黄鸡JH-3号	广州市江丰实业股份有限公司	2002年1月	三系配套

类型	品种	培育单位	审定时间	配套模式
		江村黄鸡JH-3号	广州市江丰实业股份有限公司	2002年1月	三系配套
		新兴黄鸡Ⅱ号	广东温氏食品集团有限公司家禽育种中心	2002年1月	二系配套
		新兴矮脚黄鸡	广东温氏食品集团有限公司家禽育种中心	2002年1月	二系配套
		岭南黄鸡Ⅰ号	广东省农业科学院畜牧研究所	2003年2月	三系配套
		岭南黄鸡Ⅱ号	广东省农业科学院畜牧研究所	2003年2月	四系配套
		京星黄鸡100	中国农业科学院畜牧研究所、上海市农业科学院畜牧兽医研究所	2003年2月	三系配套
		京星黄鸡102	中国农业科学院畜牧研究所、上海市农业科学院畜牧兽医研究所	2003年2月	三系配套
		邵伯鸡	江苏省家禽科学研究所、江苏省扬州市畜牧兽医站、江苏省畜牧兽医职业技术学院	2005年3月	二系配套
		鲁禽1号麻鸡	山东省农业科学院家禽研究所、山东省畜牧兽医总站、淄博明发种禽有限公司	2006年6月	二系配套
		鲁禽3号麻鸡	山东省农业科学院家禽研究所、山东省畜牧兽医总站、淄博明发种禽有限公司	2006年6月	二系配套
		新兴竹丝鸡3号	广东温氏南方家禽育种有限公司	2007年6月	二系配套
肉用配套系	黄羽肉鸡（60个）	新兴麻鸡4号	广东温氏南方家禽育种有限公司	2007年6月	二系配套
		粤禽皇2号	广东粤禽育种有限公司	2008年2月	四系配套
		粤禽皇3号	广东粤禽育种有限公司	2008年2月	三系配套
		良凤花鸡	广西南宁市良凤农牧有限公司	2009年3月	二系配套
		墟岗黄鸡1号	广东省鹤山市墟岗黄畜牧有限公司	2009年3月	三系配套
		皖南黄鸡	安徽华大生态农业科技有限公司	2009年3月	三系配套
		皖南青脚鸡	安徽华大生态农业科技有限公司	2009年3月	二系配套
		皖江黄鸡	安徽华卫集团禽业有限公司	2009年10月	三系配套
		皖江麻鸡	安徽华卫集团禽业有限公司	2009年10月	三系配套
		雪山鸡	江苏省常州市立华畜禽有限公司	2009年10月	三系配套
		苏禽黄鸡2号	江苏省家禽科学研究所、扬州市翔龙禽业发展有限公司	2009年10月	三系配套
		金陵麻鸡	广西金陵养殖有限公司	2009年10月	三系配套
		金陵黄鸡	广西金陵养殖有限公司	2009年10月	三系配套
		岭南黄鸡3号	广东智威农业科技股份有限公司、开平金鸡王禽业有限公司、广东智成食品股份有限公司	2010年1月	三系配套
		金钱麻鸡1号	广州市宏基种禽有限公司	2010年1月	三系配套
		南海黄麻鸡1号	佛山市南海种禽有限公司	2010年7月	三系配套

续表

类型	品种	培育单位	审定时间	配套模式
肉用配套系	黄羽肉鸡（60个）	弘香鸡	佛山市南海种禽有限公司	2010 年 7 月	三系配套
		新广铁脚麻鸡	佛山市高明区新广农牧有限公司	2010 年 7 月	三系配套
		新广黄鸡 K996	佛山市高明区新广农牧有限公司	2010 年 7 月	三系配套
		大恒 699 肉鸡	四川大恒家禽育种有限公司	2010 年 11 月	二系配套
		凤翔青脚麻鸡	广西凤翔集团畜禽食品有限公司	2011 年 5 月	三系配套
		凤翔乌鸡	广西凤翔集团畜禽食品有限公司	2011 年 5 月	三系配套
		五星黄鸡	安徽五星食品股份有限公司、安徽农业大学、中国农业科学院北京畜牧兽医研究所	2011 年 10 月	三系配套
		金种麻黄鸡	惠州市金种家禽发展有限公司	2012 年 3 月	三系配套
		振宁黄鸡	宁波市振宁牧业有限公司、宁海县畜牧兽医技术服务中心	2012 年 8 月	三系配套
		潭牛鸡	海南（潭牛）文昌鸡股份有限公司	2012 年 8 月	三系配套
		三高青脚黄鸡 3 号	河南三高农牧股份有限公司	2013 年 2 月	三系配套
		天露黄鸡	广东温氏食品集团股份有限公司	2014 年 2 月	三系配套
		天露黑鸡	广东温氏食品集团股份有限公司	2014 年 2 月	三系配套
		光大梅黄 1 号肉鸡	浙江光大种禽业有限公司	2014 年 2 月	三系配套
		桂凤二号黄鸡	广西春茂农牧集团有限公司、广西壮族自治区畜牧研究所	2014 年 12 月	二系配套
		天农麻鸡	广东天农食品有限公司	2015 年 4 月	三系配套
		温氏青脚麻鸡 2 号	广东温氏食品集团股份有限公司	2015 年 12 月	三系配套
		科朗麻黄鸡	台山市科朗现代农业有限公司	2015 年 12 月	三系配套
		金陵花鸡	广西金陵农牧集团有限公司、广西金陵家禽育种有限公司	2015 年 12 月	三系配套
		京星黄鸡 103	中国农业科学院北京畜牧兽医研究所、北京百年栗阳生态农业有限公司	2016 年 8 月	三系配套
		黎村黄鸡	广西祝氏农牧有限责任公司	2016 年 8 月	三系配套
		鸿光黑鸡	广西鸿光农牧有限公司	2016 年 8 月	三系配套
		参皇鸡 1 号	广西参皇养殖集团有限公司、广西壮族自治区畜牧研究所	2018 年 10 月	三系配套
		鸿光麻鸡	广西鸿光农牧有限公司	2018 年 10 月	三系配套
		天府肉鸡	四川农业大学、四川邦禾农业科技有限公司	2018 年 10 月	三系配套
		海扬黄鸡	江苏京海禽业集团有限公司、扬州大学、江苏省畜牧总站	2018 年 10 月	三系配套
		金陵黑凤鸡	广西金陵农牧集团有限公司、中国农业科学院北京畜牧兽医研究所	2019 年 4 月	三系配套

续表

类型	品种	培育单位	审定时间	配套模式
肉用配套系	黄羽肉鸡（60个）	大恒 799 肉鸡	四川大恒家禽育种有限公司	2020 年 12 月	三系配套
		金陵麻乌鸡	中国农业科学院北京畜牧兽医研究所、广西金陵农牧集团有限公司、广西壮族自治区畜牧研究所、广西大学	2021 年 12 月	三系配套
		花山鸡	江苏立华牧业股份有限公司、江苏省家禽科学研究所、江苏立华育种有限公司	2021 年 12 月	三系配套
		圆丰麻鸡 2 号	广西园丰牧业集团股份有限公司、广西大学、广西壮族自治区畜牧研究所	2021 年 12 月	三系配套
	小型白羽肉鸡（3个）	肉鸡 WOD168	北京市华都裕口禽业有限责任公司、中国农业大学	2018 年 10 月	三系配套
		沃德 158 肉鸡	北京市华都峪口禽业有限责任公司、中国农业大学、思玛特（北京）食品有限公司	2021 年 12 月	三系配套
		益生 909 小型白羽肉鸡	山东益生种畜禽股份有限公司	2021 年 12 月	三系配套
	快大型白羽肉鸡（3个）	圣泽 901 白羽肉鸡	福建圣泽生物科技发展有限公司、东北农业大学、福建圣农发展股份有限公司、中国农业科学院哈尔滨兽医研究所	2021 年 12 月	三系配套
		广明 2 号白羽肉鸡	中国农业科学院北京畜牧兽医研究所、佛山市高明区新广农牧有限公司	2021 年 12 月	三系配套
		沃德 188 肉鸡	北京市华都峪口禽业有限责任公司、中国农业大学、思玛特（北京）食品有限公司	2021 年 12 月	三系配套

3. 引入品种和配套系

主要引入品种有白来航鸡、洛岛红鸡、隐性白羽鸡等 8 个品种，蛋鸡配套系有海兰、罗曼、罗斯、尼克、巴布考克等 15 个，另有爱拔益加、哈伯德、科宝、罗斯等 17 个肉鸡配套系（表 9-10）。

表 9-10　引入品种和配套系

类型	品种	来源
引入品种（8个）	隐性白羽鸡	美国
	矮小黄鸡	法国
	白来航鸡	意大利
	洛岛红鸡	美国
	贵妃鸡	英国、法国、荷兰
	白洛克鸡	美国
	哥伦比亚洛克鸡	美国
	横斑洛克鸡	美国
肉鸡配套系（17个）	艾维茵肉鸡	美国泰森食品公司
	爱拔益加肉鸡	EW 集团
	安卡肉鸡	以色列 PBU 公司

续表

类型	品种	来源
肉鸡配套系 （17个）	迪高肉鸡	澳大利亚英汉集团狄高家禽发展有限公司
	哈伯德肉鸡	EW集团
	海波罗肉鸡	美国泰森食品公司
	海佩克肉鸡	荷兰海佩克家禽育种公司
	红宝肉鸡	法国克里莫集团
	科宝500肉鸡	美国泰森食品公司
	罗曼肉鸡	EW集团
	罗斯（罗斯308、罗斯708）肉鸡	EW集团
	明星肉鸡	荷兰汉德克动物育种集团
	尼克肉鸡	EW集团
	皮尔奇肉鸡	美国皮尔奇公司
	皮特逊肉鸡	美国彼德逊公司
	萨索肉鸡	法国萨索公司
	印第安河肉鸡	EW集团
蛋鸡配套系 （15个）	雪佛蛋鸡	荷兰汉德克动物育种集团
	罗曼（罗曼褐、罗曼粉、罗曼灰、罗曼LSL）蛋鸡	EW集团
	巴波娜蛋鸡	匈牙利巴波娜国际育种公司
	巴布考克B380蛋鸡	荷兰汉德克动物育种集团
	宝万斯蛋鸡	荷兰汉德克动物育种集团
	迪卡蛋鸡	荷兰汉德克动物育种集团
	海兰（海兰褐、海兰灰、海兰白W36、海兰白W80、海兰银褐）蛋鸡	EW集团
	金慧星蛋鸡	法国伊莎公司
	罗马尼亚蛋鸡	罗马尼亚家禽研究中心站
	罗斯蛋鸡	EW集团
	尼克蛋鸡	EW集团
	伊莎（伊莎褐、伊莎粉）蛋鸡	荷兰汉德克动物育种集团
	澳洲黑鸡	荷兰汉德克动物育种集团
	海赛克斯蛋鸡	荷兰汉德克动物育种集团
	诺珍褐蛋鸡	法国Novogen公司

（三）鸡品种管理制度

1. 畜禽遗传资源保护制度

《中华人民共和国畜牧法》（2023年3月1日执行）强化了畜禽遗传资源保护

规定，明确畜禽遗传资源保护以国家为主、多元参与，坚持保护优先、高效利用的原则，国务院农业农村主管部门设立由专业人员组成的国家畜禽遗传资源委员会，负责畜禽遗传资源的鉴定、评估和畜禽新品种、配套系的审定，根据畜禽遗传资源分布状况，制定全国畜禽遗传资源保护和利用规划，制定、调整并公布国家级畜禽遗传资源保护名录，对原产我国的珍贵、稀有、濒危的畜禽遗传资源实行重点保护，根据全国畜禽遗传资源保护和利用规划及国家级畜禽遗传资源保护名录，建立或者确定畜禽遗传资源保种场、保护区和基因库，承担畜禽遗传资源保护任务，国家对畜禽遗传资源享有主权。

2. 畜禽新品种配套系审定和遗传资源鉴定制度

根据《畜禽新品种配套系审定和畜禽遗传资源鉴定办法》等有关规定，明确了新品种配套系审定和遗传资源鉴定的相关制度：经国家畜禽遗传资源委员会办公室受理申请，专业委员会初审、函审、现场核验、终审，后经国家畜禽遗传资源委员会办公室公示，颁发证书。新品种/配套系应具备血统来源基本相同，有明确育种方案，至少经过 4 个世代的连续选育，核心群有 4 个世代以上的系谱记录，体型和外貌基本一致，遗传性状比较一致和稳定，主要经济性状遗传变异系数在 10% 以下等要求，且具有一定规模的群体数量和突出的性能特征。

四、鸡遗传资源保护现状

农业农村部先后出台了遗传资源保护与管理相关的法律法规和政策性文件，成立了相关的专门管理机构。通过实行分类管理、分级保护的原则，建立了国家和地方上下联动、分级负责的家禽遗传资源保护体系。目前，28 个地方鸡品种列入国家级畜禽遗传资源保护名录，分别为大骨鸡、白耳黄鸡、仙居鸡、北京油鸡、丝羽乌骨鸡、茶花鸡、狼山鸡、清远麻鸡、藏鸡、矮脚鸡、浦东鸡、溧阳鸡、文昌鸡、惠阳胡须鸡、河田鸡、边鸡、金阳丝毛鸡、静原鸡、瓢鸡、林甸鸡、怀乡鸡、鹿苑鸡、龙胜凤鸡、汶上芦花鸡、闽清毛脚鸡、长顺绿壳蛋鸡、拜城油鸡、双莲鸡。已在江苏、浙江和广西建成国家级地方鸡种活体基因库 3 个（表 9-11），分别保存了 31 个、17 个和 40 多个地方鸡品种。国家级 DNA 库 1 个，保存了 168 个地方禽种的 13 000 余份 DNA 样本；各级保种场 84 个，其中国家级保种场 24 个（表 9-12），抢救了一批濒危和濒临灭绝品种。国家家禽遗传资源动态监测管理平台系统已建成运行，初步形成动态监测及预警系统，通过建立国家畜禽遗传资源委员会家禽专业委员会专家与保种单位对接指导机制，进一步提升了保种管理工作效率。

表 9-11 国家地方鸡种基因库名单

编号	名称	建设单位
A3203	国家地方鸡种基因库（江苏）	江苏省家禽科学研究所
A3305	国家地方鸡种基因库（浙江）	浙江光大农业科技发展有限公司
A4507	国家地方鸡种基因库（广西）	广西金陵家禽育种有限公司

表 9-12 国家级地方鸡种保种场

编号	名称	建设单位
C1111301	国家北京油鸡保种场	中国农业科学院北京畜牧兽医研究所
C1411301	国家边鸡保种场	山西省农业科学院畜牧兽医研究所
C2111301	国家大骨鸡保种场	庄河市大骨鸡繁育中心
C2111302	国家大骨鸡保种场	辽宁庄河大骨鸡原种场有限公司
C2311301	国家林甸鸡保种场	黑龙江省林甸鸡原种场有限公司
C3111301	国家浦东鸡保种场	上海浦汇浦东鸡繁育有限公司
C3211301	国家狼山鸡保种场	如东县狼山鸡种鸡场
C3211302	国家溧阳鸡保种场	溧阳市种畜场
C3211303	国家鹿苑鸡保种场	张家港市畜禽有限公司
C3311301	国家仙居鸡保种场	浙江省仙居种鸡场
C3511301	国家河田鸡保种场	福建省长汀县南墩河田鸡保种场有限公司
C3611301	国家丝羽乌骨鸡保种场	江西省泰和县泰和鸡原种场
C3611302	国家白耳黄鸡保种场	上饶市广丰区白耳黄鸡原种场
C3711301	国家汶上芦花鸡保种场	山东金秋农牧科技股份有限公司
C4211301	国家双莲鸡保种场	湖北民大农牧发展有限公司
C4411301	国家清远麻鸡保种场	广东天农食品集团股份有限公司
C4411302	国家怀乡鸡保种场	广东盈富农业有限公司
C4411303	国家惠阳胡须鸡保种场	广东金种农牧科技股份有限公司
C4511301	国家龙胜凤鸡保种场	龙胜县宏胜禽业有限责任公司
C4611301	国家文昌鸡保种场	海南罗牛山文昌鸡育种有限公司
C5111301	国家藏鸡保种场	乡城县藏咯咯农业开发有限公司
C5311301	国家瓢鸡保种场	镇沅云岭广大瓢鸡原种保种有限公司
C5311302	国家茶花鸡保种场	西双版纳云岭茶花鸡产业发展有限公司
C6511301	国家拜城油鸡保种场	新疆诺奇拜城油鸡发展有限公司

（一）保护重点

收集保存地方鸡种质资源，包含活体、DNA、血液、冻精、生殖细胞等样品；建成优势突出、特征鲜明、智能化的离体遗传资源保存库和活体保存资源场。对列入《国家畜禽遗传资源品种名录（2021 年版）》的鸡品种资源，完善保种场建设，做到应保尽保；分区域适当增加国家地方鸡种基因库；建立国家级鸡表型–基因型数据库。对于目前处于濒危的地方鸡种，进行重点保护，保种方式采取活体抢救性保护与基因库相结合。在保护的同时，进行开发利用，实现"以用促保、保以致用"的良性循环机制和长远的开发规划。

（二）保种理论

整体来说，我国家禽遗传资源保护的目标就是通过合理的保种方法（如家系等量随机选配法、家系等量轮回交配法、随机交配法等）有效减缓群体近交系数增量，避免近交衰退，保持原有品种的特征特性。

国外学者 Wright（1921）提出了随机留种理论，国内则以盛志廉（2002）提出的"系统保存"理论和吴常信（1991）提出的"优化保种策略"最具有代表性，确定以"100 年内保种群体的近交系数不超过 0.10"为保种目标，对不同畜种的群体大小、世代间隔、最佳公母比例、留种方式等问题进行了系统的阐述，借助计算机技术模拟现行保种制度百年后的保种效果，同时把分子生物技术、实验动物模拟和地理信息等技术综合应用于畜禽遗传资源保存的理论与实践。康相涛教授团队提出"定期更新舍饲保种群血缘+系祖轮配"的保种模式，有效地避免了品种近交衰退。同时，利用"舍饲+放养双对照动态监控"模式等对地方鸡活体种质资源进行多层次保护。此外，鉴于保种维持成本高，该团队运用以用促保的思想，提出地方鸡"单流向"利用保护与"通用核心系"配套利用有机融合的保护利用理念（康相涛等，2009）。

（三）保种方法

1. 活体保种

国内多家单位开展了保种方法的研究工作，优化并制定了"家系等量留种随机交配方法"等多种适合于不同条件资源场的保种方法，全面提升了保种技术水平。系统开展了地方鸡品种资源种质特性研究和遗传进化分析，确立了一批重点开发利用的品种资源，鉴定了一批重要种质资源遗传特征相关的基因（位点）。

2. 冷冻保种

主要包括对个体精液、卵母细胞、原始生殖细胞等进行冷冻保存。国内外学者对这一系列技术积极开展研发实践，实现了冻精（Thélie et al.，2019）、卵母细胞分离冷冻（杜美红，2006）、原始生殖细胞分离技术（Woodcock et al.，2019）应用于个体保护，但整体效率偏低、成本较高。这些技术还需进一步优化，以满足大规模推广使用需求。

五、鸡种质资源开发利用水平

中国地域辽阔，各地自然条件及经济文化的差异，形成了众多各具特色的地方鸡品种。这些地方鸡种外貌特征（羽色、肤色、胫色、蛋壳颜色等）类型丰富，特点鲜明，在气候适应性、肉质风味、抗病抗逆等方面比国外引进品种具有优势；同时蕴含巨大的遗传多样性，是创制新品种的优质素材。随着生物学技术的不断发展，种质资源表型与基因型的精准鉴定和评价方法逐渐完善。

（一）　优异性状遗传机制解析不断深入

截至 2022 年 11 月，国内外共有 56 个与鸡单基因控制孟德尔遗传或异常突变性状的关键突变被发现（https://omia.org/browse/）。根据由美国国家动物基因组研究计划（National Animal Genome Research Program）构建的动物 QTL 数据库的统计，截至 2022 年 8 月，已有 376 篇关于鸡 QTL 定位的论文发表，共报道了 16 656 个 QTL，涉及 370 个性状和 39 个 eQTL 基因，这些 QTL 在鸡的各条常染色体和 Z 染色体上均存在。

我国相关科研单位利用地方鸡种资源开展了遗传多样性研究、重要性状候选基因挖掘、藏鸡低氧适应分子遗传机制、绿壳蛋鸡蛋壳颜色变浅机制、种质特性测定等大量基础研究工作，为地方鸡种的保护和开发利用提供了科学依据，并形成了相应的分子诊断技术。例如，隐性白羽 *TYR* 基因、矮小基因 *dw* 等的研究与应用，中国农业大学对玫瑰冠 *MNR2*（Imsland et al.，2012）、缨头 *HOXC8*（Wang et al.，2012）、绿壳蛋 *SLCO1B3*（Wang et al.，2013）等的研究与应用，河南农业大学对哥伦比亚横斑型羽 *SCAL45A2*、*CDKN2A*，绿壳蛋 *SLCO1B3* 甲基化的研究与应用（Li et al.，2019）。河南农业大学康相涛教授团队构建了首个鸡泛基因组并成功解析了影响鸡生长性状主效基因 *IGF2BP1* 的致因突变的分子标记（Wang et al.，2021）。这些分子标记均在我国家禽新品系选育中发挥了重要的作用。

（二）　分子育种技术得到广泛应用

经过多年的探索，形成了有效提高鸡综合生产性能的先进技术，进一步完善了鸡分子育种技术体系。目前通过国家新品种审定的蛋鸡，生产性能与国际蛋鸡品种生产性能相近，得益于精准的育种方法和技术。绝大多数地方特色蛋鸡品种商品鸡实现羽速自别雌雄，提高了扩繁效率；我国成功建立并应用了含 *dw* 基因的节粮型肉鸡、蛋鸡生产技术，如农大 3 号蛋鸡、京星黄羽矮脚肉鸡、欣华 2 号、粤禽皇 5 号、豫粉 1 号、栗园油鸡、邵伯鸡等均应用 *dw* 基因效应，大幅提升了饲料转化率，节约了养殖成本；新杨绿壳蛋鸡、苏禽绿壳蛋鸡和神丹 6 号绿壳蛋鸡等蛋鸡新品种在培育过程中均应用了绿壳基因精准定位与检测技术，提纯绿壳基因，缩短选育进程。河南农业大学针对地方鸡和快大高产型鸡的培育，分别提出"快速平衡"育种技术和极限育种技术（康相涛等，2015）。中国农业大学研发了一款中等密度的 50K SNP 芯片"凤芯壹号"进行蛋鸡选育（Liu et al.，2021）。中国农业科学院北京畜牧兽医研究所推出了"京芯一号"肉鸡基因组育种芯片（刘冉冉等，2018），上述成果使我国蛋鸡、肉鸡育种技术得到进一步的提升。

（三） 核心种质创新利用水平稳步提高

对我国鸡遗传资源进行创新利用，已通过国家审定的鸡新品种（配套系）共计 94 个。其中，蛋鸡配套系 23 个、肉鸡配套系 66 个，培育品种 5 个。以贵妃鸡与高产蛋鸡为育种素材育成的新杨黑羽蛋鸡、凤达 1 号蛋鸡配套系，具有外观黑羽、黑胫、凤冠、五趾等优质鸡表型，同时兼具产蛋多、产粉蛋且死淘率低等优良特征；利用矮小基因培育出的农大系列蛋鸡配套系，具有节粮、产蛋多、抗逆性强等特点，在高产蛋鸡市场占有率较高；利用地方绿壳蛋鸡品种培育的苏禽、新扬和神丹 6 号等绿壳蛋鸡配套系，以固始鸡、江汉鸡、仙居鸡等为基础素材培育的豫粉一号、欣华和粤禽皇蛋鸡配套系，蛋品质优异，符合优质蛋市场需求，促进了我国地方特色蛋鸡产业的蓬勃发展（邹剑敏，2019）；创新利用快大肉鸡与高产蛋鸡为育种素材育成的小型白羽肉鸡配套系（WOD168、沃德 158、益生 909），具有生长速度快、耗料低且繁殖性能好，制种成本低等特点；以隐性白羽肉鸡与地方鸡（文昌鸡、清远麻鸡、广西三黄鸡、惠阳胡须鸡）等为主要育种素材，通过杂交配套培育的黄羽肉鸡，在保持优良肉品质的基础上生长速度、饲料转化率明显改善，黄羽肉鸡已占据我国肉鸡产业的半壁江山，年出栏量约 50 亿只，有效保障了禽产品的供给安全。同时，这些核心种质的成功创制显著促进了地方鸡种的有效保护。

第四节　我国鸡种业科技创新基础、现状和发展趋势

一、鸡种业科技创新基础

（一） 科技项目和经费投入基础

我国鸡种业的科技研发仍以政府投入为主。"十三五"以来，科技部、农业农村部、国家自然科学基金委员会、地方科技部门等通过各类科技计划进行支持，包含从基础理论研究（973、国家自然科学基金）、高技术研发（863、重大科技专项）、技术集成创新（科技支撑和公益性行业科研专项、现代农业产业技术体系）等项目，实施了全国肉鸡遗传改良计划、全国蛋鸡遗传改良计划，为鸡种业科技创新和产业发展提供了必要的财政支持。"十四五"国家启动实施"农业生物种

质资源挖掘与创新利用""畜禽新品种培育与现代牧场科技创新"等国家重点研发计划专项，对种质资源保护、精准鉴定、新品种培育等重点支持。除了政府投资外，我国种业企业规模普遍较小，科技创新投入少。

国外鸡种业的政府科研投入主要通过欧盟地平线项目、美国农业部项目等科研项目进行研发支持，此外，企业自主研发投入强度也较高，如英国的 Genus 种业集团公司每年的研发经费为 5000 万美元左右。

（二）　科研平台和人才团队基础

在鸡育种科研平台建设方面，我国已建立畜禽育种国家工程实验室、国家家禽工程技术研究中心等国家级平台 2 个，农业动物遗传育种与繁殖教育部重点实验室 1 个，农业农村部动物遗传育种与繁殖（家禽）重点实验室（综合性）1 个，农业农村部鸡遗传育种重点实验室、农业农村部鸡遗传育种与繁殖重点实验室等专业性实验室 2 个，农业农村部猪鸡遗传育种与繁殖科学观测实验站、农业农村部蛋鸡遗传育种科学观测实验站等科学观测站 2 个，国家蛋鸡产业技术体系、国家肉鸡产业技术体系各 1 个，畜禽良种产业技术创新战略联盟 1 个，为鸡基础研究和育种技术研究提供了平台支撑。

在鸡种业人才梯队建设方面，已基本形成了以院士、长江学者、"万人计划"和国家杰出青年为领军人物，中青年专家学者为学术骨干、大批青年博士为后备力量的研究队伍，以及多个国家人才推进计划重点领域创新团队、神农中华农业科技奖优秀创新团队、中华农业科技奖优秀创新团队等专业人才团队。在专业结构方面，涵盖了数量遗传学、分子遗传学、生物信息学等不同专业的团队人才。

目前全国设有动物遗传育种与繁殖专业的博士培养点有 30 个，以肉鸡、蛋鸡研究方向为主，包括中国农业大学、中国农业科学院研究生院等科研院校。欧美发达国家开展家禽科学研究的相关科研院校较多（表 9-13），如美国的北卡罗来纳州立大学、德州农工大学和佐治亚大学等，以及英国的爱丁堡大学罗斯林研究所、荷兰的瓦赫宁根大学、瑞典农业科学大学等。这些国际家禽研究机构在鸡沙门氏菌等抗病育种、基因编辑鸡等方面处于领先地位。

表 9-13　国际主要家禽研究机构

研究机构	主要研究方向
北卡罗来纳州立大学家禽科学系	经济性状的功能基因、营养调控分子机制
德州农工大学家禽科学系	生产效率、健康状况和产品质量
佐治亚大学家禽科学系	营养、生长繁殖、加工技术
爱丁堡大学罗斯林研究所	基因编辑技术
瓦赫宁根大学	遗传育种、繁殖、营养、食品安全、饲养设备
瑞典农业科学大学	遗传育种、动物营养、环境健康

（三）企业研发基础

我国畜禽育种模式由高校和科研院所的育种主体，逐步转变为企业结合高校、科研院所的育种主体。企业在鸡种业科技创新中的作用日益凸显，发挥着越来越重要的作用。目前，一些行业龙头企业通过加大科研与开发投入、人才培养等模式已形成了国家工程技术研究中心、国家级企业技术中心、农业农村部重点实验室、国家重点实验室等平台，具有良好的研发基础。企业技术研发能力逐步加强，品种（配套系）培育的科技含量逐渐提高，市场推广能力逐步增强。例如，峪口禽业与中国农业大学的合作、温氏集团与华南农业大学的结合等，呈现出与国际畜禽育种模式接轨的态势。

（四）成果培育基础

1. 种业政策日趋完善

国际上目前还没有专项的畜禽遗传资源国际法或公约，但相关的国际法律或公约都更加重视畜禽资源和种业，共有5部相关。《生物多样性公约》是一项保护全球生物资源多样性的公约，确定遗传资源国拥有资源的主权，并且对拥有主权的遗传资源有立法、制定政策、制定管理措施等权利，中国于1992年6月11日签署公约。《卡塔赫纳生物安全议定书》细化知情约定的规程，在充分了解遗传修饰的产品或畜禽资源的前提下，再决定贸易，中国2005年9月6日正式成为《卡塔赫纳生物安全议定书》缔约方。世界贸易组织（WTO）《与贸易有关的知识产权协议》（TRIPs）于1995年1月生效，主要是对世界贸易活动中相关的知识产权加以保护的法律，包含有关畜禽遗传资源及产品的知识产权，包括产地标识、商标、贸易机密及专利。《21世纪议程》没有硬性法律约束力，旨在鼓励发展的同时保护环境的全球可持续发展计划的行动蓝图，于1992年在里约热内卢通过，对畜禽遗传资源进行了规定，即对于处于危险的品种进行保种，规划和启动品种发展计划。《濒危野生动植物种国际贸易公约》（又称《华盛顿公约》或CITES），于1975年7月1日生效，附录收录了受到国际贸易威胁并有可能灭绝的野生动植物清单。此外，发达国家都有相应的育种规划，如美国《动物生产行动计划（2018—2022）》《USDA ARS战略规划（2018—2020）》《USDA动物基因组学工作蓝图（2018—2027）》《动物改良计划》。

国内畜禽种业相关法律法规及配套规章、技术规范共12部。从内容上看，综合类法律1部，即《中华人民共和国畜牧法》，明确了国家建立畜禽遗传资源保护制度，国家扶持畜禽品种的选育和优良品种的推广使用，支持企业、院校、科研机构和技术推广单位开展联合育种，建立畜禽良种繁育体系；规范畜禽遗传资源保护的2部，即《畜禽遗传资源保种场保护区和基因库管理办法》和《国家畜禽遗传资源品种名录》，为加强我国遗传资源保护奠定了法律基础；规范畜禽新品种审定和畜禽遗传资源鉴定及登记的 4 部，即《畜禽新品种配套系审定和畜禽遗传资源鉴定办法》《畜禽新品种配套系审定和畜禽遗传资源鉴定技术规范（试行）》《畜禽新品种配套系和畜禽遗传资源命名规则（试行）》《优良种畜登记规则》；规范种畜禽进出口的 3 部，即《中华人民共和国畜禽遗传资源进出境和对外合作研究利用审批办法》《从境外首次引进畜禽遗传资源技术要求（试行）》《中华人民共和国濒危野生动植物进出口管理条例》；规范家畜遗传材料生产的 1 部，即《家畜遗传材料生产许可办法》。相关法律法规的实施规范了我国畜禽种质资源管理，推动了优良品种培育。此外建立了资源保护与利用等规划方案，即《全国畜禽遗传改良计划（2021—2035 年）》《全国畜禽遗传资源保护和利用"十三五"规划》《畜禽遗传资源保护与利用三年行动方案》等。

2. 鸡种业科技成果奖励不断涌现

"十三五"期间，鸡育种领域获得"'农大 3 号'小型蛋鸡配套系培育与应用"（2015 年）、"节粮优质抗病黄羽肉鸡新品种培育与应用"（2016 年）、"优质肉鸡新品种京海黄鸡培育及其产业化"（2017 年）、"地方鸡保护利用技术体系创建与应用"（2018 年）等国家科学技术进步奖 4 项，神农中华农业科技奖、全国农牧渔业丰收奖等省部级科技奖励 11 项，此外还有地方各种科技奖励（表 9-14）。

表 9-14　鸡种业领域重要科技奖项

序号	成果名称	奖励名称	获奖年份	获奖单位
1	'农大 3 号'小型蛋鸡配套系培育与应用	国家科学技术进步奖二等奖	2015	中国农业大学等
2	节粮优质抗病黄羽肉鸡新品种培育与应用	国家科学技术进步奖二等奖	2016	中国农业科学院北京畜牧兽医研究所等
3	优质肉鸡新品种京海黄鸡培育及其产业化	国家科学技术进步奖二等奖	2017	扬州大学等
4	地方鸡保护利用技术体系创建与应用	国家科学技术进步奖二等奖	2018	河南农业大学等
5	优质肉鸡遗传育种创新团队	神农中华农业科技奖优秀创新团队奖	2016—2017	四川省畜牧科学研究院等
6	家禽遗传资源评价与种质利用创新团队	神农中华农业科技奖优秀创新团队奖	2016—2017	扬州大学等
7	优质肉鸡新品种京海黄鸡培育及其产业化	神农中华农业科技奖一等奖	2016—2017	扬州大学等
8	家禽质量安全全程控制关键技术研发、体系构建与应用	神农中华农业科技奖一等奖	2016—2017	江苏省家禽科学研究所等
9	中国农业科学院黄羽肉鸡遗传育种创新团队	神农中华农业科技奖优秀创新团队奖	2018—2019	中国农业科学院北京畜牧兽医研究所等
10	肉鸡绿色养殖提质技术研发与集成应用	神农中华农业科技奖一等奖	2020—2021	中国农业科学院北京畜牧兽医研究所等
11	优质鸡蛋生产的营养调控技术体系创新与应用	神农中华农业科技奖一等奖	2020—2021	中国农业科学院饲料研究所等

二、鸡种业科技创新现状

（一）中国科技文献发表数量远超美国

在 Web of Science 等 SCI 数据库中，2016～2021 年共检索到鸡"遗传多样性"（1248 篇）、"基因组选择"（627 篇）、"分子标记"（1097 篇）等科技论文 14 889 篇（检索时间截至 2021 年 12 月），期刊论文（article）14 161 篇、综述性论文（review）728 篇。其中，肉鸡研究发文量较多，蛋鸡研究发文量较少（图 9-7）。在鸡遗传育种 SCI 论文数量方面，中美两国学者的发文量始终位居前两位（图 9-8），接近总发文量的 50%。2016 年以来，中国已超越美国，成为鸡遗传育种行业 SCI 论文发表量最多的国家。

图 9-7　鸡遗传育种 SCI 论文的发表时间分布（2016～2021 年）

图 9-8　鸡遗传育种 SCI 论文的发表国家分布（2016～2021 年）

在以中国知网为主、维普和万方为辅的中文数据库检索中，2016～2021 年共检索到鸡"遗传育种"（4225 篇）、"分子标记"（2268 篇）、"性能测定"（8141 篇）等科技论文 16 054 篇（检索时间截至 2021 年 12 月）。其中，肉鸡研究发文量较多（9961 篇），蛋鸡研究发文量相对较少（6093 篇）（图 9-9）。

图9-9　鸡遗传育种中文论文的发表时间分布（2016～2021年）

（二）我国专利总数较多，但国际化布局程度较低

在 Web of Science 的专利和中国知网的国外专利数据库中，共检索到鸡"Genetics and breeding"（51 件）、"Molecular marker"（48 件）、"Breed identification"（33 件）等授权专利 224 件（检索时间截至 2021 年 12 月）。从近 6 年鸡遗传育种专利授权情况分析可见，肉鸡和蛋鸡的专利几乎各占一半。在专利总量方面，美国始终位居第一位，牢牢掌握鸡育种行业的核心技术。在专利内容方面，主要集中在培育存在特定基因位点的基因编辑鸡（A01K67/027）、利用基因编辑鸡制备外源蛋白质（A01K67/027）、基因型鉴别方法（C12N15/09）、品种鉴定（C12Q1/68）、性别鉴定（C12Q1/68）、永生化细胞培养（C12N5/071）等方面（表 9-15）。

表9-15　2016～2021 年国外鸡育种领域的主要专利

专利号	名称
US201615753938	用于生产具有共同轻链的抗体的基因编辑鸡
TW108134745	用基因编辑鸡蛋大量生产蛋白药物端粒酶的方法
US202016875644	包含灭活免疫球蛋白基因的基因编辑鸡
EP19770329	产生人类抗体的基因编辑鸡
US201615181987	使用基因编辑鸡在其鸡蛋中产生外源蛋白质的方法
EP19727648	确定鸡胚胎性别的方法
US201615772842	家鸡性别鉴定方法
US201716628706	包括确定鸡胚性别的鸡生产方法
EP16795257	家禽性别鉴定方法
US201515532189	永生化鸡胚成纤维细胞
US2019035535	IGY CH1 编码序列功能缺失的基因编辑鸡

在中国知网国内专利数据库中，共检索到鸡"培育方法"（1244 件）、"分子标记"（462 件）等申请和授权专利 1986 件（检索时间截至 2021 年 12 月）。

其中，肉鸡专利较少（835 件），蛋鸡专利较多（1151 件）。我国有关鸡育种领域的专利（表 9-16）主要集中在质量性状，如羽胫色、快慢羽等，也有基因组育种和分子标记辅助选择技术的专利。

表 9-16　2016～2021 年我国鸡育种领域的主要专利

专利号	名称
CN2016101449854	鸡匍匐性状基因及与鸡匍匐性状相关的 DNA 分子标记
CN2017109566206	一种父母代、商品代双自别雌雄肉鸡的培育方法
ZL2017114890252	白来航鸡红羽致因突变基因型鉴定及红羽粉壳蛋鸡配套系培育方法
CN108077176B	一种凤头五爪粉胫小花冠白色蛋鸡的配套培育方法
CN2016106550165	一种快慢羽自别雌雄青脚麻羽优质肉鸡的育种方法
CN201710735815	一种与鸡蛋蛋壳强度性状相关的分子标记及其应用
CN2018116536074	一种青胫矮小型慢羽肉鸡新品系的培育方法
ZL2016111835901	一种优质肉鸡多目标性状的快速聚合育种方法
ZL201811277323X	一种高抗节粮型优质蛋鸡的培育方法
CN2018108989640	一种油麻鸡新品系的培育方法
CN2018115317582	一种低成本的小型优质肉鸡配套制种方法
CN2020108502497	一种鸡生长发育相关的分子标记及其应用
CN2019110320136	一种预示和鉴定公鸡心脏生长发育的分子标记方法
ZL201780023241X	一种鸡全基因组 SNP 芯片及其应用

（三）基础研究进展

1. 种质资源多样性得到重视

欧美国家总体上在遗传资源保护和种质资源多样性研究方面走在世界前列（Harvey et al.，2019；Blackburn，2018）。种质收集包含来自 55 000 多种动物的 100 多万个样本，采集样本跨越 60 年，代表 165 种家畜和家禽品种，其中涉及 21 个鸡品种。加拿大和巴西与美国合作，开发了一个全面的国家动物遗传资源信息系统（Animal Genetic Resources），该系统不仅可以监测采集的样本信息，还能提供大量品种与特定动物的表型、基因型、管理和生产信息。欧洲各国在遗传资源开发与利用方面也处于领先地位，英国、法国、荷兰等欧洲发达国家也建立了国家畜禽基因库，在世界范围内大面积推广应用。同时，应用全基因组重测序、Affymetrix 600K 芯片、GWAS、转录组测序等技术，针对欧美地区鸡种质资源进行遗传多样性分析、群体结构分析、起源进化分析、表型变异检测等，将优异的种质资源应用于基因组育种和杂交生产实践中（Luzuriaga-Neira et al.，2017，2019；Hoa and Berres，2018；Strillacci et al.，2018；Lna et al.，2019；Mushi et al.，2020）。另外，蛋白质组学也逐渐成为生物学中破译基因功能和推进育种程序发展的主要途径,诺丁汉大学(英国)等研究机构已开始构建并完善鸡的蛋白质数据库(Warren et al.,2017;Mueller et al.,2020)。

近 6 年来,国内共收集 24 个品种资源、评价 62 个地方鸡种、挖掘 66 个优势特色基因;对 89 个专门化品系开展了研究工作(邹剑敏,2019)。培育的京星黄鸡 103、青脚麻鸡 2 号、金陵黑凤鸡、海扬黄鸡、大恒 799 肉鸡等具有代表性的黄羽肉鸡新品种和京白 1 号、栗园油鸡、凤达 1 号、欣华 1 号、京粉 6 号、神丹 6 号绿壳蛋鸡、大午褐蛋鸡等具有代表性的蛋鸡新品种通过品种审定(孙从佼等,2018,2019,2020)。国内学者采用微卫星标记分别对淮南麻黄鸡和贵妃鸡等进行了遗传多样性评估和遗传结构分析。同时,采用 mtDNA D-loop 区序列作为遗传标记分别对琅琊鸡、安卡鸡、隐性白羽鸡、河南斗鸡及丝羽乌骨鸡、大围山微型鸡、云龙矮脚鸡和坝上长尾鸡等进行了遗传多样性和系统进化研究,为我国家禽资源保护与利用措施提供了最直接的理论依据。随着"保护基因组学"研究的兴起,大规模的基因组数据提高了资源管理者保护物种多样性的水平。我国研制出首款蛋鸡 50K 和肉鸡 55K SNP 芯片,可以更好地对地方鸡品种资源评价和保种效果估计。Chen 等(2019)利用 600K SNP 数据,揭示了江西省 7 个鸡品种的遗传多样性、系统发育关系和种群结构,研究结果为建立江西鸡品种的有效保护计划提供了新的见解。Zhang 等(2018)利用全基因组深度测序技术对国家级地方鸡种基因库(江苏)保存的 3 个保种群 3 个世代的杂合度、近交系数等遗传多样性指标进行监测,结果表明"家系等量留种随机选配法"能有效减少近交和遗传漂变,保持群体遗传多样性稳态。

2. 优异性状遗传机制解析成为重点

2016~2021 年,国际上共有 20 个关于鸡单基因控制孟德尔遗传或异常突变性状的关键突变被发现(表 9-17)。根据美国国家动物基因组研究计划(National Animal Genome Research Program)构建的动物 QTL 数据库统计,2016~2021 年有 110 篇关于鸡 QTL 定位的论文发表,共报道 10 475 个 QTL,这些 QTL 在鸡的所有染色体上均存在。此外,由美国牵头成立的动物基因组功能注释(Functional Annotation of Animal Genomes,FAANG)联盟,从全基因组层面对动物基因组进行功能注释。其中,美国加州大学戴维斯分校主要针对鸡开展相关工作,目的在于加快鸡基因组向表型组转化速度,快速破译鸡的基因型-表型联系,深入解析鸡重要经济性状的遗传机制(Andersson et al.,2015)。

近 6 年来,国内学者利用丰富的地方品种资源优势,采用更先进的组学技术定位了一批与重要经济性状相关的候选基因(表 9-17)。在质量性状方面,成功鉴定了鸡无尾性状、匍匐性状、羽色性状、毛腿性状、胡须性状、蛋壳颜色等重要候选基因和分子标记。在环境互作方面,鉴定出多个与鸡低氧适应相关的重要基

表 9-17　国内外鸡主要性状遗传机制解析

性状		基因	文献
质量性状	黑白羽色	TYR、GRM5、RAB38 和 NOTCH2	Salvatore et al.，2020
	瓦灰色羽	MC1R、MLPH	Zhang et al.，2020b
	快慢羽	SPEF2	Zhao et al.，2016
	巧克力色羽	TYRP1	Li et al.，2019
	毛囊发育	JAK1、JAK2 和 TYK2	Tao et al.，2020
	蛋壳颜色	SDF4 TNFRSF4 TTLL10、RHOA	Liu et al.，2018
	朊病毒	PRNP	Kim et al.，2018
	抗病毒	IFITM3	Kim et al.，2019
	新城疫	SOCS3	Wang et al.，2019
	鸡啄羽	HTR2C	Yao et al.，2017
	肌肉萎缩	WWP1	Kikuchi et al.，2020
	传染性支气管炎	MHC	Da et al.，2019
	沙门氏菌病	AVBD5、AVBD14	Zhang et al.，2020a
	胚胎致死	CNBP	Webb et al.，2018
	胚胎致死	ESRP2	Youngworth et al.，2020
	无尾性状	Irx1、Irx2	胡斯乐等，2018
	匍匐性状	IHH	Jin et al.，2016
	毛腿性状	FGF3、FGF8	Yang et al.，2019
	胡须性状	PSMC5、SMARCD2、HOXB7、HOXB8、CCR7、SMARCE1 和 KRT222	郭影，2016
	羽色性状	BCDO2	Huang et al.，2020
	蛋壳颜色	SLCO1B3	Cui et al.，2019
	蛋壳颜色	HAS2、PLCB1、LGSN、EPHX2、SMYD3、C4、ANKMY1、AUTS2、PTPRD、DAPK1、TRPC6、CCDC82、POLA1、AP3M1、TRPM8、ITGA6	Liao et al.，2016
	蛋壳厚度	ARL8A	Liao et al.，2016
	蛋壳厚度（40 周龄）	ENOX1、GPC6	Fan et al.，2017
	鸡冠发育	CHADL	Liu et al.，2018
	肤色	TYR	Yu et al.，2017
	胫色	KNC	Jin et al.，2016
生长性状	肌纤维发育	Myf5、Myf6、MyoD1、MSTN	董亚宁等，2021
	骨大小与质量	HTR2A、LPAR6、CAB39L、TRPC4	Guo et al.，2020
	小肠长度	GGA1	Li et al.，2018
繁殖性状	产蛋率（61～69 周龄）	RAPGEF6	Azmal et al.，2019
	产蛋量	CCT6A	Yang et al.，2016
	产蛋量	RAPGEF6	Azmal et al.，2019
	产蛋量（43 周龄、57 周龄、66 周龄）	SALL1、SALL3	Zhu et al.，2018

续表

性状		基因	文献
繁殖性状	产蛋量（43 周龄、57 周龄、66 周龄）	*PDSTN、PDGFRL*	Jing et al.，2016
	产蛋量（462 日龄）	*GBFB、GJA5、STK31*	Fan et al.，2017
	产蛋量（43～66 周龄）	*PDGFRL*	Jing et al.，2016
	开产日龄体重	*CECR1、CECR2*	Liu et al.，2018
	开产日龄体重	*MIR15A、HTT*	Fan et al.，2017
	开产日龄	*MMP13*	Yuan et al.，2016
	300 日龄 1 蛋重	*GDF9*	Liu et al.，2018
	蛋重（36 周龄）	*MEIS1、DLEU7*	Liu et al.，2018
	蛋重	*NPY、NCOA-1*	王钱保等，2018
	蛋重（25～45 周龄）	*SHROOM3*	Liao et al.，2016
	蛋重（462 日龄）	*PPARGC1A、CDC42BPA、CNKSR*	Fan et al.，2017
	蛋重（300 日龄）	*MED30、KCNIP4*	Fan et al.，2017
	哈氏单位	*OIH*	Huang et al.，2019
	屠宰性状	*IGF1、IGFBP2*	Bozena et al.，2020
	体重、胴体性状	*GNB1L*	Ren et al.，2020
肉质性状	生长和胴体性状	*MLNR*	Liu et al.，2019
	肉类新鲜度	*AMPD1*	Yu et al.，2020
	系水力	*PRKAG3*	Yang et al.，2016
	肌内脂肪沉积	*CAPN9*	Cui et al.，2018
	肌内脂肪沉积	*H-FABP*	Wang et al.，2016
	肌内脂肪沉积	*A-FABP*	Liu et al.，2019
	腹脂沉积	*RB1*	Cheng et al.，2019
	骨骼肌发育	*MEF2D*	Ouyang et al.，2020
	肌肉风味	*hexanal、1-octen-3-ol*	Jin et al.，2021
	肌纤维代谢	*PPPARGC1A*	Shu et al.，2017
抗逆性状	抗沙门氏菌鸡白痢感染	*NLRC5*	Guo et al.，2016；Qiu et al.，2017

因；发现十二指肠和盲肠微生物组对腹脂沉积的贡献较大，并筛选出两种显著相关的菌群，也发现了盲肠微生物对饲料转化率具有较大的影响，并鉴定了一些关联微生物。在繁殖性能方面，探索了生物钟在鸡蛋蛋壳形成过程中的作用途径；构建了调控鸡萎缩的 ceRNA 竞争网络，发现 *CASP6、CYP1B1、GADD45、MMP2* 及 *SMAS2* 为调控卵泡萎缩的重要候选基因；并发现 gga-miR-155 和 gga-miR-7480-5p 可能通过靶向结合 *KCNA1* 和 *AHI1* 参与鸡精子活力调控。在肉质性状方面，鉴定出挥发性物质己醛（hexanal）、1-辛烯-3-醇（1-octen-3-ol）是影响鸡肉特征香气的主要成分。在抗逆性状方面，研究了细胞外泌体参与 J-白血病在机体内传播的

关系，提示外泌体既参与病毒在机体内传播，又呈递细胞间免疫信号；鉴定出 B21.N1 高抗单倍型与 *NLRC5* 基因启动子区域 2470A/G 突变位点，揭示了 *NLRC5* 基因的遗传抗性机制。这些技术均在我国鸡新品种（品系）选育中发挥了重要的作用，其中部分分子标记已经应用于蛋鸡和肉鸡的选育，取得了较好的效果。例如，将鱼腥味基因 *FMO3* 检测技术应用于蛋鸡分子育种中，通过剔除鱼腥味敏感等位基因达到去除鸡蛋鱼腥味的目标；挖掘出抑制显性白羽基因的突变位点，育成了红羽粉壳蛋鸡品种。

3. 育种理论与方法快速发展

（1）在国际方面，基因组育种技术日趋成熟

全球大型肉鸡和蛋鸡育种公司以数量遗传学为理论基础，结合大量的个体记录进行分析使遗传选择方法更精确，加速了选择进展。分子标记技术实现了分子遗传学在肉鸡育种中的成功应用，使传统的表型选择进步到基因型选择，随着基因图谱数据库的网络化进程，家鸡的起源、分布已确定（Wang et al.，2020）。利用全基因组选择法进行遗传评估，关键在于与群体规模相关的基因组预测准确性，目前通常使用 SNP 芯片法进行预测，也有采用 AlphaAssign 程序（Whalen et al.，2019）、SeqBreed 程序（Pérez-Enciso et al.，2020），可以做到模拟多个基因决定的多个复杂表型，使基因组预测更加简便和直观。全基因组关联分析（GWAS）是解析表型多样性遗传基础常用分析方法，但其分析时需要考虑所有可能的遗传模型，如数量性状中的加性效应与非加性效应并存的情况（Eirini et al.，2020），目前可以采用 FINDOR 法（Kichaev et al.，2018）、AIL 法（Gonzales et al.，2018）等进行优化。

（2）在国内方面，表型精准选育与基因组选择平台逐步建立完善

针对当前我国肉鸡育种中仍存在的表型测定准确性低、基础数据分散、遗传评估效果差等问题，重点针对表型组学技术、重要经济性状的选择方法、基因组选择技术建立等进行攻关，研发出适用于国内肉鸡育种目标的技术方法，建立表型智能化测定、多组学联合分析和基因组选择技术平台等系统的肉鸡育种新技术体系，加快重要性状主效基因功能解析和育种值精准估计，加快育种进程。国产化蛋鸡 50K 芯片和肉鸡 55K 芯片及部分液相芯片逐步应用于蛋鸡和肉鸡育种中，建立并应用以基因组选择为基础的第三代蛋鸡和肉鸡育种技术体系，使我国鸡分子育种走到了国际前列。在蛋鸡方面，针对中国蛋鸡品种设计的 SNP 分型芯片"凤芯壹号"，已逐步应用于京红、京粉系列蛋鸡的选种过程中。同时，通过 GWAS、QTL 数据库、OMIA 数据库，以及目标品种的全基因组重测序数据，更新"凤芯壹号"芯片中的重要 QTL 区段位点、重要质量与经济性状位点。通过芯片位点的更新换代可以提高芯片的使用效率，获得更多可用的基因组信息，也可以按照实

际育种的需要对芯片位点进行调整，以提升选种准确性。

（四）技术研发进展

1. 性能（状）测定技术持续发展

（1）在国际方面，智能图像识别与分析技术已广泛用于表型精准测定

机器视觉技术主要应用于检测家禽行为健康和群体活动，具有自动、快速、稳定、无接触、可观性强等优点，通过与计算机程序的配套使用，能实现数据自动记录、保存和分析等，目前家禽智能图像采集技术主要有 3D 扫描、热成像、X 射线及三维点云生成技术（Mortensen et al.，2016；Xiong et al.，2019）。CT 扫描仪、超声波系统、双能 X 射线扫描仪等非侵入式技术的使用及血液样本分析使研究活体动物的身体组成并进行遗传选择成为可能（Schallier et al.，2019），如 Grandhaye 等（2019）对鸡脂肪、骨骼、肌肉和生殖器官等身体组成的发育进行监测。欧美国家将 3D 成像等机器视觉技术应用于衡量畜禽的体态、体尺；利用 CT、MRI、DEXA 和超声波等非侵入式成像技术可利用活体测定胴体组分。家禽产蛋性能主要取决于卵泡生长发育与优势卵泡数量，利用卵泡活体影像检测技术获取产蛋性能的新指标将是有效途径。料重比是代表饲料转化率的直接指标，研究表明肉鸡剩余采食量（RFI）与代谢干物质、氮校正表观代谢能等性状呈中等偏高的正遗传相关，RFI 作为饲料效率的选育指标比料重比更有效。目前，普遍使用 Big Dutchman 等公司生产的全自动饲喂系统来测定 RFI 指标。

（2）在国内方面，信息化与智能化有机结合助力智能育种、提高育种效率

利用智能测定设备和互联网技术建立智慧化品系选育技术体系，实现智能选种；搭建全基因组选择技术平台，通过育种金字塔大数据分析，建立精准化配合力分析技术体系，实现智能育种，用信息化、智能化实现育种智慧化，提高育种工作效率，提升种源遗传潜能（姜吴昊，2019；李丽华等，2019）。目前我国鸡性状测定仍以人工观察和人工度量为主，针对鸡育种对表型数据量和准确度的精准要求，需在 5G 传输及大数据分析能力显著提升的情况下，大力推进鸡核心育种场的智能无损测定技术与装备的开发与应用，提高产肉、产蛋、降脂、饲料报酬等表型大数据的准确获取能力。河北省蛋肉鸡产业创新团队成果显示，一台集鸡个体生产参数自动感知、精准饲喂、行为量化等内容搭建的鸡育种过程数字化养殖监控网络和信息汇集交互平台正式投入使用。这是我国首台投入应用的种鸡生产性能智能测定系统，实现了种鸡生产方式从传统以人力管理为核心到以机械化精准饲喂、智能监测为核心的转变。

2. 遗传选育新技术不断涌现

（1）国际育种理念更加先进

全基因组选择技术：相较于传统的常规育种技术，全基因组选择技术在利用系谱和表型数据的基础上增加了个体基因型数据，大大增加了选种的准确性。特别是针对低遗传力性状、限性性状和活体难以测量的性状，基因组选择更显优势。国际家禽育种领域的领军企业如海兰、科宝、安伟捷等家禽育种公司现已应用该项技术，保证了白羽肉鸡在生长速度持续提升的前提下，抗病力、繁殖力大幅度提高。美国海兰公司研究显示采用基因组选择缩短世代间隔达50%，减少75%的种鸡饲养量和82%的表型测定所需群体规模。在基因组选择中通过剔除拮抗基因标记位点的方法，可部分解决拮抗性状之间的选育问题，安伟捷公司研究发现，肉鸡体重和产蛋两个拮抗性状显著相关联的630个位点中，存在35个拮抗位点，但剔除拮抗位点是否能兼顾体重和产蛋的选择还需进一步实践验证（Tarsani et al.，2021）。

精准选配技术：利用基因组信息预测性状间的杂种优势，精确评估品系间的配合力，可设计最佳配套模式，为配套系育种提供了更深入的理论基础。通过构建后代个体SNP杂合度与亲代纯系平均杂合度的线性回归方程，预测不同品系杂交后产蛋数与蛋重表型的杂种优势（Isa et al.，2020）。综合利用基因组、转录组、代谢组、表型组4个组学数据进行杂交后代的表型预测，发现多个组学数据的预测效果明显好于单一组学。例如，利用基因组和表型组对白来航鸡繁殖性状杂种优势进行预测，并进行交叉验证，杂种优势损失率仅为4%。

基因编辑育种技术：与传统育种相比，CRISPR/Cas9技术可以在分子领域中给育种者提供更多的遗传选择，并通过基因组编辑快速提高后代的生产性能、繁殖性能和抗病性能，以满足消费者对家禽日益增长的需求（Bhattacharya et al.，2019；Khwatenge et al.，2021）。CRISPR技术有可能使家禽产品质量得到有效改善，这将有助于应对与食品安全相关的挑战。使用CRISPR技术可能会对鸡饲料转化率、抗ALV-J型白血病、消化性、蛋产量等生产性能具有重大影响（Anna et al.，2018）。

（2）国内育种技术稳步提高

分子标记辅助选择技术：传统选育技术重点对质量性状（包括羽色、胫色、肤色）和数量性状（体重、产蛋量等）采取不同的选种方式，质量性状采用独立淘汰法，数量性状采用个体选育和家系选育相结合的方法（韦凤英等，2019）。分子标记辅助选择技术作为一项育种技术，已在我国得到广泛运用，被多家公司用于国产鸡品种的培育。例如，将控制绿壳性状的*SLCO1B3*基因应用于绿壳蛋鸡品种培育；将*dw*矮小基因应用于矮小型节粮蛋鸡培育；将鱼腥味易感等位基因的检测方法应用于高产蛋鸡育种；将快慢羽基因应用于乌骨鸡育种；将隐性白羽基因应用于产蛋鸡性状筛选；将胫部黑斑基因和羽色基因应用于清远麻鸡配套系培育等。

基因组选择技术：基因组选择技术既可以有效提高表型性状选择的准确性，又能平衡生长、产蛋、肉质等性状之间的拮抗性。全基因组重测序使得鸡参考基因组更加完善、基因组结构变异更加丰富、重要性状功能基因定位更加精确，有助于鸡分子育种技术应用于育种实践。"凤芯壹号"芯片的研发和应用，有效提高了鸡产蛋性能预测的准确性，在蛋品质性状选择中也获得了明显效果（孙从佼等，2021）。"京芯一号"芯片的研发和应用，有效提高了肉鸡基因组选择效率，肌间脂肪、饲料效率、产肉率、肉品质、抗病力等性状获得了明显提高，在肉鸡育种中起到了关键性作用。制定的肉鸡料重比、产蛋率、腹脂率等多性状全基因组选择综合选择方案，已分别在白羽肉鸡和黄羽肉鸡终端父系中实施。

精准选配技术：配套系杂交是杂交选育的主要途径，国际白羽肉鸡商用品系一般采用四系杂交，我国黄羽肉鸡中多采用三系杂交模式，以获得品系间最优的杂种优势。早期的杂种优势主要通过杂交后代的表型来确定。目前，可通过全基因组 SNP 数据信息进行重要经济性状的杂种优势预测，并通过留一法进行交叉验证预测的准确性，随后通过构建杂种优势的基因组学基础和效应分析模型检测出显著显性或上位效应位点，揭示杂种优势的分子遗传机制，应用于家禽精准选配中。例如，在清远麻鸡育种过程中，利用测序技术、RFLP 技术及谱系资料进行家系选配，采用三元杂交配套，极大程度利用杂种优势，培育出清远麻鸡商品代，外观一致度达到 95%（聂庆华等，2021）。

3. 繁殖技术取得相应突破

（1）国际方面更注重技术创新

繁殖力是种鸡—商品鸡产业链条中决定经济成本的效率因素，属于复杂的微效多基因性状，个体测定烦琐。家禽产蛋性能主要取决于卵泡生长发育与优势卵泡数量，利用卵泡活体影像检测技术获取产蛋性能的新指标将是有效途径。另外，利用新型纳米技术，如利用 Se-NPS 可以增加免疫相关器官的相对重量，从而调节卵子的生产及禽类的繁殖性能（Rana，2021）。

（2）国内方面更注重技术实用

利用卵泡发育活体影像观测等繁殖新表型分析技术，提高表型评价的准确性；利用新表型的全基因组关联分析，筛选效应更高的分子遗传标记和重要候选基因；利用多组学技术，揭示下丘脑-垂体-性腺轴、肝-肠营养调控功能影响卵泡发育的重要分子途径及重要候选基因，筛选可用于提高产蛋性能的重要遗传标记。在公鸡精液质量上，中国农业科学院北京畜牧兽医研究所制定了《家禽精液品质检测方法》（NY/T 4047—2021）的行业标准；在母鸡持续受精性能上，中国农业大学建立了科学的衡量指标和选育方法以提高群体的持续受精水平，中国农业大学、华中农业大学等鉴定了一系列与母鸡持续受精水平相关的小分子代谢物（Wen et al.，2020）和分子标记（Azmal et al.，2020）。此外，精液稀释与冷冻保存技术也取得重要进展，这一技术的应用，使精液实现了长距离运输和长期保存，扩大了优秀种公鸡的扩繁，使优秀的基因性状得以有效利用（周乐乐等，2020；袁静等，2021）。

（五）品种创制进展

1. 国际上商业化育种以提高生产性能和市场占有率为主，新品种不多

2016～2021 年，国外主要新增白羽肉鸡新品种 2 个：哈伯德公司的哈伯德利丰种鸡和科宝公司的 Cobb Vantage Male。2019 年 8 月 10 日，哈伯德公司在法国 Quintin 推出了哈伯德利丰种鸡。哈伯德利丰种鸡是全新的具有高度竞争力的产品，在不同代次的饲养中，均以低成本提升生产效率为显著优势，主要表现为产种蛋数及出雏数较高；肉鸡生长强健，料肉比低；鸡的体型较好；鸡肉产出率高；父母代种鸡与商品代肉鸡均易于饲养。新品种进一步改善了其健壮性、饲料转化率、父母代母鸡生产能力、父母代公鸡受精率及产肉率、环境适应能力等性能。2020 年 1 月，在亚特兰大举行的 2020 年国际畜牧生产与加工博览会（IPPE）上，美国科宝公司推出白羽肉鸡新品种 Cobb Vantage Male，该品种在饲料转化率、生长速度、存活率、产肉率和全净膛率等方面具有显著优势。

2. 国内高产蛋鸡与地方特色蛋鸡、黄羽肉鸡与白羽肉鸡多管齐下

2016～2021 年，我国新增鸡新品种（配套系）33 个，其中，蛋鸡 10 个，肉鸡 23 个。新品种审定数量和质量创新高。蛋鸡新品种培育将饲料转化率、蛋品质、产蛋持续性等性状作为选育重点，肉鸡新品种培育将体重、均匀度、饲料转化率、胴体和肉质等性状作为选育重点。

蛋鸡新品种（配套系）包括 1 个培育品种、1 个地方品种和 8 个配套系。雪域白鸡于 2020 年通过国家畜禽遗传资源委员会新品种审定，成为西藏自治区自行培育的第一个蛋鸡新品种，实现藏鸡育种重大突破。京粉 6 号蛋鸡配套系是中国首个羽毛红、产蛋多、蛋重小、体重大的蛋鸡品种，并集成了两套自别公母的方法，父母代可羽色自别，商品代可羽速自别。该配套系的培育得益于我国具有自主知识产权的蛋鸡基因芯片——"凤芯壹号"，是家禽领域传统育种技术与分子育种技术相结合的成功案例。目前，我国蛋鸡良种化已达较高水平，蛋种鸡类型向更加多元化的方向发展。

肉鸡新品种（配套系）包括 5 个地方品种和 18 个配套系，其中有 17 个黄羽

肉鸡和 6 个白羽肉鸡。由此可见，黄羽肉鸡仍然是我国自主培育的主导品种。白羽肉鸡方面，WOD168 肉鸡配套系是我国小型优质肉鸡领域的第一个标准品种，鸡肉的口感和风味更加符合我国消费者的要求，适合生产深加工产品。沃德 158 肉鸡配套系是肉蛋兼用品种，巧妙融合白羽肉鸡、高产蛋鸡和特色土鸡素材优势，既可以生产优质的小型白羽肉鸡，又可以作为品牌蛋和优质蛋销售。另外，快大型白羽肉鸡育种取得实质性进展，圣泽 901、广明 2 号和沃德 1883 个白羽肉鸡配套系已于 2021 年年底通过国家畜禽遗传资源委员会审定，彻底解决了我国快大型白羽肉鸡种源完全依赖进口的"卡脖子"问题。

三、鸡种业科技创新发展趋势

（一）种业基础科学研究持续强化

　　基础研究是科技创新的"总开关"。鸡种业基础研究将在以下几方面持续强化，以支撑鸡种业科技源头创新，包括利用高通量成像系统和高精度传感器系统，结合机器学习、图像识别等人工智能技术，开展外观特征、生产、繁殖、品质等表型性状精准评定；利用高通量测序技术，高精度组装我国特色鸡品种的参考基因组和共生微生物组，挖掘地方品种特异性基因、分子标记和特定微生物种群，构建鸡种质资源遗传标记数据库，建立我国现有地方品种和引进品种的分子身份证；绘制鸡基因组 DNA 元件百科全书（Chicken ENCODE），大规模鉴定基因组功能元件及关键突变位点；应用多组学、多维度前沿技术系统解析肌肉生长发育、脂肪沉积、性别分化和环境适应性等重要性状遗传机理，阐明优异种质资源特色性状形成和调控的遗传机制，挖掘出一批具有重要育种价值的优势特色基因和功能元件，阐明关键基因和等位基因变异遗传效应，阐明高产与优质、高产与抗性等多性状间遗传互作机制；加快高准确率的遗传评估、基因组精准组配和杂种优势分子预测等数学模型和算法研究；开展鸡胚胎干细胞、性别控制相关基础理论研究和交叉学科理论研究。

　　未来 5～15 年，亟须在基因组、转录组、表观修饰组、遗传评估、干细胞、交叉学科等研究方向上取得理论突破，为高效育种技术体系创建奠定理论基础。

（二）关键育种技术体系加速建立

　　鸡产业是规模化、标准化程度最高的畜禽产业之一。产业高质量发展要求高效、精准育种技术加速突破，包括针对当前鸡育种中存在的表型测定准确性低、基础数据分散等问题，重点攻关关键性状测定新方法，创建鸡生产、品质、抗病、繁殖、适应性等重要性状表型规模化、自动化精准测定技术；针对基因型分型成本高、性状拮抗等问题，研发高通量、低成本基因型鉴定方法，优化基因组选择统计模型，建立多性状平衡育种技术和大数据基因组育种技术体系；针对后代群体遗传多样性降低，以及有害基因纯合等问题，研发基因组组配和杂种优势预测评估技术，在鸡选育中获得最大化遗传进展的同时维持遗传多样性，实现高效育种目标；针对常规育种过程中连锁基因分离困难、育种时间长、方向不可控等技术瓶颈，加快鸡胚胎干细胞、性别控制等技术研究，建立以鸡原始生殖干细胞（PGC）高效体外培养技术和 CRISPR/Cas9 基因编辑技术为基础的精准高效生物育种技术体系，创建适用于鸡生理特性的高效基因编辑技术和性别控制技术。

在单项技术突破升级的基础上，未来将建立基因组技术、生物技术、信息技术和人工智能等交叉融合技术，创建智能化、高效的品种定向培育技术体系。

（三）培育市场主导品种

种源处在鸡种业"金字塔"的塔尖，培育具有市场竞争力的优异品种是种业科技创新链条的核心。针对高产蛋鸡超长产蛋期的目标，重点从表型测定技术、基因组选择技术、品种持续选育和配套生产技术方面开展攻关，提高超长产蛋期中后期产蛋性能和蛋品质性状，加快培育出性能国际领先且具有超长产蛋期的蛋鸡配套系3~5个，进一步提升国产蛋鸡国际竞争力。针对国内鸡蛋消费市场多元化需求，鼓励以地方鸡种资源为素材，采用传统育种与现代分子育种技术，开展全基因组选择育种，加快蛋品质、产蛋性能和饲料转化率的选育进展，培育5~10个千万级饲养量的地方鸡或地方特色蛋鸡品种。针对我国已审定的3个快大型白羽肉鸡配套系市场竞争力亟待提高的需求，将对白羽肉鸡抗病性和繁殖性能等性状改良技术进行攻关，建立智能化大数据遗传改良技术体系以加快复杂性状遗传选择进展。针对小型白羽肉鸡制种不规范的问题，充分利用快大型白羽肉鸡、蛋鸡素材，巧妙引入地方鸡种血缘，培育出肉质鲜美、生长速度快、料比低、抗病力好、屠宰性能优越的优质小型白羽肉鸡配套系。针对地方黄羽肉鸡适合冰鲜上市的屠宰型黄羽肉鸡种源不足、饲料转化率等性状的选择进展缓慢等产业关键问题，将重点攻关饲料转化率、胴体品质、肉品质和繁殖性能等性状改良技术体系，聚焦培育市场竞争力强的主导品种，打造国际型品种品牌，提高国产品种的市场竞争力。

第五节　我国鸡种业发展的关键制约问题

一、种业发展的瓶颈

（一）育种素材和育种模式有差距

优异的育种素材是育种工作的关键。利用什么样的素材进行育种，是决定所育品种能否在短时间内进入市场的重要因素。国外肉鸡育种已开展80余年，积累了丰富的育种素材，爱拔益加等品种非常成熟且不断改进；我国2004年自主培育的艾维茵肉鸡退出市场后，白羽祖代肉种鸡全面依赖进口，我国快大型白羽肉鸡育种起步晚，缺乏白洛克鸡、白科尼什鸡等育种素材，育种技术与国外相比有一定差距。虽然我国家禽遗传资源丰富，但是我国绝大多数地方品种都不具备白羽肉鸡的优良特性。国内几家单位利用引进祖代肉种鸡积累的育种素材，积极开展自主育种工作，已经审定推广，但大规模养殖综合生产性能表现如何，还需要经受市场检验。此外，育种素材的不足也限制了我国白羽肉鸡育种企业新产品的开发能力，造成品种重复性高，影响市场竞争力。

（二）核心育种场疫病净化亟待加强

疫病净化工作是一项十分艰巨、综合性强的技术工作。家禽疫病种类繁多，禽白血病、鸡白痢等病原可通过种蛋垂直传播给下一代，又被称为种源性疾病。种源性疾病一般都没有有效的疫苗预防，只能通过淘汰携带病原的种鸡来控制。由于种源性疾病的检测和净化费用高、投入大、见效慢，对于检测出的阳性种鸡必须坚决予以淘汰，且经过多年的持续性严格净化才能获得理想的效果，因而这给家禽育种企业在资金和人力方面造成了困难与挑战。

近年来，我国核心育种场的疾病净化有了很大改观，但我国核心育种场在疫病净化的技术应用和实际成效方面，相比发达国家的核心育种场仍有不小的差距。国际大型育种公司对诸如禽白血病、鸡白痢和支原体等疾病的净化和处置的研究比我们更早、更深入，解决得也比我们快，因此，其产品竞争力更强。在我国目前的饲养环境下，对垂直传播疾病的净化，是本土育种面临的一大挑战。

（三）育种企业人才队伍建设滞后

国外育种企业商业化历史悠久，通过不断整合兼并聚集了大量育种科研人才，具备优异的育种综合创新能力，拥有自主知识产权的育种技术，除此之外，在营养需要、饲养管理、推广与售后等配套服务方面也拥有完善的人才团队，建立了成熟的组织机制。

我国育种企业较多，育种力量分散，高产蛋鸡育种企业仅有4家，从事地方特色蛋鸡育种的单位和企业有10余家，黄羽肉鸡育种单位和企业数量众多，已经拥有审定品种的单位有30多家，从事水禽育种的单位也较多。与国外相比，这些育种企业存在规模参差不齐、大多数企业整体技术力量薄弱、缺乏高层次和现场经验丰富的育种人才、技术人员流动性较大、育种队伍不稳定等缺点。

（四）产学研结合不够紧密

以市场为导向，以大型育种公司为主体开展育种工作，是国际蛋鸡、肉鸡育种的通行模式。育种企业积极与科研机构和大学合作研发和应用育种关键技术，2008年，荷兰汉德克动物育种集团、美国科宝公司和美国农业部共同投资，联合荷兰瓦格宁根大学开发了60K鸡SNP芯片，将基因组选择等技术应用到家禽育种，取得了显著效果。

我国育种企业整体规模小，育种创新能力不强，多数未与科教单位建立有效的人才利益联结机制，育种企业普遍各自为战，上下游链式联合与育种企业间横向联合机制不健全，政府引导、企业主体、产学研推相结合的育种机制亟待加强。

（五）国产品种的品牌建设程度不够

目前，大部分国产高产蛋鸡品种的生产性能已达到国际同类蛋鸡品种的先进水平，可以与引进品种竞争，但品种的疾病净化程度与营养需要等适用性技术研发尚显不足，技术服务水平和覆盖面未能弥补有关欠缺。黄羽肉鸡通过国家审定的新品种（配套系）有50多个，但低水平重复育种现象严重，特征明显、性能优异、市场份额大的核心品种较少。部分养殖者对引进品种具有盲从性，还是认为海兰、罗曼、AA+等国外品种优于国产品种，在一定程度上会影响国产高产蛋鸡和快大型白羽肉鸡品种市场占有率的快速提升，国产品种品牌建设和宣传需要进一步加强。

二、科技创新的挑战

（一）种业科技研发能力及投入不足

国外商业化育种已形成相对完善的体系，但仍坚持核心育种群的大规模性能测定、生物安全防控和基因组选择等先进技术的研发应用。核心群测定数量庞大，测定时间在100周以上。早在2008年，大型育种单位联合高校开发了60K鸡SNP芯片，将基因组选择等技术应用到家禽育种，不断完善基因组选择方案，选择进展明显加快。企业年度收入的10%～15%投入到技术研发，这正是国外蛋鸡、肉鸡品种在生产性能和健康程度方面保持领先、长期垄断全球市场的重要原因。

我国使用自动化、智能化测定设备设施的育种企业偏少，普遍测定时间偏短，只有个别公司测定到80周，测定群体偏小，遗传评估及选择准确性有待提高。基因组选择技术研究起步较晚，2017年，我国自主研发的蛋鸡、肉鸡SNP芯片"凤芯壹号"和"京芯一号"相继问世，目前仅在个别大企业相关品系中应用，技术方案等还未普及，限制了其应用，蛋肉品质、繁殖、饲料转化率等重要经济性状选择重视不够，需要借助基因组选择技术，缩小与国外的差距。我国育种企业研发投入一般只有年度收入的5%左右，限制了先进育种技术的应用。

（二）现代商业品种环境适应性降低

自商业化育种开始以来，现代鸡育种取得了显著的成绩，生产性能和生产效率均得到了大幅度的提高。然而，经过高强度的人工选择，家鸡对环境变得更加敏感，且会受到由此产生的代谢和生理紊乱等一系列不良影响。例如，因产蛋量过高可能导致骨质疏松，发生鸡产蛋疲劳综合征；生长速度过快导致腹水症和腿部疾病发生率增加等。因此，未来的育种工作不仅需要考虑如何增加产量和生产效率，也需要考虑如何通过扩展或改变选择目标来消除一些相应的负作用，品种选育从单一性状向综合性状发展，通过平衡育种方案来保持性状间的协调发展。

（三）选育面临的生物学瓶颈限制

由于经历了相对长期的选择，鸡遗传进展递增率已下降，首要选育指标正接近生理极限，如蛋鸡接近每天产一个蛋的极限，快大型肉鸡42日龄出栏体重高达2.9 kg。同时，生产性能的不断提高，也带来了诸如蛋品质、肉品质、抗病力和对应激的耐受力下降等许多负面影响。在这种情况下，通过常规选育进一步改良提高的难度加大，迫切需要更好的选育方法。未来的鸡育种要取得突破性的进展，将寄希望于分子生物技术及基因工程技术发展。以全基因组选择和基因编辑为代表的全新的育种技术正显示出巨大的发展前景和应用潜力。

（四）遗传资源利用程度低，品种同质性高

我国鸡遗传资源丰富，现有116个地方鸡品种，但仅东乡绿壳蛋鸡、北京油鸡等少数地方品种得到较好的开发利用，其他品种大多缺乏长远的开发利用规划，保护与开发利用脱节，缺乏以保种促开发、开发促保种的良性循环机制，部分地方品种的优良性状正在逐步退化。地方品种育种工作重视不够，导致地方品种利用不规范、性能不太稳定，市场占有率较低。此外，地方品种资源的垂直传播疾病未经净化，某些品种的感染率仍然较高，也限制了育种品种的推广和市场占有率。

我国鸡育种企业普遍小而分散，相关品种之间差异小，重复性工作多，社会资源浪费严重。就高产蛋鸡而言，各大企业都以白来航、洛岛红、洛岛白等标准品种为种质资源，开展专门化品系选育，杂交生产商品代蛋鸡。快大型白羽肉鸡育种素材父系也无一例外地采用科什尼，母系主要为白洛克。虽然我国优质肉鸡育种取得了很大成绩，但大部分品种主要还是外貌差异大，生产效率和肉品质方面并没有明显差异，造成育种资源浪费。

（五）资源和环境方面的约束

在资源约束方面，农村劳动力向城市转移、人口出生率下降、人力资源成本不断上涨等因素，造成包括养鸡业在内的农业从业人员的短缺。因此，过去费时

费力的育种登记系统将受到极大的考验，而为提高种鸡饲养密度、降低成本的人工授精技术也不再能节约成本。在这种状况下，自动、无纸化的记录系统，以及便于自然交配的本交笼系统应运而生。

此外，随着国际能源的紧张和人口的不断增长，各国对粮食的紧缺敏感性越来越强。鸡饲料以玉米、大豆等粮食为主，饲料成本占鸡生产总成本的60%~70%，在产量提升空间十分有限的情况下，饲料原料短缺、饲料价格不断攀升已成为全球普遍趋势，持续提高饲料转化率、培育节粮高效新品种是未来鸡育种的重要目标，对于蛋鸡而言，延长蛋鸡饲养周期、培育"700天产500蛋"的蛋鸡品种是目前国际发展趋势。

在环境约束方面，鸡产量的增加也带动了废弃物产生量增加，养鸡所产生的废弃物对环境的影响非常大，容易造成重金属污染、病原体污染，影响空气、水和土壤质量等，这些污染对鸡养殖业和人们的生活都有影响，但要缓解对环境的污染是比较困难的。粪便、垫料等废弃物得不到有效消纳和处理，环境制约问题越来越突出。

（六）生产和消费者需求的不断变化

随着我国活禽消费市场的不断缩小，未来的鸡肉产品必然将在生产效率和肉品质本身愈受关注，目前被关注的羽色等外貌性状都将逐渐失去原有的市场价值和意义。在未来的商业生产中，人们将主要通过零售商和食品公司进行鸡肉产品的销售，因此产品的可加工性将变得更加重要。

此外，随着人们生活水平的不断提高，消费者对商品的其他需求将会不断增加，主要包括产品的质量、安全、深加工和产品多样化等。例如，不同地区的消费习惯不同，对蛋壳颜色、蛋的大小都有明确的要求，因此育成的蛋鸡品种很难满足所有市场的需求。此外，日益富裕的生活使得消费者对产品采用的生产方法的要求也越来越严格，主要包括动物福利的需求标准、产品的安全性和生产技术的探究。

第六节 未来我国鸡种业科技创新发展思路和政策建议

一、主要任务和发展重点

（一）强化遗传资源鉴定与评价

我国地方鸡种具有抗病力强、抗逆性好、品质优良等特点，然而这些优良特性的内在关键因素主要有哪些，如何度量，尚未得到系统梳理和研究，甚至有些特性还未从本质上阐明其形成原因。因此，必须从分子水平上准确有效地评估地方品种资源，利用高通量测序技术，与鸡表型精准化测定技术和评估体系相整合，挖掘地方品种特异性基因和分子标记，建立鸡种质特性遗传标记数据库。通过精准鉴定和评价，为地方鸡种质资源的高效开发和创新利用提供支撑。

（二）探明重要性状形成的调控机制

传统遗传育种理论在蛋鸡和肉鸡遗传改良和新品种培育中发挥了重要作用，但随着分子生物技术的发展，部分影响重要经济性状的分子标记的遗传机制已被阐释，分子标记已被明确定位，且在育种中进行了应用，收到了很好的效果。分子生物技术在鸡育种中发挥的作用越来越受到育种工作者的重视。因此，通过多学科交叉融合、多组学联合分析，解析内外环境与基因互作调控鸡重要性状形成的分子机制，鉴定、验证并明确影响鸡主要经济性状的关键基因和功能变异，并应用于育种工作，对加快鸡遗传改良和选育进展、稳定提高生产性能具有重要作用。

（三）加快育种技术创新升级

鸡种业育种技术近年来发展迅猛，测定技术从人工测定为主逐步向自动化精准测定过渡；育种技术从常规育种逐步发展到分子标记辅助选择、基因组选择技术等。未来表型高通量精准测定和分子育种技术是鸡种业科技创新的重点领域之一。因此，我国鸡种业科技创新，需加快研发并应用规模化、自动化表型精准测定技术和设施设备，提高表型大数据的准确获取能力；开发高通量、低成本、快速的基因分型技术体系，优化基因组育种值精准评估和组配方法，升级基因组选择技术体系，提高选择准确性，加速遗传育种进程；同时，加强生物育种前沿技术储备，研发鸡原始生殖干细胞体外培育和规模化生产技术，创建适用于鸡生理特性的高效基因编辑技术，搭建智能化的品种分子设计技术体系。

（四）高效利用杂种优势

配套杂交是新品种选育的关键环节之一。我国鸡配套系培育多采用三系配套模式，以获得品系间最优的杂种优势和互补优势。常规杂种优势主要通过杂交后代的表型来评测。目前，可基于全基因组基因表达模式分析揭示性状杂种优势的分子机理，基于全基因组 SNP 数据信息检测显性或上位效应位点，随后通过构建杂种优势的基因组学基础和效应分析模型进行性状的杂种优势预测。因此，通过利用杂种位点及其遗传效应进行精准选配、聚合优势等位基因将为高效利用杂种优势提供新的机遇。

（五）持续开展新品种培育

根据国内市场需求，对我国现存的遗传资源或选育而成的品系进行性能评估，确定品种和品系的利用方向。根据各品种或品系的用途，采用先进的育种技术进行持续选育。针对我国地方鸡种，采用本品种选育提高或利用已引进的国外品种开展杂交改良，培育具有优质、高效、节粮、抗病和环境适应性强等突出特性的新品种，走产品优质化、差异化发展之路。针对国外引进品种，进行消化吸收，充分利用其生产性能好、饲料转化率高的特性，实施本土化育种，培育出既适合我国国情（自然环境、饲养方式和消费习惯），生产性能又不落后，甚至国际领先的本地化品种。

二、发展规划和战略布局

（一）完善鸡遗传资源保护与利用体系，加快品种和种质培育

突出地方鸡遗传资源保护基础性、公益性、战略性和长期性定位，以安全保护和高效开发为目标，强化责任落实与法制保障，完善政策支持和强化科技支撑，构建资源保护与利用相结合、开发与创新相融合的新格局，健全企业为主体、事业单位为支撑的联合保种机制。利用第三次全国畜禽遗传资源普查行动，摸清全国地方鸡种质资源家底，使濒危资源得到有效保护。继续建设一批国家级和省级地方鸡种质资源保种场和基因库，确保列入保护名录的资源得到有效保护。开展濒危地方鸡资源遗传物质的收集，建立完善珍稀濒危资源静态保护技术体系。利用地方鸡资源创制新种质，为培育地方特色蛋鸡、黄羽肉鸡提供丰富育种素材，促进资源优势向经济优势转变。

（二）构建高效育种技术体系，提高育种技术水平和效率

提高基因组选择技术在主要品种中的应用覆盖面，制定选择方案，加大对蛋肉品质、繁殖、饲料转化率等重要经济性状的选择力度，加快选育进展。开展表型组学研究，加快自动化、智能化精准测定装备的研发和应用，集成应用信息与传感技术，提高性能测定、数据采集与传输的自动化、智能化水平。建立健全遗传评估、评价示范和大数据信息共享平台，提高育种效率和准确性。实现生物信息、遗传育种等多学科的深度交叉融合，建立高效的育种技术体系，主要育种技术与国际先进水平差距不断缩小，种业企业核心竞争力不断提高。

（三）加快打造现代鸡种业支撑体系，为种业科技创新提供支撑

以市场需求为导向，加大政策扶持，加强畜禽繁育场建设，支持优势企业做大做强、做专做精、差异化发展，打造蛋鸡、肉鸡种业"航空母舰"。持续推进种鸡疫病净化，从源头提高种鸡健康和生物安全水平。以科研院校和实力雄厚的育种企业为依托，在畜禽种业基础研究领域构建1~2个国家重点实验室，在育种技术研发领域建设2~3个国家工程技术研究中心，提高畜禽种业科技创新水平和能

力，引进、培养一批具有国际领先水平的学科带头人、科研骨干。从基地、平台、人才三方面提升我国畜禽种业产业的科技创新支撑条件。

（四）建立以企业为主体的产学研创新体系，加快构建商业化育种

加快建立完善以企业为主体、产学研深度融合的自主创新体系。针对我国家禽种业企业小而散、科技创新能力偏弱，而高校科研院所研发实力较强的现状，急需探索建立适合我国当前种业发展阶段的技术创新体系，出台政策鼓励科技人员在种业企业兼职和拥有股权，搭建以企业为载体的产学研技术创新体系。建立现代种业发展基金，加强畜禽种业科技创新联盟建设，构建"产学研用一体化"产业链条，重点支持"育繁推一体化"种业企业开展商业化育种。充分发挥政府监管职能，大幅提高育种企业制度性准入门槛，引导育种企业通过正常市场竞争兼并重组，做大做强畜禽种业企业，提高国际竞争力。

三、保障措施和政策建议

（一）加大基础研究力度，提高原始创新能力

深入开展地方鸡品种种质特性评价与分析，挖掘优良特性和优异基因，针对生长、繁殖、品质、饲料转化率、抗病等重要经济性状，揭示其性状的形成机制，挖掘、验证重要功能基因及其调控元件，分离鉴定一批与主要经济性状显著相关的分子标记。推动基因组编辑育种技术在鸡育种上的应用，开辟新型高效畜禽种质创制途径。在遗传评估、杂种优势利用、平衡育种等研究方面取得一定突破，为建立高效育种技术体系提供理论指导。通过基础理论研究提高种质资源创制、优良性状选择、快速扩繁等环节的原始创新能力，最终提高我国家禽种业在国际市场的核心竞争力。

（二）加快学科、人才和平台建设，促进科技创新资源共享

完善和加强学科建设，以国家级核心育种场和良种扩繁基地为重点建设种业繁育基地，减少重复建设，完善设备设施，加强疾病防控和净化，提升繁育基地供种能力。依托高校科研院所和有实力的育种企业，在基础研究领域，建设一批国家重点实验室及国家工程技术研究中心。加强本土从业人才培养，引进、培养一批领军人才和技术骨干，构建世界一流的家禽育种人才团队，鼓励人才在科研机构之间、科研机构和企业之间流动，提高我国家禽种业的整体科技创新能力。

（三）加强国际合作，用好国际优异资源

有计划、适度进口国际优良家禽品种资源，建立国际家禽品种引进和利用监

督评估机制，严格限制非育种目的的重复引进，形成充分利用国际优良品种资源，加快我国特色家禽品种培育和选育提高的良性循环。支持有实力的企业在国外建立研发中心，从发展中国家、地区寻找突破口，积极开拓国产高产蛋鸡、黄羽肉鸡国际市场。加强种业国际交流与产业安全管理，积极参与种业相关国际规则和标准制定，推进国家间、区域间的种业合作，努力提高我国家禽种业在国际国内的地位和市场份额，强化种业安全监管，规范种业科研对外交流合作行为，做到开放有度、监管有效、安全可控。

（四）构建鸡种业大数据平台，准确评估科技创新成效

整合行业管理部门和企业协会等各方数据资源，包括品种保护、品种审定、引种备案、种禽生产经营企业许可备案、家禽种业统计、市场信息等内容，实现跨数据库融合，并利用大数据技术深度挖掘信息资源，推动种业数据共享与服务，实现数据价值最大化，为家禽种业平稳健康发展提供有力支撑。紧密围绕创新资源、知识创造、企业创新发展、创新绩效和创新环境 5 个方面构建我国家禽种业科技创新成效监测评价体系，进一步提高创新能力监测和评价指标体系的科学性、实用性和可操作性，有效反映家禽种业在创新方面的优势和劣势、能力和绩效，准确测算家禽种业科技创新对社会的贡献。

（五）加强鸡种业科技创新政策创设

一是完善家禽种业政策性保险。目前，仅有生猪、奶牛、牦牛等畜种已被纳入政策性保险，建议将祖代家禽等纳入政策性保险，提高抵御灾害和疫病能力。二是强化育种创新支持政策。采取以奖代补方式，对持续开展育种创新，选育出市场占有率高、生产性能优异品种（配套系）或本品种生产性能大幅提升的企业或科研技术推广单位予以奖励；推动设立家禽育种创新重大科研专项，鼓励开展基因组选择育种技术、地方品种资源挖掘等方面的研究。三是做大现代种业提升工程，支持建设育繁推一体化企业建设。调整现有良种补贴政策，真正将资金补助给提供良种的企业和养殖场户，鼓励使用良种，提高生产水平。

第七节　典型案例

一、白羽肉鸡育种典型案例

（一）国际白羽肉鸡育种的经验

国外白羽肉鸡发展已有 100 多年历史，现在世界两大育种公司的产品垄断了全球的白羽肉鸡商用配套系市场，分别是美国全球最大肉品加工企业泰森集团旗

下的科宝公司（Cobb-Vantrees）和德国 EW（Erich Wesjohann）集团旗下的安伟捷集团。两家跨国企业的发展经验具有一定的相似性。

一是具备雄厚的资本和优异的育种综合创新能力。肉鸡育种不仅是一个技术，对育种企业的资金、人才、市场推广等多方面都有很高的要求，而且要求各要素之间合理配置、协调发展。国际两家育种公司通过将竞争力差的公司并购整合，自身公司规模和综合实力得到不断增强。以科宝公司为例，科宝是美国泰森食品公司的全资子公司，拥有艾维茵和科宝两大肉鸡品牌，先后收购荷兰海波罗公司、以色列卡比尔国际公司，并与萨索公司在有色羽肉鸡和其他特殊肉鸡方面进行战略合作。

二是具备丰富的育种资源和应用先进的育种技术。国际育种公司拥有最丰富的白羽肉鸡育种素材，仅科宝公司不同各类纯系就超过 50 个。他们注重新技术研发，每年科技投入占企业的经费达到 15%。它们与欧美科研院所形成长期和深度的合作模式，如安伟捷公司在腿病无损超声胸肌测定、心肺功能选育等 8 项育种技术应用方面都始终是行业引领者（表 9-18）。同时拥有育种的最新科技、完善的良种繁育体系和雄厚的技术支撑。通过超大群体的高强度选育和杂交配套，国际肉鸡育种公司培育出了多个具有自主知识产权的优秀品牌，如爱拔益加（AA+）肉鸡是由美国爱拔益加种鸡公司育成的四系配套杂交鸡、科宝 500 和科宝 700 是由科宝公司选育的优秀杂交配套系等。在雄厚的资金支持下，安伟捷公司早在 2012 年就全面应用了前沿的基因组育种技术，使得品种生产性能始终保持优势。

表 9-18　安伟捷引领肉鸡育种科技研发和应用

年份	育种技术
1989 年	X 射线技术检测亚临床胫骨软骨发育不良
1989 年	应用超声波技术提高产肉量选择
1991 年	利用血氧计测定血氧含量，以改善心肺功能
1999 年	实施商业环境绩效的家系选择
2004 年	开始使用专利技术进行 FCR 实时测试
2005 年	引进特定环境选择，以更好地定位全球不同区域市场
2007 年	将球菌评价引入肉鸡选择
2012 年	商业育种中实施基因组选择

三是种源疾病净化彻底。禽白血病、鸡白痢等病原可通过种蛋垂直传播给下一代，又被称为种源性疾病。种源性疾病一般都没有有效的疫苗预防，只能通过淘汰携带病原的种鸡来控制。因此，种鸡是否携带这些垂直性传播疾病成为衡量种鸡质量坏与好的一个重要标志。由于种源性疾病的检测和净化费用高，投入大，见效慢，对于检测出的阳性种鸡必须坚决予以淘汰，且经过多年的持续性严格净化才能获得理想的效果，因而这对家禽育种企业提出了资金和人力方面的挑战。

世界家禽育种集团公司依靠其雄厚的资金实力,对种鸡进行了多年严格的持续性净化,淘汰具有种源性疾病的个体,从而保证整个肉鸡生产过程的安全,对产品竞争力给予强有力支撑。

(二)我国白羽肉鸡育种的突破

我国鸡肉产品中,有 52%是由白羽肉鸡提供,是全球三大白羽肉鸡生产国之一。然而,处在产业链金字塔尖的祖代鸡种源在近 17 年来,一直从国外进口,严重受制于人。我国年引进祖代种鸡 80 万~120 万套用于生产,从祖代肉种鸡养殖的成本构成上看,成本占比最大的雏鸡费用约占总成本的 33%,源头命脉长期受制于人。长期引种带来一系列风险问题:一是种源供应不稳定,种业安全受到严重威胁,也严重影响食品供给安全;二是种源价格波动频繁,全产业链稳定发展难以保障;三是引种会带来疫病传入风险,如禽白血病就是因引进品种而传入。为应对国际肉鸡种业市场竞争和巨大挑战,尽快摆脱对国外种源的依赖,2010 年以来新广农牧、福建圣农和峪口禽业等企业先后开展了白羽肉鸡育种工作,通过科企深度融合攻关,分别成功培育了新品种圣泽 901、广明 2 号和沃德 188 白羽肉鸡配套系,于 2021 年 10 月通过国家审定,标志着我国白羽肉鸡自主育种取得实质性突破,打破西方在种源上的垄断,保障了我国家禽种源安全、产业安全和生物安全,为自主白羽肉鸡育种积累了宝贵的成功经验。

一是技术创新引领自主白羽肉鸡育种实现零的突破。自主白羽肉鸡育种更加重视分子育种科技赋能。例如,新广农牧与中国农业科学院北京畜牧兽医研究所合作,早于 2017 年在国内率先应用肉鸡基因组选择育种技术,使得饲料报酬、产肉率和肉品质等性能得到快速提升;峪口禽业建立了纯系专用的快慢羽等分子检测技术,实现了肉鸡父母代羽色自别雌雄,商品代鸡群羽速自别雌雄。几家企业都注重种鸡生产性能的全面测定,研发并采用了升级版本的饲料转化率、产蛋量测定装备和技术。

二是加大种源性疾病净化和清除,建立生物安全防控体系,保障种鸡健康。吸取我国 20 世纪白羽肉鸡育种的历史经验教训,企业将种源性疾病净化和清除放在重中之重的位置。建立了适合大规模肉种鸡生产的禽白血病净化程序,创新禽白血病检测方法,将国际上检测疾病的金标准——病毒分离技术全覆盖应用于净化程序中,结合饲养设备升级,实现种源白血病和鸡白痢疾病的高度净化,并严格控制其垂直传播。生物安全管理是防控疾病的关键要素,新广农牧和福建圣农均新建了全封闭式管理的原种核心育种场,包括育雏场、育成场、系谱产蛋场和后裔测定鸡场,生物安全防控体系标准与国际接轨,在农场建设方面获得国家实用型专利 8 项,严格的防疫系统为原种鸡的选育、健康养殖提供了强有力的保障。

三是创新育种组织方式，政府、企业和科研院所三方形成攻关合力。成功通过国家首批审定的 3 个白羽快大型肉鸡新品种（圣泽 901、广明 2 号和沃德 188）的培育有一个共同的特点，培育均由种业企业和科研院所单位共同完成，因此，以育种企业为主体、科研院校为技术支撑的育种机制为自主育种提供了强有力的保障。且培育单位中大都有国家肉鸡产业技术体系专家和试验站依托单位参与完成。早在 2009 年，国家肉鸡产业技术体系就着手白羽肉鸡自主育种的全国布局和落实推进，于 2012 年成立了"中国白羽快大型肉鸡育种协作组"，鼓励企业积极开展白羽肉鸡育种。在农业农村部的领导和大力支持下，2014 年，农业部颁布的《全国肉鸡遗传改良计划（2014—2025）》明确提出白羽肉鸡新品种培育的要求，2019 年，农业农村部首批启动的 7 个畜禽良种国家联合攻关项目之一就包括白羽肉鸡两个项目（分别由福建圣农和新广农牧牵头），打通了联合育种最后一公里。政府+企业+科研院所的创新育种组织模式是中国特色白羽肉鸡自主成功育种的重要支撑。

此外，国内专家和育种企业也结合中国市场的特点，突破传统观念的束缚，开发应用了新一代原创育种技术和理论。其中小型白羽肉鸡是我国鸡育种实践的重要创新，其利用了快大型白羽肉鸡和高产蛋鸡、地方品种的杂交优势。商品鸡苗成本低，生长速度和肉品质介于黄羽肉鸡和快大型白羽肉鸡之间，在市场上具有较强的竞争能力，已成为我国三大肉鸡主导类型之一，目前通过国家审定的配套系有 WOD168、沃德 158 和益生 909。

二、育繁推一体化——以峪口禽业为例

北京市华都峪口禽业有限责任公司是北京首农食品集团有限公司旗下家禽育繁推一体化育种企业，国家现代农业（畜禽种业）产业园核心企业。峪口禽业最初为 1975 年北京市政府为解决百姓吃蛋难而建立的"菜篮子工程"项目。1999 年开始自主育种，目前形成以蛋鸡和肉鸡育种为核心的家禽全产业链发展模式。

峪口禽业建立起涵盖原种、祖代、父母代三级良种繁育体系，入选国家首批蛋鸡核心育种场和禽白血病净化示范场，拥有 4 个国家级蛋鸡良种扩繁推广基地和 90 个标准化生产基地，产业布局立足北京、走向全国、辐射"一带一路"共建国家。现有原种 10 万只，祖代 40 万套，父母代种鸡 500 万套，每年可以生产商品代蛋雏鸡 2.7 亿只，商品代肉雏鸡 3.0 亿只。蛋鸡制种规模位居全球首位，跻身世界三大蛋鸡育种公司之列。

峪口禽业坚持以市场为导向，培育适合中国饲养环境的优秀品种。拥有京系蛋鸡和沃德肉鸡两大系列品种，目前有 8 个家禽配套系获得国家畜禽新品种证书，其中 5 个蛋鸡配套系 13 年累计推广 60 亿只，国内市场占有率 52.8%，从根源上确保了我国蛋鸡产业的种源安全，打赢了蛋鸡种业翻身仗。沃德 168 是国内首个获得国家畜禽新品种（配套系）证书的小型白羽肉鸡配套系，开创了我国白羽肉鸡自主育种先河，打响突破国外垄断的攻坚战。沃德 188 是我国首批通过审定的三个国产白羽肉鸡新品种之一，填补了国内快大型白羽肉鸡自主品种的空白。

峪口禽业在种业创新方面的明显优势在于以下几个方面。

（一）强化组织创新

为系统解决家禽产业链育繁推及服务增值等环节的关键问题，提升家禽产业的综合创新能力。2012 年成立企业研发机构——家禽研究院，按照"全员参与、全面对接、全产业链、全方位转化、全覆盖激励"的"五全"指导思想，遵循"有思想、有人才、有项目、有流程、有激励"的"五有"科技运行机制，制定"12333"科技创新行动纲领，即瞄准"世界最大家禽育繁推一体化企业"的目标，聚焦"蛋鸡和肉鸡"两大产业，从"技术、产品和市场"三个领域开展科技攻关，具备"全新的、开放的、高效的"三大特色，通过"百万蛋种鸡产业园、百万肉种鸡产业园和鸡肉食品产业园"落地研究成果。

（二）注重人才队伍建设

作为国家高新技术企业、农业产业化国家重点龙头企业，峪口禽业有效整合产学研优势资源，组建 5 名正高级、21 名副高级人员领衔，包括 8 名博士（后）、60 名硕士、200 余名本科生为骨干的高素质研发团队，覆盖遗传育种、预防兽医、基础兽医、饲料营养、信息技术等领域。同时，全面对接家禽育繁推领域 50 余名行业顶级专家，围绕行业关键共性问题开展合作研究。

（三）注重技术体系升级

通过项目联合攻关，建立起蛋鸡联合育种技术体系和组织，成功培育出京红 1 号、京粉 1 号、京粉 2 号、京粉 6 号和京白 1 号 5 个蛋鸡配套系，提升国产蛋鸡市场占有率，保障我国蛋鸡种源安全。在配套系培育的过程中所积累的表型测定技术、常规评估技术、分子标记辅助选择技术等使得我国蛋鸡育种技术综合实力增强，奠定了开展尖端育种技术研究和应用的基础。

建立经典与现代育种技术相结合的育种体系，育种技术水平国际先进。国内率先将蛋鸡育种核心群饲养测定至 90～100 周龄，制定育种核心群"九个计时点"和"四个选育点"测定选育规程，延长蛋鸡饲养周期至 90 周龄以上，提升养殖效益。自主鉴定羽色羽速基因新突变，转化应用培育新品种（系），缩短 5 年品种（系）培育时间。联合中国农业大学研发我国首款蛋鸡专用 SNP 芯片，率先建立基因组选择技术体系，构建了规模最大、表型准确全面的国产蛋鸡基因组选择参考群体，使育种核心群性状选择准确性平均提高 51%，显著加快遗传进展，占领蛋鸡育种技术制高点。利用物联网、人工智能和计算机技术打造智能家禽育种管理系统，提高育种工作效率 50% 以上。

未来，峪口禽业将勇担打赢家禽"种业翻身仗"的重任，占领蛋鸡现代化育种技术制高点，解决肉鸡种源"卡脖子"问题。到 2030 年，建设国际一流的家禽种业创新中心和世界级家禽育繁推一体化企业，培育京系列蛋鸡 10 个品种，国内市场占有率达到 70%，培育沃德系列肉鸡 4 个品种，国内市场占有率达到 30%，全力打造家禽行业"中国芯"，提升产业链价值，助力国家乡村振兴战略。

三、地方品种开发利用模式——以温氏青脚麻鸡 2 号为例

黄羽肉鸡是指我国肉用地方鸡品种及含有地方鸡血缘的肉用培育品种或配套系，是全国各地土鸡、仿土鸡、地方品种肉鸡的统称，也是具有中国特色的传统肉鸡。截至 2021 年年底，通过国家级审定的黄羽肉鸡新品种（配套系）为 63 个。其中，配套系 60 个，培育品种 3 个。国家级黄羽肉鸡配套系中，大部分来自广东、广西地区；广东有 24 个配套系通过国家品种审定，广西有 14 个，占全国新配套系总数的 63%。温氏集团是全国规模最大的黄羽肉鸡养殖企业。温氏集团挖掘我国地方鸡种遗传资源，结合现代育种技术，成功培育出新兴矮脚黄鸡、新兴黄鸡Ⅱ号、天露黄鸡、新兴麻鸡 4 号、天露黑鸡、新兴竹丝鸡 3 号和温氏青脚麻鸡 2 号 7 个通过国家审定新品种（配套系）。这些新品种（配套系）年出栏 8 亿羽左右，约占全国黄羽肉鸡市场的 20%；其中温氏青脚麻鸡年出栏在 1 亿羽以上。我们以温氏青脚麻鸡 2 号为例，简述黄羽肉鸡产业发展模式。

（一）地方品种资源挖掘和创新利用

青脚麻鸡是我国优质肉鸡生产的重要品种类型之一，特别受到西南地区和华东地区人民的喜爱。因此，针对青脚麻鸡的市场需求，温氏集团和华南农业大学着手进行了青脚麻鸡品种的研究开发工作。青脚麻鸡从羽色来说，不同地区的需求有一定的差别，江浙地区喜欢麻羽的母鸡，云贵地区喜欢黄麻羽的青脚鸡，而川渝地区喜欢红羽的青脚公鸡。温氏青脚麻鸡 2 号配套系的选育，是温氏集团针对川渝地区市场选育的中快速青脚麻鸡品种，于 2004 年开始，在温氏集团属下的广东温氏南方家禽育种有限公司全面开展，以我国优质地方鸡种（福建闽燕青脚

麻鸡，广西桂林大发养殖有限公司的青脚麻鸡），和引进品种（安卡红、以色列卡比尔公司的 K2700 隐性白羽鸡）为育种素材，采用现代家禽育种方法培育而成的三系配套的快大青脚麻鸡品种。该配套系的父本父系 N813 源自安卡红与福建闽燕青脚麻鸡，合成后重点对体重、脚色、毛色、体型、早熟性进行选育。母本父系 N805 源自广西桂林大发养殖有限公司的青脚麻鸡，侧重于体重均匀度、毛色、脚色、早熟性及繁殖性能的选育。母本母系 N701 来自以色列卡比尔公司的 K2700 隐性白羽鸡，重点选择体重均匀度及繁殖性能。该新品种（配套系）在川渝市场有相当的竞争优势，也适合山东、安徽地区饲养。温氏青脚麻鸡 2 号配套系父母代公鸡为快羽型，成年公鸡体大胸宽，羽毛丰满紧凑，单冠直立，冠大鲜红，早熟性好，喙黑色，脚胫青色。商品代肉鸡具有胸肉饱满、腿肌发达、饲料报酬高、成活率高等显著特点。

（二）温氏青脚麻鸡 2 号配套系选育与应用

我国地方鸡种遗传资源丰富，但普遍存在饲料转化率和繁殖性能低、体重与外观整齐度差等关键问题。另外，随着公共卫生安全的重视和升级，肉鸡全面生鲜上市势在必行，优质肉鸡屠宰性能差成为一个突出难题。面向肉鸡产业发展的重大需求，温氏集团联合华南农业大学对黄羽肉鸡高效经济性状、屠宰性能及屠体外观性状开展长期系统研究，建立了以上性状遗传改良的创新技术；充分利用温氏集团家禽品种资源优势，采用最新研发的屠宰性状和屠体外观性状选育新技术与常规育种相结合的方法，采取了智能化表型测定、大数据遗传评估、基因组选择、控制近交、精细化选配等育种技术措施，并创造性加入了循环育种技术，大大地加快了选育进程，提高了育种效率，培育出肉质优良、节粮、适合屠宰加工的优质肉鸡新品种（配套系）——温氏青脚麻鸡 2 号配套系。配套系主要性能指标达到国际先进水平，兼顾了生产性能、屠宰性能及屠体外观，实现了生产效率和屠宰性能的同步提升，填补了国内屠宰型专用新品种（配套系）空白，为解决优质肉鸡产业"卡脖子"技术难题、打破欧美种业垄断、保障我国肉鸡种业战略安全、助力种业强国梦做出了重要贡献。

温氏青脚麻鸡 2 号配套系是以屠宰型优质肉鸡专用品系 N813、N805 和 N701 三系配套而成的快大青脚麻鸡品种，父本父系为青脚麻鸡 N813、母本父系为青脚麻鸡 N805 品系、母本母系为隐性白羽鸡 N701。配套杂交模式为 N813♂×（N805♂×N701♀）♀。温氏青脚麻鸡 2 号父母代繁殖性能优异，母鸡 66 周入舍母鸡产蛋数 193 枚，66 周龄产健苗数达 150 只以上，可提供的商品代鸡苗比同类型品种多 19～24 只。商品代肉鸡屠宰性能优异、生长快、饲料转化率高、屠体外观适合消费者需求，公鸡 60 日龄上市体重达 2.25 kg，母鸡 65 日龄上市体重约 2.10 kg；公鸡料肉比为 2.48∶1，母鸡为 2.50∶1；屠宰率达 92.69%，公鸡腹脂率低至 2.45%；屠体皮黄光亮、毛孔细密且均匀度好；青脚率达 100%，满足了市场对屠宰型高效优质肉鸡的迫切需求。

温氏青脚麻鸡 2 号配套系 2015 年 12 月通过国家新品种审定后，通过公司分布在全国的分公司在全国范围内进行大规模推广应用，目前已推广至广东省、广西壮族自治区、福建省、湖南省、四川省、云南省、贵州省、山东省、河南省、安徽省、江苏省、浙江省、重庆市 13 个省（自治区、直辖市），并成为公司的当家品种。目前温氏青脚麻鸡 2 号约占公司上市肉鸡的 15%。截至 2020 年，累计推广父母代种鸡 1490.76 万套，生产出栏商品肉鸡 7.28 亿只，产生了显著的经济和社会效益，累计新增销售额 147.12 亿元，新增利润 13.91 亿元。

（三）构建校企协同创新的产学研合作模式

以温氏集团为典型代表，该类企业内部成立育种公司，并且与华南农业大学等高等院校深度合作，高校派遣教授和研究员全职在企业工作，增强了企业的育种技术创新能力。1992 年 10 月，华南农业大学畜牧系与温氏簕竹鸡场签订了技术合作协议，畜牧系为鸡场发展提供技术、信息、管理、人才等全方位的支持，公司拿出 10% 的分红作为回报，首创高校持股加盟企业的产学研合作先河。结合温氏资金和生产基地等优势及生产需要，双方共同研发了许多畜牧生产领域的新技术、新工艺。畜牧系的老师们帮助温氏建立了良种繁育体系，培养了一大批饲养管理的专业技术人才，成为温氏大生产最强大的技术后盾。至今，温氏集团与华南农业大学深度合作将近 30 年，双方在 2021 年签订了第四期全面合作协议。全面合作以来，双方利用自身资源和优势，联合承担数百项重大科技攻关，培养和输送了大量人才，产生了一批批重大科技创新成果，校企合作成效显著，成为全国高校服务社会、科技产业化的典范。

（四）"公司+农户"的产品推广模式

温氏集团"公司+农户"合作模式产生于 1986 年。温氏集团作为组织者和管理者，将畜牧产业链的种苗、饲料、兽药、销售等环节实行全程管理，农户只要承担饲养管理环节，是公司的重要成员。"公司+农户"模式首先是在养鸡业向全国的推广上获得了成功。自 1997 年起，温氏集团开始规模化养猪，也以这种模式发展。目前，"公司+农户"已在温氏集团所属的养鸡、养猪、养鸭等业务上得到广泛运用。温氏的合作农户遍布全国的 22 个省（自治区、直辖市），并且取得了巨大的成果，合作队伍已从 1986 年的 5 户发展到今天的近 5 万户。借助温氏集团的"公司+农户"模式，温氏青脚麻鸡 2 号配套系已推广到广西、云南等 13 个省（自治区、直辖市），取得巨大社会经济效益。

参 考 文 献

丁纪强, 李庆贺, 张高猛, 等. 2021. 比较机器学习等算法对肉鸡产蛋性状育种值估计的准确性. 畜牧兽医学报, 52(12): 1-9.

董亚宁, 王巧巧, 李倩倩, 等. 2021. 肌纤维发育相关基因在不同地方鸡种早期生长发育中的表达分析. 畜牧与兽医, 53(10): 14-21.

杜美红. 2006. 鸡初级卵母细胞的分离、体外培养及冷冻保存的研究. 中国农业大学博士学位论文.

郭影. 2016. 鸡胡须性状的基因定位及功能研究. 中国农业大学博士学位论文.

贺淹才. 2003. 我国的乌骨鸡与中国泰和鸡及其药用价值. 中国农业科技导报, (1): 64-66.

胡斯乐, 陶萨如拉, 王月星, 等. 2018. 鸡无尾性状的分子机制研究进展. 中国畜牧兽医, 45(1): 154-161.

姜吴吴. 2019. 基于数据挖掘技术的蛋鸡智能饲喂策略的研究. 浙江农林大学硕士学位论文.

金四华. 2016. 鸡匍匐性状分子遗传机理的研究. 中国农业大学博士学位论文.

康相涛, 蒋瑞瑞, 李转见, 等. 2015. 一种优质鸡品种的快速平衡育种方法. ZL 201510062195.7.

康相涛, 李国喜, 孙桂荣, 等. 2015. 一种土种蛋鸡品种的快速平衡育种方法. ZL 201510062118.1.

康相涛, 李明, 孙桂荣, 等. 2009. 中国地方鸡种质资源优异性状发掘创新与应用. 中国家禽, 31(4): 5.

李建萍. 2017. 鸡趣杂谈——中国鸡文化. 农村·农业·农民(A 版), (6): 60-61.

李京徽, 邢思远, 王希彩, 等. 2020. 鸡肌内脂肪沉积相关候选基因筛选. 中国畜牧兽医, 47(6): 1828-1836.

李丽华, 邢雅周, 于尧, 等. 2019. 基于超高频 RFID 的种鸡个体精准饲喂系统. 河北农业大学学报, 42(6): 109-114.

李森, 杜永旺, 文杰, 等. 2021. 快速型黄羽肉鸡饲料利用效率性状的基因组选择研究. 畜牧兽医学报, 52(8): 2151-2161.

刘冉冉, 赵桂苹, 文杰. 2018. 鸡基因组育种和保种用 SNP 芯片研发及应用. 中国家禽, 40(15): 1-6.

农业农村部畜牧兽医局, 全国畜牧总站. 2019. 中国畜牧兽医统计. 北京: 中国农业出版社.

盛志廉. 2002. 论保护家畜多样性. 中国禽业导报, 9(14): 3-8.

孙从佼, 秦富, 杨宁. 2018. 2017 年蛋鸡产业发展情况、未来发展趋势及建议. 中国畜牧杂志, 54(3): 126-131.

孙从佼, 秦富, 杨宁. 2019. 2018 年蛋鸡产业发展概况、未来发展趋势及建议. 中国畜牧杂志, 55(3): 119-123.

孙从佼, 朱宁, 秦富, 等. 2020. 2019 年蛋鸡产业发展概况、未来发展趋势及建议. 中国畜牧杂志, 56(3): 144-150.

孙从佼, 朱宁, 秦富, 等. 2021. 2020 年蛋鸡产业发展概况、未来发展趋势及建议. 中国畜牧杂志, 57(3): 201-206.

王海龙, 王巧, 邢思远, 等. 2021. 基于表型和基因组信息评价北京油鸡保种群保种情况. 畜牧兽医学报, 52(9): 2406-2415.

王珏, 樊艳凤, 唐修君, 等. 2020. 不同品种肉鸡屠宰性能及肌肉品质的比较分析. 中国家禽, 42(7): 13-17.

王钱保, 赵振华, 黎寿丰, 等. 2018. 优质肉鸡繁殖性能相关基因聚合效应的研究. 安徽农业大学学报, 45(2): 233-237.

韦凤英, 吴强, 邓继贤, 等. 2019. 广西三黄鸡选育及产业化. 养禽与禽病防治, 5: 10-25.

吴常信. 1991. 畜禽保种"优化"方案分析(上). 黄牛杂志, (2): 1-3.

席斌, 李大伟, 郭天芬, 等. 2020. 不同品种鸡肌肉中氨基酸、脂肪酸及肌苷酸比较. 甘肃农业大学学报, 55(2): 46-53.

谢明勇, 田颖刚, 涂勇刚. 2009. 乌骨鸡活性成分及其功能研究进展. 现代食品科技, 25(5): 461-465.

杨红杰, 陈宽维. 2010. 中国家禽遗传资源的保护、研究与开发利用. 中国禽业导刊, (20): 5.

杨宁, 孙从佼. 2021. 蛋鸡种业的昨天、今天和明天. 中国畜牧业, (16): 22-24.

腰文颖. 2021. 我国家禽生产情况及趋势分析. 兽医导刊, (3): 5-7.

袁静, 赵成莹, 王素红. 2021. 鸡精液保存技术. 畜牧兽医科学(电子版), 4: 130-131.

张莹, 黄英飞, 莫国东, 等. 2020. 不同品种蛋鸡的蛋品质及营养成分比较. 当代畜禽养殖业, (6): 7-9.

中国畜牧业学会禽业分会. 2022. 我国家禽生产情况及趋势分析. 畜牧产业, (2): 39-49.

周本雄. 1981. 河北武安磁山遗址的动物骨骸. 考古学报, (3): 339-347.

周乐乐, 李承德, 黄建豪. 2020. 鸡精液稀释配方对低温保存精子活力和输精效果的影响. 中国畜牧兽医, 47(6): 1837-1843.

邹剑敏. 2019. 我国肉鸡遗传资源保护、评价与利用的最新进展. 中国家禽, 41(3): 1-5.

Andersson L, Archibald AL, Bottema CD, et al. 2015. Coordinated international action to accelerate genome-to-phenome with FAANG, the Functional Annotation of Animal Genomes project. Genome Biol, 16(1): 57.

Amuzu-Aweh E N, Bijma P, Kinghorn B P A, et al. 2013. Prediction of heterosis using genome-wide SNP-marker data: application to egg production traits in white Leghorn crosses. Heredity, 111: 530-538.

Anna K, Dana K, Markéta R, et al. 2018. Genetic resistance to avian leukosis viruses induced by CRISPR/Cas9 editing of specific receptor genes in chicken cells. Viruses, 10(11): 605.

Azmal S A, Bhuiyan A A, Omar A I, et al. 2019. Novel polymorphisms in *RAPGEF6* gene associated with egg-laying rate in Chinese Jing Hong chicken using genome-wide SNP scan. Genes (Basel), 10(5): 384.

Azmal S A, Nan J, Bhuiyan A A, et al. 2020. Genome-wide single nucleotide polymorphism scan reveals genetic markers associated with fertility rate in Chinese Jing Hong chicken. Poultry Science, 99(6): 2873-2887.

Bhattacharya T K, Shukla R, Chatterjee R N, et al. 2019. Comparative analysis of silencing expression of myostatin (*MSTN*) and its two receptors (*ACVR2A* and *ACVR2B*) genes affecting growth traits in knock down chicken. Scientific Reports, 9(4): 9306-9311.

Blackburn H D. 2018. Biobanking genetic material for agricultural animal species. Annual Review of Animal Biosciences, 6: 69-82.

Bozena H, Katerina V, Rene K, et al. 2020. Associations between *IGF1*, *IGFBP2* and *TGFβ3* genes polymorphisms and growth performance of broiler chicken lines. Animals, 10(5): 800.

Chen L, Wang X, Cheng D, et al. 2019. Population genetic analyses of seven Chinese indigenous chicken breeds in a context of global breeds. Animal Genetics, 50(1): 82-86.

Cheng B, Zhang H, Liu C, et al. 2019. Functional intronic variant in the retinoblastoma 1 gene underlies broiler chicken adiposity by altering nuclear Factor-kB and SRY-Related HMG Box protein 2 binding sites. Journal of Agricultural and Food Chemistry, 67(35): 9727-9737.

Cui H X, Shen Q C, Zheng M Q, et al. 2019. A selection method of chickens with blue-eggshell and dwarf traits by molecular marker-assisted selection. Poultry Science, 98(8): 3114-3118.

Cui H X, Wang S L, Guo L P, et al. 2018. Expression and effect of Calpain9 gene genetic polymorphism on slaughter indicators and intramuscular fat content in chickens. Poultry Science, 97(10): 3414-3420.

Da S A P, Schat K A, Gallardo R A. 2019. Cytokine responses in tracheas from major histocompatibility complex congenic chicken lines with distinct susceptibilities to infectious bronchitis virus. Avian Diseases, 64(1): 36-45.

Darwin C. 1868. The Variation of Animals and Plants under Domestication. London: John Murray.

Eirini T, Andreas K, Gerasimos M, et al. 2020. Deciphering the mode of action and position of genetic variants impacting on egg number in broiler breeders. BMC Genomics, 21(1): 183-193.

Fan Q C, Wu P F, Dai G J, et al. 2017. Identification of 19 loci for reproductive traits in a local Chinese chicken by genome-wide study. Genetics and Molecular Research, 16(1): 16019431.

FAOSTAT. 2023. FAO Statistical Database. https://www.fao.org/faostat/en/?#data/CL. [2024-6-1]

Gonzales N M, Seo J, Hernandez-Cordero A I, et al. 2018. Genome wide association analysis in a mouse advanced intercross line. Nature Communications, 9(1): 5162.

Grandhaye J, Lecompte F, Staub C, et al. 2019. Assessment of the body development kinetic of broiler breeders by non-invasive imaging tools. Poultry Science, 98(9): 4140-4152.

Guo J, Qu L, Dou T, et al. 2020. Genome-wide association study provides insights into the genetic architecture of bone size and mass in chickens. Genome, 63(3): 133-143.

Guo X M, Liu X P, Chang G B, et al. 2016. Characterization of the NLRC5 promoter in chicken: SNPs, regulatory elements and CpG islands. Animal Genetics, 47(5): 579-587.

Harvey D B, Carrie S W, Bethany K. 2019. Conservation and utilization of livestock genetic diversity in the United States of America through gene banking. Diversity, 11(12): 244.

Hoa N P, Berres M E. 2018. Genetic structure in Red Junglefowl (Gallus gallus) populations: strong spatial patterns in the wild ancestors of domestic chickens in a core distribution range. Ecology & Evolution, 8: 6575-6588.

Huang T, Ma J, Gong Y, et al. 2019. Polymorphisms in the ovoinhibitor gene (OIH) and their association with egg quality of Xinhua E-strain chickens. British Poultry Science, 60(2): 88-93.

Huang X, Otecko N O, Peng M, et al. 2020. Genome-wide genetic structure and selection signatures for color in 10 traditional Chinese yellow-feathered chicken breeds. BMC Genomics, 21(1): 97-101.

Imsland F, Feng C, Boije H, et al. 2012. The Rose-comb mutation in chickens constitutes a structural rearrangement causing both altered comb morphology and defective sperm motility. PLoS Genetics, 8: e1002775.

Isa A M, Sun Y, Shi L, et al. 2020. Hybrids generated by crossing Elite Laying chickens exhibited heterosis for clutch and egg quality traits. Poultry Science, 99: 6332-6340.

Jin S, Lee J H, Seo D W, et al. 2016. A major locus for quantitatively measured shank skin color traits in Korean native chicken. Asian-Australasian Journal of Animal Science, 29(11): 1555-1561.

Jin Y, Cui H, Yuan X, et al. 2021. Identification of the main aroma compounds in Chinese local chicken high-quality meat. Food Chemistry, 359: 129930.

Jing Y, Shan X, Mu F, et al. 2016. Associations of the novel polymorphisms of periostin and platelet-derived growth factor receptor-like genes with egg production traits in local Chinese Dagu Hens. Animal Biotechnology, 27(3): 208-216.

Khwatenge C N, Nahashon S N. 2021. Recent advances in the application of CRISPR/Cas9 gene editing system in poultry species. Frontiers in Genetics, 12: 627714.

Kichaev G, Bhatia G, Loh P R, et al. 2019. Leveraging polygenic functional enrichment to improve GWAS power. American Journal of Human Genetics, 104(1): 65-75.

Kikuchi T. 2020. Caveolin-3: a causative process of chicken muscular dystrophy. Biomolecules, 10(9): 1206.

Kim Y C, Jeong M J, Jeong B H. 2018. The first report of genetic variations in the chicken prion protein gene. Prion, 12(3-4): 197-203.

Kim Y C, Jeong M J, Jeong B H. 2019. Genetic characteristics and polymorphisms in the chicken interferon-induced transmembrane protein (IFITM3) gene. Veterinary Research Communications, 43(4): 203-214.

Lawal R A, Hanotte O. 2021. Domestic chicken diversity: origin, distribution, and adaptation. Animal Genetics, 52(4): 385-394.

Li J Y, Bertrand B H, Sylvain M, et al. 2019. A missense mutation in TYRP1 causes the chocolate plumage color in chicken and alters melanosome structure. Pigment Cell & Melanoma Research, 32(3): 381-390.

Li J, Xing S, Zhao G, et al. 2020. Identification of diverse cell populations in skeletal muscles and biomarkers for intramuscular fat of RNA sequencing chicken by single-cell. BMC Genomics, 21(1): 1-11.

Li S C, Wang X, Qu L, et al. 2018. Genome-wide association studies for small intestine length in an F2 population of chickens. Italian Journal of Animal Science, 17: 294-300.

Li W, Liu R, Zheng M, et al. 2020. New insights into the associations among feed efficiency, metabolizable efficiency traits and related QTL regions in broiler chickens. Journal of Animal Science and Biotechnology, 11(1): 1-15.

Li W, Zheng M, Zhao G, et al. 2021. Identification of QTL regions and candidate genes for growth and feed efficiency in broilers. Genetics Selection Evolution, 53(1): 1-17.

Li Z, Ren T, Li W, et al. 2019. Association between the methylation statuses at CpG sites in the promoter region of the SLCO1B3, RNA expression and color change in blue eggshells in Lushi chickens. Frontiers in Genetics, 10: 161.

Liao R, Zhang X, Chen Q, et al. 2016. Genome-wide association study reveals novel variants for growth and egg traits in Dongxiang blue-shelled and White Leghorn chickens. Animal Genetics, 47(5): 588-596.

Lin S D, Li C J, Li C , et al. 2018. Growth hormone receptor mutations related to individual dwarfism. International Journal of Molecular Sciences, 19(5): 1433.

Liu D, Han R, Wang X, et al. 2019. A novel 86-bp indel of the motilin receptor gene is significantly associated with growth and carcass traits in Gushi-Anka F2 reciprocal cross chickens. British Poultry Science, 60(6): 649-658.

Liu L, Cui Z, Xiao Q, et al. 2018. Polymorphisms in the chicken growth differentiation factor 9 gene associated with reproductive traits. Biomed Research International, (8): 1-11.

Liu R, Zheng M, Wang J, et al. 2019. Effects of genomic selection for intramuscular fat content in breast muscle in Chinese local chickens. Animal Genetics, 50(1): 87-91.

Liu Z, Sun C, Yan Y, et al. 2018. Genetic variations for egg quality of chickens at late laying period revealed by genome-wide association study. Scientific Reports, 8(1): 10832.

Liu Z, Sun C, Yan Y, et al. 2018. Genome-wide association analysis of age-dependent egg weights in chickens. Frontiers in Genetics, 9(1): 128.

Liu Z, Sun C, Yan Y, et al. 2021. Design and evaluation of a custom 50K Infinium SNP array for egg-type chickens. Poultry Science, 100(5): 101044.

Lna A, Ppl A, Rourke S M, et al. 2019. Genome scan for selection in South American Chickens reveals a region under selection associated with aggressiveness-science direct. Livestock Science, 225: 135-139.

Luzuriaga-Neira A, Pérez-Pardal L, O'Rourke S M, et al. 2019. The local South American chicken populations are a melting-pot of genomic diversity. Frontiers in Genetics, 10: 1172.

Luzuriaga-Neira A, Villacís-Rivas G, Cueva-Castillo F, et al. 2017. On the origins and genetic diversity of South American chickens: one step closer. Animal Genetics, 48(3): 353-357.

Mortensen A K, Lisouski P, Ahrendt P. 2016. Weight prediction of broiler chickens using 3D computer vision. Computers and Electronics in Agriculture, 123: 319-326.

Mueller R C, Mallig N, Smith J, et al. 2020. Avian immunome DB: an example of a user-friendly interface for extracting genetic information. BMC Bioinformatics, 21(1): 502.

Mushi J R, Chiwanga G H, Amuzu-Aweh E N, et al. 2020. Phenotypic variability and population structure analysis of Tanzanian free-range local chickens. BMC Veterinary Research, 16(1): 14-17.

Ouyang H, Yu J, Chen X, et al. 2020. A novel transcript of MEF2D promotes myoblast differentiation and its variations associated with growth traits in chicken. Peer J, 8: e8351.

Pérez-Enciso M, Ramírez-Ayala L, Zingaretti L M. 2020. SeqBreed: a python tool to evaluate genomic prediction in complex scenarios. Genetics Selection Evolution, 52(1): 7.

Qiu L, Ma T, Chang G, et al. 2017. Expression patterns of NLRC5 and key genes in the STAT1 pathway following infection with Salmonella pullorum. Gene, 597: 23-29.

Rana T. 2021. Nano-selenium on reproduction and immunocompetence: an emerging progress and prospect in the productivity of poultry research. Tropical Animal Health and Production, 53(2): 324

Ren T, Yang Y, Lin W, et al. 2020. A 31-bp indel in the 5′ UTR region of GNB1L is significantly associated with chicken body weight and carcass traits. BMC Genetics, 21(1): 91.

Salvatore M, Filippo C, Gianluca S, et al. 2020. Genome-wide analyses identifies known and new markers responsible of chicken plumage color. Animals, 10(3): 493.

Schallier S, Li C, Lesuisse J, et al. 2019. Dual-energy X-ray absorptiometry is a reliable non-invasive technique for determining whole body composition of chickens. Poultry Science, 98(6): 2652-2661.

Shu J, Qin X, Shan Y, et al. 2017. Oxidative and glycolytic skeletal muscles show marked differences in gene expression profile in Chinese Qingyuan partridge chickens. PloS One, 12(8): e0183118.

Strillacci M G, Vega-Murillo V E, Román-Ponce S, et al. 2018. Looking at genetic structure and selection signatures of the Mexican chicken population using single nucleotide polymorphism markers. Poultry Science, 97(3): 791-802.

Tao Y, Zhou X, Liu Z, et al. 2020. Expression patterns of three JAK–STAT pathway genes in feather follicle development during chicken embryogenesis. Gene Expression Patterns, 35: e115078.

Tarsani E, Kranis A, Maniatis G, et al. 2021. Detection of loci exhibiting pleiotropic effects on body weight and egg number in female broilers. Scientific Reports, 11(1): 7441-7441.

Thélie A, Bailliard A, Seigneurin F, et al. 2019. Chicken semen cryopreservation and use for the restoration of rare genetic resources. Poultry Science, 98(1): 447-455.

Wang K J, Hu H F, Tian Y D, et al. 2021. The chicken pan-genome reveals gene content variation and a promoter region deletion in IGF2BP1 affecting body size. Molecular Biology and Evolution, 38(11): 5066-5081.

Wang M S, Thakur M, Peng M S, et al. 2020. 863 genomes reveal the origin and domestication of chicken. Cell Research, 30(8): 693-701.

Wang X, Jia Y, Ren J, et al. 2019. Newcastle disease virus nonstructural V protein upregulates SOCS3 expression to facilitate viral replication depending on the MEK/ERK pathway. Frontiers in Cellular and Infection Microbiology, 9: 317.

Wang Y, Gao Y, Imsland F, et al. 2012. The crest phenotype in chicken is associated with ectopic expression of HOXC8 in cranial skin. PLoS One, 7(4): e34012.

Wang Y, Hui X, Wang H, et al. 2016. Association of *H-FABP* gene polymorphisms with intramuscular fat content in Three-yellow chickens and Hetian-black chickens. Journal of Animal Science and Biotechnology, 7(1): 9-17.

Wang Z, Qu L, Yao J, et al. 2013. An EAV-HP insertion in 5′ Flanking region of SLCO1B3 causes blue eggshell in the chicken. PLoS Genet , 9(1): e1003183.

Warren W C, Hillier L, Tomlinson C, et al. 2017. A new chicken genome assembly provides insight into avian genome structure. G3-Genes Genomes Genetics, 7(1): 109-117.

Webb A E, Youngworth I A, Kaya M, et al. 2018. Narrowing the wingless-2 mutation to a 227 kb candidate region on chicken chromosome 12. Poultry Science, 97(6): 1872-1880.

Wen C, Mai C, Wang B, et al. 2020. Detrimental effects of excessive fatty acid secretion on female sperm storage in chickens. Journal of Animal Science and Biotechnology, 11(1): 26.

Wen C, Yan W, Mai C, et al. 2021. Joint contributions of the gut microbiota and host genetics to feed efficiency in chickens. Microbiome, 9(1): 126.

Wen C, Yan W, Sun C, et al. 2019. The gut microbiota is largely independent of host genetics in regulating fat deposition in chickens. The ISMS Journal, 13(6): 1422-1436.

Whalen A, Gorjanc G, Hickey J M. 2019. Parentage assignment with genotyping-by-sequencing data. Journal of Animal Breeding and Genetics, 136(2): 102-112.

Woodcock M E, Gheyas A A, Mason A S, et al. 2019. Reviving rare chicken breeds using genetically engineered sterility in surrogate host birds. Proc Natl Acad Sci U S A, 116(42): 20930-20937.

Wright S. 1921. Systems of mating. Genetics, 6: 111-178.

Xiong X, Lu M, Yang W, et al. 2019. An automatic head surface temperature extraction method for top-view thermal image with individual broiler. Sensors, 19(23): 5286.

Yang C, Wei Q , Kang L, et al. 2016. Identification and genetic effect of haplotypes in the distal promoter region of chicken *CCT6A* gene associated with egg production traits. The Journal of Poultry Science, 53(2): 111-117.

Yang S, Shi Z, Ou X, et al. 2019. Whole-genome resequencing reveals genetic indels of feathered-leg traits in domestic chickens. Journal of Genetics, 98(2): 47.

Yang Y, Xiong D, Yao L, et al. 2016. An SNP in exon 11 of chicken 5'-AMP-activated protein Kinase Gamma 3 subunit gene was associated with meat water holding capacity. Animal Biotechnology, 27(1): 13-16.

Yao J, Wang X, Yan H, et al. 2017. Enhanced expression of serotonin receptor 5-hydroxytryptamine 2C is associated with increased feather damage in Dongxiang Blue-Shelled Layers. Behavior Genetics, 47(3): 369-374.

Youngworth I A, Delany M E. 2020. Mapping of the chicken cleft primary palate mutation on chromosome 11 and sequencing of the 4.9 Mb linked region. Animal Genetics, 51(3): 423-429.

Yu S, Liao J, Tang M, et al. 2017. A functional single nucleotide polymorphism in the tyrosinase gene promoter affects skin color and transcription activity in the black-boned chicken. Poultry Science, 96(11): 4061-4067.

Yu S, Wang G, Liao J, et al. 2020. A functional mutation in the AMPD1 promoter region affects promoter activity and breast meat freshness in chicken. Animal Genetics, 52(1): 121-125.

Yuan Z, Chen Y, Chen Q, et al. 2016. Characterization of chicken MMP13 expression and genetic effect on egg production traits of its promoter polymorphisms. G3-Genes Genomes Genetics, 6(5): 1305-1312.

Zhang L Y, Huang M Y, Li Y, et al. 2020a. Association of three beta-defensin gene (*AvBD4*, *AvBD5*, *AvBD14*) polymorphisms with carrier-state susceptibility to salmonella in chickens. British Poultry Science, 61(4): 357-365.

Zhang L Y, Huang M Y, Li Y, et al. 2020b. Molecular characteristics of *MC1R* gene in tile-grey plumage of domestic chicken. British Poultry Science, 61(4): 382-389.

Zhang M, Han W, Tang H, et al. 2018. Genomic diversity dynamics in conserved chicken populations are revealed by genome-wide SNPs. BMC Genomics, 19(1): 598.

Zhao J, Yao J, Li F, et al. 2016. Identification of candidate genes for chicken early- and late-feathering. Poultry Science, 95(7): 1498-1503.

Zhu H, Qin N, Tyasi T L, et al. 2018. Genetic effects of the transcription factors-sal-like 1 and spalt-like transcription factor 3 on egg production-related traits in Chinese Dagu hens. Journal of experimental zoology. Part A, Ecological and Integrative Physiology, 329(1): 23-28.

鸡种业专题报告编写组成员

组　长：杨　宁（中国农业大学　教授）

副组长：文　杰（中国农业科学院北京畜牧兽医研究所　研究员）

成　员（按姓氏汉语拼音排序）：

　　　　白　皓（扬州大学　副教授）

　　　　常国斌（扬州大学　教授）

　　　　康相涛（河南农业大学　教授）

　　　　黎镇晖（华南农业大学　副教授）

　　　　李转见（河南农业大学　教授）

　　　　刘冉冉（中国农业科学院北京畜牧兽医研究所　研究员）

　　　　聂庆华（华南农业大学　教授）

　　　　曲　亮（江苏省家禽科学研究所　研究员）

　　　　孙从佼（中国农业大学　副教授）

　　　　孙研研（中国农业科学院北京畜牧兽医研究所　研究员）

　　　　王济民（农业农村部食物与营养发展研究所　研究员）

　　　　王克华（江苏省家禽科学研究所　研究员）

　　　　文超良（中国农业大学　副教授）

　　　　吴桂琴（北京市华都峪口禽业有限责任公司　正高级畜牧师）

　　　　辛翔飞（中国农业科学院农业经济与发展研究所　研究员）

　　　　尹华东（四川农业大学　教授）

　　　　袁维峰（中国农业科学院北京畜牧兽医研究所　助理研究员）

　　　　张　涛（扬州大学　副教授）

秘　书（按姓氏汉语拼音排序）：

　　　　高元鹏（西北农林科技大学　副研究员）

　　　　文超良（中国农业大学　副教授）

　　　　于　洋（北京农林科学院　副研究员）

第十章 水禽种业专题

第一节 我国水禽种业战略背景

中国是全球水禽养殖生产与消费第一大国，水禽产品在我国传统文化饮食、羽绒制品等消费领域具有不可替代的作用。2020 年全国肉鸭和鹅的出栏量分别达到 49.60 亿只和 6.89 亿只，成年蛋鸭存栏量超过 1.5 亿只；其中，肉鸭养殖量占全球的 74.3%，鹅养殖量占全球的 93.3%；鸭肉和鹅肉合计年产量超过 1000 万 t；水禽总产值已超过 1500 亿元，产业规模位居世界首位。中国水禽产业发展技术与模式创新代表了世界水平，许多产业发展的问题从国外找不到参考方案，多数需要依靠自主创新解决。因此，提升我国水禽育种的科技竞争力、加强科研创新成果转化，将传统育种技术与信息科学、生物技术等高科技手段深度交叉融合，是保证我国水禽种业持续具有国际竞争力的核心。

一、水禽产品是我国居民消费的主要肉、蛋来源之一

中国是世界上最大的鸭肉生产国和消费国，鸭的存栏量占世界的 70% 左右。根据中国畜牧业协会《中国禽业发展报告：2020 年度》的数据，我国 2020 年鸭肉产量为 1063.75 万 t，约占我国肉类总产量的 12.0%、禽肉总产量的 34.6%，产值约 1320 亿元，是我国第三大消费肉类（猪肉 4113 万 t＞鸡肉 1655 万 t＞鸭肉 1064 万 t＞牛肉 672 万 t＞羊肉 492 万 t＞鹅肉 215 万 t）。近年来，肉鸭养殖行业涌现出山东新希望六和集团有限公司、山东益客食品有限公司、安徽强英食品集团有限公司（简称强英集团）和河南华英农业发展股份有限公司等一批国家级龙头企业，年均出栏量 1 亿～5 亿只。在消费领域，"周黑鸭""绝味"等品牌契合市场需求，形成了独特的肉鸭消费文化。非洲猪瘟暴发后，白羽肉鸭在补充肉类供给方面发挥了积极作用。

我国是世界鸭蛋第一生产和消费国，我国 2020 年禽蛋产量达到 3300 万 t 以上，其中，鸭蛋 400 万 t 左右，占 12% 左右。我国 22 个省主产区规模化蛋鸭养殖存栏 1.86 亿只（不包括农户散养）。由于我国丰富的传统饮食文化习惯，对鸭蛋的加工方式也各有不同，其中 40% 的鸭蛋被加工成皮蛋，还有 40% 的鸭蛋以咸蛋、咸蛋黄的形式流向不同的市场，剩下 20% 则以糟蛋、卤蛋、烤蛋、盐焗及鲜蛋的方式加工出售。

二、水禽产业为全球提供主要羽绒原料与制品

我国巨大的鸭、鹅饲养量，为全球提供了 80% 以上的羽绒原料，是全球保暖羽绒供应的压舱石。中国羽绒工业协会《中国羽绒行业高质量发展白皮书》显示，我国是世界上最大的羽绒及制品生产、出口和消费国，羽绒制品占全球的 70% 左右，年产羽绒 40 万 t 左右，其中鹅绒和鸭绒比为 1 : 9。人民生活水平的不断提高及基础设施的快速发展正推动着羽绒行业的显著增长，预计到 2025 年，全球羽绒制品产值将超过 100 亿美元。全国有近 3000 家规模不同的羽绒生产企业，形成了世界最大的羽绒加工产业区群体。以羽绒为基础，衍生出了多个著名的羽绒制品国际化公司，比如"波司登"品牌，已发展成为世界最大的羽绒服品牌运营商。

三、鸭、鹅产品是我国特色饮食文化重要组成部分

我国鸭鹅深加工历史久远，经过不断地筛选和淘汰，流传下了很多名优精品，如北京烤鸭、南京板鸭、南京盐水鸭、盐水鹅、风鹅等，这些产品以其特有的色、香、味、形，展示着我国古代劳动人民高超的烹调技艺和聪明才智，凝结着浓浓的传统文化和历史，至今在国内外仍享有很高的声誉，成为世界珍贵饮食文化遗产的重要组成部分。北京烤鸭一直是我国对外饮食文化宣传的典型代表，一直被用作各种国宴、接待外宾的重要菜肴。目前，随着技术进步，北京烤鸭已经遍布全国，成为大众消费产品，并且已经走出国门，在不少国家、地区均有北京烤鸭。

四、水禽种业科技创新的重要战略需求

在科技部、农业农村部等部委和各级政府支持下，我国肉鸭、蛋鸭、鹅种业基础研究、育种技术研发及新品种培育等均取得了突破，先后培育了 Z 型北京鸭、南口 1 号、中畜草原白羽肉鸭、中新白羽肉鸭、强英鸭、京典北京鸭、江南白鹅、天府肉鹅、国绍 I 号蛋鸭等多个肉鸭、鹅和蛋鸭新品种。其中，中畜草原白羽肉鸭、中新白羽肉鸭率先打破了国外品种对我国瘦肉型肉鸭品种的垄断，实现了核心种源自给，并在育种实践中开创了"院-企联合育种"模式，为我国畜禽育种摸索出了一条成功的道路。肉鸭种业积极主动应对行业难点，与时俱进，科学育种，培育的免填饲 Z 型北京鸭品种为北京烤鸭提供了高品质的种源，不仅解决了"填鸭"造成的饲料浪费及动物福利问题，还提高了劳动效率，丰富了新时代北京烤鸭的饮食文化。

在水禽育种科技领域，我国设置了国家水禽产业技术研发中心、畜禽育种国家工程实验室、农业农村部动物遗传育种与繁殖（家禽）重点实验室等国家级、省部级研发平台。目前，国际鸭、鹅育种领域所有高水平研究论文均是由中国科

学家完成，在 *Nature Genetics*、*Nature Communications* 等学术期刊发表了多篇高水平研究论文，先后荣获多项省部级科技奖励，国家科学技术进步奖二等奖2项。但是，由于国家科技投入有限、产品发展不平衡及产业发展较晚等多种原因，水禽种业领域整体发展还处于快速上升期，科技创新速度满足不了种业与产业发展需求。

（一）品种单一，不能满足多元化消费需求

我国饮食文化丰富，酱、卤、烧和烤等各具特色的消费形式对水禽原料品质的要求也各不相同。然而，我国肉鸭产业面临着品种结构单一的突出问题，中新鸭和樱桃谷鸭等屠宰分割型快大白羽肉鸭品种占据市场主体地位且已达到市场饱和状态，无法满足不同消费形式对鸭肉品质的要求。因此，急需优化肉鸭产业结构，培育满足酱鸭、卤鸭和烧鸭等加工需求的优质肉鸭新品种。鹅育种、蛋鸭新品种培育刚刚起步，由于产业、养殖及育种技术手段的限制，我国鹅、蛋鸭育种整体水平相对落后，品种性能改进速度慢，也限制了鹅、蛋鸭相关产业的发展。因此，研究制定相应育种方案，有针对性地研发高效育种技术，培育适应我国各地市场需求的肉鸭、蛋鸭、鹅新品种，对于水禽产业高质量发展和助力乡村振兴都具有重要意义。

（二）水禽育种进展亟须加速

目前，肉鸡饲料转化率可以达到1.45左右，而肉鸭在1.80左右，可见肉鸭的饲料转化率仍有很大提升空间。蛋鸭饲料转化率也比蛋鸡低20%~30%。此外，鹅的繁殖性能长期以来都是困扰产业发展的难题。因此，需要加快育种新技术研发，以提高水禽生产效率。

同时也需要对已经审定的品种开展持续选育，不断提高生产性能。畜禽育种如逆水行舟，不进则退。审定品种必须持续加强饲料转化率、产肉性能、繁殖性能、抗病力等指标的选育，只有不断提高生产性能才能提升品种竞争力、扩大市场占有率，最终育成具有行业影响力的重大品种。政府和企业都需要更新观念，才能从根本上解决种业问题，培育出具有国际竞争力的卓越品种。

（三）强化效率、品质和抗病育种新方向

针对我国经济、社会、市场发展，水禽的品质育种、抗病育种是未来产业发展的需要。在满足生产效率的同时，需要重视市场对肉品质的需求，培育具有优质风味的肉鸭品种、高繁殖力鹅及高饲料转化率蛋鸭是未来我国水禽产业的迫切需求。在水禽产业集约化程度不断提高的背景下，面对水禽疫病频发、多发的行业现状，需要通过抗病育种提高其抗病能力，解决水禽疫病控制的难题。

（四）前沿育种技术研究有待加强

根据未来水禽种业发展需求，亟待建立高效育种技术体系。例如，研究建立动物肉品质表型精准测定技术、基因组选择技术、基因编辑技术等，为抗病育种、品质育种提供技术支撑；研究快速生长、生活力、一般抗病力等性状的平衡育种技术，突破快速生长和高繁殖力及抗逆性的遗传拮抗。由于禽类的生殖生理结构比较独特，肉鸭基因编辑技术难度大，目前尚无专业的研究队伍，水禽生物育种技术储备不足。

第二节 国内外水禽种业发展现状及趋势

水禽是人类最早进行养殖的家禽品种之一。经过 3000 多年的驯化，育种学家培育了大量的水禽地方品种。据 FAO 统计，2014 年全世界现存鸭地方品种 253 个，番鸭地方品种 24 个，鹅地方品种 182 个。这些丰富的种质资源不仅为水禽业的生产和发展提供了优良的种源，也为水禽种业的持续性发展提供了素材。近 20 年来，水禽产业作为家禽业的重要部分，取得了快速发展，已成为家禽业中最具活力的要素。

中国是最大的水禽生产国和消费国。根据中国畜牧业协会发行的《中国禽业发展报告：2020 年度》中的数据，我国白羽肉鸭的父母代种雏鸭年销售量为 1715 万只、父母代种鸭平均存栏量约 2508 万套，年销售商品雏鸭 41.79 万只，出栏肉鸭 38.7 亿只，年产鸭肉量 908 万 t；同年出栏麻羽肉鸭 5.79 亿只，产肉量 76 万 t，出栏番鸭和半番鸭 2.67 亿只，产肉量 65 万 t。在 2020 年，我国鸭肉的总产量达到 1063.75 万 t，位列猪肉和鸡肉之后的第 3 位。在肉鹅方面，我国 2020 年存栏种鹅 2877 万只，种鹅出栏 1644 万只，出栏肉鹅 6.89 亿只，产肉量 215 万 t，占全球鹅肉产量的 94.5%。我国的鸭鹅羽绒产量及其制品在全世界具有强大的影响力，约占国际进出口贸易量的 60%。随着经济的不断增长和人民生活水平的提高，国内外消费者对畜禽产品的要求已由数量满足转变为质量满意，向低脂肪、低胆固醇、高蛋白质、营养均衡、安全保健的方向发展，而水禽产品恰恰符合了消费者的这种需求。因此，水禽产品的市场占有率也在逐渐增长。随着我国经济的进一步发展和农村生活水平的逐步提高，水禽产品的消费市场将从城市向广大的农村拓展，并且这个拓展的空间将会不断地扩大。

一、企业自主育种和产学研紧密结合育种模式并行

动物种业的可持续发展是人类赖以生存和发展的基础，是实现畜牧业持续、稳定、高效发展，满足人类社会对畜禽产品种类的多样化、高质量要求的前提。

因此，各个国家尤其是发达国家早已制定了长期的发展战略，以加强对动物种业的改良、保护及合理利用。我国政府对动物种业的可持续发展也高度重视，特别是改革开放以来，制定了一系列的法规和条例，如 1994 年国务院颁发了《中华人民共和国种畜禽管理条例》，1998 年农业部颁发了《种畜禽管理条例实施细则》，2006 年农业部制定了《畜禽新品种配套系审定和畜禽遗传资源鉴定办法》，2010 年农业部出台了《关于加强种畜禽生产经营管理的意见》。2021 年，中央审议通过了《种业振兴行动方案》，强调种源安全提升到关系国家安全的战略高度，集中力量破难题、补短板、强优势、控风险，实现种业科技自立自强、种源自主可控。这些法规、条例和方案的出台为规范我国畜禽良种繁育体系建设奠定了制度基础，为水禽种业的持续健康发展提供了法律保障。

相对而言，水禽的育种起步晚，选育时间短。但经过研究人员近 50 年来的努力，已经成功建立了一批高效的育种平台，水禽育种工作取得了明显的进展，有力推动了品种培育过程中生产性能的选育提高。例如，英国樱桃谷公司、法国克里莫集团和我国内蒙古塞飞亚集团有限责任公司（简称内蒙古塞飞亚集团）、山东新希望六和集团有限公司、北京金星鸭业有限公司和中国农业科学院北京畜牧兽医研究所等都已经建立起比较成熟的水禽育繁推科研平台，培育了高生产性能的专门化肉鸭和番鸭品系，为水禽的养殖提供了重要的资源。

在组织模式上，水禽品种的培育主要采用企业自主育种和产学研联合育种两种模式。其中企业自主育种是一个程序明确的多模块协作育种模式，不同模块之间相辅相成、相互影响、相互促进。企业自主育种具有以市场需求为导向、育种经费充裕有保障、能配置先进的生产性能测定设施、表型记录系统准确、育种工作连续持久、信息管理与共享平台成熟、知识产权保护意识强、良种推广快等显著特点。例如，英国樱桃谷公司和法国克里莫集团等跨国大公司是企业自主育种的典范。我国水禽育种晚于国外，尚未有大型的跨国公司，我国的水禽育种目前主要采取产学研紧密结合的育种方式，即研究单位与高校利用自己的技术优势，与企业的市场、资金优势紧密结合，培育出多个对我国水禽品种市场具有巨大影响的肉鸭、肉鹅、蛋鸭新品种。例如，我国相继培育了中畜草原白羽肉鸭、中新白羽肉鸭、国绍 I 号蛋鸭和天府肉鹅等水禽新品种，打破了国外对我国水禽种业的垄断，实现了水禽种业的自主化和民族化，对提高生产效率、减少资源消耗、增加农民收入、调整畜产品结构和满足肉类需求具有重要意义。

二、育种技术体系建立并逐渐完善

水禽种质资源的品质与可持续性是决定水禽业发展和经济效益的关键因素之一。英国和法国等西欧国家水禽育种开展早，形成了大型育种公司为核心、集育种和推广为一体的良性育种体系。我国水禽育种工作启动较晚。但在我国不断推进禽类遗传资源保护与利用，逐步健全政策法规支撑体系，以国家保护为主，科研教学机构、龙头企业和社会公众等多元主体共同参与保护政策的支持下，水禽种质资源保护和利用取得了显著的成绩。近年来，各级政府对我国水禽资源的保护开展了一系列卓有成效的工作，中央政府分别在江苏泰州和福建石狮建立了两个国家水禽活体基因库；多个地方政府建立了多个国家水禽保种场，创制了遗传多样性丰富的肉鸭专门化品系，培育了具有较强市场竞争力的肉鸭新品种。

目前，我国育种技术蓬勃发展，采用不同育种技术培育了优良的肉鸭新品种、新品系，如利用远缘杂交、近交、双向选择等技术，创制了生长速度、体型大小、饲料转化率、胸肌率与皮脂率、抗病力等性状具有显著特征的肉鸭专门化品系。常规育种与信息技术并行，创新了肉鸭育种技术，创建了鸭二维码育种数据采集系统、超声波测定胸肌发育技术、亲缘关系鉴定技术、多元回归模型准确估测鸭活体不易度量性状技术等，育种效率提高了 5 倍以上。另外，我国多个企业形成了相对完整的水禽产业链。如内蒙古塞飞亚集团、山东新希望六和集团有限公司、北京金星鸭业有限公司等，目前已拥有"育种—养殖—屠宰—加工"完整产业链，并采用"公司+基地+农户"的养殖外包模式快速扩张规模。

（一）良种繁育体系有待优化

畜牧业数据库显示，目前我国注册经营的种鸭场有 493 个、种鹅场有 198 个。我国已经建立了一批具有一定生产规模的保种、育种企业，保存利用和培育了一批鸭、鹅优良品种和配套系，并已建立了初步的良繁体系，投入了商业化生产运营。然而，在注册经营的 493 个种鸭场中，有 11 个蛋鸭祖代场和 27 个肉鸭祖代场，规模均较小、品种单一。与种鸭场类似，注册的 198 个种鹅场虽然品种多样，但规模较小，经济薄弱，缺乏系统的选育。由此可见，我国水禽种业目前仍缺乏规模化和产业化程度高、竞争力强的种业集团，水禽良种的选育和开发仍然以高校、科研院所为主。近年来，国内涌现出一批具有较强市场竞争力的大型水禽龙头企业。例如，中国水禽网相关信息列出了河南华英农业发展股份有限公司、山东新希望六和集团有限公司、江西煌上煌集团食品股份有限公司、内蒙古塞飞亚集团有限责任公司、山东中澳农工商集团有限公司、山东华康食品有限公司、济宁市绿源食品有限公司、北京金星鸭业有限公司、四川绵樱鸭业有限公司和江苏高邮鸭发展集团有限公司，上述肉鸭行业的十强企业中，前三家公司已上市。大型水禽龙头企业的出现给我国水禽产业注入新的活力，并将发挥示范作用。然而，目前我国的大型水禽龙头企业的祖代场主要推广国外引入品种，对新品种培育投入和重视程度不够。同时，蛋鸭、肉鹅、肥肝鹅的育种和生产企业，其规模化、产业化水平尚有待进一步提高。

（二）育种设施进一步完善

育种设施对育种有着极其重要的作用，能严密监测控制禽类的生长繁育状态。在产学研紧密结合的推动下，我国水禽育种设备研发取得了良好的进展。在肉鸭育种工作中，由中国农业大学、北京金星鸭业有限公司等联合研制了肉鸭饲料消耗、体重测定等自动化设备。该设备能自动收集体重、饲料消耗、采食次数等 10 多个指标，能自动化准确记录肉鸭体重、饲料采食相关性状。重庆市畜牧科学院和重庆理工大学提出一种新型智能种鹅育种监控技术，基于光电检测与无线射频技术实现在不干扰种鹅的前提下对种鹅产蛋进行精确地监控。

为更高效、科学合理地饲养肉鸭，研究人员推出肉鸭笼养棚舍自动监管系统，包括自动化精准环境监控模块、数字化精准饲喂管理模块、良种繁育数字化管理模块、鸭场生产管理模块、肉鸭疫病监测预警模块及数字综合信息服务平台，实现保护环境、节约资源、降低能耗、提高生产效率、增强养殖管理能力、提高养殖企业的综合竞争力的目标。肉鸭养殖信息化对家禽产业现代化的带动作用主要表现为优化资源配置、提高资源利用率，从而降低生产边际成本，提高生产管理和经营管理水平，促进相关产业研发和发展，加快科学技术的传播和推广，促进肉鸭养殖生产方式的变革，推动农业科技进步，提高农民的整体素质，加快肉鸭养殖产业化进程，保持养殖产业的可持续发展。

在人工授精方面，研究人员开发了一种便携式采精装置，有效解决了家禽人工授精难的育种问题。此外，研究人员研制了一种与肉鸭生长性状相关的分子标记及其应用、核酸组合和试剂盒，为选育或培育具有优良生长性状的肉鸭品种提供理论依据和遗传基础，有利于提高育种效率，加快肉鸭育种进程。

（三）常规育种和分子育种技术并行发展

2016～2020 年，研究人员在水禽育种技术方面做了大量的工作，取得了很好的进展，2016～2020 年每年在水禽育种领域发表英文文章 349～442 篇，中文文章 44～89 篇，累计发表英文文章 1896 篇，中文文章 312 篇（图 10-1 和图 10-2）。

2016～2020 年，在水禽常规育种领域研发的专利累计 367 项（图 10-3）；在水禽育种软件领域研发的专利累计 81 项（图 10-4）；在水禽分子育种领域研发的专利累计 51 项（图 10-5）。

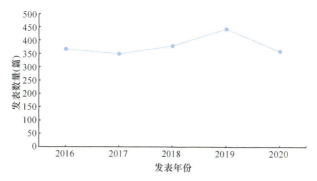

图 10-1　水禽育种领域英文文章发表数

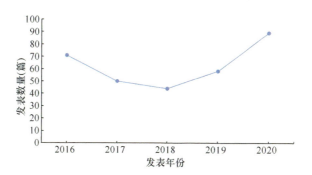

图 10-2　水禽育种领域中文文章发表数

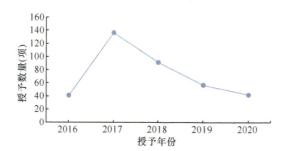

图 10-3　水禽常规育种专利年度授予数量

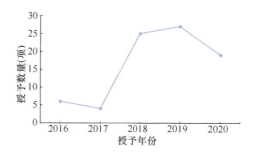

图 10-4　水禽育种软件专利年度授予数量

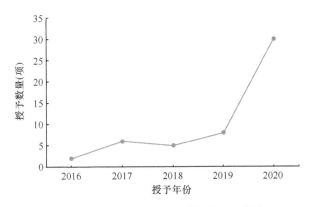

图 10-5 水禽分子育种专利年度授予数量

（四）种业人才团队不断壮大

水禽分子遗传学研究工作开展相对较晚，经过多年的努力，我国已培育了一批从事水禽分子遗传学研究的人才队伍，其中水禽产业体系首席科学家侯水生研究员 2021 年当选"中国工程院院士"。据不完全统计，目前从事水禽遗传育种繁殖专业的教授/研究员 47 人、副教授/副研究员/高级畜牧师等 32 人。其中 2016～2020 年毕业博士 87 人，硕士 325 人。近 5 年来，在水禽产业技术体系等项目的资助下，我国科学家引领水禽分子遗传学研究进入多组学时代，巩固了我国在该领域取得的国际领先地位。在实施鸭基因组项目中还培育了一支能整合基因组、蛋白质组、转录组等多组学数据，筛选重要经济性状候选基因，并利用融合多组学方法指导基因功能研究的人才梯队。然而，我国水禽品种的选育处于常规育种状态，要将我国科学家取得的国际领先的分子遗传学研究成果应用于水禽品种的改良，不仅需要深入研究水禽功能基因组学，加速基因诊断试剂盒的研制，也需要壮大应用分子标记辅助水禽品系培育的人才队伍。

三、主要品种和配套系利用情况与市场分析

（一）国外水禽主要品种概况

据联合国粮食及农业组织（FAO，2014，https://www.un.org/en/node/96999）统计，鸭和番鸭品种数共有 277 个，主要分布在亚洲、欧洲及高加索地区；鹅品种主要有 182 个，其中大部分集中在欧洲和亚洲。从世界范围来看，家鸭和家鹅的分布极不均匀，国外具有一定群体数量且可用于大规模养殖的家鸭和家鹅品种相对较少（家鸭有 22 个，家鹅 24 个），其余多用作观赏。目前家鸭和家鹅的饲养均主要集中在中国，其中家鸭占世界总量的 75%，其他主要饲养的国家有越南、

印度尼西亚、印度、泰国、法国和乌克兰等；世界上近90%的家鹅分布在中国，其余主要饲养的国家有埃及、罗马尼亚、波兰和马达加斯加等。

（二）国内水禽主要品种概况

我国水禽的饲养历史悠久、分布广泛，在不同的生态条件下，经过长期的自然与人工选择逐渐形成了具有不同外貌特征、遗传特性和生产性能的地方优良品种，成为世界上水禽种质资源最丰富的国家。根据2021年1月13日发布的《国家畜禽遗传资源品种名录（2021年版）》，列入水禽遗传资源共67个。家鸭地方品种37个，其中列入国家级重点保护名录的品种有8个（北京鸭、高邮鸭、金定鸭、莆田黑鸭、连城白鸭、建昌鸭、绍兴鸭和攸县麻鸭）；家鹅地方品种30个，其中列入国家级重点保护名录的品种有6个（皖西白鹅、太湖鹅、豁眼鹅、狮头鹅、四川白鹅和伊犁鹅）。另外，截至目前我国引进鸭品种（配套系）10个和培育鸭品种（配套系）16个；引进鹅品种（配套系）5个和培育鹅品种（配套系）3个，使得家鸭、番鸭和家鹅品种遗传资源更加丰富，品种类型更加齐全。我国水禽主要品种及其特点详见表10-1和表10-2。

表10-1 我国地方鸭品种及其特点

序号	品种	原产地及分布	体型、突出特点及用途	保种信息
1	北京鸭 （Beijing duck）	北京西郊玉泉山一带	体型较大；具有生长发育快、育肥性能好、繁殖性能卓越、肉质细嫩等特点；肉用型	北京金星鸭业有限公司、中国农业科学院北京畜牧兽医研究所
2	高邮鸭 （Gaoyou duck）	江苏省高邮市	大型麻鸭；具有肉质好、生长快、擅产双黄蛋等特点；蛋肉兼用型	高邮鸭良种繁育中心
3	绍兴鸭 （Shaoxing duck）	浙江省绍兴市	体型小巧；具有产蛋多、耗料少、成熟早、适应性强等特点；蛋用型	绍兴鸭原种场
4	巢湖鸭 （Chaohu duck）	安徽省巢湖市	体型中等；具有适应性广、抗病力强等特点；蛋肉兼用	庐江县种鸭场
5	金定鸭 （Jinding duck）	福建省龙海区紫泥镇金定村	体型小；具有抗病力、繁殖力强，产蛋多、蛋大、品质好等特点；蛋用型	国家水禽品种资源基因库（福建）
6	连城白鸭 （Liancheng White duck）	福建省连城县	体型中等；具有耐粗饲、适应性强、抗病力强等特点；蛋用型	国家水禽品种资源基因库（福建）
7	莆田黑鸭 （Putian Black duck）	福建省莆田市灵川、黄石等乡镇	体型轻小；具有耐盐、耐热、耐粗饲、适应性强、产蛋量高等特点；蛋用型	国家水禽品种资源基因库（福建）
8	山麻鸭 （Shan Partridge duck）	福建省龙岩市新罗区	体型小；具有早熟、产蛋多、饲料报酬高、适应性强等特点；蛋用型	国家水禽品种资源基因库（福建）
9	中国番鸭 （Chinese Muscovy duck）	福建番鸭、海南嘉积鸭、贵州天柱番鸭、湖北阳新番鸭、云南文山番鸭等的合称	体型中等；具有抗病力强、耐粗饲、产蛋性能好、瘦肉率高、味道鲜美等特点；肉用型	阳新县阳新番鸭保种场

续表

序号	品种	原产地及分布	体型、突出特点及用途	保种信息
10	大余鸭 （Dayu duck）	江西省大余县	体型中等偏大；具有适应性强、生长速度快、皮薄、毛孔小、肉质细嫩等特点；肉蛋兼用	大余县良种繁殖场
11	吉安红毛鸭 （Ji'an Red duck）	江西省吉安市	体型中等；具有觅食力强、耐粗饲、抗病力强、生产性能良好、瘦肉率高、肉质嫩等特点；肉蛋兼用	吉安红毛鸭保种场
12	微山麻鸭 （Weishan Partridge duck）	山东省南四湖流域	小型麻鸭；具有遗传性能稳定、蛋大质优、优质细嫩、觅食力强等特点；蛋用型	微山麻鸭原种场
13	文登黑鸭 （Wendeng Black duck）	山东省威海市文登区	体型中等；具有耐粗饲、觅食力强、产蛋量高、抗逆性强等特点；蛋用型	文登黑鸭原种场
14	淮南麻鸭 （Huainan Partridge duck）	河南省信阳市	体型中等；具有适应性强、耐粗饲、抗病力强、生长快、肉蛋风味好等特点；蛋肉兼用型	豫南水禽原种场
15	恩施麻鸭 （Enshi Partridge duck）	湖北省恩施土家族苗族自治州	小型麻鸭；具有觅食能力强、产蛋性能好、无就巢性等特点；蛋用型	无
16	荆江鸭 （Jingjiang duck）	湖北省荆州市	体型小；具有成熟早、产蛋多、适于放牧、善于觅食等特点；蛋用型	荆州市荆州鸭种质资源保护场
17	沔阳麻鸭 （Mianyang Partridge duck）	湖北省仙桃市	体型较大；具有适应性强、繁殖性能好、品质优良等特点；蛋肉兼用型	国营畜牧良种场
18	攸县麻鸭 （Youxian Partridge duck）	湖南省攸县境内	体型小；具产蛋多、饲料报酬高、适应性强、遗传性稳定、成熟早等特点；蛋用型	攸县麻鸭原种场
19	临武鸭 （Linwu duck）	湖南省临武县	体型大小适中；具有生长快、肉嫩味美、产蛋多、繁殖性能好等特点；肉蛋兼用型	无
20	广西小麻鸭 （Guangxi Small Partridge duck）	广西壮族自治区	体型小而紧凑；具有仔鸭生长快、肉质好、生活力强、种鸭产蛋多、繁殖性能好等特点；肉蛋兼用型	无
21	靖西大麻鸭 （Jingxi Large Partridge duck）	广西壮族自治区靖西市	体型小；具有性情温顺、耐粗饲、合群性好、生长发育快等特点；肉蛋兼用	无
22	龙胜翠鸭 （Longsheng Cui duck）	广西壮族自治区龙胜各族自治县	体型稍长，中等大小；具有外貌独特、肉质鲜嫩、青壳率高等特点；肉蛋兼用型	无
23	融水香鸭 （Rongshui Xiang duck）	广西壮族自治区融水苗族自治县	体型偏小；具有耐粗饲、抗病力强、蛋品质好、肉质美、青壳率高等特点；肉蛋兼用	融水鸭中心场
24	麻旺鸭 （Mawang duck）	重庆市酉阳土家族苗族自治县麻旺镇	小型；具有性成熟早、产蛋量高、适应性较强等特点；蛋用型	麻旺保种场
25	建昌鸭 （Jiancang duck）	四川省凉山彝族自治州特产	体型较大；具有遗传性稳定、抗病力强、耐粗饲、肉质型肥肝大等特点；肉蛋兼用型	德昌县建昌鸭资源场

续表

序号	品种	原产地及分布	体型、突出特点及用途	保种信息
26	四川麻鸭 （Sichuan Partridge duck）	四川省盆地及盆周丘陵区	体型较小；具有早熟、适应性强、放牧能力强等特点；肉蛋兼用型	无
27	三穗鸭 （Sansui duck）	贵州省东部的低山丘陵河谷地带	体型较小；具有早熟、产蛋多、牧饲力强、肉质细嫩、味美鲜香、胆固醇低等特点；蛋用型	无
28	兴义鸭 （Xingyi duck）	贵州省西南部	体型中等；具有生长快、易肥育、适宜放牧等特点；肉蛋兼用型	
29	建水黄褐鸭 （Jianshui Brown duck）	云南省建水县境内	体型中等；具有产蛋量高、品质好、肉质香嫩、耐粗饲、觅食力强等特点；肉蛋兼用	无
30	云南麻鸭 （Yunnan Partridge duck）	云南省晋宁县	体型较小；具有耐粗饲、抗病力强、繁殖性能好等特点；肉蛋兼用型	无
31	汉中麻鸭 （Hanzhong Partridge duck）	陕西省汉中市	体型较小；具有适应性、抗病力、觅食力强，产蛋率高等特点；肉蛋兼用型	无
32	褐色菜鸭 （Brown Tsaiya duck）	台湾省的宜兰、嘉义和屏东等县	体型小；具有产蛋多、蛋壳巩固等特点；蛋用型	台湾畜产试验所宜兰分所
33	缙云麻鸭 （Jinyun Partridge duck）	浙江省缙云县	体型小；具有耗料省、早熟高产、抗病力强、适应性广、蛋个适中等特点；肉蛋兼用型	缙云麻鸭原种场
34	娄门鸭 （Loumen duck）	江苏省苏州市	体型大；具有性情温和、产蛋量高、肉质细腻、含脂适中、口味较好等特点；肉蛋兼用型	江苏省家禽科学研究所
35	润州凤头白鸭 （Runzhou White Crested duck）	江苏省镇江市	小型；具有肉质细嫩、肉品质优良等特点；肉蛋兼用型	镇江市天成农业科技有限公司
36	于田麻鸭 （Yutian Partridge duck）	新疆维吾尔自治区和田地区于田县	体型中等；具有产蛋性能高、抗病力强，抗逆性强、成活率高，经济效益显著等特点；蛋用型	自2011年以来，于田县通过多方面筹集自治区专项、天津援建资金方式，投资100万元建成总面积2380 m²的麻鸭保种场
37	枞阳媒鸭 （Zongyang medium duck）	安徽省枞阳县	中型；具有肉质细嫩、含水量少、皮下脂肪少、有光泽、肌肉色泽鲜红、肌内脂肪含量丰富、纹理明显等特点；肉用型	无
38	丰城麻鸭 （Fengcheng Partridge duck）	江西省丰城市	以性成熟早、开产早、成年母鸭体重轻、产蛋高峰期长而著称	无
39	中山麻鸭 （Zhongshan Partridge duck）	广东省中山市	中型；具有体型大小适中、皮下脂肪较少等特点；蛋肉兼用型	无
40	固始麻鸭 （Gushi Partridge duck）	河南省信阳市固始县	中型；具有合群性好、抗逆性强、耐粗饲、善走、觅食力强、适宜远牧等特点；蛋肉兼用麻鸭	无

表 10-2 我国地方鹅品种及其特点

序号	品种	原产地及分布	体型、突出特点及用途	保种信息
1	籽鹅 (Zi goose)	黑龙江省、吉林省	小型；产蛋量高；用于繁殖、羽绒和肉绒兼用、母本	农安钰兴鹅业养殖专业合作社、黑龙江省农业科学院畜牧研究所籽鹅保种场、黑龙江省农业科学院鹅繁育工程中心
2	太湖鹅 (Taihu goose)	长江三角洲太湖地区，现分布于浙江省嘉湖地区、上海市郊县及江苏省等地	小型、耐粗饲、适应性强、性成熟早、产蛋多；用于肉用、母本	苏州市乡韵太湖鹅有限公司，湖州卓旺太湖鹅原种场
3	永康灰鹅 (Yongkang Grey goose)	浙江省永康市	小型；生长快，肉质鲜美，外形一致，遗传稳定；用于肉用	永康市花果山种养基地
4	浙东白鹅 (Zhedong White goose)	浙江省象山县、宁海县、奉化市、余姚市、慈溪市和绍兴市等浙东地区	中型；肉质肥嫩，屠宰率高；用于肉用、父本	象山县浙东白鹅育种基地、象山县沙岗文杰白鹅育种基地、绍兴县天鸿鹅业有限公司
5	皖西白鹅 (Wanxi White goose)	安徽省六安市和河南省固始县一带	中型；生长快、耐粗饲、肉质好、羽绒品质优；用于肉绒兼用、父本	安徽省皖西白鹅原种场有限公司、固始县恒歌鹅业有限公司
6	雁鹅 (Yan goose)	安徽省六安市、郎溪县	中型；生长快、产肉多、耐寒耐粗饲、疫病少、易管理；肉绒兼用	安徽省郎溪县雁鹅保种场
7	长乐鹅 (Changle goose)	福建省长乐区	小型；肉质鲜美、产肥肝性能好；肉用	长乐市宝护长乐灰鹅良种场
8	闽北白鹅 (Minbei White goose)	福建省	小型；耐粗饲；肉用	武夷山市北风种鹅场
9	兴国灰鹅 (Xingguo Grey goose)	江西省兴国县	中型；生长快、肉质好；肉用	兴国灰鹅原种场
10	丰城灰鹅 (Fengcheng Grey goose)	江西省丰城市	小型；肉用	无
11	广丰白翎鹅 (Guangfeng White goose)	江西省广丰县	小型；羽绒质优；肉绒兼用	无
12	莲花白鹅 (Lianhua White goose)	江西省莲花县	小型；肉嫩、生长快；肉用	莲花县莲花白鹅原种场
13	百子鹅 (Baizi goose)	山东省金乡县	体型小；产蛋量高；肉蛋兼用	金乡县鸿鹏鹅业有限公司、济宁华源畜牧养殖有限公司
14	豁眼鹅 (Huoyan goose)	山东省烟台市莱阳地区	小型；产蛋早、产蛋多、生长快；肉用、母本	辽宁省家畜家禽遗传资源保存利用中心、辽宁省铁岭市农业科学院、莱阳豁眼鹅（五龙鹅）原种繁殖基地、莱阳市天森豁眼鹅繁育中心；青岛农业大学优质禽育种基地
15	道州灰鹅 (Daozhou Grey goose)	湖南省道县	中型；生长快；肉用	道州灰鹅原种场
16	酃县白鹅 (Lingxian White goose)	湖南省炎陵县	体型小而紧凑；生长快、产蛋量高；肉用	湖南省株洲神风牧业酃县白鹅资源场
17	武冈铜鹅 (Wugang Tong goose)	湖南省武冈市	体型中等；生长速度快、适应性强、肉质好；肉用、父本	武冈铜鹅资源场、武冈铜鹅资源扩繁场

续表

序号	品种	原产地及分布	体型、突出特点及用途	保种信息
18	溆浦鹅 （Xupu goose）	湖南省溆浦县	中型偏大；生长快；肉用、父本	湖南鸿羽溆浦鹅业发展有限公司
19	马冈鹅 （Magang goose）	广东省开平、佛山、肇庆、湛江等地	中型；肉质鲜美、"四乌"（乌头、乌颈、乌背和乌脚）；肉用	马冈鹅原种场
20	狮头鹅 （Shitou goose）	广东省汕头市及潮州市	大型；生长快；肉用	汕头市白沙禽畜原种研究所
21	乌鬃鹅 （Wuzong goose）	广东省清远县（现为清远市）	小型；肉质鲜美；肉用	广东省清远县乌鬃鹅良种场
22	阳江鹅 （Yangjiang goose）	广东省阳江市	小型；肉质好；肉用	阳江市畜牧科学研究所阳江鹅繁育场
23	右江鹅 （Youjiang goose）	广西百色地区右江两岸	中型；生长性能好，四季可产蛋；肉用	右江鹅保种示范基地
24	定安鹅 （Dingan goose）	海南省定安县	体型中等；生长速度快、适应性强、肉质好；肉用	无
25	钢鹅 （Gang goose）	四川省凉山彝族自治州西昌市境内	中型；生长快；肉用、父本	无
26	四川白鹅 （Sichuan White goose）	四川省温江、乐山、宜宾、永川和达县等地	中型；产蛋性能好、性能好；肉用母本	南溪县四川白鹅育种场
27	平坝灰鹅 （Pingba Grey goose）	贵州省平坝县	中型；生长快、育肥性能高、以草食为主、肉质鲜美；肉用	平坝县平坝灰鹅保种场
28	织金白鹅 （Zhijin White goose）	贵州西北部毕节地区织金县	体型高大；生长快；肉用	无
29	云南鹅 （Yunnan goose）	云南大理白族自治州	中型；生长快、品质鲜美；肉用	无
30	伊犁鹅	新疆伊犁哈萨克自治州直属县、市	中小型；产绒多、飞翔好；肉绒兼用	额敏县恒鑫实业有限公司，新疆伊犁哈萨克自治州畜禽改良站

（三）我国水禽培育品种（配套系）概况

随着我国水禽产业的转型升级，生产效率低下的品种难以满足现代集约化和标准化生产需要，良种又受制于他国。因此，为了打破国外对我国水禽种业的垄断，实现水禽种业的自主化和民族化，我国水禽科技工作者针对我国水禽产业布局特点和市场需求，根据我国水禽产业各主产区对良种的需求的差异化，开展水禽新品种培育与育种素材创制工作。经过20年的努力，取得了明显的成果，相继培育出了Z型北京鸭、南口1号北京鸭、中畜草原白羽肉鸭、温氏白羽番鸭1号、国绍Ⅰ号蛋鸭、天府肉鹅、江南白鹅等经国家审定的畜禽新品种（配套系）；选育出中新白羽肉鸭配套系、大型白羽半番鸭亲本专门化品系、肥肝用半番鸭配套系、绍兴鸭高产系等良种，截至2021年我国共培育鸭品种（配套系）16个和培育鹅品种（配套系）3个，对提高生产效率、减少资源消耗、增加农民收入、调整畜产品结构和满足肉类需求具有重要意义。我国培育的水禽品种（配套系）详见表 10-3 和表 10-4。

表 10-3　我国培育鸭品种及配套系信息

序号	品种	培育单位	突出特点及用途	品种信息
1	Z 型北京鸭配套系	中国农业科学院北京畜牧兽医研究所	以三品系配套模式生产；具有生长速度快、饲料转化率高、肉质鲜嫩、胸腿肉率高、胸部丰满、皮肤细腻光滑、羽毛孔细小、头大、颈粗短、体躯椭圆等特点；肉用型	2005 年 11 月 13 日通过国家畜禽品种审定委员会家禽专业委员会审定；（农 10）新品种证字第 4 号
2	南口 1 号北京鸭配套系	北京金星鸭业有限公司	为三系配套；种鸭的产蛋性能好、繁殖率高、适应性强，生产的商品鸭生长速度快、易育肥、皮肤细腻、肉质鲜美、口感好；肉用型，优质烤鸭的原料	2005 年通过了国家畜禽品种审定委员会的审定
3	仙湖 3 号肉鸭配套系	佛山科学技术学院	由二系配套构成；该配套系体型外貌与北京鸭大致相同，具有产蛋多、生长速度快、耗料少、瘦肉率高、抗病力强、耐热性好、适应性广等优点	2003 年 11 月通过国家畜禽品种审定委员会新品种审定；于 2004 年 4 月获得国家畜禽新品种（配套系）
4	苏邮 1 号蛋鸭配套系	江苏高邮鸭集团、江苏省家禽科学研究所、高邮市高邮鸭良种繁育中心	采用两系配套模式；该配套系商品代母鸭具有开产日龄早、产蛋量高、青壳蛋比率高、产蛋期成活率高、耗料少等特点	2011 年获得了国家级畜禽新品种（配套系）证书
5	佛山三水白鸭配套系	三水区联科畜禽良种繁殖场、华南农业大学动物科学学院	以樱桃谷鸭和枫叶鸭为素材采用两系配套模式培育；父母代种鸭繁殖性能优越、商品代肉鸭具有早期生长速度快而且瘦肉率高等优点	于 2004 年获得国家农业部门颁发的畜禽新品种（配套系）证书
6	国绍 I 号蛋鸭配套系	浙江省农业科学院、浙江省诸暨市国伟禽业发展有限公司	为三系杂交配套系；具有养殖周期短、开产早、饲料消耗少、育成成本低、产蛋高峰持续时间长、产蛋量高、青壳率高、蛋壳质量好、破损率低等优点	于 2015 年 4 月通过国家畜禽遗传资源委员会审定
7	中畜草原白羽肉鸭配套系	中国农业科学院北京畜牧兽医研究所、赤峰振兴鸭业科技育种有限公司、内蒙古塞飞亚农业科技发展股份有限公司	具有生长速度快、饲料转化率高、瘦肉率高、皮脂率低、抗病能力强等优异特性	于 2018 年获得国家新品种证书，（农 10）新品种证字第 6 号
8	中新白羽肉鸭配套系	中国农业科学院北京畜牧兽医研究所、山东新希望六和集团有限公司	具有生长速度快、饲料转化率高、瘦肉率高、皮脂率低、抗病能力强等优异特性	2019 年 4 月中新白羽肉鸭获得了国家畜禽遗传资源委员会颁发的肉鸭新品种证书
9	江南系列高产蛋鸭配套系	浙江省农业科学院畜牧兽医研究所	产蛋性能优，适应性广，抗病力强，公鸭肉质好；母鸭羽色深褐，黑色斑点大而明显；高产商品蛋鸭	包括江南 I 号、江南 II 号、青壳 I 系、白壳 I 系 4 个杂交配套系，其中江南 I 号、江南 II 号已通过农业部组织的鉴定，专家认为达到了国际领先水平。1993 年 12 月获得国家新品种证书
10	天府肉鸭	四川农业大学	为二系配套大型肉鸭新品系；天府肉鸭现有 5 个品系及白羽和麻羽 2 个配套系；具有生长速度快、饲料报酬高、腿胸比率高、饲养周期短、适于集约化饲养、经济效益高等优点，是制作烤鸭、板鸭的上等原料	1996 年获得国家农业部门颁发的畜禽新品种

续表

序号	品种	培育单位	突出特点及用途	品种信息
11	天府农华麻鸭配套系	四川农业大学、四川省畜牧总站等单位联合培育	优质麻羽肉鸭配套系	
12	白番鸭 RF 系	福建农业大学	适应性好,生长速度、繁殖性能高等特点	
13	台湾白羽骡鸭	台湾专家	由母白羽种鸭与公白羽番鸭杂交所获得的台湾白羽骡鸭;具有产蛋周期长、产蛋多、耗料少、适应性强等特点	
14	神丹2号蛋鸭配套系	湖北神丹健康食品有限公司、浙江省农业科学研究院	具有商品体型适中、耗料少、早熟高产、青壳率高、蛋个适中、蛋壳厚、破损率低、抗病力强、抗应激性强、适合高温高湿地区饲养等特点;蛋用	2021年1月通过了国家畜禽遗传资源委员会审定、鉴定;(农10)新品种证字第8号
15	强英鸭配套系	安徽强英食品集团有限公司、安徽农业大学	肉用型	2021年1月通过了国家畜禽遗传资源委员会审定、鉴定;(农10)新品种证字第8号
16	温氏白羽番鸭1号配套系	温氏食品集团股份有限公司、华南农业大学、广东温氏南方家禽育种有限公司	具有生长速度较快、饲料转化率较高、抗病力强、产肉性能较好等优势;肉用型	2021年1月通过了国家畜禽遗传资源委员会审定、鉴定;(农17)新品种证字第12号

表10-4　我国培育鹅品种及配套系信息

序号	品种	培育单位	突出特点及用途	品种信息
1	扬州鹅	扬州大学、扬州市农林局等单位培育	我国第一个新鹅种;体型适中,整齐度好,遗传性能稳定;肉用仔鹅早期生长快,耐粗饲,适应性强、肉质鲜美、肌肉蛋白质含量高,肌纤维细密,肌间脂肪丰富,含水量低,加工成品率高,适口性好	2002年8月通过省家禽品种委员会审定,正式定名为扬州鹅
2	天府肉鹅配套系	四川农业大学、四川省畜牧总站、四川德阳景程禽业有限责任公司	二系配套;具有种鹅繁殖能力强,商品肉鹅生长迅速等特点	2011年通过了国家品种审定,(农09)新品种证字第45号
3	江南白鹅配套系	江苏立华牧业股份有限公司	三系配套	2018年通过了国家品种审定,(农11)新品种证字第2号

（四）利用情况和市场分析

1. 肉鸭主要品种（配套系）利用情况与市场分析

水禽遗传资源作为重要的生物资源组成部分,是维护国家生态安全和农业安全的重要战略资源。科学合理保护开发利用畜禽遗传资源,已经成为今后一个时期衡量一个国家畜禽种业综合竞争力和畜牧业可持续发展能力的重要标志。经过我国大学、科研单位及各大水禽育种企业的紧密合作,主导或者参与到水禽遗传资源保种方案的制定和实施中,对一些地方水禽资源的种质特性进行了评价,明确了利用方向,极大地推动了我国水禽遗传资源的保护和开发利用工作。首先,白羽肉鸭方面，北京金星鸭业有限公司利用北京鸭品种选育出烤制型专门化品系4个，培育了生长快、皮脂率高、适合烤炙的南口1号北京鸭配套系1个，年推广优质父母代种鸭20万只，生产商品代鸭1200万只，占据我国高档烤鸭市场。中国农业科学院北京畜牧兽医研究所与内蒙古塞飞亚农业科技发展股份有限公司和山东新希望六和集团有限公司，紧密开展产学研合作，利用北京鸭品种资源，采用定向选择培育专门化品系累计已达30多个世代，使传统北京鸭品种实现了基因分离、重组，形成了23个各具特色的北京鸭专门化品系。先后培育了Z型北京鸭、中畜草原白羽肉鸭配套系和中新白羽肉鸭配套系。与原始北京鸭比较，新品种(配套系)不但缩短了饲养期，而且体重增加了500~800 g，料重比降低35%~40%，与发达国家培育的北京鸭比较，自主培育的瘦肉型北京鸭新品种的生长速度、饲料效率、胸肉率、肉质性状等指标具有更强的市场竞争力和发展潜力，已经占据我国30%的分割型肉鸭市场，打破了英国培育品种樱桃谷肉鸭长期占据我国分割型肉鸭市场的垄断格局。另外，强英集团与安徽农业大学联合利用樱桃谷白羽肉鸭，培育了强英鸭新品种（配套系），商品代鸭早期生长速度快、饲料转化率高，适合屠体分割加工市场需求。中间试验期间推广父母代种鸭60万只，生产商品鸭1200万只，获得了较好的经济效益和社会效益，该配套系的成功培育进一步加快和巩固了肉鸭品种国产化进程。总体而言，自主培育的白羽肉鸭新品种（配套系）的示范和推广，显著提高了肉鸭养殖水平与经济效益，并在我国肉鸭产业中占据了重要地位，实现了白羽肉鸭种业的自主化和民族化，打破了国外对我国白羽肉鸭种业的垄断，为满足国内肉鸭市场需求、保障种源安全做出了杰出贡献。

其次，在优质肉鸭的开发上，地方鸭品种的肉用性能也得到了广泛应用。受我国各地消费文化的影响，形成了以盐水鸭、卤鸭、酱鸭和板鸭为主的特色消费类型，快大型白羽肉鸭的胴体品质无法满足这些特殊的加工工艺。虽然，我国优质肉鸭育种处于起步阶段，缺乏满足这些需求的成熟的配套系。但是，近年来在很多专家和从业者的共同努力下，地方优质鸭遗传资源多样性评价、保种和开发利用方面取得了明显的成果，如建昌鸭、麻旺鸭、临武鸭、汉中麻鸭、吉安红毛鸭和连城白鸭等一大批优秀地方品种得到了很好的保护及系统的研究和评价，并开展了优质麻羽肉鸭配套系的培育工作，如以吉安红毛鸭与北京鸭、靖西大麻鸭等为素材开展杂交利用，杂交组合63日龄体重达到1.5~1.6 kg，料肉比由3.2∶1提升到3.0∶1。吉安红毛鸭纯种年出笼量1000万只，杂交组合年出笼量超过9000万只，江西省以纯种或者杂交组合加工板鸭3000万只/a、酱鸭1500万只/a。

2. 蛋鸭主要品种（配套系）利用情况和市场分析

我国是世界上蛋鸭品种资源最丰富的国家，现有蛋用型或以蛋用为主的地方鸭种18个，以浙江的绍兴鸭、江苏的高邮鸭和福建的金定鸭为3个当家品种。利用绍兴鸭品种，选育出了青壳 III 号和国绍 I 号蛋鸭配套系，商品代蛋鸭 108 日龄见蛋，72 周龄产蛋数 326.9 个，平均蛋重 69.6 g，青壳率 98.2%，产蛋期料蛋比 2.62∶1，育成期成活率 97.6%，入舍母鸭成活率 97.5%；以高邮鸭为育种素材，成功培育高产青壳蛋鸭配套系——苏邮 1 号蛋鸭，商品代具有产蛋量高、青壳蛋比例高及耗料少等特点，开产日龄 117 天，72 周龄产蛋数 323 个，平均蛋重 74.6 g，青壳率 95.3%，产蛋期成活率 97.7%，产蛋期料蛋比 2.73∶1。湖北神丹健康食品有限公司培育的青壳蛋鸭配套系，2021 年通过了国家新品种（配套系）审定，开产日龄 118 天，72 周产蛋数 327 个，总蛋重 21.4 kg，产蛋期料蛋比 2.59∶1，与选育前相比，开产日龄提早了 14 天，72 周产蛋数提高了 9.7%，饲料转化率提高了 11%。以上的配套系都是利用我国的蛋鸭品种进行选育和配套，生产性能处于行业领先水平，因此，我国蛋鸭业在品种方面以自己培育的高产配套系为主，占蛋鸭饲养量的90%以上，避免了国外蛋鸭品种冲击我国蛋鸭产业的局面，对提高蛋鸭生产性能和饲养效益发挥了重要的作用。

3. 鹅主要品种（配套系）利用情况和市场分析

我国鹅品种资源丰富，但多数地方品种缺乏系统选育，生产性能、繁殖性能参差不齐。长期以来，多数地方品种采用闭锁繁育，尚未形成科学的选育制度，鹅的育种工作相对滞后，品种选育和配套系杂交刚刚开始。如何开发利用我国丰富的鹅品种资源，已成为当今鹅产业发展的关键问题。扬州鹅是利用皖西白鹅、四川白鹅和太湖鹅经过选育而成的新品种，具有生长速度快、产蛋多和适应性强等特点，年推广量 8000 万只。利用四川白鹅和朗德鹅为素材，选育出天府肉鹅配套系，年产蛋提高到 85～90 个，10 周龄体重 3.6～3.8 kg，具有很好的肉用价值，在西南地区受到市场的青睐。另外，利用四川白鹅、浙东白鹅和扬州鹅等品种为素材，成功选育江南白鹅配套系，具有繁殖性能高、生长速度快、节水、生态、适合规模化养殖的特点，每年推广 6 万套种鹅，产苗 300 万只。另外，肉鹅生产企业还利用皖西白鹅、扬州鹅和泰州白鹅等地方品种进行简单杂交，生产三花鹅，具有生长速度快、肉质好、皮脂率低、产蛋多等特点，广受市场的欢迎，养殖量占白羽肉鹅市场的30%。

四、龙头企业情况

目前，国外肉鸭育种公司主要有英国樱桃谷农场有限公司和美国枫叶鸭集团公司，国外番鸭育种公司主要有法国克里莫集团和奥尔维亚公司，国外鹅育种公司主要有法国克里莫集团和匈牙利霍尔多巴吉养殖股份有限公司。另外，我国也涌现出一批具有核心研发能力、产业带动力强的水禽育种领军企业，如北京金星鸭业有限公司、内蒙古塞飞亚农业科技发展股份有限公司、新希望六和股份有限公司、强英集团和温氏集团、诸暨市国伟禽业发展有限公司、湖北神丹健康食品有限公司和江苏立华牧业股份有限公司。

（一）国内外著名肉鸭育种企业

英国樱桃谷农场有限公司（简称樱桃谷公司）：位于伦敦北部的罗斯韦尔、以北京鸭为素材的鸭育种和养殖农场，因其周围有成排的樱桃树围绕而得名。J.尼克森组织的团队在农场成立时经过市场调研发现，很多英国人喜欢吃北京鸭烤制的鸭，但觉得当时的烤鸭品种太肥腻，如果能提高鸭的瘦肉率，肯定会成就一个巨大的市场。于是这个多学科人才组成的团队开始研究北京鸭的育种。在农场成立初期，樱桃谷公司主要以北京鸭为主进行品系发展的效率试验，父系以增重为选育目标，母系以增加产蛋量和孵化率为选育目标。经过 10 年的选育，樱桃谷肉鸭配套系的早期增重和饲料转化率显著提高。20 世纪 60 年代中期樱桃谷公司以地方品种艾利斯伯里鸭与北京鸭杂交育种，通过后裔测定进行胸肉率的选择，大约每代增加 0.4% 的胸肉率，但脂肪含量和饲料转化率随之增加。于是 20 世纪 70 年代中期至 80 年代后期樱桃谷公司开始测定鸭的采食量，通过个体选种进行饲料转化率和脂肪含量的选育。在胸肉率、饲料转化率、脂肪含量和产蛋数性状取得较大进展后，20 世纪 90 年代樱桃谷公司进行品系间的特异性选择，着重于胸肉、脂肪含量和增重，育成 SM2 型和 SM3 型配套系。经过 40 多年的系统选育，樱桃谷公司拥有 16 个品系，主要为北京鸭肉用型、北京鸭蛋用型、北非型杂种。目前，樱桃谷鸭 SM3 商品代 42 日龄体重达到 3.2 kg，料肉比达到 2.02：1。凭借其料肉比低等生产性能优势，樱桃谷肉鸭自 20 世纪 90 年代起一直占据了肉鸭市场的主导地位，成为世界肉鸭选育和鸭肉产品加工的市场主导者，为欧洲、亚洲和远东市场提供高标准的种鸭和技术及鸭肉产品。公司有两个主要业务：一是樱桃谷食品加工，主要向英国在内的欧洲市场提供高质量的冷冻和熟制鸭肉产品；二是樱桃谷种禽，主要为全世界养鸭工业提供种鸭及其技术服务。这两个业务相互补充，使公司能在肉鸭生产的各个领域提供独特的咨询和技术服务。樱桃谷公司在英国雇有大约 600 个员工，在中国拥有多个子公司与合资的种鸭和食品加工公司，是全球七大家禽育种公司之一。作为养鸭产业的市场领先者，樱桃谷公司对生产经济性、技术专业性和质量信誉度的追求和重视程度是独一无二的。由于公司能同时清楚地了解生产厂家和消费顾客的不同需要，从而发展了一系列种禽产品和相应的技术服务，使各个环节的生产者都能从中受益。2017 年，我国首农股份与中信农业双方联合以 1.83 亿美元的价格收购英国樱桃谷农场有限公司 100% 股权。

法国克里莫集团：成立于 1966 年，位于法国卢瓦尔河地区的南特市附近，是一家私营育种公司。该集团选育的产品有朗德鹅、莱茵鹅、番鸭、骡鸭、奥白星鸭、伊普吕兔、欧洲肉鸽、优质肉鸡及火鸡。其中，水禽育种在国际上处于领先地位，种鸭在欧洲市场占主导地位。朗德鹅是法国克里莫集团培育的主要水禽品种之一，也是当今世界上最著名的用于鹅肥肝生产的专用品种。法国克里莫集团在开展肥肝鹅的选育过程中，一直与法国农业科学研究院（INRA）（现被合并组建为法国国家农业食品与环境研究院）、图卢兹国立高等农艺学校（ENSAT）、图卢兹国立兽医学校（ENVT）、国家家禽水产选育行业联合会（SYSAAF）、国家人工孵化联合会（SNA）、西南农业环境发展联盟（ADAESO）和著名的肥肝公司如罗捷（Rougie）、皮萨克（Bizac）、德波瑞特（Delpeyrat）及服务公司（NUTRICA）等具有紧密的合作，进行填饲用灰鹅的纯系扩繁、杂交配套，为种鹅场提供父母代种鹅，为鹅肥肝生产企业提供商品代雏鹅。在朗德鹅选育的早期，选用体重大、生长快、肥肝性能好的米朗德鹅和苏普罗士鹅作为父系，体重较轻、肥肝性差、繁殖性能好的阿蒂盖鹅作为母系，建立三个配套系。父系主要通过肥肝重和肥肝质量指标的选择提高其肥肝性能，同时还进行生长速度、填肥期增重、精液品质和受精率等综合指标的选择，母系主要对产蛋量、种蛋的品质和产蛋的持续性进行选择。通过父系和母系的选育，培育具有肥肝性能突出、生长速度快及繁殖力高、遗传性能稳定的专门化品系，然后测定不同品系间的杂交配合力，筛选出杂交优势突出的最佳组合，组成杂交配套系作为商品代。后来，为了增加遗传多样性、综合更多亲本的优良性状，朗德鹅的选育借鉴了鸡的四系配套方法，即分别选育出 4 个具有突出肥肝性能、生长速度和繁殖力等性状的品系，随后两个杂交系间再进行杂交组成用于商品生产的配套系。1980 年我国首次引进朗德鹅，随后山东昌邑于 1987 年引进商品代朗德鹅。目前，法国克里莫集团的朗德鹅已被广泛引入山东、浙江、吉林、四川和湖北等。除了在鹅的育种中取得骄人的成绩外，法国克里莫集团在鸭的选育方面也取得了很好成绩，培育了奥白星鸭、番鸭和骡鸭，这些优良鸭品种也相继进入了我国及其他国家的肉鸭市场。得益于培育优良家禽品种（特别是水禽品种）及肉兔品种产生的巨大经济效应，法国克里莫集团成为世界遗传育种领域首家获得 ISO9001 质量认证的育种公司，并跻身于全球七大家禽育种公司之一。与樱桃谷公司类似，法国克里莫集团雇有大约 700 个员工，在中国拥有多个子公司与合资的种鸭公司。

美国枫叶鸭集团公司：是北美最大的鸭业公司，是世界上最大的鸭繁育、养殖、加工、销售企业之一。该公司 1958 年成立时仅是一个年生产 280 000 只鸭的小型鸭场，随着公司的不断发展，到 1964 年，年产量已超过 100 万只鸭。20 世纪 70 年代中期，公司率先通过大规模选育方法对枫叶鸭进行改善生产性能的育种工作，选育出具有生长速度快、饲料转化率高、胸肌率高和繁殖性能好的品种。与樱桃谷鸭一样，枫叶鸭的祖先同样是北京鸭。目前，枫叶鸭集团公司已发展成为一家集种鸭场、孵化厂、生物研究所、羽毛加工厂为一体的现代化配套联合实体，公司员工达 1200 多名。公司重视育种、营养和鸭生产环境的改良，建立并推广鸭的生产综合管理系统。2010 年 11 月，经国家工商总局批准，美国枫叶集团独资的枫叶（中国）有限公司成立，总部设在山东省肥城市高新区，向中国市场提供性能优良的种鸭，在中国肉鸭市场中占据一定的市场份额。

内蒙古塞飞亚农业科技发展股份有限公司：是集优质瘦肉型草原鸭原种选育，曾祖代、祖代、父母代种鸭扩繁，商品鸭养殖加工、熟食深加工及种鸭苗、商品鸭苗、冻鲜品、熟食销售和饲料加工等业务于一体的现代化肉鸭全产业链大型企业，是农业产业化国家重点龙头企业。与中国农业科学院北京畜牧兽医研究所联合培育的草原鸭新品种于 2018 年 7 月 10 日被国家审定为畜禽新品种，成为第一个填补我国白羽肉鸭原种空白的重大科研项目。

新希望六和股份有限公司：创立于 1998 年，公司立足农牧产业、注重稳健发展，业务涉及饲料、养殖、肉制品及金融投资、商贸等，通过了"ISO9001 质量管理体系认证"和"ISO22000 食品安全管理体系认证"、"GAP 良好农业规范认证"、"HACCP 食品安全管理体系认证"等。与中国农业科学院北京畜牧兽医研究所合作，经过 6 年的辛苦育种、不断优化品种性能，形成 4 个专门化肉鸭品系，育成中新白羽肉鸭配套系通过国家品种审定。

强英集团：创立于 1987 年。历经 30 余年发展，强英集团在 2019 年全国农业产业化国家重点企业 500 强中位列第 97 位，创造了显著的社会价值与商业价值。强英集团是一家集种鸭育种、种鸭繁育、种蛋孵化、鸭苗销售、规模养殖、饲料生产、屠宰加工、羽绒及羽绒制品加工于一体的全产业链农牧企业，与安徽农业大学合作，历经 10 年，成功培育出强英鸭新品种（配套系），并通过国家畜禽遗传资源委员会审定，强英鸭商品代早期生长速度快、饲料转化率高，适合屠体分割加工的市场需求。

温氏食品集团股份有限公司：创立于 1983 年，现已发展成一家以畜禽养殖为主业、配套相关业务的跨地区现代农牧企业集团。2015 年 11 月 2 日，温氏股份在深交所挂牌上市。温氏股份掌握畜禽育种、饲料营养、疫病防治等方面的关键核心技术，拥有多项国内外先进的育种技术。公司累计培育畜禽新品种 10 个（其中，猪 2 个、鸡 7 个、鸭 1 个），建立了完善的育种技术体系和丰富的品种素材库，旗下单位入选国家肉鸡核心育种场、国家肉鸡良种扩繁推广基地、国家动物疫病净化创建场、国家研发计划项目示范种禽场、国家生猪核心育种场。自主选育的新兴矮脚黄鸡、新兴黄鸡 2 号、新兴竹丝鸡 3 号、新兴麻鸡 4 号、天露黑鸡、天露黄鸡、温氏青脚麻鸡 2 号共 7 个家禽品种配套系获得国家畜禽品种审定认证；华农温氏 I 号猪配套系、温氏 WS501 猪配套系 2 个瘦肉型猪配套系获得国家畜禽品种审定认证；温氏白羽番鸭 1 号配套系获得国家畜禽品种审定。

（二）国内外著名蛋鸭育种企业

诸暨市国伟禽业发展有限公司：始建于 1983 年，是以专业经营绍兴鸭为主，集绍兴鸭原种保护与开发、种禽种苗、禽蛋与肉制品精深加工、国际高端人才引进与科技研发于一体的国家高新技术企业。通过"ISO14001 国际环境管理体系"认证。与浙江省农业科学院合作，根据市场对蛋鸭品种的需求，历时 8 年，以提高蛋鸭生产性能、产品品质为主要目的而培育的三元杂交配套系国绍 I 号，是目前国内第一个通过国家新品种审定的三元杂交蛋鸭配套系。

湖北神丹健康食品有限公司：是以蛋制品加工销售为主，融饲料加工、种蛋禽饲养、服务于一体的农业产业化国家重点龙头企业。为更好推动公司蛋鸭产业发展，蛋鸭选育工作被提上公司日程。2011 年，与浙江省农业科学院合作，根据市场需求和公司产业发展需要，把选育高产、青壳、高饲料转化率、适合笼养、蛋形适中的蛋鸭配套系作为育种目标，成功选育出神丹 2 号蛋鸭配套系。

（三）国内外著名肉鹅育种企业

匈牙利霍尔多巴吉养殖股份有限公司：该公司在霍尔多巴吉草原上培育出肉绒两用的优质鹅品种——霍尔多巴吉鹅，该鹅种性情温顺，无就巢性，生长快速，产绒性能好。2009 年，匈牙利霍尔多巴吉养殖股份有限公司与山东盛泉集团有限公司在北京匈牙利大使馆签订合作协议，合资办理乳山盛泉霍尔多巴吉禽业养殖有限公司，当年引进 59 000 枚匈牙利霍尔多巴吉鹅曾祖代、祖代鹅种蛋，自 2011 年 2 月开始进行父母代和商品代霍尔多巴吉白鹅生产。

江苏立华牧业股份有限公司：成立于 1997 年 6 月，是一家集科研、生产、贸易于一身，以优质草鸡养殖为主导产业的一体化农业企业，是国家级农业产业化重点龙头企业、国家级农业标准化示范区，实行"公司+农户"的运行模式。公司自主培育雪山鸡配套系和江南白鹅配套系。

五、未来育种发展方向和目标

（一）品种趋于多元化

因国内不同地域水禽消费习惯和文化差异，以及消费者对水禽产品肉质需求增加，国内水禽品种结构更加趋向多元，以不断满足多样化的市场需求。对肉鸭而言，除传统适合分割的快大型白羽肉鸭品种外，中等体型白羽、麻羽肉鸭品种数量也将增加，满足市场多元化的发展趋势。

（二）关注更多性状

在水禽育种中，除传统育种关注的生长速度、胸肉重、饲料转化率外，未来还会关注肉质（风味物质）、抗逆性、体型、骨骼钙化、羽毛生长发育状况等指标的选育。随着各种检测技术、物联网技术的发展，决定水禽重要经济性状的更多表型将被逐步发掘出来。这些表型之间潜在的遗传关系，以及它们对重要经济性状的影响将逐渐被揭示，并逐步应用于水禽选种中。例如，目前国内外都普遍采用 B 超活体测定鸭胸肌厚度，以及通过个体采食量记录选择肉鸭饲料转化率（FCR）和剩余采食量（RFI）（张春雷等，2016）。此外，国外已经有公司基于 CT 技术建成家禽 3D 数据集，从中提取各部分所需要的数据，准确应用于产肉、体尺，以及骨骼性状的选择（图 10-6）。

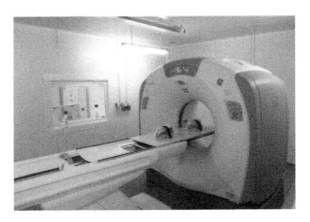

图 10-6 基于 CT 技术的家禽 3D 数据采集

（三）注重选种效率

水禽传统育种过程中，要进行烦琐的家系组建、系谱资料记录、性能测定、选种选配、后裔测定等工作，耗时长、人工成本高。短期内，急需开发和应用适合于水禽选种的软件管理系统、开发智能性能测定设备、应用部分经济性状开发的分子标记等工作，以助于水禽育种效率的提升。例如，国外 ORVIA 公司开发了一种全自动产蛋记录系统，在未来可以取代单笼测定形式。基于全自动产蛋记录系统，可在地面平养过程中测定水禽个体产蛋性能。在测试期间，还可以实时测定出蛋重、蛋壳强度、产蛋时间等信息，将为繁殖性能的选择带来革新。国外也有公司将基于 IT 技术的育种管理软件系统逐渐应用在水禽育种值的计算中，使育种人员能实时估计种禽的育种值。在性能准确测定和分析技术的结合下，育种人员选种更加科学、便捷、高效，更有利于育种进展的提速。育种软件还可针对各品系关注的指标特点进行合理选配，以更好地组建下一个世代核心群。此外，育种软件还能够尽可能地根据已收集的各品系的经济性状指标，选出最优杂交组合方案。从长远考虑，还应该加快水禽基因组选择技术研发、智能化育种技术体系创新，以最大限度提高水禽的育种效率。

（四）抗病育种提上日程

当前，肉鸭育种场种源疫病净化与防控水平参差不齐，危害肉鸭的疫病（禽流感、病毒性肝炎、传染性浆膜炎和大肠杆菌病）大多经水平途径传播，而水禽呼肠孤病毒病既可经垂直传播，又可经水平传播。我国种鸭养殖模式仍较落后，疫病防控技术力量与投入不足，影响了行业健康发展。中国农业科学院侯水生院士团队建立了抗鸭甲肝病毒肉鸭新品系的选育技术，成功建立了肉鸭抗病新品系。未来，需要建立水禽抗病育种新品系，提高水禽对细菌性、病毒性疾病抗性作用，减少药物使用，提升水禽存活率（胡胜强等，2009）。

农业农村部办公厅印发的《全国水禽遗传改良计划（2020—2035）》已明确了我国水禽未来育种的目标。未来我国水禽育种的发展方针为"以我为主、引育结合、自主创新"，以市场需求为导向，以提高育种效率与品种生产效率为主攻方向，坚持政府引导、企业主体的商业化育种道路，构建产学研用融合发展的创新体系，加速创新要素聚集，健全以核心育种场和扩繁基地为支撑的水禽良种繁育体系。坚持强化政策扶持，强化科技支撑，夯实生产性能测定、疫病净化和资源保护利用等基础性工作，全面提升水禽种业发展水平。坚持以国际视野谋划和推动水禽种业创新，加快培育自主品牌，提升国际竞争力和影响力，部分品种实现并行、领跑。到2035年，建立完善的现代肉鸭、蛋鸭、鹅和番鸭商业育种体系以及半番鸭繁育体系，培育水禽新品种、配套系10个以上。自主培育的肉鸭品种的市场占有率达到80%以上，蛋鸭稳定在90%以上，鹅稳定在80%以上，番鸭和半番鸭达到50%以上。主流品种具有国际竞争力，能达到或者超过国际同期最高水平。

六、未来育种技术体系和布局

伴随着人类对生物遗传规律的认识及统计学、数量遗传学在育种中的应用，基于杂种优势群体划分，筛选高配合力亲本组合的配套系育种技术体系已在水禽育种中取得了巨大成效。但是随着未来人工智能技术、基因工程技术、生命科学的飞速发展，我国水禽种业必须实现传统育种技术与信息科学、生物技术等高科技手段的深度交叉融合，才能形成我国水禽育种的国际核心竞争力。未来我国水禽育种技术体系创新还将主要集中在对常规育种技术进行升级、精准的分子标记育种、基因组选择育种、大数据育种，以及基因组智能设计育种。其中，常规育种技术升级、精准的分子标记育种和基因组选择育种，属于水禽当前主要应用方向和发展趋势，大数据育种和基因组智能设计育种则是未来前瞻性概念，需要在逐步的技术发展和迭代的基础上实现创新。

（一）常规育种技术升级

常规育种技术在今后一段较长的时间内仍然发挥重要作用。个体记录、家系记录、后裔测定、综合指数选择、BLUP 选择育种等技术方法，将广泛应用在水禽育种上。当前，主要是根据常规育种技术体系需要，建立条件完善的育种场、配套相应的育种设施和育种程序。在传统性能测定技术主要关注生长速度、胸肉重、饲料转化率等基础上，通过设备、设施研发等，实现对更多表型的准确测定，如肉质、体型、骨骼钙化、羽毛生长发育状况等，最终能根据需要实现对水禽的准确选择。

（二）精准分子标记育种

伴随众多与经济性状紧密相关的分子标记的发现，采用分子标记辅助选择，实现单一目标性状的快速选择成为可能。当前，我国在水禽基因组的研究领域占据了世界领导地位，如"千鸭 X 组计划"、鹅基因组等基础研究领域取得的累累硕果，为水禽重要经济性状的分子标记精准选种创新奠定了基础。国内多家科研单位已基于国际资源群体、地方资源群体开展重要经济性状的全基因组关联分析工作，获得了一大批基因资源，如羽色、蛋壳颜色、体格大小、蛋品质等。随着测序成本的进一步降低，通过重测序技术创建适合于肉鸭育种的专门化分子育种方案成为可能。例如，中国农业科学院侯水生团队发现肉鸭体格大小主效基因 *IGF2BP1*（Zhou et al., 2018），并率先将其应用于肉鸭分子育种，经过 1 个世代选种，肉鸭饲料转化率提高了 6.63%，开创了我国肉鸭分子育种体系。

（三）基因组选择育种

基于连锁群体的功能基因克隆、自然群体的全基因组关联分析、复杂经济性状的基因功能解析等研究领域发展迅猛，加深了人类对水禽基因组及基因功能的认识。此外，各类高通量测序与芯片平台的发展使全基因组选择辅助育种技术应用于水禽育种成为可能。这项技术有助于了解复杂性状（如产蛋量、产肉量等）究竟是受到哪些变量的综合影响，通常这些变量中的每一种都会产生微小的效应。通过全基因组范围的 DNA 标记（如单核苷酸多态性）的连锁不平衡捕获这些变量的效应，并估计这些标记的效应，然后可根据待测个体基因型信息，对其基因组育种值（GEBV）进行估算，GEBV 为其携带所有标记等位基因的标记效应总和。最后，可以选择 GEBV 排名最高的品系用于培育下一代。基因组选择与传统育种方法相比的其中一个优势是可以在产品开发早期选择出优良品种作为父母本，并在采用传统育种方法完成单个育种周期所用相同的时间内完成基于 GEBV 的多轮育种周期。对于常规育种需要进行的性能测定来说，基因组选择的最大潜力在于节省时间和资源。

（四）大数据育种

建立智慧化水禽育种管理系统，打通育种核心群、扩繁群和商品群数据流，实现年亿万级海量育种大数据的有效集成和高效处理，将使我国水禽产业迈入大数据育种时代。利用人工智能技术，集成性能测定设备和育种管理系统，实现育种信息的自动采集、实时传输和智能分析，有利于更加科学高效地制定育种方案，开创精准育种新时代。

（五）基因组智能设计育种

该体系涵盖生命科学领域的基因组技术、表型组技术、基因编辑技术、生物信息学、系统生物学、合成生物学，以及信息领域的人工智能技术、机器学习技术、物联网技术、图形成像技术，通过构建基因组智能设计育种所需的跨学科、多交义技术体系，共同支撑水禽育种科学向更高的层面发展。该体系依托多层面生物技术与信息技术推动育种向着智能化的方向发展，即以基因组测序技术与人工智能图像识别技术为依托，通过基因型与表型数据的自动化获取与解析，实现水禽组学大数据的快速积累；以生物信息学与机器学习技术为依托，通过遗传变异数据、各类组学数据、杂交育种数据的整合，实现重要经济性状调控基因的快速挖掘与表型的精准预测；以基因编辑与合成生物学技术为依托，通过人工改造基因元器件与人工合成基因回路，实现水禽具备新的抗逆、高效等性能；以水禽组学大数据与人工智能技术为依托，通过在全基因组层面上建立机器学习预测模型，建立智能组合优良等位基因的自然变异、人工变异、数量性状位点的育种设计方案，实现智能、高效、定向培育新品种。

第三节　水禽核心种质资源现状和开发利用水平

种质资源又称为遗传资源，是指在动物遗传改良上具有利用价值或潜在利用价值的遗传材料，包括畜禽的家养种（品种、品系）和野生种（变种）。世界范围内多种多样的水禽种质资源所具有的丰富遗传基础，是生物遗传资源的重要组成部分，是进行杂种优势利用和进一步培育高产优质品种的优秀原始素材，也是保障动物种业安全和水禽养殖业可持续发展的种质基础。了解并掌握水禽种质资源重要经济性状的遗传特性与开发利用水平，是科学合理地保护和利用水禽资源的基础，也可为其他水禽遗传资源的开发提供借鉴。

一、水禽遗传资源的作用与价值

（一）水禽遗传资源是生物多样性的重要组成部分

水禽种质资源作为生物种质资源的重要组成部分，其生物多样性反映了物种内部基因和基因型的丰富程度，全世界现存鸭地方品种 253 个，番鸭地方品种 24 个，鹅地方品种 182 个，且有些地方品种还存在不同的变异类型，如莆田黑鸭就存在白羽突变类型。这些地方水禽遗传资源极大地丰富了生物多样性。

（二）水禽遗传资源是现代种业发展的物质基础

水禽遗传资源不仅遗传多样性丰富，而且特性优良。例如，北京鸭生长速度快、产蛋性能高，是不可多得的培育高产品种和杂种优势利用的优秀原始素材；又如浙东白鹅早期生长速度快，肉质优良，可通过建立良种繁育体系直接加以推广利用。这些水禽遗传资源无论是直接利用，还是用作育种素材，都为世界肉蛋产品和羽绒产品的供应做出了积极贡献，有力促进水禽产业和现代种业可持续发展。

（三）水禽遗传资源具有社会文化与生态环境功能

种质资源是人类劳动和智慧的结晶，不仅铭刻着民族文化的印记，还反映了人类社会的畜产品消费方式及不同类型畜产品的社会经济价值的发展变化。水禽遗传资源也不例外，不同的品种是在不同的生态环境和经济文化背景下形成的，有些保留至今的古老的地方品种，如北京鸭，是研究所属民族历史上畜牧业产业形态、经济和文化状况的实物依据之一。

二、水禽种质资源多样性现状

种质资源蕴藏的丰富的遗传多样性，是新品种培育及育种研究最重要的物质基础，这促使世界各国及有关机构通过各种渠道尽可能全面地收集和保存各种来源的种质材料。截至 2021 年 8 月，世界粮食及农业组织动物遗传资源网站记录了全球 404 个鸭品种、257 个鹅品种。如此巨大的种质资源数量使得育种工作者很难对其进行深入研究并加以有效利用。筛选出有重要经济价值和特异性状的核心种质资源，并持续加以开发利用乃是今后一段时间内水禽种业工程和遗传改良的重点工作内容。

（一）鸭和鹅起源与驯化

关于世界家鸭（*Anas platyrhynchos domestica*）的起源，一直有"一元论"和"多元论"的观点。持"一元论"者认为，家鸭由绿头野鸭长期驯养而来，并认为它经过两次驯化。第一次是在 3000 多年前的东方，在距今 2500～3000 年前，中国南北广大地域很多地方就已经养鸭了。Zhang 等（2008）通过全基因组测序认为家鸭大约在 2228 年前被驯化。第二次是在中世纪的欧洲。持"多元论"者认为，世界各地饲养的鸭属家鸭是各自在当地驯化而成的，并非起源于同一祖先或同一发源地。Delacour 等于 1954 年在《世界水禽》一书中提到，家鸭早在公元前数世纪就已在埃及饲养，以后传播到希腊。我国有关家鸭的最早记载是在公元前 475 至公元前 221 年的战国时期，与埃及的记载相近。当时，不可能有国际上的交流，可见家鸭是世界各地分别驯化的。

在学术界关于鸭的起源始祖历来也有两种看法：一部分学者认为家鸭是由野生的绿头鸭长期驯化而来。Zhou 等（2018）认为中国家鸭大约在 1500 个世代前由绿头野鸭驯化而来。驯化约 100 年之后，肉鸭、蛋鸭发生了分化（Zhang et al.，2018），而北京鸭则是约 700 个世代前由南方家鸭持续定向培育的品种（Zhou et al.，2018）。另一部分学者认为家鸭是由绿头野鸭和斑嘴鸭共同驯化而来。最近一项研究表明，虽然野鸭和家鸭之间普遍存在复杂的基因渗入模式，但家鸭与绿头鸭和中国斑嘴鸭在大约 3.8 万年和 5.4 万年前就发生分离了，这大大超出了家鸭的驯化时间，据此推测家鸭可能起源于另一个目前尚未确定或未抽样的野鸭种群（Guo et al.，2021）。因此家鸭复杂的进化仍需要更先进的手段去加以证实或澄清。

众多学者认为家鹅是第一个被人类驯化的家禽，但关于家鹅祖先的起源地与起源物种一直是困扰学术界的一个难题。有人认为家鹅约从公元前 3000 年就开始饲养了，也就是说大约 5000 年前被驯化。起源于灰雁的鹅（*Anser anser*）被认为是最早在西南亚（Mason，1984）或中国（Appleby et al.，2004）或东南亚驯化，北西伯利亚和美索不达米亚的早期鹅画表明，最早的鹅驯化发生在公元前 4000 年至公元前 5000 年的小亚细亚。因此，鹅作为一种驯化鸟类可能最早出现在埃及。Heikkinen 等（2020）使用全基因组标记对欧洲鹅驯化的时间进行了推断，发现约 5300 代前野生鹅和家养鹅之间的差异是长期基因交换的结果。

据估计，鸿雁与家鹅在 340 万～630 万年前发生分化（Gao et al.，2016）。起源于鸿雁的鹅（*Anser cygnoides*）被认为驯化始于公元前 2000 年的东亚。这种鹅可能是 3000 多年前在中国繁殖的，由此传播到了印度和非洲、欧洲。因此，非洲品种通常被认为来自中国（Campbell et al.，1978）。

(二）鸭和鹅经济类型与特性

在长期饲养过程中受所处地区的气候条件和饲养条件的驯化，加上各地区的社会经济和消费需求的人工选育，形成不同经济用途的鸭、鹅品种。鸭可分为肉用型鸭、蛋用型鸭和兼用型鸭；鹅可分为大型鹅、中型鹅和小型鹅（表 10-5 和表 10-6）。

表 10-5 鸭经济类型与一般特性

经济类型	一般特性	典型代表
肉用型鸭	体型壮大，躯体宽阔，胸部肌肉丰满，颈腿短粗，蹼宽厚。具有生长快、饲料转化率高、屠宰率高和肉质好等特点	北京鸭、中国番鸭、番鸭、埃尔斯伯里鸭、鲁昂鸭
蛋用型鸭	体型较小，狭长，颈细长，脚细，后躯发达，肌肉结实。具有成熟早、年产蛋量 300 个左右、耗料多、适应性强等特点	绍兴鸭、金定鸭、咔叽-康贝尔鸭、印度跑鸭
兼用型鸭	体型介于肉用型和蛋用型之间。具有生长适中、产蛋量150~250 个、肉质较好、适应性较强等特点	高邮鸭、巢湖鸭、吉安红毛鸭、广西小麻鸭、建昌鸭、临武鸭

表 10-6 鹅经济类型与一般特性

经济类型	一般特性	典型代表
大型鹅	成年公、母鹅体重均在 7 kg 以上，灰羽居多，早期生长速度快，但受精率往往较低，年产蛋量在 30 个以内	狮头鹅、图卢兹鹅、非洲鹅
中型鹅	成年公鹅体重为 5.0~6.5 kg，母鹅体重为 4.4~5.5 kg，白羽、灰羽都有，早期生长速度较快，年产蛋量往往在 30~70 个	浙东白鹅、四川白鹅、马冈鹅、比尔格里姆鹅
小型鹅	成年公鹅体重为 3.7~5.0 kg，母鹅体重为 3.1~4.0 kg，白羽、灰羽都有，早期生长速度较慢，受精率、年产蛋量往往均较高	豁眼鹅、太湖鹅、阳江鹅

（三）国内外水禽遗传资源的多样性现状

1. 国内外水禽遗传资源分布

从世界范围来看，家鸭的分布格局极不均匀。家鸭的驯化历史很长，在古埃及、美索不达米亚、中国和罗马帝国都有饲养。但现在家鸭的饲养主要集中在中国，中国有全世界家鸭总数的 70%。其他主要的饲养国家是越南、印度尼西亚、印度、泰国和东南亚的其他国家。在欧洲，法国和乌克兰拥有较大数量的家鸭。

家鹅在世界上的分布格局也不均匀。世界上近90%的家鹅分布在中国。其余家鹅有一半分布在埃及、罗马尼亚、波兰和马达加斯加等，其分布特点与传统因素和消费者喜好有关，而与农业生态条件无关。在亚洲，家鹅主要分布在中国、日本和印度尼西亚地区，其品种主要涉及亚洲鹅（白、灰两种变异类型）；在南美洲，家鹅主要分布在智利等国，其品种主要为引进的爱姆登鹅、比尔格里姆鹅及图卢兹鹅；在东欧，家鹅主要分布在匈牙利、波兰、罗马尼亚，在捷克和斯洛伐克也有一定的商业生产，其品种主要为意大利白鹅和科鲁达鹅（由 W33 品系的父本和 W11 品系的母本杂交而来）。

随着资源调查的深入，据 FAO 于 2014 年的统计（https://www.fao.org/dad-is/transboundary-breed/zh/），水禽品种数是增加的，特别在亚洲和欧洲及高加索地区（表 10-7）。目前，从全世界所有区域中水禽的品种分布来看，世界上鸭和番鸭品种共有 277 个（其中番鸭 24 个），主要分布在亚洲和欧洲及高加索地区。鹅品种共有 182 个，主要分布在欧洲及高加索和亚洲地区，其中欧洲及高加索地区品种数占鹅总品种数的 65%。鸭、鹅区域性跨境品种分别为 14 个和 9 个；鸭、鹅国际性跨境品种分别为 12 个和 14 个。

表 10-7　世界范围内鸭鹅遗传资源的数量

品种		非洲	亚洲	欧洲及高加索	拉美及加勒比	中近东	北美洲	西南太平洋	世界
地方品种	鸭	15	92	107	22	4	4	12	256
	鹅	10	44	119	5	2	0	2	182
	番鸭	5	9	6	1	1	0	2	24
区域性跨境品种	鸭	0	2	12	0	0	0	0	14
	鹅	0	2	7	0	0	0	0	9

注：跨境品种是存在于一个以上国家的品种。区域性跨境品种只在世界粮食与农业动物遗传资源状况 7 个区域中的一个区域存在的跨境品种。国际性跨境品种在一个以上区域存在的跨境品种。

数据来源：Animal genetic resources for food and agriculture, 2nd edition, FAO, 2014, https://www.fao.org/dad-is/transboundary-breed/zh/

为了摸清我国畜禽品种资源状况，我国从 20 世纪 50 年代开始着手畜禽品种资源调查，历时 9 年，其调查结果《中国家禽品种志》于 1989 年出版，共收录了鸭和鹅的地方品种分别为 12 个和 13 个。在 2004 年出版的《中国畜禽遗传资源状况》共收录了鸭和鹅的地方品种分别为 27 个和 26 个。随着我国养禽业迅猛发展，家禽遗传资源的挖掘与保护工作得到了各级政府的高度重视，新的水禽遗传资源不断被发现，我国于 2006 年启动了第二次大规模的畜禽遗传资源调查工作，《中国畜禽遗传资源志·家禽志》《中国畜禽遗传资源志·特种畜禽志》分别于 2011 年、2012 年出版，共收录了地方鸭品种资源 33 个，地方鹅品种资源 30 个。2021 年，随着我国种业工程的实施，我国又启动了全国大规模的畜禽遗传资源普查工作。截至目前，我国又发现并鉴定了马踏湖鸭、娄门鸭、润州凤头白鸭、于田麻鸭 4 个新遗传资源。

从我国水禽品种分布来看，我国的鸭品种资源主要分布在东部沿海、中原地区及西南地区；而我国的鹅品种资源则主要分布在东部沿海、中原地区及华南地区。

2. 国内外水禽遗传资源濒危状况

虽然全世界范围内水禽品种数量繁多，但绝大多数品种性能不突出，开发利用方向不明，都处于保种状态，种群数量日趋减少。据家禽多样性信息系统（DAD-IS）2014 年 7 月统计数据，禽类品种有 3%灭绝，7%濒临灭绝，8%危险，表 10-8 列出了世界水禽品种资源的濒危状况。

表 10-8　世界水禽品种资源的濒危状况

濒危等级	母禽数量	鸭	鹅
危险	5 000～10 000	金定鸭、三穗鸭、建水黄褐鸭	定安鹅
脆弱	1 000～5 000	文登黑鸭、龙胜翠鸭	太湖鹅
濒危	500～1 000	四川麻鸭、云南麻鸭	雁鹅、百子鹅、阳江鹅、永康灰鹅
濒临灭绝/危急	<500	—	—
灭绝	0	中山麻鸭（2010 年确认）	草海鹅、文山鹅、思茅鹅

数据来源：贾敬敦等，2015；李慧芳等，2007

3. 水禽遗传资源的保护

针对部分水禽遗传资源数量越来越少的现状，我国先后建立起国家水禽资源保种基因库 2 个，国家级保种场 25 家。其中国家水禽基因库（江苏）保存有豁眼鹅、浙东白鹅、皖西白鹅、右江鹅、广丰白翎鹅、莲花白鹅、太湖鹅、乌鬃鹅、永康灰鹅、阳江鹅、马冈鹅、武冈铜鹅、溆浦鹅、狮头鹅、四川白鹅、兴国灰鹅 16 个地方鹅品种，以及山麻鸭、荆江麻鸭、靖西大麻鸭、巢湖鸭、金定鸭、高邮鸭、广西小麻鸭、临武鸭、攸县麻鸭 9 个地方鸭品种。国家水禽基因库（福建）保存有金定鸭、莆田黑鸭、山麻鸭、攸县麻鸭、绍兴鸭、台湾褐色菜鸭、三穗鸭、麻旺鸭、连城白鸭、白羽莆田黑鸭、巢湖鸭、中山麻鸭、吉安红毛鸭、龙胜翠鸭、缙云麻鸭 15 个地方鸭品种。此外还建有畜禽遗传资源体细胞库 1 个，该库保存有北京鸭等重要畜禽品种资源。

（四）水禽种质资源遗传特性评估

1. 水禽开发利用的主要性状

随着消费市场需求的变化及育种技术的不断更新，肉鸭和肉鹅开发利用的主要性状也在不断变化。从总体来看，往往都是从产量性状逐步向效率性状、品质性状过渡和演变。

（1）鸭开发利用的主要性状

第一个时期：20 世纪 70～80 年代，开发利用性状主要是成活率、活重、表型的同质性及产蛋性能。第二个时期：20 世纪 90 年代，开发利用性状强调胴体组分中肉和脂肪产量,开始关注除填鸭之外的分割市场。选择性状除第一个时期的性状外,还有腿强壮度、肌肉和脂肪产量等胴体组分、饲料转化率、繁殖性能、孵化率、蛋重等性状。第三个时期:2000 年到现在,开发利用性状中除主要经济性状外,更加关注肉质营养、健康和安全等性状(胡胜强等,2009)。

(2)鹅开发利用的主要性状

我国的肉鹅开发利用起步较晚。2009 年以前,人们主要关注体重、体型外貌等性状。随着国家水禽产业体系的成立,持续加大经费投入,以个体记录选育为主体的体重、产蛋量等性状及群体整齐度普遍受到关注。2019 年以来,随着国家水禽遗传改良计划实施,引入智能化、信息化记录系统,饲料转化率性状的选育将会被提上议事日程。

2. 水禽遗传特性评估

水禽种质资源保护是基础,而开展品种特性评估、全面了解种质资源特性是关键。因此,我们要科学评价鹅遗传资源,充分挖掘其高产、优质的遗传特性,并开展保护与开发利用工作。目前对动物遗传资源评价的方法多种多样,不同的技术方法从不同角度、不同层次揭示群体的遗传信息。

(1)表型与生产性能评估

在 20 世纪 50 年代以前,主要采用观察测量的方法对水禽形态特征和表型性状的描述来检测遗传变异,形态特征和表型性状是遗传变异最直接的表现。形态特征主要包括体型特征、羽色、喙色、肉瘤、肤色、成年水禽的各种体尺等方面。形态学评价十分直观,比如说,中国鹅都有肉瘤;而欧洲鹅没有肉瘤。又如罗曼鹅,在美国家禽标准品种中顶心毛性状是必不可少的,而在英国没有顶心毛的罗曼鹅也很普遍。在我国台湾饲养的罗曼鹅部分有顶心毛,部分没有顶心毛。而生产性能评估,主要是包括个体生长发育、繁殖性能、蛋品质、肉品质性状等。随着影像技术发展,CT 或 X 射线可用于鸭颈椎数的活体测定,超声波可用于活体产肉量测量。近年来,智能化技术也广泛应用于畜禽生产性能测定,如采食自动记录系统和产蛋自动记录系统的研发,并用于采食量与产蛋量的测定。

(2)生化水平上的遗传多样性评估

畜禽生化水平遗传多样性主要包含血型、同工酶和血液蛋白质多态性等。该方法操作简单、易分型且分析简便。有关水禽血液蛋白质(酶)型的研究始于 20 世纪 80 年代。张汤杰等(2004)采用聚丙烯酰胺垂直平板不连续电泳法对绍兴鸭大蛋系和高产系血清酯酶的多态性进行了分析,结果显示绍兴鸭 ES-1 主信号区表现出明显的多态性,ES-1 表现型Ⅲ和Ⅳ在两个品系鸭中表现出明显的差异,这一结果提示这两个品系产生了明显的遗传分化。

在家鹅上，其血液蛋白质多态性研究的报道相对较少，涉及的仅局限于太湖鹅、四川白鹅和欧洲鹅等少数品种（Valenta and Stratil，1978；张淑君，1992；吴译夫等，1989）。其中较为常用的多型座位有前白蛋白、白蛋白、后白蛋白、转铁蛋白、淀粉酶和酯酶等座位。血液蛋白质（酶）至今还停留在研究阶段，未能应用于育种，主要是因为存在一些问题未能解决，如已发现的标记性状是否有代表性，其检测技术是否高效等。因此，单纯对血液蛋白质（酶）多态性进行研究远不能满足家禽育种的需要，必须将生化标记渗透到分子遗传领域，对它进行更深入的探讨才能充分发挥其作用。

（3）分子水平遗传多样性评估

随着分子生物技术的发展，许多学者将分子生物技术的方法应用于遗传资源的评价，从分子水平研究畜禽品种的遗传多样性、遗传结构及其系统发育关系，为畜禽遗传资源的保护和利用提供了最直接的理论依据。

在鸭遗传多样性评估方面，国内外学者先后利用微卫星标记对本国的地方品种的遗传多样性和遗传结构进行了评价。越南 4 个地方鸭种的平均观察杂合度（HO）和期望杂合度（HE）分别为 0.50 和 0.57，遗传多样性属于中等（Pham et al.，2022）。印度尼西亚 8 个地方鸭种的平均观察杂合度（HO）、期望杂合度（HE）和多态信息含量（PIC）分别为 0.440、0.566 和 0.513（Hariyono et al.，2018）。韩国 2 个地方鸭种的平均 HO、HE 分别为 0.538、0.588，而孟加拉国 4 个地方鸭种的平均 HO、HE 分别为 0.497、0.558（Sultana et al.，2017）。张扬（2014）通过 SSR 荧光标记技术对我国 21 个地方鸭品种进行了遗传多样性分析，涉及 1 个肉用型品种，4 个蛋用型品种，16 个肉蛋兼用型品种，北京鸭 HE、PIC 分别为 0.602、0.552；蛋用型鸭平均 HE、PIC 分别为 0.567、0.515；肉蛋兼用型鸭平均 HE、PIC 分别为 0.609、0.557。以上结果表明国内外鸭种遗传多样性均处于一个较高水平，这与科学的保种与留种是分不开的。

在鹅遗传多样性评估方面，Li 等（2007）利用 29 对微卫星引物对我国 26 个地方鹅品种的遗传多样性进行了检测，发现中国鹅 PIC 从 0.309～0.469 不等，HE 从 0.501～0.705 不等，最低的为武冈铜鹅，最高的为织金白鹅。Moniem 等（2019）利用 9 对微卫星引物对 14 个鹅种质资源（含狮头鹅、扬州鹅、太湖鹅、伊犁鹅 4 个中国鹅品种，卡洛斯鹅、霍尔多巴吉鹅、莱茵鹅、朗德鹅、罗曼鹅 5 个欧洲鹅品种，2 个埃及鹅群体、1 个加拿大鹅及 2 个野生种鸿雁和灰雁）的遗传多样性进行了分析，结果发现，霍尔多巴吉鹅多态信息含量和杂合度均最低。Li 等（2012）利用 29 对微卫星引物对引进鹅品种遗传多样性进行了筛查，发现了另外一个欧洲鹅品种朗德鹅遗传多样性也较低，其 PIC 和 HE 仅为 0.362 和 0.364。上述结果充分证实，欧洲鹅品种已经多年纯系选育，其遗传多样性大大降低，而中国绝大多数鹅品种仍未经系统选育，具有很高的开发利用潜力。

此外，Parada 等（2012）利用 14 对微卫星引物检测了波兰 8 个地方鹅保种群的遗传多样性，发现其所有保种群的平均 HE 为 0.44（0.38～0.55）。乔娜（2010）利用 10 对多态性丰富的微卫星引物对国家级水禽基因库（江苏）保种的 9 个中国地方品种鹅遗传多样性也进行了检测，发现其所有保种群的平均 HE 为 0.579，这说明中国鹅多父本小群保种方式很好地保持了群体多样性，而波兰鹅遗传多样性维持在较低水平，这提示需要重新审视其保种方式与交配留种方式。

（五）水禽重要经济性状的遗传特性挖掘

我国不仅水禽种质资源丰富，而且有些资源具有优异性能。随着高通量测序技术发展，蕴含在我国水禽种质资源中一些控制特异性状的主效基因或致因基因被挖掘。例如，在北京鸭中发现了鸭超级基因 *IGF2BP1*，其上游 148 kb 处的长程调控区突变，可使体重增加 15%，饲料转化率提高 6%（Zhou et al.，2018）。表 10-9 列出了鸭和鹅一些重要经济性状的主效基因或致因基因。

表 10-9　鸭和鹅重要经济性状的主效基因或致因基因

性状	主效基因或致因基因	突变类型	参考文献
鸭体型	*IGF2BP1*	148 kb 调控区插入	Zhou et al.，2018
鸭羽色白化	*MITF*	6.6 kb 的大片段序列插入	Zhou et al.，2018；Zhang et al.，2018
鸭羽色斑块	*EDNRB2*	c.995G＞A	Li et al.，2015
鸭蛋绿壳	*ABCG2*	Chr4：47 418 074 G＞A	Liu et al.，2021a；Chen et al.，2020
鸭胸肌肌纤维直径	*TASP1*	5 个候选 SNP	Liu et al.，2021b
鸭骨骼肌产量	*IGF2R*	4 个候选 SNP	Xu et al.，2019
鹅羽色白化	*EDNRB2*	外显子 314 bp 插入	Xi et al.，2020
鹅灰羽	*KIT*	内含子区 18 bp 插入	Wen et al.，2021
鹅肉瘤大小	*DIO2*	c.642 923 G＞A	Deng et al.，2021
鹅产蛋量	*ACSF2*	Record-106582 A＜C	Yu et al.，2015；Yang et al.，2019

三、核心种质资源（地方品种）的现状和开发利用水平

我国幅员辽阔，自然生态条件复杂多样，各地经济文化背景不同，通过对水禽的定向选育，逐步形成了许多外貌特征、遗传特性和生产性能优异的地方良种或核心种质资源，除在生产中大规模推广应用外，许多水禽品种仍蕴含着较大的潜在育种价值。

（一）鸭（含番鸭）核心种质资源的现状与开发利用水平

1. 北京鸭：世界著名通用/跨境肉用品种

北京鸭属于肉用型鸭，国家级保护品种。原产于北京西郊玉泉山一带，中心产区为北京市，主要分布于广东、天津、山东、内蒙古、上海、辽宁等地，国内其他省份和国外也有分布。体形长方形，体态丰满。北京鸭全身羽毛白色，喙、胫、蹼呈橘黄色，喙豆粉色。成年公鸭和母鸭平均体重分别为 4.14 kg 和 4.13 kg，体斜长 35.8 cm 和 33.6 cm。北京鸭 49 日龄公母鸭平均体重为 3.5 kg。公鸭和母鸭平均屠宰率分别为 84.0% 和 84.5%、半净膛率 76.4% 和 80.3%、全净膛率 69.0% 和 71.4%。平均蛋重 90.4 g，蛋壳呈白色。165～170 日龄开产，平均年产蛋数 220～240 个。公母配比 1：（4～6），种蛋受精率 93%，受精蛋孵化率 87%～88%。北京鸭是现代肉鸭饲养的主导品种。在河鸭属家鸭品种中，北京鸭的综合肉用性能优势明显。

北京鸭作为世界著名的肉鸭品种，已先后被美国、英国、日本等 20 多个国家引进饲养。为了满足肉鸭分割、烤鸭及整鸭市场的需求，英国樱桃谷农场公司以北京鸭为素材培育出了 16 个品系，我国也先后培育 39 个各具特色品系，并选育出多个世界著名的肉鸭品种（配套系），如英系北京鸭配套系（樱桃谷鸭）、美系北京鸭配套系（枫叶鸭）、法系北京鸭配套系（南特鸭、奥白星鸭）、丹系北京鸭配套系（丽佳鸭）、澳系北京鸭配套系（狄高鸭）等，以及南口 1 号北京鸭和 Z 型北京鸭配套系、中畜草原白羽肉鸭配套系、中新白羽肉鸭配套系、强英鸭配套系、三水白鸭、仙湖肉鸭等国产白羽肉鸭配套系。其中中畜草原白羽肉鸭和中新白羽肉鸭的出栏量目前超过 13 亿只，约占全国白羽肉鸭市场份额的 1/3，打破了国外肉鸭品种对我国市场的垄断，成为我国畜禽品种国有化创新的典范之一。

2. 番鸭：似鸭非鸭的鸭科品种

番鸭，肉用型鸭，属栖鸭属，又名麝香鸭，在繁殖季节，由于公鸭能散发出浓烈的麝香气味而得名。原产于中南美洲，我国饲养的番鸭多由法国引进，分布于福建、江苏、浙江、广东、陕西、海南和台湾等地。与家鸭不同，番鸭体形前尖后窄，呈长椭圆形，头大，颈短，嘴甲短而狭，嘴、爪发达；胸部宽阔丰满，尾部瘦长，不似家鸭有肥大的臀部，且公母体形差异大。嘴的基部和眼圈周围有红色或黑色的肉瘤，雄者展延较宽。番鸭羽毛颜色为白色、黑色和黑白花色 3 种。成年公鸭和母鸭平均体重分别为 4.91 kg 和 2.81 kg。70 日龄公鸭和母鸭平均体重分别为 3.9 kg 和 2.2 kg，饲料转化比 2.91：1。公鸭和母鸭平均屠宰率分别为 86.7% 和 86.4%。5% 开产日龄 189 天，第一个产蛋期（27～48 周龄）产蛋数 112 个，第二个产蛋期（60～81 周龄）产蛋数 98 个。平均蛋重 78 g，蛋壳以白色为主。母鸭就巢性强，公母配比 1 : (7～8)，种蛋受精率 92.4%。

番鸭生长迅速、耐粗饲、肉质鲜美、产肝性能好、适宜旱养，是一种优秀的引进肉鸭品种。目前，国内的广东温氏食品集团股份有限公司、安庆永强农业科技股份有限公司、莆田市桂发种禽有限公司、瑞康食品番鸭公司、吉林正方农牧股份有限公司、海南传味番鸭养殖有限公司等多家番鸭公司，开展番鸭新品种（配套系）的培育，常以引进番鸭为父本，本地番鸭品种为母本，进行配套系培育，如温氏白羽番鸭 1 号人型肉鸭配套系、江南番鸭配套系。

3. 临武鸭：肉蛋兼用型鸭，开发利用典型

临武鸭属于肉蛋兼用型品种，原产于湖南省临武县，中心产区为临武县的武源、武水、双溪、城关、南强、岚桥等乡镇。郴州市和粤北一带也有饲养。临武鸭躯干较长，后躯比前躯发达，呈圆筒状。皮肤白色，胫、蹼呈黄色或橘黄色。公鸭头颈以棕褐色居多，大部分颈中部有白色羽环，腹羽棕褐色居多，少数为白色或土黄色。性羽 2～3 根向上卷曲。母鸭全身羽毛为麻黄色或土黄色，大部分颈中部有白色羽环。成年公鸭和母鸭平均体重分别为 1.94 kg 和 1.71 kg，体斜长为 22.9 cm 和 21.9 cm。出生和 13 周龄平均体重为 44.5 g 和 1730 g。91 日龄公鸭和母鸭屠宰率分别为 89.4% 和 89.5%。平均 127 日龄开产，年产蛋数 246 个，蛋重平均为 70 g。公母鸭圈养配比为 1 : (1～20)，种蛋受精率为 93%，受精蛋孵化率 87%。母鸭无就巢性。

临武鸭作为中国八大名鸭之一，具有肉质细嫩、味道鲜美等特点。国家重点龙头企业湖南临武舜华鸭业发展有限责任公司采取"公司+合作社+家庭农场"发展模式，构建养殖、加工、商贸为一体的经营模式，在全国各地建立直营门店 200 多家、销售网点 28 000 多个，并与国际性卖场沃尔玛、家乐福合作营销，是我国地方鸭种开发利用的典范。

4. 绍兴鸭：中国蛋鸭冠军品种

绍兴鸭属于蛋用型鸭，国家级保护品种。原名绍兴麻鸭，简称绍鸭。原产于浙江绍兴、萧山、诸暨等地。绍鸭体躯狭长，蛇头暴眼，嘴扁颈细，背平腹大，臀部丰满，形似"琵琶"，性情温顺，觅食能力强，成熟期短，合群性好，抗病能力强。目前，绍兴鸭饲养范围较广，主产区绍兴，北至新疆、黑龙江，南到广东等华南地区，均有饲养。根据其外形特点，可以分为带圈白翼梢型、红毛绿翼梢型品系及白羽系。成年公母鸭平均体重分别为 1.51 kg 和 1.55 kg，母鸭平均 104 日龄开产，年产蛋量 307 枚，平均蛋重 67 g，种蛋受精率 95%，受精蛋孵化率 89%。母鸭无就巢性。

绍兴鸭具有体型小、产蛋多、耗料少、成熟早和适应性强等特点，是我国目

前饲养量最大的蛋鸭品种。以绍兴鸭为素材,先后选育出高产系、蛋大系、青壳系等,并先后培育出江南 1 号、江南 2 号、青壳 1 号、青壳 2 号、国绍 I 号、神丹 2 号配套系,满足我国消费者对咸鸭蛋、皮蛋等产品的消费需求。

5. 金定鸭: 耐热抗寒、蛋大、青壳、产蛋量高

金定鸭属于蛋用型鸭,国家级保护品种。原产自福建省,厦门市郊区、龙海、同安、南安、绍安等闽南沿海县(市)及东北地区为其主产区,很适合在海边等具有放牧条件的地方饲养。金定鸭公鸭头大、颈粗,胸宽、背阔、腹平,身体略呈长方形;腿粗大、有力,喙呈黄绿色;头颈上部羽毛深孔雀绿色、具金属光泽。母鸭身体窄长,腹部深厚钝圆,身躯丰满;羽毛为赤麻色;喙呈古铜色。成年公鸭和母鸭平均体重分别为 1.61 kg 和 1.80 kg,50%开产日龄 139 天,年产蛋量 288 枚,青壳蛋,平均蛋重 72 g,种蛋受精率 91%,受精蛋孵化率 90%。母鸭无就巢性。

金定鸭的青壳蛋率高,鸭蛋大,深受消费者欢迎。既适于放牧饲养,又适于圈养舍饲,是"稻鸭共作"理想鸭品种。与其他蛋鸭品种相比,该品种耐寒性突出,能适应我国北方地区的气候特点,目前金定鸭在我国东北地区推广量较大。

6. 攸县麻鸭: 性成熟早、产蛋量稳定的蛋鸭品种

攸县麻鸭属于蛋用型鸭,国家级保护品种。产于湖南攸县境内的洣水和沙河流域,在洞庭湖区、长沙、湘潭、汉寿、益阳、岳阳、郴州等地及邻近的江西、广东、贵州、湖北、陕西、浙江等省均有分布。体形狭长,呈船形,喙黑色,虹彩黄褐色,皮肤呈白色。公鸭头颈上部羽毛黑绿色、颈下部有白颈圈,尾羽和性羽墨绿色;母鸭羽色为麻羽。胫、蹼橘黄色,趾黑色。体型小,成年公鸭和母鸭平均体重分别为 1.20 kg 和 1.23 kg。性成熟比较早,母鸭开产日龄为 100~110 天,公鸭性成熟为 100 天左右;500 日龄均产蛋 284 枚,平均蛋重 62 g;蛋壳白色为主。母鸭无就巢性。

攸县麻鸭体型小、产蛋多、饲料报酬高、适应性强、遗传性能稳定,是优良蛋用型地方品种。以攸县麻鸭为素材,先后育成了国绍 I 号、神丹 2 号配套系。

7. 连城白鸭: 集蛋、肉、药三位一体

连城白鸭,又名白鹜鸭,属于蛋用型鸭,国家级保护品种。原产于福建省连城、上杭、永安、长汀和清流等县(市)。连城白鸭头小、前端稍扁平,锯齿锋利,眼圆大,外突,形似青蛙眼;颈细长,躯干呈狭长形,胸浅窄,腰直,腹钝圆不下垂。具有独特的"白羽、乌嘴、黑脚"的外貌特征,全身羽毛清白而紧密;母鸭嘴黑色,部分公鸭为青绿色,蹼为褐黑色。成年公鸭 1.16 kg,母鸭 1.48 kg;年

产蛋量达到 270 枚左右，平均蛋重 63 g，接近金定鸭和绍鸭。产蛋期饲料转化比为 2.93∶1。连城白鸭肌间脂肪丰富，但皮下脂肪、腹部脂肪沉积极少，具有较高的肉用和药用价值。

连城白鸭富含人体必需的 17 种氨基酸和 10 种微量元素，其中谷氨酸含量高达 28.71%，铁锌含量比普通鸭高 1.5 倍。国内多家单位为挖掘连城白鸭优良肉质，先后与丽佳鸭、樱桃谷鸭、白改鸭及北京鸭开展杂交，育成多个具有典型特征（白羽、乌嘴、黑脚）的连城白鸭肉用新品系。

8. 山麻鸭：性成熟早、体型小的蛋鸭品种

山麻鸭，属于蛋用鸭品种。原产于龙岩市龙门镇的湖一、龙门一带。公鸭喙青黄色，嘴豆黑色，蹼为橙红色，爪黑色；头及颈部有孔雀绿光泽，部分有白颈环，其余羽毛为灰棕色；母鸭羽色以麻色为主，深浅不一，喙、嘴豆、蹼、爪的颜色与公鸭相同。成年公鸭和母鸭平均体重分别为 1.27 kg 和 1.44 kg，母鸭 84 天见蛋，50%开产日龄 108 天，500 日龄产蛋量 299 枚，平均蛋重 66 g，种蛋受精率 85%～88%，受精蛋孵化率 86%～89%。母鸭无就巢性。

山麻鸭具有体型小、早熟、产蛋多、蛋重适中、饲料报酬高和适应性强等优点。以山麻鸭为亲本，先后育成了苏邮 1 号、国绍Ⅰ号高产蛋鸭配套系。

（二）鹅核心种质资源的现状与开发利用水平

1. 四川白鹅：肉鹅全能冠军

四川白鹅属中型鹅种，国家级保护品种，主产区在四川宜宾、成都、达州、德阳、乐山、眉山、内江等市，广泛分布于四川盆地的平坝、丘陵水稻产区，重庆市也有分布。据四川省畜牧总站调研数据显示，四川白鹅年饲养量 1800 万只左右，年末存栏量 540 万只。全身羽毛洁白，喙、肉瘤、胫、蹼呈橘红色，虹彩蓝灰色。公鹅体型较大，头颈稍粗，额部有一呈半圆形的肉瘤；母鹅头清秀，颈细长，肉瘤不明显。成年公鹅和母鹅平均体重分别为 4.36 kg 和 4.21 kg，一般年产蛋量 60～80 枚，平均蛋重 149.92 g，少数母鹅有就巢性。具有产蛋量高、适应性强、一般配合力高、肉质及产绒性能好等特点，综合性能优异。

四川白鹅在全国 20 多个省份都有引进饲养或用作杂交配套理想母本。在四川省内建设了开江县宝源白鹅开发有限责任公司、广汉洪华禽业有限公司、西昌华农禽业有限公司等数个四川白鹅扩繁场，开展四川白鹅的选育与推广利用工作，其培育的高产系产蛋量可达 90 枚以上。以四川白鹅为母本，引进鹅种、优良地方鹅种为父本的经济杂交组合在我国南方省份已得到较广泛应用，表现出了良好的生产性能。此外以四川白鹅为素材，先后育成了扬州鹅新品种、江南白鹅配套系和天府肉鹅配套系，充分发挥了其高产和综合性能优越的优势。

2. 浙东白鹅：产肉性能优秀品种

浙东白鹅属中型鹅种，国家级保护品种，原产地为浙江省宁波市的象山县、宁海县、奉化区、余姚市、慈溪市及绍兴市等浙东地区，中心产区为象山县，浙江省其他地区亦有分布。年预计饲养量为 800 万～1000 万只。浙东白鹅体态匀称，呈船形，喙呈橘黄色，随着年龄增长突起明显，呈橘黄色。全身羽毛呈白色，虹彩呈蓝灰色，皮肤呈白色，胫、蹼呈橘黄色，爪呈白色。公鹅体大雄伟，颈粗长，肉瘤高突、耸立于头顶，行走时昂首挺胸。母鹅颈细长，肉瘤较小，腹部大而下垂，尾羽平伸。成年公鹅和母鹅平均体重分别为 5.96 kg 和 4.75 kg，母鹅 130～150 日龄开产，母鹅就巢性强，年产蛋 3～4 窝，每窝产蛋 8～12 个，年产蛋数 28～40 个，平均蛋重 169.1 g，采用人工辅助交配，受精率达 85%左右（自然交配为70%），受精蛋孵化率 80%～90%。

浙东白鹅具有早期生长速度快、屠宰率高、肉质好、可用来烹制"白斩鹅"等特点。针对产蛋低的缺点，采用人工孵化结合醒抱技术，每只母鹅一年可多产蛋 8～13 个；其次也可通过就巢次数来间接选育产蛋量，即母鹅在一个产蛋周期内就巢次数越多，其产蛋量往往越高。目前浙东白鹅在浙东地区、江苏、海南等地主要以纯种生产为主。以浙东白鹅为父本，扬州鹅为母本的杂交配套在江苏等地区有一定推广。此外以浙东白鹅为第一父本，育成了江南白鹅配套系，充分发挥了其产肉性能优异的优势。

3. 五龙鹅（豁眼鹅）：肉鹅产蛋冠军

五龙鹅属小型鹅种，又名豁眼鹅，国家级保护品种，豁眼鹅原产于山东省烟台市莱阳地区，中心产区位于山东莱阳、海阳、莱西及辽宁昌图、吉林通化及黑龙江延寿等地。年饲养量 3750 万只，年末存栏量 310 万只。体型小而紧凑，颈细长，呈弓形。成年鹅羽色白色，喙、胫、蹼橘黄色，20%的成年鹅有顶心毛。眼睑呈三角形，两眼上眼睑处均有明显的豁口，其中双豁比例为87%。开产日龄180～210 天，产蛋数 60～120 个，蛋重 125～140 g，种蛋受精率 85%，受精蛋孵化率90%以上，无就巢性。

豁眼鹅产蛋性能高，但群体整齐度仍需进一步选育提高，辽宁省农业科学院开展了豁眼鹅高产系与快长系的选育，其高产系平均产蛋量达 94.7 个，快长系 80日龄体重 3.53 kg。目前在新疆、广西、内蒙古、福建、安徽、湖北、四川、河南和重庆等省（自治区、直辖市）也有引进饲养，其繁殖性能指标均有不同程度的下降。近年来，豁眼鹅在盛夏还以孵化 7～10 天的"嘌蛋"形式满足南方地区苗鹅市场供应。

4. 扬州鹅：第一个通过国家审定的新品种

扬州鹅属中型鹅种，由扬州大学和扬州市农业局（原农林局）以太湖鹅、四川白鹅、皖西白鹅 3 个鹅种作为育种素材共同培育的我国第一个肉鹅新品种。扬州鹅体型中等，体躯方圆紧凑。全身羽毛白色，在眼梢或腰背部偶见少量灰黑色羽毛个体（"三朵花"）。圈养条件下上市日龄 70 天，上市体重 3.7～4.0 kg，饲料转化率（3.1～3.3）：1，适合活鹅上市和屠宰加工，加工出成率高，肉质鲜美，圈养放牧均可。年产蛋 75～80 枚，受精率在 94% 以上，入孵蛋孵化率在 85% 以上，可利用 1～2 年，以第一年产蛋性能最高。开产日龄 185～200 天，平均蛋重 135～150 g。

扬州鹅具有仔鹅早期生长速度快、肉质好、种鹅产蛋多、体型适中、适应性广等特点，是国内推广利用十分成熟的品种，在江苏、河南、新疆、山东、内蒙古、湖北等地年推广量 3500 万只。目前在扬州五亭食品集团天歌鹅业有限公司扬州鹅育种中心已建立了 A、B、C 三个专门化品系，其中高产系年产蛋量已达 77 个，正在开展性能测定。此外，扬州鹅还作为母本，育成了江南白鹅配套系，充分发挥了综合性能优异的优势。

5. 马冈鹅：推广量最大的灰鹅品种

马冈鹅属中型鹅种，原产地及中心产区为广东省开平市马冈镇，主要分布于开平市及周边佛山、肇庆、湛江、广州等地，广西也有少量分布。年出栏量 2000 余万只。马冈鹅胸宽、腹平，体躯呈长方形。头、背、翼羽呈灰黑色，颈背有条黑色鬃状羽带，胸羽呈灰棕色，腹羽呈白色。喙、肉瘤、胫、蹼均呈黑色，虹彩呈棕黄色。公鹅颈粗、直而长，羽面宽大而有光泽，尾羽开张平展。母鹅颈细长，前躯较浅窄，后躯深而宽并向上翘起，臀部宽广。成年公鹅和母鹅平均体重分别为 5.21 kg 和 3.37 kg，母鹅 140～150 日龄开产，母鹅就巢性强，年产蛋数 34～37 个，平均蛋重 148.4 g，受精率 82%，受精蛋孵化率 89%。

马冈鹅具有生长快、耐粗饲、早熟易肥、肉质鲜嫩等特点，是加工烧鹅、白切和焖鹅的理想原材料。目前各地饲养的马岗鹅多为杂交种（马冈杂），血缘来源复杂，可能有阳江鹅、乌鬃鹅等血缘渗入，且饲养量大，年出栏量可达 6000 万只以上。

6. 狮头鹅：我国体型最大的鹅品种

狮头鹅属大型鹅种，国家级保护品种，原产于广东省饶平县浮滨镇溪楼村，后传至汕头市郊区及澄海。主要饲养于广东省东部的汕头市及潮州市一带。目前饲养量超过 2000 万只。羽毛灰褐色或银灰色，腹部羽毛白色。头大而眼小，头部顶端和两侧具有较大黑肉瘤，鹅的肉瘤可随年龄增长而增大，形似狮头。公鹅头部前额肉瘤发达柔软，向前凸出，覆盖于喙上。喙短质坚。成年公鹅和母鹅平均体重分别为 8.33 kg 和 8.13 kg，母鹅平均 235 日龄开产，一般年产蛋量 26～29 枚，平均蛋重 212 g，母鹅就巢性强，就巢期为 25～30 天。2 岁以上母鹅年产蛋数 30 个左右。种蛋受精率 85%，受精蛋孵化率 88.2%。

狮头鹅生长快、饲养期短、耐粗饲、饲料转化率高、适应性强，是我国体型最大的鹅品种，也是卤水鹅加工的理想原材料。狮头鹅国家畜禽遗传资源保种场汕头市白沙禽畜原种研究所开展了狮头鹅选育工作，培养出澄海系狮头鹅近交系和家系若干个。利用国内产蛋量较高的四川白鹅，与狮头鹅进行杂交，培育出了 Sb21 肉用鹅配套系，商品代 70 日龄平均体重 4.5 kg 以上。2005 年左右，汕头市白沙禽畜原种研究所发现培育的狮头鹅群体中出现了白羽个体，除羽色外其体貌与灰羽狮头鹅基本一致，于是开始收集并繁育白羽狮头鹅，并培育出了狮头鹅白羽系。

（三）具有特异性状的种质资源

1. 具有特异外观性状的种质资源

一般而言，鸭的羽色主要以白羽和麻羽为主，鹅的羽色主要以白羽和灰羽为主。但有些水禽种质资源具有独特羽色，如莆田黑鸭、龙胜翠鸭、文登黑鸭表现为黑羽，吉安红毛鸭、建水黄褐鸭和褐色菜鸭表现为褐色羽；波美尼亚鹅表现为花斑羽，而美洲浅黄鹅、布雷肯浅黄鹅表现为黄羽。除此之外，还有些水禽种质资源具有特异的外貌特征，如润州凤头白鸭具有凤头，罗曼鹅常出现顶心毛。这些独特羽色和外貌特征都具有一定的或潜在的利用价值。

2. 具有特异遗传特性的种质资源

在水禽种质资源中，有部分不仅具有优秀的生产性能，还具有特异的遗传特性表现。例如，擅产双黄蛋的高邮鸭，产绿壳蛋的金定鸭，产红心蛋的云南麻鸭，还有具有药用价值的连城白鸭，产肝性能优异的建昌鸭等。在鹅上，比尔格里姆鹅是一种可自别雌雄的鹅品种，初生公鹅羽毛呈黄色和银灰色，橘色喙；母鹅羽毛呈橄榄灰绿色，褐色喙，喙一周之后变成橘色。塞瓦斯托波尔鹅背、翅和尾部的羽毛长、柔软且卷曲，不仅可供观赏，也可用于培育耐热品种素材。此外，伊犁鹅具善飞翔的特性，云南鹅具有高海拔适应性强的特性。这些特异性能均可在今后开发利用中加以应用。

3. 具有对疾病抗性的种质资源

根据联合国粮食及农业组织网站报告，在既有的家禽地方品种中已经证实有一些地方品种一般抗病力比较强，主要有马来西亚的萨拉提鸭（Serati duck）、蒙古地方鹅（Mongolian local goose）、赞比亚的马达达鸭（Madada duck）等。另外，有一些品种对某些疾病具有抗性。例如，对新城疫有抗性的品种有格雷达亚和马萨科里地方鸭（Local duck of Gredaya and Massakory）、莫克-波格地方鸭（Local duck of Moulkou and Bongor）、卡拉尔和马萨科里番鸭（Local Muscovy duck of Karal and Massakory）等。此外，菲律宾鸭（Philippine duck）对鸭瘟和腿部瘫痪有抗性，马来西亚的提克-甘榜鹅（Itik Kampong）对病毒性肝炎和肠炎有抗性，中国台湾的黑番鸭（Black Muscovy 1303）对鸭病毒性肝炎（DHV）有抗性。

四、引进品种的现状和开发利用水平

（一）霍尔多巴吉鹅（Hortobagy White goose）：杂交配套的理想父本

霍尔多巴吉鹅是由欧洲最大的水禽养殖加工企业匈牙利霍尔多巴吉养鹅股份公司多年培育的、经匈牙利农业部与国家认证局质量认定的肉鹅兼用型优良品种。2005 年、2010 年我国通辽蒙鹅鹅业有限公司和盛泉集团有限公司分别从匈牙利霍尔多巴吉养鹅股份公司引进该品种。霍尔多巴吉鹅体型高大，羽毛洁白、丰满、紧密，胸部开阔，光滑，头大呈椭圆形，眼蓝色，喙、胫、蹼呈橘黄色，胫粗，蹼大，头上无肉瘤，腹部有皱褶下垂。雏鹅背部为灰褐色，余下部分为黄色绒毛，2～6 周龄羽毛逐渐长出，变成白色。育雏 28 天，鹅体重量平均可达 2.2 kg，60 天体重可达 4.5 kg，饲养 180 天公鹅体重达 8.0～12.0 kg，母鹅体重 6.0～8.0 kg。霍尔多巴吉鹅产毛多、含绒量高、绒朵大、弹性好。母鹅 8 个月左右开产，公母鹅配比是 1∶3，年产蛋 40～50 枚，蛋重 170～190 g，受精蛋孵化率 75%以上，无就巢性。

霍尔多巴吉鹅早期生产速度快，与中国鹅杂交杂种优势高，是杂交配套的理想父本。在我国东北地区常引进霍尔多巴吉鹅公鹅与当地鹅杂交，并成为当地主要生产方式，年饲养量可达 2000 万只以上（Toth et al., 2014）。

（二）朗德鹅（Landes goose）：产肝性能好的品种

原产于法国西南部的朗德省，该鹅种是在体型较大的图卢兹鹅和体型较小的玛瑟布鹅杂交后代的基础上，经过长期选育而成。这种鹅在 1980 年和 1987 年引进我国时，羽色还是比较杂的，有灰鹅、白鹅和灰白杂色鹅，且引进种绝大多数为 20 世纪 80 年代法国国家农业研究院（INRA）选育的中型鹅种（Midipalm）。雏鹅全身大部分羽毛深灰，少量颈部、腹部羽毛较浅，喙和脚棕色，少量为黑色，喙尖白色。脚粗短，头浑圆。个别的也会出现带白斑或全身羽毛浅黄色。成年鹅背部毛色灰褐色，颈背部接近黑色。胸部毛色浅，呈银灰色；腹部毛色更浅，呈银灰色到白色。颈粗大，较直。体躯呈方块形，胸深，背阔。脚和喙橘红色，稍带乌色。成年公鹅体重 7.0～8.0 kg，成年母鹅体重 6.0～7.0 kg。8 周龄仔鹅活重可达 4.5 kg 左右。肉用仔鹅经填肥后，活重达到 10.0～11.0 kg，肥肝重 700～800 g。母鹅性成熟期为 180 天，年平均产蛋 35～40 个，平均蛋重 180～200 g，种蛋受精率为 65%左右。母鹅有较强的就巢性。

法国在朗德鹅上已经采用了先进的四系配套。INRA 有育种专家长期从事朗德鹅原种纯系的选育工作。另有 3 家家禽育种公司（赛巴拉水禽选育公司、克里莫兄弟选育公司、哥尔莫选育公司）与 INRA 长期合作进行纯系扩繁和杂交配套。法国西南部目前所使用的大型朗德鹅配套系与 Midipalm 朗德鹅有比较明显的差别，配套系商品代中只含有 25%的 Midipalm 血统，而 75%为西南部大型品系即 Maxipalm（陈耀王和陈开洋，2005）。

五、水禽核心种质资源开发利用面临的挑战

（一）标准化遗传评估体系缺乏

在水禽生产性能测定中，尚无专门性能测定站，只能采用场内测定。各试验场由于饲料营养、饲养方式、养殖密度等差异，往往造成较大的系统误差，从而影响品种测定的准确性。同时由于各研究者评价方法和手段不一样，遗传材料的取样、使用标记也各不相同，所以不同研究结果无法进行对比分析。收集的样本在调查种群中是否独立且具有代表性；选择的分子标记是否具有丰富多态性，且是否均匀分布于整个基因组中等均无法评估。因此建议要加快建立标准化遗传评估体系及水禽测定站建设，开展水禽种质资源有效评估，建设水禽种质资源数据库，为水禽种质资源开发利用提供可靠的基础数据。

（二）优异性状发掘与评价不足

在复杂的生态和社会经济条件下，我国地方水禽遗传资源形成了许多优异的遗传特性。但长期以来，缺乏对种质资源特性的深入研究，品种资源调查及品种特性评估不足，分析评价缺乏足够的信息支持。对鸭、鹅遗传资源中适应性强、高产、优质的资源特性评估不全面、不系统，品种内遗传多样性、品种的种群在多个地区和国家的遗传关联模糊不清，导致对遗传资源的挖掘、利用缺乏足够的依据。此外，对国外引进水禽品种的系统分析、保护和利用的重视也不足，缺乏对引入品种的了解，难以与现有种群形成最佳的配套组合。因此建议今后要加强和规范国内外水禽核心遗传资源重要种质特性的挖掘与利用，加快种质资源的开发利用进程，促进我国水禽业生产水平提高与可持续发展。

（三）新型开发利用技术应用困难

准确的系谱记录和个体生产性能的测定记录是开展育种值估计和实现准确选种的关键。目前肉鸭、鹅无法进行大规模笼养，个体精准测定与选育困难。同时由于禽类种用价值小，肉鹅缺乏国际通用品种，无法建立大规模的参考群体，基

因组选择应用也较为困难。因此建议加大对水禽的生理特性与行为特性研究，加快基于智能化、信息化技术开展适宜于水禽表型组精准育种技术研发。

第四节　水禽种业科技创新现状和发展趋势

我国具有世界上最丰富的水禽遗传资源，资源众多、类型齐全、种质特性各异，是我国水禽育种的基础。但是，品种资源保护力度不够，优异种质资源没有得到充分挖掘，种业自主创新能力相对薄弱是不争的事实。近年来，国家高度重视畜禽种业，强调种源自主可控，陆续发布了《全国水禽遗传改良计划（2021—2035）》《全国畜禽遗传改良计划实施管理办法》和《"十四五"推进农业农村现代化规划》等文件，并出台了系列政策，为我国畜禽（生物）育种谋划了顶层设计，为建成比较完善的商业化育种体系、提升种畜禽生产性能和品质水平、自主培育一批具有国际竞争力的突破性品种、确保畜禽核心种源自主可控提供了创新指南。

一、水禽种业科技创新现状

（一）国内外水禽种业科技创新知识产权对比分析

科技文献：在 SCI 数据库中，经检索标题=DUCK，同时根据类型、研究方向等信息进行筛选，结果共检索到"鸭遗传育种与繁殖"相关的科技论文 661 篇（检索时间截至 2021 年 9 月）。其中，期刊论文（article）649 篇、综述性论文（review）12 篇。近 30 年（1990～2021 年）鸭遗传育种研究发文情况对比分析见图 10-7，从总体来看，鸭遗传育种研究主要涉及鸭品种的进化起源、生长性能测定及选育方法、肉质性状、抗病性状等相关方面。随着时间增长，鸭的遗传育种产出发文量自 2013 年起增长显著，且 2019 年发文量最多。在 SCI 论文数量方面，排名前 5 位的国家分别为中国、美国、加拿大、法国和波兰。

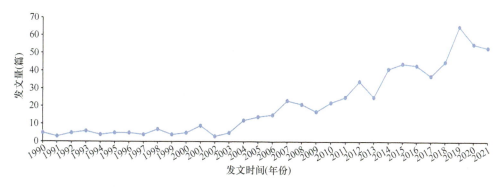

图 10-7　鸭遗传育种 SCI 论文时间分布（1990～2021 年）

在 SCI 数据库中，经检索标题=GOOSE，同时根据类型、研究方向等信息进行筛选，共检索到"鹅遗传育种与繁殖"相关的科技论文 464 篇（检索时间截至 2021 年 9 月）。其中，期刊论文（article）460 篇、综述性（review）4 篇，近 30 年（1990~2021 年）鹅遗传育种研究发文情况对比分析见图 10-8，从总体来看，鹅遗传育种研究主要涉及选育方法、肌肉生长发育性状、肉质性状、抗病性状、产蛋性状、肉瘤性状等相关方面。随着时间增长，鹅的遗传育种产出发文量自 2000 年起增长显著且在 2015 年发文量最多。在鹅遗传育种 SCI 论文数量方面（图 10-9），排名前 5 位的国家分别为中国、波兰、美国、加拿大和匈牙利。

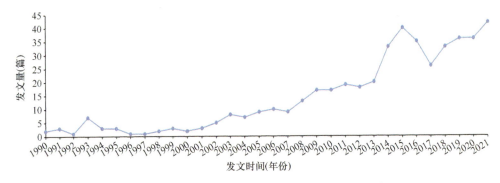

图 10-8　鹅遗传育种 SCI 论文时间分布（1990~2021 年）

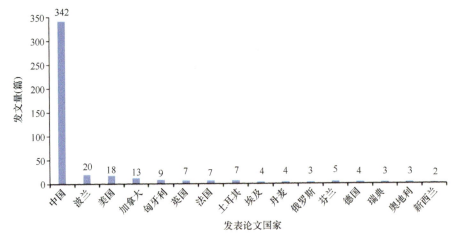

图 10-9　鹅遗传育种 SCI 论文国家分布

专利：近 15 年（2005~2021 年）鸭遗传育种专利申请主要以浙江省农业科学院、湖北省农业科学院、四川农业大学、中国农业科学院、江苏省家禽科学研究所、扬州大学、中国农业大学、佛山科学技术学院、贵州大学、福建省农业科学院、江苏农牧科技职业学院、温氏食品集团股份有限公司为主（图 10-10）。从

2010 年开始中国专利呈上升趋势，于 2017 年发表专利数量达最高。在专利申请内容方面，多集中在分子育种新方法和基因组测序新手段。鸭遗传育种研究相关技术专利申请所涉及的技术方向主要集中在鸭品种的培育、羽色、喙色、蛋壳性状的鉴定、鸭性别鉴定技术、生长性能的测定、抗病性状相关基因（如 *RIG-1*、*TLR7*、*AvBD2* 等）、人工授精技术等方面。

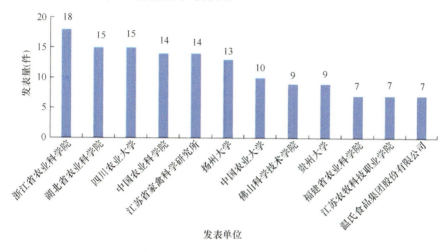

图 10-10　鸭遗传育种专利分布

近 15 年（2008～2021 年）鹅遗传育种专利申请主要以扬州大学、重庆市农业科学院、四川农业大学、湖南农业大学、华南农业大学、江苏省农业科学院、浙江省农业科学院、广东海洋大学、江苏农牧科技职业学院、辽宁省农业科学院为主（图 10-11）。从 2011 年开始中国专利呈上升趋势，于 2013 年申请专利数量

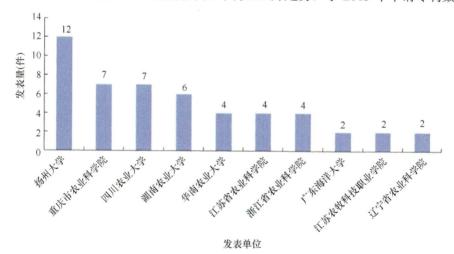

图 10-11　鹅遗传育种专利分布

达最高。在专利申请内容方面，多集中在分子育种新方法和新手段。鹅遗传育种研究相关技术专利申请所涉及的技术方向主要集中在鹅种的反季节繁殖技术、鹅产蛋性能的智能化采集、种鹅个体监测记录装置、鹅肝的培育、鹅的性别鉴定技术、鹅精子冷冻和人工授精技术、鹅品种鉴定、鹅绒产量测定等方面。

（二）基础研究

随着基因组学技术的发展，大规模、高通量检测水禽基因组内的变异位点、筛选与水禽经济性状相关的基因和通路成为可能。实现水禽遗传学研究的前提是要有高质量的参考基因组，每一个物种全基因组测序的完成标志着该物种学科和产业发展的新开端。

在鸭基因组注释及重要经济性状遗传解析方面，由中国农业大学与深圳华大基因研究院、中国农业科学院哈尔滨兽医研究所、英国爱丁堡大学等于 2013 年合作完成了国内外首个鸭参考基因组注释及鸭序列精细图谱、结构变异图谱和基因图谱，为水禽进化和功能基因组研究提供了新的资源，带动水禽功能基因组研究进入组学时代（Huang et al.，2013）。中国农业大学联合英国罗斯林研究所等单位于 2021 年组装了北京鸭、绍兴鸭和绿头野鸭的染色体级别高质量基因组，注释了数千个新的蛋白质编码基因，首次在鸟类基因组中获得调控蛋壳生物钙化的必需 C 型凝集素家族成员的完整基因组序列，为解读鸟类蛋壳形成的遗传机制提供了新的理论依据，也为鸭的性状改良提供了丰富的遗传变异资源（Zhu et al.，2021）。中国农业科学院水禽育种与营养创新团队于 2014 年启动了"千鸭 X 组计划"，采用差异杂交策略，构建了上千只绿头野鸭与北京鸭的杂交后代遗传分离群体，通过基因组筛查，系统解析了北京鸭在品种改良过程中的基因组变异机制。研究发现北京鸭基因组中一个 6.6 kb 的大片段序列插入 MITF 基因中，导致其负责黑色素合成的转录本被完全抑制表达，黑色素合成途径被关闭，从而形成了北京鸭白羽的性状。鉴定到了北京鸭基因组中 IGF2BP1 基因远程增强子上产生了一个自然突变，进而调控鸭体格大小，影响饲料转化率（Zhou et al.，2018）；发现 TASP1 基因调控肉鸭胸肌纤维的密度与直径大小，MAGI3 基因调控胸肌的肌间脂肪含量，其不同基因型的肌纤维密度与肌间脂肪含量显著不同。中国农业大学等单位相继鉴别出影响鸭对禽流感免疫的潜在遗传基因、抑制鸭脂肪生成的关键基因及与肉鸭体重、饲料转化率、体尺、脂肪等性状相关的遗传位点。浙江省农业科学院等单位利用全基因组关联分析、候选基因分析等方法发现了与蛋鸭产蛋量、羽色、抗逆性、蛋品质、脂类代谢等相关的基因。其中，发现的青壳相关的分子标记已经用于育种工作，显著加快了蛋鸭青壳性状的改良速度。

在鹅基因组注释及重要经济性状遗传解析方面，由浙江省农业科学院联合深圳华大基因研究院采用全基因组鸟枪法测序（WGS）策略，完成了鹅全基因组序列图谱绘制工作，这也是我国独立研究完成的全世界首个鹅全基因组序列图谱（Lu et al., 2015）。2020 年，由四川农业大学联合重庆市畜牧科学院等应用 PacBio、Illumina 和 Hi-C 三代测序技术，采用多层级拼接组装策略，获得了高质量的新版本鹅参考基因组序列。鹅全基因组序列图谱的完成为从分子水平深入了解鹅的生长性能、肉质和繁殖规律等种质特性奠定了坚实基础，同时为鹅地方优良品种的保护和选育及繁殖力的提高提供了理论依据（Li et al., 2020）。我国水禽研究人员围绕鹅繁殖性状、生长、肉品质、肥肝、羽绒等性状已经开展了相关研究。四川农业大学、扬州大学等单位先后阐明了多个基因在鹅繁殖、卵泡发育、就巢和光照敏感中的关键作用，通过序列分析和生产性能关联分析，开发出多个分子标记，为分子标记辅助选择提供了理论素材，为就巢机理研究及低就巢性高产鹅新品种的培育提供基础。利用基因组重测序等技术，筛选了与鹅生长发育、肌肉脂肪酸成分、屠宰性状等相关的 SNP 标记，初步建立了鹅产肉性状的标记辅助选择技术（Gao et al., 2021）。利用转录组测序等技术，鉴定到了多个与鹅肥肝性状显著相关的功能基因，为揭示鹅肥肝形成分子机理和肥肝专门化品种分子辅助育种技术奠定了基础。上海市农业科学院等研究获得了与鹅羽毛生长和颜色相关的基因，发现多个 SNP 分子标记与鹅羽绒重、羽枝长度和羽枝细度显著相关，为杂交配套后代商品外观特点和羽绒生长发育性状选育提供依据。

现阶段，随着生物技术的发展，利用全基因组测序等多组学技术系统阐述不同种之间的遗传多样性和进化关系，针对水禽复杂经济性状进行遗传解析，鉴定出与生长、繁殖、饲料转化率、肉蛋品质、抗病等相关的因果候选基因和位点，为选育技术的研发和优良素材的选用奠定基础。

（三）前沿育种技术研发与创新

水禽种业相关的前沿育种技术主要包括分子育种技术、选种方法、自动化表型测定技术等方面。

水禽的分子育种技术主要以分子遗传标记辅助育种为主，并运用于少数单基因控制的性状选择。例如，浙江省农业科学院等单位建立的蛋鸭青壳性状分子标记育种技术，该技术可直接用于生产上青壳蛋鸭的选育，一代分子选择青壳率达到 100%（Chen et al., 2020）。随着遗传标记的发展，尤其是高通量的基因分型技术，使得从基因组水平估计育种值成为可能，即基因组选择技术。基因组选择技术是一种利用覆盖全基因组的高密度分子标记进行选择育种的新方法，可通过构建预测模型，根据基因组估计育种值进行早期个体的预测和选择，从而缩短世代间隔，加快育种进程，节约大量成本。目前，该技术已应用于奶牛、猪、鸡等畜禽育种中。水禽中的基因组选择技术研究较少，中国农业大学等单位构建了北京鸭基因组选择参考群，创建了北京鸭基因组选择技术平台，提升了北京鸭遗传评估和精准选育的整体技术水平。

在水禽选种技术上，中国农业科学院、浙江省农业科学院先后采用"剩余饲料采食量"指标用于北京鸭、蛋鸭饲料转化率性状的选育，肉鸭商品代的料重比达到 1.92∶1，蛋鸭产蛋期料蛋比达到 2.48∶1，选育效果显著。中国农业科学院利用超声波仪测定肉鸭胸肌和皮脂的厚度，实现了活体无损测定，为瘦肉型肉鸭和烤鸭专用型肉鸭的选育奠定了基础。在水禽自动化表型测定技术方面，国外大型育种企业研发了肉鸭全自动饲料报酬测定系统，但对外封锁该项技术。我国水禽育种人员与水禽种业企业联合攻关，于 2014 年自主研发了肉鸭全自动饲料报酬测定系统，并先后对软件和硬件进行了升级改造，该系统利用了无线射频识别技术、自动控制技术和电子信息技术，实现了肉鸭采食及称重数据记录的自动化，测定数据真实可靠，是肉鸭饲料报酬测定的重大创新。在蛋鸭产蛋量自动测定技术上，我国科研人员研发了一种基于物联网技术的新型种鸭个体产蛋的识别、记录系统，研究开发出蛋鸭物联网智能育种箱系统。该系统可有效解决蛋鸭育种数据采集阶段的个体识别与后代识别关键问题，实现了平养环境中个体蛋鸭产蛋信息的精确、稳定、连续记录，并对蛋鸭个体的产蛋行为进行跟踪与分析。

（四）国内外主要研发力量

美国设有家禽科学系或开展水禽科学研究的单位主要包括北卡罗来纳州立大学（North Carolina State University）、路易斯安那州立大学（Louisiana State University）、华盛顿州立大学（Washington State University）、杜克大学（Duke University）、康奈尔大学（Cornell University）等，在性别鉴定的标记和开发、鹅群遗传结构分析等方面处于领先地位。欧洲开展家禽科学的研究机构主要包括图卢兹大学（Toulouse University）、法国农业科学研究院（INRA）（现被合并组建为法国国家农业食品与环境研究院）、图宾根大学（Tubingen University）、奥胡斯大学（Aarhus University）、弗罗茨瓦夫大学（Wroclaw University）等，在鹅繁殖性状功能研究和脂肪肝性状的分子调控机制方面处于领先地位。

我国水禽遗传育种的学科建设主要来自于两类，一类是传统农业大学的动物科技学院或畜牧兽医系，另一类是国家和各省级农业科学院的水禽研究室或育种研究室。大学以人才培养和基础理论研究为主，开设专业课程包括动物育种原理与方法、畜禽基因组学、统计遗传学等内容。农业科学院所主要以应用研究为主集中在品种资源保护、育种技术研发和品种培育方面。个别省份设有单独的水禽科学研究所，如江苏省、山东省、广东省等。目前全国设有动物遗传育种与繁殖专业的博士培养点有 21 个，包括中国农业大学、华中农业大学、南京农业大学等 20 所大学，研究院所只有中国农业科学院。这些大学和科研机构的专业设置中，在鹅种业研究方向，因为科技投入不足而人才匮乏，学科发展严重滞后，表现在：鹅遗传育种学科研究平台不系统、软件建设不够完善；研究方向重复、特色不明显；人才培养机制不灵活，缺乏技术型、实用型人才，有重大影响和应用价值的成果偏少。

近十年，鸭遗传育种研究论文主要以四川农业大学、扬州大学、中国农业大学、华中农业大学、中国农业科学院、阿尔伯塔大学、西北农林科技大学、浙江省农业科学院、法国农业科学研究院（现被合并组建为法国国家农业食品与环境研究院）、华南农业大学、福建农林大学、湖北省农业科学院为主（图 10-12），从总体来看，近十年鸭遗传育种研究主要涉及抗病性状、脂肪性状、胚胎发育、羽色性状、鸭品种的进化起源等相关方面，同时全基因组、蛋白质组、宏基因组和代谢组等组学方面的报道显著增加，已成为研究的主要手段。鸭遗传育种专利申请主要以浙江省农业科学院、湖北省农业科学院、四川农业大学、中国农业科学院、江苏省家禽研究所、扬州大学、中国农业大学、佛山科学技术学院、贵州大学、福建省农业科学院、江苏农牧科技职业学院为主（图 10-13）。在专利申请内容方面，多集中在分子育种新方法和基因组测序新手段，所涉及的技术方向主要集中在鸭品种选育、羽色、蛋壳、脂肪、肉质性状、性别鉴定、胚胎发育等方面。

鹅遗传育种研究论文主要以四川农业大学、扬州大学、南京农业大学、江苏省农业科学院、沈阳农业大学、湖南农业大学、吉林农业大学、中国农业科学院、上海市农业科学院、浙江农林大学、浙江省农业科学院、重庆市农业科学院为主（图 10-14）。从总体来看，鹅近十年遗传育种研究主要涉及基因克隆（如 *CYP11A1*、

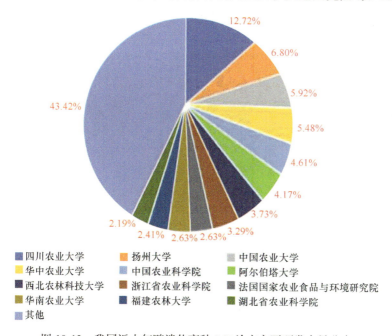

图 10-12　我国近十年鸭遗传育种 SCI 论文主要研发力量分布

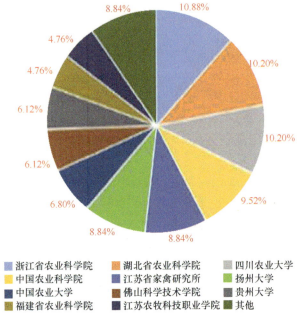

图 10-13　我国近十年鸭遗传育种专利主要研发力量分布

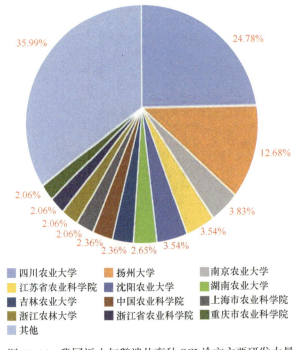

图 10-14　我国近十年鹅遗传育种 SCI 论文主要研发力量

SMAD4、TRIM25、ACSL3、ACSL5 等）、肉质性状、鹅肝性状、鹅瘤性状、卵泡发育、脂肪性状等相关方面。鹅遗传育种专利申请主要以扬州大学、四川农业大学、重庆市农业科学院、湖南农业大学、浙江省农业科学院、华南农业大学、江苏省农业科学院、广东海洋大学、江苏农牧科技职业学院、辽宁省农业科学院为主（图 10-15）。鹅遗传育种研究相关技术专利申请所涉及的技术方向主要集中在产蛋性能测定、羽色性状、性别鉴定、鹅品种培育、活体性能测定等方面。

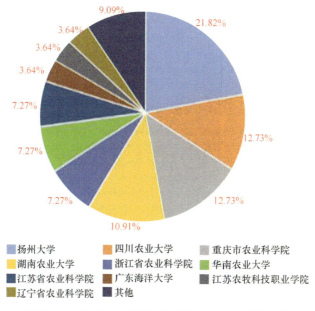

图 10-15　我国近十年鹅遗传育种专利主要研发力量

二、水禽种业科技创新发展趋势

（一）基础研究发展趋势

　　结合现代生物学育种技术，从组学（基因组、转录组、表观组学、代谢组学）和生物信息学角度开展我国地方水禽品种优异基因资源发掘研究，对影响复杂性状的基因及基因突变进行筛选和功能鉴定，获得地方品种最基本的生物遗传信息；发掘重要的功能基因，促进对重要经济性状遗传机制的综合解析，获得具有自主知识产权的功能性新基因，为我国水禽基因资源研究和遗传改良奠定坚实的理论基础，最终全面推动水禽分子育种的应用研究。同时，随着第三代测序技术的问世，泛基因组在畜禽中的运用越来越广泛，结合三代和二代测序，可以得到长读长、高保真的基因组序列。例如，针对鹅的参考基因组构建，以往都只是采取一只鹅的 DNA 数据，使用读长较短的二代测序技术进行从头测序后组装，得到的参考基因组存在很多"盲区"。系统采集灰雁、鸿雁、中国鹅、欧洲鹅的 DNA，采用三代加二代技术构建"完美"的鹅参考基因组是未来鹅遗传学基础研究的基石。关于鹅经济性状的研究仍然需要紧紧围绕鹅的繁殖、肉用、肝用、绒用、抗病等性状展开，借助多组学技术深入解析鹅相关性状的形成机理，找出控制其发生、发展的因果突变位点，为鹅分子育种打下基础。

（二）前沿育种技术发展趋势

从动物育种发展的历程来看，我国水禽育种仍然处于常规选择阶段。常规育种技术在今后一段较长的时间内仍然发挥重要作用，个体选择、家系选择、后裔测定、综合选择指数、BLUP 等技术是未来育种的基础。对于性状而言，只有少数单基因控制的性状能用分子育种成果。主要原因是大部分性状是数量性状，受到多基因控制，且较多位点具有群体特异性。另外一个原因是大部分位点遗传效应较小，不具备较大的应用价值。除了常规育种方法，未来要加强分子遗传标记辅助育种、基因组选择技术、基因编辑技术，包括生物信息学和计算机信息技术在水禽育种中的运用。基因组选择技术已经大规模用于奶牛、猪等大动物育种中，该技术的使用可以大大缩短育种年限、加快遗传进展。在肉鸭的育种中，基因组选择技术也已经初步得到应用。鹅的基因组选择进展较慢，由于基因组选择的基础是大规模参考群体，而鹅的繁殖力又特别低，所以各育种单位可联合构建出大规模的鹅参考群，为基因组选择在鹅育种的应用中打下铺垫。

准确的性能测定记录是现代畜禽育种产业的发展基础。人工记录方法受到诸多客观因素影响，难以保证记录效率与结果的准确性，影响了评估效果，进而影响了动物育种进展。目前，国际上一些大的育种公司对猪等畜禽育种的部分关键性状基本都采用了自动化测定，提高了选择准确性，加快了遗传进展。研究水禽重要经济性状活体测定方法，并针对部分性状开发自动化测定系统是未来提高记录准确度、加快遗传进展、提高效益效率的重要方式。目前，各种畜禽在售卖时都由标准化屠宰场集中屠宰、分割，特别是在北京、上海等大城市。随着这种分割销售模式的改变，在育种中应该对屠体外观、屠宰率、胸肌率、腿肌率、肉质等性状更加重视，这些性状本身存在相关性，在育种中如何合理地设置这些性状的权重，同样是非常值得研究的方向。

（三）种业发展趋势

水禽养殖业是我国的特色产业。我国水禽饲养量居世界首位，年出栏量约 45 亿只，占世界总量的 80% 以上。种业是现代水禽产业发展的基础，加快发展水禽种业，对于提高我国水禽生产水平和生产效率、满足畜产品有效供给和多元化市场需求具有重要作用。经过多年实践和探索，我国水禽种业快速发展，为水禽产业转型升级奠定了良好基础。但总体而言，水禽种业发展仍面临不少困难和问题，主要表现在：品种更新满足不了区域性多元化市场的需求；育种技术相对落后，分子育种技术亟待开发，育种效率低；种源疫病净化水平参差不齐。今后一个时期，实施乡村振兴战略对畜禽种业创新发展提出了明确要求，养殖空间的压缩倒逼水禽育种创新，水禽种业发展面临新机遇、新挑战。

我国水禽消费市场具有明显区域性特点，肉鸭产业在高速发展的同时，面临着结构较为单一，屠宰分割型肉鸭品种市场达到饱和状态，但是缺乏适合烤鸭、烧鸭等传统加工工艺的优质肉鸭品种的局面。由于鹅的繁殖率低、供种能力差阻碍了当前鹅业生产规模化、集约化水平，缺乏满足不同市场需要的专用配套系或新品系。因此，在今后水禽种业发展中，应从不同地区特色消费和加工需求出发，加强各地方品种的本品种选育，提高地方品种的整齐度与生产性能。在此基础上，筛选育种素材，定向培育生长速度快、繁殖性能高、饲料转化率高、肉品质好、羽绒生长发育快、适合肥肝生长等各具特色的专门化品系，通过开展配合力测定，培育能够满足区域性消费特点的水禽新品种配套系。针对我国不同地区对水禽胴体部位的偏好和需求，开展这些部位遗传参数估计，同时加强对各部位经济价值评估，为区域化水禽育种提供支持。

（四）国家战略规划和布局情况

我国是世界上水禽遗传资源最丰富的国家之一，据 2020 版《国家畜禽遗传资源目录》统计，我国现有家鸭地方品种 37 个和鹅地方品种资源 30 个，包括北京鸭、高邮鸭、金定鸭、绍兴鸭、连城白鸭及狮头鹅、四川白鹅、皖西白鹅、豁眼鹅等优良的遗传资源为我国水禽业的可持续发展奠定了坚实的基础。在相关部委的支持下，我国先后建立起国家级水禽资源保种基因库 2 个，国家级保种场 25 家，建立了国家级水禽活体保存基因库和畜禽遗传资源体细胞库。国家级水禽保种场和基因库的建立，有效保护了水禽种质资源的多样性，为新品种（配套系）培育准备了充足而宝贵的育种素材。

2009 年年初，水禽产业技术体系首次被纳入国家现代农业产业技术体系建设之中，标志着首支"国字号"的水禽研发队伍成立，体系的成立有力地推动了我国水禽产业科技创新水平。除体系建设外，我国现有 12 个大学招收水禽育种、生产的硕士、博士研究生，有 15 个省级畜牧兽医研究所组建了水禽育种、营养研究团队，成立了农业部动物育种与繁殖综合实验室（家禽）重点实验室等省部级实验室。在北京和扬州分别建立了国家家禽品质监督检验测试中心，承担全国种禽的监督、检测及生产性能测定等任务，为提升我国种禽质量提供了检测和保障平台。

为加快我国水禽良种培育步伐，提升水禽种业发展水平和创新能力，增强国际市场竞争力，促进水禽产业健康稳定持续发展，农业农村部于 2019 年发布了《全国水禽遗传改良计划（2020—2035）》，计划中指出，到 2035 年，建立完善的现代肉鸭、蛋鸭、鹅和番鸭商业育种体系及半番鸭繁育体系，培育水禽新品种、配套系 10 个以上。自主培育的肉鸭品种的市场占有率达到 80% 以上，蛋鸭稳定在 90% 以上，鹅稳定在 80% 以上，番鸭和半番鸭达到 50% 以上。主流品种具有国际竞争力，能达到或者超过国际同期最高水平。

第五节　我国水禽种业发展的关键制约问题

与欧美发达国家相比，我国水禽种业发展起步较晚，主要体现在遗传育种理论知识匮乏、育种技术和方法相对落后、关键育种技术尚未突破、缺乏自主培育的具有国际竞争力的标志性新品种/配套系等方面。当前中美、中欧贸易摩擦不断的背景下，水禽品种种源过度依赖"洋种子"，不仅进口受制于人，更隐藏着"卡脖子"风险，破解水禽育种技术难题，培育具有自主知识产权的水禽新品种迫在眉睫。我国水禽种业发展主要面临着如下问题。

一、水禽产业规模化程度不高，优良品种效应不明显

受传统养殖模式的影响及过去对水禽业投入严重不足限制，我国多数水禽养殖企业规模化程度低，尤其是蛋鸭、肉鹅产业，养殖企业规模小，企业的盈亏主要取决于市场价格的高低。多数企业能认识到良种的重要作用，但对于育种投入不够，技术力量不足，创新和可持续发展能力受到制约。国外一些大型企业在水禽育种中取得的成效值得我国借鉴，如英国樱桃谷农场公司、法国克里莫集团公司等培育的良种曾分别在白羽肉鸭、番鸭、肝用型和肉用型鹅方面主导了市场。尽管近年来国内的北京金星鸭业有限公司、内蒙古塞飞亚农业科技发展股份有限公司、新希望六和股份有限公司、安徽强英食品集团有限公司、江苏立华牧业股份有限公司、温氏食品集团股份有限公司等企业先后介入水禽育种，并培育形成了一批拥有自主知识产权的良种，但推广应用面和良种覆盖率还不高，种业产业化程度较低。

二、水禽育种技术相对落后，育种效率低

我国水禽育种技术研究起步晚，水禽分散的养殖模式和群居性、择偶性等行为特点大大增加了个体表型测定和系谱建立的难度，也限制了其他畜禽育种技术的直接应用，水禽普遍的低繁殖力特点导致选择强度不高；遗传评估和多性状选择等选种方法研究应用少，选种程序创新不足，常规育种技术的信息化、集成化和智能化水平不高。分子育种技术方面，水禽转录组、基因组测序等研究已积累了大量的基础数据，已有一些标记辅助选择相关报道，但育种专用芯片和全基因

组选择技术等的应用极少，离育种实践还有较远距离，开展水禽全基因组选择育种，加快信息技术、物联网技术在育种中的应用，是未来水禽育种技术发展的趋势。目前，国内水禽育种企业生产性能测定的设施设备投入不足，育种数据采集量少，育种目标过多集中于体型大小等外貌特征，饲料转化率、产蛋量、品质性状等指标遗传进展慢。

三、水禽地方品种优异性状挖掘不充分，市场开发有待加强

我国水禽地方品种类型多，分布复杂，种质特性各异，尤其是品质性状、抗逆性等方面具有独特的优势。目前，对地方品种的开发利用关注点多在体型外貌、上市体重、繁殖性能等的提高上，对优势性状缺乏深度挖掘、相关表型测定标准的制定、影响机制研究和系统选育，还没有针对不同优异品种进行有效的市场开发、形成优质优价的市场机制、满足多元化市场的需求。因此，必须在地方品种常规保护和利用的基础上提档升级，整合资源，组建一批育种攻关联合体，使企业成为水禽种业创新主体，促进企业与科研院所、金融机构、种业基地紧密对接，加快推进产学研深度融合。

第六节 未来我国水禽种业科技创新发展思路和政策建议

当前是我们进行水禽种业科技创新的历史性机遇，一方面在国家各部委及各地方政府的支持下，我们已经初步完成了第三次全国畜禽遗传资源普查，摸清了所拥有的水禽品种资源家底，为水禽育种奠定了坚实的物质基础。另一方面，我国已经完成了水禽品种培育专家团队建设，拥有专业技术力量，先后培育了中畜草原白羽肉鸭、烤炙型北京鸭、江南白鹅等肉用水禽配套系，为水禽种业科技创新奠定了雄厚的人才基础。此外，随着分子标记辅助选择、全基因组关联分析和水禽表型自动化和智能化测定的生物育种技术渐趋成熟，以及全基因组选择、大数据和多组学研究、水禽基因编辑技术和分子设计育种为代表的生物育种 4.0 技术的引入将加速畜禽品种培育进程，为推动我国水禽品种培育、实现弯道超车、打好种业翻身仗奠定技术基础。

一、发展方向与重点任务

（一）水禽生物育种前沿技术研究

禽类的遗传修饰技术在与哺乳动物相比的研发和应用上明显滞后。不过，随着家禽原始生殖细胞（PGC）介导的转基因和基因编辑技术的成功应用，这种滞

后现象正在逐渐得到缓解。PGC 介导的技术可以大大提升禽类细胞转染效率及生殖系传递效率，有望在家禽遗传修饰技术方面实现重大突破。

加强水禽生物育种关键核心技术攻关，不断完善和创新水禽遗传修饰技术，可以进一步提升水禽种业的基础研究实力。同时，通过开展基础和应用研究，水禽遗传修饰技术的应用前景也会变得更加广阔。这不仅有助于提高水禽的产出效率、改善其性状表现，还可以推动禽类育种领域的整体发展，为农业生产和人类生活带来更多的好处。

（二）水禽表型智能测定与育种决策系统

水禽育种的大规模生产和高效率育种需要集成多种技术和手段。而随着信息技术和人工智能的发展，智能化、自动化的育种信息系统已成为提高育种效率的重要突破口。这样的智能化、自动化育种信息系统应该包括以下几个方面。①低成本畜禽个体机器识别技术：在水禽育种过程中，畜禽个体的标识、记录和监控非常重要。采用机器识别技术，如人脸识别技术、RFID 技术等，可以实现对水禽个体的快速识别、监测和管理，提高生产效率和质量。②多性状一体化采集技术：水禽个体的性状数据采集是育种过程中不可或缺的环节。利用传感器和智能设备，可以对水禽的多种性状数据进行实时监测和采集，如体重、体型、行为、饮食等，提高数据的准确性和采集效率。③多维度表型大数据后台快速处理技术：对于采集的大量数据，需要进行快速地处理和分析。利用云计算和大数据分析技术，可以对采集的数据进行存储、分析和挖掘，建立多维度的表型数据库，为育种决策提供科学依据。④表型与基因型数据的耦合与留种决策技术：通过将表型和基因型数据相结合，可以深入挖掘水禽种群的遗传背景和性状表现规律，预测和选择高产、高质水禽品种。同时，通过留种决策技术，可以对水禽品种的种质资源进行合理利用和保护，促进水禽产业的可持续发展。总之，开发一套水禽人工智能育种决策系统，育种成本降低 20%，效率提高 30%，同时也为水禽育种技术的创新和进步提供了重要的支撑。

（三）水禽优异种质资源基因组学评价与利用

研发水禽基因型高通量鉴定技术，规模化筛选品种特异性 SNP 标记，确定符合主要水禽品种的身份鉴别、血统鉴定与品种确权等需求的特异性位点组合，建立高通量 DNA 指纹检测技术体系，构建品种分子指纹数据库和信息化平台。开展水禽优异种质资源演化研究，分析现代品种和野生近缘品种的基因组多样性，利用泛基因组等基因组研究新策略，揭示水禽优异种质资源形成机制和演化规律、水禽品种驯化与改良过程中的基因组选择效应，阐明水禽优异种质资源的基因组结构特点、优势等位基因及其遗传学和生物学效应，提出利用途径，为水禽种质创制和品种改良提供基础。

（四）水禽高产、抗病抗逆关键基因挖掘

解释水禽高产性状形成中的科学问题，为水禽高产品种培育提供支撑，主要开展高产、抗病抗逆性状关键基因/QTL发掘，利用中外优异品种资源，应用遗传学、多组学与分子生物学的方法，挖掘生长发育、产肉量、产蛋量等性状的基因及调控元件；构建高产、抗病抗逆性状相关主效基因挖掘技术平台，构建水禽高产基因/标记数据库，明确育种中可重点利用的新基因/标记及其利用途径；高产、抗病抗逆性状形成的分子基础解析，揭示高产性状形成的分子机理和分子调控网络，发掘有育种利用价值的高产性状优异等位基因，并提出利用途径。为我国水禽抗病抗逆新品种培育提供支撑。

二、对策和建议

（一）加快实施全国水禽遗传改良计划

全国水禽遗传改良计划已于2021年正式启动，遗传改良工作是一场持久战，涉及面广、技术要求高，是一项长期的系统工程。要根据目前我国水禽产业发展现状，明确发展思路、改良目标和工作重点，指导地方根据区域特色制定本地区的水禽遗传改良计划。在全国畜牧总站和改良计划专家组成员指导下，通过改良计划引导水禽种业企业提升育种、制种水平，推广关键共性技术，推进商业育种模式示范工程建设。加强改良计划实施监督管理工作，建立科学的考核体系，完善运行管理机制。鼓励建立多种形式育种技术协作攻关模式，整合资源进行育种技术研发，协调各方利用与成果转化机制。严格遴选并及时公布国家水禽核心育种场和良种扩繁基地，建立绩效评价和退出机制，实行动态管理，每3年考核一次，通报考核结果，淘汰不合格核心育种场和扩繁基地。定期对测定数据的可靠性和准确性进行考核。

（二）扩大财政金融支持渠道，增加水禽种业科技创新投入

水禽产业是我国特色产业，产业规模超过2000亿元，产肉量占比约为15%。但是，种业问题突出，迫切需要部署一批重大科技项目（工程），确保事关国家安全和发展全局的水禽种业核心技术自主可控。一是建立更加开放、凝聚共识的中央财政科技项目形成机制，加强特色农产品种业的支持力度，提升项目形成环节的决策效率。二是建立符合农业科技创新规律的项目组织实施机制。基础前沿研究、关键核心技术研发以公开竞争方式为主遴选研发团队；基础性长期性工作、重大公益性研究采取定向择优或定向委托方式，避免过度竞争。

畜禽种业科技具有显著的长期性、基础性、战略性和公益性特征，水禽种业更是中国的特色，而过去国家的研究经费投入稀缺，约为产值的 1/15 000。因此，需要国家经费投入和稳定支持，并构建符合种业科技创新规律的投入机制。建议通过国家专项资金形式，设立面向全国水禽重点研究单位稳定支持的长效机制，组织跨学科和长周期的战略性、基础性、公益性重大科技问题协同攻关，解决当前竞争性科研项目短周期资助与农业科研长周期之间的矛盾，塑造稳定性科研与竞争性项目相结合的良性科研资助模式。

（三）强化水禽生产企业的创新主体地位，加速科技成果转化应用

在我国现有水禽种业科技资源配置中，国家研发投入匮乏，企业和社会资本投入严重不足，极大地制约我国水禽种业发展。特别是企业投资水禽种业的积极性不高，能力不足，各级政府应鼓励企业加大研发投入，发挥企业创新主导地位，促进水禽种业发展。推进完善企业研发费用加计扣除税收优惠政策，积极引导企业加大对水禽种业创新的科研投入力度。完善产学研深度融合的技术创新体系，支持涉农企业建立实验室和研发中心，鼓励农业科研院校的科技平台等资源向企业开放。

（四）强化种业法律法规保障体系建设，加强品种知识产权保护

加快研究修订畜禽种业相关法律和新品种保护条例，修订品种审定等配套规章制度。制定品种权转让交易、种禽生产基地建设、基地认定保护等管理办法，建立完善覆盖种禽生产、流通全过程的标准体系。深化体制机制改革，保障种业健康发展。

（五）加强水禽种业科技创新对外开放合作

我国是水禽大国，国际化是水禽种业发展的趋势。水禽种业以更加主动的姿态、更加宽广的视野，利用好两个市场、两种资源，在开放中竞争、在竞争中发展，促进我国由水禽大国向水禽强国转变。要着力提高"引进来"质量，鼓励企业引进高端人才、优异种质、先进育种制种及装备制造技术，要提升企业"走出去"水平，支持有实力的企业在国外建立研发中心，鼓励企业在境外申请知识产权保护，支持有品种权和专利技术的企业开拓国外水禽种业市场，促进我国水禽种业走向国际市场。

第七节 典型案例

一、面向国家重大需求，培育了两个白羽肉鸭新品种

大型白羽肉鸭品种高度依赖进口一直是我国水禽行业的痛点。中国农业科学

院北京畜牧兽医研究所水禽育种与营养创新团队历经多年培育和储备了 13 个具有不同性能特点的北京鸭专门化品系，并以产业需求为导向，采用前瞻性的战略，探索建立了"科-企联合育种"模式，于 2012 年将品种的使用权转让给国内两家肉鸭养殖大型企业，转让收益超过 4000 万元，实现了品种-技术-资本-市场的完美融合。2018 年，团队与内蒙古塞飞亚农业科技发展股份有限公司的肉鸭联合育种工作率先取得突破，经过 7 个世代选育，培育的高瘦肉率和高饲料转化率肉鸭新品种中草原白羽肉鸭通过国家畜禽遗传资源委员会的新品种审定，获得国家畜禽新品种证书［2018（农 10）第 06 号］。该品种培育过程中，采用了 4 品系杂交配套的模块设计育种技术，创建了肉鸭二维码标记与数据采集系统、超声波测定胸肌厚度技术、剩余饲料采食量选择技术、肉鸭胸肌率与皮脂率估测等一系列高效育种技术应用于品种选育，新品种的生产性能已达到和部分超越国际主流品种。与此同时，与新希望六和股份有限公司的联合育种工作也相继取得了重大突破。经过 7 年的持续选育，中新白羽肉鸭各项生产指标均达到育种目标，该品种生长速度快、皮脂率低、瘦肉率高、口感佳，各项性能突出。2019 年 4 月，中新白羽肉鸭配套系通过了国家畜禽遗传资源委员会的审定，获得国家畜禽新品种证书［2019（农 10）第 07 号］。以上两个品种 2020 年推广商品代 12 亿只，市场占有率超过 1/3。

二、本土优异品种资源挖掘利用，培育中国特色的蛋鸭品种

蛋鸭养殖为我国传统优势特色产业，饲养量约占全球的 80%，但长期以来，我国蛋鸭生产以地方品种为主，杂交优势没有得到利用，优良蛋鸭新品种缺乏。浙江省农业科学院畜牧兽医研究所家禽育种团队历经多年联合攻关，创建了绍兴鸭青壳系等 8 个蛋鸭专门化品系，以市场需求为导向，经过遗传资源调查、育种素材选择和引进、培育、整理、持续纯系世代选育、测交、配合力测定、配套杂交模式确定等过程，开展蛋鸭新品种的选育。2015 年，团队与诸暨市国伟禽业发展有限公司合作开展的蛋鸭新品种选育工作取得重要进展，经历 6 个世代的选育，培育的高产青壳抗逆蛋鸭新品种国绍Ⅰ号蛋鸭通过国家畜禽遗传资源委员会的新品种审定，获得国家畜禽新品种证书［2015（农 10）第 5 号］。农业农村部家禽品质监督检验测试中心（扬州）的性能测定结果表明：商品代蛋鸭 72 周龄产蛋数 326.9 个、青壳率 98.2%、产蛋期料蛋比 2.62∶1、产蛋期成活率 97.5%。

2020 年，团队与湖北神丹健康食品有限公司联合培育的节粮高产青壳蛋鸭新品种神丹 2 号蛋鸭通过国家畜禽遗传资源委员会的新品种审定，获得国家畜禽新品种证书［2020（农 10）第 8 号］。该品种的培育过程中，首次大规模地运用蛋鸭剩余采食量（RFI）选种技术和青壳性状分子标记技术，各性能指标遗传进展明

显。农业农村部家禽品质监督检验测试中心（北京）的性能测定结果表明：商品代蛋鸭开产日龄 105 天，72 周龄平均产蛋量 331 个，产蛋期料蛋比 2.55∶1，青壳率达 100%，平均蛋重 68.1 g，蛋形适中，适合加工需求。

参 考 文 献

陈国宏, 王继文, 何大乾, 等. 2013 中国养鹅学. 北京: 中国农业出版社.

陈耀王, 陈开洋. 2005. 建立朗德鹅良种繁育体系. 首届中国水禽发展大会会刊——中国水禽业进展: 166-170.

侯水生. 2016. 我国水禽产业现状与产业体系"十三五"研发任务. 中国禽业导刊, 33(17): 4-7, 9-10

侯卓成. 2019. 水禽育种技术以及自主化品种培育研究进展. 养禽与禽病防治, 6: 32-35.

国家畜禽遗传资源委员会组. 1989. 中国家禽品种志. 北京: 中国农业出版社.

国家畜禽遗传资源委员会组. 2004. 中国畜禽遗传资源状况. 北京: 中国农业出版社.

国家畜禽遗传资源委员会组. 2011. 中国畜禽遗传资源志·家禽志. 北京: 中国农业出版社.

国家畜禽遗传资源委员会组. 2012. 中国畜禽遗传资源志·特种畜禽志. 北京: 中国农业出版社.

胡胜强, 郝金平, 庄海滨, 等. 2009. 北京鸭育种的过去、现在和将来. 第三届中国水禽发展大会会刊: 97-101.

霍尔多巴吉鹅简介. 2013. 水禽世界, (1): 43-44.

贾敬敦, 蒋丹平, 田见晖, 等. 2015. 动物种业科技创新战略研究报告. 北京: 科学出版社.

李慧芳, 陈宽维, 钱凯. 2007. 世界家鹅种质资源的遗传多样性. 畜牧与兽医, 39(9): 44-46.

乔娜. 2010. 我国 9 个地方鹅品种遗传多样性分析及异地保种效果的监测. 扬州大学硕士学位论文.

吴译夫, 王恬, 吴素琴. 1989. 太湖鹅血清转铁蛋白类型的测定. 中国畜牧杂志, (1): 27-28.

张春雷, 张海燕, 房兴堂, 等. 2016. 北京鸭 VT4R 和 VT3R 基因多态性及其与饲料转化率、胴体性状的关联性分析. 黑龙江畜牧兽医, (9): 87-90.

张淑君. 1992. 鹅血浆蛋白(酶)多态性的研究. 山东家禽, (1): 3-5.

张汤杰, 卢立志, 沈军达, 等. 2004. 不同品系绍兴蛋鸭血清酯酶多态性比较研究. 中国家禽, 26(18): 10-12.

张扬. 2014. 我国部分地方鸭品种遗传多样性与群体结构分析. 扬州大学博士学位论文.

Aggrey S E, Karnuah A B, Sebastian B, et al. 2010. Genetic properties of feed efficiency parameters in meat-type chickens. Genetics Selection Evolution, 42(1): 25.

Appleby M C, Mench J A, Hughes B O. 2004. Poultry behaviour and welfare. Wallingford: CAB Publishing.

Ashton C. 2011. Domestic Geese. New York: Growood Press.

Campbell R R, Ashton S A, Follet B K, et al. 1978. Seasonal changes in plasma concentrations of LH in the Lesser Snow Goose (*Anser caerulescens caerulescens*). Biol Reprod, 18(4): 663-668.

Chen L, Gu X, Huang X, et al. 2020. Two cis-regulatory SNPs upstream of ABCG2 synergistically cause the blue eggshell phenotype in the duck. PLoS Genetics, 16(11): e100911.

Deng Y, Hu S, Luo C, et al. 2021. Integrative analysis of histomorphology, transcriptome and whole genome resequencing identified DIO2 gene as a crucial gene for the protuberant knob located on forehead in geese. BMC Genomics, 22(1): 487.

Dillon R S. 1957. The waterfowl of the world. The Auk, 2: 269-272.

FAO-STAT. 2021. Food and Agriculture Organization of the United Nations. Livestock primary, http://www.fao.org/dad-is/browse-by-country-and-species/zh/ [2022-10-11].

Gao G, Zhao X, Li Q, et al. 2016. Genome and metagenome analyses reveal adaptive evolution of the host and interaction with the gut microbiota in the goose. Scientific Reports, 6: 32961.

Gao G, Gao D, Zhao X, et al. 2021. Genome-wide association study-based identification of SNPs and haplotypes associated with goose reproductive performance and egg quality. Front Genet, 12: 602583.

Guo X, He X X, Chen H, et al. 2021. Revisiting the evolutionary history of domestic and wild ducks based on genomic analyses. Zoological Research, 42(1): 8.

Herd R M, Arthur P F. 2012. Lessons from the Australian Experience// Hill R A. Feed Efficiency in the Beef Industry. Oxford: Wiley-Blackwell.

Huang Y, Li Y, Burt D W, et al. 2013. The duck genome and transcriptome provide insight into an avian influenza virus reservoir species. Nature Genetics, 45(7): 776-783.

Hariyono D, Maharani D, Cho S, et al. 2018. Genetic diversity and phylogenetic relationship analyzed by microsatellite markers in eight Indonesian local duck populations. Asian-Australasian Journal of Animal Sciences, 32(1): 31-37.

Heikkinen M E, Ruokonen M, White T A, et al. 2020. Long-term reciprocal gene flow in wild and domestic geese reveals complex domestication history. G3 (Bethesda), 10(9): g3.400886.

Lan D P, Do D N, Le Q N, et al. 2021. Evaluation of genetic diversity and population structure in four indigenous duck breeds in Vietnam. Animal Biotechnology, (3): 1-8.

Li H F, Chen K W, Yang N, et al. 2007. Evaluation of genetic diversity of Chinese native geese revealed by microsatellite markers. Worlds Poultry Science Journal, 63(3): 381-390.

Li H F, Zhu W Q, Song W T, et al. 2010. Origin and genetic diversity of Chinese domestic ducks. Molecular Phylogenetics & Evolution, 57(2): 634-640.

Li J, Yuan Q, Shen J, et al. 2012. Evaluation of the genetic diversity and population structure of five indigenous and one introduced Chinese goose breeds using microsatellite markers. Canadian Journal of Animal Science, 92(4): 417-423.

Li Y, Gao G, Lin Y, et al. 2020. Pacific Biosciences assembly with Hi-C mapping generates an improved, chromosome-level goose genome. GigaScience, 9(10): giaa114.

Ling L, Li D, Liu L, et al. 2015. Endothelin receptor B2 (*EDNRB2*) gene is associated with spot plumage pattern in domestic ducks (*Anas platyrhynchos*). PLoS One, 10(5): e0125883.

Liu D, Fan W, Xu Y, et al. 2021b. Genome-wide association studies demonstrate that TASP1 contributes to increased muscle fiber diameter. Heredity, 126(6): 991-999.

Liu H, Hu J, Guo Z, et al. 2021a. A single nucleotide polymorphism variant located in the cis-regulatory region of the *ABCG2* gene is associated with mallard egg colour. Molecular Ecology, 30(6): 1477-1491.

Lu L, Chen Y, Wang Z, et al. 2015. The goose genome sequence leads to insights into the evolution of waterfowl and susceptibility to fatty liver. Genome Biology, 16: 89.

Mason I L. 1984. Evolution of Domesticated Animals. New York: Longman.

Mindek S, Mindeková S, Hrnčár C, et al. 2014. Genetic diversity and structure of slovak domestic goose breeds. Veterinarija ir Zootechnika, 67(89): 81-87.

Moniem H A, Zong Y Y, Abdallah A, et al. 2019. Genetic diversity analysis of fourteen geese breeds based on microsatellite genotyping technique. Asian-Australasian Journal of Animal Sciences, 32(11): 1664-1672.

Parada R, Książkiewicz J, Kawka M, et al. 2012. Studies on resources of genetic diversity in conservative flocks of geese using microsatellite DNA polymorphic markers. Mol Biol Rep, 39(5): 5291-5297.

Pham L D, Do D N, Nam L Q, et al. 2022. Evaluation of genetic diversity and population structure in four indigenous duck breeds in Vietnam. Anim Biotechnol, 33(6):1065-1072.

Sultana H, Seo D, Choi N R, et al. 2017. Genetic diversity analyses of Asian duck populations using 24 microsatellite markers. Korean Journal of Poultry Science, 44(2): 75-81.

Tanake Y. 1988. Genetic relationship among Asian duck breeds by biochemical polymorphisms of blood proteins. Paper presented at the the satellite conference for the 18th world.

Toth P, Janan J, Nikodemusz E. 2014. Variation in laying traits of Hortobagy white breeder geese by year and age. International Journal of Poultry Science, 13(12): 709-713.

Valenta M, Stratil A. 1978. Polymorphism of transferrin and conalbumin in the domestic goose (*Anser anser*). Anim Blood Groups Biochem Genet, 9(2):129-132.

Wen J, Shao P, Chen Y, et al. 2021. Genomic scan revealed KIT gene underlying white/gray plumage color in Chinese domestic geese. Animal Genetics, 52: 356-360.

Xi Y, Wang L, Liu H, et al. 2020. A 14-bp insertion in endothelin receptor B-like (EDNRB2) is associated with white plumage in Chinese geese. BMC Genomics, 21(1): 162.

Xu T, Gu L, Yu H, et al. 2019. Analysis of *Anas platyrhynchos* genome resequencing data reveals genetic signatures of artificial selection. PLoS One, 14(2): e0211908.

Yang Y, An C, Yao Y, et al. 2019. Intron polymorphisms of MAGI-1 and ACSF2 and effects on their expression in different goose breeds. Gene, 701: 82-88.

Yu S , Chu W , Zhang L , et al. 2015. Identification of laying-related SNP markers in geese using RAD sequencing. PLoS One, 10(7): e0131572.

Zhang Z, Jia Y, Almeida P, et al. 2018. Whole-genome resequencing reveals signatures of selection and timing of duck domestication. Gigascience, 7(4): 1-11.

Zhou Z, Ming L, Hong C, et al. 2018. An intercross population study reveals genes associated with body size and plumage color in ducks. Nature Communications, 9: 2648.

Zhu F, Yin Z T, Wang Z, et al. 2021.Three chromosome-level duck genome assemblies provide insights into genomic variation during domestication. Nature Communications, 12(1): 5932.

水禽种业专题报告编写组成员

组　长：侯水生（中国农业科学院北京畜牧兽医研究所　院士/水禽产业首席）

副组长：陈国宏（扬州大学　副校长/教授）

成　员（按姓氏汉语拼音排序）：

　　　　侯卓成（中国农业大学　教授）

　　　　黄银花（中国农业大学　教授）

　　　　李　亮（四川农业大学　教授）

　　　　刘贺贺（四川农业大学　副教授）

　　　　王　翠（上海农业科学院　研究员）

　　　　王惠影（上海农业科学院　研究员）

　　　　王启贵（重庆市畜牧科学院　教授）

　　　　徐　琪（扬州大学　副教授）

　　　　徐铁山（中国热带农业科学院　研究员）

　　　　张建勤（西北农林科技大学　副教授）

　　　　张沙秋（四川农业大学　副教授）

　　　　曾　涛（浙江农业科学院　研究员）

秘　书（按姓氏汉语拼音排序）：

　　　　高元鹏（西北农林科技大学　副研究员）

　　　　姚志鹏（山东滨州国家农业科技园区管理服务中心　农艺师）

　　　　周正奎（中国农业科学院北京畜牧兽医研究所　研究员）